简单轻松学技能丛书

简单轻松学

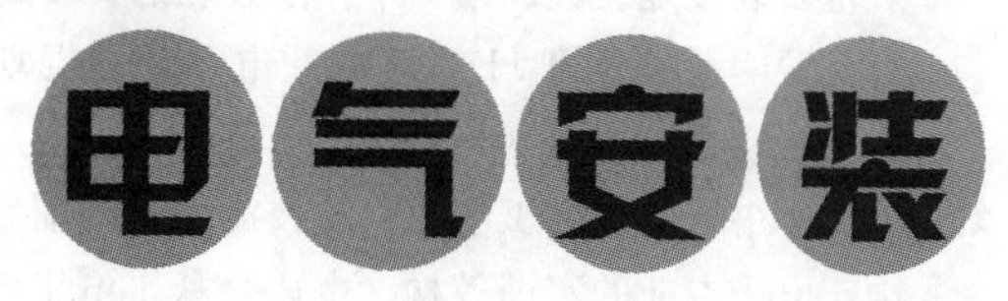

韩雪涛 主 编

韩广兴 吴 瑛 副主编

机械工业出版社

本书从初学者的学习目的出发，将电气安装技能的行业标准和从业要求融入到图书的架构体系中。同时，本书注重知识的循序渐进，在整个编写架构上做了全新的调整以适应读者的学习习惯和学习特点，将电气安装这项技能划分成如下12个教学模块：第1章，必须了解的电工电路知识；第2章，学会看懂电工电路图；第3章，必须经历的电工安全培训；第4章，苦练导线加工连接本领；第5章，学会使用电工焊接工具；第6章，学会规范安装控制器件；第7章，学会规范安装保护器件；第8章，学会规范安装接地装置；第9章，学会规范安装插座；第10章，学会规范安装灯具照明系统；第11章，供配电系统的规划与安装操作练习；第12章，电力拖动系统的规划与安装操作练习。

本书可作为电工电子专业技能培训的辅导教材，以及各职业技术院校电工电子专业的实训教材，也适合从事电工电子行业生产、调试、维修的技术人员和业余爱好者阅读。

图书在版编目（CIP）数据

简单轻松学电气安装/韩雪涛主编. —北京：机械工业出版社，2014.1
（简单轻松学技能丛书）
ISBN 978-7-111-45111-2

Ⅰ.①简…　Ⅱ.①韩…　Ⅲ.①电气设备—设备安装—基本知识
Ⅳ.①TM05

中国版本图书馆CIP数据核字（2013）第298410号

机械工业出版社（北京市百万庄大街22号　邮政编码100037）
策划编辑：张俊红　责任编辑：赵　任
版式设计：常天培　责任校对：张晓蓉
封面设计：路恩中　责任印制：李　洋
三河市宏达印刷有限公司印刷
2014年3月第1版第1次印刷
184mm×260mm · 19印张 · 520千字
0001—4000册
标准书号：ISBN 978-7-111-45111-2
定价：49.80元

凡购本书，如有缺页、倒页、脱页，由本社发行部调换

电话服务
社服务中心：（010）88361066
销售一部：（010）68326294
销售二部：（010）88379649
读者购书热线：（010）88379203

网络服务
教材网：http://www.cmpedu.com
机工官网：http://www.cmpbook.com
机工官博：http://weibo.com/cmp1952
封面无防伪标均为盗版

近几年，随着电工电子技术的发展，电工电子市场空前繁荣，各种新型、智能的家用电子产品不断融入到人们的学习、生产和生活中。产品的丰富无疑带动了整个电工电子产品的生产制造、调试维修等行业的发展，具备专业电工电子维修技能的专业技术人员越来越受到市场的青睐和社会的认可，越来越多的人希望从事电工电子维修的相关工作。

在电工电子产品的安装、调试、维修的各个领域中，电气安装技能是非常重要的一项实用操作技能。随着社会现代化和智能化进程的加剧，该项技能被越来越多的学习者所重视，越来越多的人希望掌握电气安装的技能，并凭借该技能实现就业或为自己的职业生涯提供更多的机会和选择。

因此，纵观整个电子电工图书市场，与电气安装技能有关的图书是近些年各个出版机构关注的重点，同时也被越来越多的读者所关注；加之该项技能与社会岗位需求紧密相关，技术的更新、行业竞争的加剧，都对电气安装技能的学习提出了更多的要求。电气安装类的图书每年都有很多新的品种推出，对于我们而言，从2005年至今，有关电气安装方面的选题也就从不曾间断，这充分说明了这项技能的受众群体巨大。同时，这项技能作为一项非常重要的基础技能，会随着整个产业链条的发展而发展，随着市场的更新而更新。

我们作为专业的技能培训鉴定和咨询机构，每天都会接到很多读者的来信和来电。他们在对我们出版的有关电气安装内容的图书表示认可的同时，也对我们提出了更多的希望和要求，并提出了很多针对实际工作现状的图书改进方案。我们对这些意见进行归纳汇总，并结合当前市场的培训就业特点，精心组织编写了这套《简单轻松学技能丛书》，希望通过机械工业出版社出版这套重点图书的契机，再创精品。

本书根据目前的国家考核标准和岗位需求，将电气安装的技能进行重组，完全从初学者的角度出发，将学习技能作为核心内容、将岗位需求作为目标导向，将近一段时间收集整理的包含电气安装的案例和资料进行筛选整理，充分发挥图解的优势，为本书增添更多新的素材和实用内容。

为确保本书的知识内容能够直接指导实际工作和就业，本书在内容的选取上从实际岗位需求的角度出发，将国家职业技能鉴定和数码维修工程师的考核认证标准融入到本书的各个知识点和技能点中，所有的知识技能在满足实际工作需要的同时，也完全符合国家职业技能和数码维修工程师相关专业的考核规范。读者通过学习不仅可以掌握电工电子的专业知识技能，同时还可以申报相应的国家工程师资格或国家职业资格的认证，以争取获得国家统一的专业技术资格证书，真正实现知识技能与人生职业规划的巧妙融合。

本书在编写内容和编写形式上做了较大的调整和突破，强调技能学习的实用性、便捷性和时效性。在内容的选取方面，本书也下了很大的工夫，结合国家职业资格认证、数码维修工程师考核认证的专业考核规范，对电工电子行业需要的相关技能进行整理，并将其融入到实际的应用案例中，力求让读者能够学到有用的东西，能够学以致用。另外，本书在表现形式方面也更加多样，将“图解”、“图表”、“图注”等多种表现形式融入到知识技能的讲解中，使之更加生动形象。

此外，本书在语言表达上做了大胆的突破和尝试：从目录开始，章节的标题就采用更加直接、更加口语化的表述方式，让读者一看就能明白所要表达的内容是什么；书中的文字表述也是力求更加口语化，更加简洁明确。在此基础上，与书中众多模块的配合，本书营造出一种情景课堂的学习氛围，充分调动读者的学习兴趣，确保在最短时间内完成知识技能的飞速提升，使读者学习兴趣和学习效果都大大提升。同时在语言文字和图形符号方面，本书尽量与广大读者的行业用语习惯贴近，而非机械地向有关标准看齐，这点请广大读者注意。

本书由韩雪涛任主编，韩广兴、吴瑛任副主编，参与编写的人员还有张丽梅、宋永欣、梁明、宋明芳、孙涛、马楠、韩菲、张湘萍、吴鹏飞、韩雪冬、吴玮、高瑞征、吴惠英、周文静、王新霞、孙承满、周洋、马敬宇等。

另外，本书得到了数码维修工程师鉴定指导中心的大力支持。为了更好地满足广大读者的需求，以达到最佳的学习效果，本书读者除可获得免费的专业技术咨询外，每本图书都附赠价值50积分的数码维修工程师远程培训基金（培训基金以“学习卡”的形式提供），读者可凭借此卡登录数码维修工程师的官方网站（www. chinadse. org）获得超值技术服务。网站提供有最新的行业信息，大量的视频教学资源、图纸手册等学习资料，以及技术论坛等。读者凭借学习卡可随时了解最新的数码维修工程师考核培训信息；知晓电工电子领域的业界动态；实现远程在线视频学习；下载需要的图纸、技术手册等学习资料。此外，读者还可通过网站的技术交流平台进行技术交流与咨询。

读者通过学习与实践后，还可报名参加相关资质的国家职业资格或工程师资格认证，通过考核后可获得相应等级的国家职业资格或数码维修工程师资格证书。如果读者在学习和考核认证方面有什么问题，可通过以下方式与我们联系。

数码维修工程师鉴定指导中心

网　　址：http：//www. chinadse. org

联系电话：022-83718162/83715667/13114807267

E-mail：chinadse@163. com

地　　址：天津市南开区榕苑路4号天发科技园8-1-401

邮　　编：300384

编　者

2014年春

目 录

简单轻松学
电气安装

第1章 必须了解的电工电路知识

在开始学习电气安装之前，我们首先要对电工电路有一定的认识和了解。这也是学习电气安装的基础。在这一章中，我们将通过许多精彩案例帮助大家形象地认识电的概念，知晓什么是直流电，什么是交流电，明了电压、电流、电动势、电位这些陌生词语背后的含义以及它们之间的关系。相信这一章的学习过程会非常有趣，会让大家受益匪浅。

1.1 直流电和交流电有什么区别

要了解直流电和交流电首先要知道什么是直流电、什么是交流电，直流电与交流电是如何产生的，原理是怎样的，掌握了这些也就知道了直流电和交流电的区别了。下面，就来为大家介绍一下什么是直流电、什么是交流电。

电能是由发电站产生的，发电站可将其他形式的能量转换为电能，电能由发电站升压后，经高压输电电线传输到城市或乡村，为工业、商业设施以及家庭提供380V或220V的交流电，如图1-1所示。此外，家庭或企业中的有些电子产品是由直流电进行供电，大多数的直流电都是由电池或整流电路提供的。

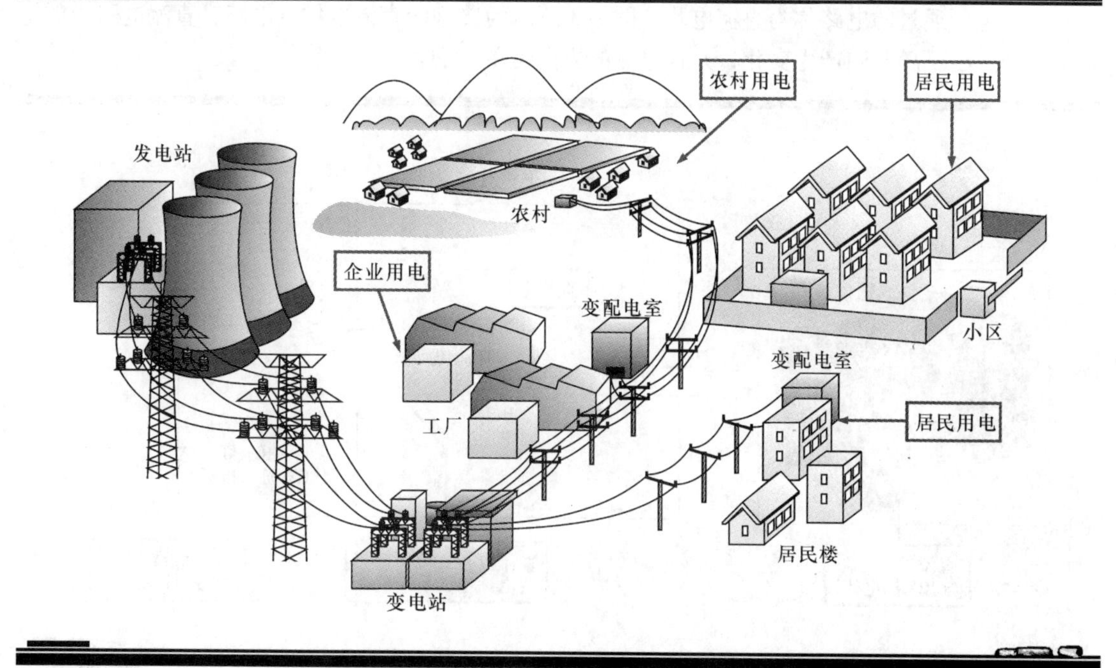

图1-1 电能的应用

1.1.1　什么是直流电

直流电（简称 DC）一般是指方向不随时间作周期性变化的电流，那么我们将直流电通过的电路称为直流电路，它主要是由直流电源和负载构成的闭合电路。

电工技术人员在工作中常常与交流电打交道。生活中所有的电气产品都需要有供电电源才能正常工作，大多数的家用电器设备都是由市电交流 220V、50Hz 作为供电电源。这是我国公共用电的统一标准，交流 220V 电压是指相线（火线）对零线的电压。动力和城市的供电是由三相高压经变压器变成三相 380V 电压提供的，即相线之间的电压为 380V，而每根相线与零线之间的电压为 220V。

直流电的电流流向单一，其方向和时间不作周期性变化。在生活和生产中采用电池供电的电器，如低压小功率照明灯、直流电动机等，都是直流供电方式。还有许多电器是利用交流一直流变换器，将交流变成直流再为电器产品供电。

直流可以分为脉动直流和恒定直流两种，如图 1-2 所示。脉动直流中直流电流大小不稳定，而恒定直流中的直流电流大小能够一直保持恒定不变。

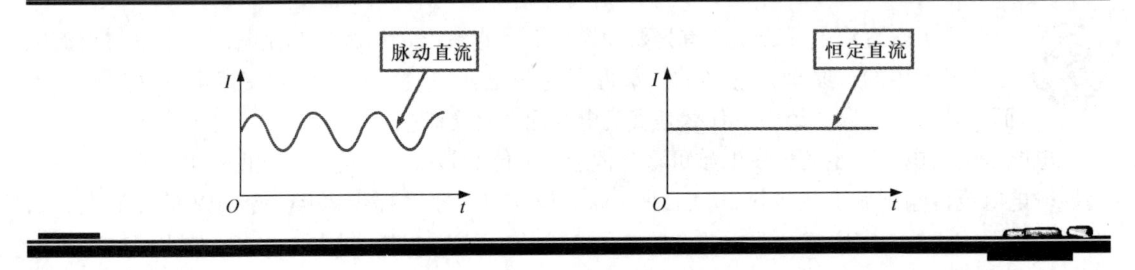

图 1-2　脉动直流和恒定直流

直流电所通过的电路称为直流电路。图 1-3 所示为典型的直流电供电电路，直流电路中的电流方向和大小不随时间产生变化，并且电流的方向是单一的。

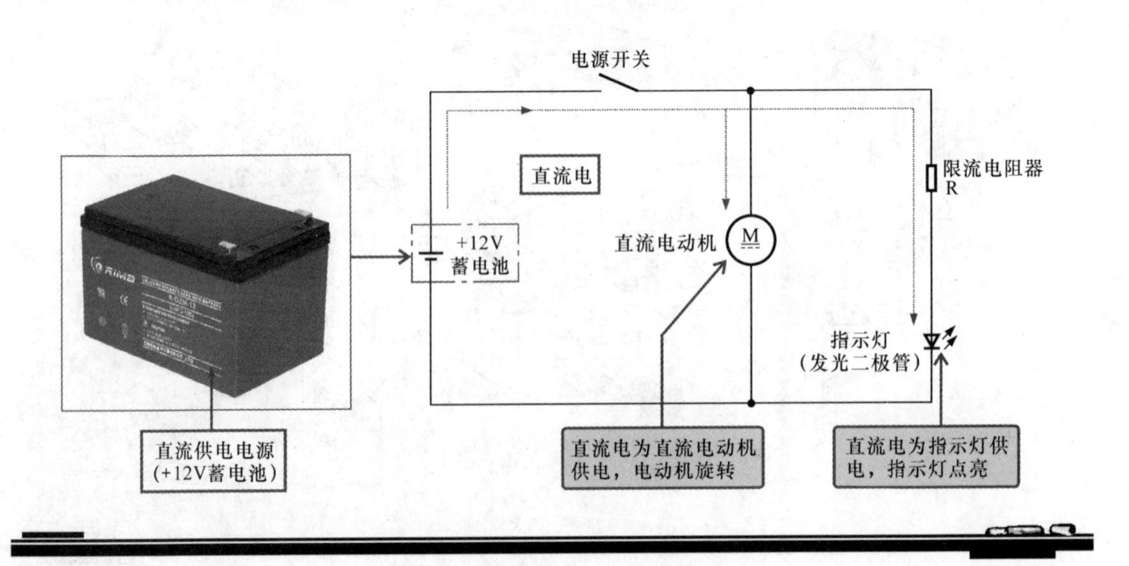

图 1-3　典型的直流电供电电路

直流电源是形成并保持电路中恒定直流的供电装置，如干电池、蓄电池、直流发电机等直流电源，直流电源有正、负两级、当直流电源为电路供电时，直流电源能够使电路两端之间保持恒定的电位差，从而在外电路中形成由电源正极到负极的电流，如图1-4所示。

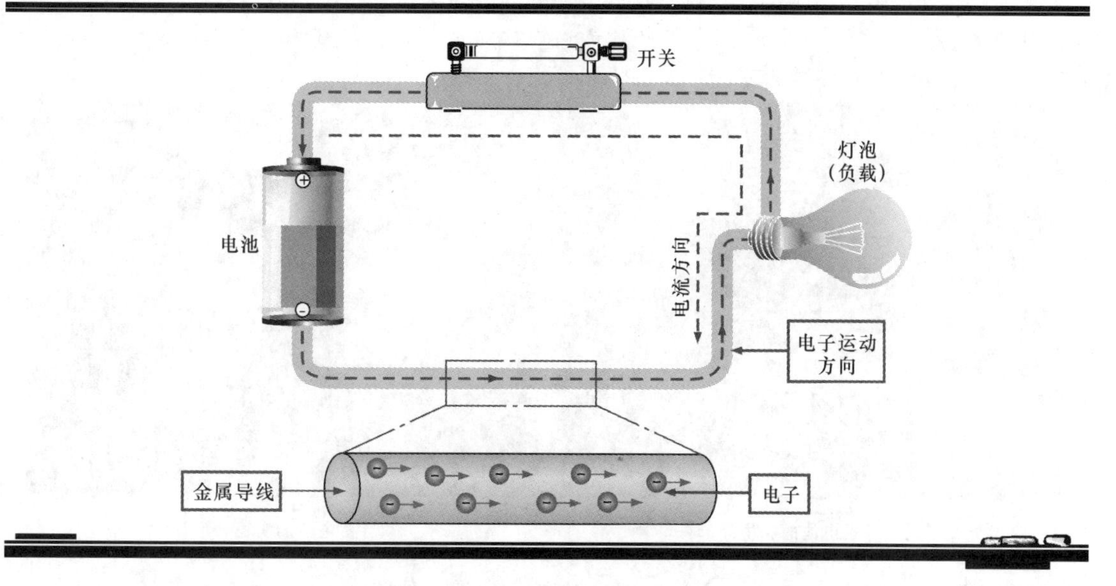

图1-4　电流的形成

直流电的电源主要有两种，即电池直流供电和交流－直流变换器供电。

1. 电池直流供电

电池可以用来储存直流电，并为一些采用直流电压进行供电的设备提供供电，日常生活中的小型电器设备大多数是由电池进行供电的，如照相机、MP3、手机、遥控器、电动剃须刀等。图1-5所示为典型电池的实物外形。

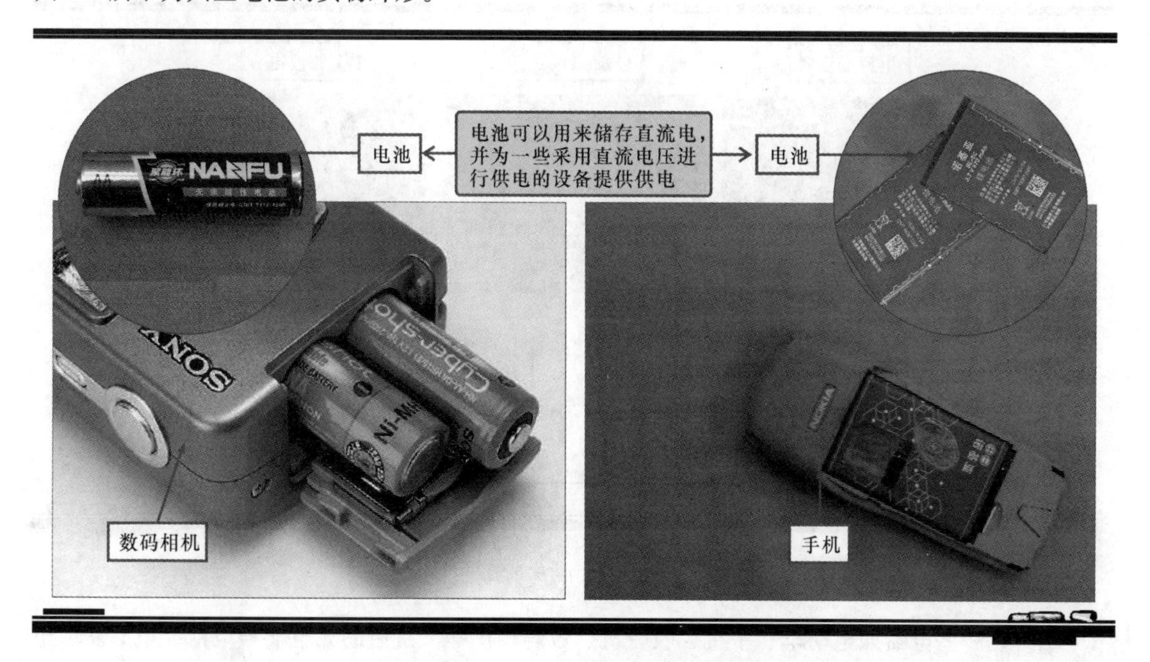

图1-5　典型电池的实物外形

【资料】

直流电的蓄电池又可以分为两种，即干电池和蓄电池，其外形如图1-6所示。干电池是一种固态电池，具有一定的电压和电池容量，随着使用消耗其内部储存的电能，直到电能耗尽，不能再次使用；而蓄电池是一种可以重复利用的电池，当其输出电压低于一定值时，可以经充电恢复使用。

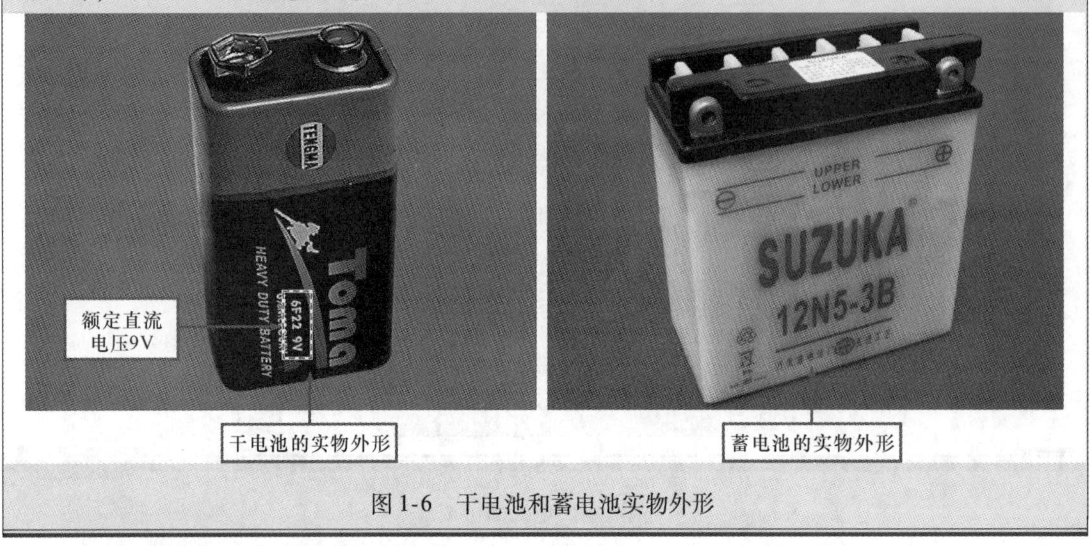

图1-6　干电池和蓄电池实物外形

2. 交流－直流变换器供电

家庭中的供电都是采用交流220V、50Hz的电源，而家用电器产品内部的电路大多需要多种直流电压，因此需要一些电路将交流220V电压变为直流电压，供电路各部分使用。图1-7所示为典型的交流－直流变换电路。

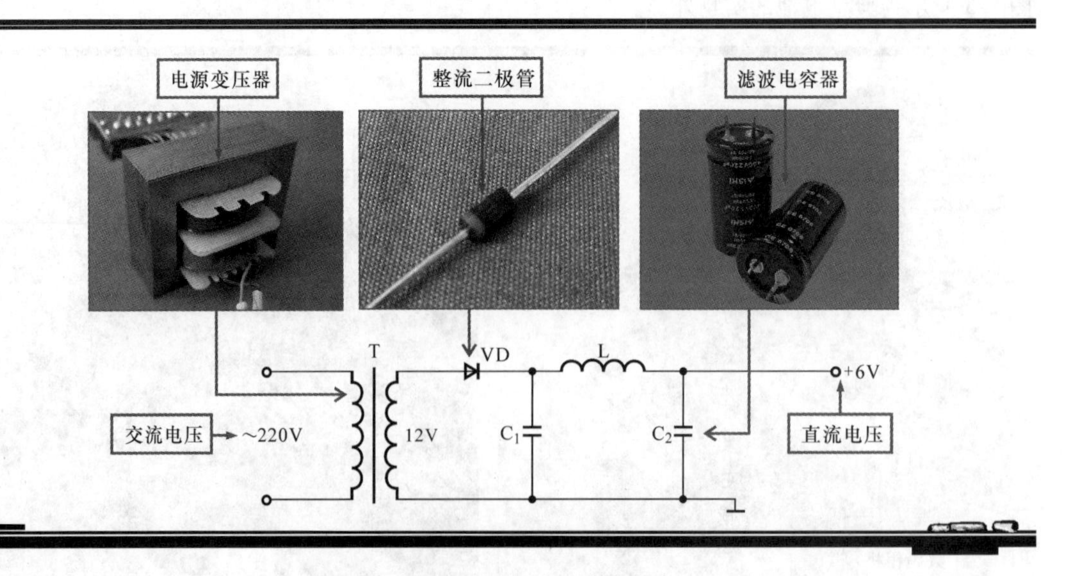

图1-7　典型的交流－直流变换电路

另外，一些电器如电动车、手机、收音机、数码相机等，是借助充电器给电池充电后获取电池的直流电压。值得一提的是，不论是汽车、电动车的大电流充电器，还是手机、收音机等小型充电器，都需要从市电交流220V的电源中获得能量，充电器将交流220V变为所需的直流电压进行充电。还有一些电子产品将直流电源作为附件，制成一个独立的电路单元（又称适配器）。如笔记本电脑、摄录一体机等，通过电源适配器与220V相连，适配器将220V交流电转变为直流电后为用电设备提供所需要的直流电压，如图1-8所示。

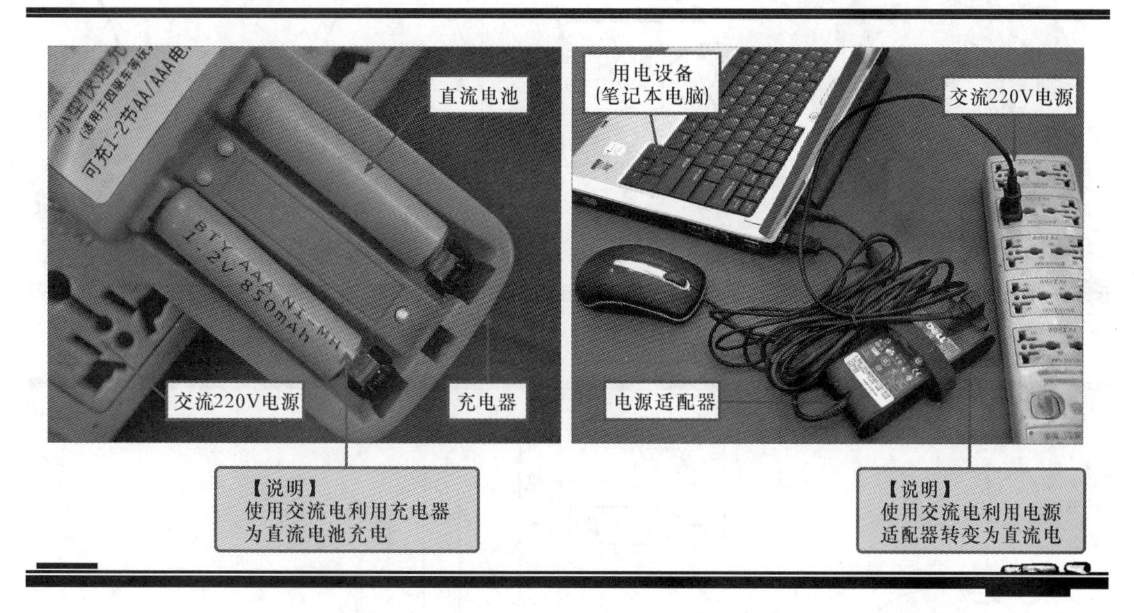

图1-8　利用交流-直流变换器供电的设备

1.1.2　什么是交流电

交流电（简称AC）一般是指大小和方向会随时间做周期性变化的电流，那么我们将交流电通过的电路称为交流电路。在实际使用中由于交流电随时间作周期变化，所以在交流电路中使用的电子元器件不仅有电阻器而且有电容器、电感器等。

交流电的电流大小、方向会随时间作有规律周期变化，交流发电机可以产生单相和三相交流电压。

1. 单相交流电

单相交流电是以一个交变电动势作为电源的电力系统，在单相交流电路中，只具有单一的交流电压，其电流和电压都是按一定的频率随时间变化。

下面介绍单相交流电的产生。如图1-9所示，在单相交流发电机中，只有一个线圈绕制在铁心上构成定子，转子是永磁体，当其内部的定子和线圈为一组时，它所产生的感应电动势（电压）也为一组，由两条线进行传输，这种电源就是单相电源。

交流发电机的基本结构及电动势的波形如图1-10所示。转子是由永磁体构成的，当水轮机或汽轮机带动发电机转子旋转时，转子磁极旋转，会对定子线圈辐射磁场，磁力线切割定子线圈，定子线圈中便会产生感应电动势，转子磁极转动一周就会使定子线圈产生相应的电动势（电压）。

由于感应电动势的强弱与感应磁场的强度成正比，感应电动势的极性也与感应磁场的极性相对应，因此定子线圈所受到的感应磁场是正反向交替周期性变化的。转子磁极匀速转动时，感应磁场是按正弦规律变化的，因此发电机输出的电动势为正弦波形。

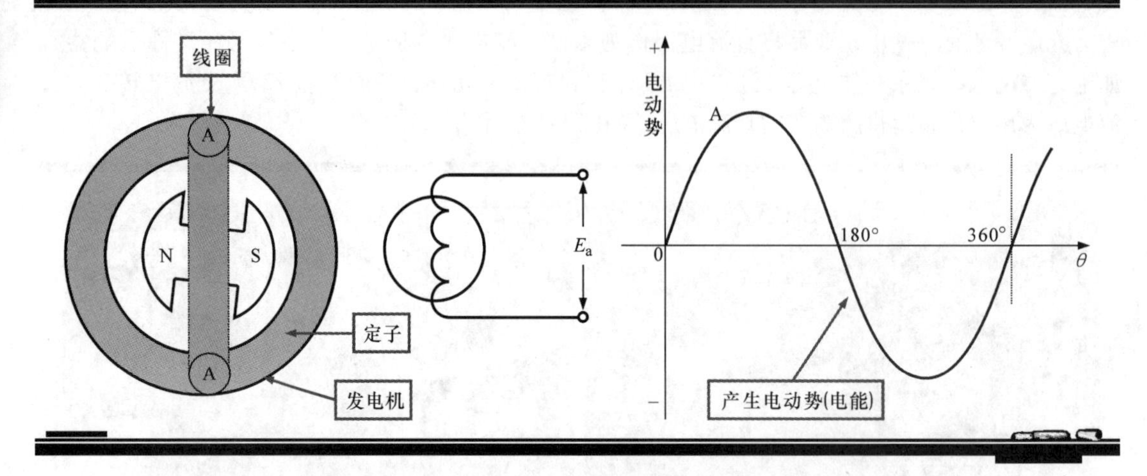

图 1-9　单相交流电的产生

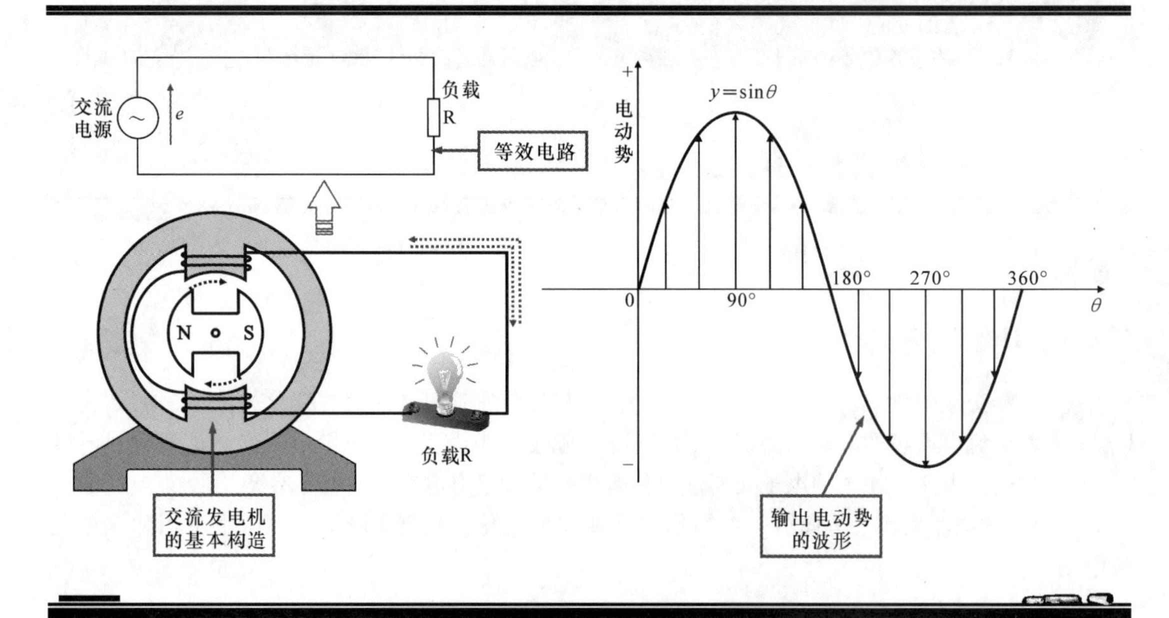

图 1-10　交流发电机的基本结构及电动势的波形

单相交流电（即交流 220V 市电）普遍用于人们的日常生活和生产中，多做照明用和家庭用电。

2. 三相交流电

三相交流电是三个频率相同、电势振幅相等、相位差互差 120°的交流电路组成的一种电力系统，与单相交流电相比，三相交流电应用更为广泛，在发电、输配电以及电能转换为机械能方面都有明显的优势。

通常，三相交流电是由三相交流发电动机产生的，如图 1-11 所示。在定子槽内放置着三个结构相同的定子绕组 A、B、C，这些绕组在空间互隔 120°角。转子旋转时，其磁场在空间按正弦规律变化，当转子由水轮机或汽轮机带动以角速度 ω 等速地顺时针方向旋转时，在三个定子绕组中，就产生频率相同、幅值相等、相位上互差 120°的三个正弦电动势，这样就形成了对称三相电动势。

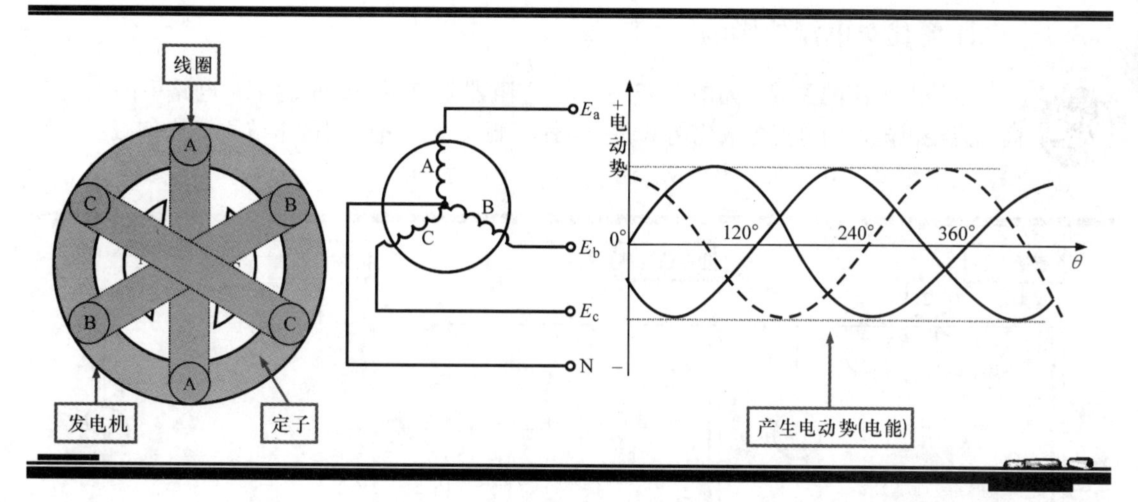

图1-11　三相交流发电动机示意图

大部分工业和大功率电力设备都需要三相电压。三相电源供电系统可以分为三个单相电源供电系统。实际上，住宅用电的供给是从三相配电系统中抽取其中的某一相作为电源。三相交流电路中，相线与零线之间的电压为220V，而相线与相线之间的电压为380V，如图1-12所示。

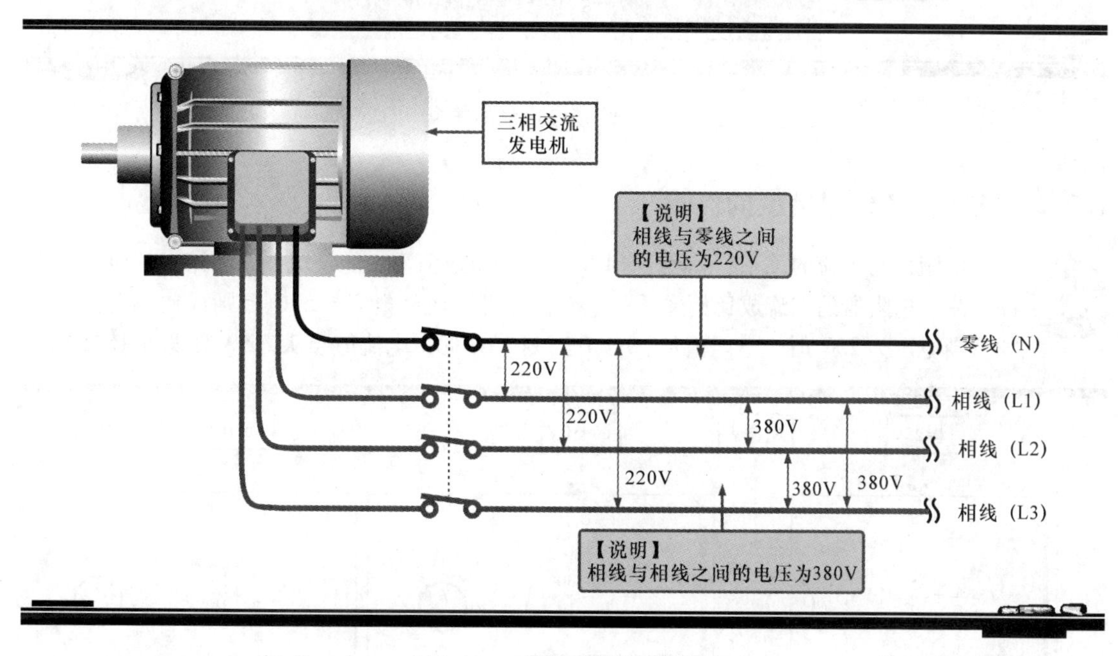

图1-12　三相交流电路的电压

1.2　欧姆定律是什么

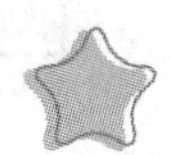

欧姆定律反映了电压（U）、电流（I）和电阻（R）之间的关系，在电路中，流过电阻器的电流与电阻器两端的电压成正比，与电阻值成反比，即$I=U/R$，这就是欧姆定律的基本概念，它是电路中最基本的定律之一。

1.2.1 电压变化对电流的影响

电压与电流的关系，如图 1-13 所示。电阻器阻值不变的情况下，电路中的电压升高，流经电阻器的电流也成比例增加；电压降低，流经电阻器的电流也成比例减小。例如，当电阻值为 10Ω 时，电压从 25V 升高到 30V 时，电流值也会从 2.5A 升高到 3A。

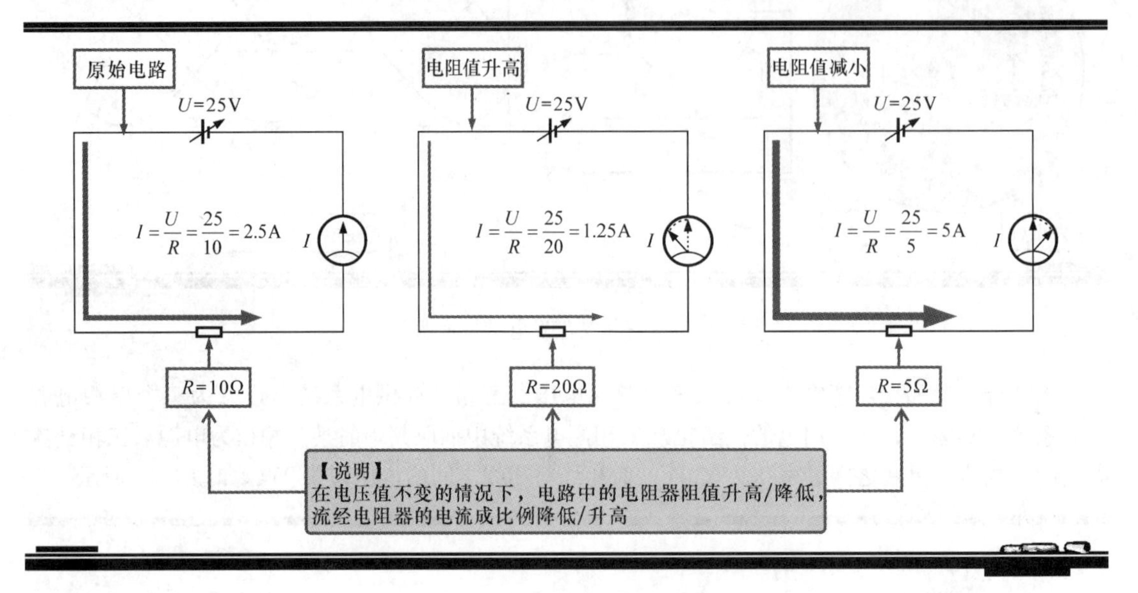

图 1-13　电压与电流的关系

1.2.2 电阻值变化对电流的影响

电阻值与电流的关系，如图 1-14 所示。当电压值不变的情况下，电路中的电阻值升高，流经电阻器的电流成比例降低；电阻值降低，流经电阻器的电流则成比例升高。例如，当电压为 25V 时，电阻值从 10Ω 升高到 20Ω 时，电流值会从 2.5A 降低到 1.25A。

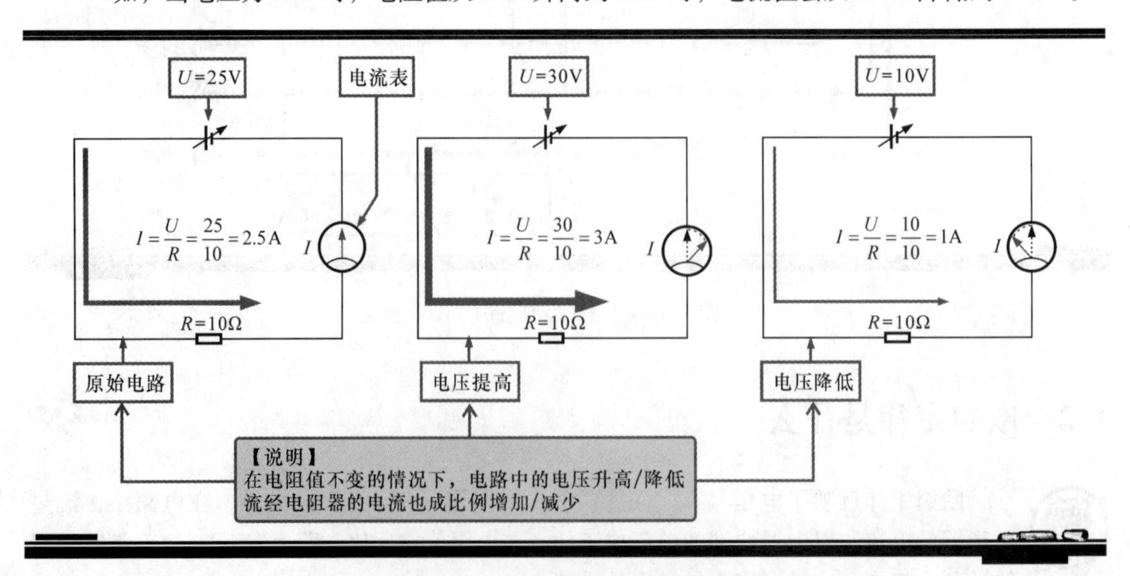

图 1-14　电阻值与电流的关系

1.3 电流和电动势有什么关系

1.3.1 电流

在导体的两端加上电压，导体内的电子就会在电场力的作用下做定向运动，形成电流。电流的方向规定为电子（负电荷）运动的反方向（即电流的方向与电子运动的方向相反）。

图1-15所示为由电池、开关、灯泡组成的电路模型。当开关闭合时，电路形成通路，电池的电动势形成了电压，继而产生了电场力，在电场力的作用下，处于电场内的电子便会定向移动，这就形成了电流。

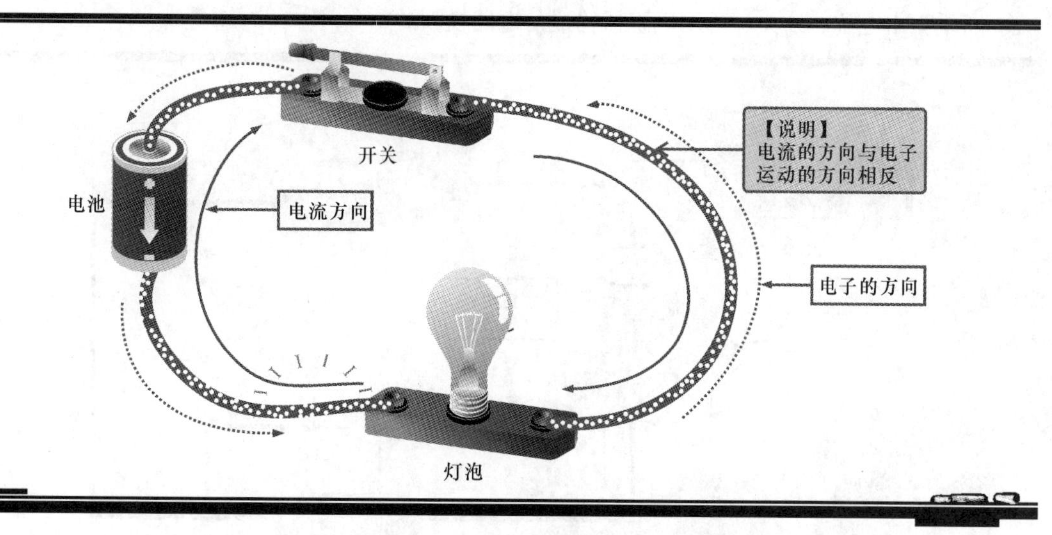

图1-15　由电池、开关、灯泡组成的电路模型

电流的大小称为电流强度（习惯简称“电流”），它是指在单位时间内通过导体横截面积的电荷量。电流强度使用字母“I”（或小写“i”）来表示，电流量使用“Q”（库伦）表示。若在t秒内通过导体横截面的电荷量是“Q”（库伦），则电流强度（规范的术语是“电流”）可用下式计算：

$$I=\frac{Q}{t}$$

电流的单位为“安培”，简称“安”，以字母“A”表示。根据不同的需要，还可以用“千安（kA）”、“毫安（mA）”和“微安（μA）”来表示。它们之间的关系为

$$1\text{kA}=1000\text{A}$$

$$1\text{mA}=10^{-3}\text{A}$$

$$1\mu\text{A}=10^{-6}\text{A}$$

1.3.2 电动势

电动势是描述电源性质的重要物理量，用字母“E”表示，单位为“V（伏特，简称伏）”，它是表示单位正电荷经电源内部，从负极移动到正极所做的功，它标志着电源

将其他形式能量转换成电路的动力（即电源供应电路的能力）。

电动势的含义用公式表示，即

$$E=\frac{W}{Q}$$

式中，E 为电动势，单位为“V”；W 为将正电荷经电源内部从负极引导正极所做的功，单位为“J（焦耳）”；Q 为移动的正电荷数量，单位为“C（库仑）”。

在闭合电路中，电动势是维持电流流动的电学量，电动势的方向规定为经电源内部，从电源的负极指向电源的正极。

电动势等于路端电压与内电压之和，用公式表示即为

$$E=U_{路}+U_{内}=IR+Ir$$

其中，$U_{路}$ 表示路端电压（即电源加在外电路端的电压），$U_{内}$ 表示内电压（即电池因内阻自行消耗的电压），I 表示闭合电路的电流，R 表示外电路总电阻（简称外阻），r 表示电源的内阻。图 1-16 所示为由电源、开关、可调电阻器构成的电路模型。

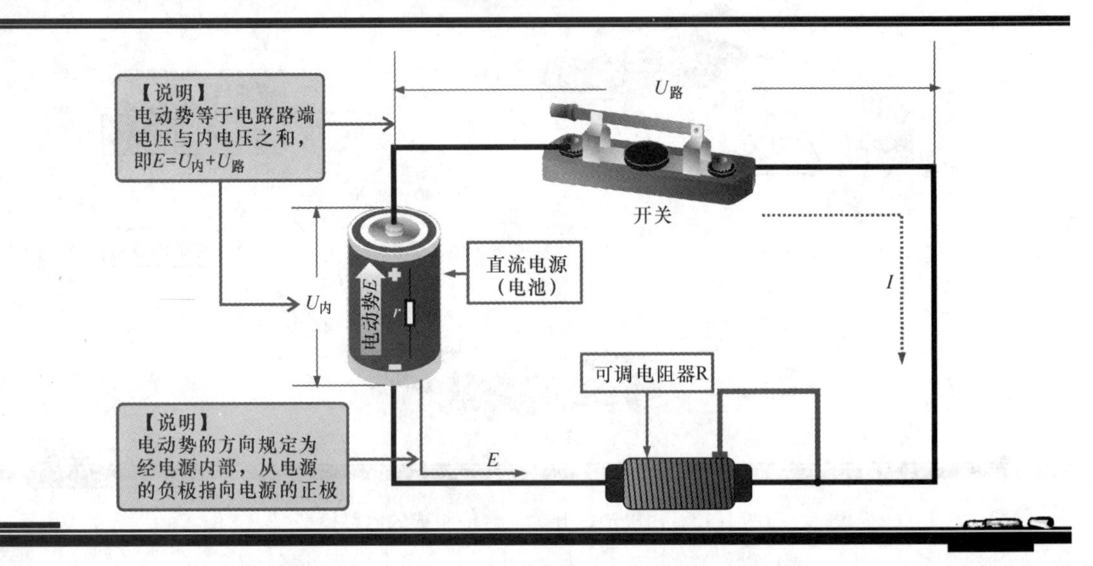

图 1-16　由电源、开关、可调电阻器构成的电路模型

【资料】

对于确定的电源来说，电动势 E 和内阻都是一定的。若闭合电路中外电阻 R 增大，电流 I 便会减小，内电压 $U_{内}$ 减小，故路端电压 $U_{路}$ 增大。若闭合电路中外电阻 R 减小，电流 I 便会增大，内电压 $U_{内}$ 增大，故路端电压 $U_{路}$ 减小，当外电路断开，外电阻 R 无限大，电流 I 便会为零，内电压 $U_{内}$ 也变为零，此时路端电压就等于电源的电动势。

1.4　电位与电压有什么关系

电位是指该点与指定的零电位的差距，电压则是指电路中两点间电位的差距。下面，就来学习电位与电压。

1.4.1 电位

电位也称电势，单位为伏特（V），用符号“φ”表示，它的值是相对的，电路中某点电位的大小与参考点的选择有关。

图1-17所示为由电池、三个阻值相同的电阻器和开关构成的电路模型（电位的原理）。电路以A点作为参考点，A点的电位即为0V（即$\varphi_A=0V$），则B点的电位即为0.5V（即$\varphi_B=0.5V$），C点的电位即为1V，即$\varphi_C=1V$，D点的电位即为1.5V（即$\varphi_D=1.5V$）。

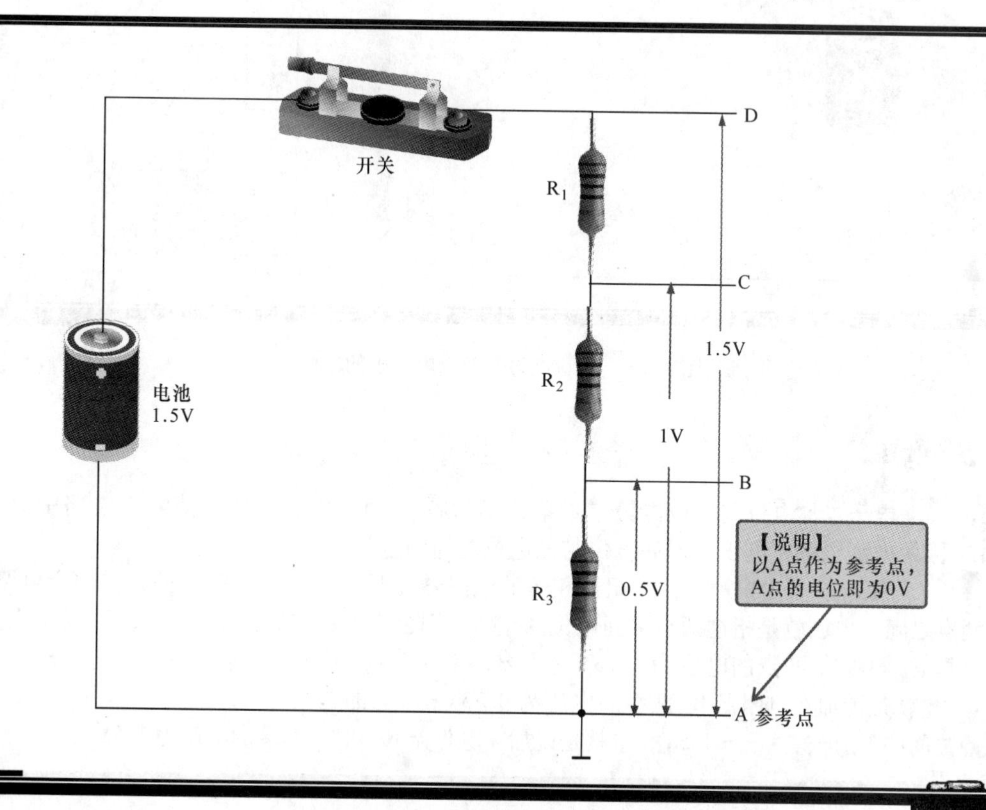

图1-17 电池、三个阻值相同的电阻器和开关构成的电路模型（电位的原理）

图1-18所示为以B点为参考点的电路中的电位，B点的电位为0V（即$\varphi_B=0V$），则A点的电位为-0.5V（即$\varphi_A=-0.5V$）；C点的电位为0.5V（即$\varphi_C=0.5V$）；D点的电位为1V（即$\varphi_D=1V$）。

【资料】

若以C点为参考点，C点的电位即为0V，即$\varphi_C=0V$；则A点的电位即为-1V，即$\varphi_A=-1V$；B点的电位即为-0.5V，即$\varphi_B=-0.5V$；D点的电位即为0.5V，即$\varphi_D=0.5V$。若以D点为参考点，D点的电位即为0V，即$\varphi_D=0V$；则A点的电位即为-1.5V，即$\varphi_A=-1.5V$；B点的电位即为-1V，即$\varphi_B=-1V$；C点的电位即为-0.5V，即$\varphi_C=-0.5V$。

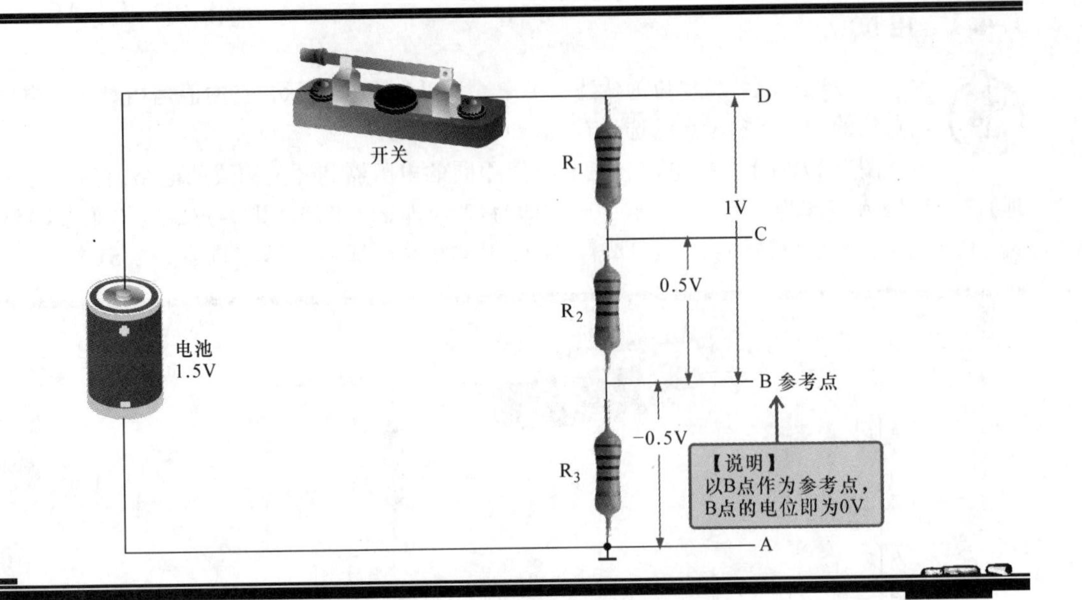

图 1-18　以 B 点为参考点电路中的电位

1.4.2　电压

电压也称电位差（或电势差）单位是伏特（V）。电流之所以能够在电路中流动是因为电路中存在电压（即高电位与低电位之间的差值）。

图 1-19 是由电池、两个阻值相等的电阻器和开关构成的电路模型。在闭合电路中，任意两点之间的电压就是指这两点之间电位的差值，用公式表示即为 $U_{AB}=\varphi_A-\varphi_B$，以 A 点为参考点（即 $\varphi_A=0V$），B 点的电位为 0.75V（即 $\varphi_B=0.75V$），B 点与 A 点之间的 $U_{AB}=\varphi_A-\varphi_B=0.75V$，也就是说加在电阻器 R_2 两端的电压为 0.75V；C 点的电位为 1.5V（即 $\varphi_C=1.5V$），C 点与 A 点之间的 $U_{AC}=\varphi_C-\varphi_A=1.5V$，也就是说加在电阻器 R_1 和 R_2 两端的电压为 1.5V。

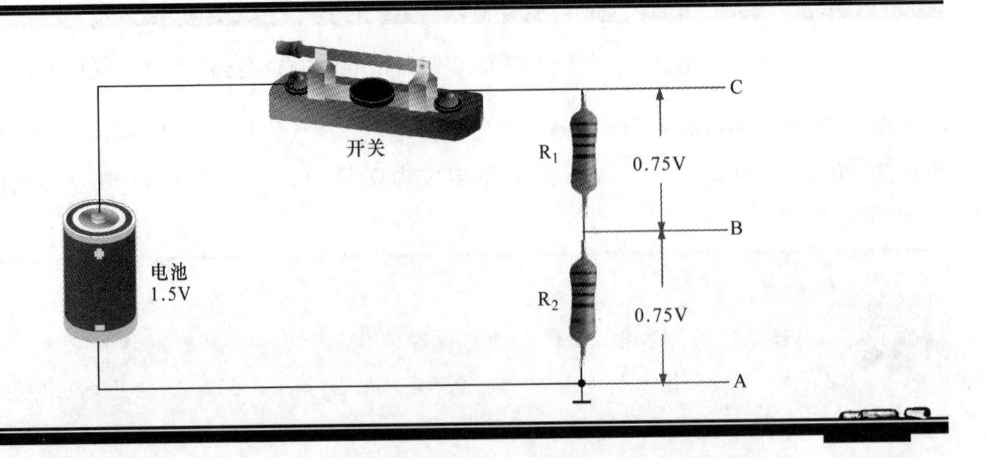

图 1-19　电池、两个阻值相等的电阻器和开关构成的电路模型（电压的原理）

但若单独衡量电阻器 R_1 两端的电压（即 U_{BC}），若以 B 点为参考点（$\varphi_B=0$），C 点电位即为 0.75V（$\varphi_C=0.75V$），因此加在电阻器 R_1 两端的电压仍为 0.75V（即 $U_{BC}=0.75V$）。

第 2 章 学会看懂电工电路图

现在，开始进入第 2 章的学习，这一章我们要学习如何看懂电工电路图。在电气安装作业中，识读电工电路图是一项非常基础且重要的专项技能。为了让大家能够快速掌握电工电路图的识读方法，我们将从电工电路图中的符号和标识入手，进而了解常用的电路连接方式，通过对典型电工电路图的识读，来体会识读的要领和诀窍，最终掌握电工电路的识图技能。

2.1 认识电工电路图中的符号和标识

电工电路图主要是由一些电子元器件、半导体器件以及电气部件根据不同的需求，按一定的顺序进行组合后构成具有特殊功能的电路。若要看懂电工电路图，首先要从基础做起，即对这些器件在电路中的符号以及标识进行学习，只有认识了这些器件后，再根据相关的符号或标识在电路中识别出该元器件，并进一步识读电路。

2.1.1 认识常用电子元件的符号和标识

电子元件是电工电路图中最基础、最常见的一种部件，不同的电子元件在电路图中的符号以及标识也有所不同，下面，我们分别对这些常用电子元件的符号和标识进行认识。

1. 电阻器的电路符号和标识

电阻器在电路中的图形符号为是"─▭─"，如图 2-1 所示，通常用字母"R"作为电阻器在电路图中的标识（即文字符号）。

电阻器是一种限制电流的元件，通常简称为电阻，电阻器主要是使用具有一定阻值的材料构成，两端的引脚用来与电路板进行焊接。

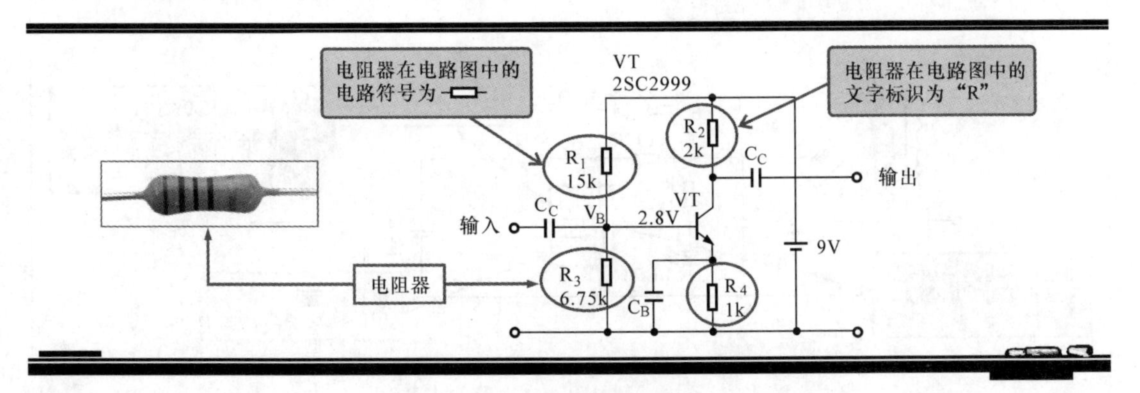

图 2-1 电阻器在电路中的符号和标识

电阻器的类型较多，不同类型的电阻器在电路图中的符号也有所不同，如表 2-1 所示。

表 2-1　电阻器的电路符号及其功能

种类及外形结构		电路符号	文字标识	功　　能
普通电阻器			R	电阻器在电路中一般起限流和分压的作用
敏感电阻器	压敏电阻器	U	RV	压敏电阻器具有过压保护和抑制浪涌电流的功能
	热敏电阻器	θ	RT	热敏电阻器的电阻值随温度变化而变化
	湿敏电阻器		R	湿敏电阻器的阻值随周围环境湿度的变化，常用作湿度检测元件
	光敏电阻器		RL	光敏电阻器的电阻值随光照的强弱变化，常用于光检测元件
可调电阻器			R、RP	可调电阻器、电位器主要是通过改变电阻值而改变分压大小

【注意】

不同类型的电阻器，在电路图中的符号也略有不同，例如压敏电阻器、可调电阻器、电位器等，如图 2-2 所示。

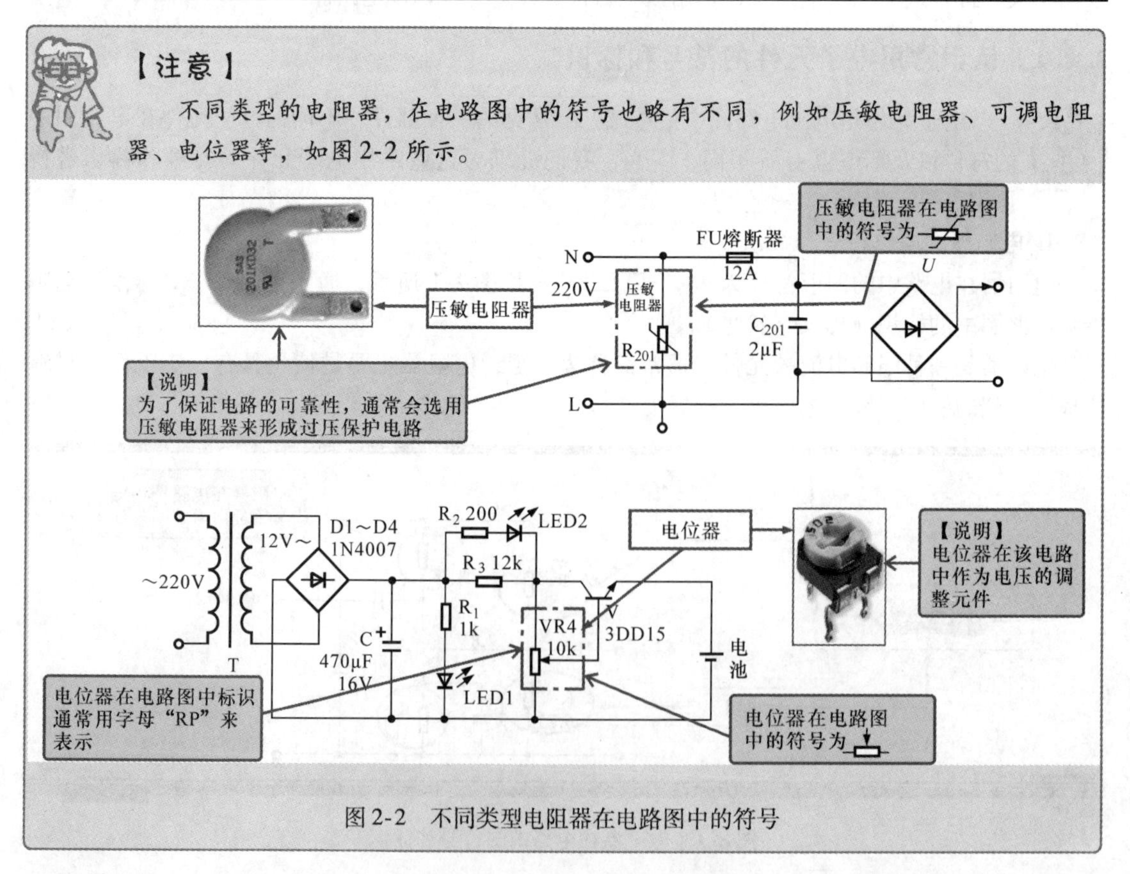

图 2-2　不同类型电阻器在电路图中的符号

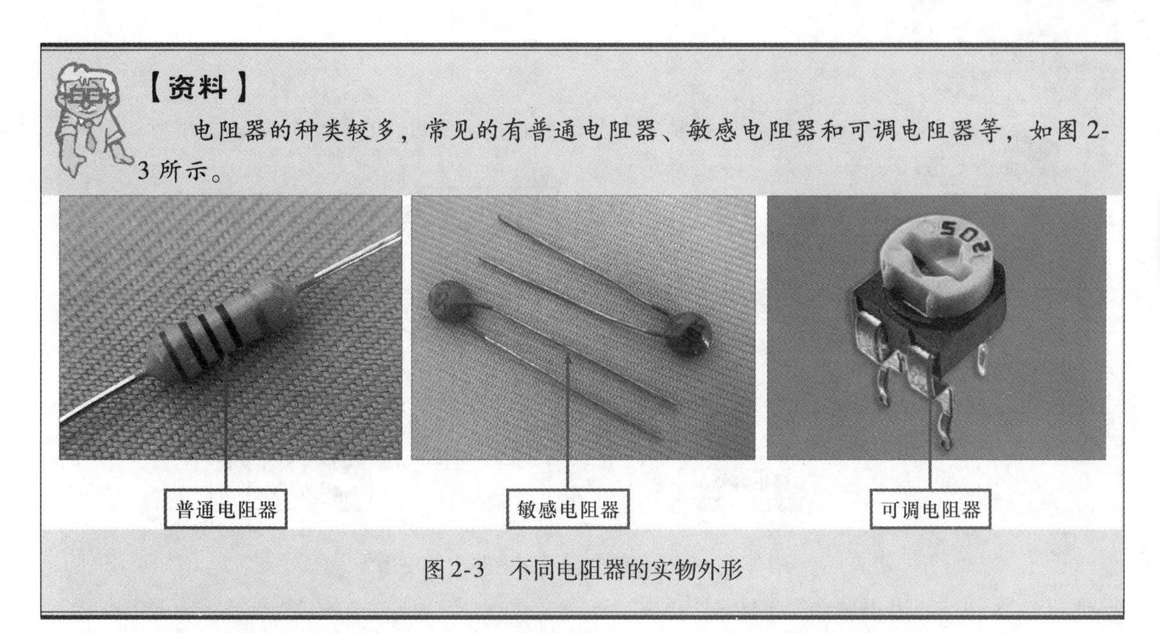

【资料】

电阻器的种类较多，常见的有普通电阻器、敏感电阻器和可调电阻器等，如图2-3所示。

图2-3　不同电阻器的实物外形

2. 电容器的电路符号和标识

电容器在电路图中也较为常见，该元件的电路符号为“$\dashv\vdash$”，通常使用字母“C”表示，如图2-4所示。

电容器是一种可储存电能的元件（储能元件），它的结构非常简单，主要是由两个互相靠近的导体中间夹一层不导电的绝缘介质构成的。

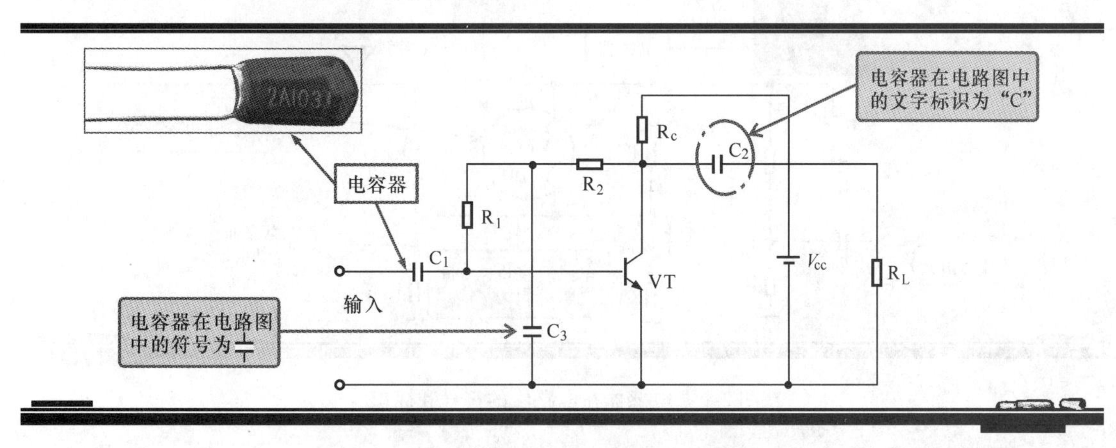

图2-4　电容器在电路中的符号和标识

在实际电路的应用中电容器的种类很多，不同类型的电容器在电路中和符号也略有不同，具体如表2-2所示。

表2-2　常用电容器的电路符号和名称标识对照表

类型	名称标识	电路符号	类型		名称标识	电路符号
普通电容器	C		可调电容器	单联可调电容器	C	
电解电容器	C	+		双联可调电容器	C	

【资料】

图2-5所示为不同类型电容器在电路中的具体使用，在对这些电容器进行识别时，主要是通过不同的电路符号进行识读。

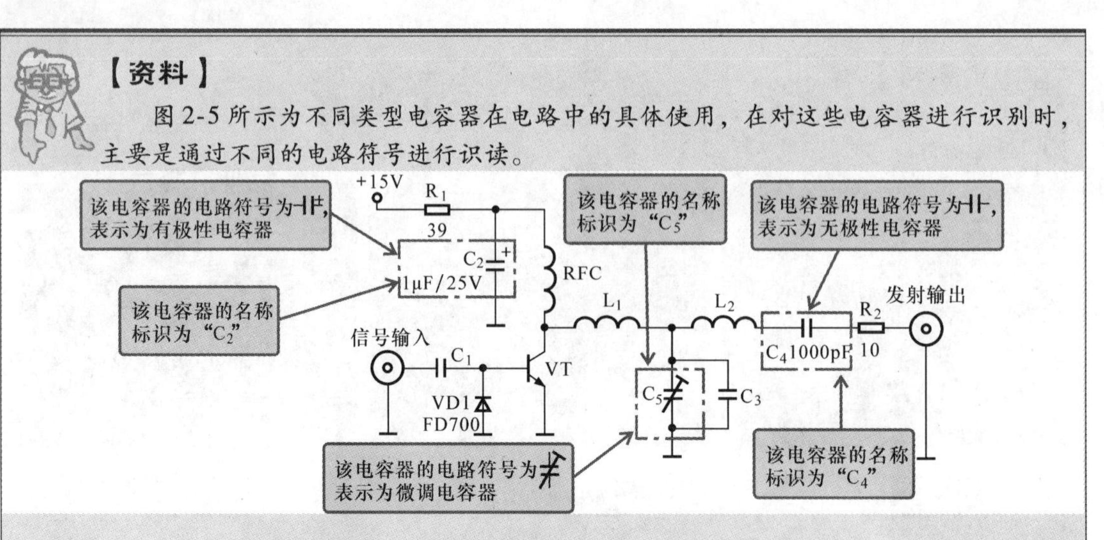

图2-5　不同类型电容器在电路中的使用

3. 电感器的电路符号和标识

电感器是一种储能元件，其电路符号为"—⌒⌒⌒—"，用字母"L"表示，如图2-6所示。这种元件可以把电能转换成磁能并储存起来。在电路中，当电流流过导体时，会产生电磁场，电磁场的大小与电流的大小成正比。

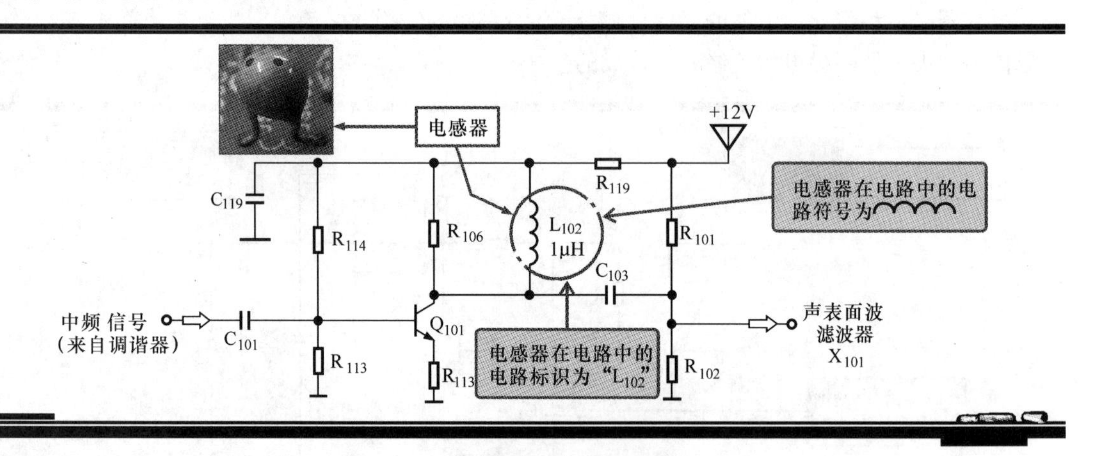

图2-6　电感器在电路中的符号和标识

【注意】

在实际应用中，电感器的种类较多，若要仔细识别其类型较为困难，此时可通过电感器的电路符号，大致判断出该电感器的类型，图2-7所示为电路图中常见的电感器的电路符号。

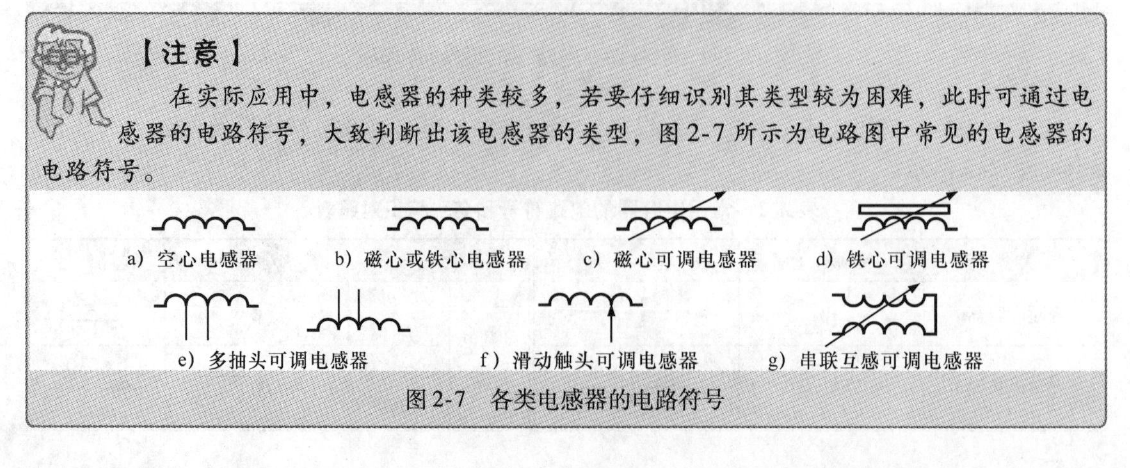

图2-7　各类电感器的电路符号

2.1.2 认识常用半导体器件的符号和标识

半导体器件主要包括二极管、三极管（晶体管）、晶闸管以及集成电路等，不同半导体器件在电路图中的符号以及标识也有所不同。下面，我们分别对这些常用电子元件的符号和标识进行认识。

1. 二极管的电路符号和标识

在电路图中，二极管的电路符号为“—▷|—”，字符标识为“VD”，如图2-8所示。在电路中，二极管最重要的特性就是单方向导电性，即在电路中，电流只能从二极管的正极流入，负极流出。

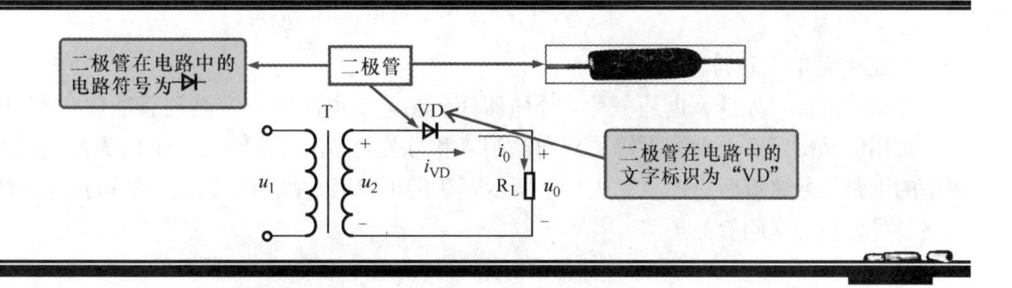

图2-8 二极管在电路图中的符号和标识

二极管种类有很多，根据实际功能的不同，常见的二极管主要有整流二极管、稳压二极管、检波二极管、发光二极管、光敏二极管、开关二极管、变容二极管、快恢复二极管、双向触发二极管等，它们的电路符号以及文字标识如表2-3所列。

表2-3 常用晶体二极管的电路符号和名称标识对照表

类型	名称标识	电路符号	类型	名称标识	电路符号
开关二极管	VD		光敏二极管（光电二极管）	VD	
检波二极管	VD				
稳压二极管	ZD		变容二极管	VD	
发光二极管	VD或LED		双向触发二极管	VD	

2. 三极管的电路符号和标识

在电路图中，三极管通常用“VT”作为文字标识；不同类型的三极管其电路符号略有差异，在进行识读时，可根据表2-4所列的常用三极管的电路符号作为参考。

表2-4 常用三极管的电路符号和名称标识对照表

类型	名称标识	电路符号	类型	名称标识	电路符号
NPN型三极管	VT		光敏三极管	VT	或
PNP型三极管	VT				

图2-9所示为三极管在实际电路中的应用，可通过电路符号和文字标识，找到三极管并确定该三极管的类型。

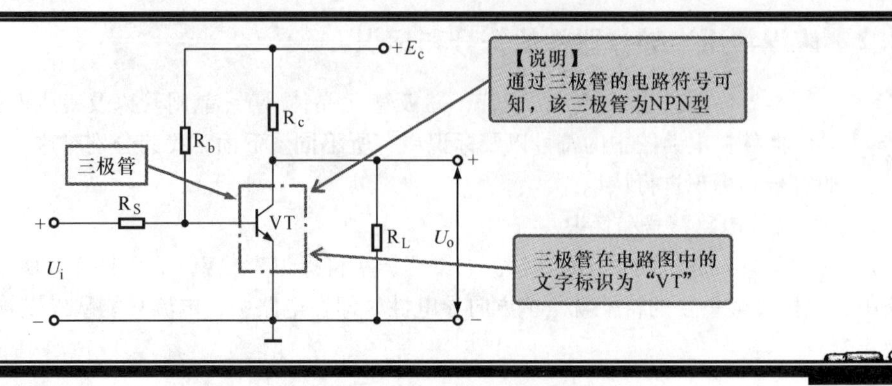

图 2-9　三极管在实际电路中的应用

3. 晶闸管的电路符号和标识

晶闸管又称可控硅，也是一种半导体器件，在电工电路图中，晶闸管通常用字符“VS”表示，常用的晶闸管有单向晶闸管、双向晶闸管和可关断晶闸管等种类，不同类型的晶闸管在电路图中的电路符号也有所不同，见表 2-5 所示。我们可以通过晶闸管的文字标识找到晶闸管，通过电路符号，确定晶闸管的类型。

表 2-5　常用晶闸管的电路符号和名称标识对照表

类型	名称标识	电路符号	类型	名称标识	电路符号
单向晶闸管（阴极受控）	VS 或 Q	阳极A 控制极G 阴极K	可关断晶闸管	VS 或 Q	阳极A 控制极G 阴极K
单向晶闸管（阳极受控）	VS 或 Q	阳极A 控制极G 阴极K	双向晶闸管	VS 或 Q	第二电极T2 控制极G 第一电极T1

图 2-10 所示为晶闸管在电路中的实际应用，可通过电路符号和文字标识，找到晶闸管并确定该晶闸管的类型。

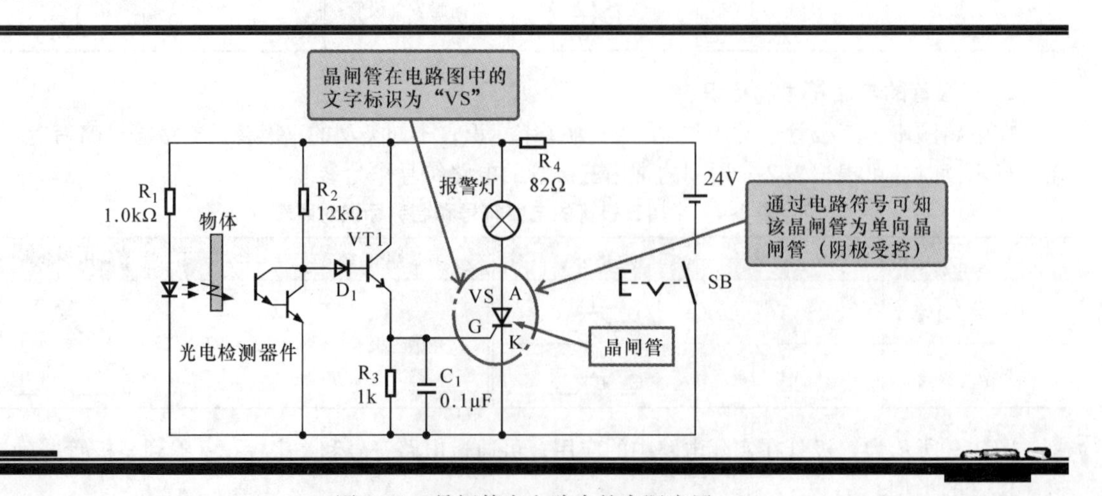

图 2-10　晶闸管在电路中的实际应用

4. 集成电路的电路符号和标识

集成电路与其他电子元件的符号标识不同，集成电路在电路中用“IC”“N”或“U”等标识。如图2-11所示，可以通过电路图上集成电路的型号标识和引脚标识，了解集成电路各个引脚的功能。

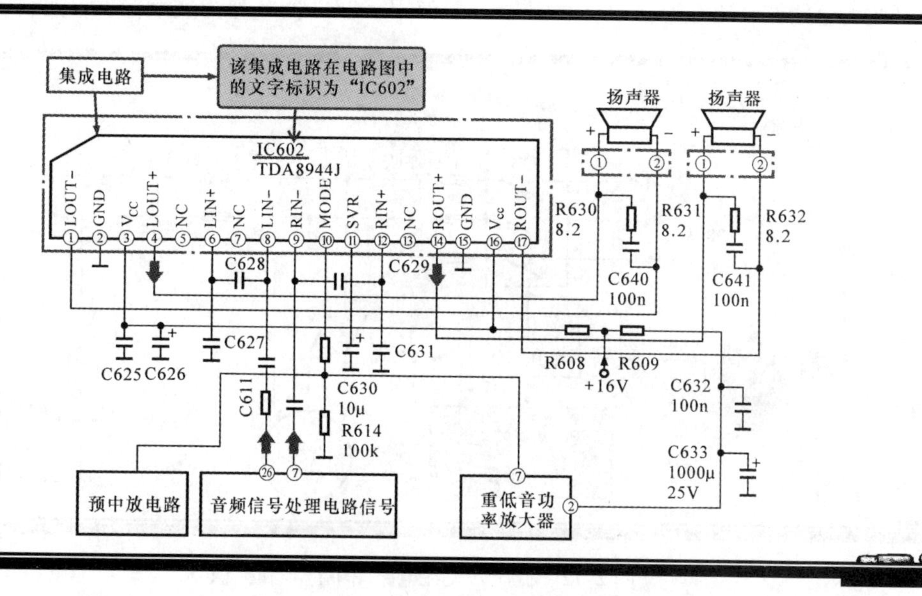

图2-11 集成电路在电路中的实际应用

通过电路图上的标识可知，该集成电路的标识为IC602、其型号为TDA8944J，引脚数为17个，通过其引脚功能和外围电路可知，该集成电路为音频功率放大器。若需要进一步对集成电路的各引脚功能进行了解，可通过集成电路手册进行查询，该集成电路的各引脚功能见表2-6所示。

表2-6 音频功率放大器TDA8944J引脚功能

引脚号	名称	引脚功能	引脚号	名称	引脚功能
①	LOUT -	左声道反相信号输出	⑩	MODE	模式控制信号（待机/静音）
②	GND	接地（1）	⑪	SVR	电容端
③	V_{CC}	电源+16V	⑫	RIN +	右声道同相信号输入
④	LOUT +	左声道同相信号输出	⑬	NC	空脚
⑤	NC	空脚	⑭	ROUT +	右声道同相信号输出
⑥	LIN +	左声道同相信号输入	⑮	GND	接地（2）
⑦	NC	空脚	⑯	V_{CC}	电源+16V
⑧	LIN -	左声道反相信号输入	⑰	ROUT -	右声道反相信号输出
⑨	RIN -	右声道反相信号输入			

2.1.3 认识常用电气部件的符号和标识

电气部件通常是电工电路图中的保护、控制器件，通常有低压开关、低压断路器、接触器、继电器等，不同的电气部件在电路图中的符号以及标识也有所不同，下面，我

们分别对这些常用电子元器件的符号和标识进行认识。

1. 低压开关的电路符号和标识

低压开关主要作隔离、转换及接通和分断电路用，多数用作机床电路的电源开关和局部照明电路的控制开关，有时也可用来直接控制小容量电动机的起动、停止和正、反转。在电路中，低压开关的电路符号通常为“ ”，一般使用字母“QS”作为文字标识，如图 2-12 所示。

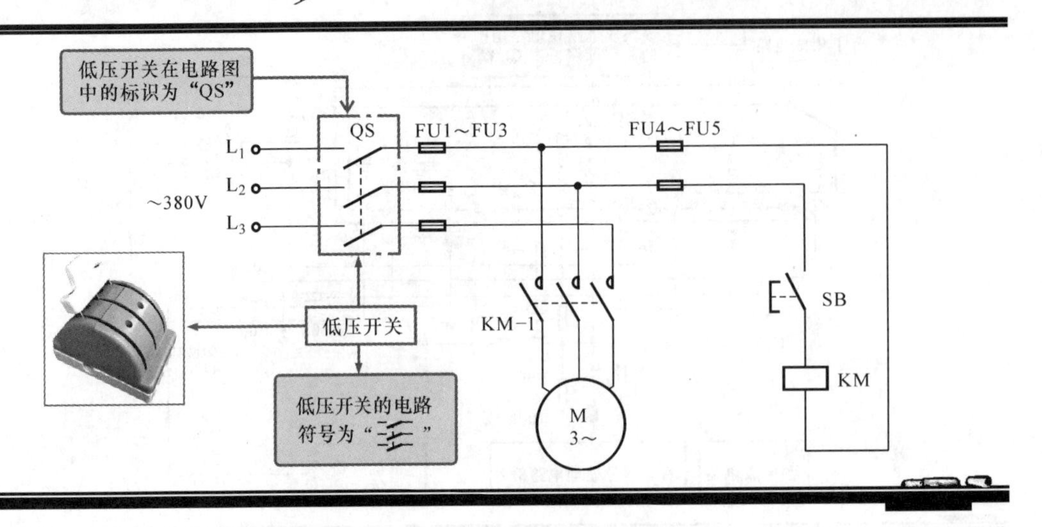

图 2-12　低压开关在电路图中符号和标识

2. 低压断路器的电路符号和标识

低压断路器又称自动空气开关或自动开关，它是一种既可以通过手动控制，也可自动控制的低压开关，主要用于接通或切断供电线路；这种开关具有过载、短路或欠电压保护的功能，常用于不频繁接通和切断电路中。

低压断路器在电工电路图中的电路符号为“ ”，通常用字母“QF”作为标识，如图 2-13 所示。

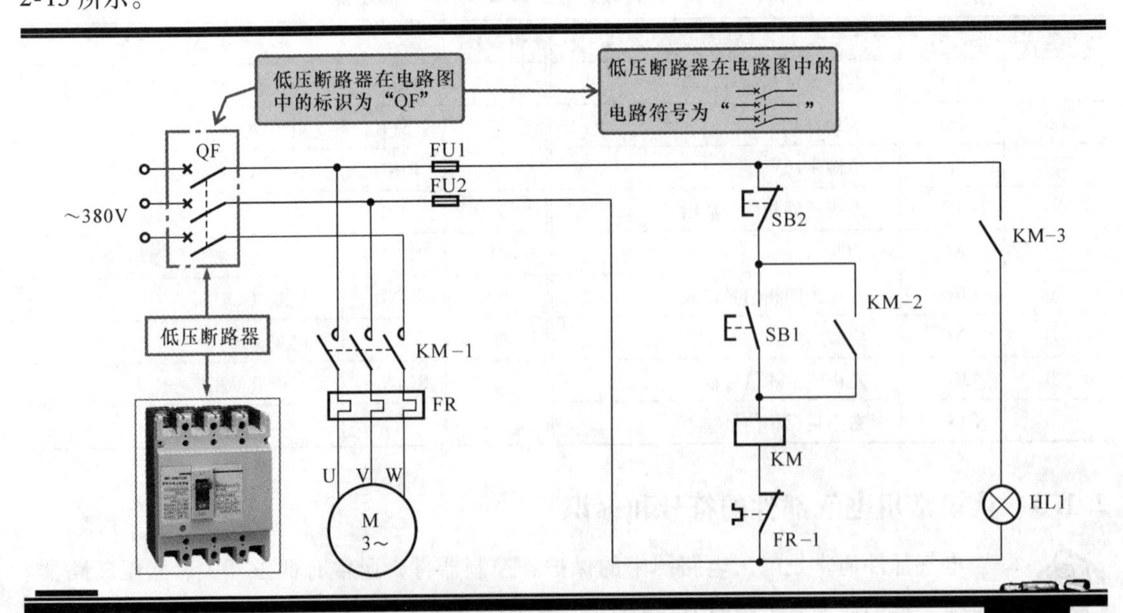

图 2-13　低压断路器在电路图中的符号和标识

3. 接触器的电路符号和标识

接触器也称电磁开关，是指通过电磁机构动作，频繁地接通和断开主电路的远距离操纵装置，主要用于控制电动机、电热设备、电焊机等，是电力拖动系统中使用最广泛的电气元件之一。

在电工电路图中，接触器的电路符号通常为“”，使用字母“KM”作为标识，如图2-14所示。

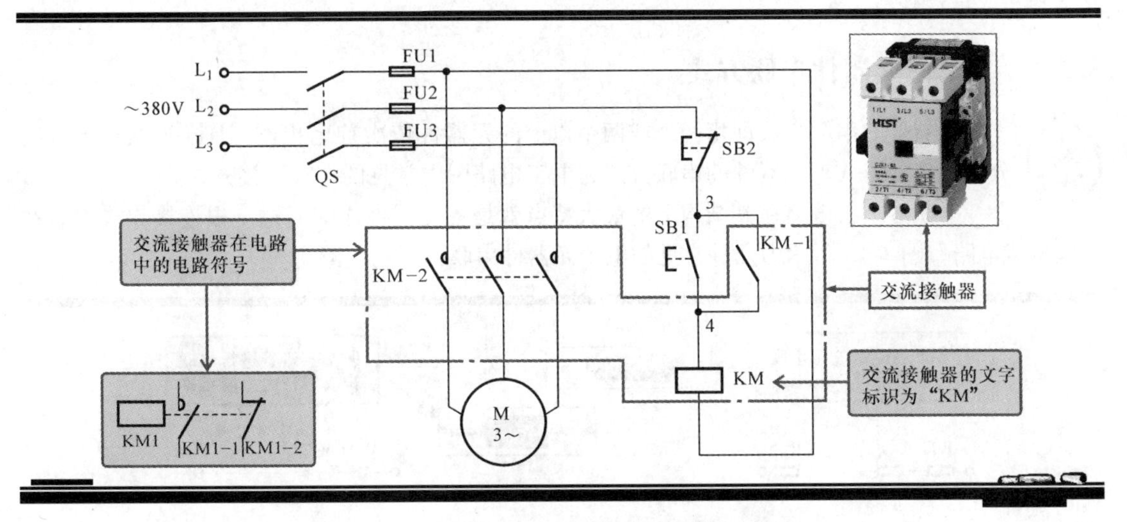

图2-14　接触器在电工电路图中的符号和标识

4. 继电器的电路符号和标识

继电器是一种根据外界输入量来控制电路“接通”或“断开”的自动电器。不同类型的继电器在电工电路图中的符号表现形式也有所不同，常见的继电器的基本符号见表2-7所示。

表2-7　常见继电器的基本符号

名称	符号	图形符号	名称	符号	图形符号
通用继电器	KM	KM　KM−1　或　KM　KM−1	时间继电器	KT	KT　KT−1　或　KT　KT−1
电压继电器	KV	U<　KV　KV−1　或　U<　KV　KV−1	中间继电器	KA	KA　KA−1　或　KA　KA−1
电流继电器	KA	I<　KA　KA−1　或　I<　KA　KA−1 t<　KA　KA−1　或　t<　KA　KA−1	压力继电器	KP	p　KP　KP−1　或　p　KP　KP−1
过热保护继电器	FR	FR　FR−1　或　FR　FR−1	速度继电器	KS	n<　KS　KS−1　或　n<　KS　KS−1

2.2 有意思的元器件连接方式

复杂的电工电路图是由不同元件按一定的连接方式进行连接后构成的，在学习看懂这些电路图之前，应先了解电工电路图中元器件的基本连接方式，然后再进一步学习识图。各元器件之间的连接方式大致可分为串联、并联等连接方式，下面，分别对元器件的连接方式进行学习。

2.2.1 简单的元器件串联方式

元器件的串联方式即指两个或两个以上的元器件依次首尾相连，且在连接点上没有分支的连接方式，元器件的串联方式为电工电路图中常见的一种连接方式。

串联方式的电路在其结构上的最大特点就是各元器件之间通过一根连接导线串联在一起构成电路，图 2-15 所示为几种常见的电子元器件串联构成的电路。

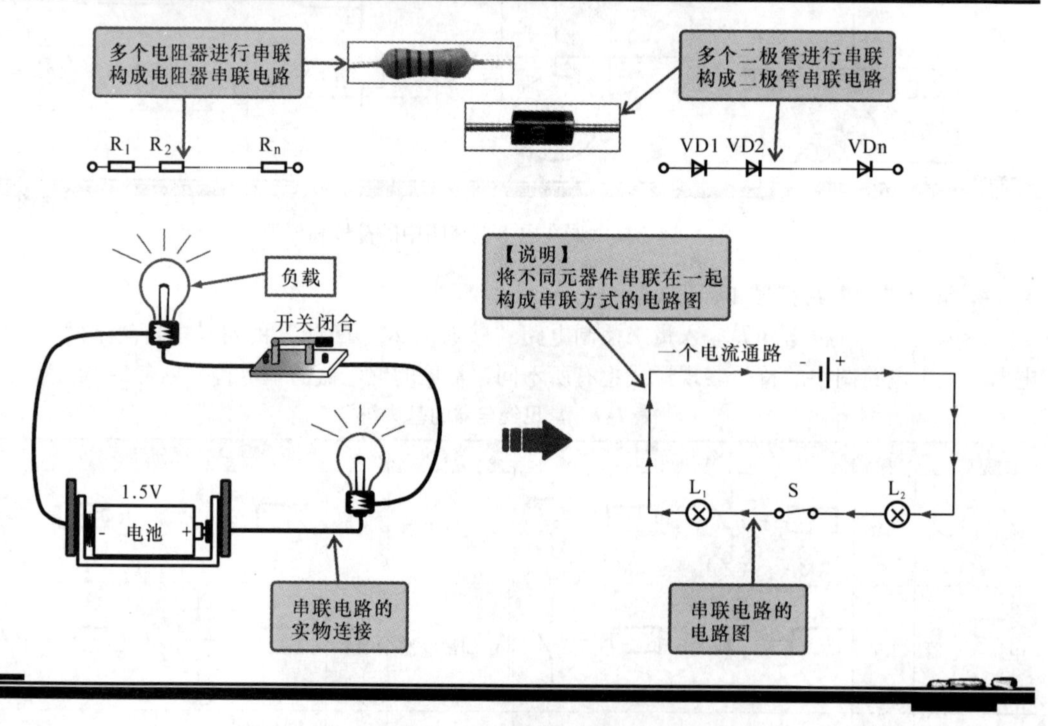

图 2-15　几种常见的电子器件串联构成的电路

【注意】

在串联电路中通过每个负载的电流量是相同的，且串联电路中只有一个电流通路，当开关断开或电路的某一点出现问题时，整个电路将变成断路状态。

在串联方式的电路中流过每个负载的电流相同，各个负载将分享电源电压。如图 2-16 所示，该电路中有三个相同的灯泡串联在一起，那么每个灯泡将得到 1/3 的电源电压量。每个串联的负载可分到的电压量与它自身的电阻值有关，即自身电阻值较大的负载会得到较大的电压值。

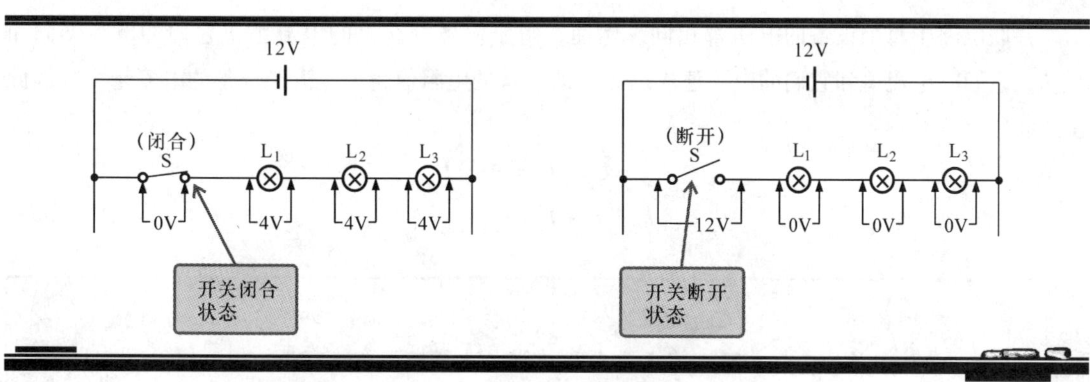

图2-16　相同灯泡串联的电压分配

因此在串联电路中有

$$U_{总} = U_1 + U_2 + \cdots + U_n$$
$$I_{总} = I_1 = I_2 = \cdots = I_n$$

【注意】

通过上文，可知串联灯泡的个数决定了电路中每个灯泡的额定电压。越多的灯泡串联在一起，每个灯泡的额定电压越低。如果有10个灯泡串联在一起，它们的工作电压为220V，那么每个灯泡至少有22V的额定电压（220V/10）。

2.2.2　简单的元器件并联方式

元器件的并联方式是指将两个或两个以上的电子元器件按首首和尾尾方式连接起来，这样的电路称为并联电路。

并联方式的电路在其结构上的最大特点就是元器件之间采用并行的方式进行连接，图2-17所示为几种常见的电子元器件并联构成的电路。

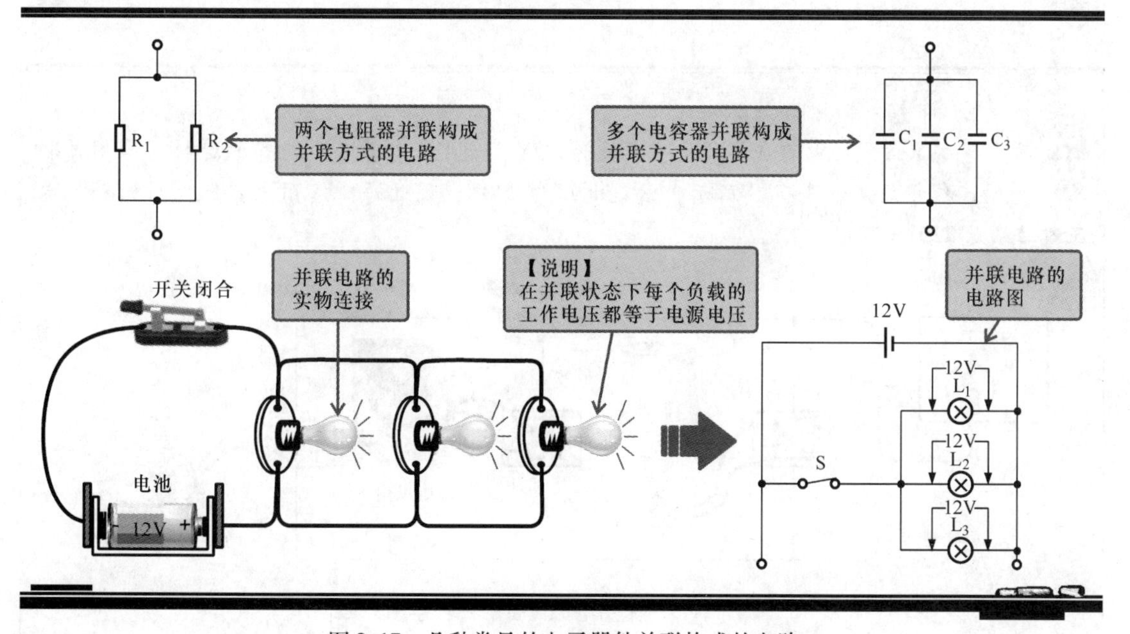

图2-17　几种常见的电子器件并联构成的电路

并联电路中每个设备的电压都相同，然而，每个设备处流过的电流由于它们的电阻不同而不同，它们的电流值和它们的电阻值成反比，即设备的电阻值越大，流经设备的电流越小。因此在并联电路中有

$$U_{总} = U_1 = U_2 = \cdots = U_n$$

$$I_{总} = I_1 + I_2 + \cdots + I_n$$

提问

在实际操作过程中，将两盏照明灯采用并联的连接方式，但当其中一盏灯损坏后，为什么另一盏灯也能正常点亮呢？并联电路与串联电路有什么不同呢？

回答

在并联电路中，每个负载相对其他负载都是独立的，即有多少个负载就有多少条电流通路。由于是两盏灯进行并联，因此就有两条电流通路，当其中一个灯泡坏掉了，该条电流通路不能工作，而另一条电流通路是独立的，并不会受到影响，因此另一个灯泡仍然能正常工作，如图2-18所示。

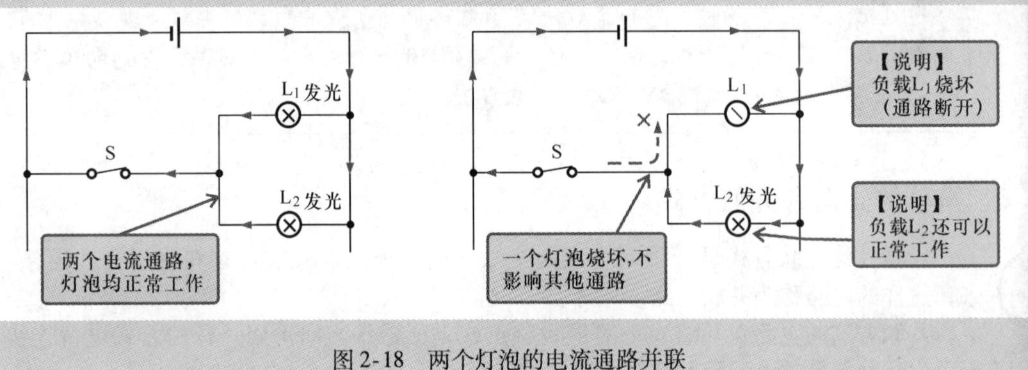

图2-18 两个灯泡的电流通路并联

【资料】

并联方式的电路在实际中应用较为广泛，如家用电器及电灯等的连接常采用并联的连接方式，如图2-19所示。家庭电压为220V，因此每个家用电器及电灯的额定电压都必须是220V。

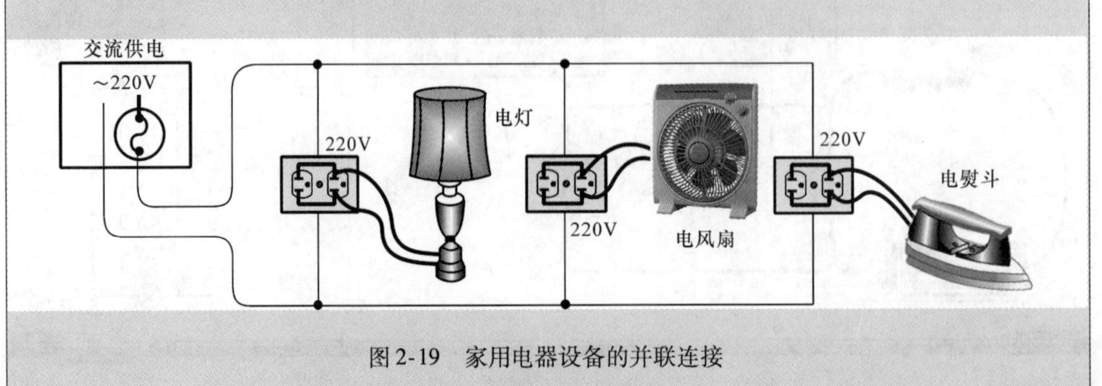

图2-19 家用电器设备的并联连接

2.2.3 简单的元器件串、并联方式

将串联方式和并联方式的电路连接在一起而构成的电路，被称为元器件串、并联方式，如图2-20所示。在该类连接方式的电路中，电流、电压和电阻之间的关系仍按欧姆定律计算。

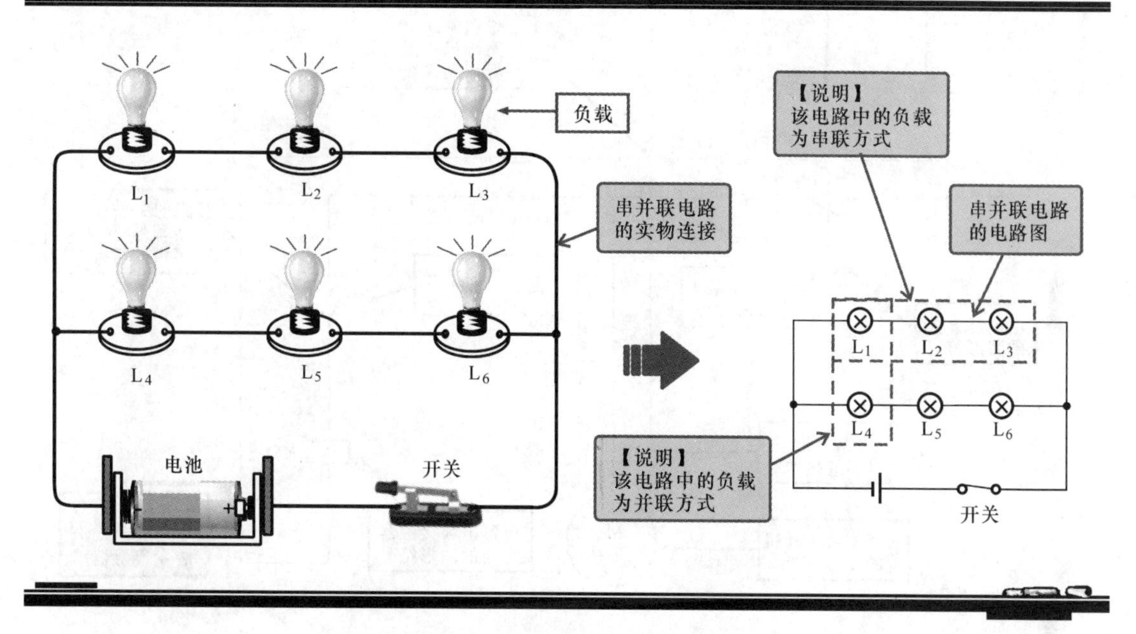

图2-20 简单的元器件串、并联方式

2.3 电工电路图识图本领要练习

电工电路图包含电力的传输、变换和分配电路，以及电气设备的供电和控制电路，这种电路图是将线路的连接分配以及电路元器件的连接和控制关系，用文字符号、图形符号、电路标记等表示出来。线路图及电路图是电气系统中的各种电气设备、装置及元器件的名称、关系和状态的工程语言，它是描述一个电气系统的功能和基本构成的技术文件，是用于指导各种电工电路的安装、调试、维修必不可少的技术资料。

当了解了电工电路图中基本元器件、电气部件的标识符号和连接关系后就要开始进行识图的训练。

2.3.1 电工电路图的特征

在识读电工电路图前，要了解电工电路图的基本特征，图2-21为典型的电工电路图。

图2-21中，文字符号是电工中常用的一种字符代码，主要包括字母和数字，一般标注在电路中的电气设备、装置和元器件图形符号的近旁，以表示其名称、功能、状态或特征。

图形符号主要是指代表电子元器件、功能部件等物理部件的图形符号，它是由物理部件对

应的图样或简图变化而成的。

电路标记则是构成电路的线、圆点、虚线等。不同的图形符号之间由线进行连接，用以表示这些图形符号所代表物理部件之间的连接关系。圆点和虚线等标记则用于辅助电路的连接线，表示确切的连接关系或范围等。

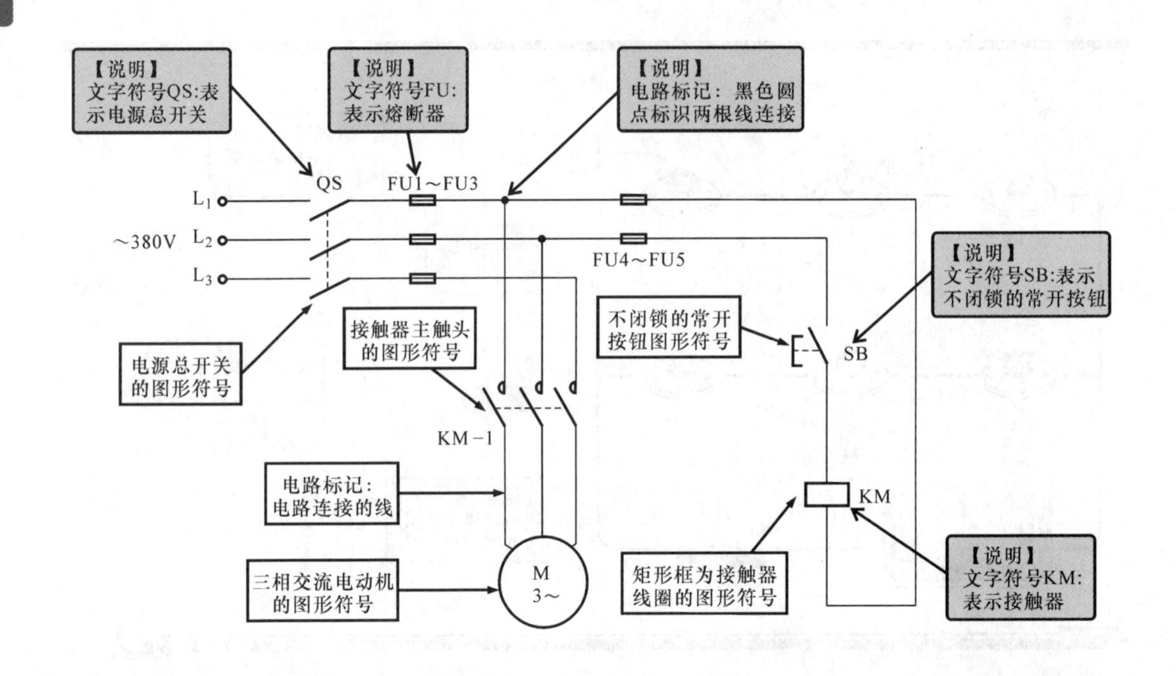

图 2-21　典型的电工电路图

2.3.2　电工电路图的识读方法

学习电工电路图的识读是进入电工领域最基本的环节。识图前，需要首先了解电工电路识图的一些基本要求和原则，在此基础上掌握好识图的基本方法，这样可有效提高识图的技能水平和准确性。

学习识图，需要首先掌握一定的方式方法，学习和参照别人的一些经验，并在此基础上指导我们找到一些规律，这是快速掌握识图技能的一条“捷径”。下面介绍几种基本的快速识读电路图的方法和技巧。

1. 结合电气文字符号、图形符号等进行识图

电工电路主要是利用各种电气图形符号来表示其结构和工作原理的。因此，结合电气图形符号进行识图，可快速了解和确定电路中包含的物理部件。

例如，图 2-22 为某车间的供配电线路图。

由图 2-22 可知，该图看起来除了线、圆圈外只有简单的文字标识，而当我们了解了“⦶”符号表示变压器，“─┤╱─┤”符号表示隔离开关时，在对该电气图进行识读就容易多了。

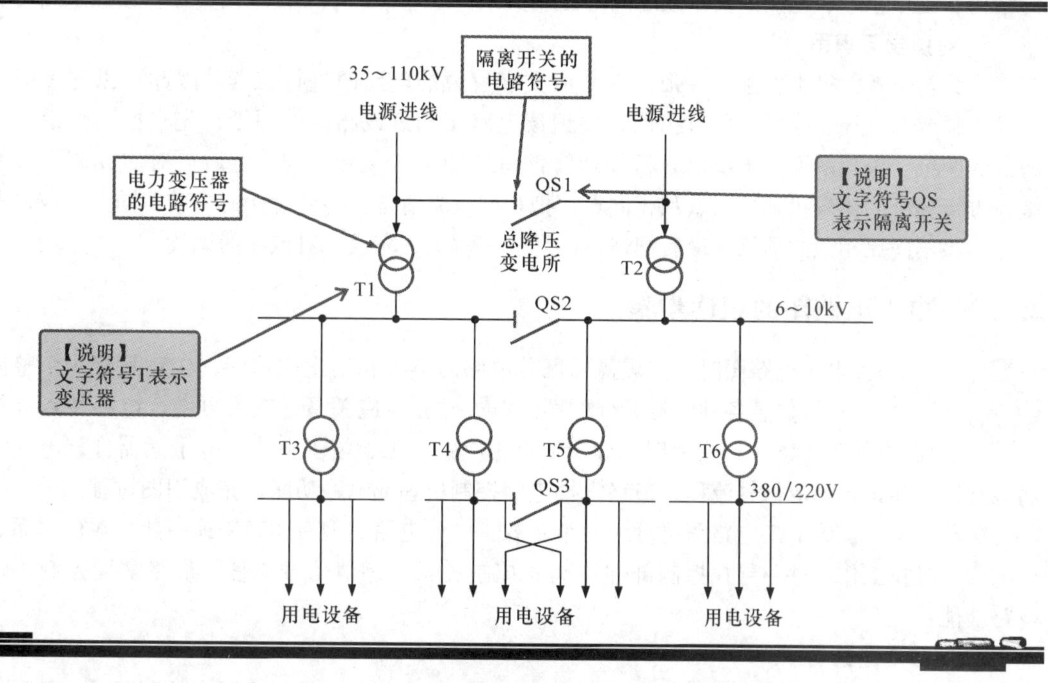

图2-22　某车间的供配电线路电气图

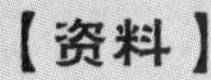

【资料】

结合图形符号和文字标识可知，上图的识图过程为：

电源进线为35～110kV，经总降压变电所输出6～10kV高压。

6～10kV高压再由车间变电所降压为380/220V后为各用电设备供电。

图中的隔离开关QS1、QS2、QS3分别起到接通电路的作用。

若电源进线中，左侧电路故障，那么此时，操作QS1使其闭合后，可由右侧的电源进线为后级的电力变压器T1等线路供电，保证线路安全运行。

2. 结合电工、电子技术的基础知识识图

在电工领域中，如输变配电、照明、电子电路、仪器仪表和家电产品等，所有电路等方面的知识都是建立在电工、电子技术基础之上的，所以要想看懂电气图，必须具备一定的电工、电子技术方面的基础知识。

3. 注意总结和掌握各种电工电路，并在此基础上灵活扩展

电工电路图是电气图中最基本也是最常见的电路，这种电路图的特点是即可以单独的应用，也可以应用于其他电路中作为关键点扩展后使用。许多电气图都是由很多的基础电路结合而成的。

例如，电动机的起动、制动、正反转、过载保护电路等；供配电系统中电气主接线常用的单母线主接线等均为基础电路。在读图过程中，应抓准基础电路，注意总结并完全掌握这些基础电路的机理。

4. 结合电气或电子元件的结构和工作原理识图

各种电工电路图都是由各种电气元件或电子元器件和配线等组成的，只有了解各种元器件的结构、工作原理、性能以及相互之间的控制关系，才能帮助电工技术人员尽快读懂电路图。

5. 对照学习识图

作为初学者，很难直接对一张没有任何文字解说的电路图进行识读。因此可以先参照一些技术资料或书刊等，找到一些与我们所要识读电路图相近或相似的图纸，先根据这些带有详细解说的图纸，跟随解说一步步地分析和理解该电路图的含义和原理，然后再对照我们手头的图纸，进行分析、比较找到不同点和相同点，把相同点弄清楚，再针对性的突破不同点，或再参照其他与该不同点相似的图纸，最后把遗留问题一一解决，完成了对该图的识读。

2.3.3 电工电路图的识读步骤

识读电工电路图时，首先需要区分电路的类型和用途或功能，在对其有一个整体的认识后，通过熟悉各种电器元件的图形符号建立对应关系，然后再结合电路特点寻找该电路中的工作条件、控制部件等，结合相应的电工、电子电路、电子元器件、电气元件功能和原理知识，理清信号流程，最终掌握电路控制机理或电路功能，完成识图过程。

简单来说，识读电工电路图可分为七个步骤：区分电路类型→明确用途→建立对应关系、划分电路→寻找工作条件→寻找控制部件→确立控制关系→理清信号流程，最终掌握控制机理和电路功能。

1. 区分电路的类型

电工电路的类型有很多种，根据其所表达内容、包含信息以及组成元素的不同，一般可分为电工接线图和电工原理图。不同类型的电路识读的原则和重点也不相同，因此当遇到电路图时，首先要看它属于哪种电路。

图 2-23、图 2-24 分别为简单的电工接线图、简单的电工原理图。

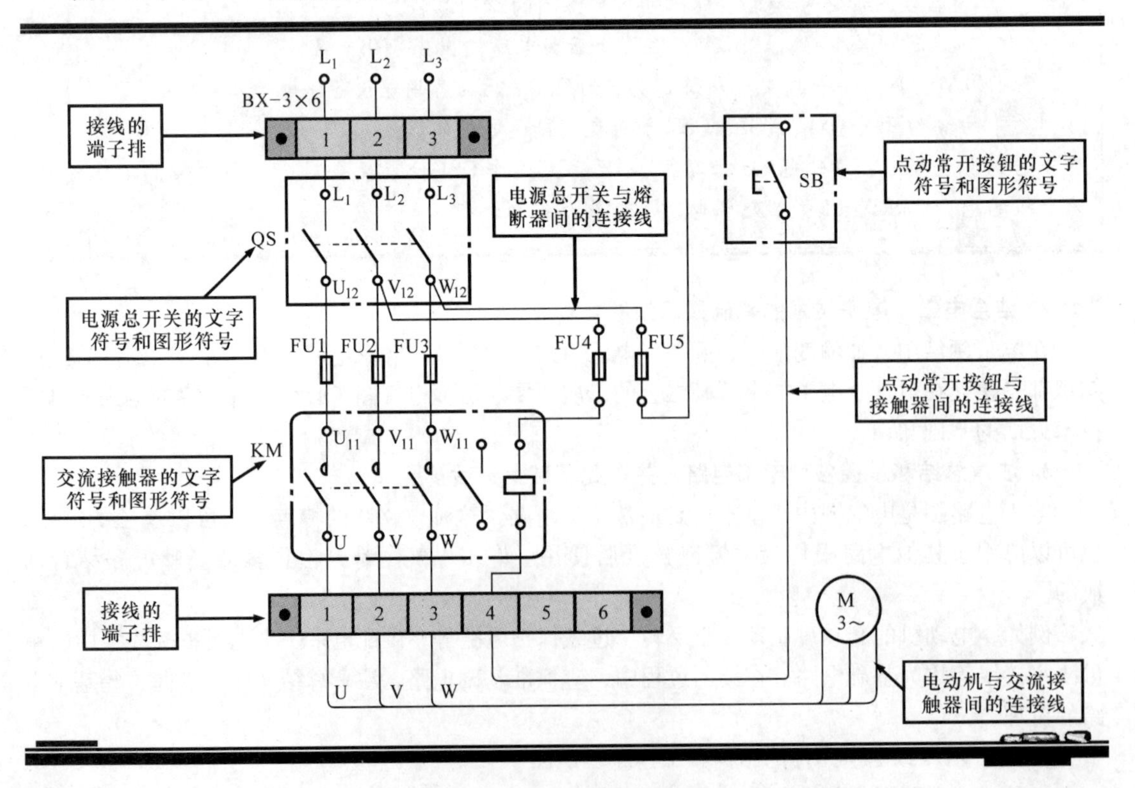

图 2-23　简单的电工接线图

由图2-23可以看到，该电路图中用文字符号和图形符号标识出了系统中所使用的基本物理部件，用连接线和连接端子标识出了物理部件之间的实际连接关系和接线位置，该类图为电工接线图。

电工接线图的特点为体现各组成物理部件的实际位置关系，并通过导线连接体现其安装和接线关系，可用于安装接线、线路检查、线路维修和故障处理等场合。

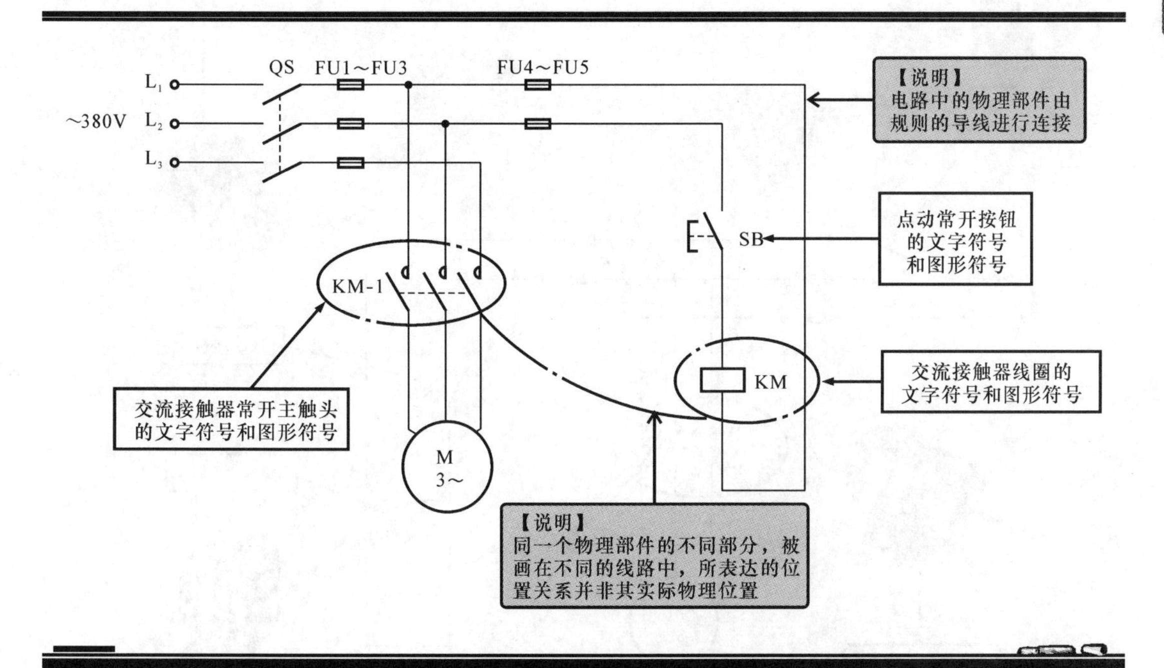

图2-24　简单的电工原理图

由图2-24可以看到，该电路图中也用文字符号和图形符号标识出了系统中所使用的基本物理部件，并用规则的导线进行连接，且除了标准的符号标识和连接线外，没有画出其他不必要元件。该类图为电工原理图，其特点为完整地体现该电路特性和电气作用原理，但图中的图形符号的位置并不代表其实际物理位置。

由此可知，通过识别图纸（图样）所示电路元素的信息，可以准确区分出电路的类型。当区分出电路类型后，便可根据所对应类型电路的特点，对电工电路进行识读。一般识读电工接线图的重点应放在各种物理部件的位置和接线关系上；识读电工原理图时，重点应在各物理部件之间电气关系上，如控制关系等。

2. 明确用途

明确电路的用途是指导识图的总纲领，即先从整体上把握电路的用途，明确电路最终实现的结果，以此作为指导识读的总体思路。例如，根据电路中的元素信息可以看到该图为一种电动机的点动控制电路，以此抓住其中的“点动”“控制”“电动机”等关键信息，作为识图时的重要信息。

3. 建立对应关系，划分电路

根据电路中的文字符号和图形符号标识，将这些简单的符号信息与实际物理部件建立起一一对应的关系，进一步明确电路中所表达的含义，对读通电路关系十分重要。图2-25所示为前述简单的电工电路图中符号与实物的对应关系。

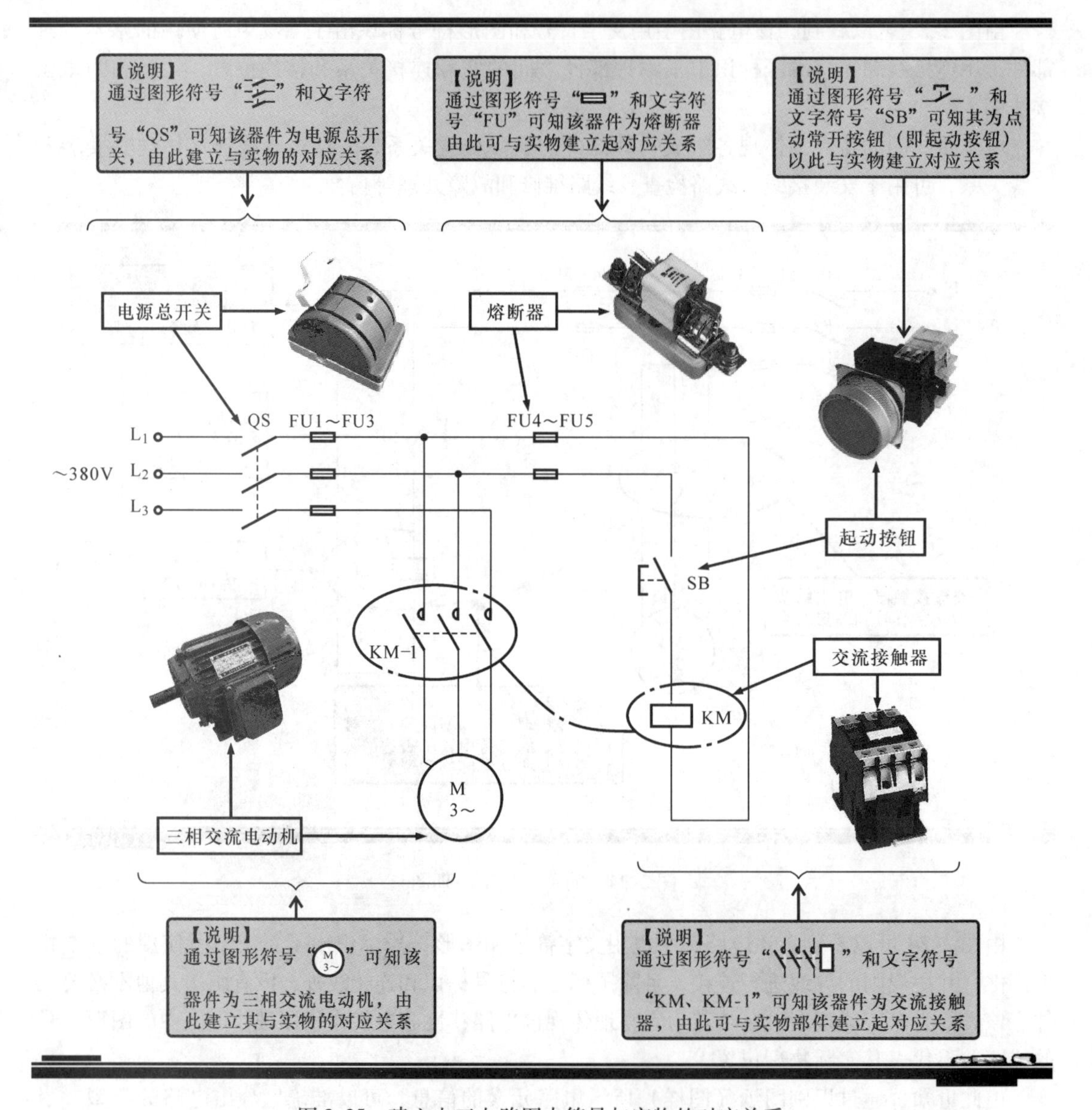

图 2-25　建立电工电路图中符号与实物的对应关系

【注意】

电源总开关：用字母"QS"标识，在电路中用于接通三相电源。

熔断器：用字母"FU"标识，在电路中用于过载、短路保护。

交流接触器：用字母"KM"标识，通过线圈的得电、触点动作，接通电动机的三相电源，起动电动机工作。

起动按钮（点动常开按钮）：用字母"SB"标识，用于电动机的起动控制。

三相交流电动机：简称电动机，用字母 M 标识，在电路中通过控制部件控制，接通电源起动运转，为不同的机械设备提供动力。

通常，当建立对应关系了解各符号所代表物理部件含义后，还可根据物理部件自身特点和功能对电路进行模块划分，如图 2-26 所示。特别是对于一些较复杂的电工电路，通过对电路进行模块划分，可十分明确了解电路的结构。

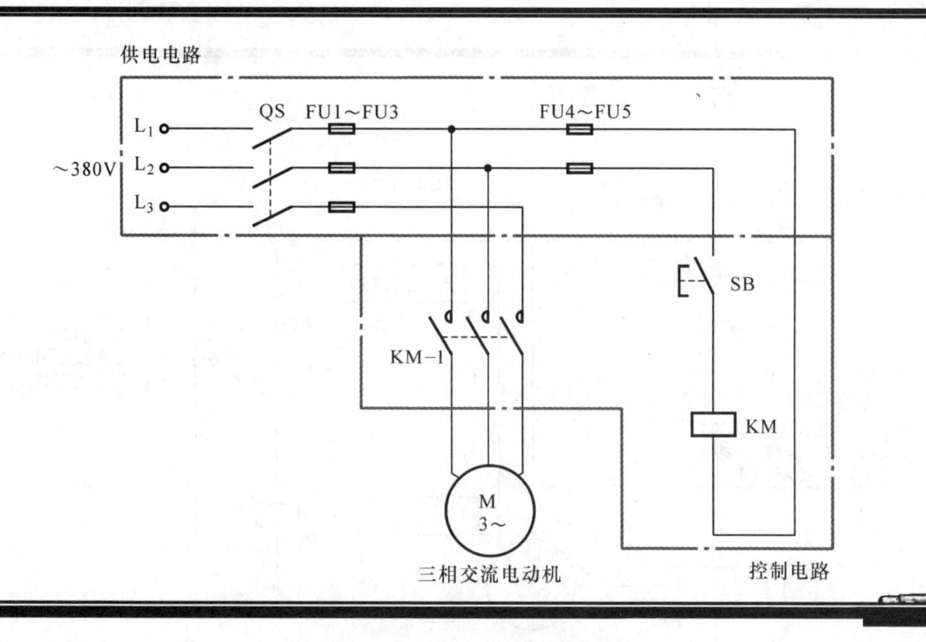

图 2-26　对电工电路图根据电路功能进行模块划分

4. 寻找工作条件

当建立好电路中各种符号与实物的对应关系后，接下来则可通过所了解器件的功能寻找电路中的工作条件，工作条件具备时，电路中的物理部件才可进入工作状态，如图 2-27 所示。

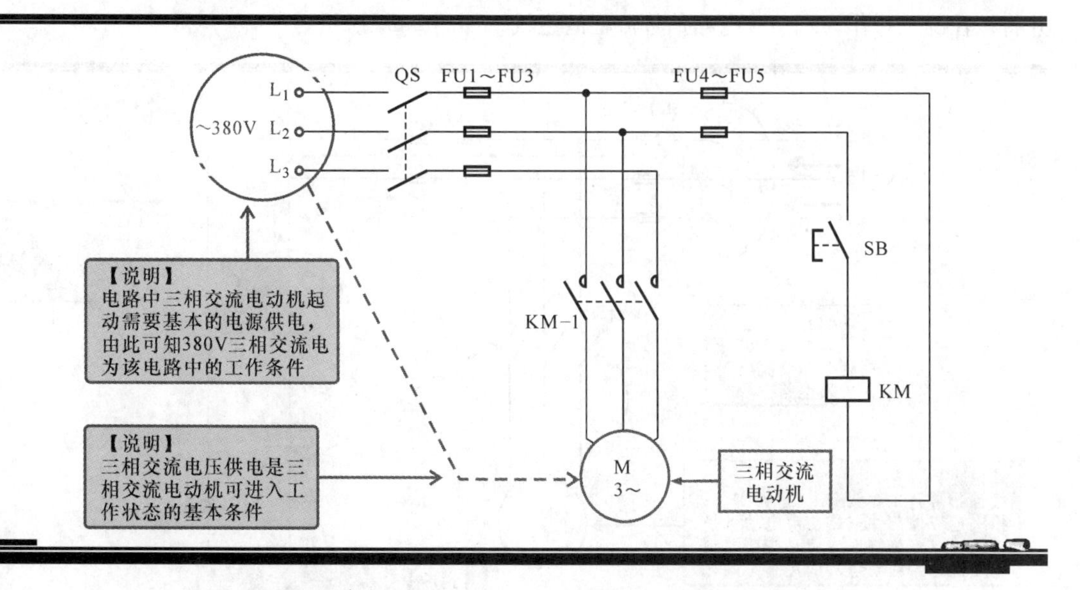

图 2-27　寻找电工电路图中满足物理部件工作的基本工作条件

5. 寻找控制部件

控制部件通常也称为操作部件，电工电路中就是通过操作该类可操作的部件来对电路进行控制的，它是电路中的关键部件，也是控制电路中是否将工作条件接入电路中，或控制电路中的被控部件执行所需要动作的核心部件。识图时准确找到控制部件是识读过程中的关键步骤，如图 2-28 所示。

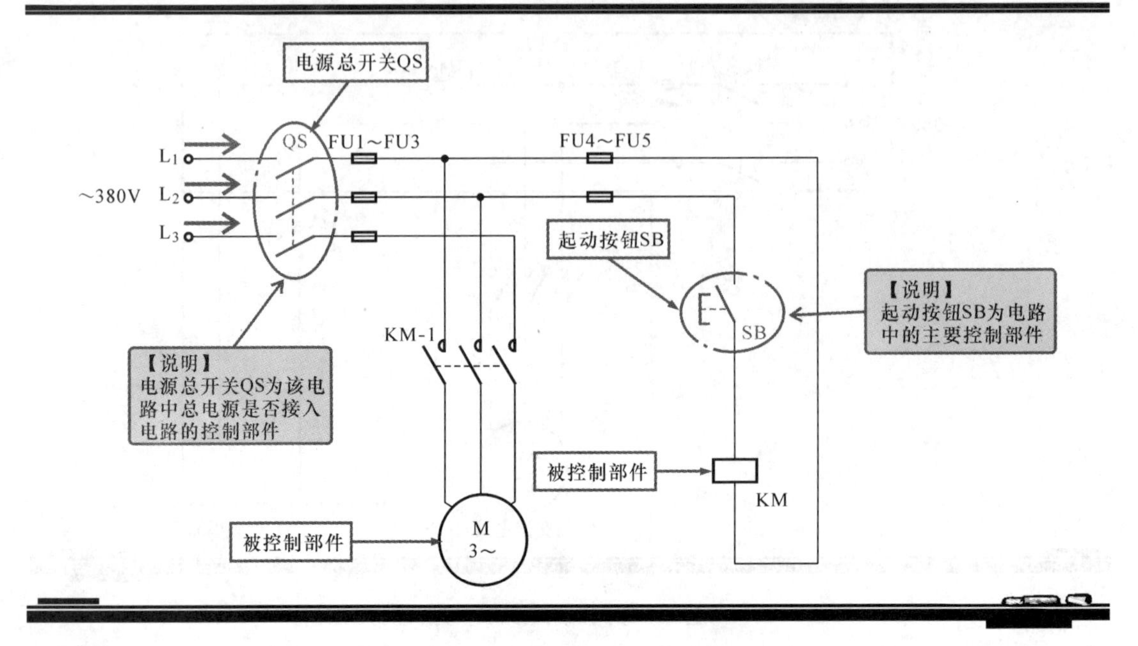

图 2-28　寻找电工电路中的控制部件

6. 确立控制关系

找到控制部件后，接下来根据线路连接情况，确立控制部件与被控制部件之间的控制关系，并将该控制关系作为理清该电路信号流程的主线，如图 2-29 所示。

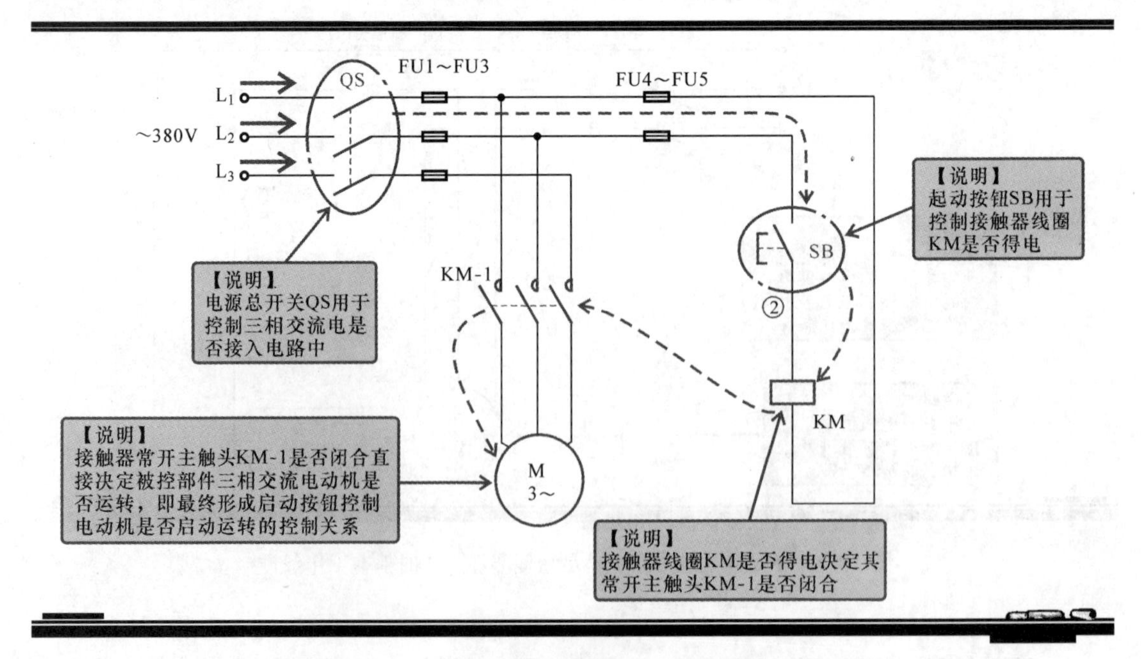

图 2-29　确立电工电路中的控制关系

7. 理清供电及控制信号流程

确立控制关系后，接着则可操作控制部件来实现其控制功能，并同时弄清每操作一个控制部件后，被控部件所执行的动作或结果，从而理清整个电路的信号流程，最终掌握其控制机理和电路功能，如图2-30所示。

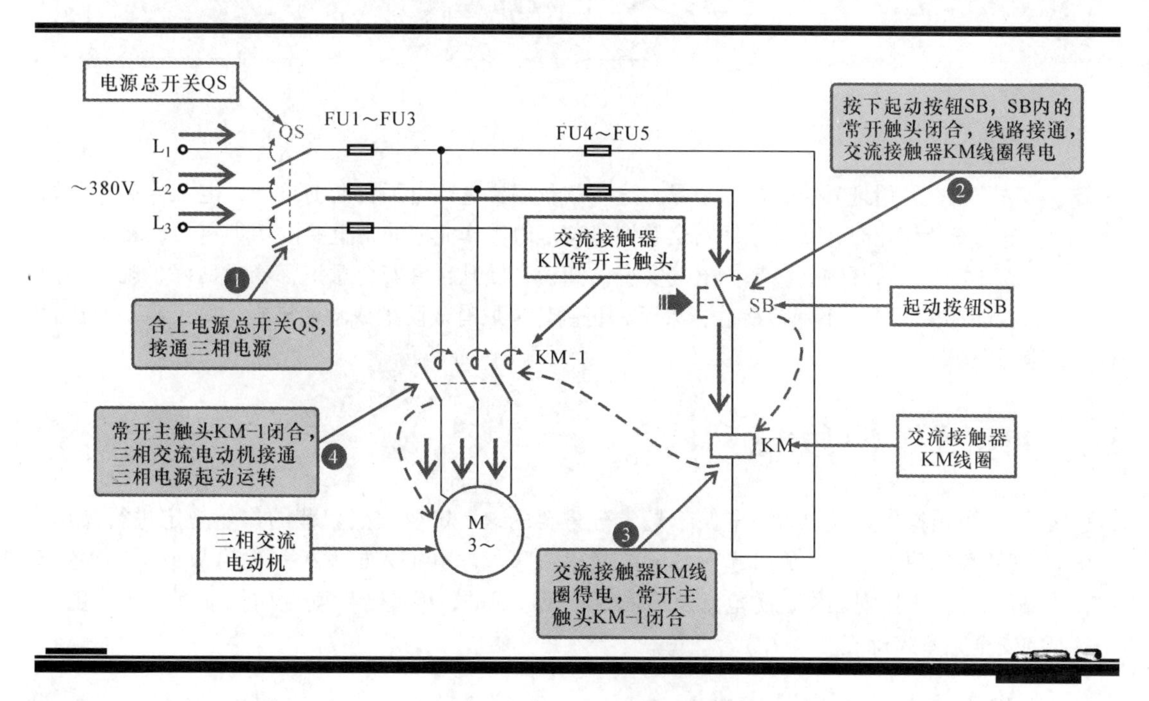

图2-30 理清电工电路的信号流程

第3章

必须经历的电工安全培训

现在开始进入第3章的学习。这一章我们要进行电工安全的培训，电工人员在开始电气安装作业时，必须做好安全培训，这是电工作业前非常重要的培训科目，希望大家认真学习，认真领会。掌握电气安全的知识，提升自身安全意识，养成良好、规范的操作方法，能够在突发情况下保持冷静，果断、正确地采取有效防护或救治措施。好了，下面让我们开始学习吧。

3.1　电工操作不可大意

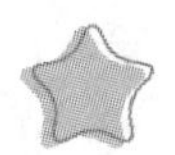

电工操作过程中的安全保障是十分重要的，一定要按照规范的作业规定进行操作，切不可麻痹大意，以免引起人员触电或火灾事故。电工人员发生触电事故或引起火灾，通常是由于违规操作、防范意识不强等原因造成的，因此要对安全防护重视起来，生命和财产的安全开不起玩笑。

3.1.1　电工作业的安全防护措施

电工人员在安装电气设备时，除了具备专业知识和操作技能外，还应做好周全的安全防护措施，并且熟悉电工作业的操作规定。缺乏防护措施或在不安全的环境下进行施工，可能导致设备损坏、人身伤亡事故。

1. 环境、自身的安全防护

(1) 环境安全

电工人员在进行安装作业前一定要对环境进行细致核查。尤其是对于环境复杂的地方更要仔细检查。

① 由于设备安装或线路敷设在潮湿的环境下极易引发短路或漏电的情况，因此，在进行安装布线作业前一定要观察用电环境是否潮湿，地面有无积水等情况，如现场环境潮湿，有大量积水，一定要采用措施清除积水，使环境变干燥或有效避开这些地方，切勿盲目作业，否则极易造成触电。

② 若施工环境存在以前安装的线路，在进行安装布线作业前，一定要对原有线路的连接进行仔细核查。例如检查线路有无明显破损、断裂的情况，以免原有线路存在安全隐患，对新线路或安装设备造成不良影响。

③ 如果是进行户外安装，尽量避免在雷雨天气进行作业。

(2) 人身安全

由于电是无形的，常会使不知情的人放松警惕性，这往往会成为事故的隐患。因此这就要求电工人员在进行作业之前，需采用必要的防护措施。对于临时搭建的线路要严格按照电工操作规范处理，切忌沿地面随意连接电力线路，否则线路由于踩踏或磕拌极易造成破损或断裂，从而诱发触电或火灾等事故。

另外，在一些易发生事故的电力设备或线路控制开关附近，一定要悬挂警示标志，防止非专业人员靠近触碰，如图3-1所示。

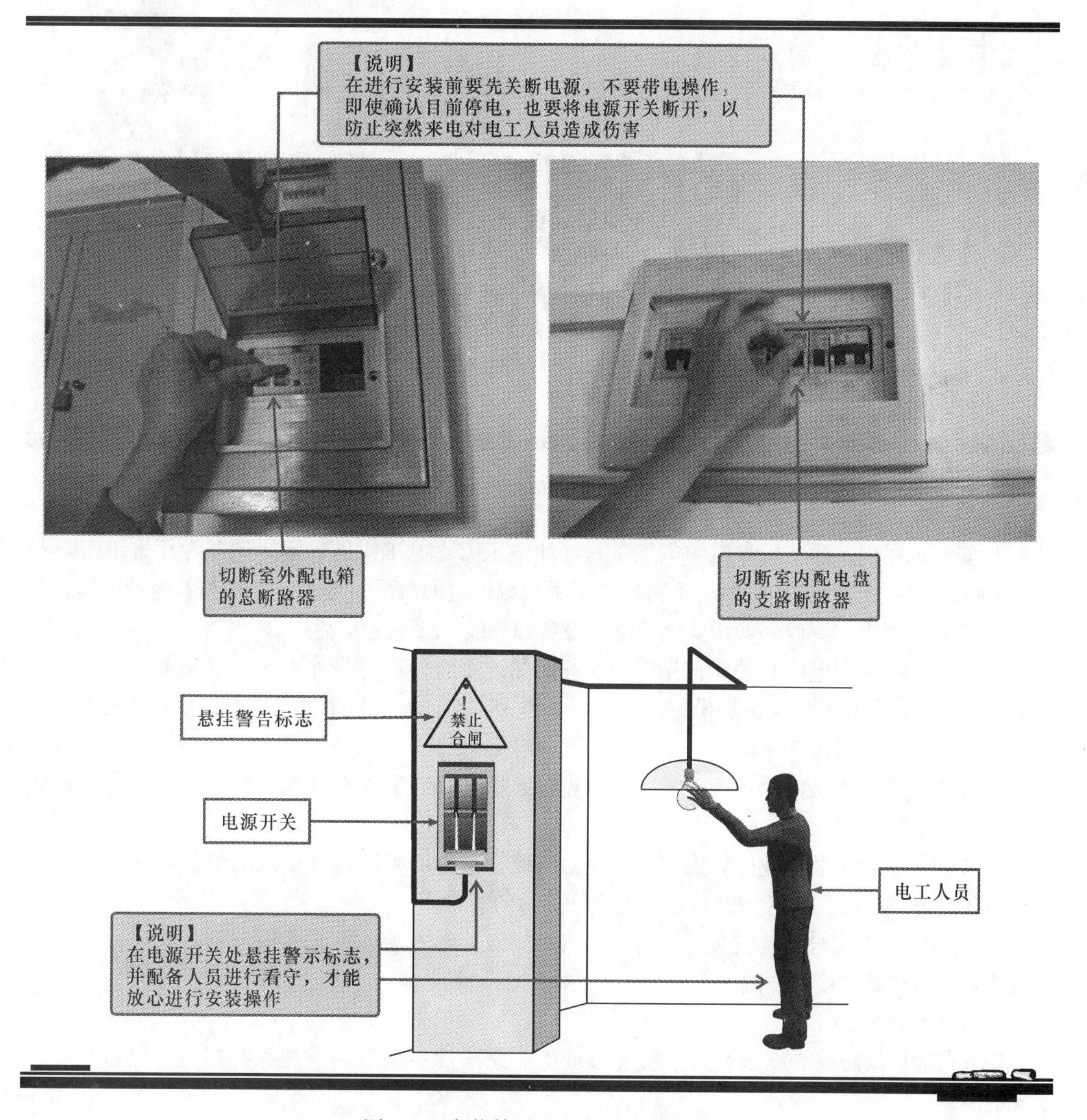

图3-1　安装前需要进行必要的防护

电工人员所穿戴护具是人身安全最后一道屏障，如果护具出现问题，很容易造成人员伤亡事故。因此安装作业对护具的要求较高，一定要定期检测护具以及佩戴的绝缘物品，一定要确保护具性能良好。除此之外，施工现场也要准备好灭火器，预防火灾发生。图3-2所示为电工人员所佩戴的护具及灭火器。

2. 施工中的防护

安装人员在作业过程中，一定要严格按照电工操作规范进行。操作过程中须穿着工作服、绝缘鞋，佩戴绝缘手套、安全帽等；如果是户外高空作业，除必要的安全工具外，更加要注意操作的规范性。

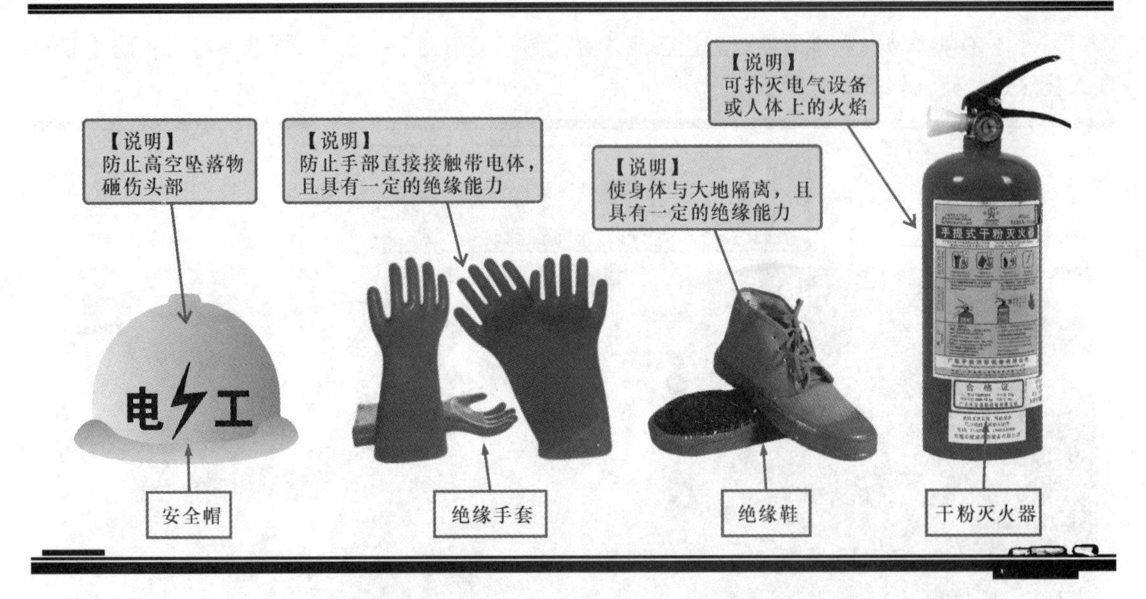

图3-2　电工人员所佩戴的护具及灭火器

① 安装过程中，要使用专门的电工工具，如电工刀、电工钳等，因为这些专用电工工具都采用了防触电保护设计的绝缘柄。不可以用湿手接触带电的灯座、开关、导线和其他带电体。

② 安装过程中，要确保使用安全的电气设备和导线，切忌超负荷用电。

③ 在合上或断开电源开关前首先核查设备情况，然后再进行操作，对于复杂的操作，通常要由两个人执行，其中一人负责操作，另一个人作为监护，如果发生突发情况以便及时处理。

④ 移动电气设备或线路时，一定要在断电的前提下进行。

⑤ 在进行电气连接时，正确接零、接地非常重要。严禁采取将接地线代替零线或将接地线与零线短路等方法。

⑥ 在户外进行安装作业时，发现有落地的电线，一定要采取良好的绝缘保护措施后（如穿着绝缘鞋）方可接近作业区域，移走并处理好落地的线路。

⑦ 在进行户外配电系统安装时，为确保安全要及时悬挂警示标志，并且对于临时连接的电力线路要采用架高连接的方法。

3. 施工后的防护

安装布线后的防护措施主要是指安装布线作业完毕后所采取的常规保护措施，以避免意外情况的发生。

① 安装完毕后，若安装区域属于高压危险场所，要在指定部位悬挂相应的警示牌以告知其他人员。对于重点和危险的场所和区域要妥善管理，并采用上锁或隔离等措施禁止非工作人员进入或接近，以免发生意外。图3-3所示为常见的警示标志牌。

② 安装操作完毕，要对现场进行清理。保持电气设备和线路周围的环境干燥、清洁。

③ 对安装好的电气设备或线路进行仔细核查，检查电气设备工作是否正常、线路是否过热等。

④ 要确保安装的电气设备接零、接地的正确，防止触电事故的发生。同时，在供电线路中要安装好漏电保护器。

⑤ 雷电对电气设备有极大的破坏力，户外的配电设备要安装防雷装置以防止遭受雷电破坏。

图3-3　常见警示标志牌

⑥ 安装布线操作完毕，还应考察周围的消防设施是否齐全，以便在出现突发火灾时及时遏制灾害蔓延。

3.1.2　哪些环节容易引发触电事故

电工人员在进行电气安装作业时，可能由于疏忽或违规操作，使身体直接接触带电部位（线头或工具金属部分）引起触电事故。下面我们就通过实际案例来对容易引发触电的情况进行说明，这对于电工建立安全操作意识，掌握规范操作方法都是十分重要的。

1. 接线时容易引起触电

电工人员进行线路连接时，常因为操作不慎，手碰到线头引起触电；或是因为未在线路开关处悬挂警示标示和留守监护人员，致使不知情人员闭合开关，导致正在操作的人员触电，如图3-4所示。

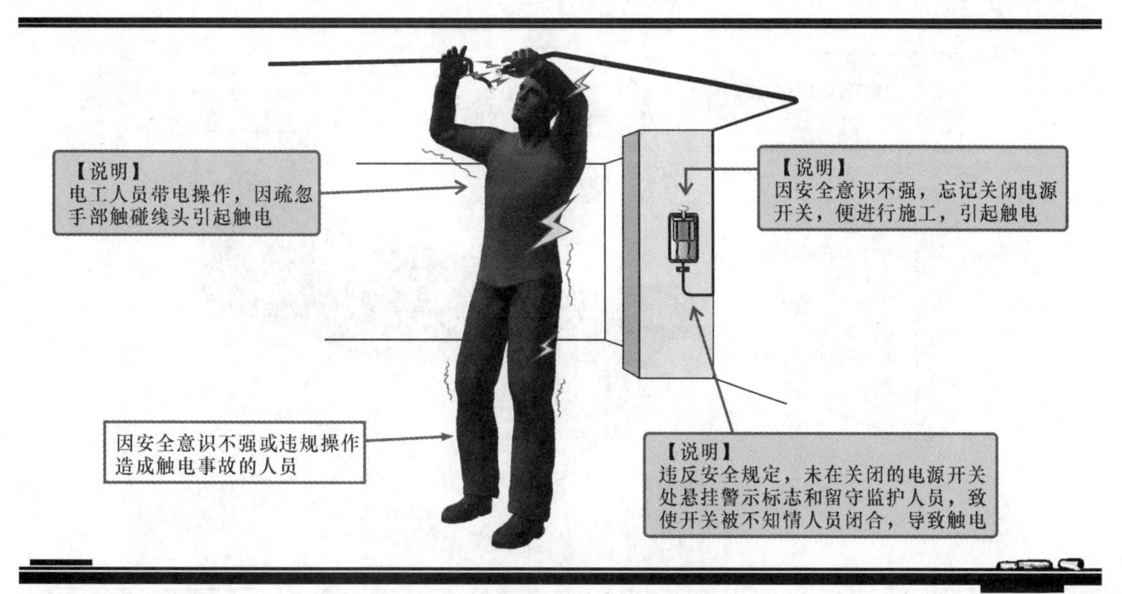

图3-4　接线时容易引起触电

提问

为什么人体接触带电的东西就会引起触电呢？

回答

人体组织中有60%以上是含有导电物质的水分组成，因此，人体是个导体，当人体直接或间接接触电源并形成电流通路的时候，就会有电流流过人体，从而造成触电，如图3-5所示。

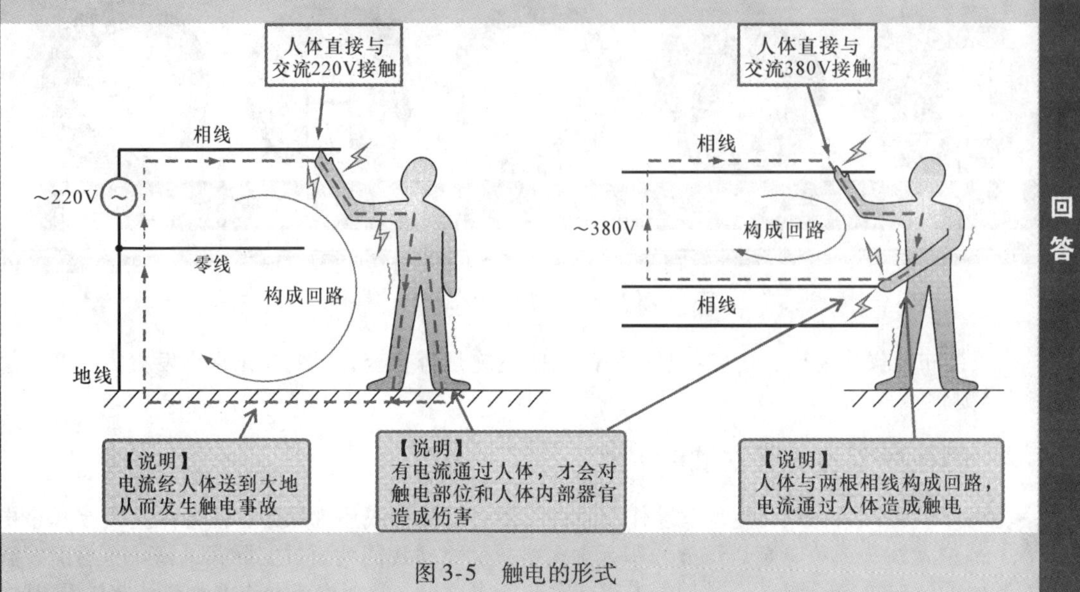

图3-5　触电的形式

2. 带电安装时容易引起触电

安装电气部件时，电工人员可能由于操作失误触碰到带电部位引起触电，或是因为配戴的护具、使用的工具绝缘性能不良引起触电，如图3-6所示。因此电工人员需要带电安装时，应佩戴好绝缘护具、使用绝缘性能合格的工具。

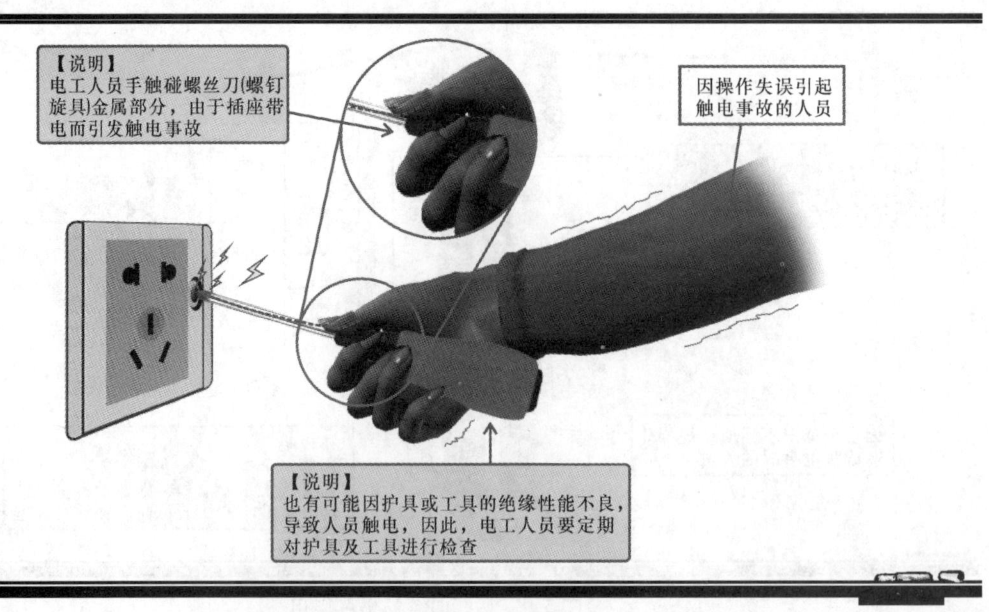

图3-6　安装电气部件时容易引起触电

提问　触电会造成很大的伤害吗？为什么我听说有的人只是被“电到”了，而没有很严重的内、外伤？

回答　触电电流是造成人体伤害的主要原因，触电电流是有大小之分的，因此触电引起的伤害也会不同。图3-7为触电危害划分示意图。触电电流按照伤害大小可分为感觉电流、摆脱电流、伤害电流和致死电流。此外，触电时间、触电电流频率、触电者自身的状况也会在一定程度上影响触电伤害的大小。

图3-7　触电危害划分示意图

3. 救助触电者时容易引起触电

发现有人触电时，由于救助者没有安全防护意识或盲目进行救助，从而直接使用潮湿物品或者直接拉拽触电者，造成自身触电，如图3-8所示。这样盲目救援，不但没有救下触电者，也可能白白搭送一条性命。

4. 设备漏电或雷雨天气作业容易引起触电

有时可能由于电气设备接地不良，内部损坏漏电使其金属外壳或绝缘导线带电，电工人员未佩戴绝缘用具接触设备外壳容易发生触电，如图3-9所示。在雷电天气时，电工人员接触金属物体、导线等，容易被引入的雷电击中引起触电。

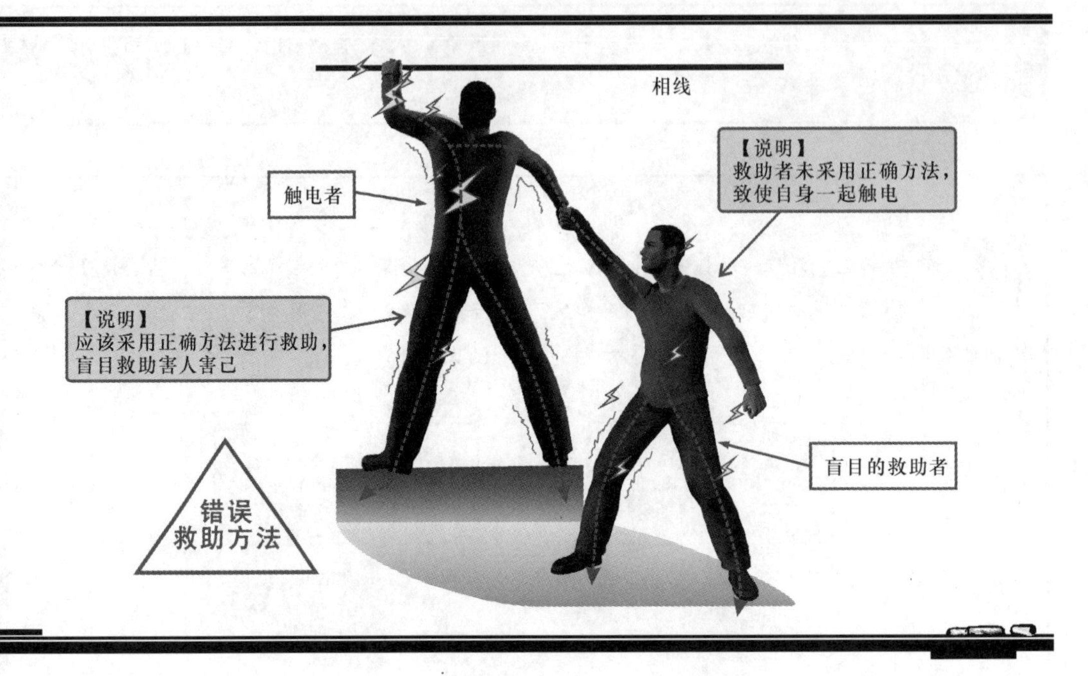

图 3-8　救助不当容易引起触电

图 3-9　设备漏电或雷雨天气作业容易引起触电

3.2　电工紧急事件的处理

发生触电或火灾事件时，电工人员应沉着冷静，快速准确地采用紧急救助措施，尽可能减小人员伤亡和财产损失。对于触电人员，应及时拨打急救电话，在等待救援的同时，对触电人员进行急救；对于火灾事故，应及时拨打消防电话，然后根据火势，采取

措施消减火源，尽可能防止火灾蔓延。

3.2.1 电工触电的紧急救治

触电人员若自行摆脱，应立即查看伤者状态，轻度触电者应立即送往医院检查、治疗；中度和重度触电者，在拨打急救电话的同时，迅速采用正确的方法进行急救。对于未能摆脱的触电者，应在有安全防护的情况下，立即采取应对措施使触电者脱离触电环境，然后再进行急救。

1. 脱离触电环境

脱离触电环境的要点是救护迅速、方法正常。若发现有人触电时，首先应使触电者脱离触电电源，但救助者不能在没有任何防护措施的情况下直接与触电者接触。因此电工人员必须要了解救助触电者脱离触电环境的具体方法。

（1）低压触电脱离方法

通常情况下，低压触电是指触电者的触电电压低于1000V。这类触电事故，应采用合理的方式让触电者迅速脱离电源，然后再进行救治。

① 断开线路供电。发现人员触电，若救助者正好在供电线路的电源开关附近，应马上断开电源开关，使触电者脱离触电环境，救助者再根据触电人员的情况采取急救措施，如图3-10所示。

图3-10 断开电源开关

② 切断供电线路。若救助者离开关较远，无法及时关掉电源时，最好在穿有绝缘鞋，戴有绝缘手套等防护用具的情况下，切断供电线缆的供电一侧，从而断开电源供电，使触电者脱离触电环境，如图3-11所示。

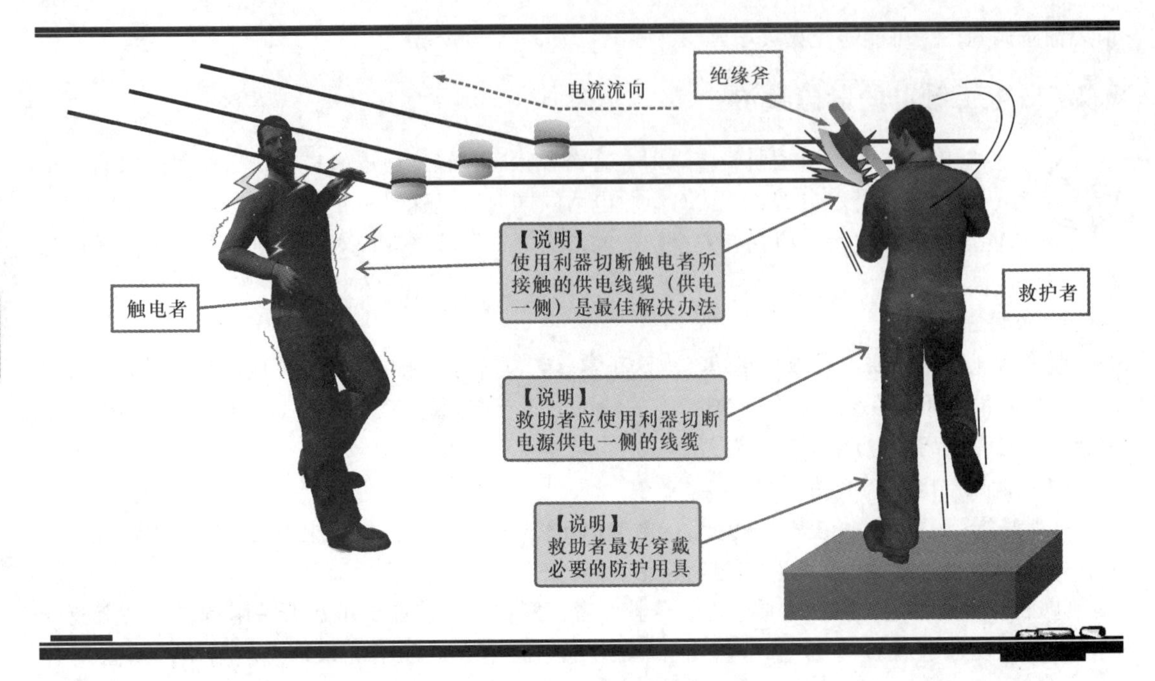

图 3-11　切断供电线缆

【注意】

若切断负载一侧的线缆，触电者还是处于触电环境中，这样既没有使触电者脱离危险，也极大地延误了救助时间。

③ 隔离接触的地面。救助人员无法及时切断线路的供电，就要使用绝缘物体使触电者与地面隔离。例如用干燥木板塞垫在触电者身体底部，直到身体全部隔离地面，如图 3-12 所示。这时救助者（穿戴防护用具）就可以踩在木板上将触电者带离触电环境。

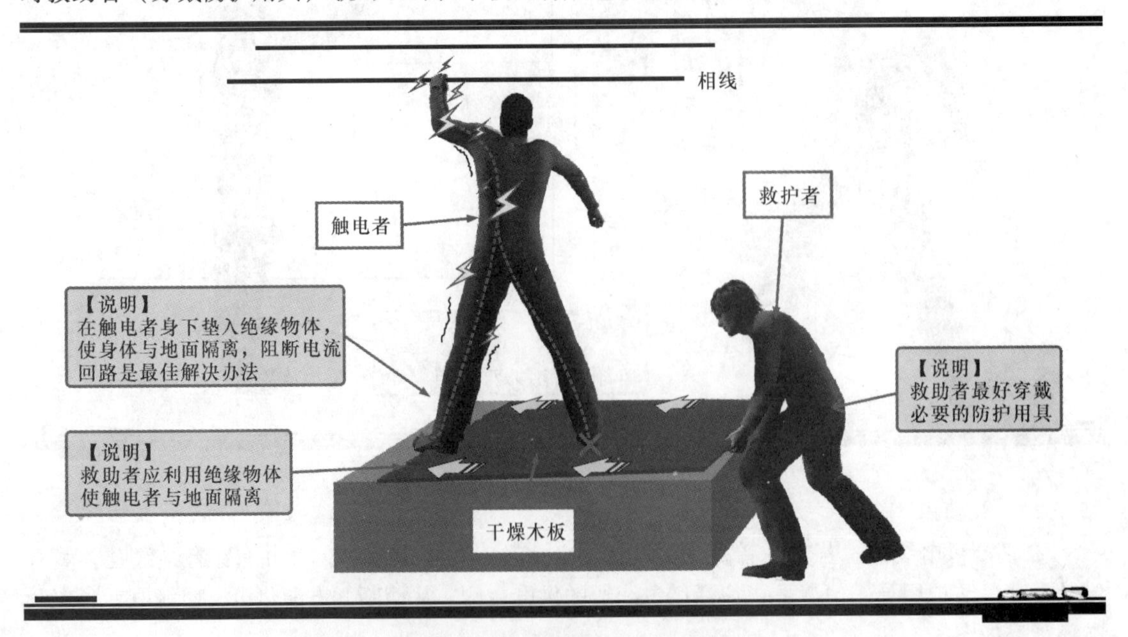

图 3-12　将木板塞垫在触电者身下

④ 挑开触电线缆。若线缆正好压在触电者身上，救助者最好在穿戴防护用具的情况下，利用干燥的木棍、竹竿、塑料制品（长杆状）、橡胶制品（长杆状）等绝缘物挑开触电者身上的线缆，然后再进行救治，如图 3-13 所示。

图 3-13　挑开电源线

（2）高压触电脱离方法

高压触电是指电压达到 1000V 以上的高压线路和高压设备的触电事故。当发生高压触电时，救助应更加谨慎，因为高压已超出安全电压范围很多，接触高压一定会发生触电事故，而且在不接触时，靠近高压也会发生触电事故。

在进行救助时，救助者需要穿戴高压防护用具，然后准备好一根金属线（钢、铁、铜、铝等），金属线的一端接地，然后将另一端抛向漏电设备，如图 3-14 所示。注意抛出的金属线不要碰到触电者或其他人，同时救助者应与漏电设备保持 8 ~ 10m 的距离，以防跨步电压伤人。

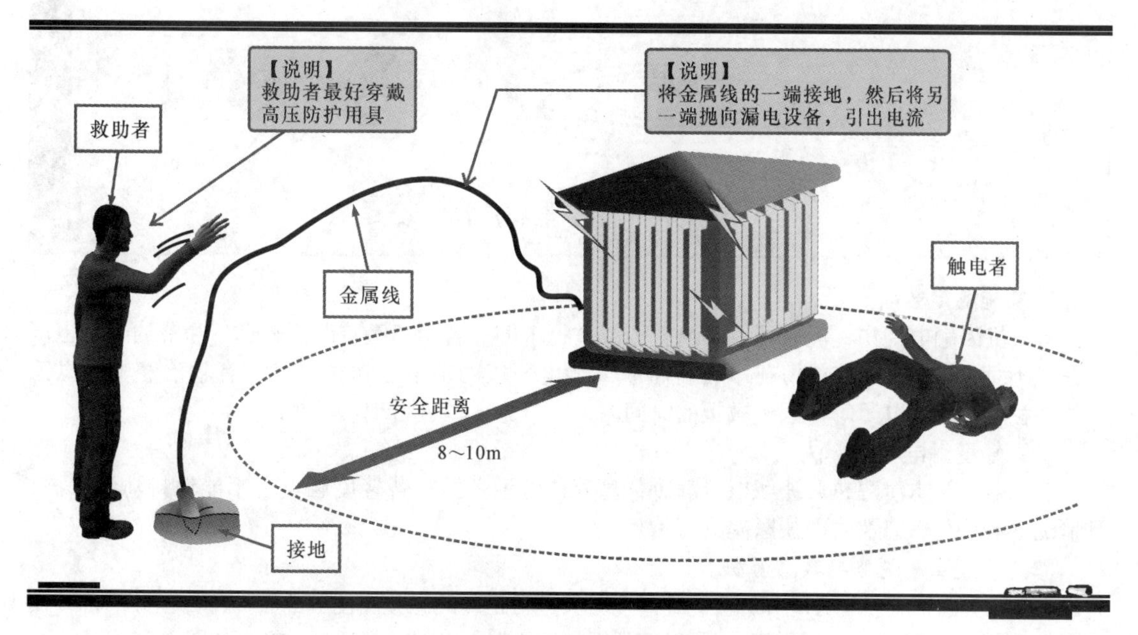

图 3-14　抛金属线示意图

【注意】

发现触电者时应立即通知有关电力部门断电，在没有断电的情况下，不能接近触电者，否则，有可能会产生电弧，导致救助者烧伤。

在高压的情况下，一般的低压绝缘材料会失去绝缘效果，因此应利用高电压等级的绝缘工具拉开电源（如高压绝缘手套、高压绝缘鞋等）。

提问

什么是跨步电压触电？不是只有接触带电的东西才会触电吗？只是走路，又没碰电线，怎么就触电了呢？

回答

高压线缆掉落的地点或故障的高压设备周围半径 8～10m 的地面会带电，电流呈放射状向地下扩散，在扩散过程中电压逐渐降低，地表形成环形电位差。当人体踏入该范围内，由于跨步使双脚接触不同的电位，不同的电位差便产生电动势，电流形成回路，发生触电事故，如图 3-15 所示。

若触电后跌倒，可能使触电者身体不同部位接触更大电位差的地表，造成更严重的触电。

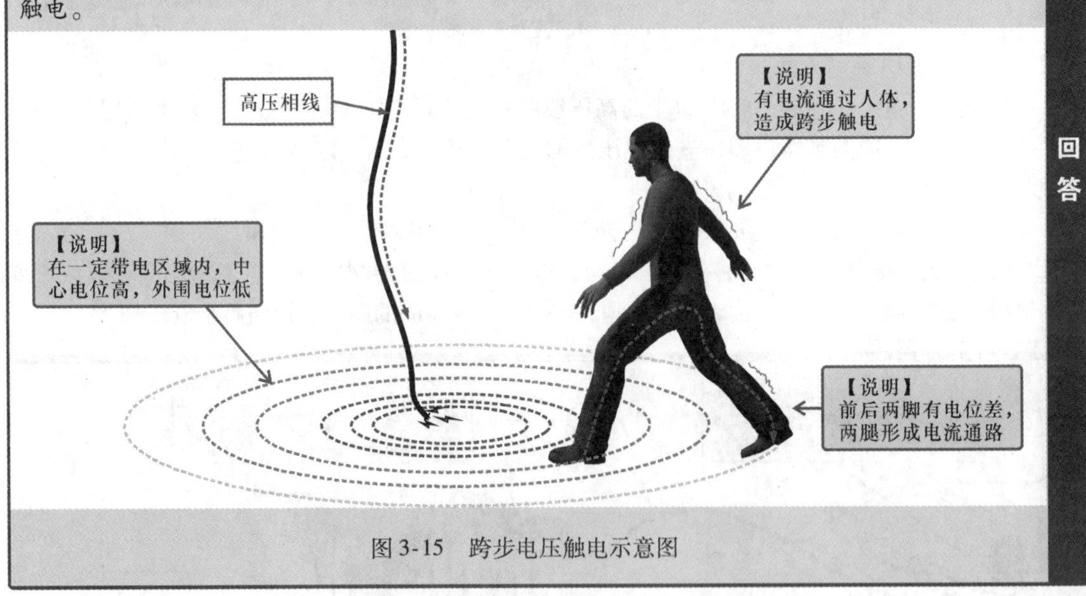

图 3-15　跨步电压触电示意图

2. 实施触电救治

有人员因触电受伤，应立即联系急救中心进行求助，若距离医院路途较远，为节约时间也可与医生协商，在医生允许的情况下自行将脱离触电环境的触电者送往医院。有救治经验的电工人员在触电者脱离电源等待医生救援的时间内，应争分夺秒进行现场救护。

（1）轻度触电救治方法

若触电者神志清醒，可让触电者静卧休息等待医生救援；若轻度触电者不能保持清醒状态，且情况逐渐恶化，应及时送往医院进行治疗。

（2）中度、重度触电救治方法

触电者失去知觉但有心跳和呼吸，此时应对其进行正确的急救。使触电者仰卧并垫高肩部，使其颈部垂直、头部后仰、鼻孔朝天，同时解开衣扣、腰带，以保持其呼吸顺畅，如图 3-16 所示。

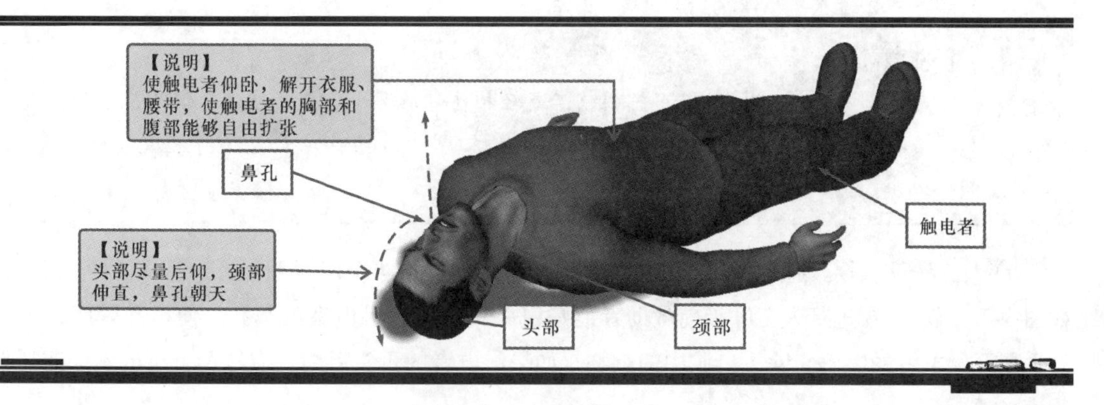

图3-16 畅通气道

【注意】

救助者不要过多，只要一、两人即可，其他人员不要围观。对于触电者，特别高空坠落的触电者，要特别注意搬运问题，很多触电者，除电伤外还有摔伤，若搬运不当，可能使折断的骨骼扎入内脏，引起内出血造成死亡。

若触电者心跳和呼吸十分微弱，应立即按图3-17所示的方法进行判断。首先查看伤者的腹部、胸部等有无起伏动作，接着用耳朵贴近伤者的口鼻处倾听是否有呼吸声，最后用手感觉嘴和鼻孔是否有呼气的气流，再用一手扶住伤者额头部，另一手摸颈部动脉有无脉搏跳动。若判断伤者呼吸、心跳停止，应立即进行心肺复苏急救。

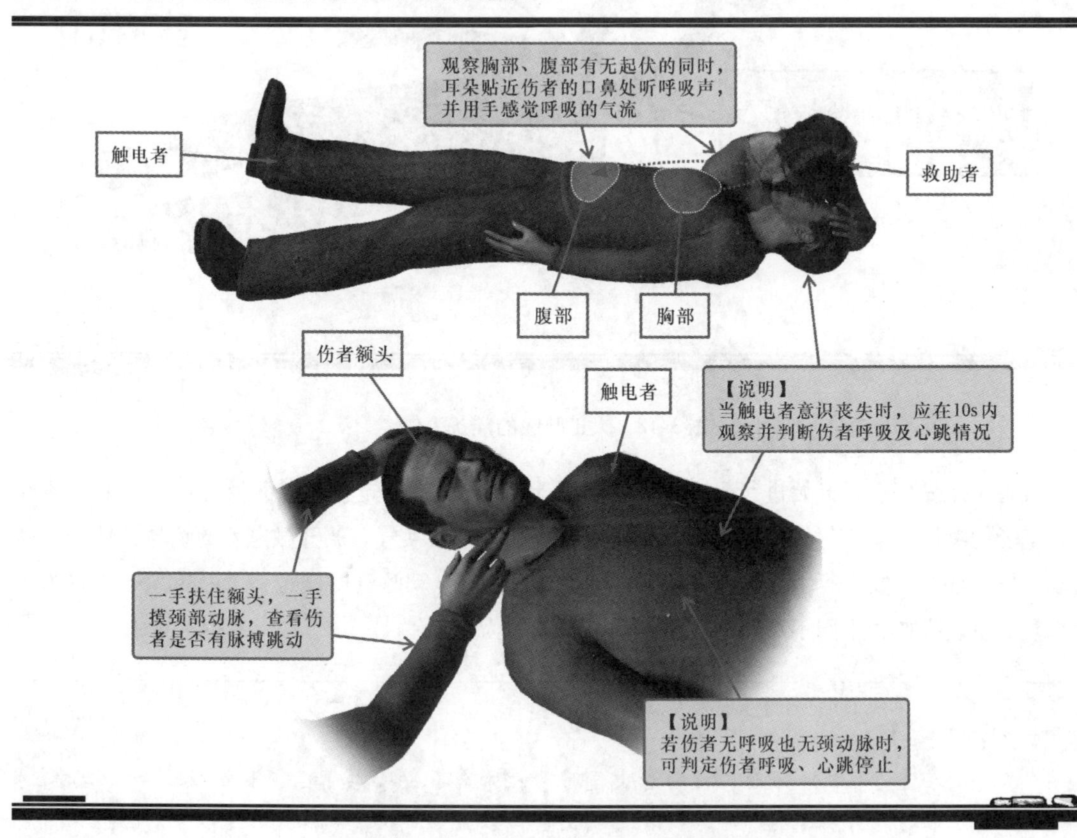

图3-17 触电者呼吸、心跳情况的判断

【注意】

触电者处于昏迷中时，可呼叫伤者或轻拍伤者肩部，以判断伤者意识是否完全丧失。在伤者神志不清时，不要摇动伤者的头部或大声呼叫。当天气炎热时，应让触电者处于阴凉的环境下，天气寒冷时应帮触电者保持体温。

① 人工呼吸急救。通过判断得知触电者停止呼吸时，应当及时对触电者进行人工呼吸急救。如图 3-18 所示，在进行人工呼吸前救助者最好用一只手捏紧触电者的鼻孔，使鼻孔紧闭，另一只手掰开触电者的嘴巴。除去口腔中的杂物。如果触电者的舌头后缩，应把舌头拉出来保证呼吸通道畅通。

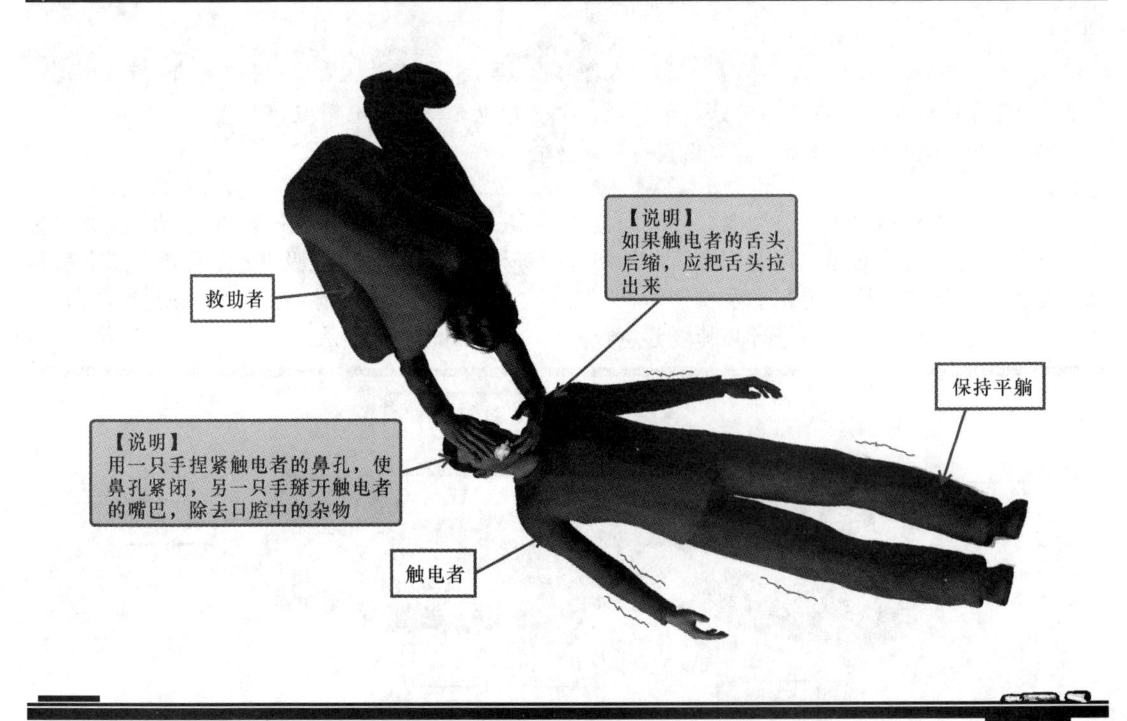

图 3-18　人工呼吸的准备工作

准备工作做好后，开始进行人工呼吸，如图 3-19 所示。首先救助者深吸一口气之后，紧贴着触电者的嘴巴大口吹气，使其胸部膨胀，然后救助者抬头换气，放开触电者的嘴鼻，使触电者自动呼气。如此反复进行上述操作，吹气时间为 2～3s，自动呼气时间也为 2～3s，5s 左右为一个循环。重复操作，中间不可间断，直到触电者苏醒为止。

【注意】

在进行人工呼吸时，救助者吹气时要捏紧鼻孔，紧贴嘴巴，不要漏气，放松时应能使触电者自动呼气，对体弱者（或儿童）只可小口吹气，以免肺泡破裂。

② 胸外心脏挤压法。通过判断得知触电者的心跳停止时，应及时对触电者进行胸外心脏挤压，以恢复心跳。如图 3-20 所示，做胸外挤压时触电者应仰卧在比较坚实的地面上，救助者两手相叠，手掌根部放在触电者心窝上方，胸骨下 1/3 ~ 1/2 处。

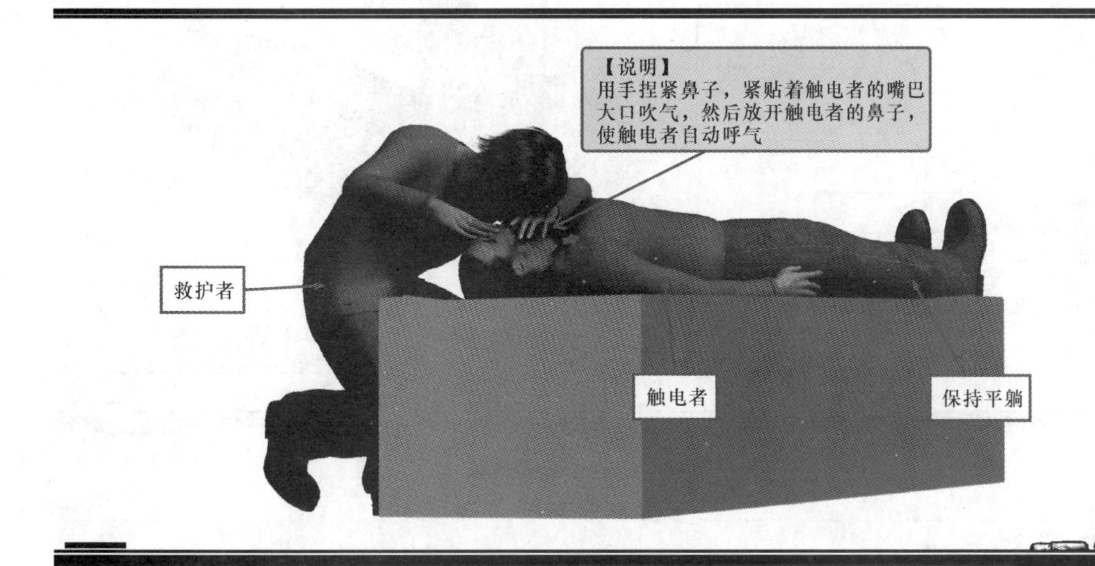

图 3-19　口对口人工呼吸

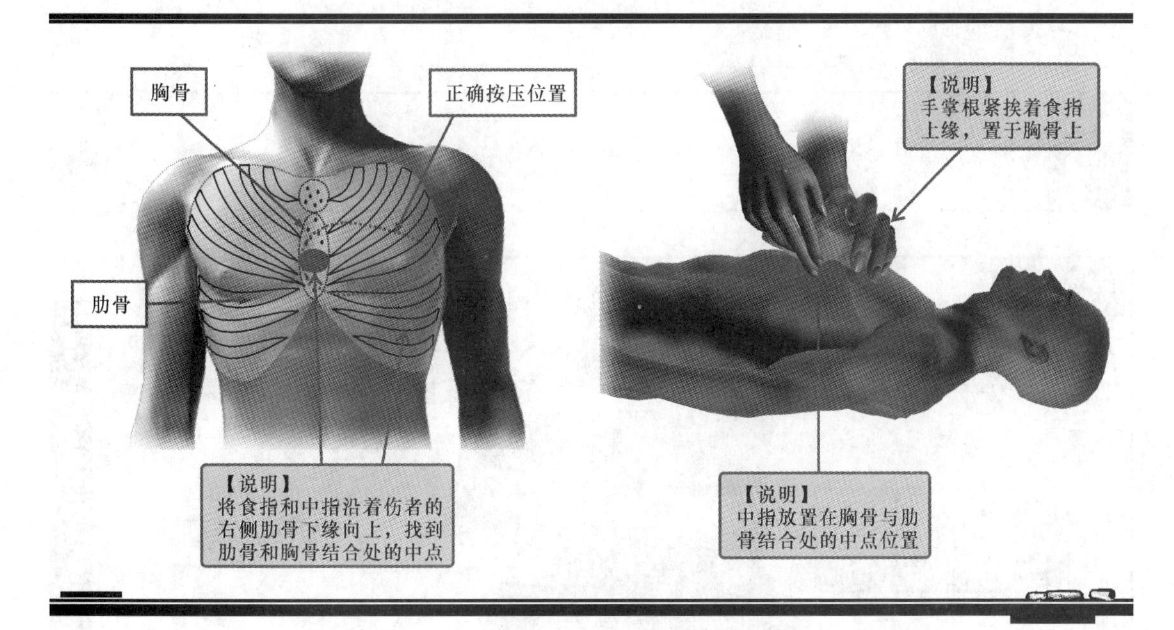

图 3-20　胸外心脏挤压的位置

如图 3-21 所示，救助者跪在触电者一侧或跪在腰部两侧，掌根用力向下挤压心脏部位 3 ~ 5cm（成人），每分钟挤压 60 次为宜。挤压后掌根迅速放松，让触电者胸廓自动恢复，放松时掌根依然贴紧胸部。

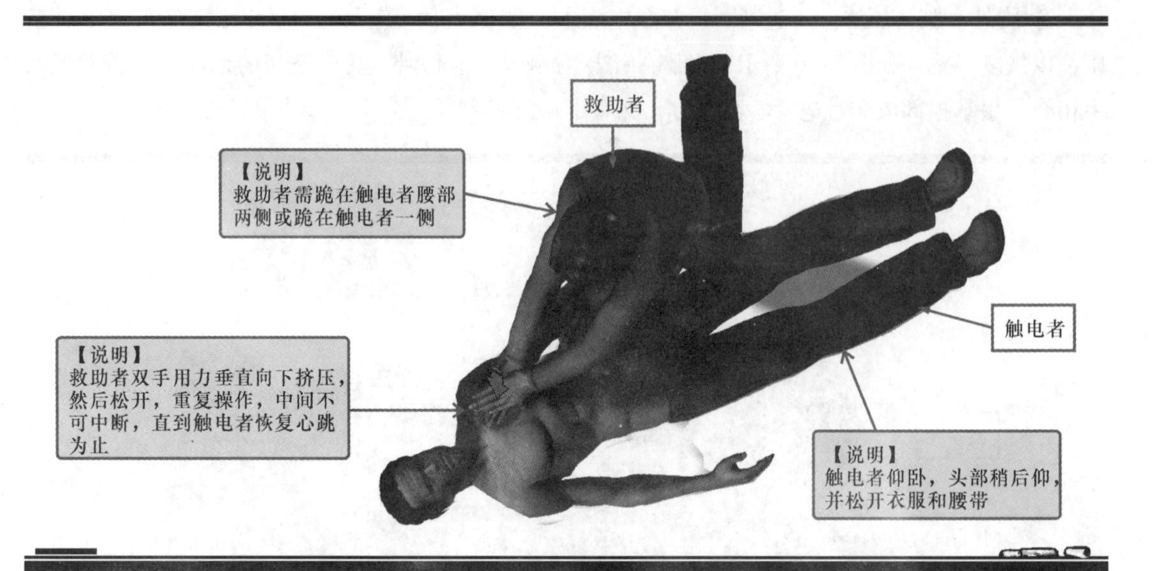

图 3-21　胸外心脏挤压法

【注意】

在进行胸外心脏挤压时，应当同时进行口对口人工呼吸。两种方法交替进行时，可以挤压心脏 4 次后，吹气 1 次，且吹气和挤压的速度都应比同时进行吹气和挤压略快，以免降低抢救效果。

提问

触电者身上有时会有一些类似烧伤的伤口，这种伤口怎么处理？

回答

触电者的身体上有时会伴有不同程度的电伤，处理这种伤口，应先对电灼伤的部位用盐水棉球进行洗净，用涂有凡士林的油纱布或直接用干净的手巾进行包扎，防止感染，如图 3-22 所示，然后立即送到医院进行治疗。

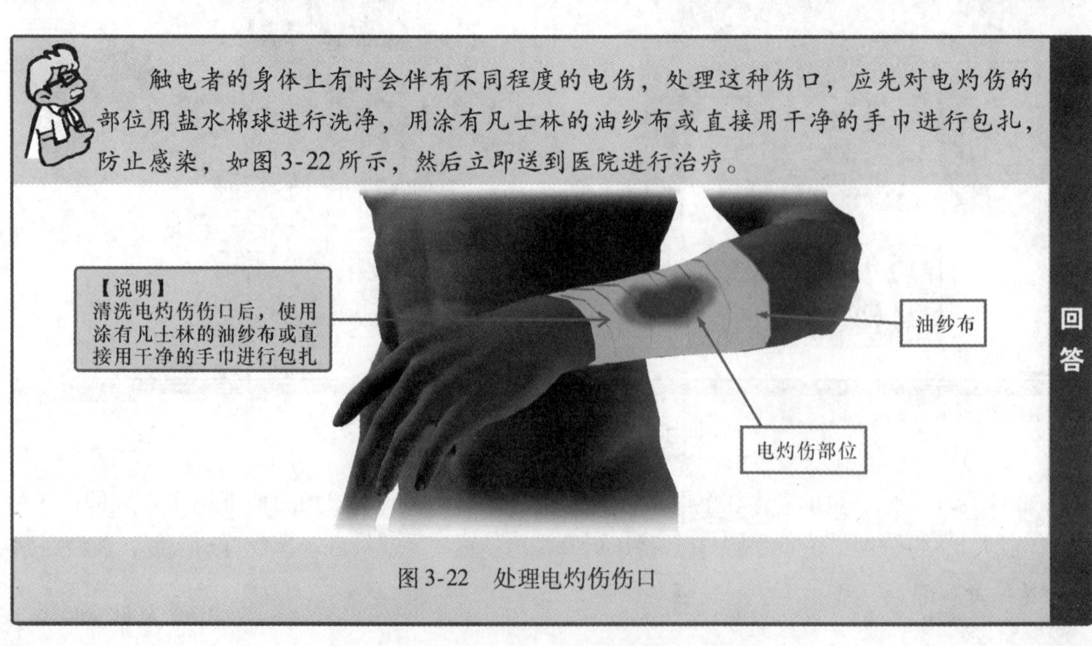

图 3-22　处理电灼伤伤口

【注意】

触电者若从高处跌落，可能还会存在骨折或外伤。急救原则是先抢救，然后对骨折部位进行固定，在搬运伤者时，应注意采取措施，防止伤情更加严重或伤口污染。若伤者出现外部出血，应立即采取止血措施，防止伤者因失血过多导致休克。

3.2.2 着火情况下的应急处理

施工环境若存放有大量可燃物，可能由于人员吸烟、线路打火等原因发生火灾，轻则造成人员烧伤，部分设备物品损坏；重则引起大面积火灾，使多人伤亡，施工场所及周边环境全部被破坏，造成重大经济损坏。因此要消灭着火隐患，以预防火灾为主，一旦施工现场着火，也要做好应急处理，救助着火人员的同时尽量减小或熄灭火势。

1. 尽量减小或熄灭火势

当电工面临火灾事件时，一定要保持沉着、冷静。及时拨打消防电话，并立即采取措施切断电源，以防电气设备发生爆炸，使用干粉灭火器熄灭火源，阻止火势蔓延，如图3-23所示。

图3-23 用干粉灭火器熄灭火源

【注意】

值得注意的是，火灾发生后，由于温度、烟熏等诸多原因，设备的绝缘性能会随之降低，拉闸断电时一定要佩戴绝缘手套，或使用绝缘拉杆等干燥绝缘器材拉闸断电。

2. 着火、烧伤急救

电工作业过程中，烧伤也是比较常见的一类事故，烧伤者被烧伤的面积越大、深度越深，治疗起来就越困难，因此，在烧伤急救时，快速、有效的灭火是非常必要的，同时也可以减小烧伤者的烧伤程度。救助人员在救助着火、烧伤人员时，可以采用以下几种常用的方法：

① 尽快脱下着火的衣服，特别是化纤衣服。以免着火衣服或衣服上的热液继续作用，使烧伤者的创面加大加深。

② 迅速卧倒后，在地上滚动，压灭火焰。伤者在着火时切记不要站立、奔跑，以防增加头面部烧伤或吸入性损伤，可求助身边的人员一起灭火。

③ 救助人员在救助时，可以用身边不易燃的材料，如毯子、大衣、棉被等迅速覆盖着火处，使与空气隔绝，从而达到灭火的效果。

④ 若伤者烧伤面积不大，可以用冷水对伤口进行清洗，降温的同时可减轻疼痛，然后用酒精进行消毒，包裹干净的纱布或毛巾后，迅速送往医院进行救治；若烧伤面积过大，应立即送往医院进行治疗。

第4章

苦练导线加工连接本领

这一章我们要练习导线加工、连接的本领。在电气安装作业中，导线的加工和连接时必备的基础技能，需要大家熟练掌握。接下来，我们会根据线缆的类型作为章节划分依据，分别介绍塑料硬导线、塑料软导线、塑料护套线和漆包线的加工连接方法以及导线封端的演示操作。大家只要认真观摩，刻苦练习，一定会很快掌握导线的加工连接技能。不再说了，让我们开始吧。

4.1 苦练塑料硬导线加工连接本领

塑料硬导线在日常用生活中十分常见，一般家庭的主供电线缆都是使用塑料硬导线进行敷设的。对塑料硬导线加工连接时，常使用钢丝钳剥削塑料硬导线的绝缘层，并将线芯缠绕连接。下面，具体介绍塑料硬导线加工连接的方法。

图4-1所示为塑料硬导线的加工连接。用钢丝钳剥削塑料硬导线的绝缘层，应当使用左手捏住线缆，在需要剥离绝缘层处，用钢丝钳的钳刀口钳住绝缘层轻轻的旋转一周，然后使用钢丝钳钳头钳住要去掉的绝缘层，向外拉即可。

完成塑料硬导线的剥削绝缘层处理后，将两根塑料硬导线的线芯相对叠交，然后选择一根剥去绝缘层的细裸铜丝，将其中心与叠交线芯的中心进行重合，并使用细裸铜丝从一端开始进行缠绕。

当细裸铜丝缠绕至两根塑料硬导线的线芯对接的末尾处时，应当继续向外端缠绕8 ~10mm的距离，这样可以保证线缆连接后接触良好；然后再将另一端的细裸铜丝进行同样的缠绕即可。

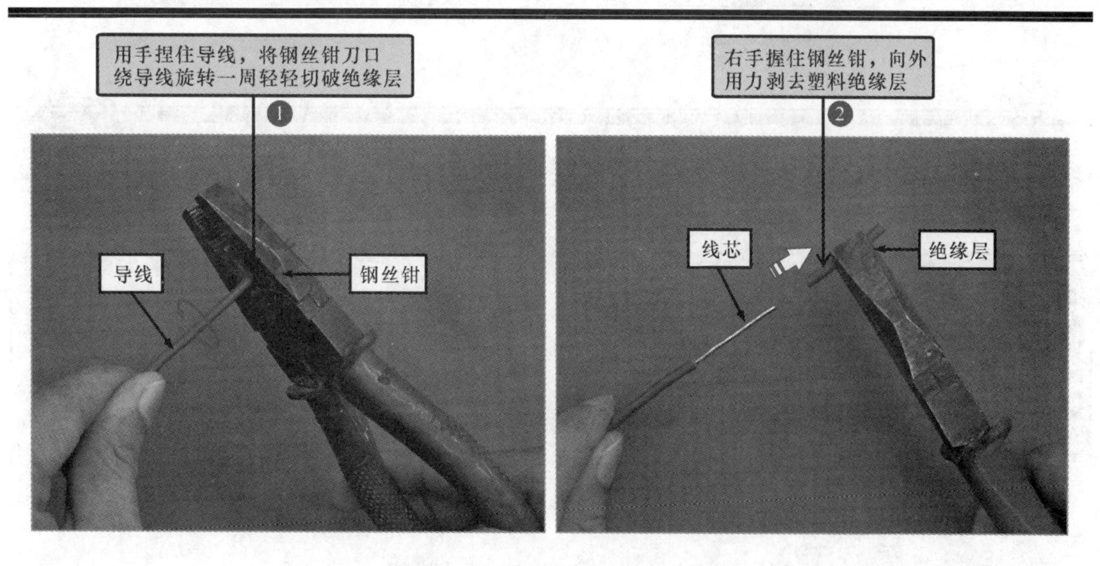

图4-1 塑料硬导线的加工连接

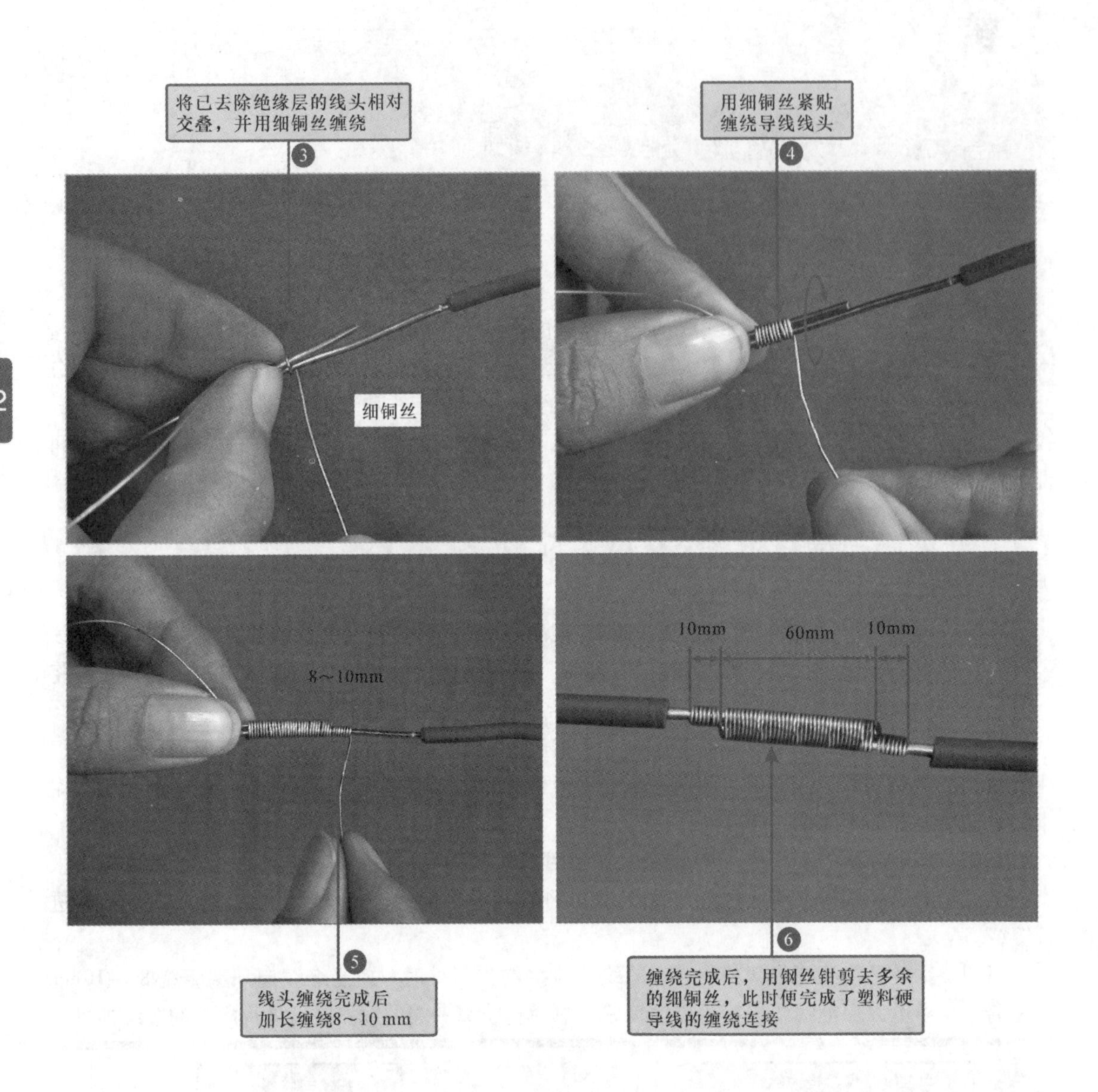

图4-1　塑料硬导线的加工连接（续）

【注意】

在两根塑料硬导线采用缠绕连接时，因为缆线芯的直径不同，所以缠绕的长度也有所不同。对直径在5mm及以下的线缆，需要铜丝进行缠绕的长度为60mm；对直径大于5mm的线缆，需要缠绕的长度为90mm。将导线线头缠绕好后还要在两端导线上各自再缠绕8～10mm（5圈）的长度。

【资料】

在分线操作时，“T”字形缠绕连接方式非常普遍，如图4-2所示，塑料硬导线的“T”字形连接。

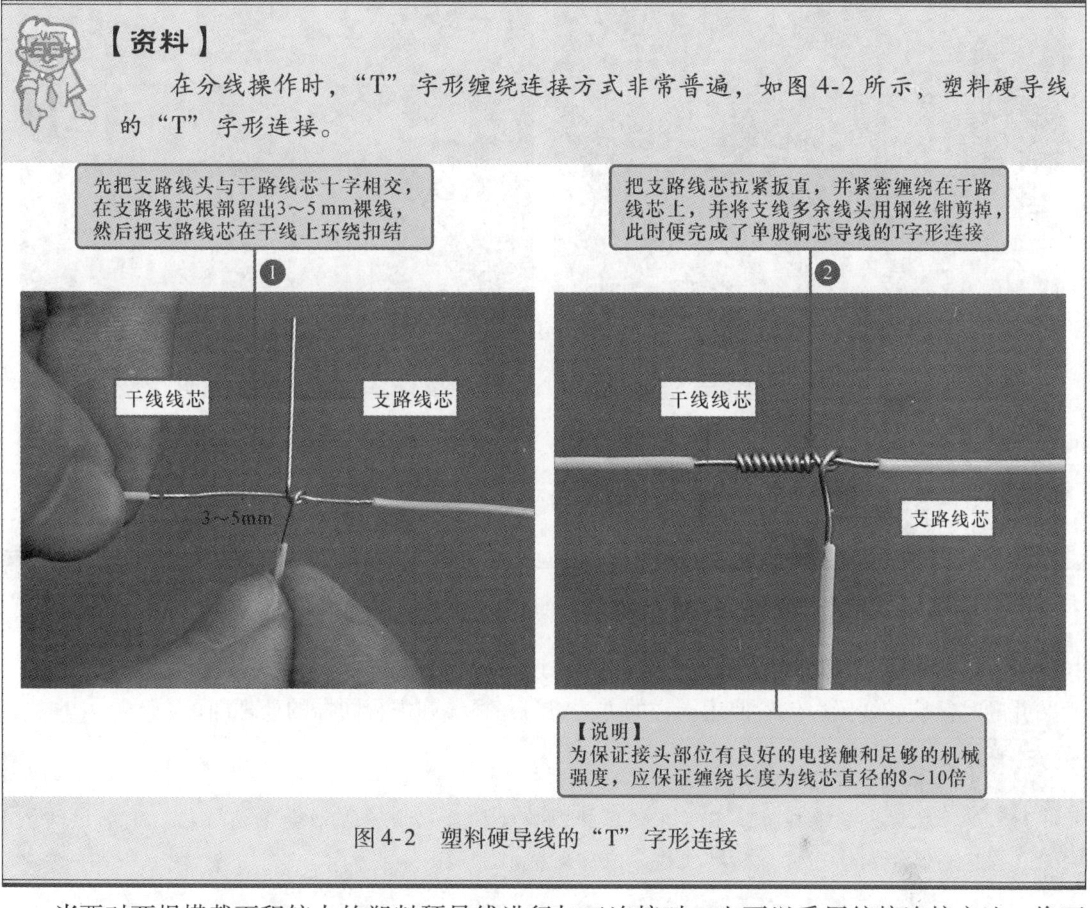

图4-2　塑料硬导线的“T”字形连接

当要对两根横截面积较小的塑料硬导线进行加工连接时，也可以采用绞接连接方法，将两根单股硬线缆以X形摆放，利用线芯本身进行绞绕。

如图4-3所示，使两根线芯以中心点搭接，摆放成X形，再分别使用钳子钳住，并将线芯向

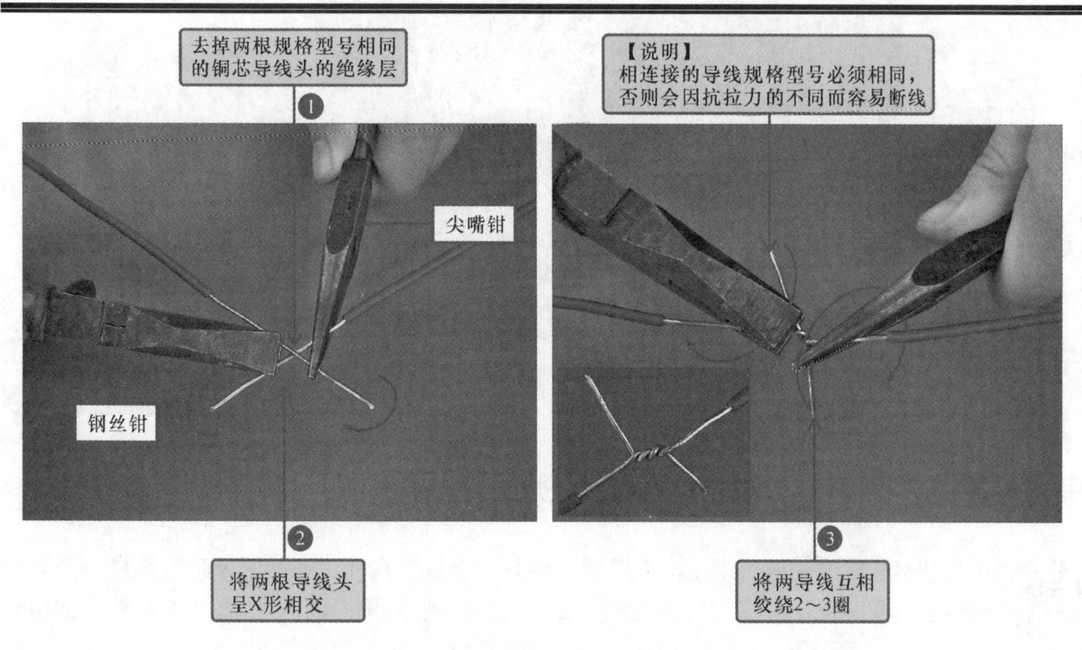

图4-3　塑料硬导线的绞接连接方法

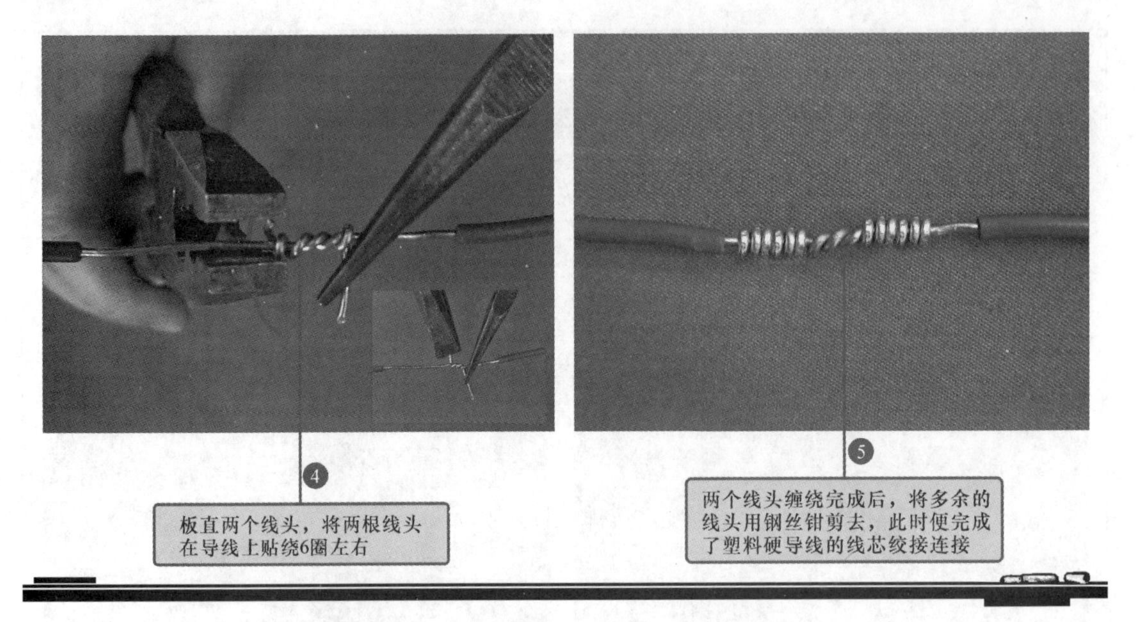

图 4-3 塑料硬导线的绞接连接方法（续）

相反的方向旋转 2 ~3 圈即可，然后将两单股硬线缆的线头扳直，再将一根线芯在另一根线芯上紧贴并顺时针旋转绕紧，然后使用同样的方法将另一根线芯进行同样的处理即可。

【注意】

在拨去绝缘层时，不可在钢丝钳刀口处加剪切力，否则会切伤线芯。剖削出的线芯应保持完整无损，如有损伤，应重新剖削，如图 4-4 所示。

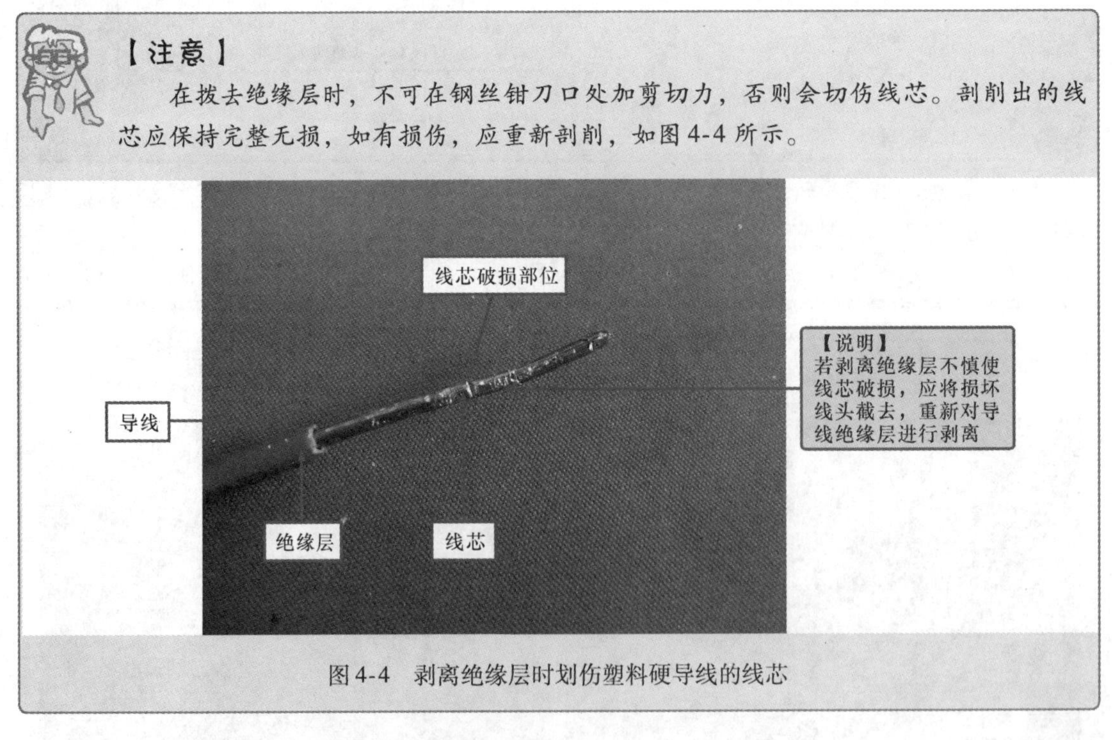

图 4-4 剥离绝缘层时划伤塑料硬导线的线芯

4.2 苦练塑料软导线加工连接本领

塑料软导线的线芯多是由多股铜（铝）丝组成，在加工连接时不适宜用电工刀剥削绝缘层，实际操作中多使用剥线钳（或斜口钳）进行剥削操作，如图 4-5 所示。使用剥

线钳剖削绝缘层时，首先将导线需剖削处置于剥线钳合适的刀口中，一只手握住并稳定导线，一只手握住剥线钳的手柄，并轻轻用力，切断导线需剥削处的绝缘层。接着，继续用力使剥线钳的剥线夹打开，将绝缘层剥下，采用简单的缠绕连接法进行连接，首先将两根塑料软导线的线芯散开拉直，并将靠近绝缘层1/3的线芯绞紧，再将剩余2/3的线芯分散为伞状，后将两根加工后的塑料软导线的线芯成隔根式对插，并把两端对插的线芯捏平，接下来将一端的线芯近似平均分成三组，将第一组的线芯扳起，垂直于线头，按顺时针方向进行缠绕，当缠绕两圈后将剩余的线芯与其他线芯平行贴紧，接着将第二组线芯扳起，按顺时针方向紧压着线芯平行方向缠绕三圈，再将剩余线芯与其他线芯平行紧贴，然后再将第三组线芯扳起，使其与其他线芯垂直，按照顺时针的方向紧压着线芯平行方向缠绕三圈，切除多余的线圈即可，另一根线缆的线芯也采用相同的方法即可。

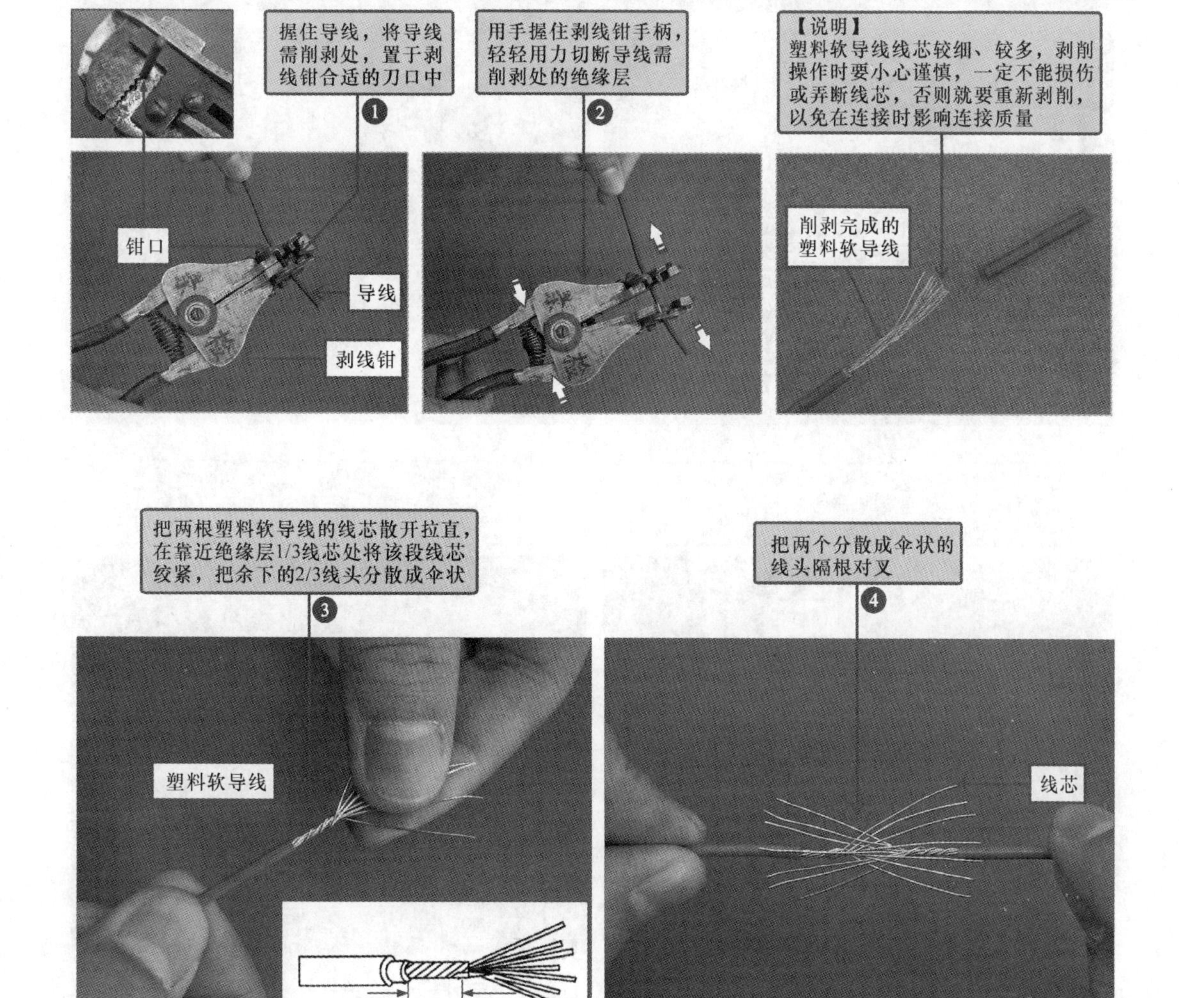

图4-5　使用剥线钳将塑料软导线绝缘层剥离

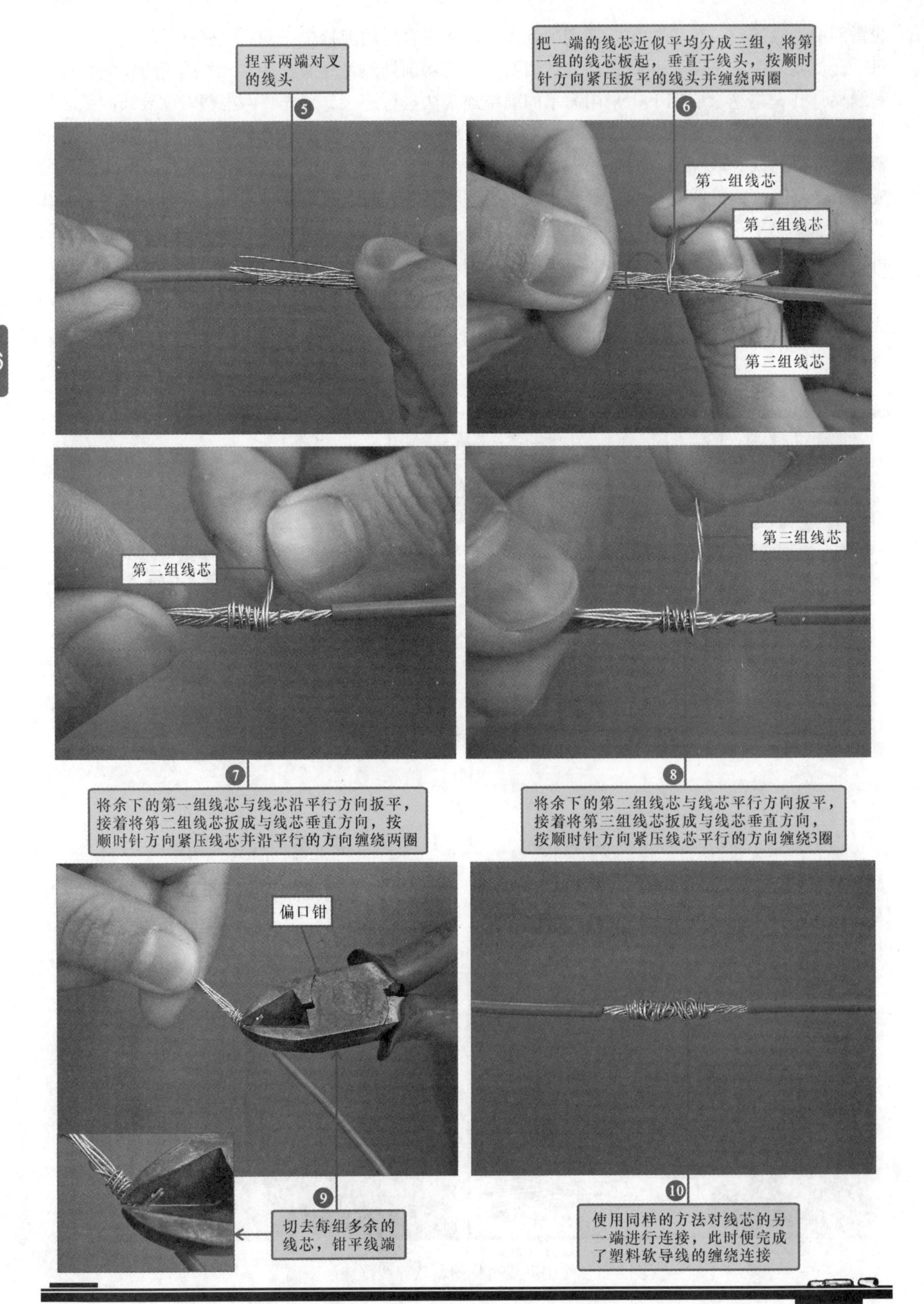

图 4-5　使用剥线钳将塑料软导线绝缘层剥离（续）

提问

剥线钳上为什么会有这么多大小不一的钳口呢？

剥线钳上的众多钳口是为了适应不同粗细的导线而设置的，在使用剥线钳剥离导线的绝缘层时，应当注意选择剥线钳的切口。有些学员在使用剥线钳剥落线芯较粗的导线时，选择的剥线钳切口过小，会导致塑料软导线的多根线芯与绝缘层一同被剥落，如图4-6所示，导致该线缆无法使用。

回答

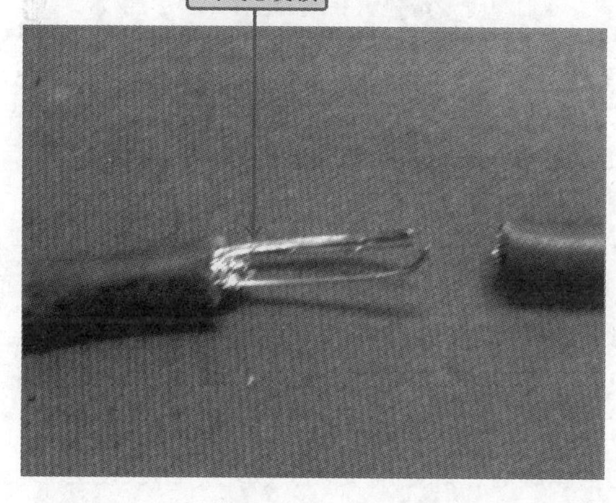

图4-6　错误使用剥线钳剥离塑料软导线绝缘层

【资料】

对塑料软导线进行“T”字形连接时，不能直接在干线线芯上缠绕，而需将支路分成两组串入干线线芯中分别进行缠绕，如图4-7所示。

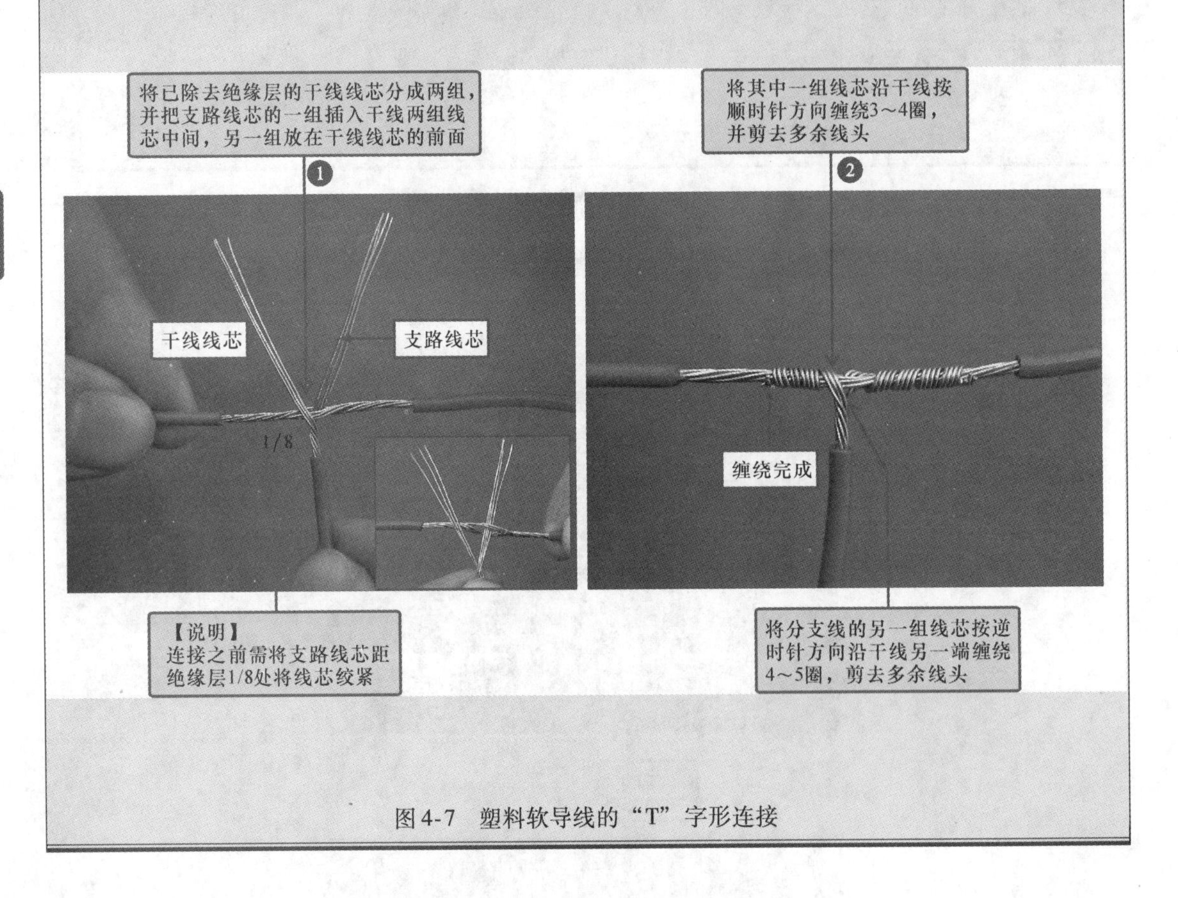

图4-7　塑料软导线的“T”字形连接

4.3　苦练塑料护套线加工连接本领

塑料护套线的加工连接与塑料软导线基本相同，但在对其进行剥削绝缘层的处理时，要相对复杂许多，需仔细小心，以免对线芯造成损伤。下面，我们就来为大家介绍一下对塑料护套线剥削绝缘层的方法。

塑料护套线是将两根带有绝缘层的导线用护套层包裹在一起，因此，在进行绝缘层剥削时要先剥削护套层，然后再分别对两根导线的绝缘层进行剥削。

在剥离塑料护套线的护套层时，确定需要剥离护套层的长度后，使用电工刀尖对准线芯缝隙处，划开护套层，然后将剩余的护套层，向后翻开，在使用电工刀沿护套层的根部切割整齐皆可，切勿将护套层切割出锯齿状，当塑料护套线的护套绝缘层剥离后，应当选用合适的工具对内绝缘层进行剥离，如图4-8所示。

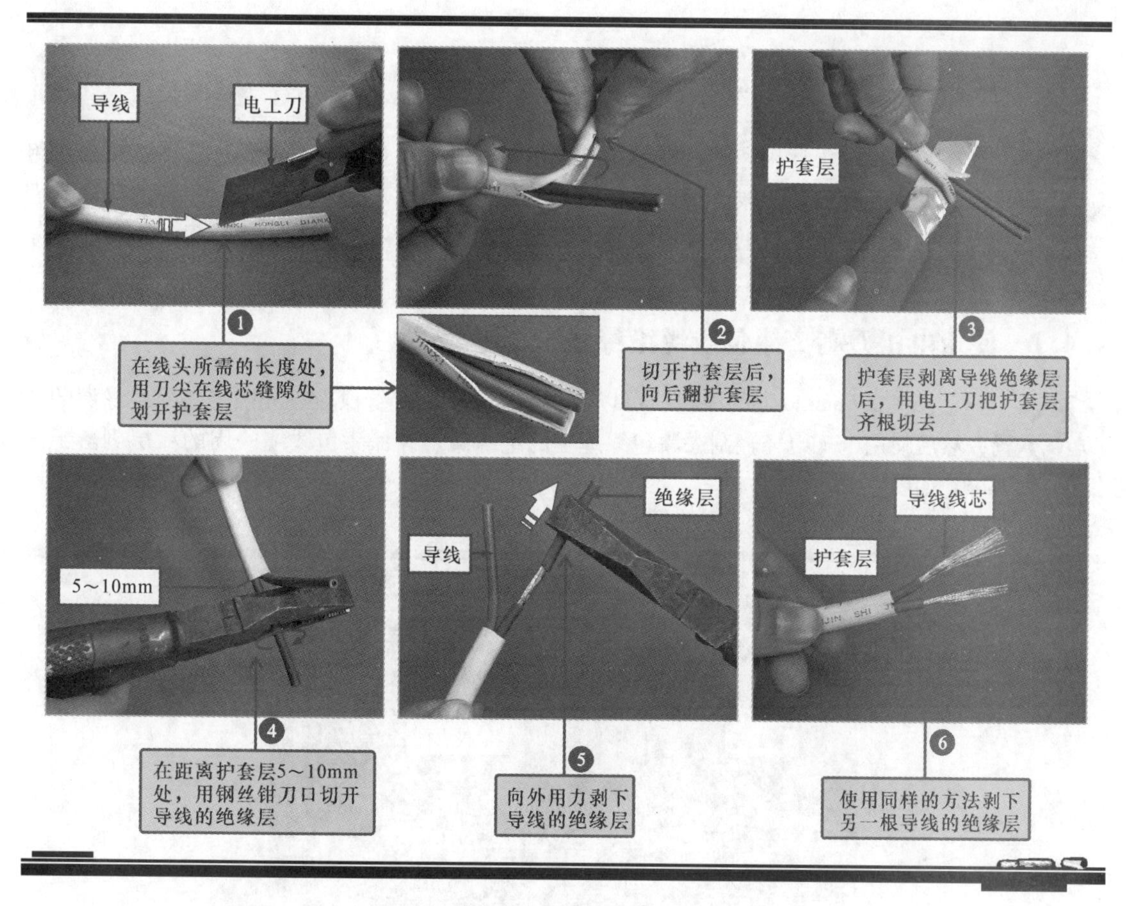

图4-8　塑料护套线绝缘层的剥削方法

【注意】

在拨去绝缘层时，不可在钢丝钳刀口处加剪切力，否则会切伤线芯。剥削出的线芯应保持完整无损，如有损伤，应重新剥削，如图4-9所示。

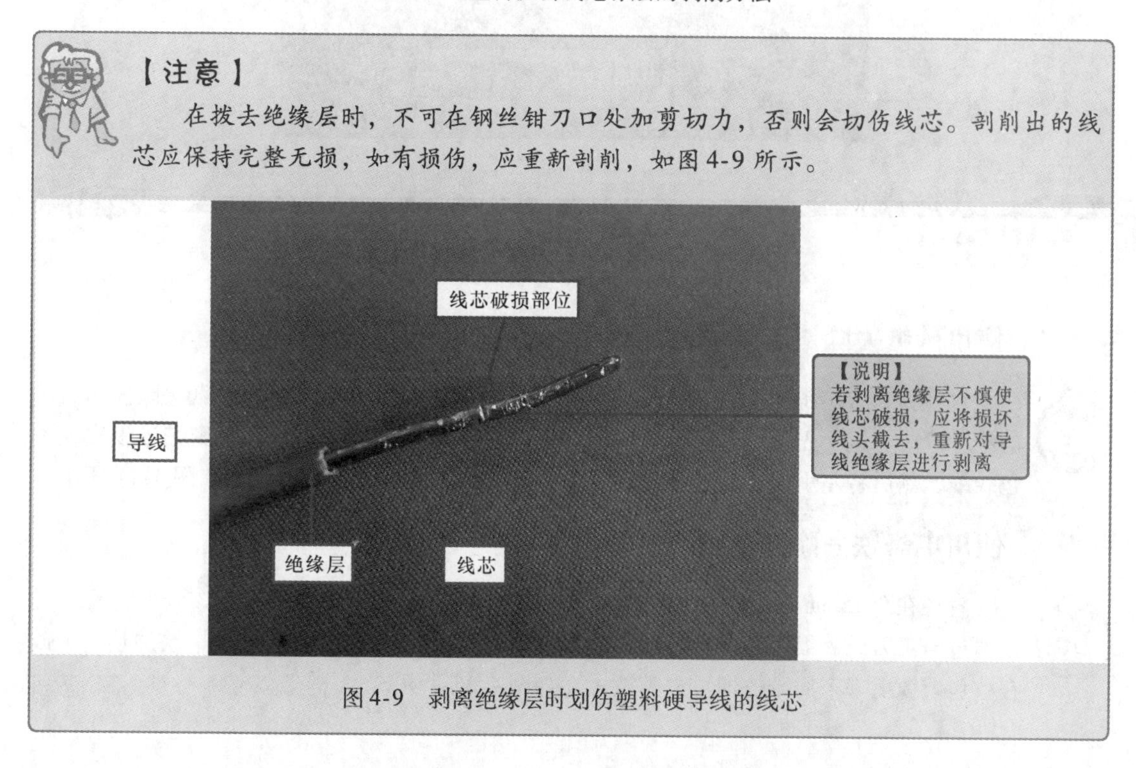

图4-9　剥离绝缘层时划伤塑料硬导线的线芯

4.4 苦练漆包线加工连接本领

漆包线的加工连接和塑料硬导线基本相同，值得注意的是漆包线在加工连接前对绝缘层的处理与塑料硬导线有很大的不同。下面，我们就来具体介绍其中主要的三种处理绝缘层的方法：电工刀剥离漆包线缆绝缘漆、砂纸去除漆包线缆的绝缘漆、电烙铁去除漆包线缆的绝缘层。

4.4.1 使用电工刀剥离漆包线缆绝缘漆

直径在0.6mm以上的漆包线可以使用电工刀去除绝缘漆。首先确定去除绝缘漆的位置，然后使用电工刀轻轻刮去漆包线缆上的绝缘漆，确保漆包线缆一周的漆层剥落干净即可，如图4-10所示。

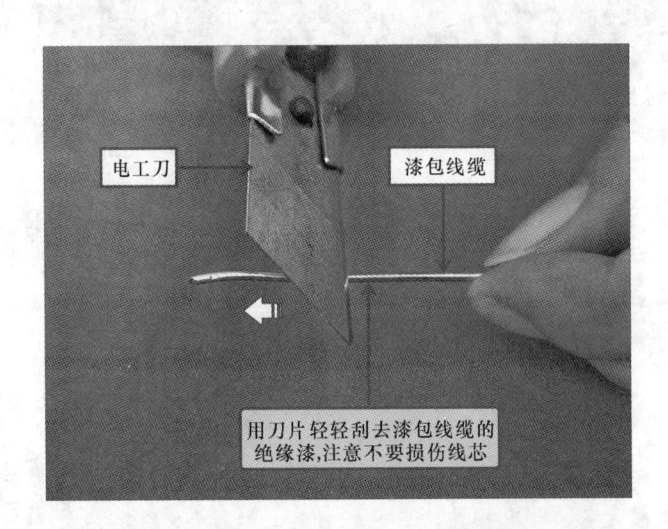

图4-10 使用电工刀剥落漆包线的绝缘漆

4.4.2 使用砂纸去除漆包线缆的绝缘漆

直径为0.15~0.6mm的漆包线缆可以使用砂纸去除绝缘漆。使用砂纸去除漆包线缆的绝缘漆时，也要先确定去除绝缘漆的位置，左手握住漆包线缆，右手用细砂纸夹住漆包线缆，然后将左手进行旋转，直到需要去除绝缘漆的位置干净即可，如图4-11所示。

4.4.3 使用电烙铁去除漆包线缆的绝缘漆

直径在0.15mm以下的漆包线缆应当使用电烙铁去除绝缘漆，因为该线芯过细，无法通过电工刀或砂纸对其进行处理。应当选用25W以下的电烙铁，将电烙铁加热后，放在漆包线缆上来来回摩擦即可去掉漆皮，如图4-12所示。

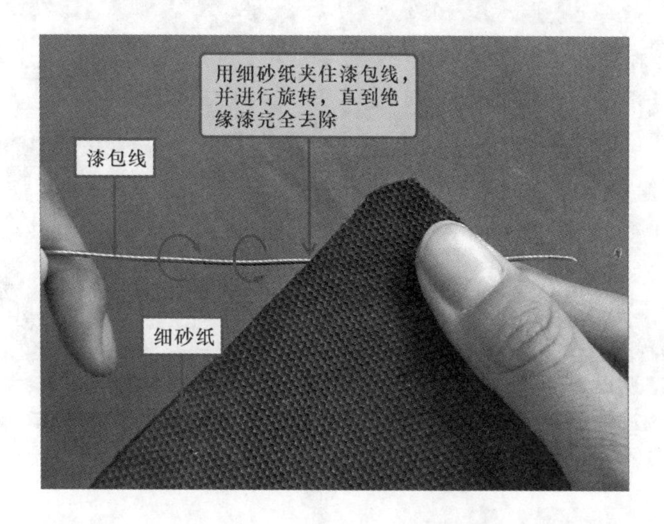

图 4-11　使用砂纸去除漆包线的绝缘漆

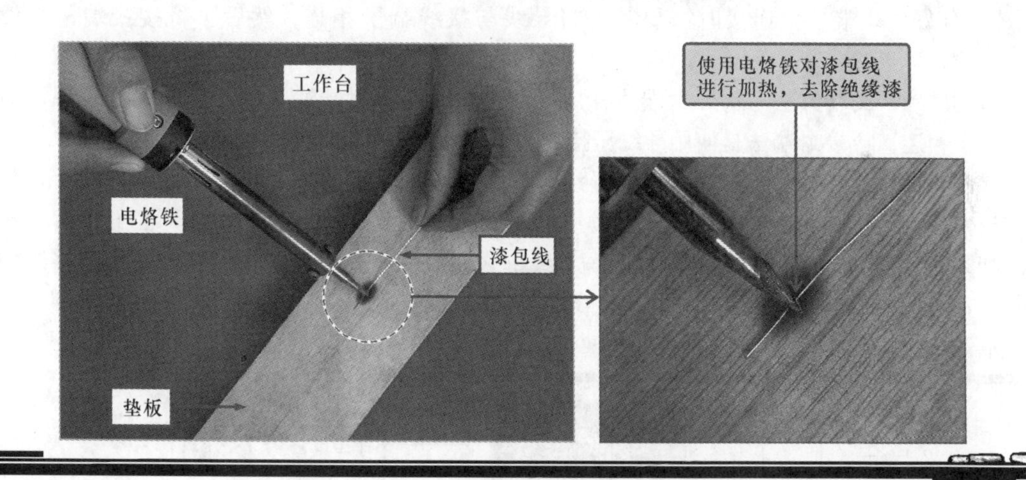

图 4-12　使用电烙铁去掉漆包线的绝缘漆

提问　如果没有电烙铁怎么办？

回答　若没有电烙铁的情况下，也可使用火对绝缘层进行剥落。使用微火对漆包线线头进行加热，当其漆层加热软化后，使用软布对其进行擦拭即可，如图 4-13 所示。

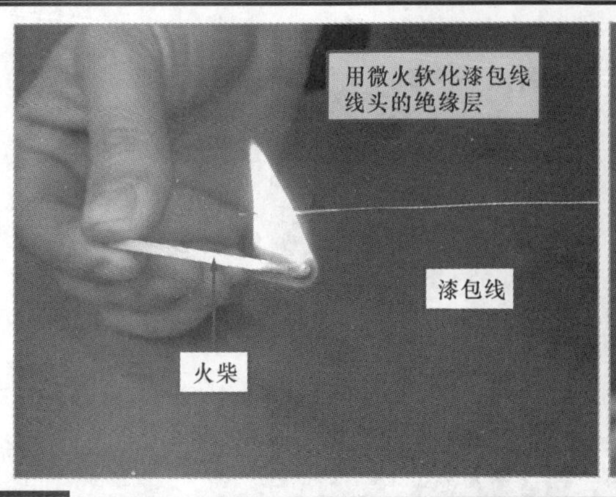

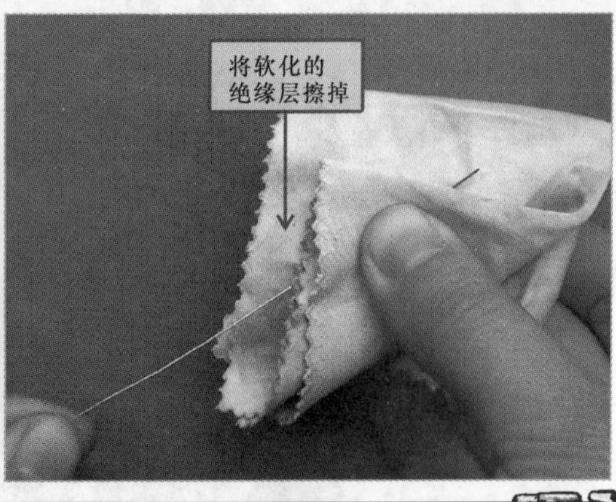

图 4-13　使用微火去除漆包线的绝缘漆

4.5　导线封端的操作演示

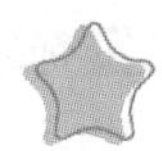

安装的配线需要与电气设备相连接，对 $10mm^2$ 及以上多股导线都必须先在导线端头作好接线端子，连接时需要首先将导线与接线端子相连，然后再将接线端子与设备相连。

常用的导线封端方法有锡焊封端法和压接封端法。锡焊封端法是将导线线芯浸入焊锡后与接线端子相连；压接封端法是使用导线压接钳进行钳压使其与接线端子相连。

导线与接线桩连接时，若待连接的导线为多芯导线则连接时应先进一步绞紧，然后再与接线桩连接；连接时要分清导线相位（零线、相线）；小截面导线与接线桩连接时，必须留有能供再剖削 2 ~3 次线头的余线；导线绝缘层与接线桩之间应保持适当距离；软导线线头与接线桩连接时，不允许出现松散，断股和外露等现象；线头与接线桩必须连接得平服、紧密和牢固。

电气设备的接线桩有针孔式、平压式、瓦形式三种，如图 4-14 所示。

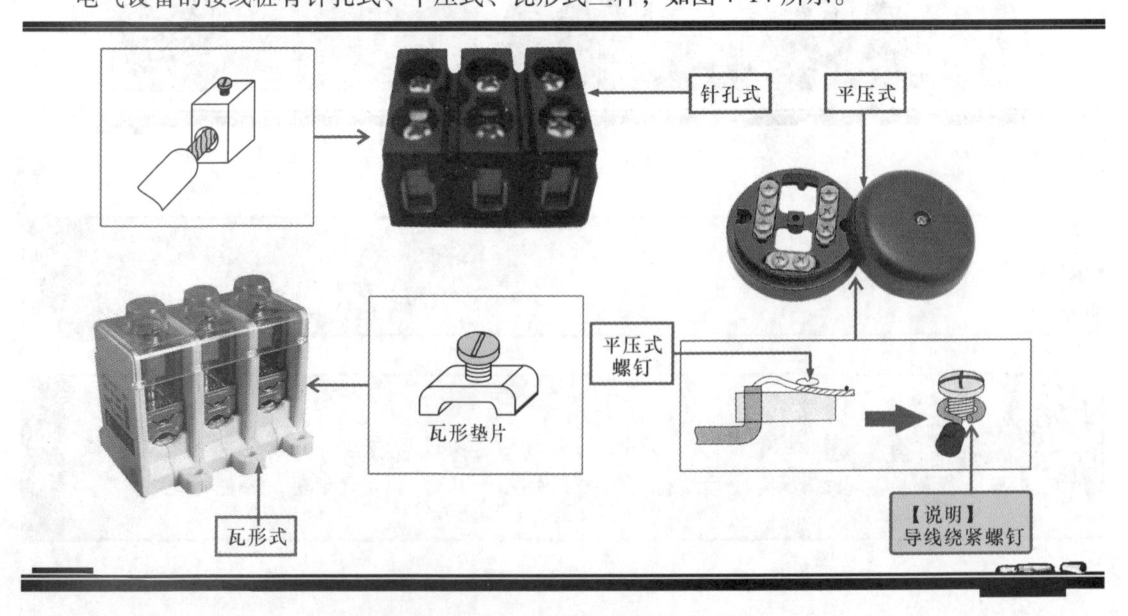

图 4-14　电气设备常用接线桩的类型

4.5.1 导线与针孔式接线桩的连接

针孔式接线桩是依靠位于针孔顶部的压紧螺钉压住线头来完成电连接的，主要用于室内线路中熔断器、刀开关及监测仪表等的连接。电流较小的接线桩有一个压紧螺钉，电流容量较大的接线桩，通常有两个压紧螺钉。连接时由于线芯的不同，其连接方法也不同。

1. 单股线芯导线与针孔式接线桩的连接

单股线芯导线与针孔式接线桩进行连接时，可直接将线芯插入针孔式接线桩，然后用螺丝刀拧紧紧固螺钉，如图4-15所示。

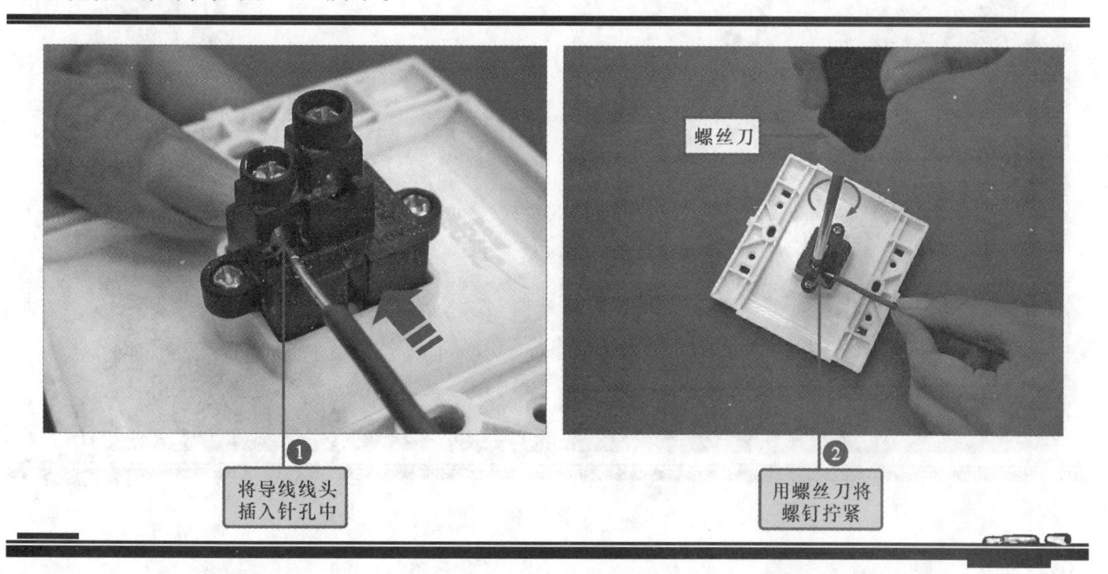

图4-15 单股线芯导线与针孔式接线桩的直接连接

【资料】

若针孔式接线桩过大或导线线芯过细，可使用尖嘴钳将线芯折成双股插入针孔式接线桩中，如图4-16所示。

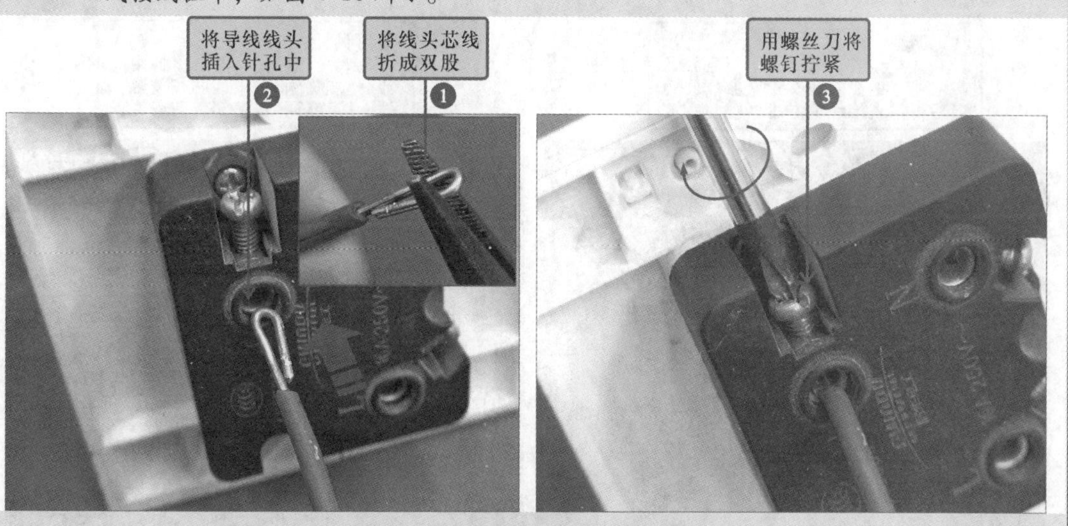

图4-16 使用尖嘴钳加工过细的线芯

2. 多股线芯导线与针孔式接线桩的连接

多股芯线与针孔式接线桩连接时，必须把多股芯线按原拧紧方向进一步绞紧。由于多股芯线的载流量较大，针孔上往往有两个压紧螺钉，连接时应先拧紧第一个螺钉（靠近端部的一个），再拧紧第二个。

当针孔式接线桩与导线线芯大小相匹配时，可直接将线芯绞紧，再插入针孔式接线桩中用紧固螺钉固定，如图4-17所示。

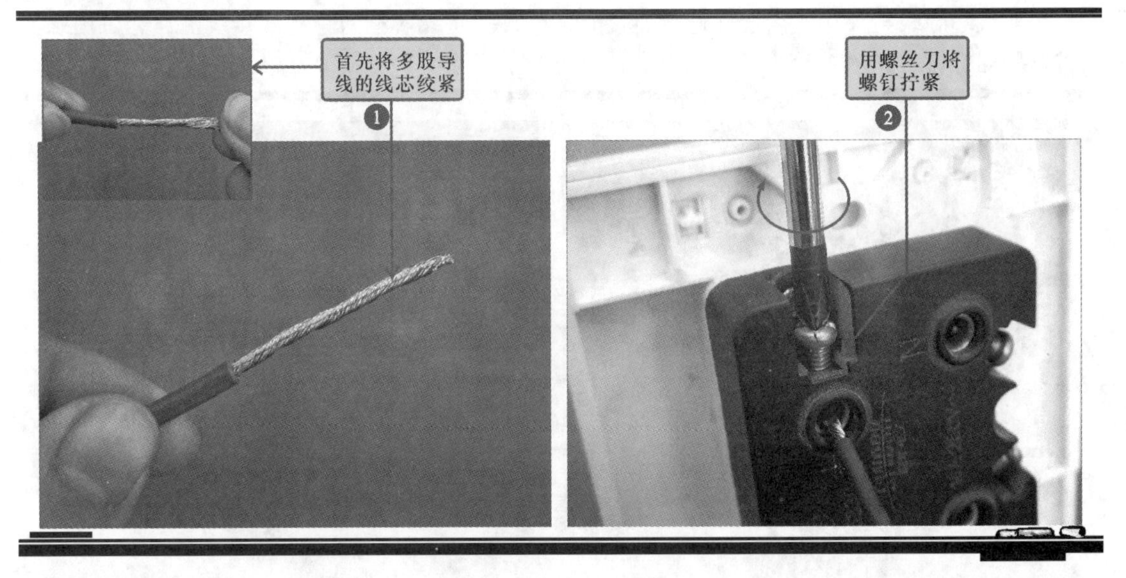

图4-17　多股线芯导线与针孔式接线桩的连接

【资料】

如若针孔式接线桩过大，可用一根单股芯线在已绞紧的芯线线头上紧密排绕一层后再插入接线桩并拧紧螺钉；若针孔式接线桩过小，可把多股芯线剪掉几根。一般原则为：7股芯线剪去中间一层，19股芯线剪去中间1～7根，然后绞紧后插入接线桩并拧紧螺钉，如图4-18所示。

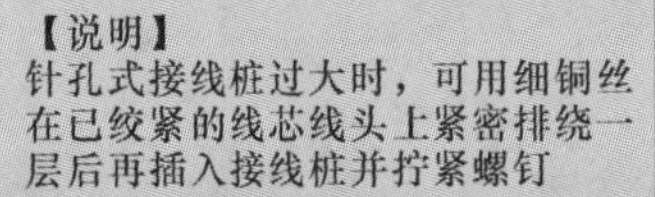

【说明】
针孔式接线桩过小时，剪掉中间部分线芯，将余下的芯线绞紧，插入接线桩并拧紧螺钉即可

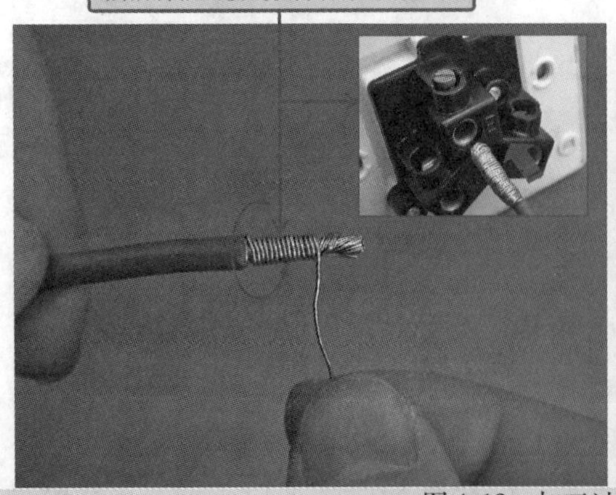

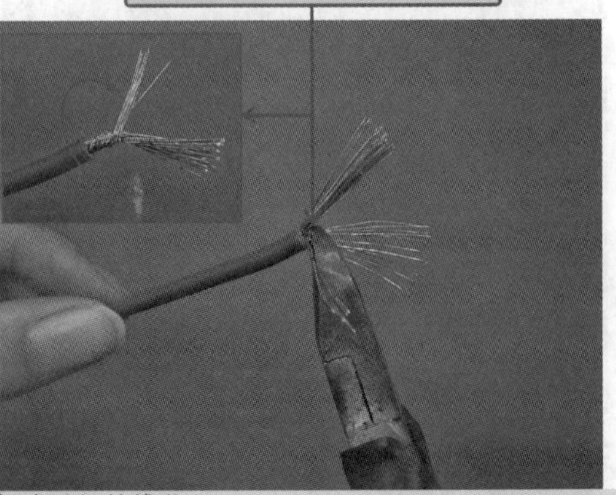

图4-18　加工过粗或过细的线芯

4.5.2 导线与平压式接线桩的连接

平压式接线桩也称为平压式接线螺钉。连接时，一般将螺钉与垫圈配合使用将线头压紧，完成连接。常应用于拉线开关、插座、普通灯头、吊线盒等与导线的连接。

1. 单股导线与平压式接线桩的连接

单股芯线与平压式接线桩进行连接时，为了连接可靠，首先将导线的芯线接头处弯曲成环形，然后再将螺钉以及垫圈插入环型孔中压紧，如图4-19所示。弯曲线芯时要避免环圈不足、环圈重叠、环圈过大、裸露线芯过长等不规范操作。

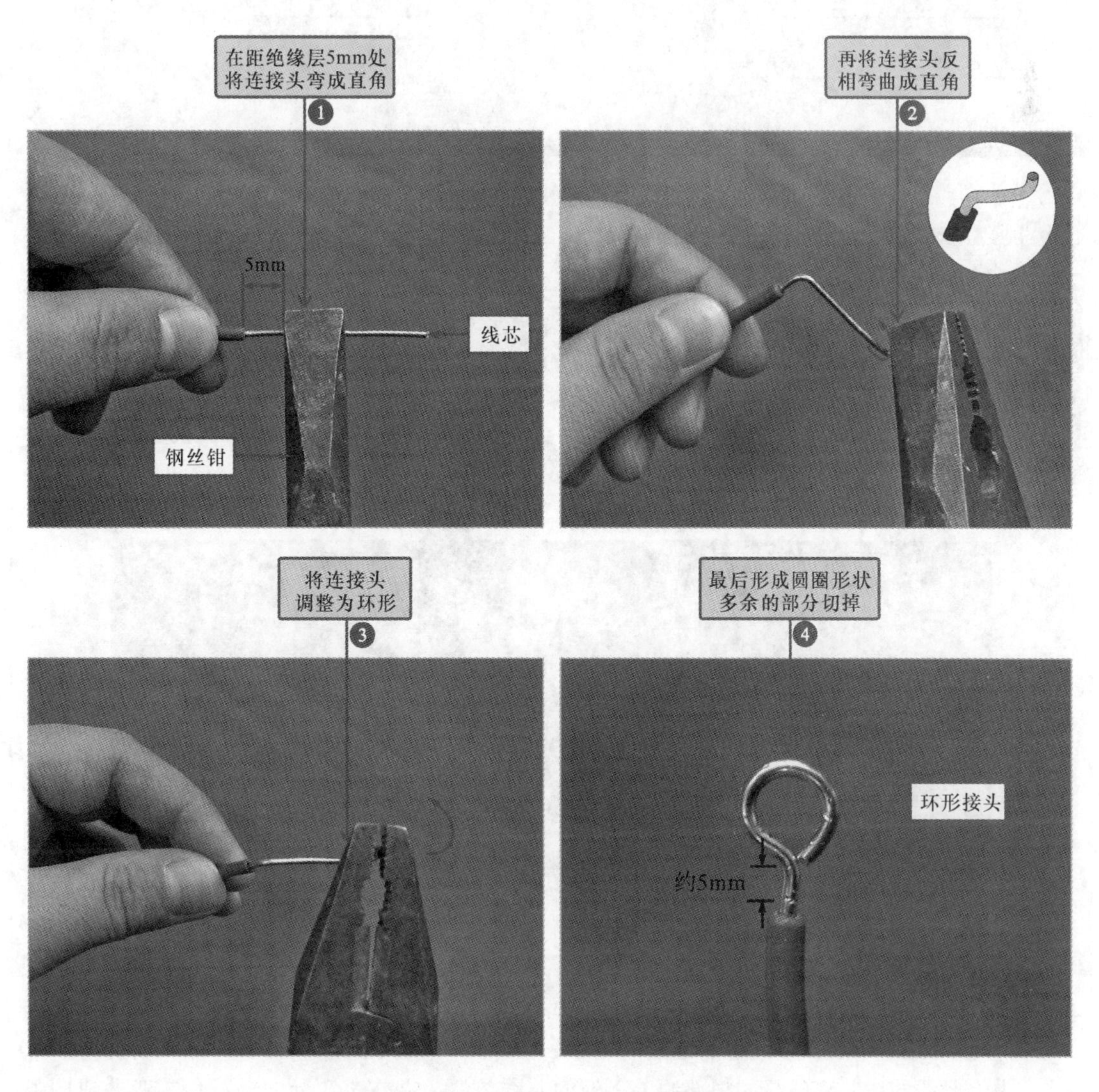

图4-19　单股导线与平压式接线桩的连接

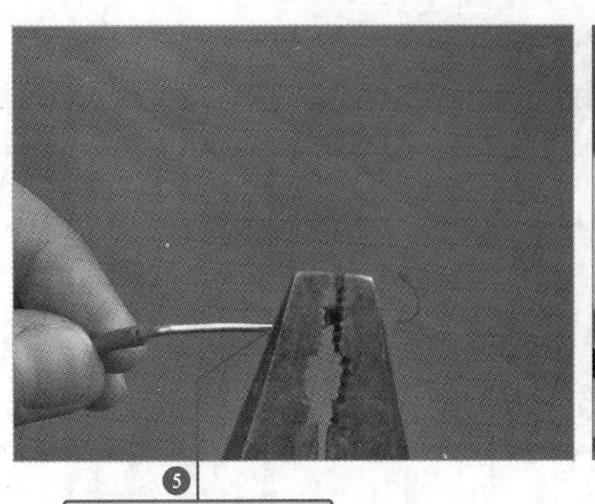

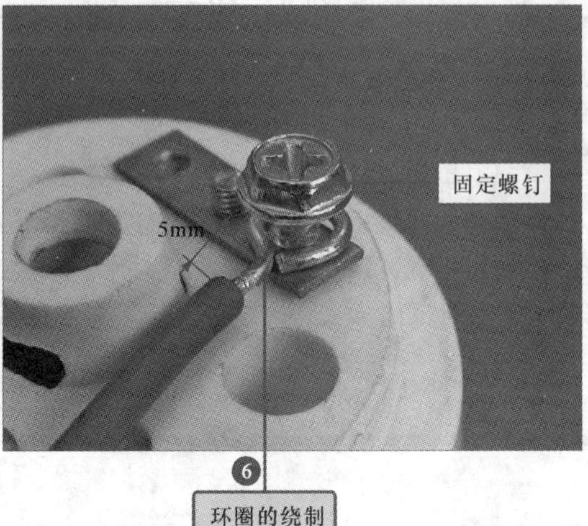

图 4-19　单股导线与平压式接线桩的连接（续）

【注意】

在将塑料硬导线加工为环形时，应当注意连接环弯压质量，若尺寸不规范或弯压不规范时，就会影响接线时的质量。图 4-20 所示为不合格的连接环，希望各位学员在实际操作中避免该类情况的发生。

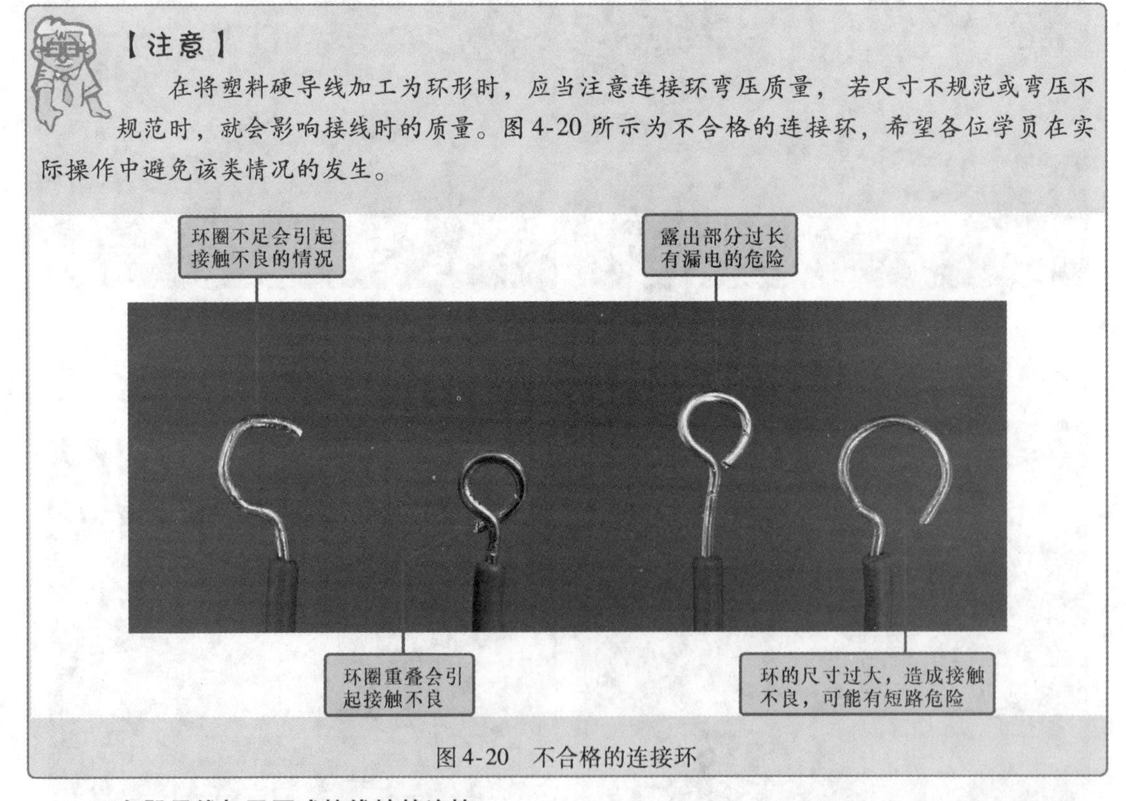

图 4-20　不合格的连接环

2. 多股导线与平压式接线桩的连接

首先将导线的线芯离绝缘层根部约 1/2 处的芯线绞紧，并在 1/3 处向外折角，弯曲成圆弧，然后将圆弧弯曲成圆圈并把芯线线头与导线并在一起，将散着的线头取约 1/3，并将线头扳直，然后按顺时针方向绕两圈，接着将余下的散线头约 1/2 的线芯扳直，以顺时针方向绕两圈，然后与芯线并在一起，最后取出余下的线芯也以顺时针方向绕两圈，并把多余的芯线剪掉，如图4-21所示。

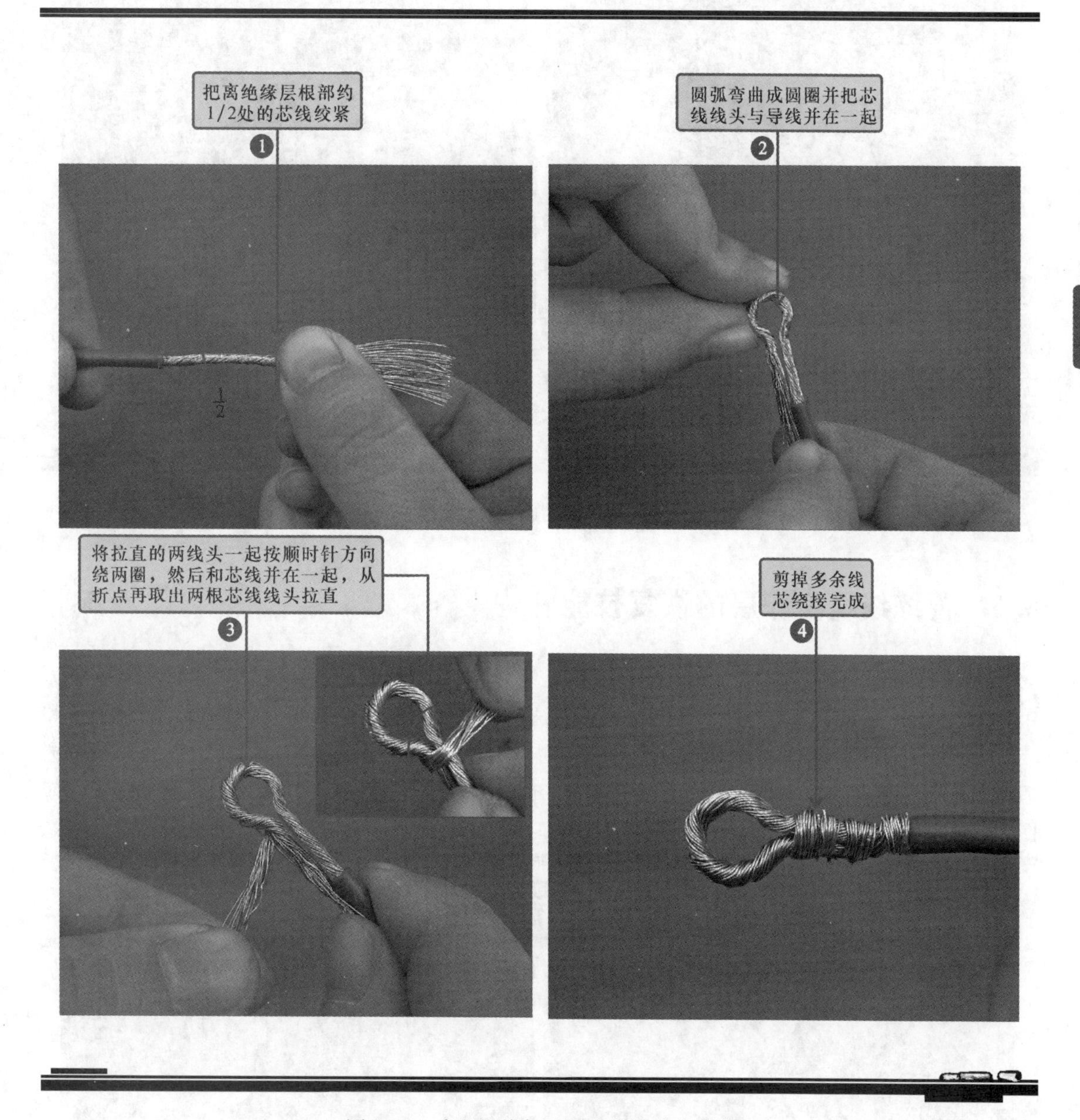

图4-21　多股导线与平压式接线桩的连接

4.5.3　导线与瓦形接线桩的连接

瓦形接线桩是采用瓦形垫圈压接导线线头的方式，在进行具体连接操作时，为防止线头脱落，在接线时把芯线弯成U形，再卡入接线端子中进行连接。在连接两根导线时，可先将两个线头都弯成U形，并将其对称重合，然后再卡入接线端子垫圈下，用螺丝刀拧紧螺钉压紧，如图4-22所示。

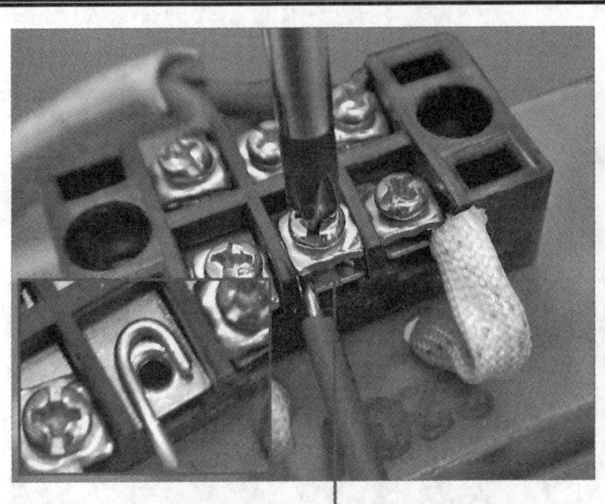

图 4-22　导线与瓦形接线桩的连接

4.6　苦练线缆绝缘层的恢复技能

导线进行连接或绝缘层遭到破坏后，必须恢复其绝缘性能，恢复后强度应不低于原有绝缘层。其恢复方法，通常采用包缠法。包缠使用的绝缘材料有黄蜡带，涤纶膜带和胶带，绝缘的宽度为 15 ~ 20mm。包缠时需要从完整绝缘层上开始包缠，包缠两根带宽后方可进入连接处的芯线部分；包至另一端时，也需同样包入完整绝缘层上两根带宽的距离，如图 4-23 所示。

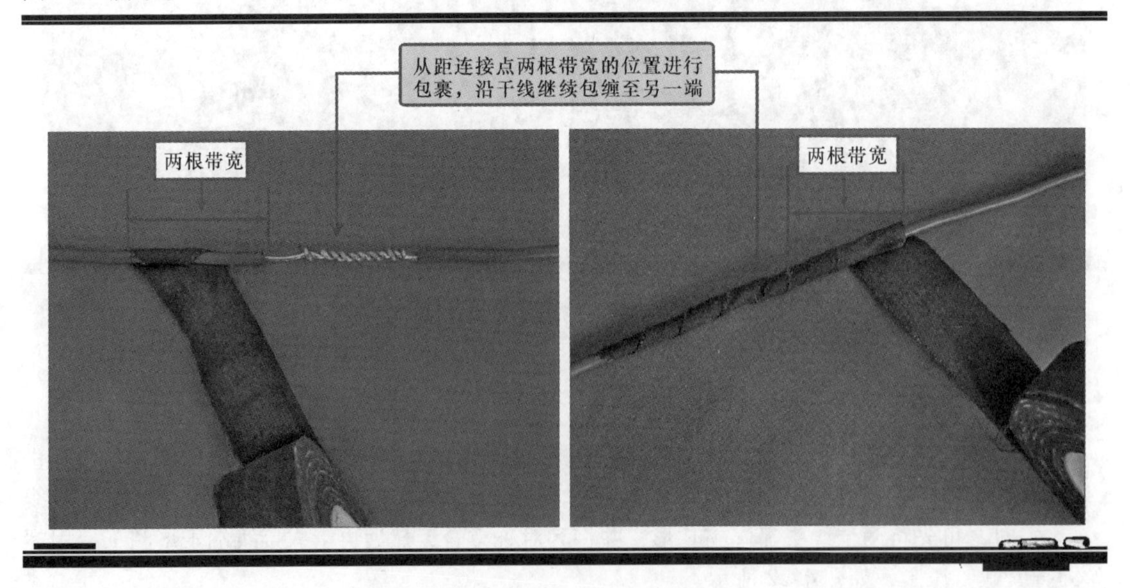

图 4-23　绝缘带的包缠方法

在对绝缘导线进行绝缘恢复时，应根据线路的不同而进行不同程度的恢复。220V 线路上的导线恢复绝缘层时，先包缠一层黄蜡带（或涤纶薄膜带），然后再包缠一层黑胶带。380V 线路上的导线恢复绝缘层时，先包缠 2 ~ 3 层黄腊带（或涤纶薄膜带），然后再包缠两层黑胶带。

上述导线绝缘层的恢复是较为普通和常见的，在实际操作中还会遇到分支导线连接点绝缘层的恢复，分支导线的线路进行绝缘层进行恢复时，需要用胶带从距分支连接点两根带宽的位置进行包裹，包裹时之间的间距应为 1/2 带宽，当胶带包至分支点处时，应紧贴线芯沿支路包裹，超出连接处两个带宽后向回包裹，然后再沿干线继续包缠至另一端，如图 4-24 所示。

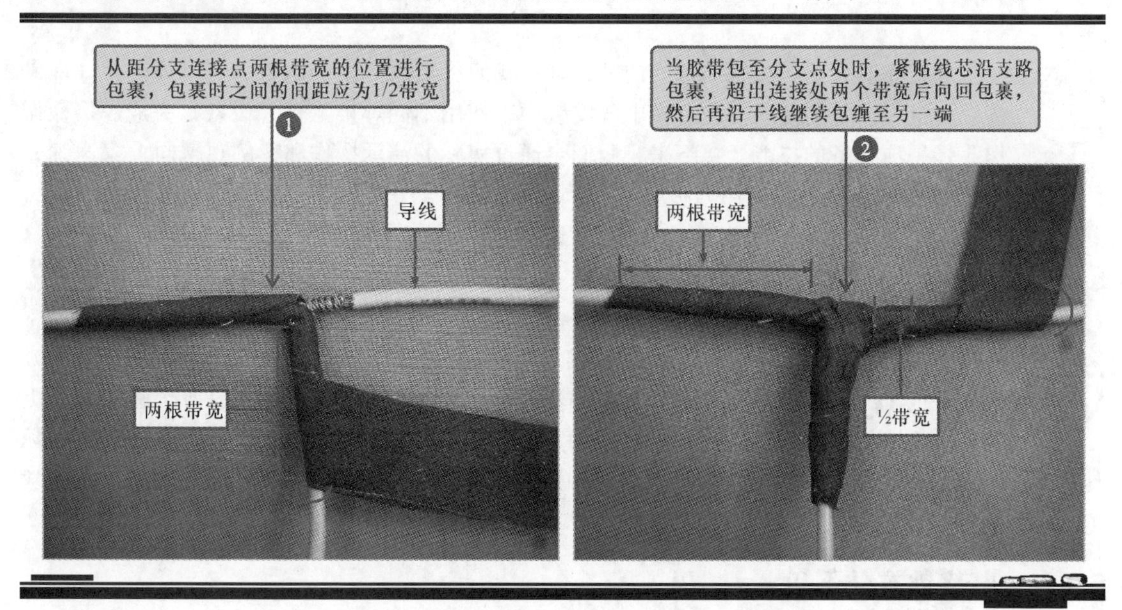

图 4-24　分支导线连接点绝缘层的恢复

第5章 学会使用电工焊接工具

现在我们开始学习第5章的内容，本章我们将重点介绍电烙铁、热风焊机、气焊设备以及电焊设备的使用方法。在电气安装中，使用不同焊接工具（设备）完成焊接操作作业是一项必备的技能。接下来，我们会通过实际的演示操作和案例观摩向大家详细介绍不同焊接工具的功能特点和使用方法。

5.1 学会使用电烙铁

电烙铁是一种应用十分广泛的焊接工具，要学习如何使用电烙铁，我们应从两个方面进行了解。首先，电烙铁有什么用？这就要对电烙铁的种类及特点有所了解，为了更好地使用电烙铁还要对电烙铁的常用辅助工具有所掌握。其次，需要了解电烙铁在实际使用中应如何操作，有哪些注意事项等，只有知道这些才能用好电烙铁。下面，我们就来具体学习一下应该如何使用电烙铁。

5.1.1 电烙铁有什么用

电烙铁是手工焊接、补焊、代换元器件时最常用的工具之一。根据不同的加热方式，可分为直热式、恒温式和吸锡焊式电烙铁等。此外根据焊接产品的要求，还有防静电式和自动送锡式等特殊电烙铁。

1. 直热式电烙铁

直热式电烙铁是应用最广泛的类型，根据结构的不同，可分为内热式电烙铁和外热式电烙铁，如图5-1所示。内热式电烙铁升温快，重量轻，适合初学者使用；外热式电烙铁寿命长，温度平衡，适合长时间通电工作。

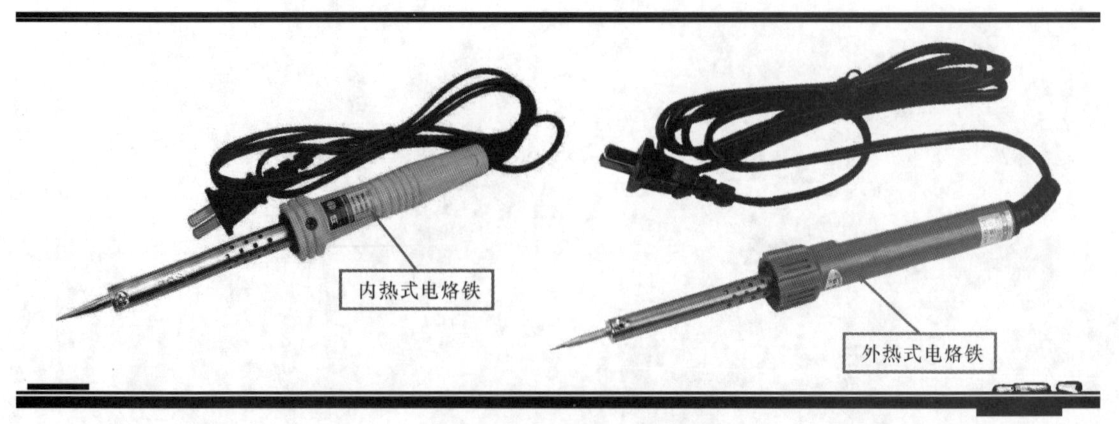

图5-1 内热式电烙铁和外热式电烙铁

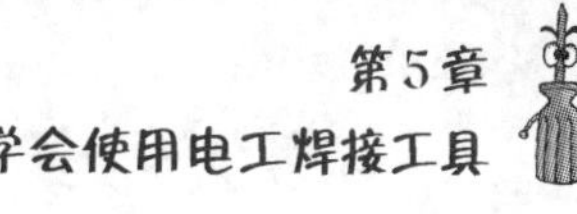

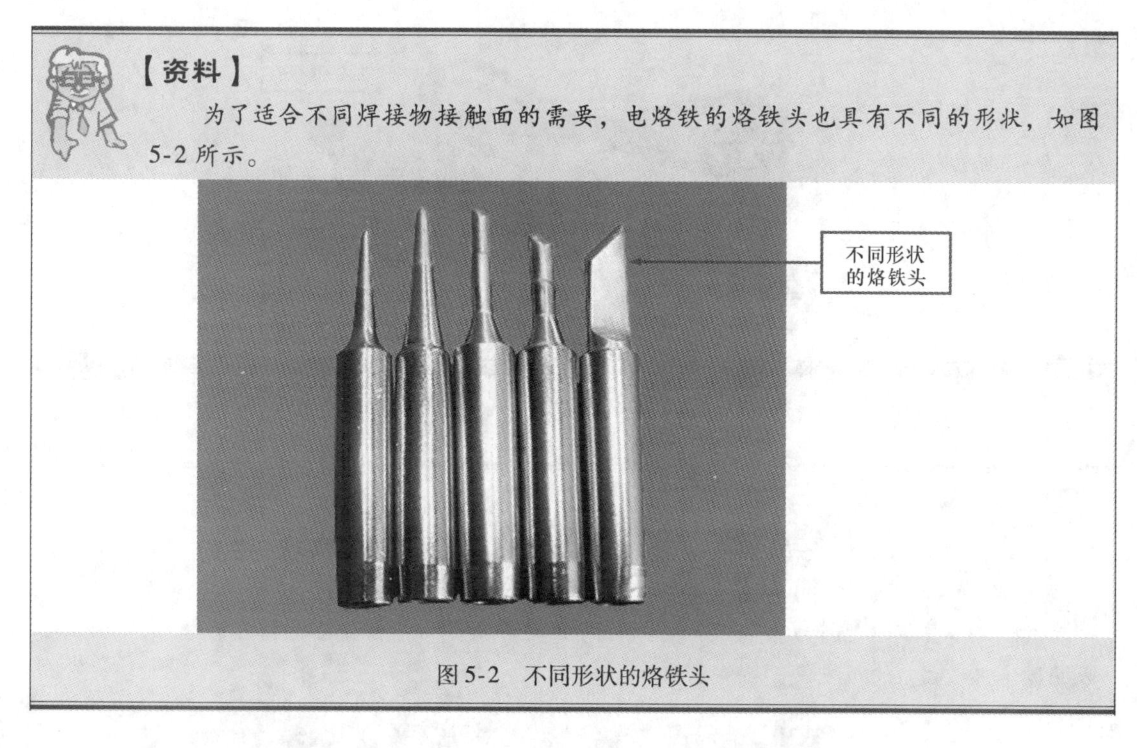

图5-2　不同形状的烙铁头

2．恒温式电烙铁

恒温式电烙铁的烙铁头温度是可以控制的，使烙铁头的温度保持在某一恒定温度上。它具有升温速度快，焊接质量高等特点。根据控温方式的不同，恒温式电烙铁可分为电控式和磁控式两种，如图5-3所示。

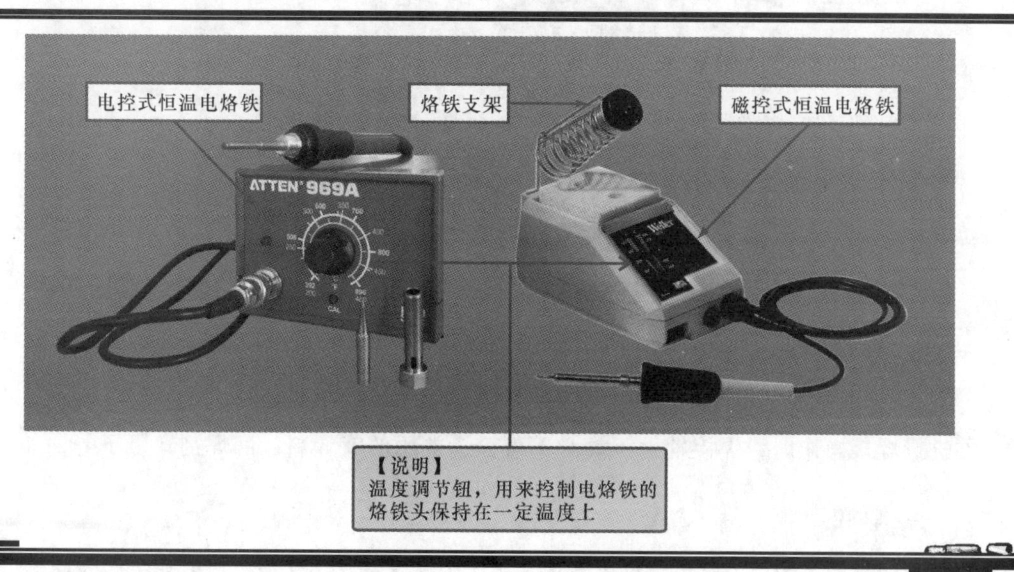

图5-3　电控式恒温电烙铁和磁控式恒温电烙铁

3．吸锡焊式电烙铁

吸锡焊式电烙铁非常便于拆焊元器件，其烙铁头内部是中空的，而且多了一个吸锡装置，如图5-4所示。它在熔化焊锡的同时就可以将焊锡吸走，使元器件与电路板分离。

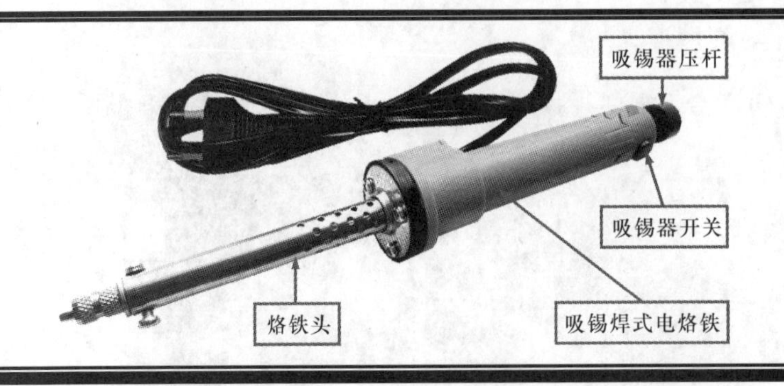

图5-4　吸锡焊式电烙铁

【资料】

吸锡器主要用来收集电子元件引脚熔化时的焊锡，属于辅助类工具。根据工作原理不同，可以分为手动式和电动式两种。如图5-5所示，为手动式吸锡器的实物外形。手动式吸锡器整体以塑料为主，吸嘴处由耐高温塑料制成，价格便宜，但容易损坏。电动式吸锡器体积较大，使用方便，寿命很长。

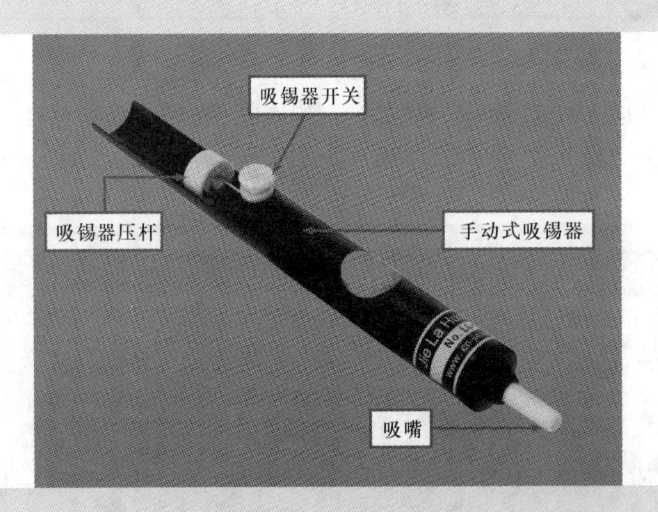

图5-5　手动式吸锡器

4. 焊接辅助工具

在进行焊接操作时，焊接辅助工具必不可少，常用的有焊料、助焊剂、镊子等，如图5-6所示。

（1）焊料

焊料是一种易溶金属，其熔点低于被焊金属，因此焊锡丝熔化后，可以在金属表面形成合金层，使被焊金属连接在一起。焊料根据组成成分，可分为锡铅焊料、银焊料、铜焊料等，最常用到的是锡铅焊料，俗称焊锡。

（2）助焊剂

焊接操作是在高温下进行的，金属在高温环境下与氧气接触，会形成一层氧化膜，这会极大地影响焊接质量，而助焊剂是一种清除氧化物的专用材料，还能有效地抑制金属继续被氧化。常

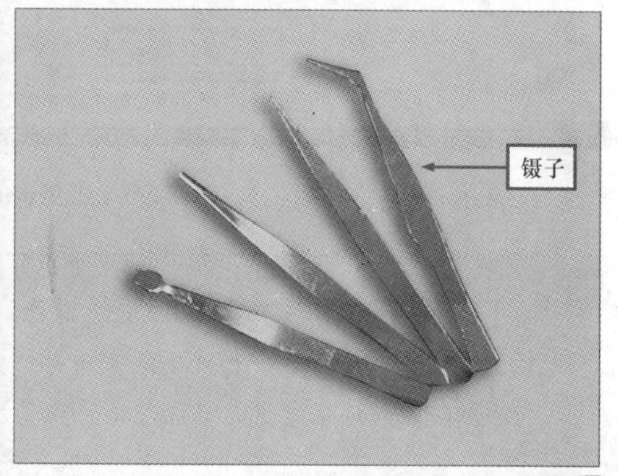

图5-6　常用的辅助工具

用的助焊剂有焊膏、松香等。

焊膏的黏性提供了一种粘接能力，使元件可以保持在焊盘上而无需再加其他的黏接剂，并且焊膏的金属特性提供了相对高的电导率和热导率。

松香是树脂类助焊剂的代表，它能在焊接过程中清除氧化物和杂质，并且在焊接后形成膜层，保护焊点不被氧化。松香具有无腐蚀、绝缘性能好、稳定、耐湿等特点。

（3）镊子

镊子主要用来夹取电子元器件，以便安装焊接，也可以用来弯曲元器件引脚。镊子的外形种类多种多样，对于焊接操作而言，常选择尖嘴镊子或圆嘴镊子。

5.1.2　怎么用好电烙铁

在使用电烙铁进行焊接操作之前，熟练掌握电烙铁的使用规范是十分重要的。只有按照使用规范进行使用，才能保证操作人员的人身安全以及设备安全，使用好电烙铁。否则可能导致焊接工具发生损坏，严重时会威胁到操作人员的安全。

在使用电烙铁进行焊接操作时，电烙铁会进行预加热，在此过程中，最好将电烙铁放置到烙铁架上，以防烫伤或火灾事故的发生。当电烙铁达到工作温度后，要右手握住电烙铁的握柄处，配合焊锡丝对需要焊接的部位进行焊接，如图5-7所示。注意右手不要过于靠近烙铁头，以防烫伤手指。

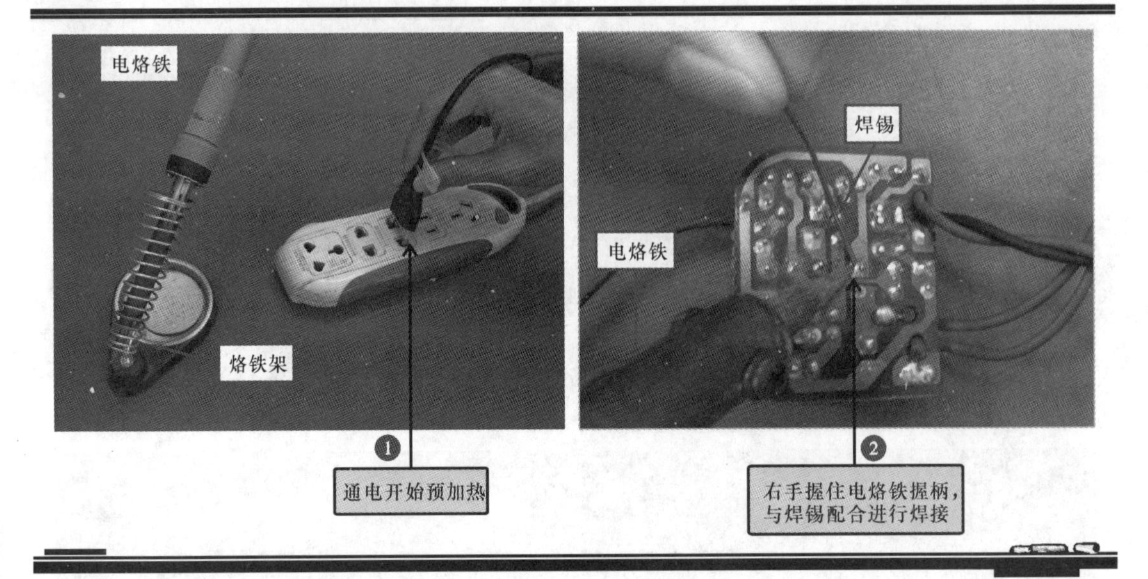

图 5-7　电烙铁的焊接使用方法

【注意】

焊接元器件时，要熔化适量的焊锡。若焊锡过多，可能造成搭焊等问题，使元器件短路；若焊锡过少，可能造成焊点强度不够、虚焊等问题。

【资料】

烙铁架主要由烙铁支架、底盘和清洁布组成，其主要用来放置电烙铁，也属于辅助类工具。电烙铁预热过程中，烙铁头的温度会不断增加，注意一定不要将其放置到可燃物上，例如木板、塑料等，防止操作人员因放置位置不当，引发火灾事故，如图 5-8 所示。

【说明】
电烙铁应放置在烙铁架上，不要直接放置到易燃物品上

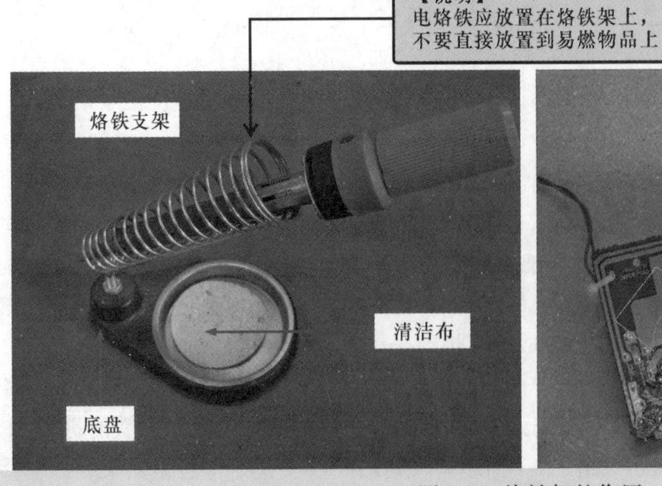

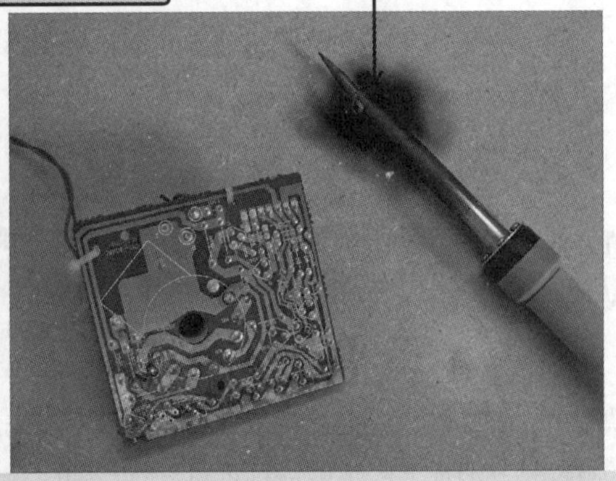

图 5-8　烙铁架的作用

在使用电烙铁焊接元器件时，吸锡器是十分重要的辅助工具，使用电烙铁熔化焊锡时，用吸锡器将熔化的焊锡吸走，如图5-9所示。使用吸锡器时，用左手握住吸锡器握柄，先将上方压杆用力按下，直到卡住为止。待焊锡熔化后，将吸嘴对准焊锡处，大拇指按下开关，压杆便会弹起，在空气压力的作用下，焊锡便被吸入到吸锡器内部。熟练使用吸锡器是用好电烙铁的基础。

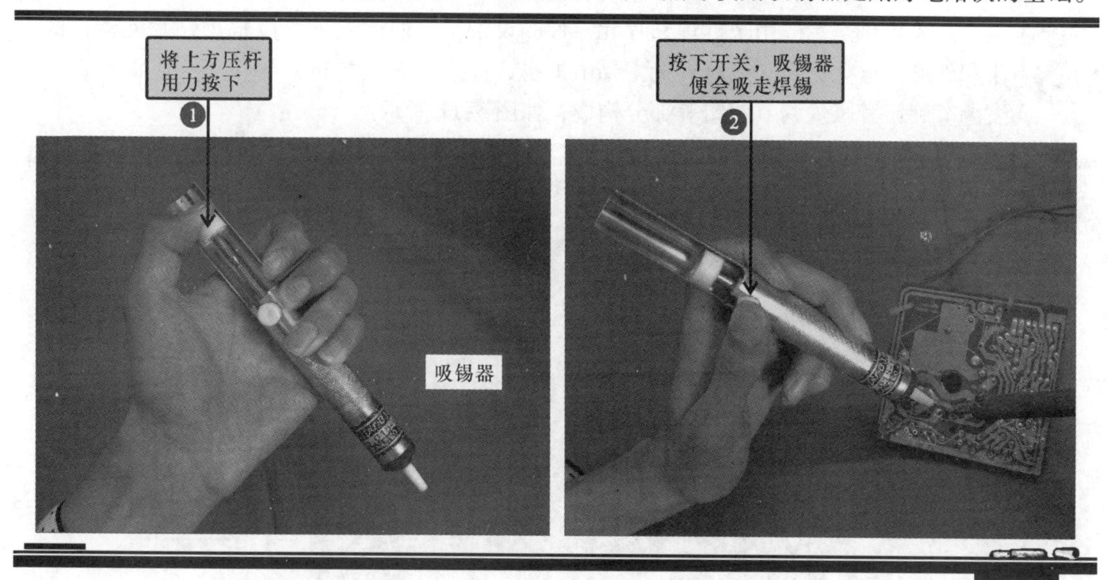

图5-9　吸锡器的使用方法

除使用电烙铁进行焊接操作外，还可以用来对直径在0.15mm以下的的漆包线进行剥线加工，去除绝缘漆。将电烙铁加热后，放在漆包线缆上来回摩擦即可去掉漆皮，如图5-10所示。

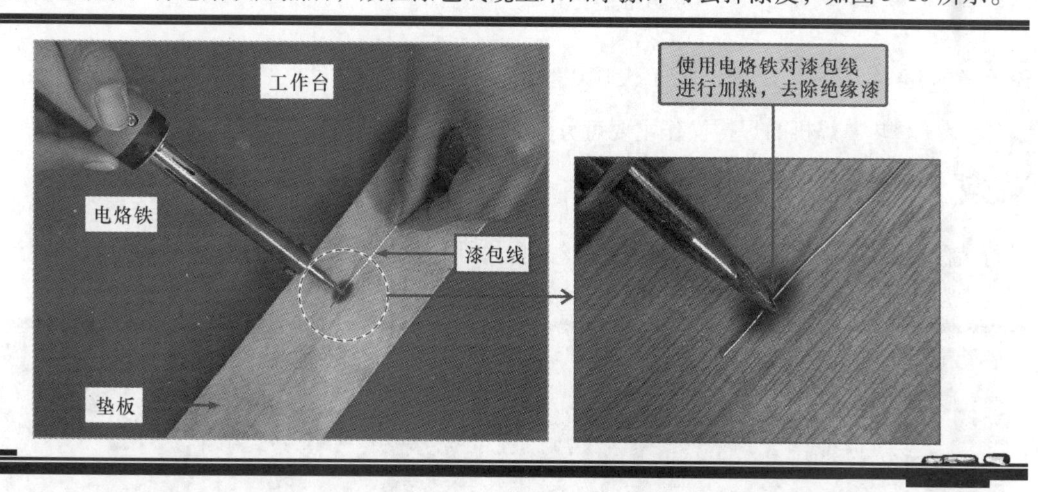

图5-10　使用电烙铁去掉漆包线的绝缘漆

5.2　学会使用热风焊机

热风焊机是一种专门用来拆焊贴片式元器件的设备。要学习如何使用热风焊机，首先要了解它的组成部件，了解各个部件的功能作用。然后，要掌握热风焊机在使用中的操作顺序及注意事项，了解了这些就能更好地使用热风焊机了。下面，我们就来具体学习一下如何使用热风焊机。

5.2.1 热风焊机有什么用

热风焊机是专门用来拆焊贴片元器件的设备，它的焊枪嘴可以根据贴片元器件的大小和外形，进行更换。热风焊机主要由机身、提手、热风焊枪、导风管、电源开关、温度调节旋钮和风量调节旋钮等部分构成，如图5-11所示。

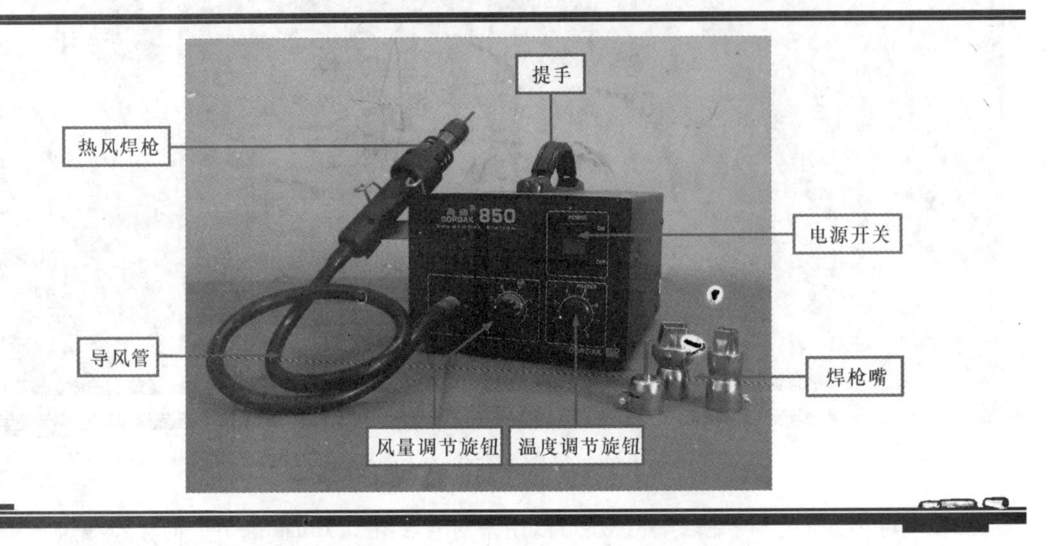

图5-11 热风焊机的主要结构

5.2.2 怎么用好热风焊机

热风焊机的焊接操作主要可分为三个步骤：一是装配焊枪嘴；二是通电开机；三是调整温度和风量；四是进行拆焊。

① 在使用热风焊机前，应先根据贴片元器件引脚的大小和形状，选择合适的焊枪嘴进行装配。如图5-12所示，使用十字螺丝刀拧松焊枪嘴上的螺钉，将合适的焊枪嘴装配到热风焊枪上。

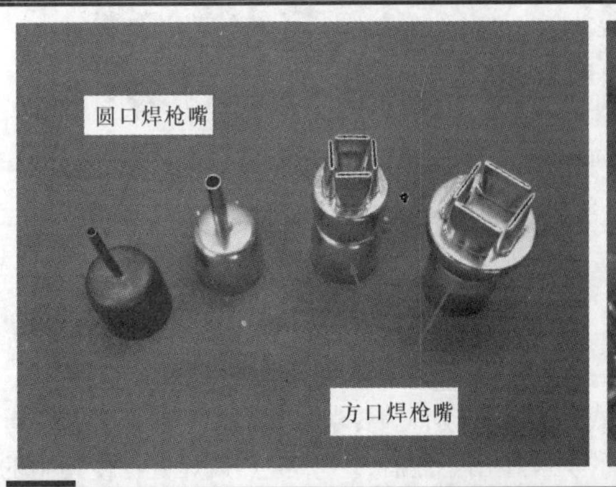

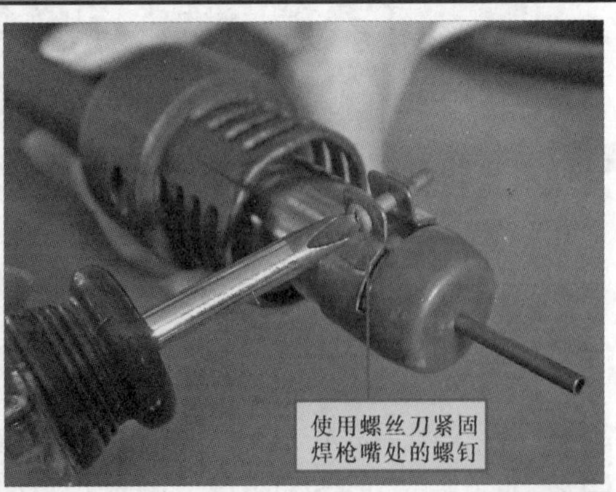

图5-12 更换焊枪嘴

【注意】

针对不同封装形式的贴片元器件，需要更换不同型号的专用焊枪嘴。例如，普通贴片元器件需要使用圆口焊枪嘴；贴片式集成电路需要使用方口焊枪嘴。

② 焊枪嘴装配完毕后，将热风焊机的电源插头插到插座中，用手拿起热风焊枪，然后打开电源开关，如图5-13所示。机器起动后，注意不要将焊枪的枪嘴靠近人体或可燃物。

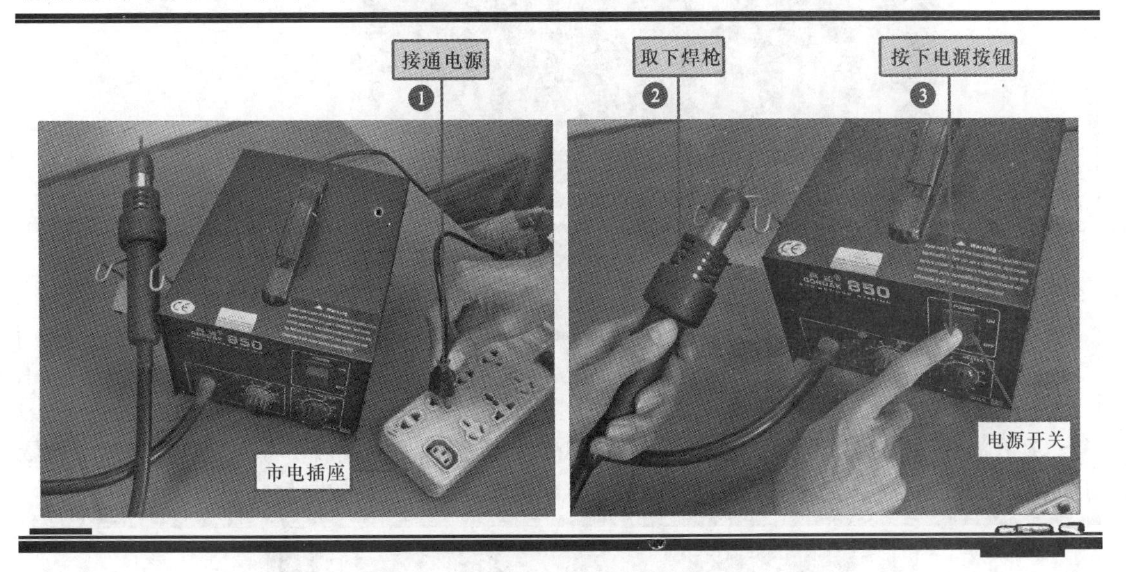

图5-13　通电开机

③ 调整热风焊机面板上的温度调节旋钮和风量调节旋钮，如图5-14所示。两个旋钮都有八个挡位，通常将温度旋钮调至5～6挡，风量调节旋钮调至1～2挡或4～5挡即可。

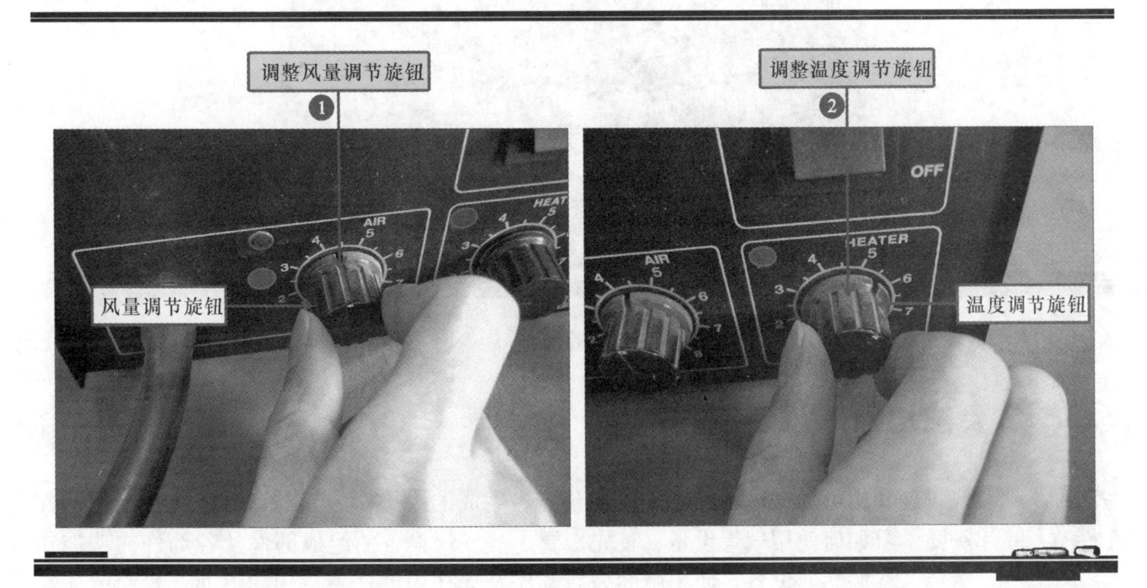

图5-14　调整温度和风量

【注意】

温度和风量调整好以后，只要等待几秒钟，热风焊枪就可以达到指定温度。等待的过程中，不要用手靠近焊枪嘴来感觉温度高低，以防将手部烫伤，如图5-15所示。

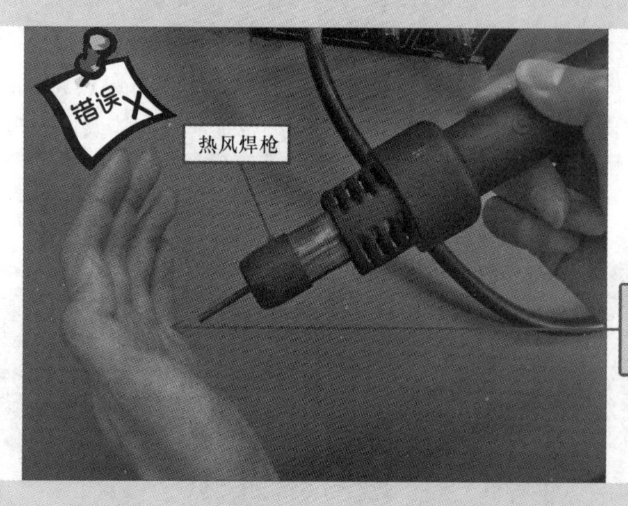

图5-15　不要用手感觉焊枪温度

④ 在温度和风量调整好后，等待几秒钟，待热风焊枪预热完成后，将焊枪口垂直悬空放置于元器件引脚上，并来回移动进行均匀加热，直到引脚焊锡熔化，如图5-16所示。

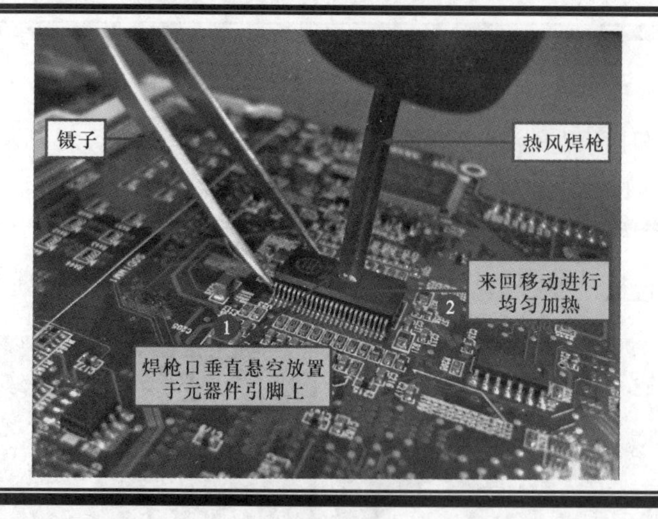

图5-16　进行拆焊

5.3　学会使用气焊设备

气焊是利用可燃气体与助燃气体混合燃烧生成的火焰作为热源，将金属管路焊接在一起。要学习如何使用气焊设备，首先，要了解气焊设备的组成部件及各部件的功能作用。然后，掌握气焊设备在使用中的先后顺序及操作中的注意事项。下面，我们就先来了解气焊设备的构成和部件作用，以便更好地使用气焊设备。

5.3.1 气焊设备有什么用

图5-17所示为气焊设备的实物外形。气焊设备主要由氧气瓶、燃气瓶和焊枪构成。氧气瓶上装有控制阀门和输出压力表，其总阀门通常位于氧气瓶的顶端。燃气瓶内装有液化石油气，在它的顶部也设有控制阀门和输出压力表，燃气瓶和氧气瓶通过连接软管与焊枪相连，在焊枪手柄处有两个旋钮，分别用来控制燃气和氧气的输送量。

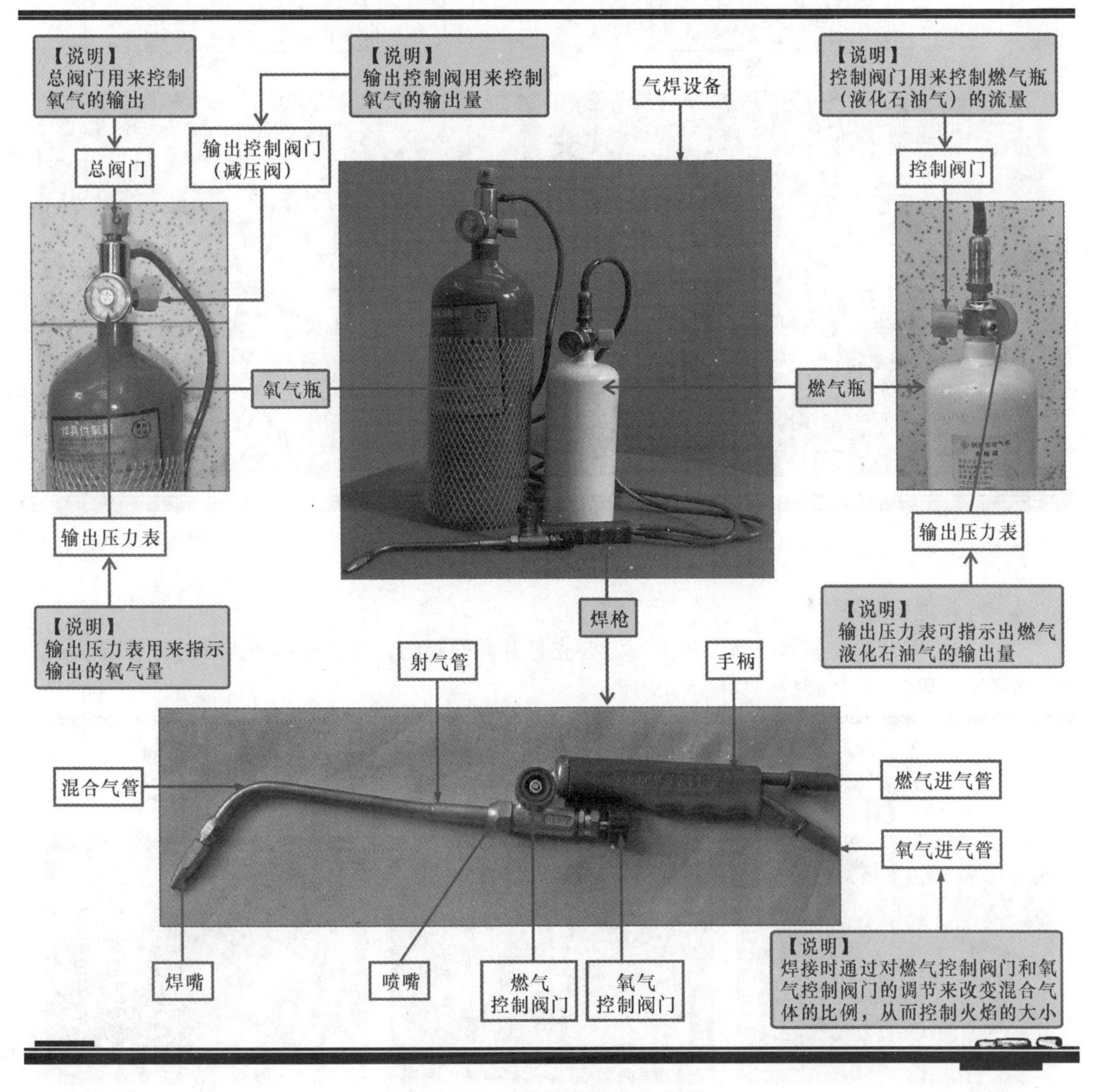

图5-17 气焊设备的实物外形

气焊设备的使用方法有严格的规范和操作顺序要求。下面，将具体介绍气焊设备的使用方法。作为一名合格电气安装人员必须按照要求进行规范操作，以免发生安全事故。

5.3.2 怎么用好气焊设备

只有严格按照气焊设备的使用方法进行操作，才能安全地用好气焊设备。气焊设备的焊接操作可分为打开钢瓶阀门、打开焊枪阀门并点燃、调节火焰、焊接、关闭阀门等几个步骤。下面，介绍具体操作。

1. 打开钢瓶阀门

先打开氧气瓶总阀门，通过控制阀门调整氧气输出压力，使输出压力保持在0.3～0.5MPa，然后再打开燃气瓶总阀门，通过该阀门控制燃气输出压力保持在0.03～0.05MPa，如图5-18所示。

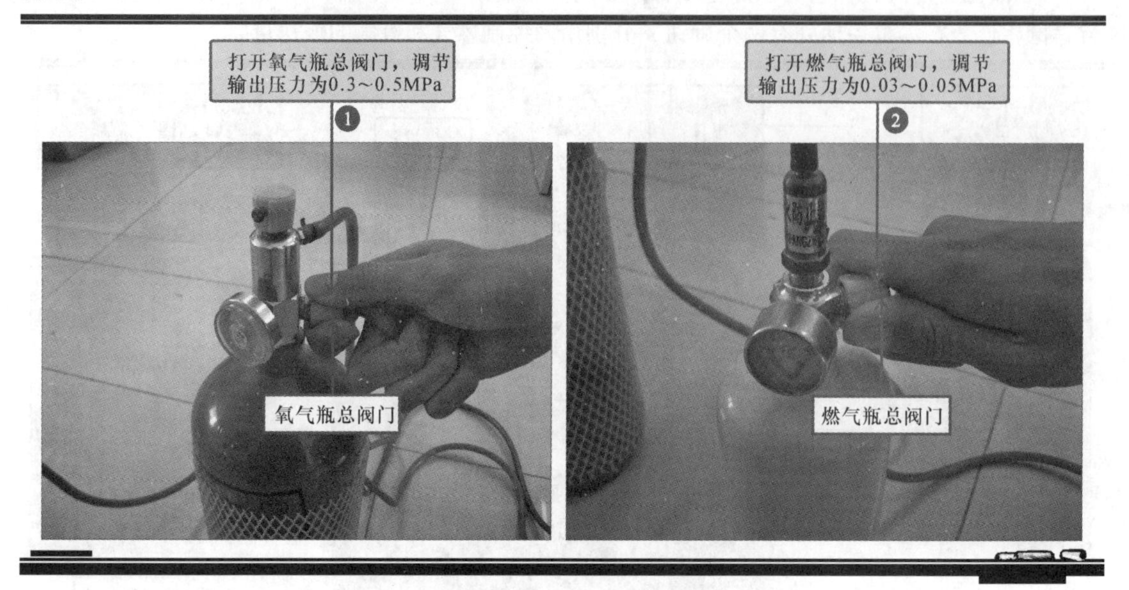

图5-18 打开钢瓶阀门

2. 打开焊枪阀门

打开焊枪手柄的控制阀门时，注意一定要先打开燃气阀门，然后使用明火靠近焊枪嘴，点燃焊枪嘴后，再打开氧气阀门，如图5-19所示。

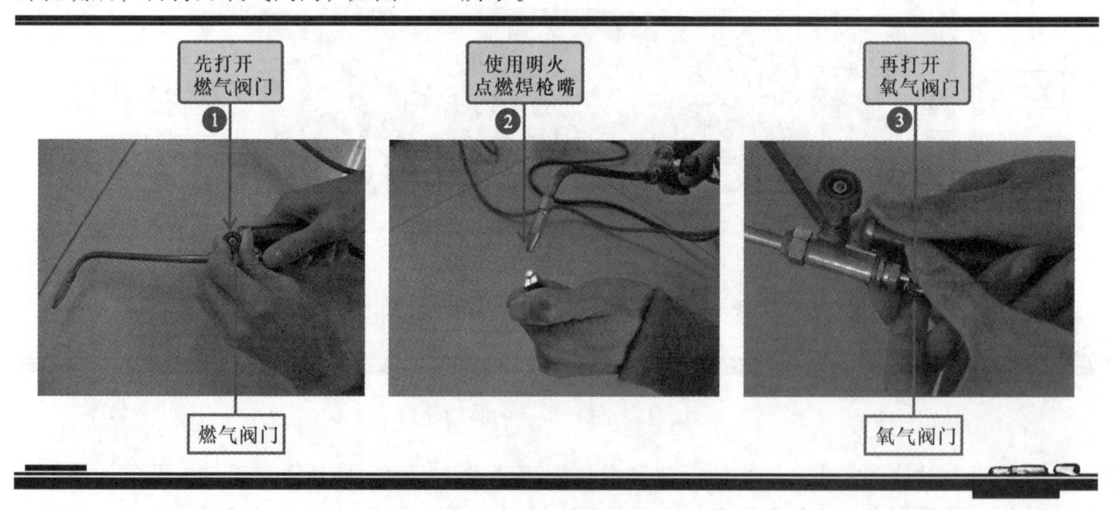

图5-19 打开焊枪阀门顺序

3. 调整火焰

在使用气焊设备对电冰箱的管路进行焊接时，气焊设备的火焰一定要调整到中性焰，才能进行焊接。中性焰的火焰不要离开焊枪嘴，也不要出现回火的现象，正常的火焰如图5-20所示。

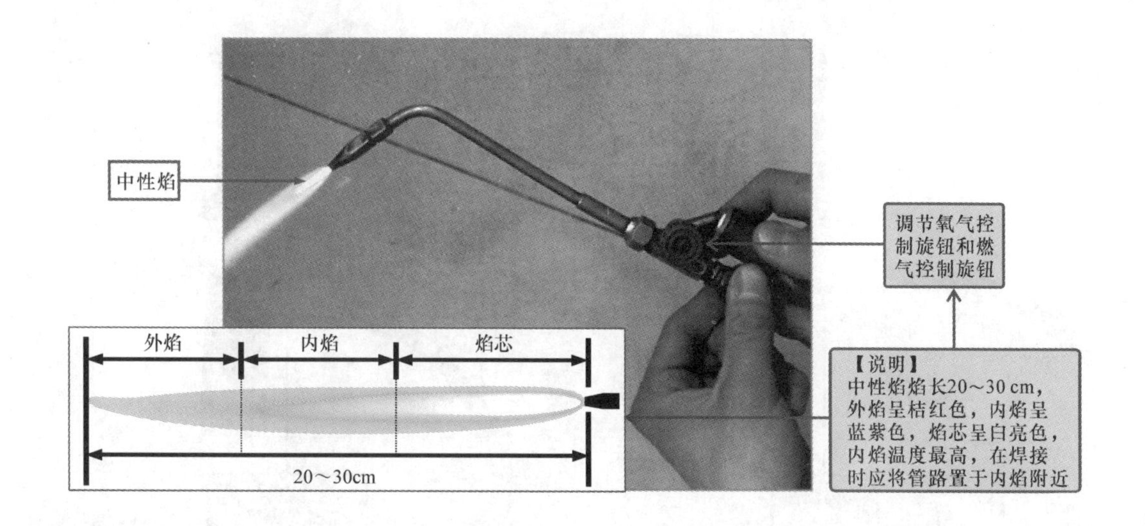

图 5-20　将火焰调节为中性焰

【资料】

当氧气与燃气的输出比小于1∶1 时，焊枪火焰会变为碳化焰；当氧气与燃气的输出比大于1∶2 时，焊枪火焰会变为氧化焰。当氧气控制旋钮开得过大，焊枪会出现回火现象；若燃气控制旋钮开得过大，会出现火焰离开焊嘴的现象，如图 5-21 所示。调整火焰时，不要用这些火焰对管路进行焊接，这会对焊接质量造成影响。

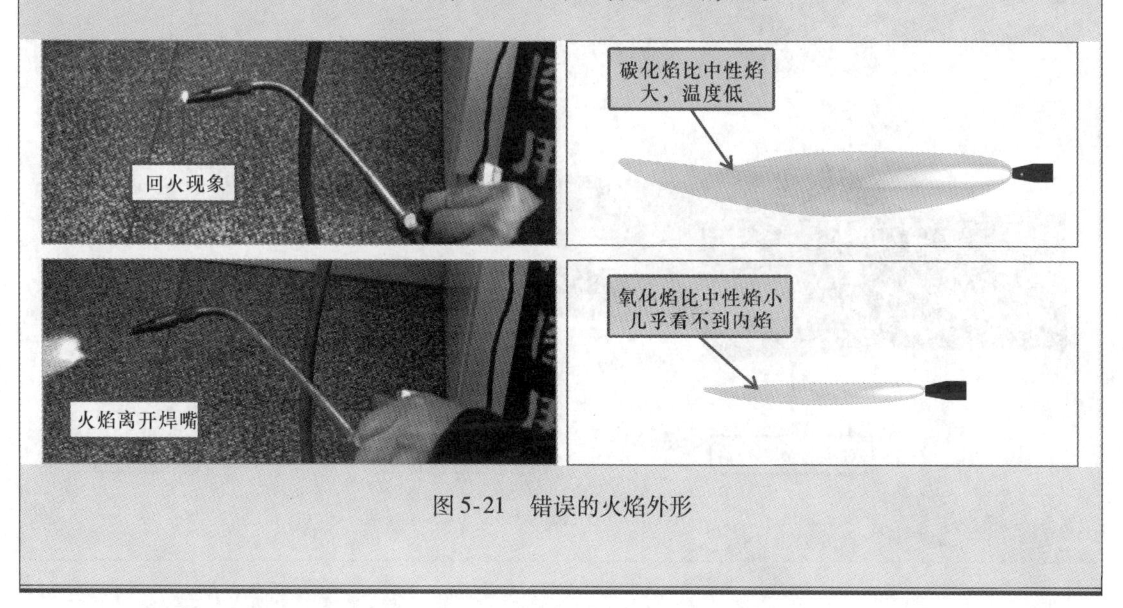

图 5-21　错误的火焰外形

4. 焊接管路

将焊枪对准管路的焊口均匀加热，当管路被加热到一定程度呈暗红色时，把焊条放到焊口处，待焊条熔化并均匀地包围在两根管路的焊接处时即可将焊条取下，如图 5-22 所示。

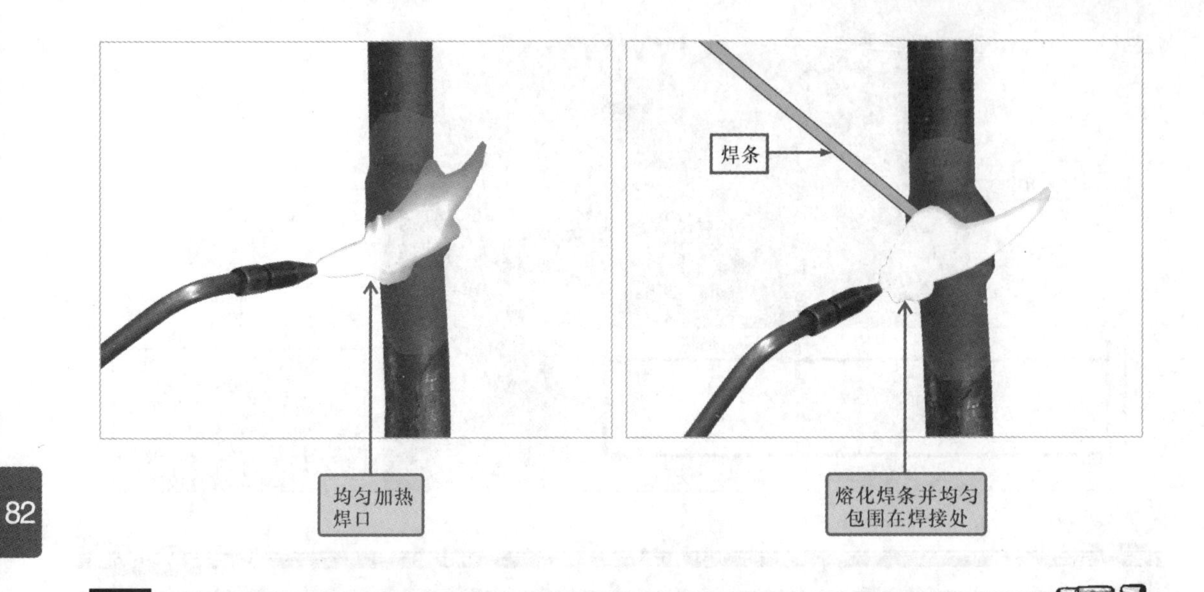

图 5-22 焊接管路

【注意】

使用气焊工具焊接金属管路时，应先使用扩管工具将一根管路的焊口扩成喇叭状，然后将另一根管路插入喇叭口中，如图 5-23 所示。这种对接方式，可以使焊接处更加牢固。

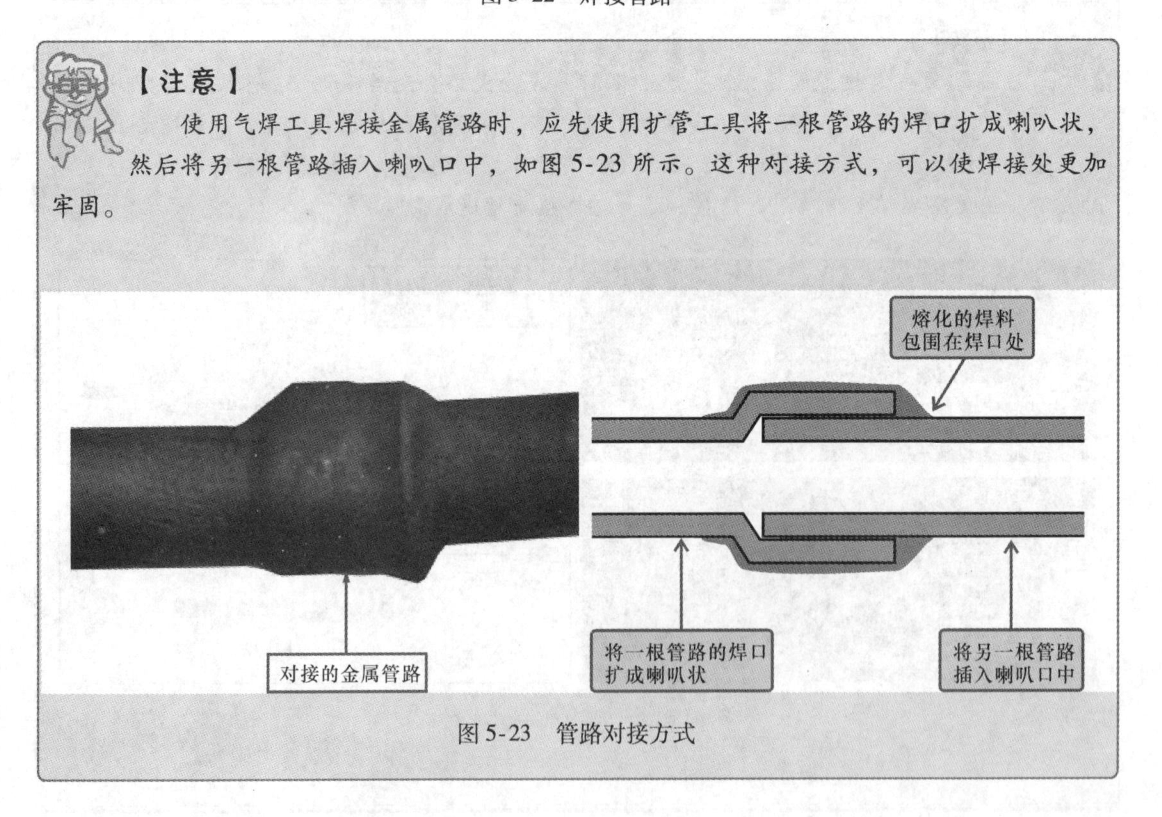

图 5-23 管路对接方式

5. 关闭阀门

焊接完成后，先关闭焊枪的燃气阀门，再关闭氧气阀门，然后再将氧气瓶和燃气瓶的阀门关闭，如图 5-24 所示。

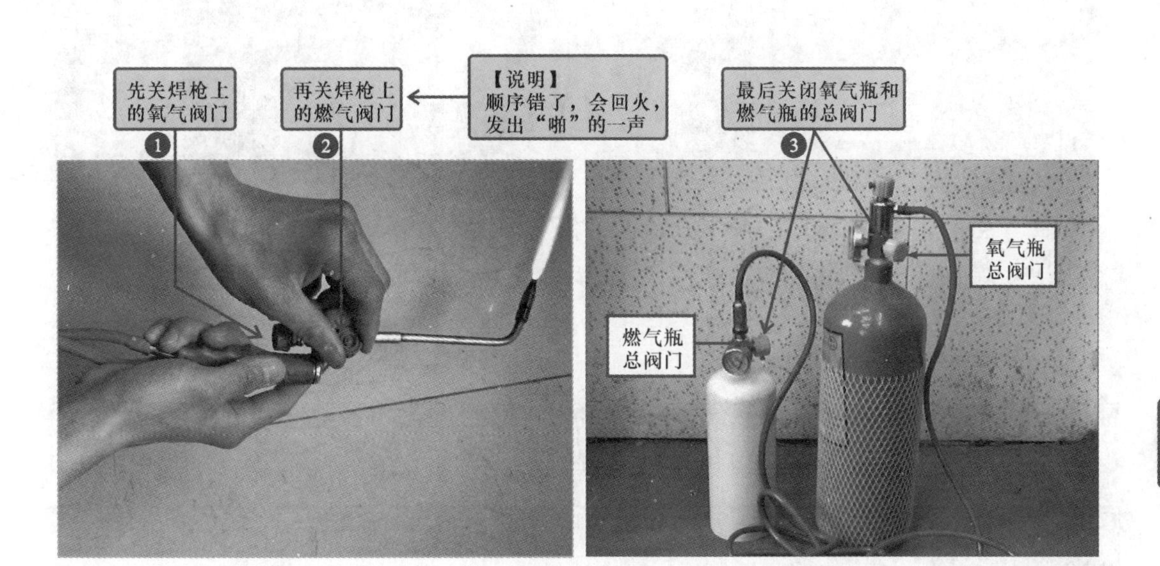

图5-24　关闭阀门

5.4　学会使用电焊设备

电焊是利用电能，通过加热加压，借助金属原子的结合与扩散作用，使两件或两件以上的焊件（材料）牢固连接在一起的一种操作工艺。要学习如何使用电焊设备，首先要了解电焊设备的组成部件及其功能作用，然后要掌握电焊设备在实际使用中的操作顺序及注意事项。下面，我们就来学习一下电焊设备的具体使用方法。

5.4.1　电焊设备有什么用

在使用电焊设备前应首先了解电焊设备的组成部件，包括焊接工具、防护工具和焊缝处理工具三部分。了解了这三部分的功能作用就基本上为电焊设备的使用打下了基础。

1. 焊接工具

（1）电焊机

电焊机根据输出电压的不同，可以分为直流电焊机和交流电焊机，如图5-25所示。交流电焊机是一种特殊的降压变压器，它具有结构简单、噪音小、价格便宜、使用可靠、维护方便等优点；直流电焊机电源输出端有正、负极之分，焊接时电弧两端极性不变。

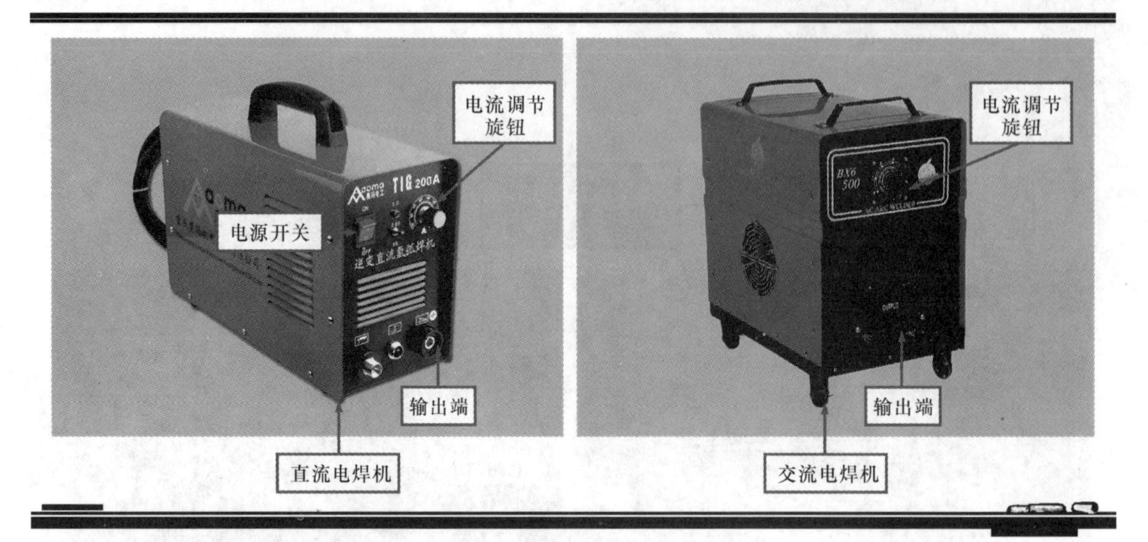

图 5-25　电焊机的实物外形

【资料】

直流电焊机输出电流分正、负极，其连接方式分为直流正接和直流反接。直流正接是将焊件接到电源正极，焊条接到负极；直流反接则相反，如图 5-26 所示。直流正接适合焊接厚焊件，直流反接适合焊接薄焊件。交流电焊机输出无极性之分，可随意搭接。

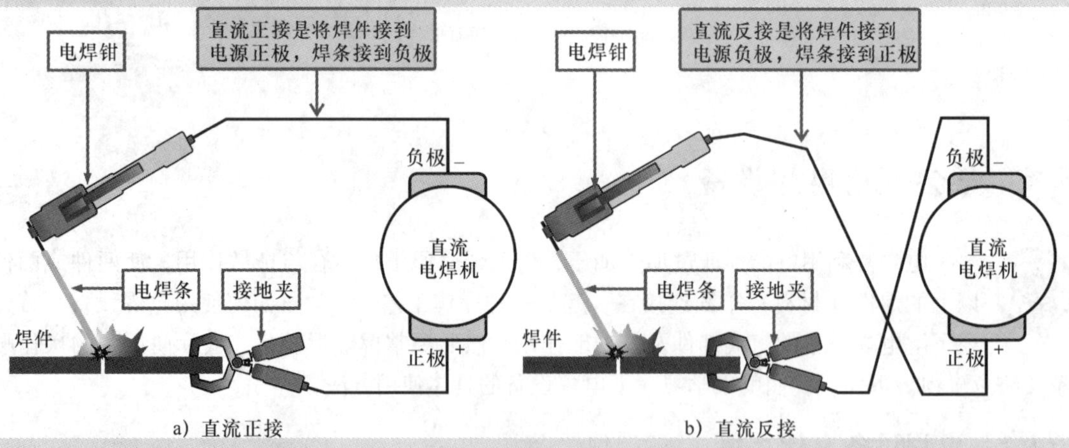

电焊钳
直流正接是将焊件接到电源正极，焊条接到负极
负极 −
直流电焊机
电焊条
接地夹
焊件
正极 +

a）直流正接

电焊钳
直流反接是将焊件接到电源负极，焊条接到正极
负极 −
直流电焊机
电焊条
接地夹
焊件
正极 +

b）直流反接

图 5-26　直流正接和直流反接

随着技术的发展，有些电焊机将直流和交流集合于一体，如图 5-27 所示。通常，该类电焊机的功能旋钮相对较多，根据不同的需求可以调节相应的功能。

（2）电焊钳

电焊钳需要结合电焊机同时使用，是用来夹持电焊条，在焊接操作时，用于传导焊接电流的一种器械。

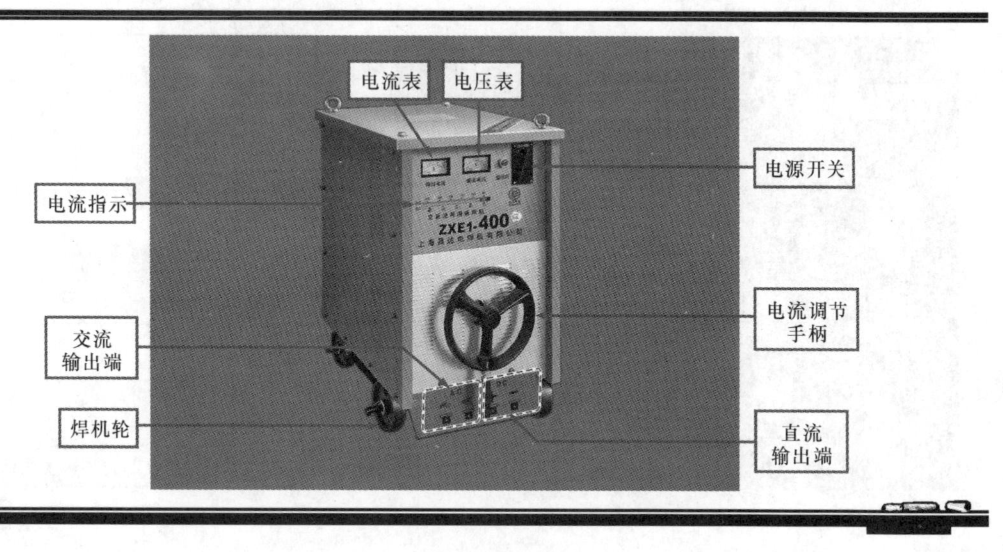

图5-27　交直流两用电焊机

电焊钳的实物外形如图5-28所示。该工具的外形像一个钳子，其手柄通常是采用塑料或陶瓷进行制作，具有防电击保护、耐高温、耐焊接飞溅以及耐跌落等多重保护功能；其夹子采用铸造铜制作而成，主要是用来夹持及操纵电焊条。

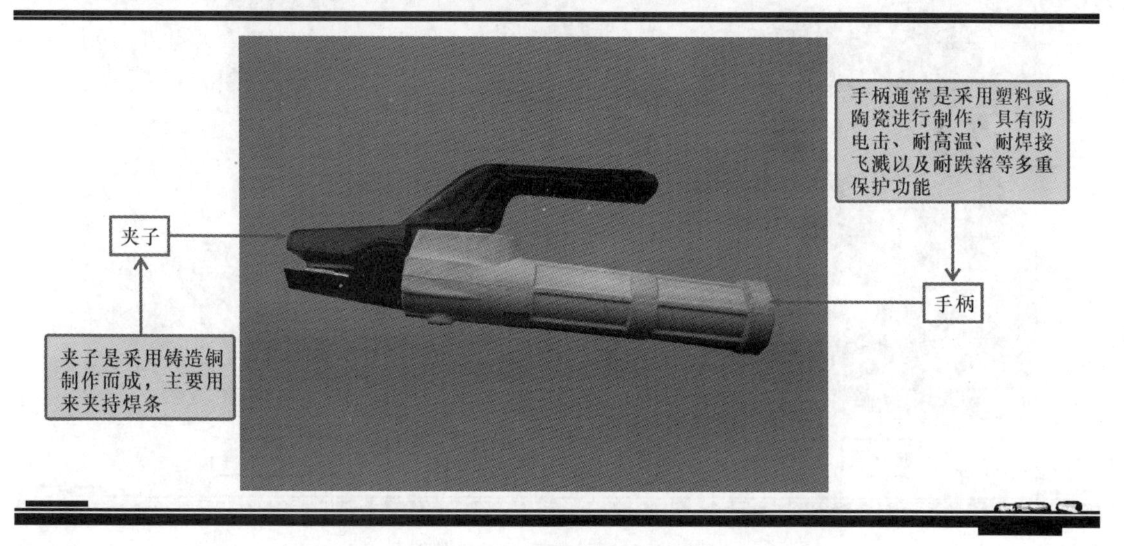

图5-28　电焊钳的实物外形

（3）电焊条

电焊条是指在金属焊芯的外层，涂有均匀的涂料（药皮）并向中心压涂在焊芯上的条杆。

电焊条主要是由焊芯和药皮两部分构成的如图5-29所示。其头部为引弧端，尾部有一段无涂层的裸焊芯，便于电焊钳夹持和导电。焊芯可作为填充金属实现对焊缝的填充连接，药皮具有助焊、保护、改善焊接工艺的作用。

2. 防护工具

为了保护在焊接工作过程中的人身安全，通常会用到一些相应的防护工具，例如防护面罩、防护手套、电焊服、防护眼镜以及绝缘橡胶鞋等，如图5-30所示。

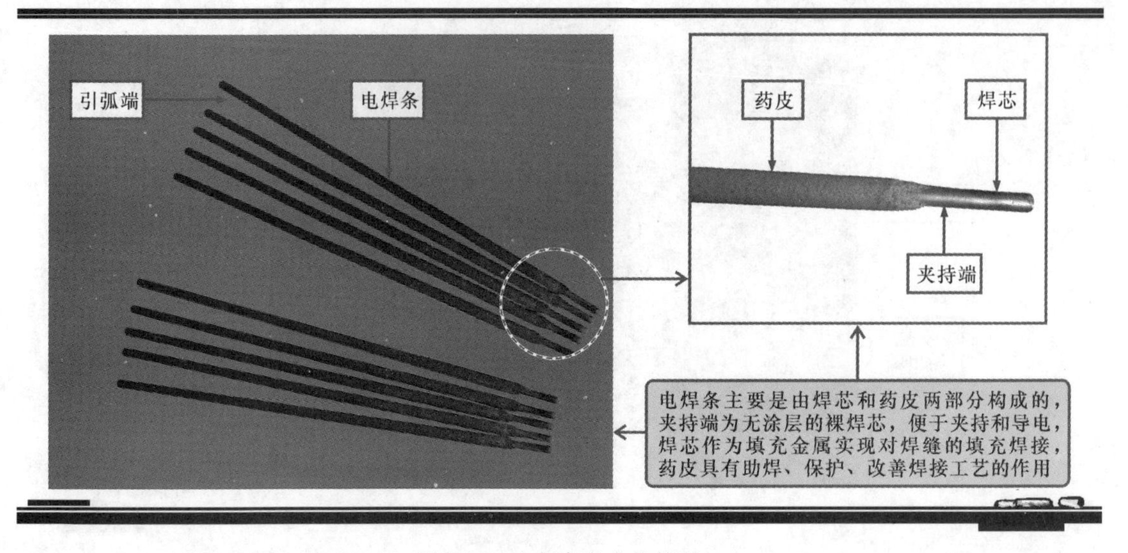

图 5-29　电焊条的实物外形

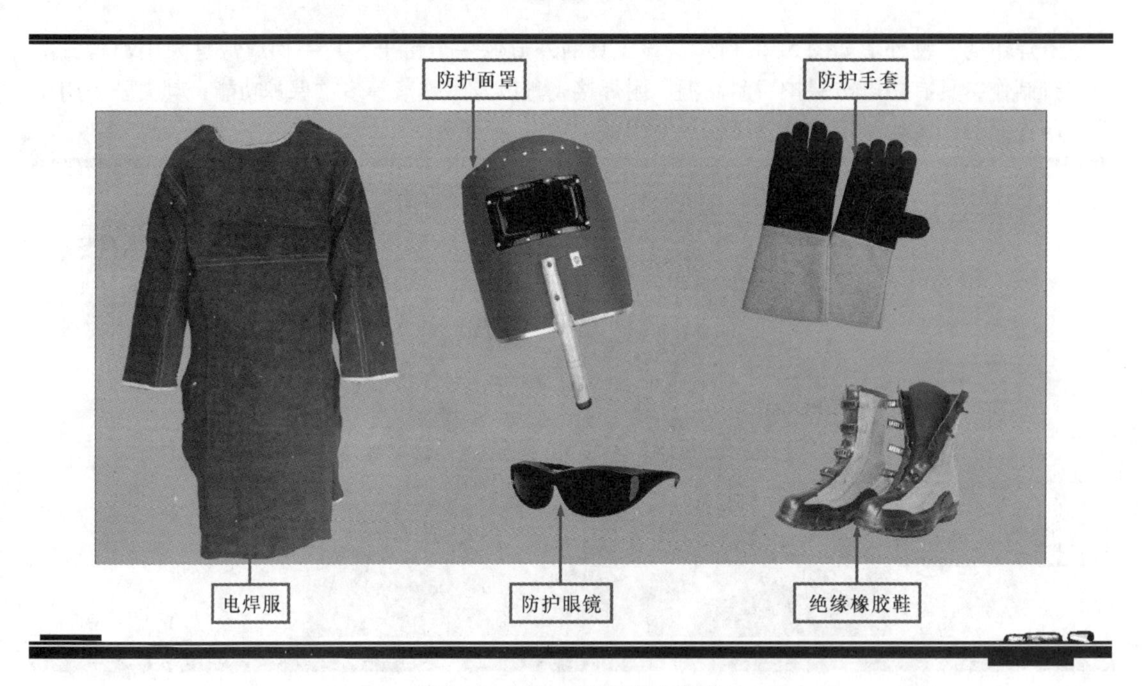

图 5-30　防护工具的实物外形

（1）防护面罩

防护面罩是指在焊接过程中起到保护操作人员的一种安全工具，主要用来保护操作人员的面部和眼睛，防止电焊伤眼和电焊灼伤等。

通常情况下，防护面罩分为两种，如图 5-31 所示：一种是手持式防护面罩，由操作人员手持进行焊接操作；另一种是可戴式防护面罩，可以直接将其戴在头上，使操作人员可用双手一起进行焊接操作。其中，遮光镜具有双重滤光作用，防止电弧所产生的紫外线和红外线等有害辐射，以及焊接强光对眼睛造成伤害，杜绝电光性眼炎的发生；面罩可以有效防止作业出现的飞溅物和有害体对脸部造成侵害，降低皮肤灼伤症的发生。

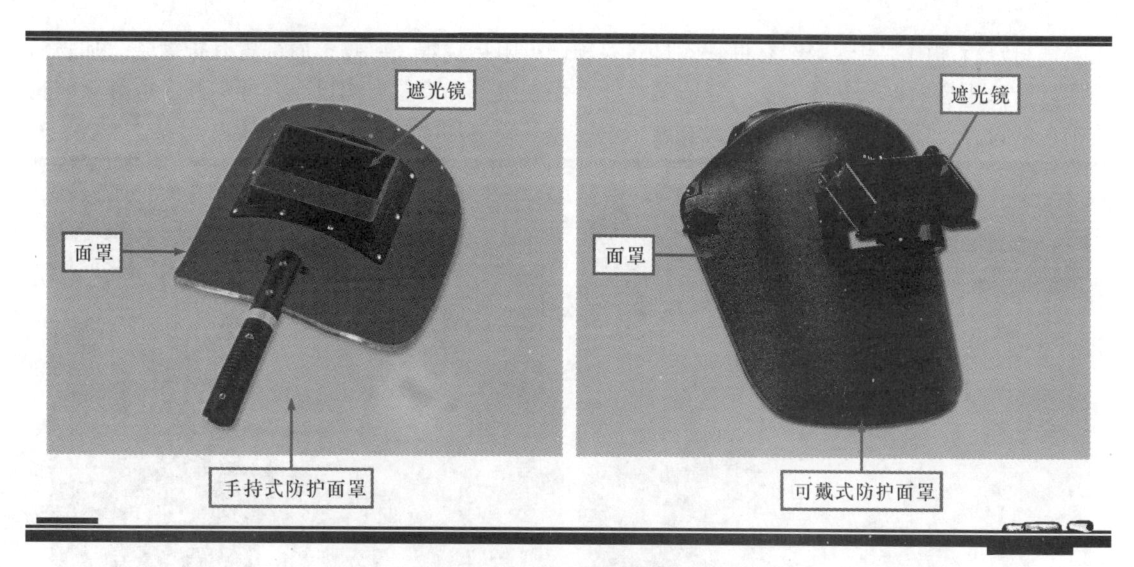

图5-31　防护面罩的实物外形及应用

（2）防护手套

防护手套是操作人员在焊接操作过程中，为了避免操作人员的手部被火花（焊渣）溅伤的一种防护工具，具有隔热、耐磨，防止飞溅物烫伤，阻挡辐射等特点，并有一定的绝缘性能。

焊接种类的不同，对操作人员产生的影响也不同，所以使用的防护手套也不相同。防护手套大致可以分为两种，如图5-32所示：一种是普通的手工焊手套，该类手套多为普通的双层手套，长度通常在350mm以上；一种是氩弧焊手套，该类手套手感比较好，比较薄，可以有效防止高温、防辐射。

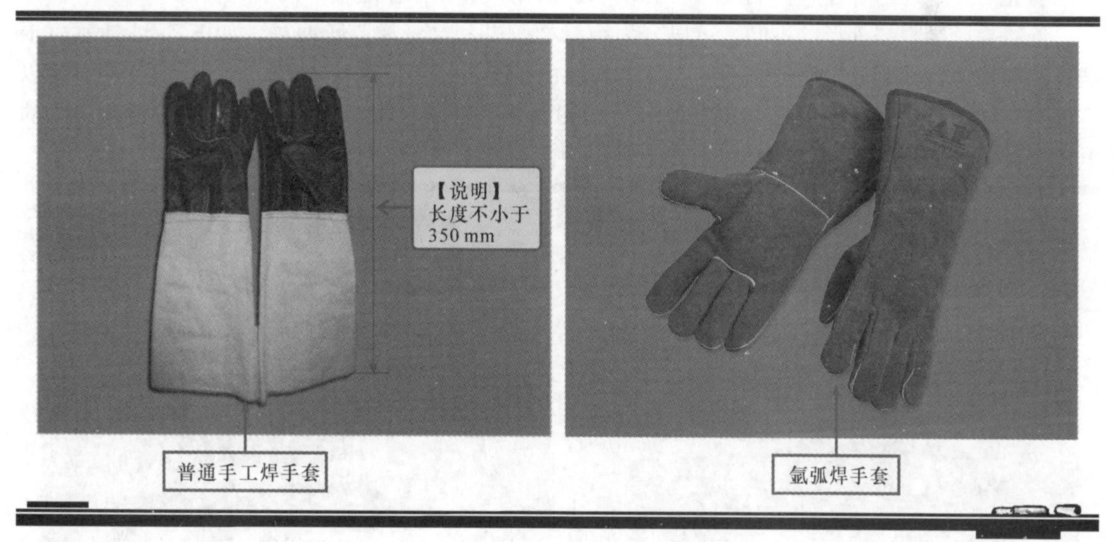

图5-32　防护手套的实物外形

（3）电焊服

电焊服是焊接操作人员工作时需要的一种具有防护性能的服装，主要是用来防止人身受到电焊的灼伤，可以在高温、高辐射等条件下作业。

如图5-33所示，通常电焊服具有耐磨、隔热和防火性能，对于重点受力的部位均采用双层皮及锅钉进行加固。电焊服配有可翻式直立衣领，可阻挡烧焊飞溅物；肩部置有护缝条，加强耐用度。防火阻燃的棉质衣领安全、舒适又吸汗。手袖上部和肩位有内里，方便穿卸。电焊服前胸防护皮的设计可防止烧焊飞溅物溅入衣内，双层皮及锅钉加固结构可防止撕脱。

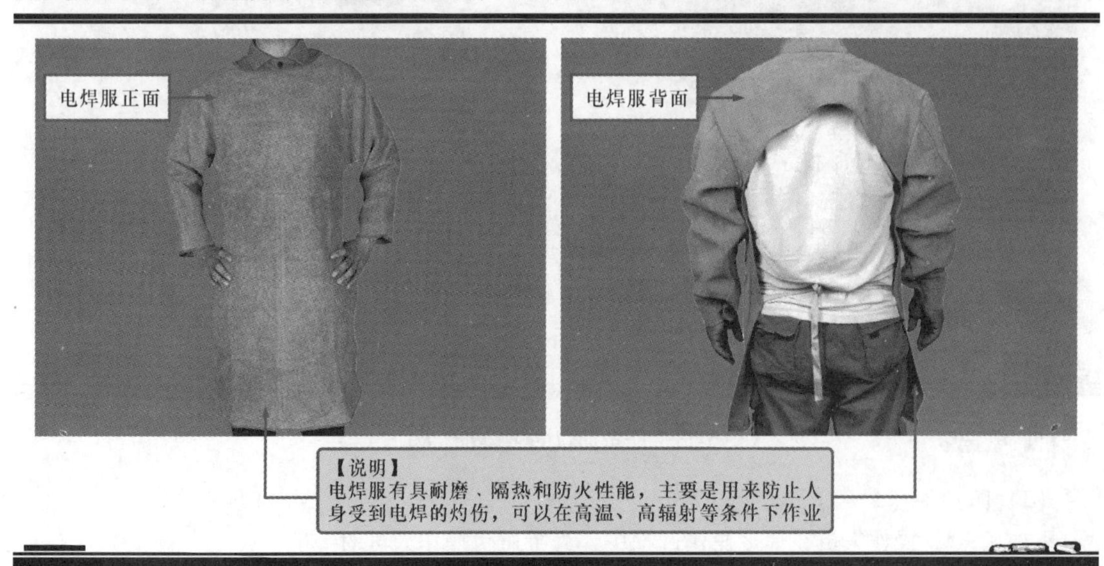

图 5-33　电焊服的实物外形

（4）绝缘橡胶鞋

绝缘橡胶鞋，是采用橡胶类绝缘材质制作的一种安全鞋，虽然不是直接接触带电部分，但是可以防止跨步电压对操作人员的伤害，可以保护操作人员在操作过程中的安全。

绝缘橡胶鞋根据外形的不同，可以分为绝缘橡胶鞋和绝缘橡胶靴两种，如图 5-34 所示。根据要求，绝缘橡胶鞋外层底部的厚度在不含花纹的情况下，不应小于 4mm；耐实验电压 15kV 以下的绝缘橡胶鞋，应用在工频（50～60Hz）1000V 以下的作业环境中，15kV 以上的试验电压的电绝缘胶鞋，适用于工频 1000V 以上作业环境中。

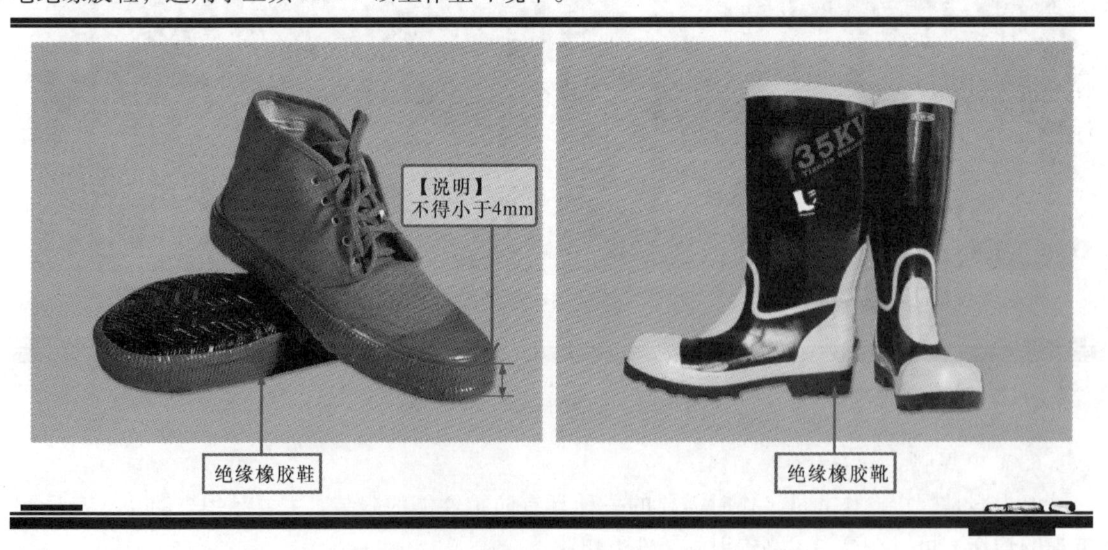

图 5-34　橡胶绝缘鞋的实物外形

（5）防护眼镜

防护眼镜是一种起特殊作用的眼镜，当焊接操作完成后，通常需要对焊接处进行敲渣操作，此时，应佩戴防护眼镜，避免飞溅的焊渣伤到操作人员的眼睛。

防护眼镜的镜片具有耐高温、不黏附火花飞溅和焊渣等特点，图5-35所示为防护眼镜的实物外形。通常情况下，该类眼镜的镜片均采用进口聚碳酸酯材料进行精工强化。

图5-35　防护眼镜的实物外形

（6）焊接衬垫

焊接衬垫是一种为了确保焊接部位背面成型的衬托垫，它通常是由无机材料（高土，滑石等）按比例混合加压烧结而成的陶瓷制品。

图5-36所示为焊接衬垫的实物外形，焊接衬垫能够在焊接时维持稳定状态，防止金属熔落，从而在焊件背面形成良好的焊缝。

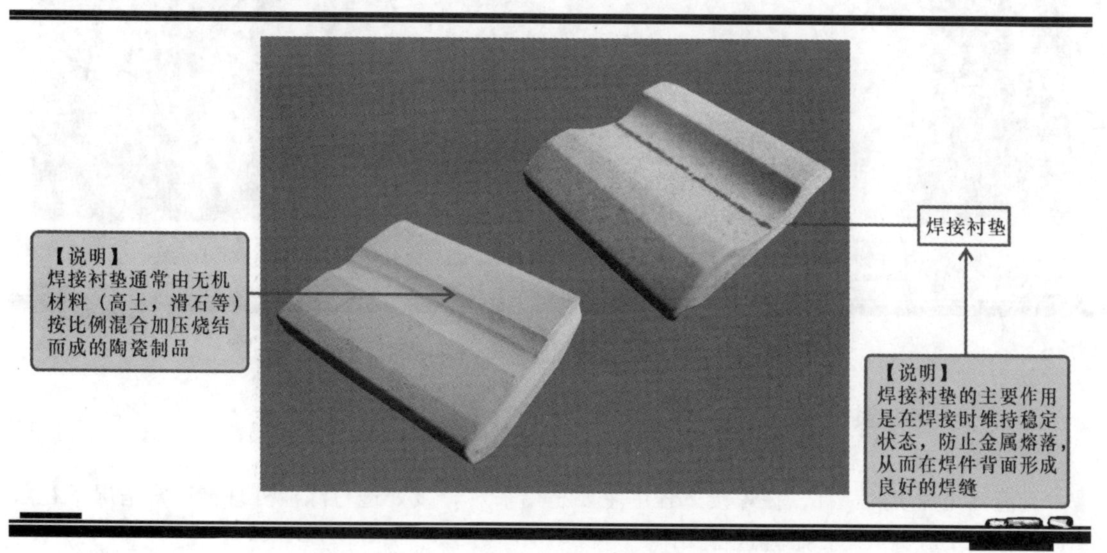

图5-36　焊接衬垫的实物外形

【资料】

根据焊件的接口形式选用适合的焊接衬垫，可有效提高焊缝的质量。下面为大家介绍几种焊接衬垫的应用方式，如图5-37所示。

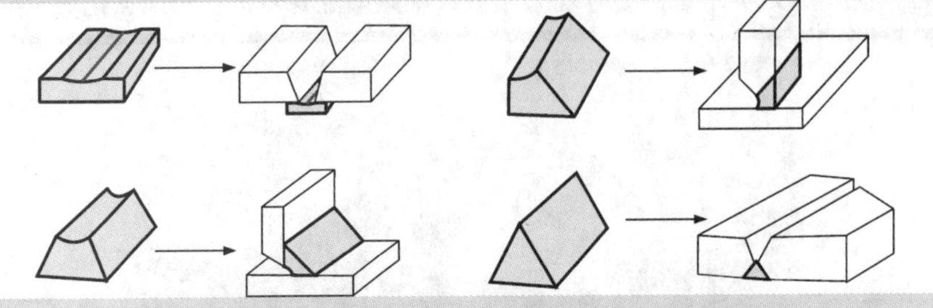

图5-37　几种焊接衬垫的应用方式

（7）灭火器

灭火器是应用较为广泛，而且在焊接过程中必不可少的一种辅助工具，当操作失误引起火灾事故时，可以使用灭火器进行抢险操作。

灭火器的种类较多，根据所充装的灭火剂的不同可以分为泡沫、干粉、卤代烷、二氧化碳、酸碱、清水等，如图5-38所示。不同灭火剂的灭火器，其使用的环境也有所不同，在焊接过程中，电气设备使用较多，通常会选用干粉灭火器或是二氧化碳灭火器。

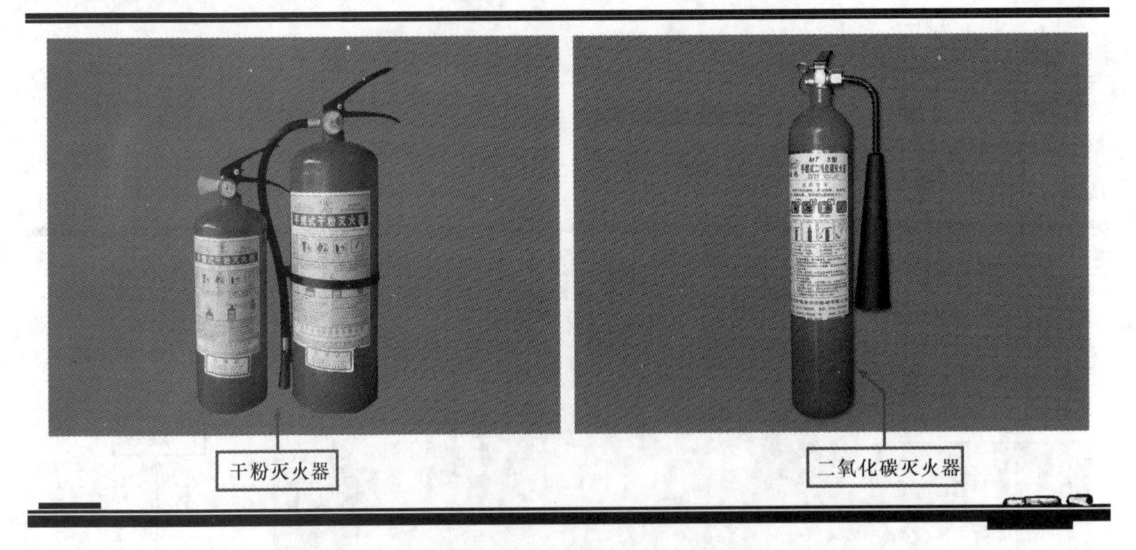

图5-38　灭火器的实物外形

3. 焊缝处理工具

（1）敲渣锤

敲渣锤是锤子的一种，在焊接过程中主要是用来对焊接处进行除渣处理，通常情况下在敲渣时操作人员应佩戴防护眼镜进行操作。

敲渣锤一般都为钢制品，头部分为两端，其中一端为圆锥头，一端为平錾口，而手柄采用螺纹弹簧把手，具有防震的功能，通常在敲渣锤的尾部还会有悬挂设计，如图5-39所示。

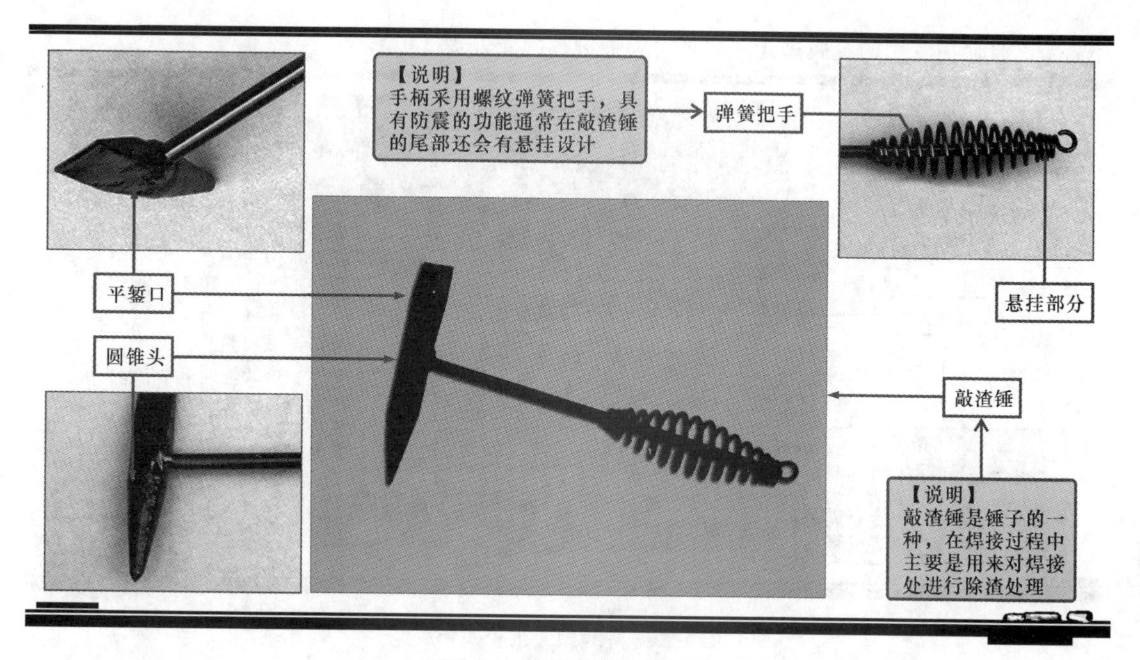

图5-39　敲渣锤的实物外形

【注意】

在焊接完成后，使用敲渣锤敲击焊接处清除焊渣时，必须佩戴防护眼镜以免弄伤眼睛。同时还需注意敲击的力度，不能过大以免对焊口造成损伤。

（2）钢丝轮刷

钢丝轮刷是专门用来对焊缝进行打磨处理，去除焊渣的工具，如图5-40所示。钢丝轮刷需要安装到砂轮机上，通过砂轮机带动钢丝轮刷转动，从而对焊缝进行打磨。

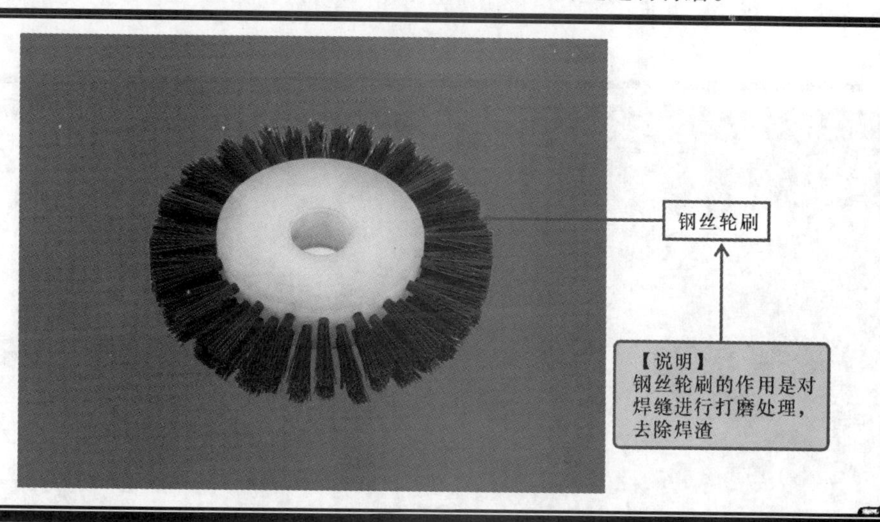

图5-40　钢丝轮刷

（3）焊缝抛光机

焊缝抛光机是专门用来对焊缝进行清洁、抛光处理的仪器，如图5-41所示。使用抛光机时，还需要配合使用专用的金属抛光液才可对焊缝进行抛光处理。

图 5-41　焊缝抛光机和抛光液

5.4.2　怎么用好电焊设备

电焊过程主要分为焊接前的准备工作、焊接操作、焊接验收三个部分。只有熟练掌握了这三个部分的操作方法及注意事项，才能安全正确地使用好电焊设备。我们现在就具体介绍一下其操作步骤。

1. 焊接前的准备工作

（1）电焊环境

在进行电焊操作前应当对施焊现场进行检查，如图 5-42 所示，在施焊操作周围 10m 范围内不应设有易燃、易爆物，并且保证电焊机放置在清洁、干燥的地方，并且应当在焊接区域中配置灭火器。

图 5-42　电焊环境

在进行电焊操作时，应当将电焊机远离水源，并且应当做好接地绝缘防护处理，如图 5-43 所示。

图 5-43　将电焊机远离水源

有些学员可能由于没有适合的操作环境，就在较小的环境中进行操作，如图 5-44 所示。该操作环境过小，并且在其周围放置了易燃气体的钢瓶，这样的操作环境存在发生火灾和爆炸的隐患。

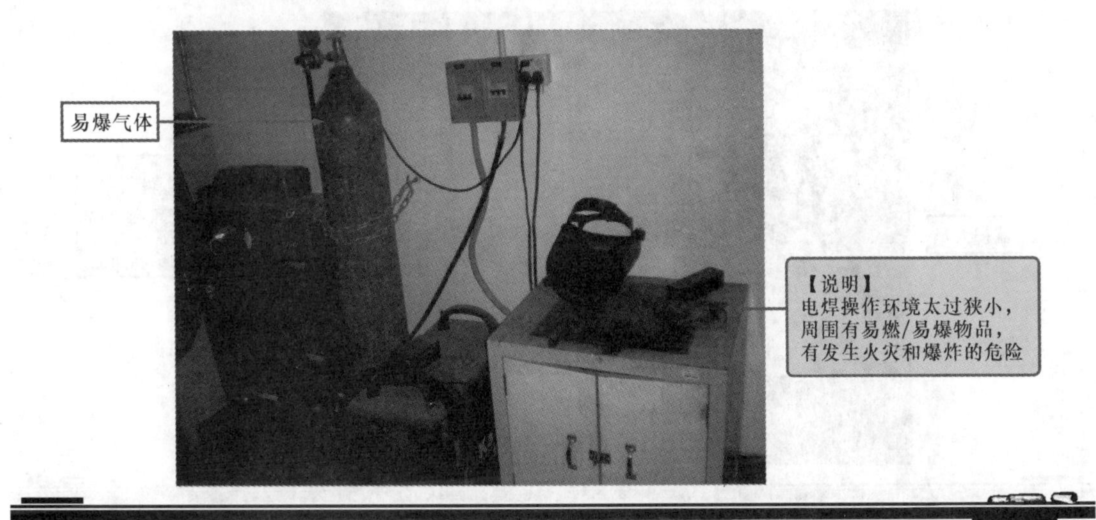

图 5-44　电焊操作环境存在发生火灾和爆炸的隐患

（2）操作工具的准备

如图 5-45 所示，在进行电焊操作前，电焊操作人员应穿带电焊服、绝缘橡胶鞋、防护手套、防护面罩等安全防护用具，这样可以保证操作人员的人身安全。

如图 5-46 所示，在管路等封闭区域中进行焊接时，管路必须可靠接地，并通风良好，管路外应有人监护，监护人员应熟知焊接操作规程和抢救方法。

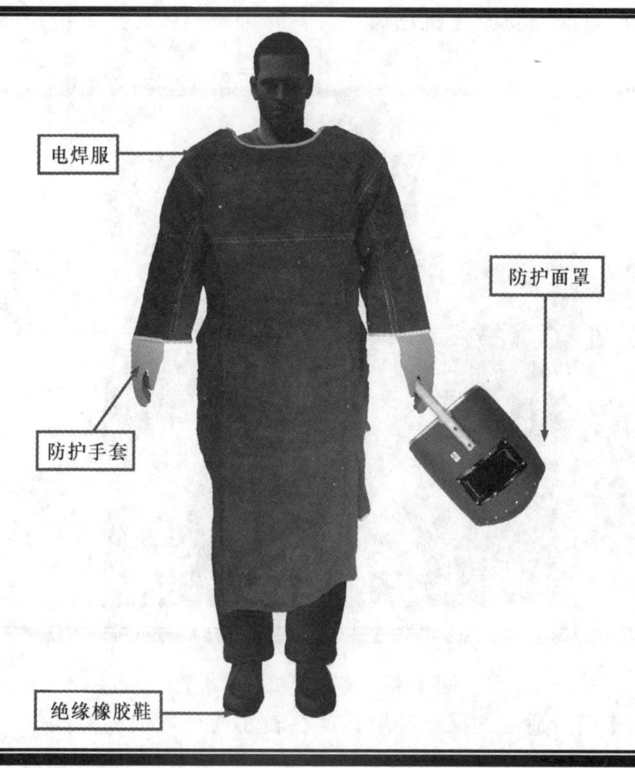

图 5-45　穿戴好防护工具的操作人员

图 5-46　管路内焊接时，需要有监护人进行看护

（3）电焊工具的连接

在进行电焊前应当对电焊工具进行准备，如图 5-47 所示，将电焊钳通过连接线与电焊机上电焊钳连接孔进行连接（通常带有标识），接地夹通过连接线与电焊机上的接地夹连接孔进行连接；将焊件放置到焊剂垫上，再将接地夹夹至焊件的一端；然后将焊条的加持端夹至电焊钳口即可。

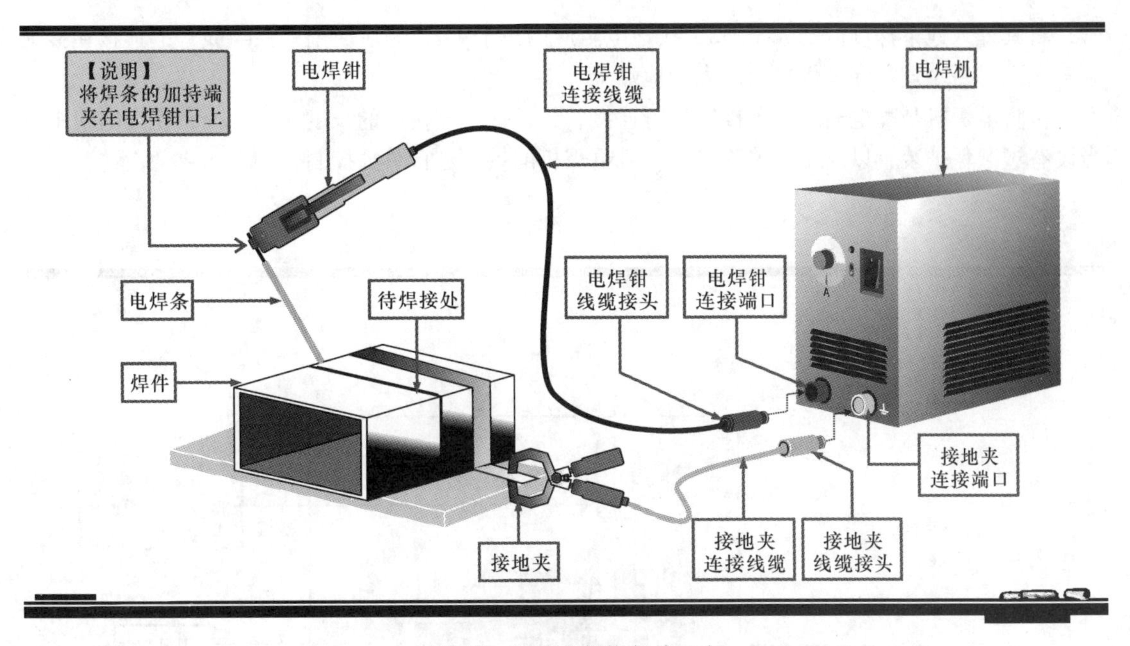

图5-47　连接电焊钳与接地夹

【注意】

在使用连接线缆将电焊钳、接地夹与电焊机进行连接时，连接线缆的长度应当在20～30m为佳。若连接线缆的长度过长时，会增大电压降；若当连接线缆过短时，可能会导致操作不便。

将电焊机的外壳进行保护性接地或接零，如图5-48所示，接地装置可以使用铜管或无缝钢

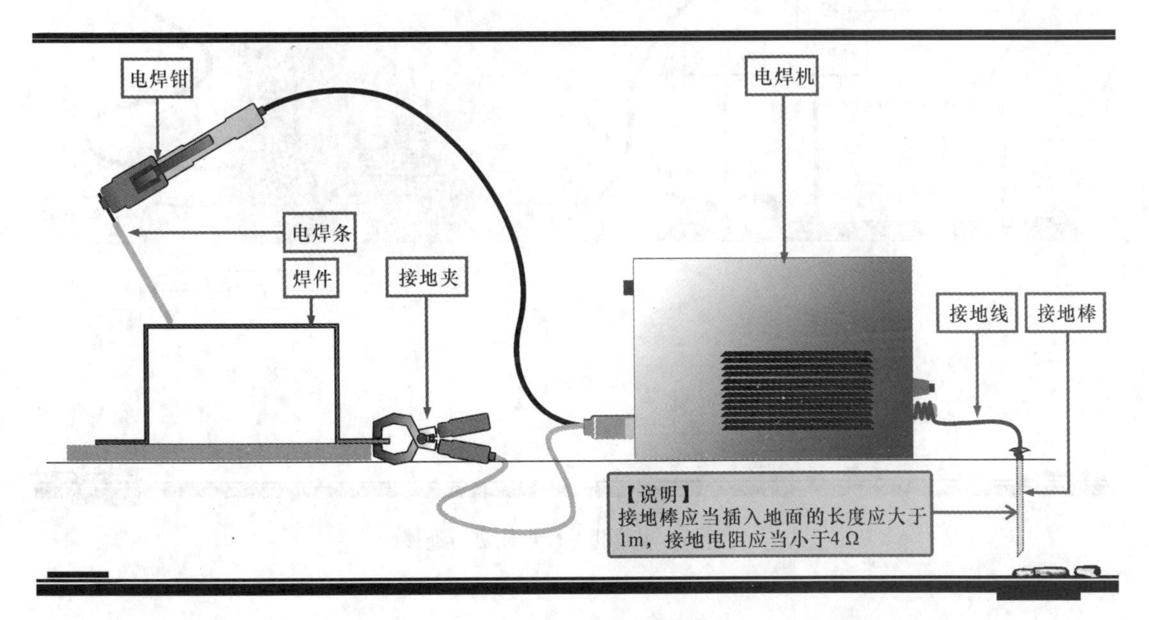

图5-48　连接接地装置

管，将其埋入地下深度应当大于1m，接地电阻应当小于4Ω；然后使用一根导线一端连接在接地装置上，另一端连接在电焊机的外壳接地端上。

再将电焊机与配电箱通过连接线进行连接，并且保证连接线的长度在2～3m，在配电箱中应当设有过载保护装置以及刀开关等，可以对电焊机的供电进行单独控制，如图5-49所示。

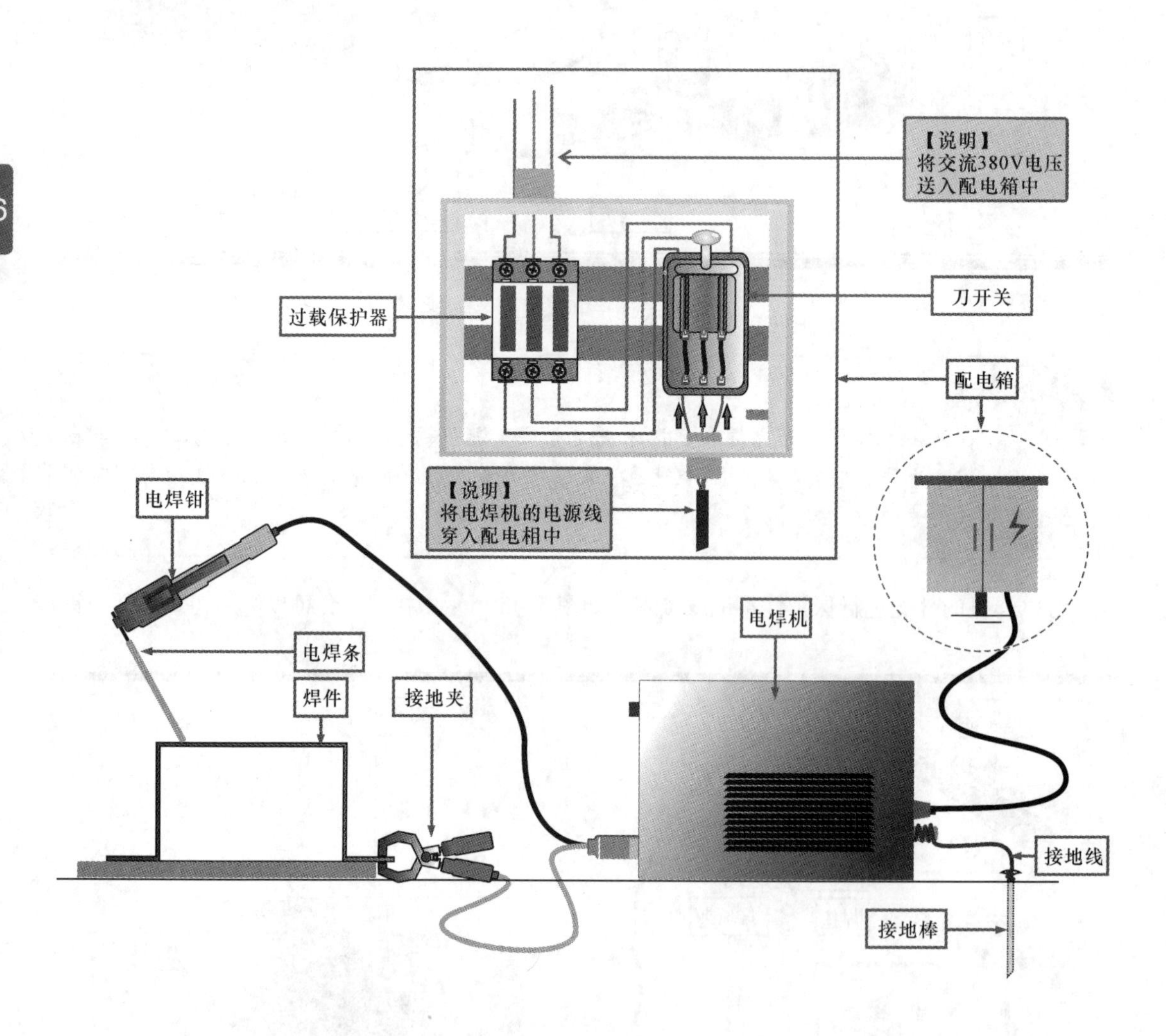

图5-49　电焊机与配电箱进行连接

【注意】

当电焊机连接完成后，如图5-50所示，应当检查连接是否正确，并且应当对连接线缆进行检查，查看连接线缆的绝缘皮外层是否有破损现象，防止在电焊工作中，发生触电事故。

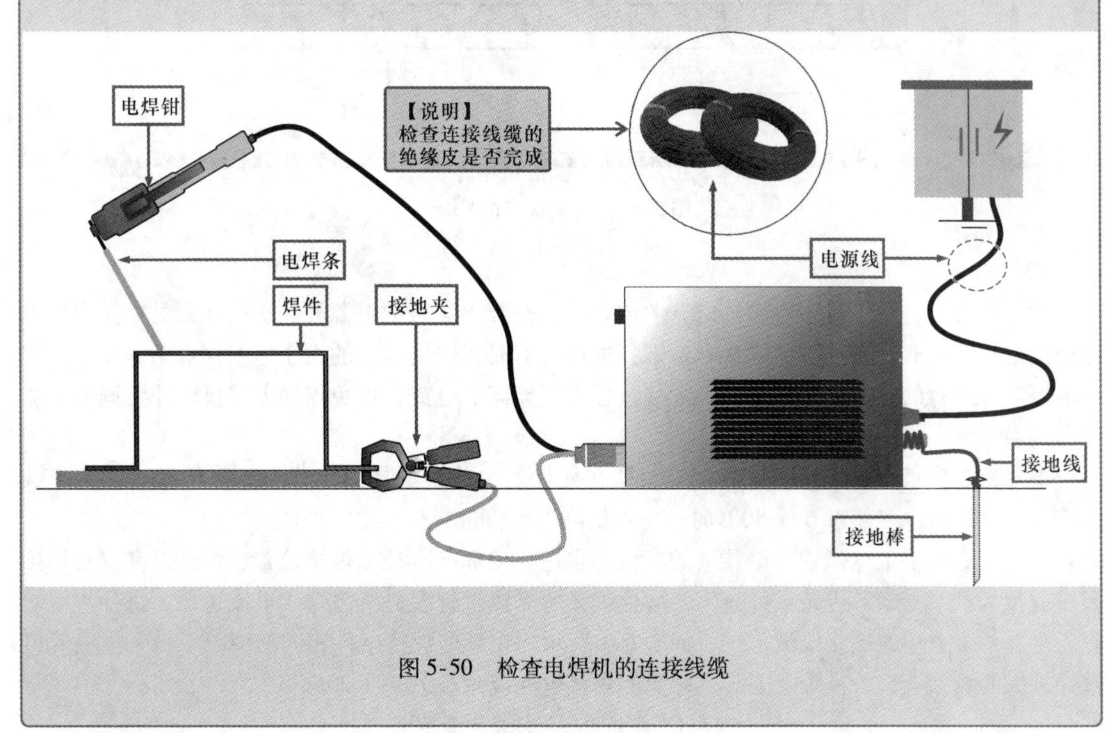

图5-50　检查电焊机的连接线缆

2．焊接操作

（1）焊件的连接

将焊接设备连接好以后，就需要对焊接的焊件进行连接。根据焊件厚度、结构形状和使用条件的不同，基本的焊接接头型式有对接接头、搭接接头、角接接头、T形接头，如图5-51所示。其中，对接接头受力比较均匀，使用最多，重要的受力焊缝应尽量选用。

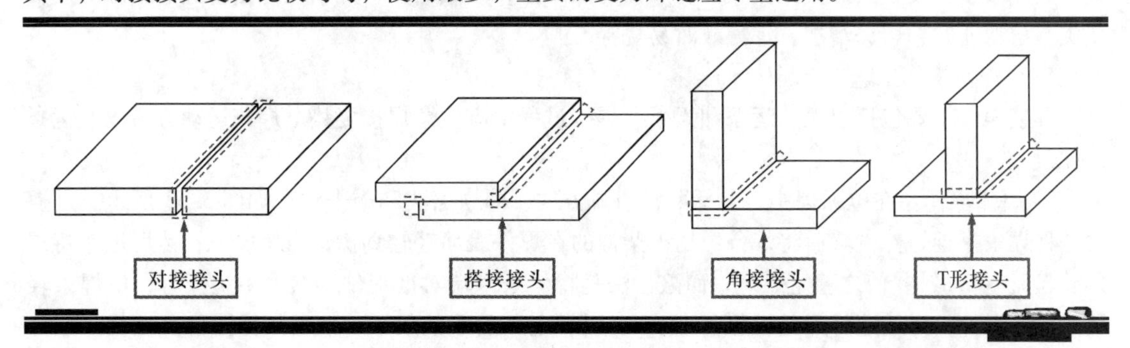

图5-51　焊接接头型式

为了焊接方便，在对对接接头形式的焊件进行焊接前，需要对两个焊件的接口进行加工，如图5-52所示。对于较薄的焊件需将接口加工成1形或单边V形，进行单层焊接；对于较厚的焊件需加工成V形、U形或X形，以便进行多层焊接。

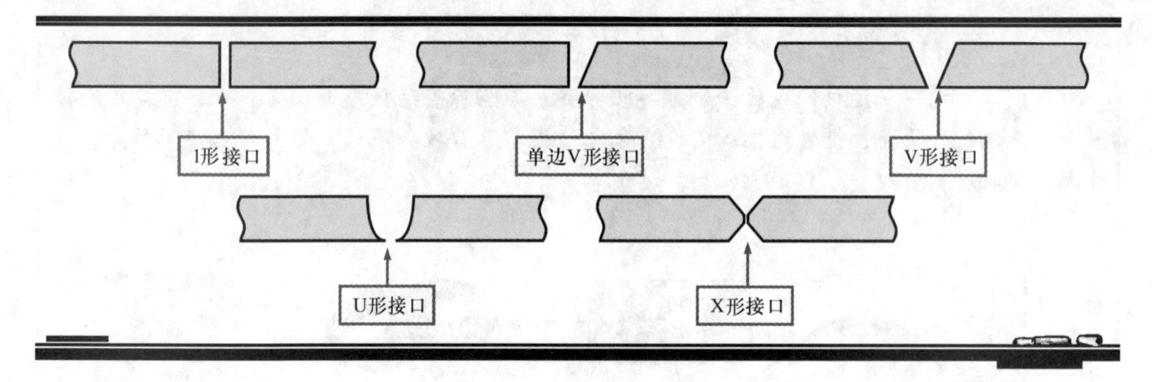

图 5-52 对接接口的选择

(2) 电焊机参数设置

进行焊接时，应先将配电箱内的开关闭合，再打开电焊机的电源开关。操作人员在拉合配电箱中的电源开关时，必须戴绝缘手套。选择输出电流时，输出电流的大小应根据焊条的直径、焊件的厚度、焊缝的位置等进行调节。焊接过程中不能调节电流，以免损坏电焊机，并且调节电流时，旋转速度不能过快过猛。

电焊机工作负荷不应超出铭牌规定，即在允许的负载值下持续工作，不得任意长时间超载运行。当电焊机温度超过 60 ~ 80℃时，应停机降温后再进行焊接。

焊接电流是手工电弧焊中最重要的参数，它主要受焊条直径、焊接位置、焊件厚度以及焊接人员的技术水平影响。焊条直径越大，熔化焊条所需热量越多，所需焊接电流越大。每种直径的焊条都有一个合适的焊接电流范围，如表 5-1 所示。在其他焊接条件相同的情况下，平焊位置可选择偏大的焊接电流，横焊、立焊、仰焊的焊接电流应减小 10% ~ 20%。

表 5-1 焊条直径与焊接电流范围

焊条直径/mm	1.6	2.0	2.5	3.2	4.0	5.0	5.8
焊接电流/A	25 ~ 40	40 ~ 65	50 ~ 80	100 ~ 130	160 ~ 210	220 ~ 270	260 ~ 300

设置的焊接电流太小，电弧不易引出，燃烧不稳定，弧声变弱，焊缝表面呈圆形，高度增大，熔深减小。设置的焊接电流太大，焊接时弧声强，飞溅增多，焊条往往变得红热，焊缝表面变尖，熔池变宽，熔深增加，焊薄板时易烧穿。

(3) 焊接操作工艺

焊接操作主要包括引弧、运条和灭弧，焊接过程中应注意焊接姿势、焊条运动方式以及运条速度。

① 引弧操作。在电弧焊中，包括两种引弧方式，即划擦法和敲击法，如图 5-53 所示。划擦法是将焊条靠近焊件，然后将焊条像划火柴似的在焊件表面轻轻划擦，引燃电弧，然后迅速将焊条提起 2 ~ 4mm，并使之稳定燃烧；而敲击法是将焊条末端对准焊件，然后手腕下弯，使焊条轻微碰一下焊件，再迅速将焊条提起 2 ~ 4mm，引燃电弧后手腕放平，使电弧保持稳定燃烧。敲击法不受焊件表面大小、形状的限制，是电焊中主要采用的引弧方法。

焊条在与焊件接触后提升速度要适当，太快难以引弧，太慢焊条和焊件容易黏在一起（电磁力），这时，可横向左右摆动焊条，便可使焊条脱离焊件。引弧操作比较困难，焊接之前，可反复多练习几次。

在焊接时，通常会采用平焊（蹲式）操作，如图 5-54 所示。操作人员蹲姿要自然，两脚间夹角为70°~85°，两脚间距离约240~260mm。持电焊钳的手臂半伸开悬空进行焊接操作，另一只手握住电焊面罩，保护好面部器官。

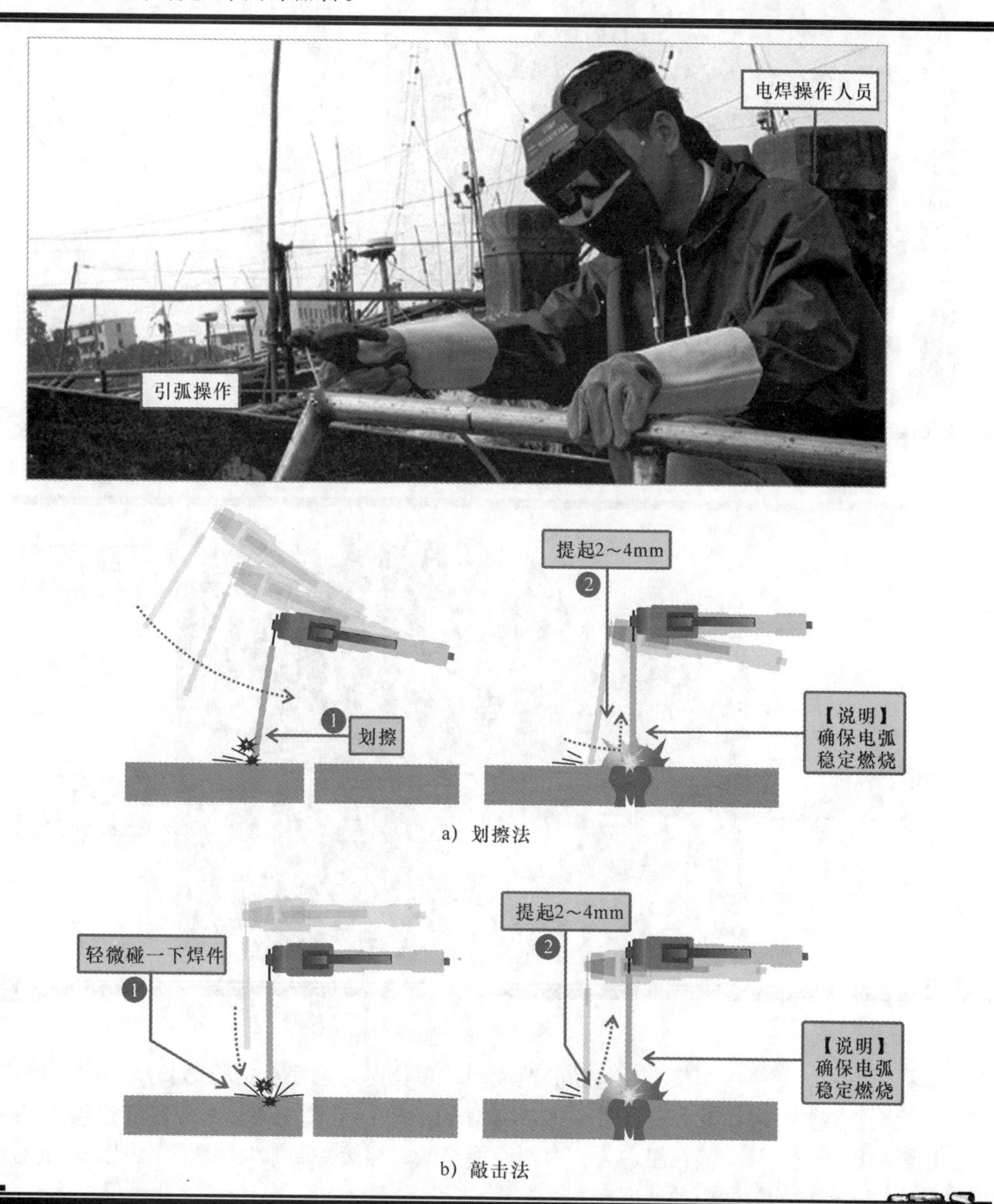

图5-53　引弧方式

在焊接操作过程中，必须时刻配戴绝缘手套，以防发生触电危险。并且绝缘手套因出汗变潮湿后，应及时进行更换，以防因绝缘电阻值降低而发生电击事故，如图5-55所示。

② 运条操作。由于焊接起点处温度较低，引弧后可先将电弧稍微拉长，对起点处预热，然后再适当缩短电弧进行正式焊接。在焊接时，需要匀速推动电焊条，使焊件的焊接部位与电焊条充分熔化、混合，形成牢固的焊缝。焊条的移动可分为三种基本形式：沿焊条中心线向熔池送进、沿焊接方向移动、焊条横向摆动。焊条移动时，应向前进方向倾斜10°~20°，并根据焊缝大小横向摆动焊条。图5-56所示为焊条移动方式。注意在更换焊条时，必须佩戴防护手套。

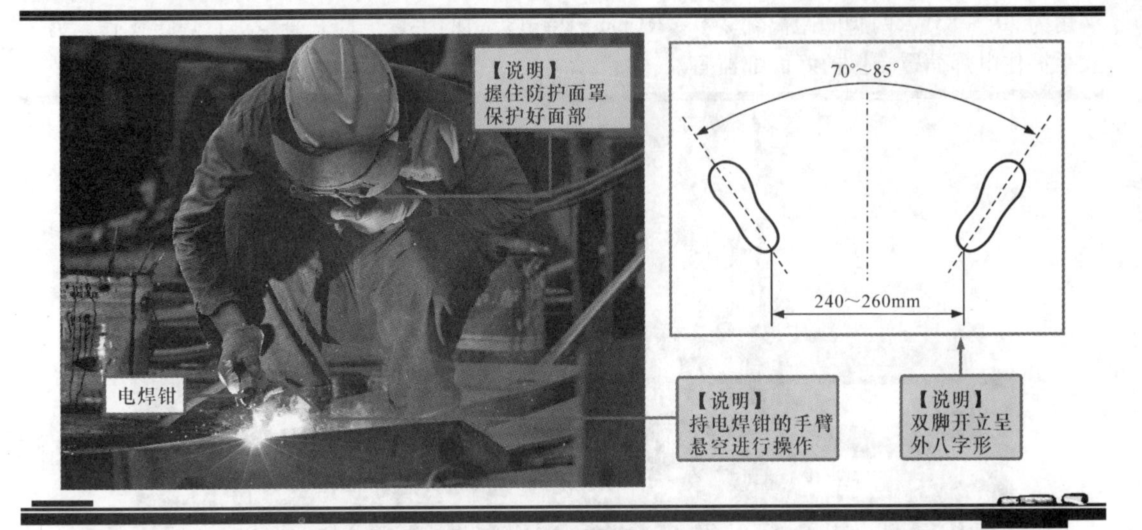

图 5-54　平焊（蹲式）操作

图 5-55　焊接中的错误操作

焊接过程中，焊条沿焊接方向移动的速度，即单位时间内完成的焊缝长度，称为焊接速度。速度过快会造成焊缝变窄，高低不平，形成未焊透、熔合不良等缺陷；若速度过慢则热量输入多，热影响区变宽，接头晶粒组过大，力学性能降低，焊接变形加大等缺陷。因此焊条的移动应根据具体情况保持均匀适当的速度。

除了平焊（蹲式）操作外，根据焊件的大小、焊缝的位置不同，还可采用横焊、立焊和仰式操作，如图 5-57 所示。

③ 灭弧操作。焊接的灭弧就是一条焊缝焊接结束时如何收弧，通常有画圈法、反复断弧法和回焊法。其中，画圈法是在焊条移至焊道终点时，利用手腕动作使焊条尾端做圆圈运动，直到填满弧坑后再拉断电弧，此法适用于较厚焊件的收尾；反复断弧法是反复在弧坑处熄弧、引弧多次，直至填满弧坑，此法适用于较薄的焊件和大电流焊接；回焊法是焊条移至焊道收尾处即停止，但不熄弧，改变焊条角度后向回焊接一段距离，待填满弧坑后再慢慢拉断电弧。图 5-58 所示为焊接的收尾的方式。

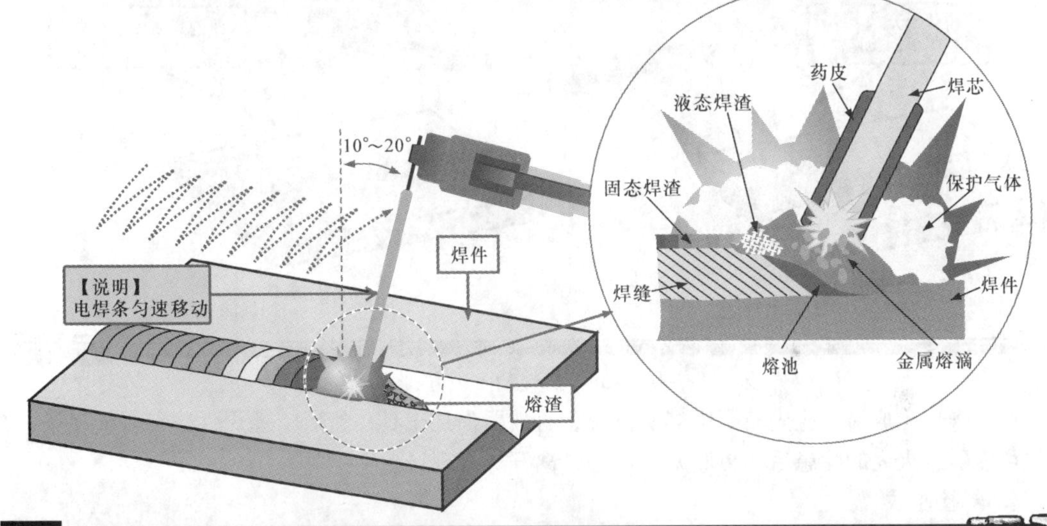

图5-56 焊条移动方式

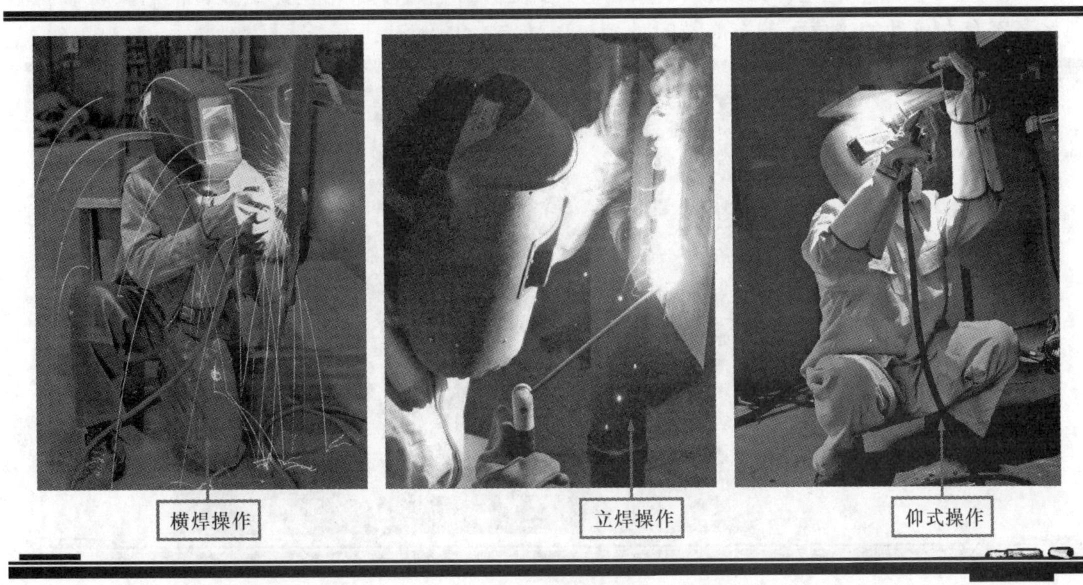

图5-57 横焊、立焊和仰式操作

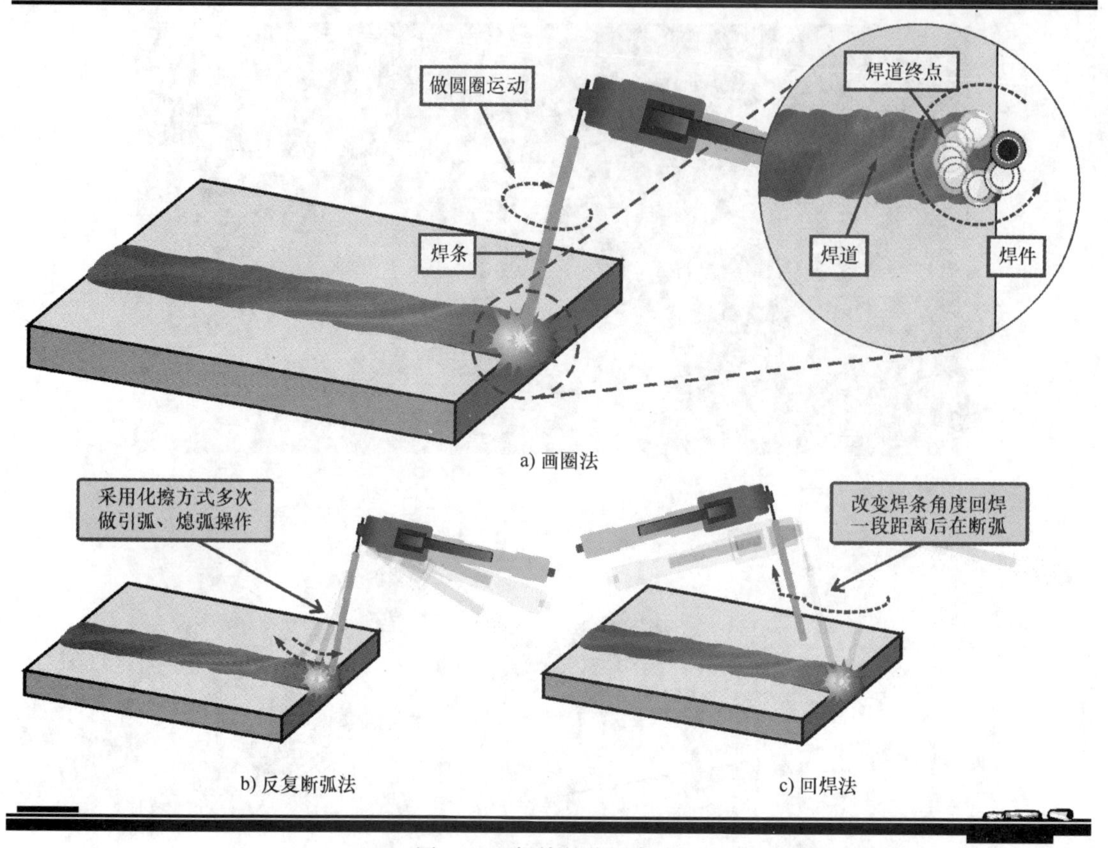

图 5-58　焊接的收尾方式

焊接操作完成后，应先断开电焊机电源，再放置焊接工具，然后清理焊件以及焊接现场，在消除可能引发火灾的隐患后，再断开总电源，离开焊接现场。

3. 焊接验收

（1）整理现场

如图 5-59 所示，检查焊接现场，使各种焊接设备断电、冷却并整齐摆放，同时要仔细检查现场是否存在火种的迹象，若有应及时处理，以杜绝火灾隐患。

图 5-59　清理操作场地，并消灭火种

(2) 焊件处理

使用敲渣锤、钢丝轮刷和焊缝抛光机（处理机）等工具和设备，对焊接部位进行清理，图5-60所示为使用焊缝抛光机清理焊缝的效果。该设备可以有效地去除毛刺，使焊接部件平整光滑。

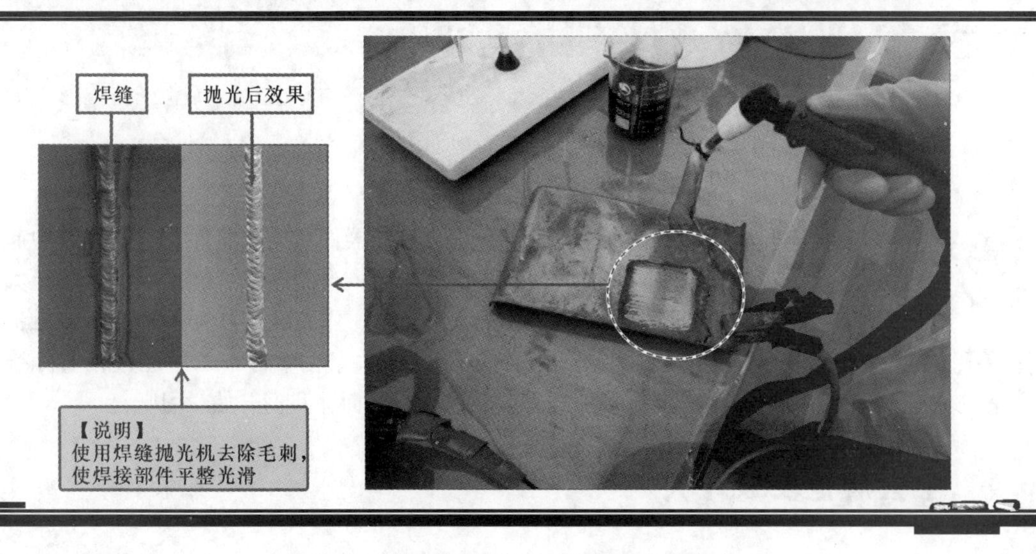

图5-60 使用焊缝抛光机清理焊缝的效果

(3) 检查焊接质量

清除焊渣后，就要仔细对焊接部位进行检查，如图5-61所示。若发现焊接缺陷、变形等，应分析产生原因后，重新使用新焊件进行焊接，原缺陷焊件应废弃不能使用。

图5-61 焊件的检查

【注意】

清除焊渣后，就要仔细对焊接部位进行检查。检查焊缝是否存在裂纹、气孔、咬边、未焊透、未熔合、夹渣、焊瘤、塌陷、凹坑、焊穿以及焊接面积不合理等缺陷。

第6章

学会规范安装控制器件

现在我们开始学习第6章：学会规范安装控制器件。控制器件在电气线路中起控制作用，熟练掌握控制器件的安装方法，是电气安装人员的必备技能之一。为了让大家更好地了解控制器件的种类、功能和具体的安装方法，本章我们从开关和交流接触器的功能着手，为大家讲解一下规范安装控制器件的方法，希望大家在学习本章后能够在实际操作中安全、灵活、熟练、规范地进行控制器件的安装。好了，下面让我们开始学习吧。

6.1 学会规范安装开关

开关器件一般安装在电气线路中，起到控制线路通、断的作用，安装前，首先要了解开关在线路中的功能和连接关系，做好规划后再进行安装。本节以典型的低压开关为例，介绍控制开关的种类、功能和规范安装方法。

6.1.1 什么是开关

开关是用于控制仪器、仪表或设备等装置的一个电气部件。低压开关工作在交流电压小于1200V、直流电压小于1500V的电路中，可以使被控制装置在开和关的两种状态下相互转换，即低压开关是一个控制电路接通与断开的器件。常见的低压开关主要有开启式负荷开关、封闭式负荷开关、组合开关以及低压照明开关等，图6-1所示为常见的低压开关的实物外形。

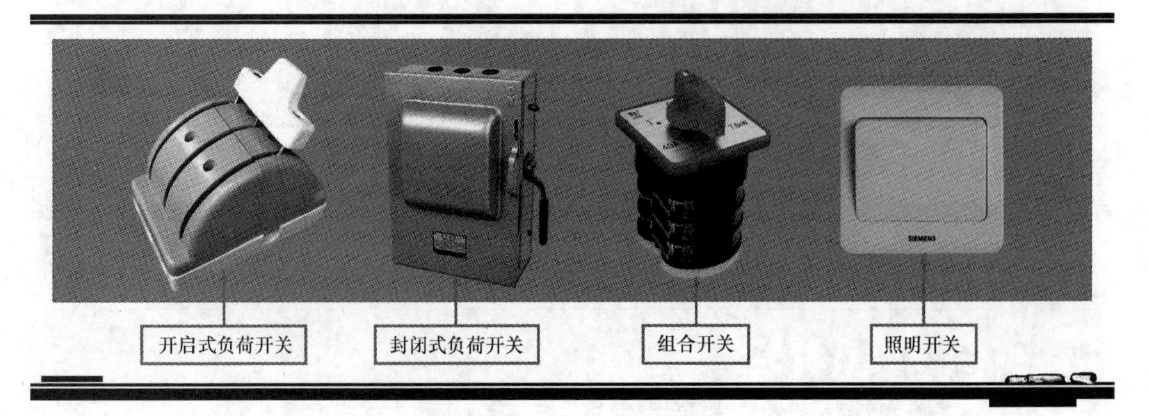

图6-1 常见的低压开关的实物外形

1. 开启式负荷开关

开启式负荷开关又称胶盖刀开关，它主要用来在带负荷状态下可以接通或切断电路。

通常情况下可将开启式负荷开关分为两极式和三极式两种，图6-2为典型二极开启式负荷开关和三极开启式负荷开关的实物外形和结构示意图。二极式开启负荷开关主要应用于单相供电电路中作为分支电路的配电开关；三极式开启负荷开关主要应用于三相供电电路中。

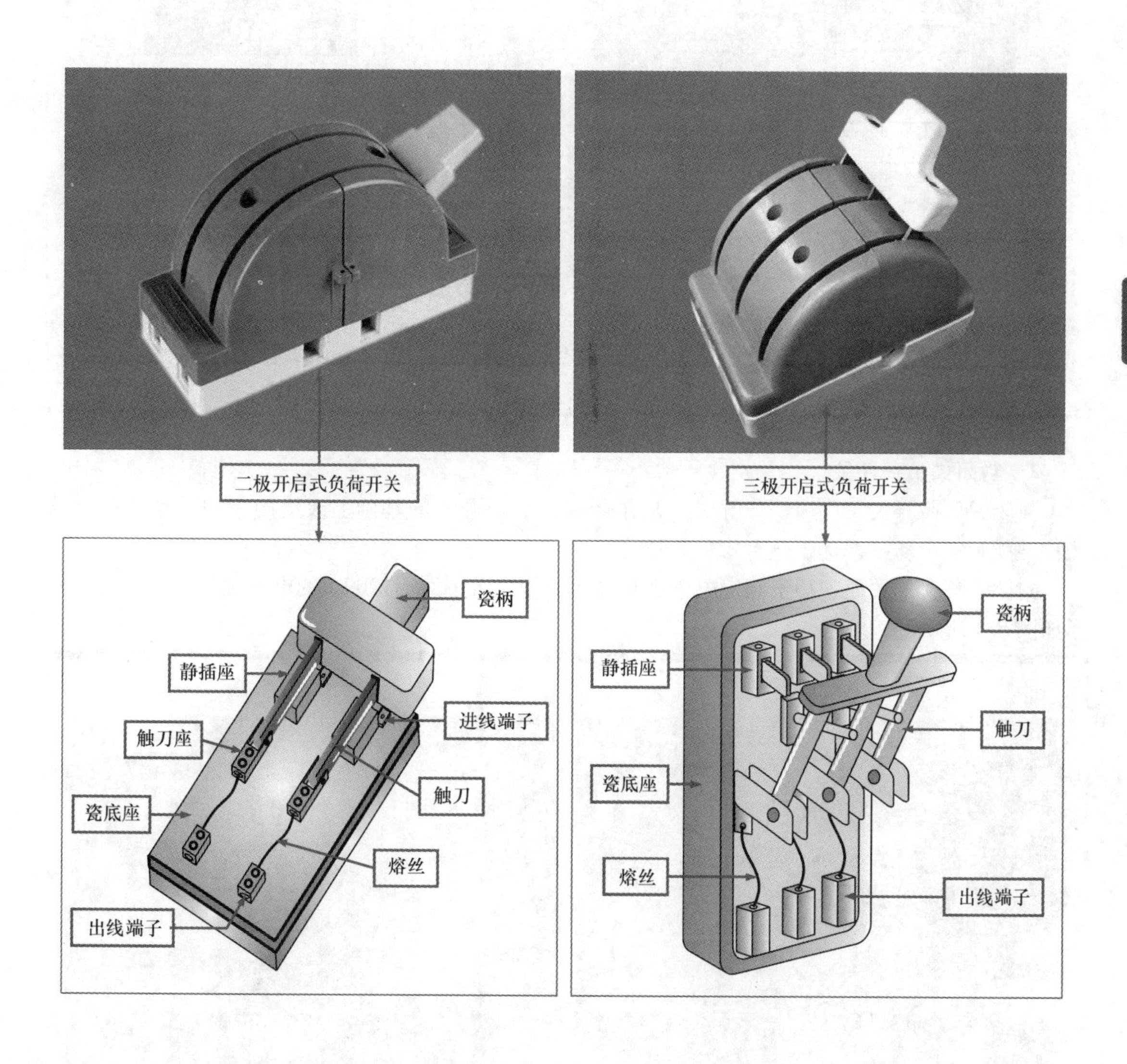

图6-2　典型二极开启式负荷开关和三极开启式负荷开关的实物外形和结构示意图

【资料】

开启式负荷开关中的熔丝主要起到保护的作用，当负载的电流大于限定电流时，熔丝将熔断，从而切断电源。图6-3为二极开启式负荷开关在电路中的应用示意图，它通过熔丝连接市电与灯泡（负载），当负载电流大于限定电流时，熔丝将被熔断，负荷开关将自动断开，达到保护电路的目的。

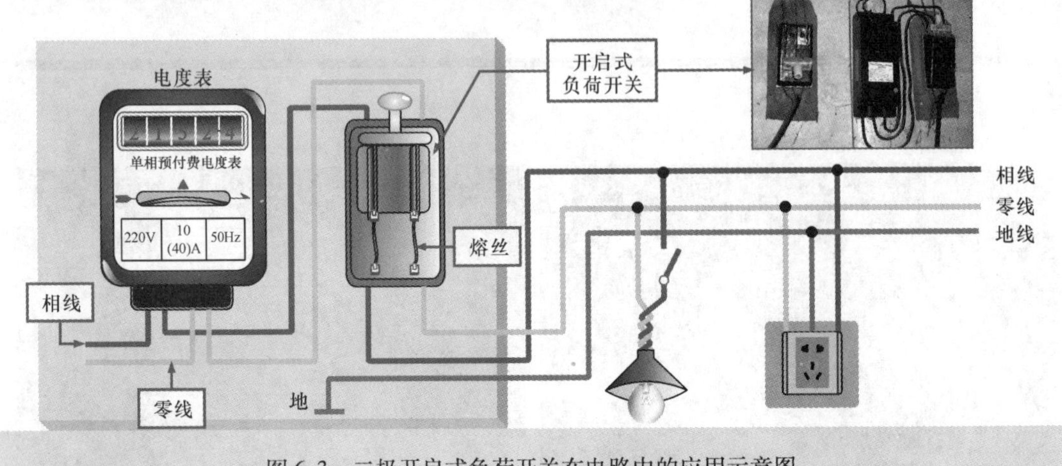

图6-3　二极开启式负荷开关在电路中的应用示意图

2. 封闭式负荷开关

封闭式负荷开关又称为铁壳开关，是在开启式负荷开关的基础上改进的一种手动开关，其操作性能和安全防护都优于开启式负荷开关。

封闭式负荷开关通常用于额定电压小于500V，额定电流小于200A的电气设备中，其实物外形如图6-4所示。

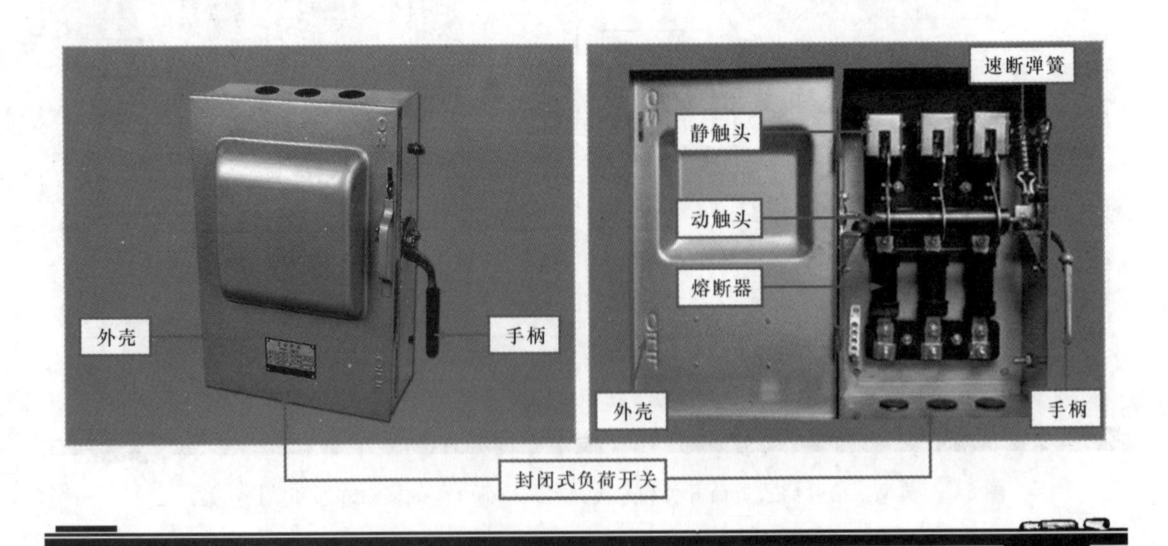

图6-4　封闭式负荷开关的实物外形和内部结构

提问

上文提到，封闭式负荷开关优于开启式负荷开关，请问封闭式负荷开关与开启式负荷开关的区别是什么？

回答

封闭式负荷开关与开启式负荷开关的主要区别在于，封闭式负荷开关装有与转轴及手柄相连的速断弹簧，用作短路保护开关，操作时速断弹簧起快速灭弧的作用。为了保证用电安全，封闭式负荷开关在手柄与箱盖之间还设有机械连锁保护，它使开关在合闸状态时箱盖不能打开，而当箱盖打开时开关不能合闸。

3. 组合开关

组合开关又称转换开关，是一种转动式的刀开关，主要用于接通或切断电路、换接电源或局部照明等。组合开关具有体积小、寿命长、结构简单、操作方便、灭弧性能较好等优点。其实物外形如图6-5所示。

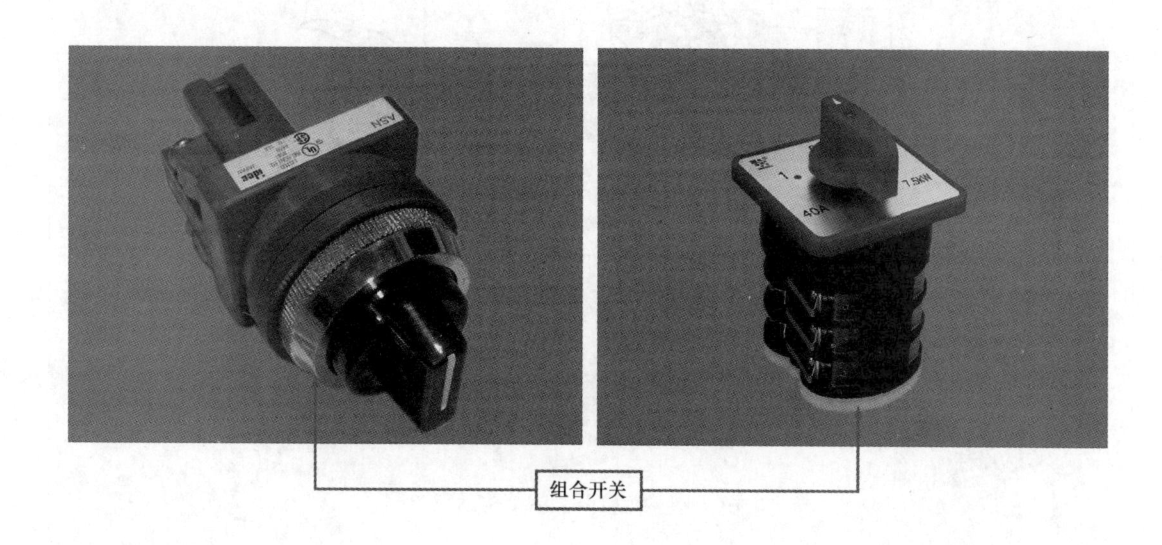

图6-5 组合开关的实物外形

组合开关除了可以应用于电动机的起动外，还可应用于机床照明电路控制以及机床电源引入等，在选用组合开关时，应根据电源种类、电压等级、所需触头数量及电动机的功率进行选择。

【资料】

图6-6为典型组合开关的结构示意图。组合开关内部有若干个动触片和静触片，分别装于数层绝缘件内，静触片固定在绝缘垫板上，动触片装在转轴上，随转轴旋转而变换通、断位置。

由图6-6可以看出，该组合开关的动、静触片分别装在绝缘垫内。其中静触片有三对，分别装在三层绝缘垫板上，并分别与接线柱相连，以便和电源、用电设备相连。动触片也有三对，它与绝缘垫板一起套在附有手柄的绝缘杆上，手柄每次转动90°，使三对动触片同时与三对静触片接通和断开。

顶盖部分由凸轮、弹簧及手柄等零件构成操作机构，这个机构由于采用了弹簧储能，可使开关迅速闭合及断开。并使转轴方向旋转准确。

组合开关多用于交流380V以下、直流200V以下电器中，控制小功率电动机的正、反转。

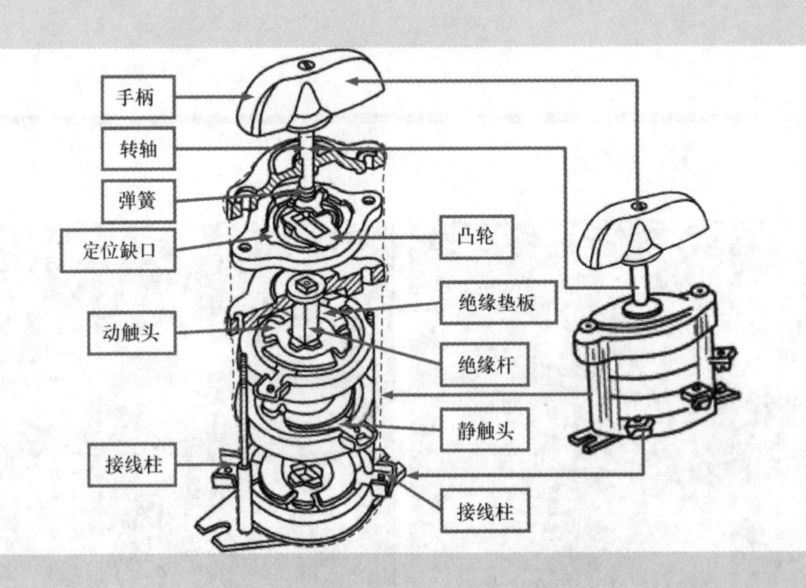

图6-6　典型组合开关的结构示意图

4. 低压照明开关

照明开关主要用于照明线路中，根据功能的不同，可以分为控制开关和功能开关两种。

(1) 控制开关

控制开关根据其内部结构，可以分为单控开关和多控开关两种，主要是由护板、开关、外壳和接线柱等部分构成的。

单控开关主要对一条或多条线路上的照明灯的亮灭进行控制，而多控开关主要使用在两个开关控制一盏灯或者多个开关同时对照明灯具进行控制的环境下，如图6-7所示。

图6-7　低压照明开关的实物外形

【资料】

此种开关中，“位”是指同一个开关的挡位，“控”是指开关的控制方式，一般分为单控开关和双控开关两种。

提问

请问单控开关和多控开关在实际应用上的区别是什么？

单控开关主要是对一条或多条线路上的照明灯的亮灭进行控制，而多控开关主要是使用在两个开关控制一盏灯或者多个开关同时对照明灯具进行控制的环境下。图6-8所示为单控开关和多控开关的应用。

回答

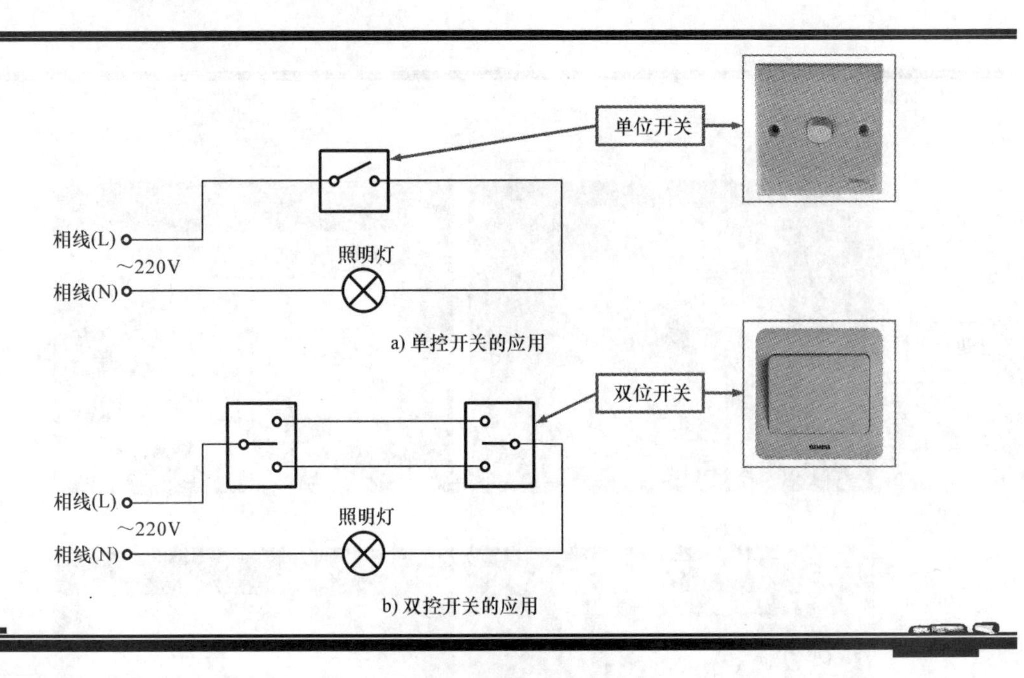

图 6-8　单控开关和双控开关的应用

（2）功能开关

功能开关根据功能还可以分为触摸开关、声光控开关、光控开关等，如图 6-9 所示。其中触摸开关是利用人体的温度控制，实现开关的通断控制功能，该开关常用于楼道照明线路中。而声、光控开关是利用声音或光线同时对照明电路进行导通，常常使用在楼道照明中，在白天时楼道中光线充足，照明灯无法照亮，夜晚黑暗的楼道中不方便找照明开关，使用声音即可控制照明灯照明，等待行人路过后照明灯可以自行熄灭。

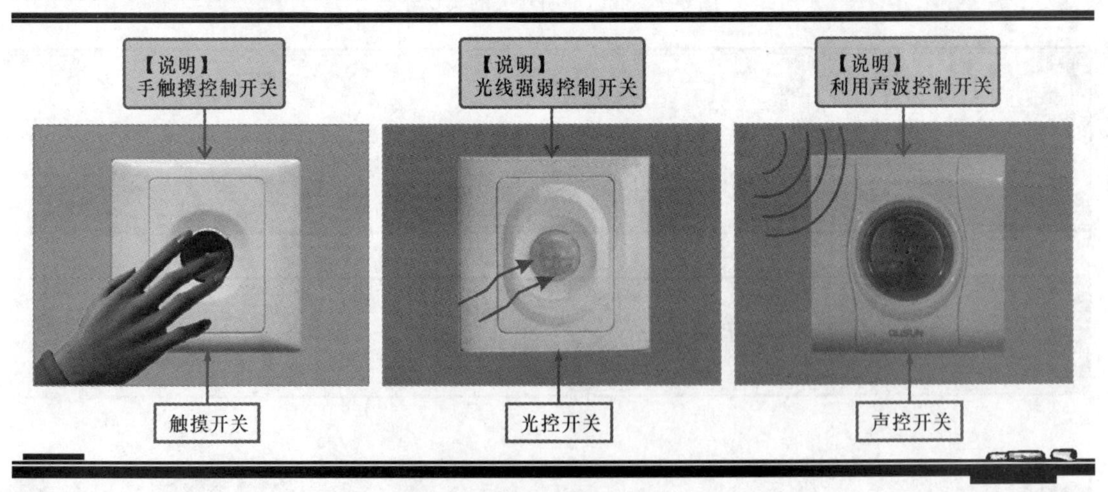

图 6-9　功能开关的实物外形

6.1.2　规范安装开关的练习

开关的种类繁多，本小节以典型的照明单控开关为例，为大家介绍一下控制开关的规范安装方法。

在对开关安装前，首先了解开关在灯控线路中的连接关系，如图6-10所示。

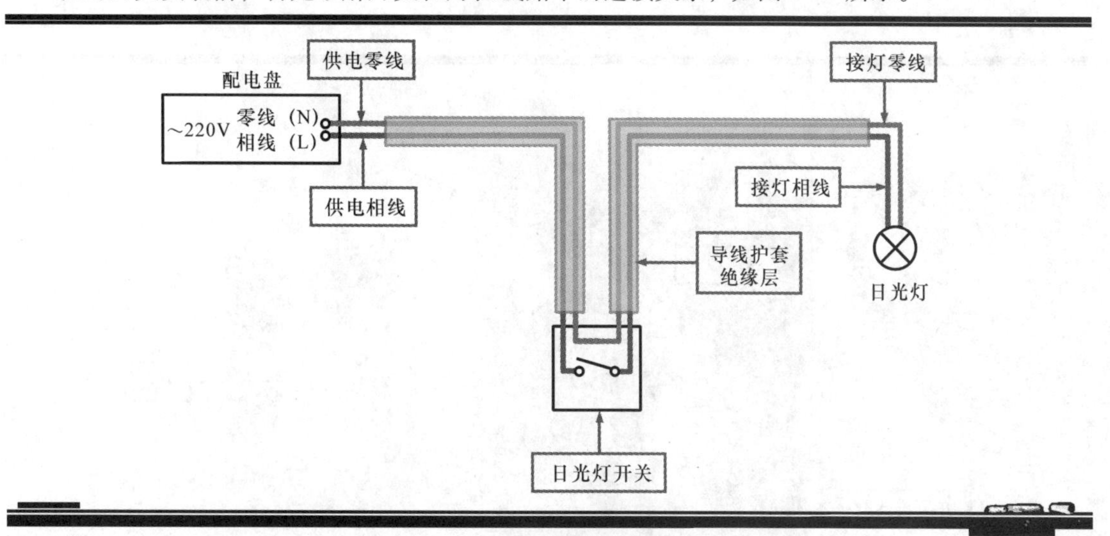

图6-10　照明灯和开关的连接关系

在安装开关时，选择开关的安装位置，距地面的高度一般为1.3m，距门框的距离应为0.15~0.2m，如图6-11所示。

图6-11　控制开关的安装位置

了解了控制开关的安装要求后，下面就对该开关进行安装操作了。首先要选择适当的低压开关及适当规格的导线，然后再对低压开关进行安装。在安装开关之前，首先选择与其相匹配的接线盒，如图6-12所示。

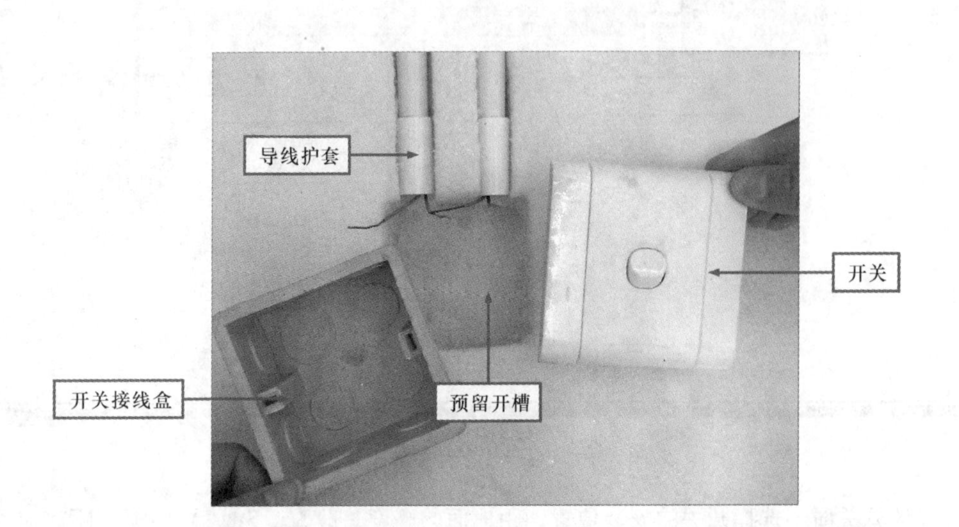

图 6-12　选择控制开关接线盒

【资料】

在固定开关的接线盒时，还要在接线盒上安装与之相匹配的护套，避免电线穿过接线盒时，出现磨损现象，防止漏电情况的发生，如图 6-13 所示。

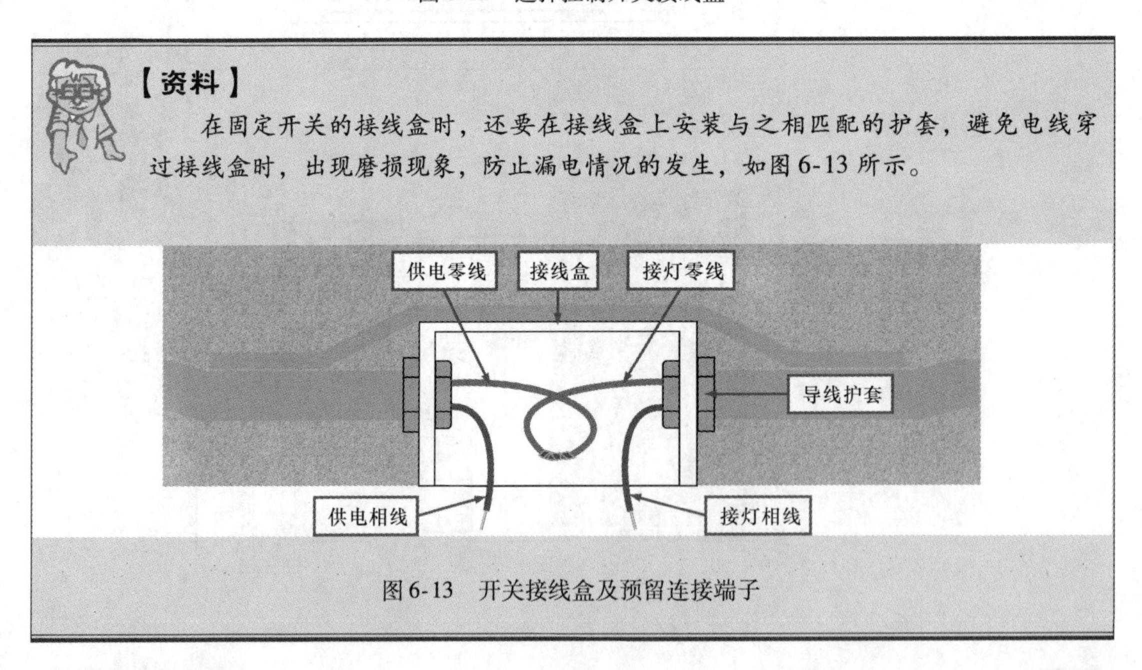

图 6-13　开关接线盒及预留连接端子

控制开关安装前，应首先对控制开关接线盒进行安装，然后将其控制开关固定在控制开关接线盒上，完成控制开关的安装。

1. 控制开关接线盒的安装

根据布线时预留的照明支路导线端子的位置，将接线盒的挡片取下，再将接线盒嵌入到墙的开槽中，如图 6-14 所示。

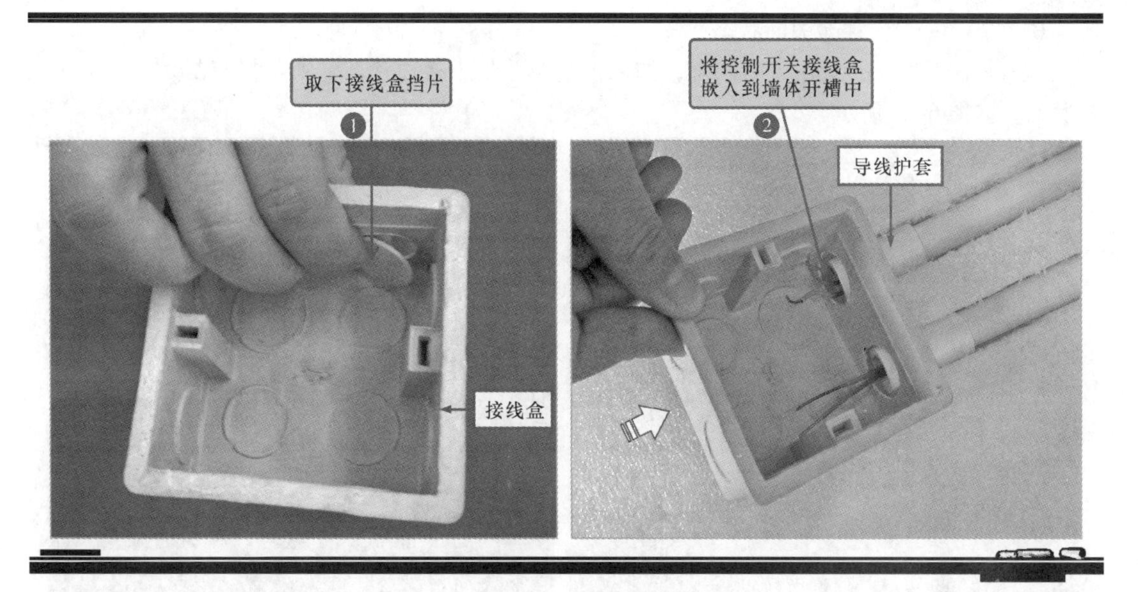

图 6-14 控制开关接线盒的安装

【注意】

接线盒嵌入时要注意接线盒不允许出现歪斜，以及嵌入时，要将接线盒的外部边缘处与墙面保持齐平。按要求将接线盒嵌入墙内后，再使用水泥砂浆填充接线盒与墙之间的多余空隙。

2. 控制开关安装前的准备

控制开关接线前，应将控制开关的护板取下，以便接线完成后拧入固定螺钉，将控制开关固定在墙面上，安装时最好将控制开关置于关断状态再进行安装。

（1）取下控制开关两侧的护板

选用合适的螺丝刀，按下控制开关护板的卡扣，即可将控制开关两侧的护板取下，如图6-15所示。

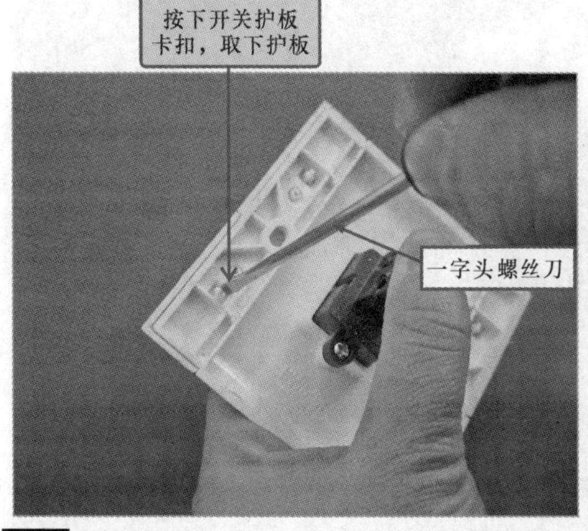

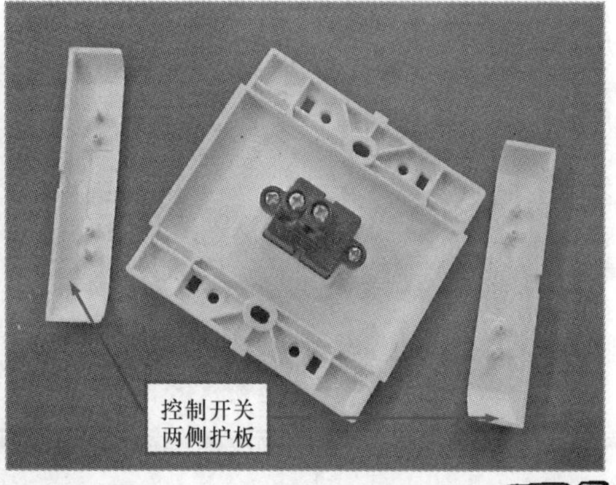

图 6-15 取下控制开关两侧的护板

(2) 拨动控制开关至关断状态

检查控制开关是否处于关断状态，如果控制开关处于接通状态，则要将控制开关拨动至关断状态，如图6-16所示。

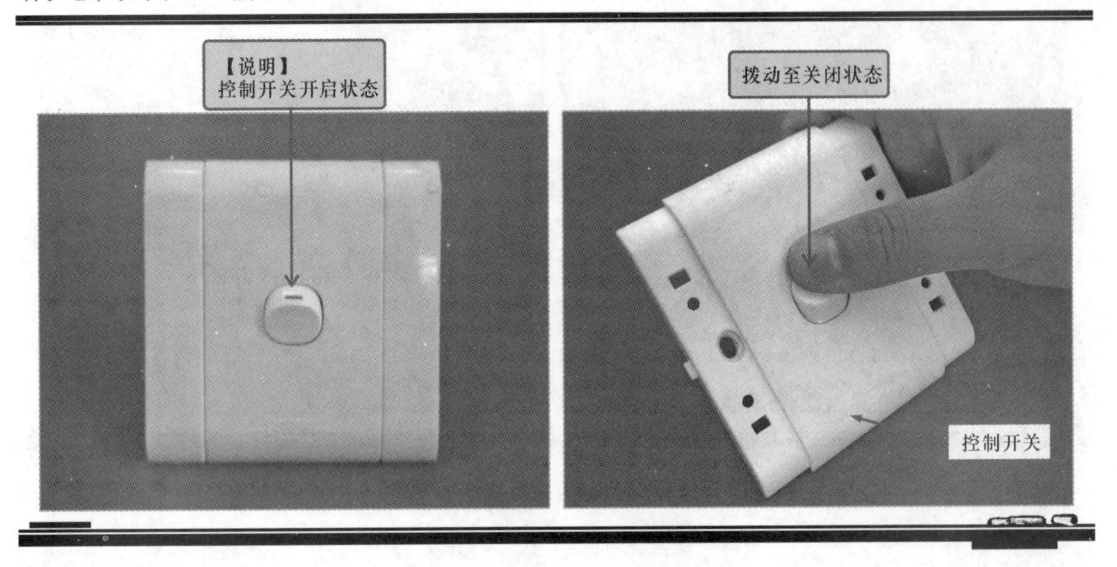

图6-16 拨动控制开关至关闭状态

3. 控制开关导线的连接

(1) 导线端头的处理

控制开关的准备工作已经完成，接下来需要对接线盒中的导线的端头进行处理，以便连接，使用剥线钳剥除两根零线端头的绝缘层，使预留出的线芯长度为50mm左右；使用相同方法剥除两根相线表面的绝缘层，预留出的线芯长度应为10~12mm，操作方法如图6-17所示。

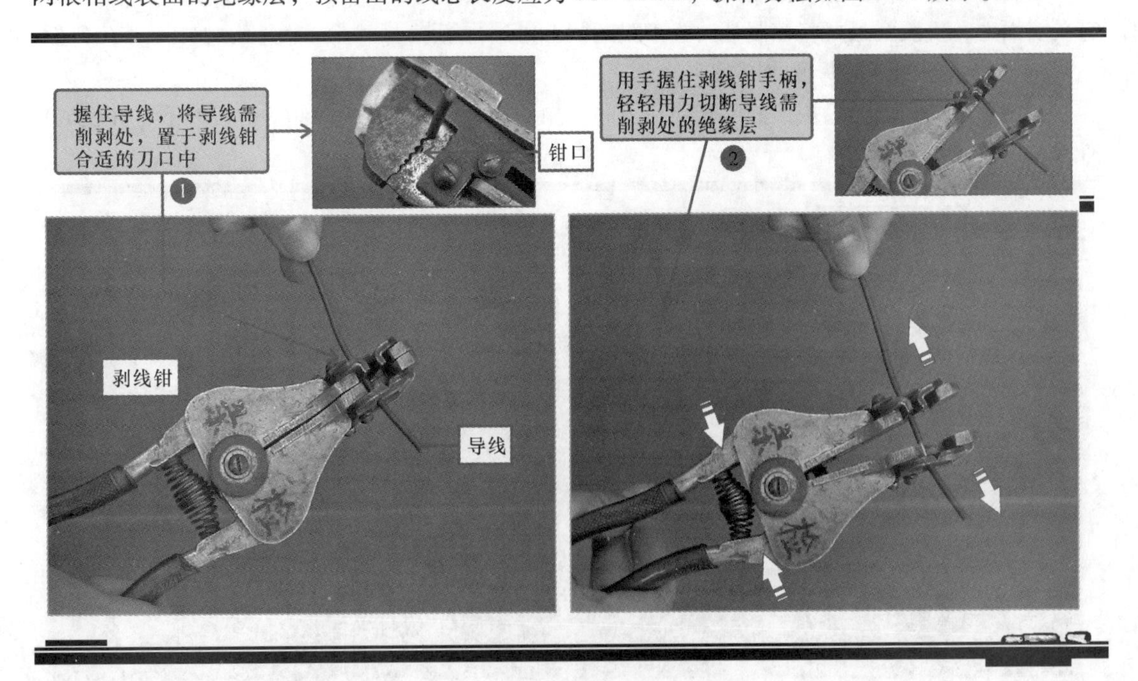

图6-17 导线端头的处理

（2）连接供电零线（蓝色）和接灯零线（蓝色）

供电零线和接灯零线的连接端头处理好后，对两根零线进行绕接操作，使两线芯之间紧密绕接，绕接完成后，使用绝缘胶带对暴露的线芯进行绝缘处理，具体操作如图6-18所示。

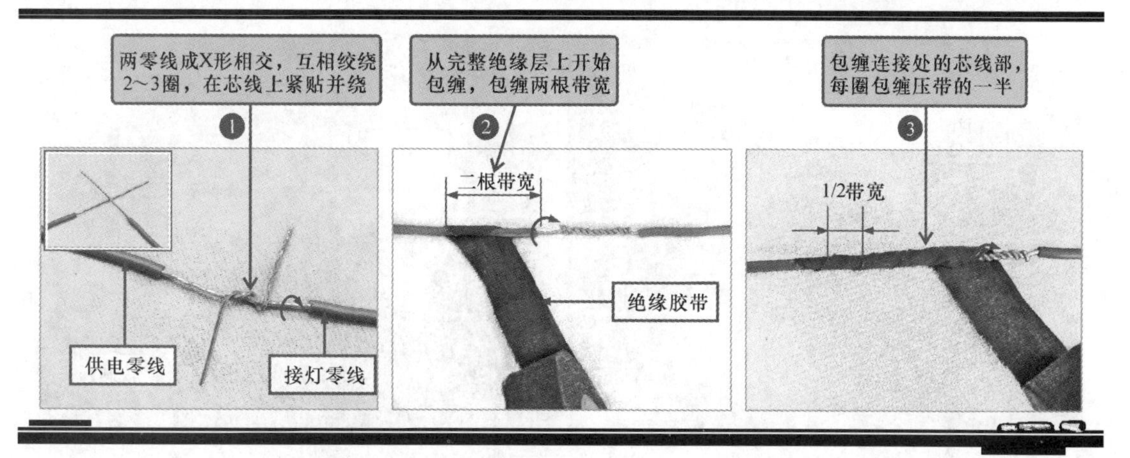

图6-18　连接供电零线（蓝色）和接灯零线（蓝色）

【注意】

在线路改造过程中，有些人直接将旧的接线端进行连接。这样做是不可以的。由于金属丝长期暴露在空气中容易氧化，直接连接可能导致导电性能不良。建议剪下裸露的金属丝后使用剥线钳重新剥线，再进行缠绕。

（3）连接供电相线（红色）

将配电盘预留的供电相线（红色）的线芯端穿入控制开关其中一根接线端子中，穿入后，选择合适的十字头螺丝刀拧紧控制室开关接线端子的紧固螺钉，如图6-19所示。

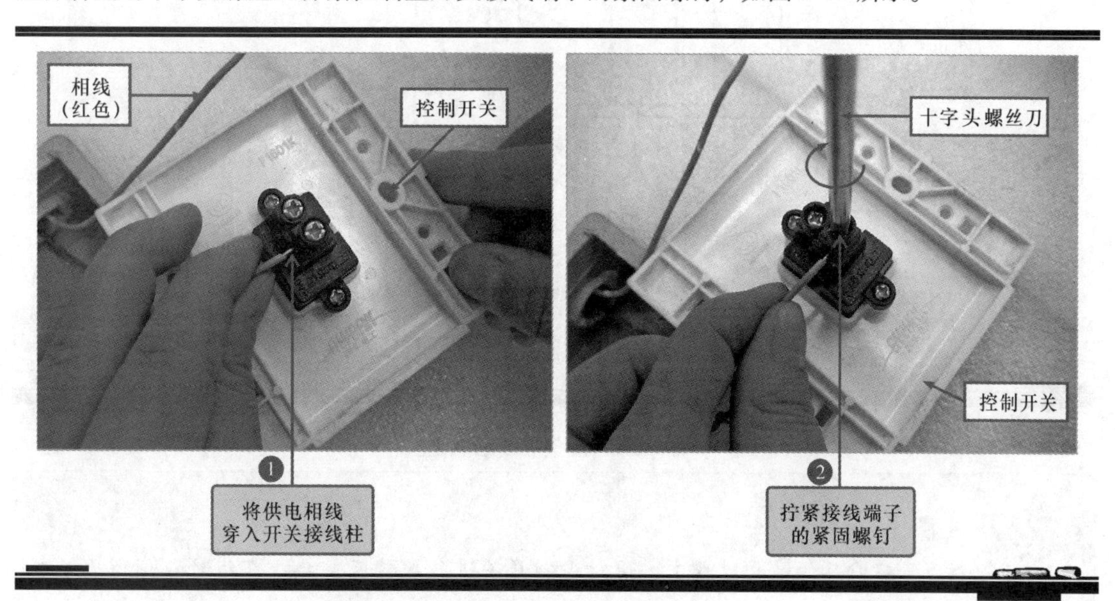

图6-19　连接配电盘预留的供电相线（红色）

（4）连接接灯相线（红色）

再将接灯相线（红色）线芯端头穿入控制开关的另一个接线端子中，然后使用十字头螺丝刀拧紧控制开关接线端子的紧固螺钉，如图6-20所示。

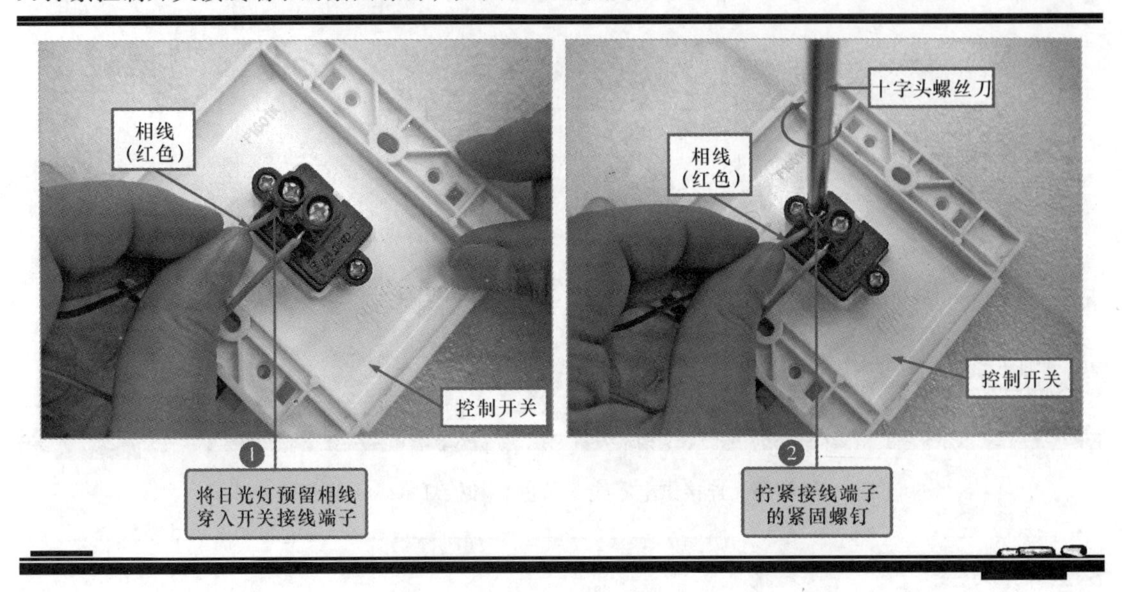

图6-20　连接接灯相线（红色）

（5）合理规整导线

在控制开关线路连接完成后，要将连接导线合理盘绕在控制开关的接线盒中，注意绕接绝缘部分的合理摆放，图6-21为规整导线示意图。

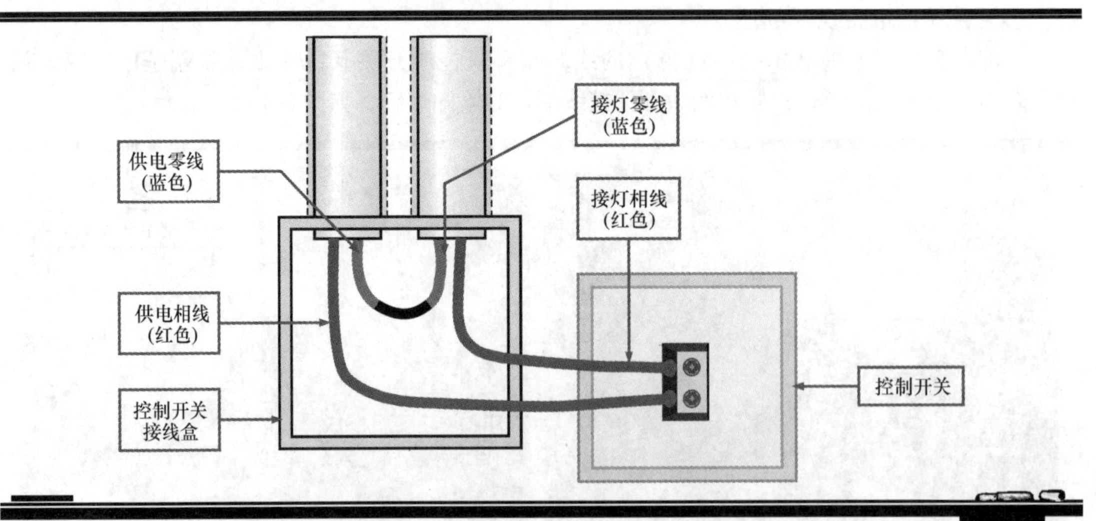

图6-21　规整导线示意图

【注意】

为了在以后的使用过程中方便对控制开关进行维修及更换，布线时应预留比较长的连接导线。

4. 控制开关护板的安装

（1）控制开关的固定

将控制开关底板固定点摆放位置与接线盒两侧的固定点相对应放置，并使用固定螺钉进行固定，如图6-22所示。

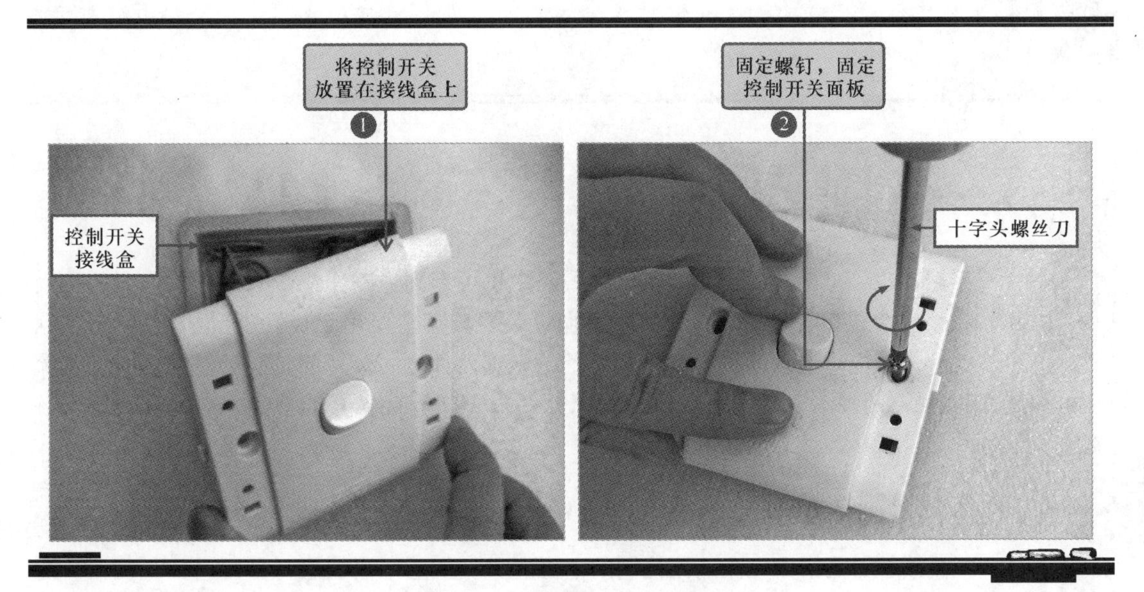

图6-22　对控制开关进行固定

（2）盖上控制开关护板

控制开关固定好后，最后盖上控制开关的护板，完成安装操作，如图6-23所示。至此，典型控制开关的安装基本完成。

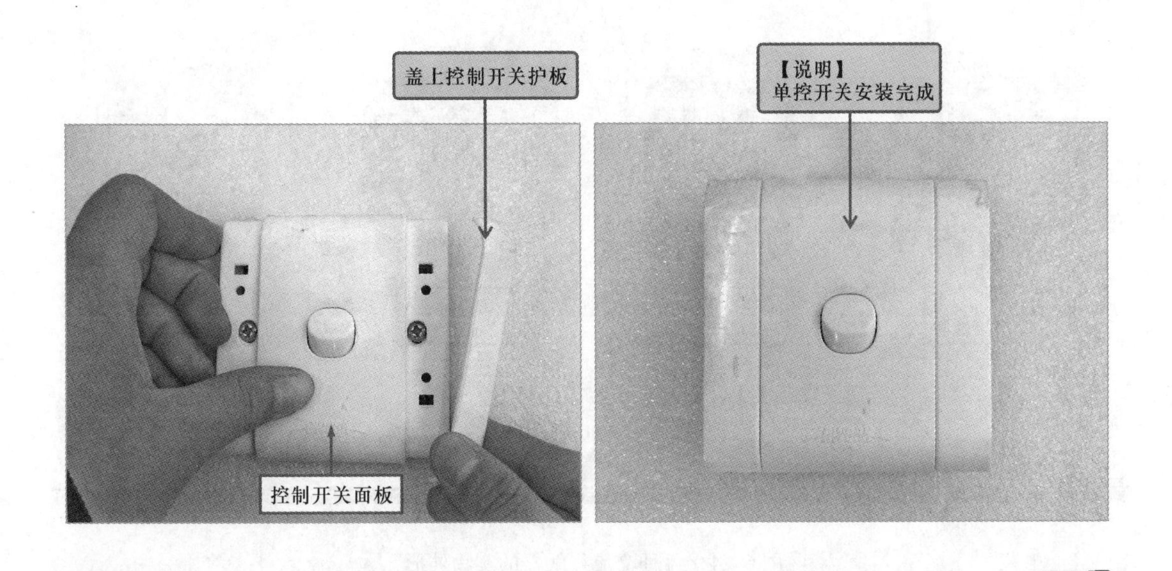

图6-23　盖上控制开关护板

【资料】

安装完成后需要检验控制开关的安装是否正确。经检验后，如果日光灯可以受该开关的控制而点亮或熄灭则表明开关安装正确，如果日光灯无法受该开关正常控制则表明开关安装错误，或者检查是否将电源打开。检验完成后，便可以进行开关的使用了。

6.2 学会规范安装交流接触器

接触器也称电磁开关，在电气安装线路中也可起到通断作用，它是通过电磁机构动作，频繁地接通和断开主电路的远距离操纵装置。其主要用于控制电动机、电热设备、电焊机等，是电力拖动系统中使用最广泛的电气元件之一。目前，接触器又可分为直流接触器和交流接触器两种。本节就来具体为大家介绍一下交流接触器的种类、功能和规范安装方法。

6.2.1 什么是交流接触器

交流接触器是指由交流电流控制的电磁开关，供远距离接通与分断电路，同时，还适用于交流电动机频繁起动和停止。图 6-24 所示为各种交流接触器的实物外形。

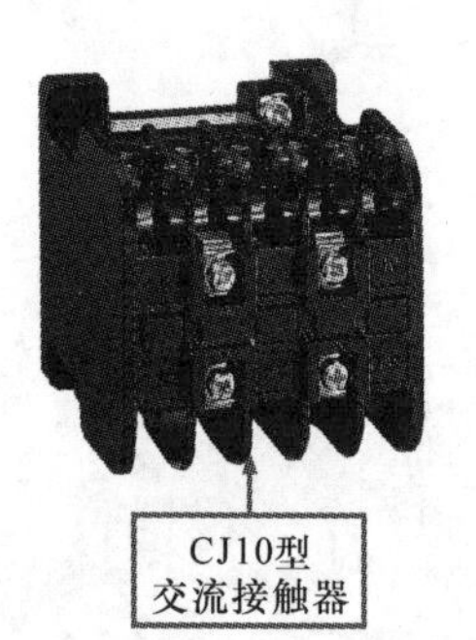

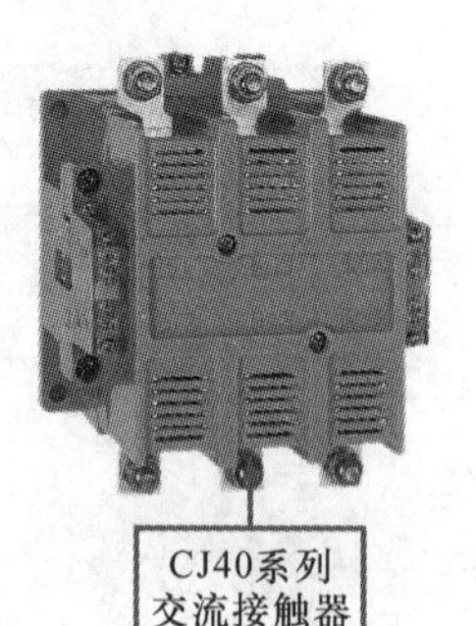

图 6-24　各种交流接触器的实物外形

【资料】

交流接触器作为一种电磁开关，其内部主要是由控制线路接通与分断的主、辅触头及电磁线圈、静动铁心等部分构成的。一般，拆开接触器的塑料外壳即可看到其内部的基本结构组成，图6-25所示为典型交流接触器的结构组成。其中，静/动铁心、电磁线圈、主辅触头为接触器内部的核心部分。

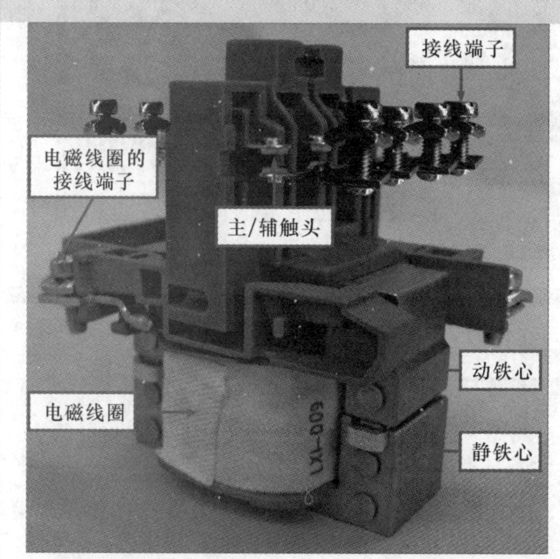

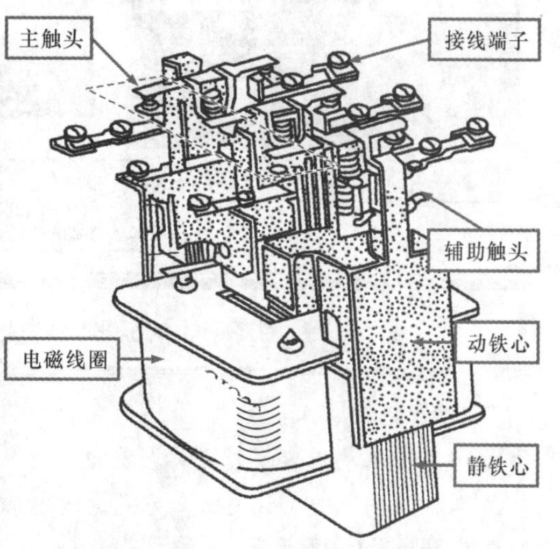

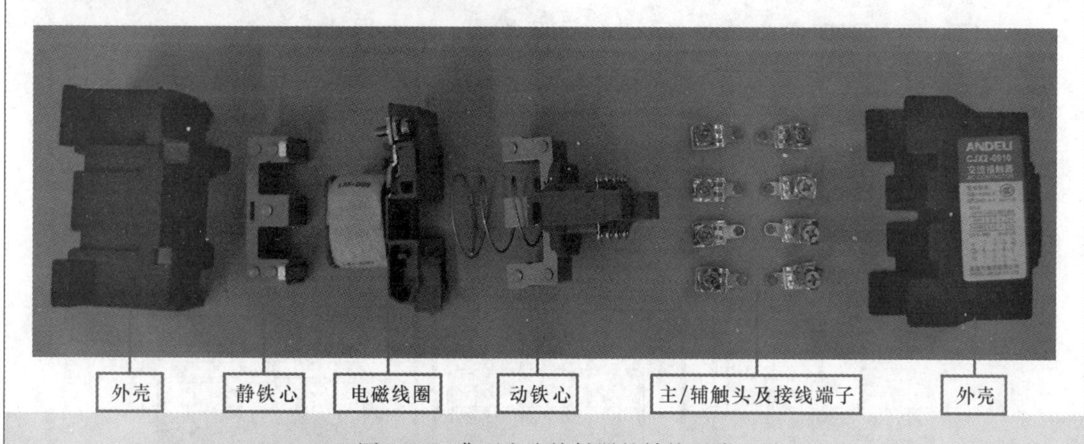

图6-25 典型交流接触器的结构组成

6.2.2 规范安装交流接触器的练习

在交流接触器安装前，需要注意它的连接方式，图6-26所示为交流接触器的连接方式。该接触器的A1和A2引脚为内部线圈引脚，L1和T1、L2和T2、L3和T3、NO连接端分别为内部开关引脚，当内部线圈通电时，会使内部开关触头吸合；当内部线圈断电时，内部触头断开。

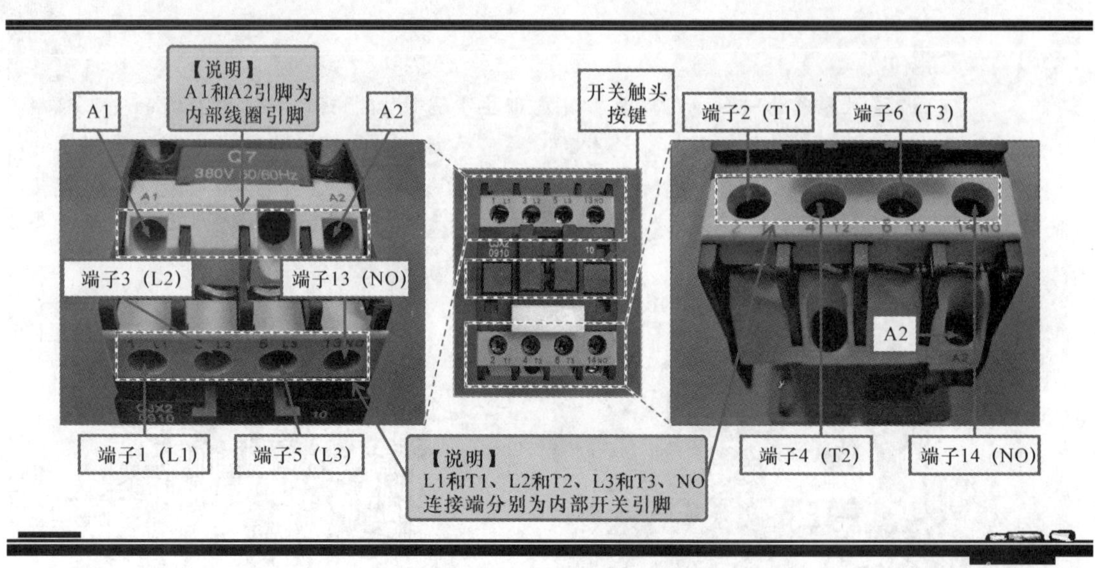

图 6-26　交流接触器的连接方式

【资料】

交流接触器一般安装在电机、电热设备、电焊机等控制设备中，是电工行业使用最广泛的电气部件之一。它是通过电磁机构的动作频繁接通和断开主电路供电的装置，其典型应用如图 6-27 所示。

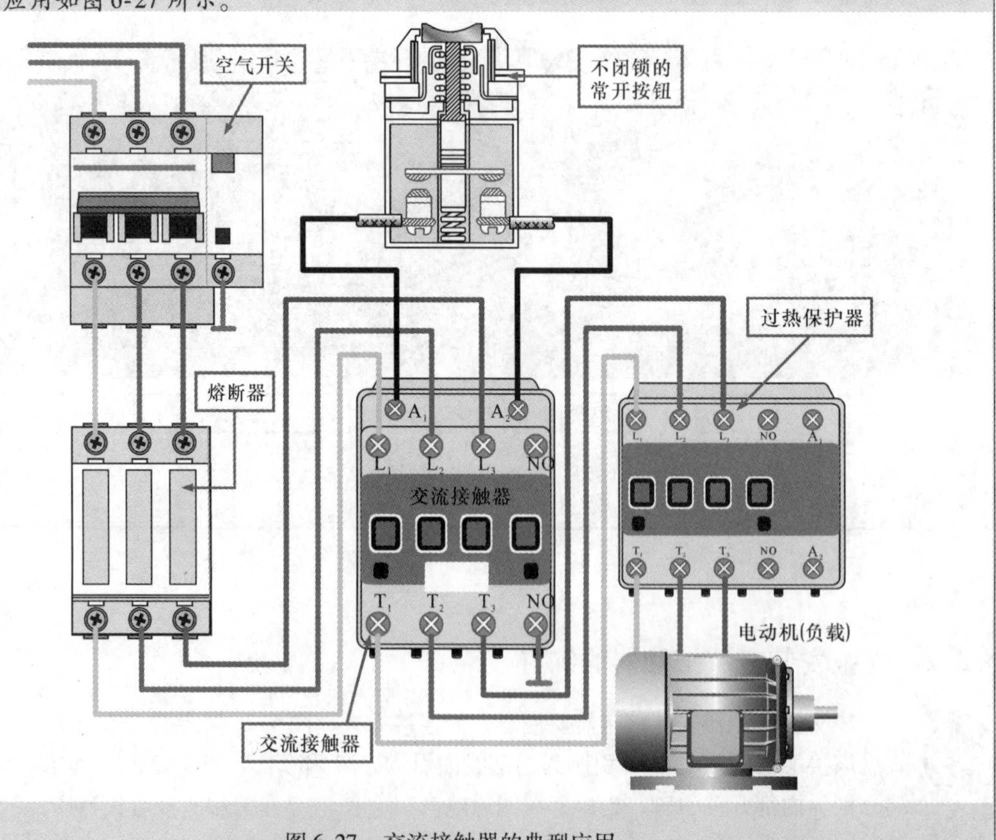

图 6-27　交流接触器的典型应用

在对交流接触器安装时，首先了解交流接触器在控制线路中的连接关系，如图6-28所示。

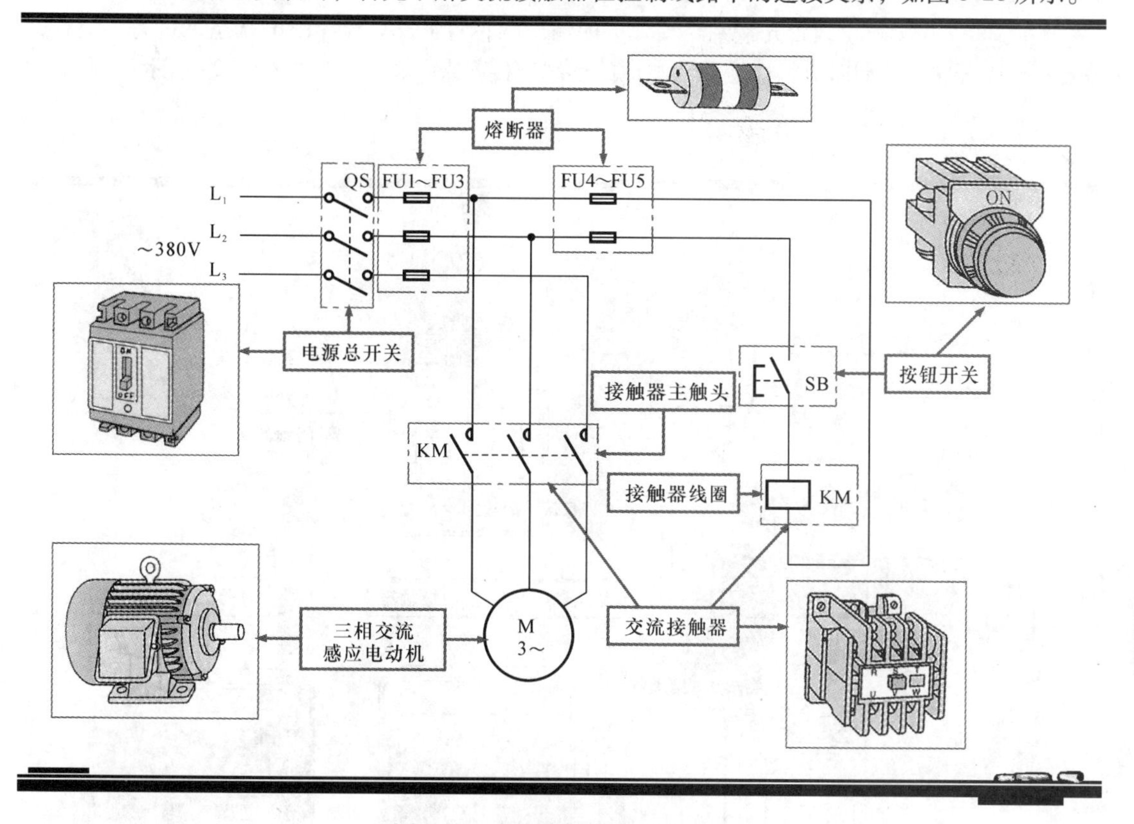

图6-28　交流接触器的连接关系

【资料】

交流接触器安装前，一般应进行以下检查：

- 安装前应仔细检查交流接触器铭牌和线圈的参数（如额定电压、额定电流、工作频率和通电持续率等）是否符合实际使用要求。
- 如果使用旧的交流接触器时，需要擦净铁心极面上的防锈油，以免油垢黏滞而造成接触器线圈断电后铁心不释放。
- 检查交流接触器有无机械损伤，可用手推动交流接触器的活动部分，检查动作是否灵活，有无卡涩现象。
- 检查接触器在85%额定电压时能否正常动作，是否卡住，在失电压和电压过低时能否释放。
- 可用500V兆欧表检测交流接触器的绝缘电阻，测得的绝缘电阻值一般不应低于0.5MΩ。
- 使用万用表检查线圈是否有断线，并撤动接触器，检查辅助触头接触是否良好。

下面以典型交流电机控制电路为例，介绍交流接触器及相关器件的安装方法。首先选择好要安装的器件，接下来规划安装交流接触器的位置，规划好交流接触器的安装位置和线路的走向后，就可以进行交流接触器的连接操作了。

1. 空气开关（即断路器）入端的连接

交流380V电源供电线首先接到空气开关的输出端，为了安全要在断电状态下进行，空气开关要置于断开状态，同时应将接地端与本地的地线连接起来，具体操作如图6-29所示。

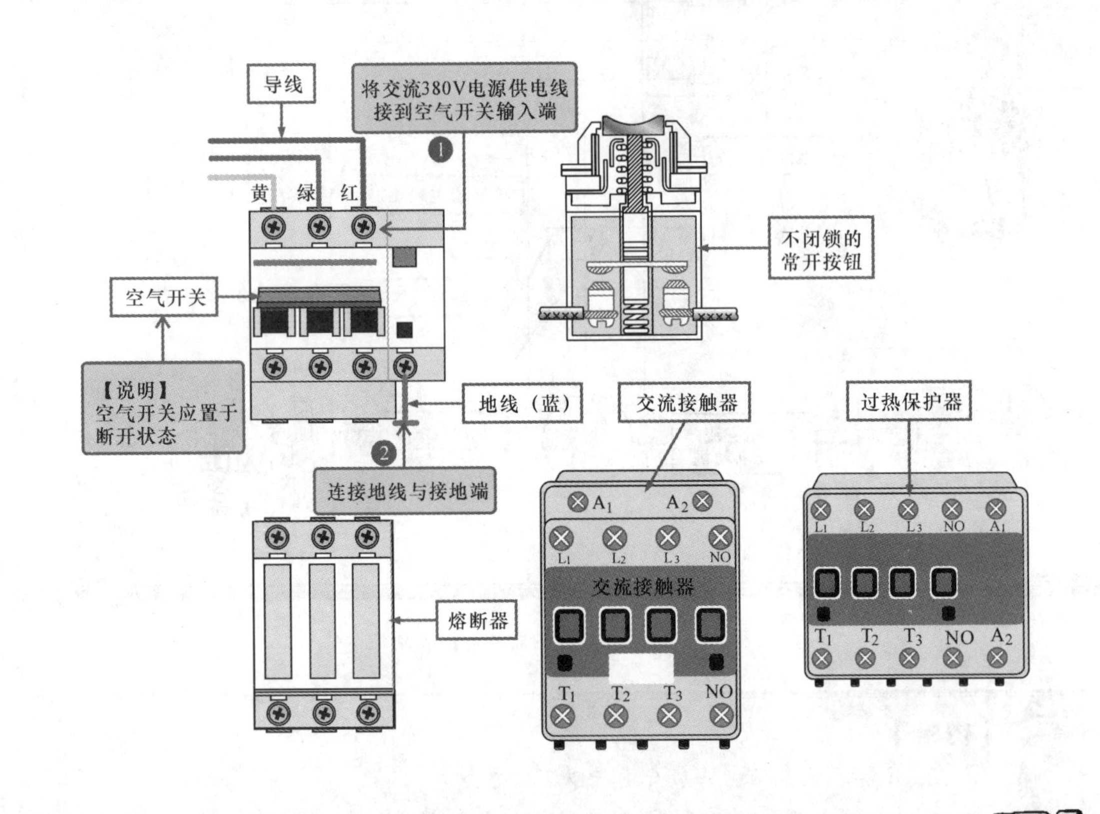

图6-29　空气开关输入端的连接

2. 空气开关、熔断器和交流接触器的连接

完成空气开关输入端的连接后，接下来将空气开关输出端输出的导线与熔断器进行连接，再将熔断器输出端的导线与交流接触器开关引脚输入端进行连接，具体操作如图6-30所示。

3. 交流接触器与相关部件的连接

完成熔断器和交流接触器的连接后，接下来将交流接触器输入线圈引脚的导线与常开按钮引脚端进行连接，完成交流接触器线圈引脚与常开按钮的连接后，接下来将交流接触器输出开关引脚的导线与过热保护器进行连接，同时将地线进行接地，具体操作如图6-31所示。

交流接触器开关引脚和过热保护器的连接完成后，将过热保护器的输出端与电动机的供电线连接起来。安装好的交流接触器，如图6-32所示。

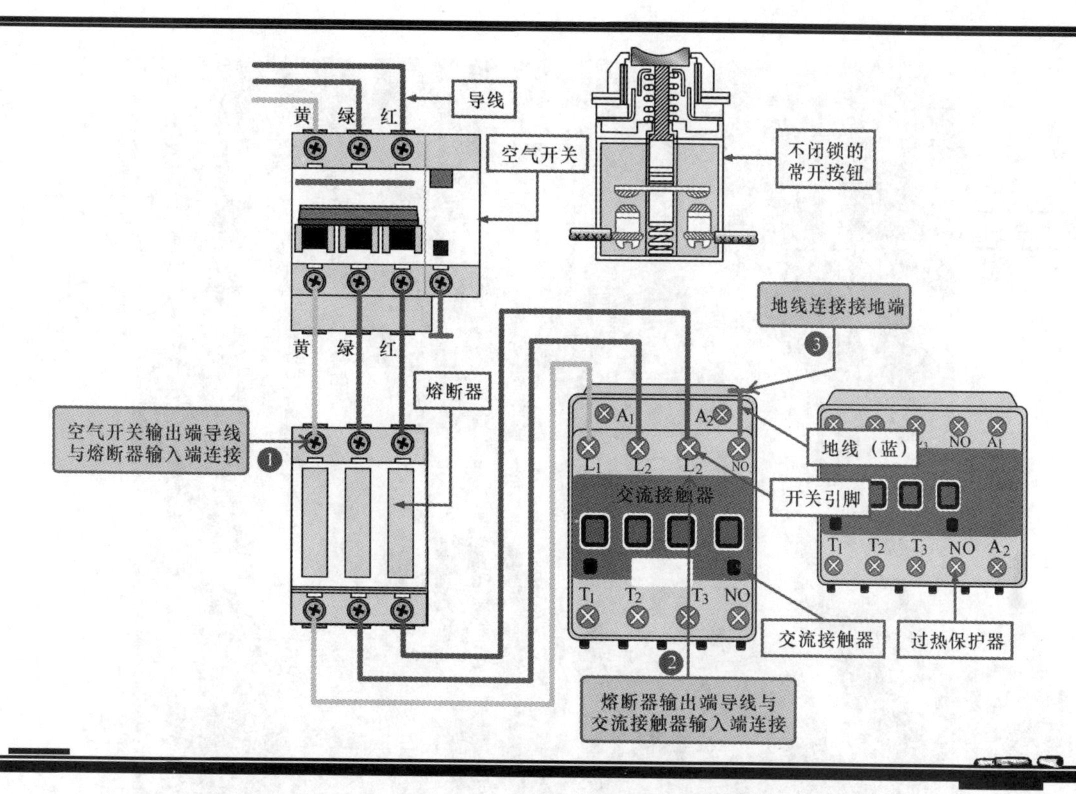

图6-30　空气开关、熔断器和交流接触器的连接

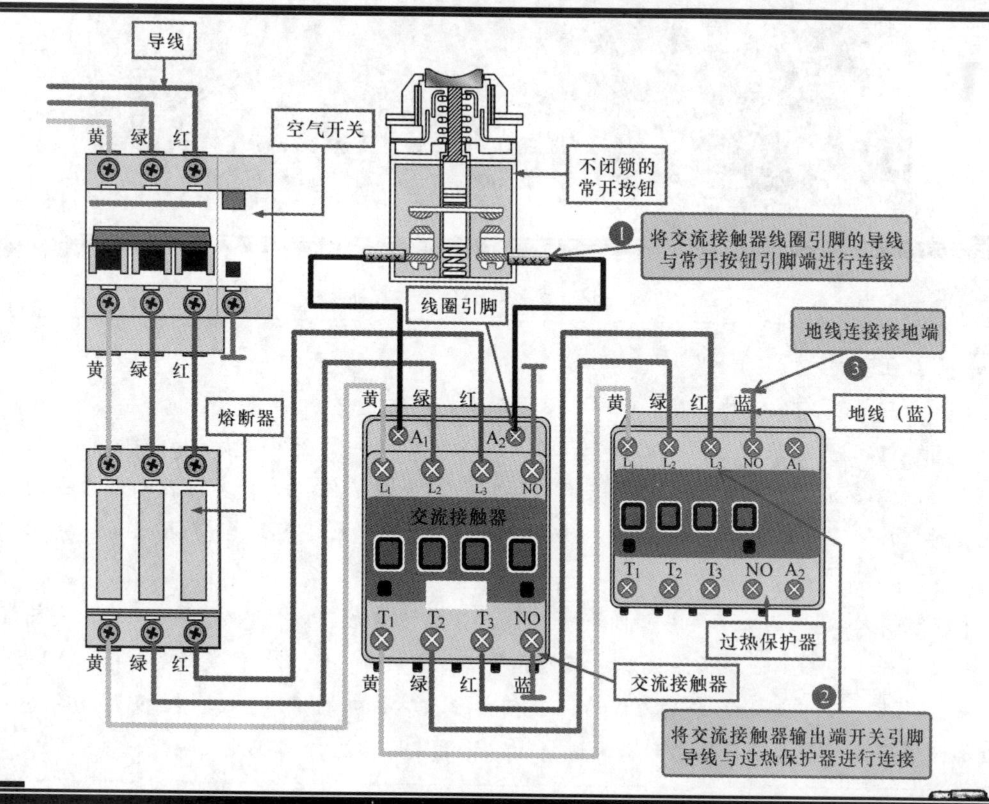

图6-31　交流接触器与相关部件的连接

图 6-32　安装好的交流接触器

【注意】

在安装交流接触器时，应注意以下几点：

● 在确定交流接触器的安装位置时，应考虑以后检查和维修的方便性。

● 在安装交流接触器时，应垂直安装，其底面与地面应保持平行。安装 CJO 系列的交流接触器时，应使有孔的两面处于上下方向，以利于散热；应留有适当空间，以免烧坏相邻电器。

● 安装孔的螺栓应装有弹簧垫圈和平垫圈，并拧紧螺栓，以免因震动而松脱；安装接线时，勿使螺栓、线圈、接线头等失落，以免落入接触器内部而造成卡住或短路。

● 安装完毕，检查接线正确无误后，应在主触点不带电的情况下，先使吸引线圈通电分合数次，检查其动作是否可靠。只有确认接触器处于良好状态，才可投入运行。

第 7 章 学会规范安装保护器件

现在我们开始学习第 7 章：学会规范安装保护器件。保护器件在电气线路中主要用于对线路进行保护，认识这些保护器件并学会规范安装这些保护器件是维修人员最基本的操作技能之一，这一章我们就针对一些保护器件进行学习了解，并学会具体的安装方法，下面我们就开始学习吧。

7.1　学会规范安装熔断器

熔断器是电路中最为常见的一种保护器件，主要是用于保护线路、设备的安全运行，是电路中不可缺少的一种保护器件。熔断器的安装是电气操作人员必会的一种技能，下面我们就学习一下不同类型的熔断器以及具体的安装方法。

7.1.1　什么是熔断器

熔断器是在电气系统中用于线路和设备的短路及过载保护的器件。当系统正常工作时，熔断器相当于一根导线，起通路作用；当通过熔断器的电流大于规定值时，熔断器会使自身的导体熔断而自动断开电路，从而对线路上的其他电气设备起保护作用。图 7-1 所示为典型熔断器的实物外形。

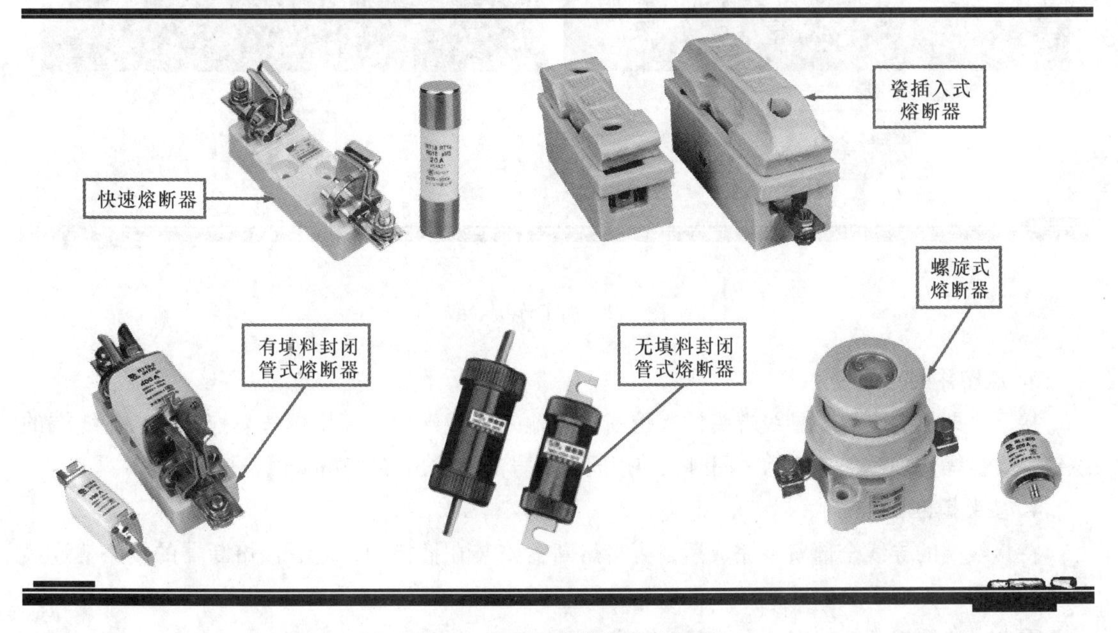

图 7-1　典型熔断器的实物外形

7.1.2 规范安装熔断器的练习

对于熔断器的安装，这里以典型的快速熔断器为例，这种熔断器通常安装在相线上，位于总断路器的后面。

1. 准备熔断器及相关器件

- 熔断器座。
- 导线。
- 熔断器管。

2. 加工连接导线

熔断器两端的接线端用来与导线连接，因此应将预连接的两根导线用剥线钳将绝缘层部分剥除，若连接端子太长，使用偏口钳将多余的芯线剪断，如图7-2所示。

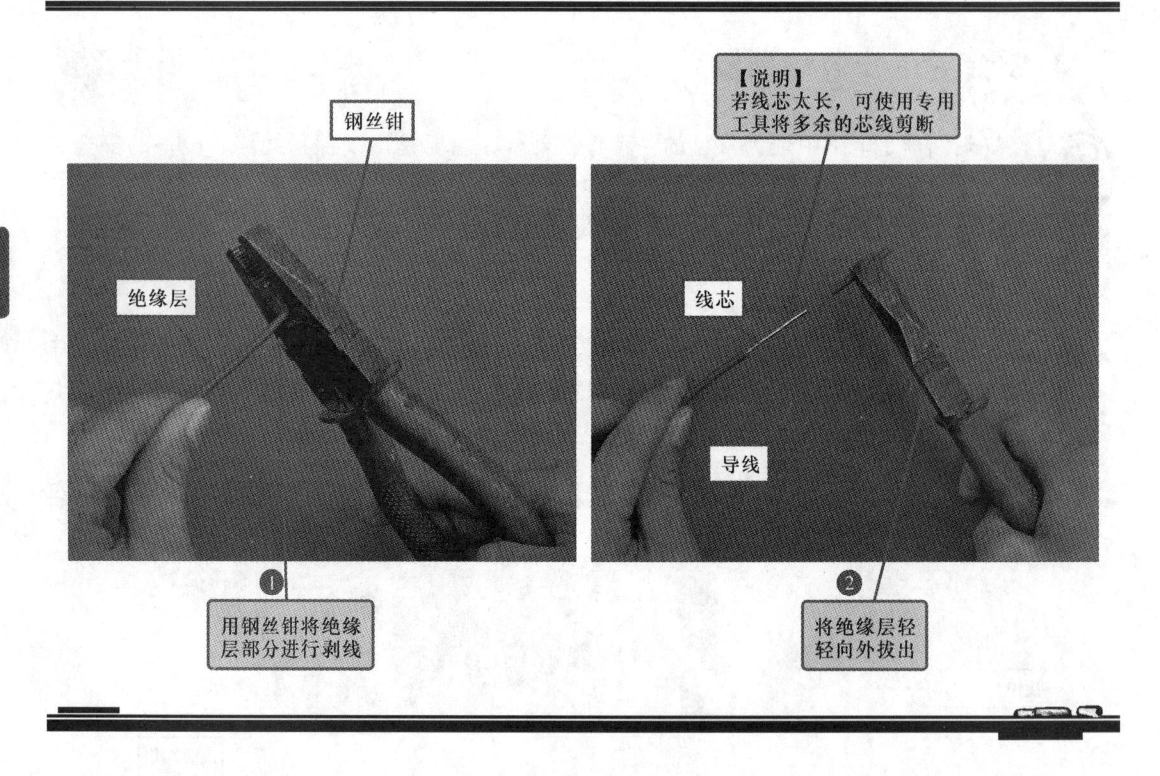

图7-2　加工连接导线

3. 连接并固定导线

接下来即可将剥好的导线端头插入熔断器的输入接线端内，并用螺丝刀拧紧输入接线端的螺钉，具体操作如图7-3所示，同时，使用同样的方法将输出接线端的导线进行连接。

4. 安装熔断器

待接线端的导线全部安装完成后，再将熔断器安装在插槽内，之后该熔断器的线路就连接好了，如图7-4所示。

至此，典型熔断器的安装方法基本完成。

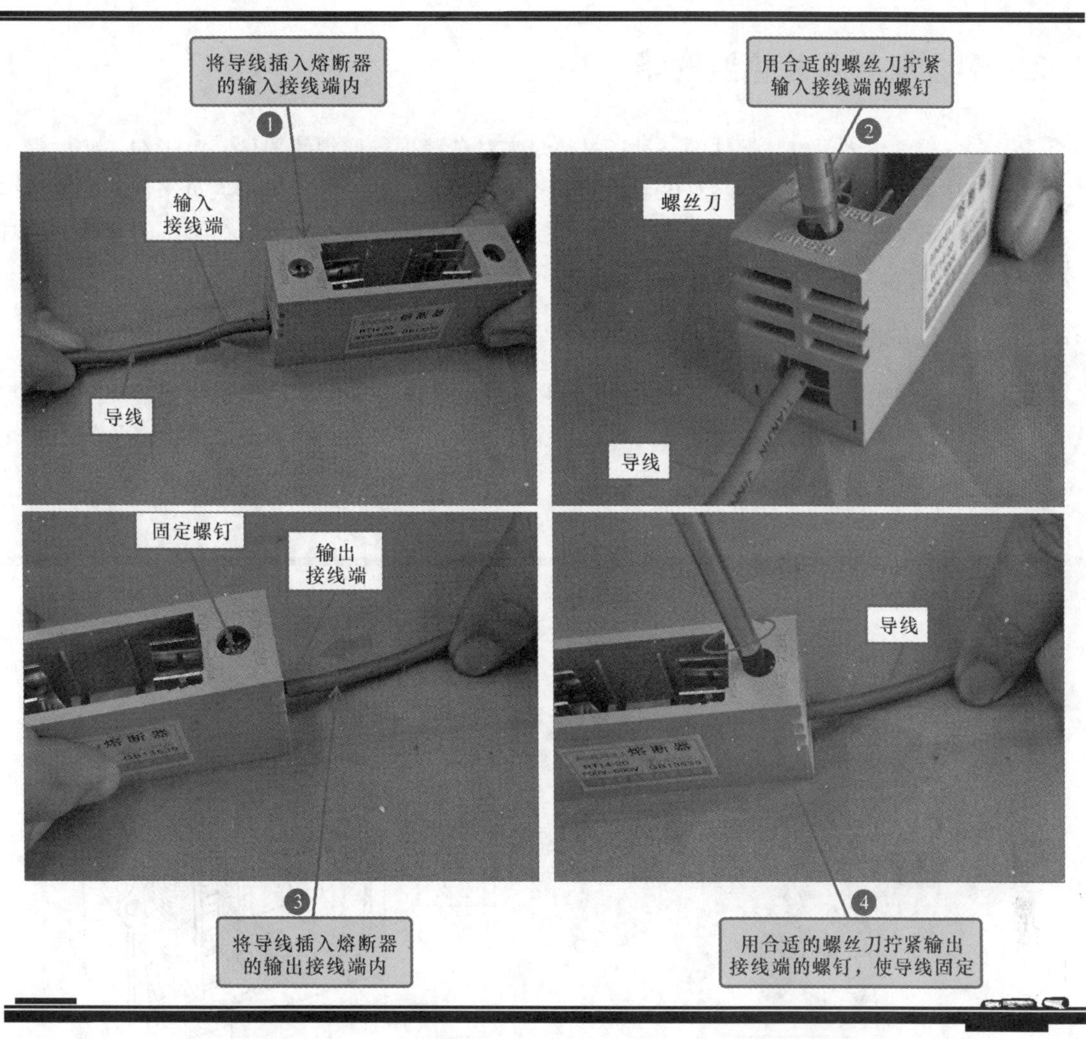

图7-3　连接并固定导线

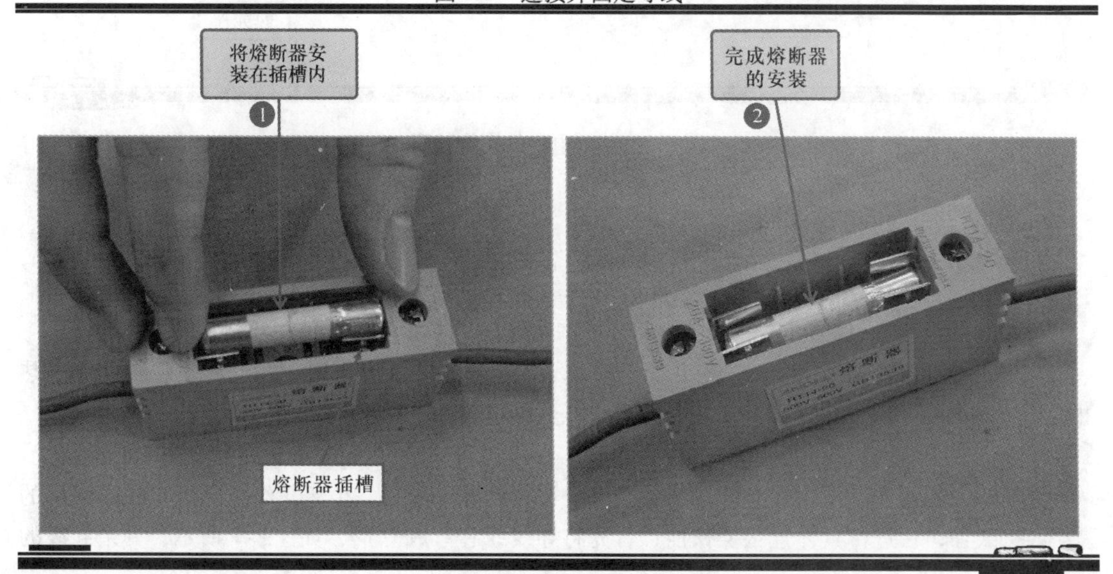

图7-4　完成熔断器的安装

7.2 学会规范安装热继电器

热继电器是电气部件中一种通过热量来对负载进行保护的器件，由于在一些电气线路中较为常见，所以学会对该器件的安装也很重要，对于电气操作人员来说，安装热继电器之前应先对热继电器进行了解，即学习什么是热继电器，然后在了解的基础上再对热继电器进行规范的安装。

7.2.1 什么是热继电器

热继电器是一种电气保护元件。利用电流的热效应来推动动作机构使触头闭合或断开的保护器件，主要用于电动机的过载保护、断相保护、电流不平衡保护以及其他电气设备发热状态时的控制，其实物外形如图 7-5 所示。由图可知，热继电器主要是由复位按钮、常闭触点、动作机构以及热元件等构成的。

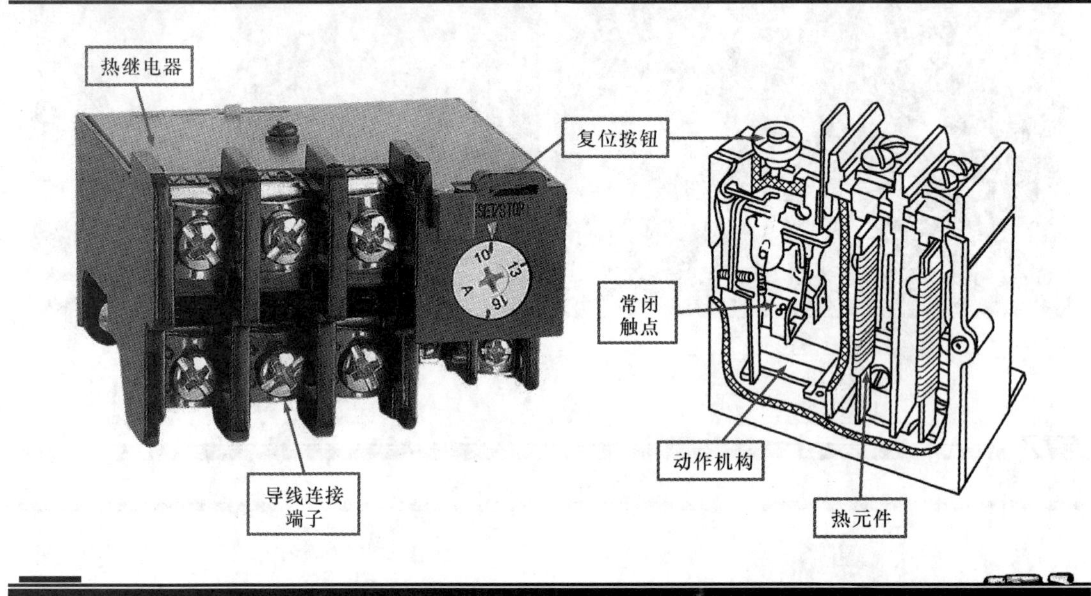

图 7-5 热继电器的实物外形

7.2.2 规范安装热继电器

安装热继电器时，需要选择适当的热继电器进行安装，下面以典型热继电器为例，介绍其安装操作。

热继电器是一种保护器件，在电气线路中主要起保护作用，在三相交流电路中，热继电器是一个不可缺少的器件。安装时需要注意热继电器的连接方式，如图 7-6 所示。

1. 导线的加工

选择适当规格的导线，用剥线钳将导线端头进行剥除，另外，由于热继电器的接线端采用的是瓦形接线柱，在进行具体连接操作前，首先将导线线芯弯成 U 形，如图 7-7 所示，其余导线的处理方法一样。

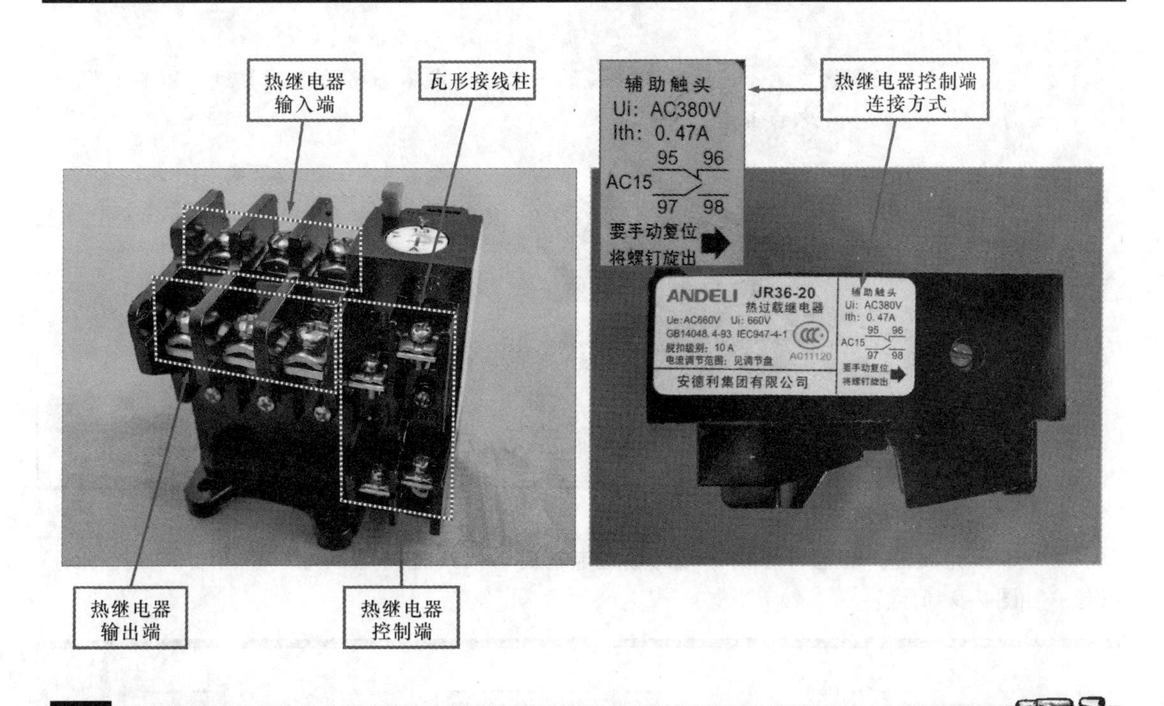

图7-6 热继电器实物外形和连接方式

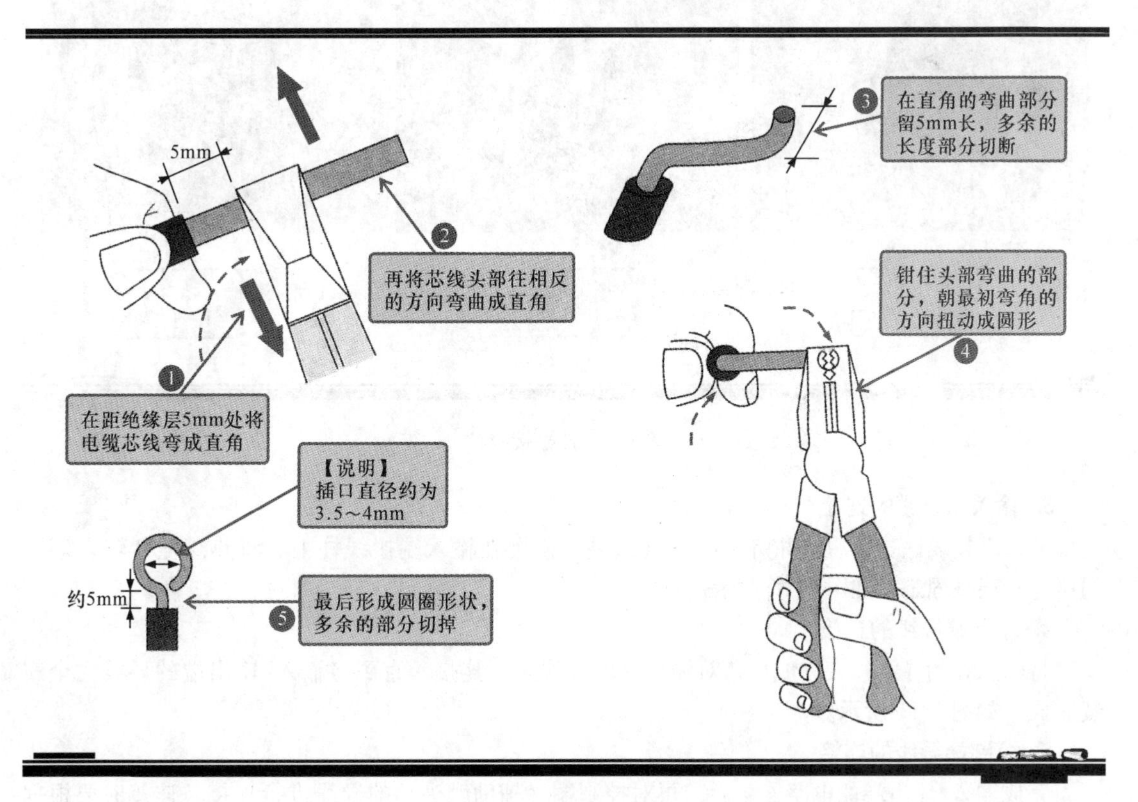

图7-7 导线的加工

【资料】

在进行导线加工时，若操作不当，则很容易造成不合格的连接导线，图 7-8 所示为典型不合格接线环的示例。

图 7-8　典型不合格接线环的示例

2. 拧松接线柱

导线加工完成后，用适当的螺丝刀将热继电器的各接线柱（输入端、输出端以及控制端）拧松，如图 7-9 所示。

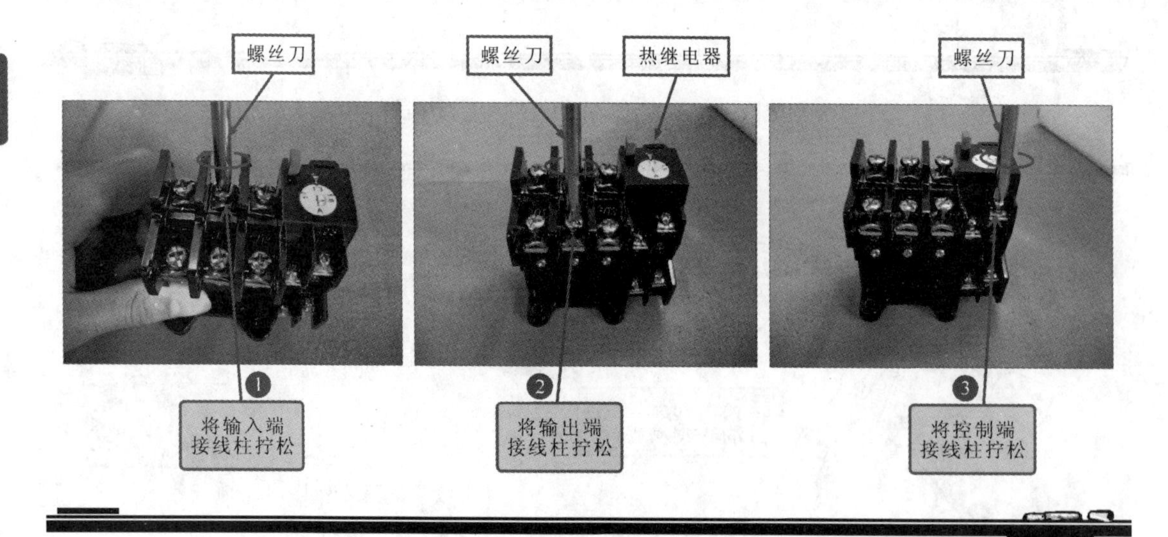

图 7-9　拧松接线柱

3. 输入端导线的连接

输入端接线柱拧松后，并将导线的连接端子固定在输入端接线柱上，将热继电器输入端子的所有接线柱固定，如图 7-10 所示。

4. 输出端导线的连接

将输入端的导线连接完成后，对输出端的导线进行连接，直到将输入/输出端的导线完全安装完成，如图 7-11 所示。

5. 控制端导线的连接

完成输入/输出端的电路连接后，再对控制端（辅助触头）的导线进行连接，连接时要根据继电器上的符号标识，弄清楚各控制端的连接关系，如图 7-12 所示。

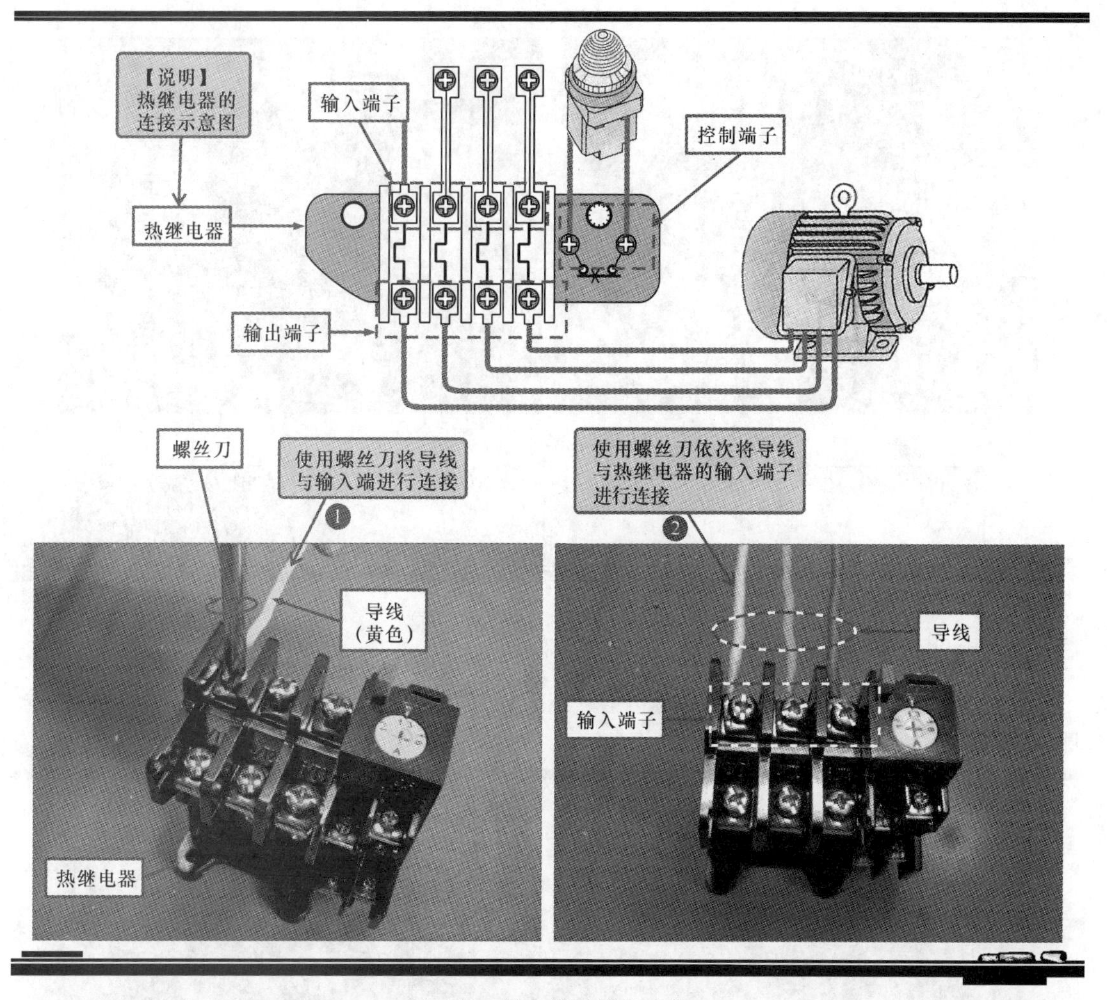

图7-10　输入端导线的连接

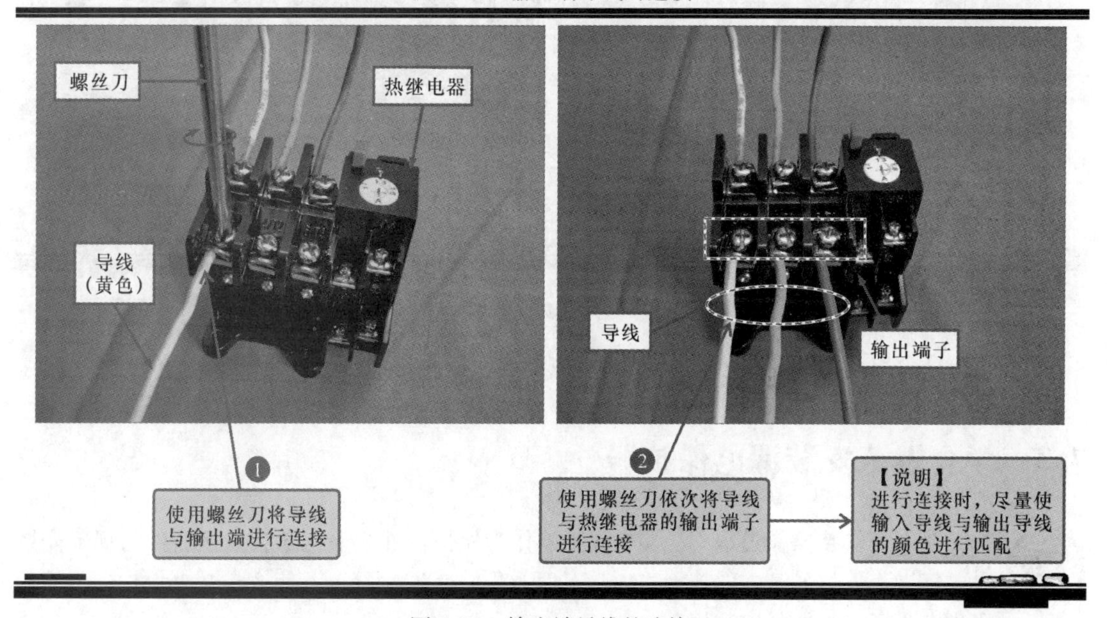

图7-11　输出端导线的连接

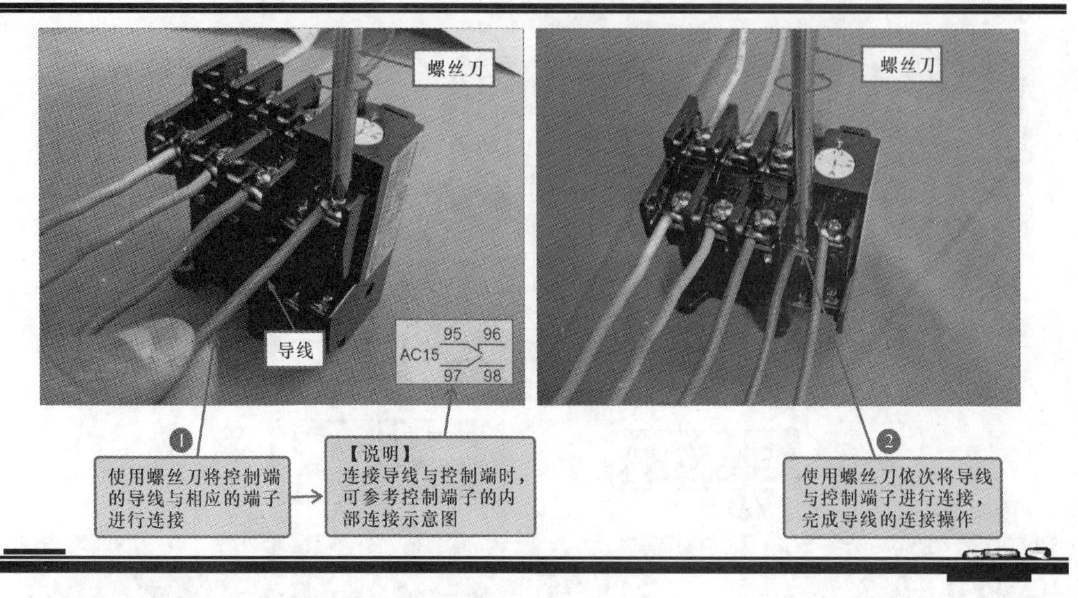

图 7-12　控制端导线的连接

6. 热继电器的固定

控制端的导线连接完成后，该热继电器的连接就完成了，下面就可以对热继电器进行固定，具体操作如图 7-13 所示。

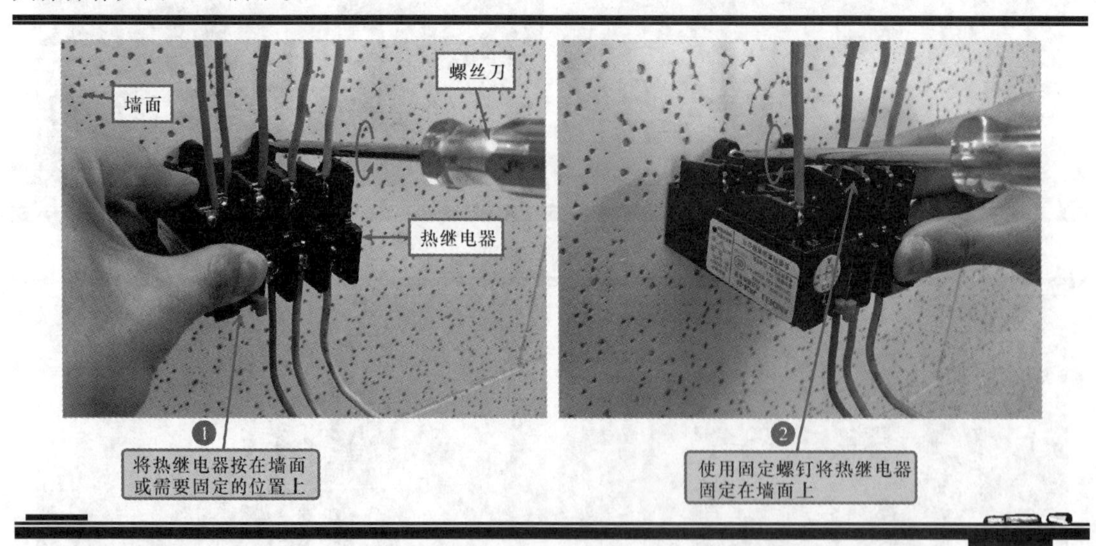

图 7-13　热继电器的固定

此时，热继电器的安装便完成了。

7.3　学会规范安装漏电保护器

在电气安装操作过程中，漏电保护器作为保护器件之一，学会对该器件的规范安装是电气操作人员最基本的技能之一，下面，我们就先学习一下什么是漏电保护器，然后再进一步学习具体的安装规范。

7.3.1 什么是漏电保护器

漏电保护器又叫漏电保护开关，实际上是一种具有漏电保护功能的开关，一般安装在低压供电电路的保护电路中，具有漏电、触电、过载、短路的保护功能，在防止触电伤亡事故的发生，避免因漏电而引起的火灾事故等方面，具有明显的效果，图7-14所示为漏电保护器的实物外形。

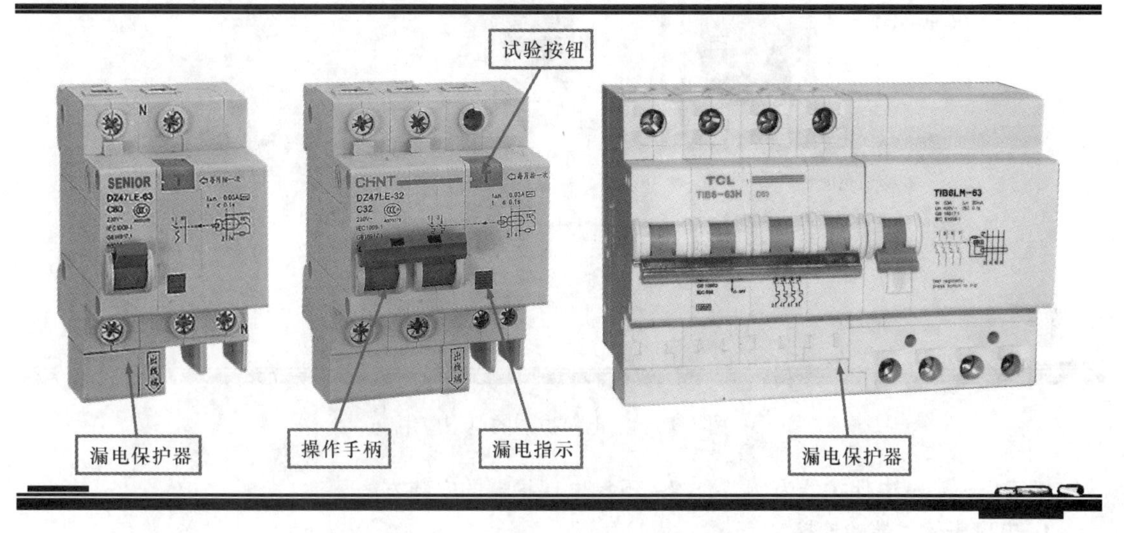

图7-14 漏电保护器的实物外形

7.3.2 规范安装漏电保护器

漏电保护器实际上是一种具有漏电保护功能的开关，在对该器件进行安装前，应先对其内部的触头与外部输出进行对应，为线路的连接带来便利，如图7-15所示。

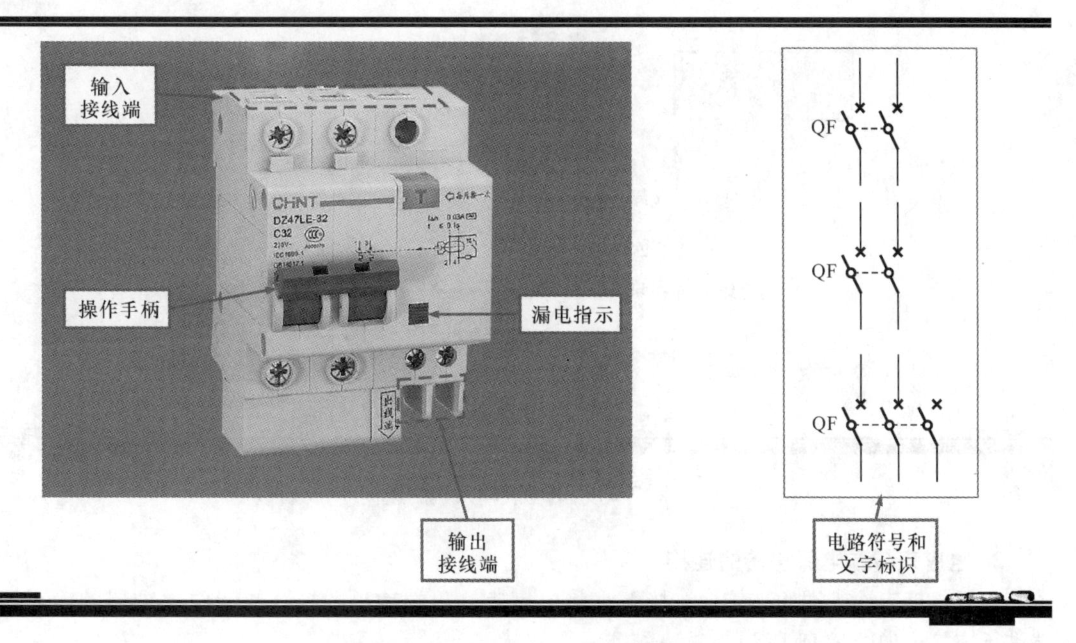

图7-15 漏电保护器的实物与电路符号

图7-16所示为漏电保护器的典型应用，由图可知，漏电保护器安装在低压供电电路的开关电路中，通常输入端与外线进行连接，输出端与负载进行连接。

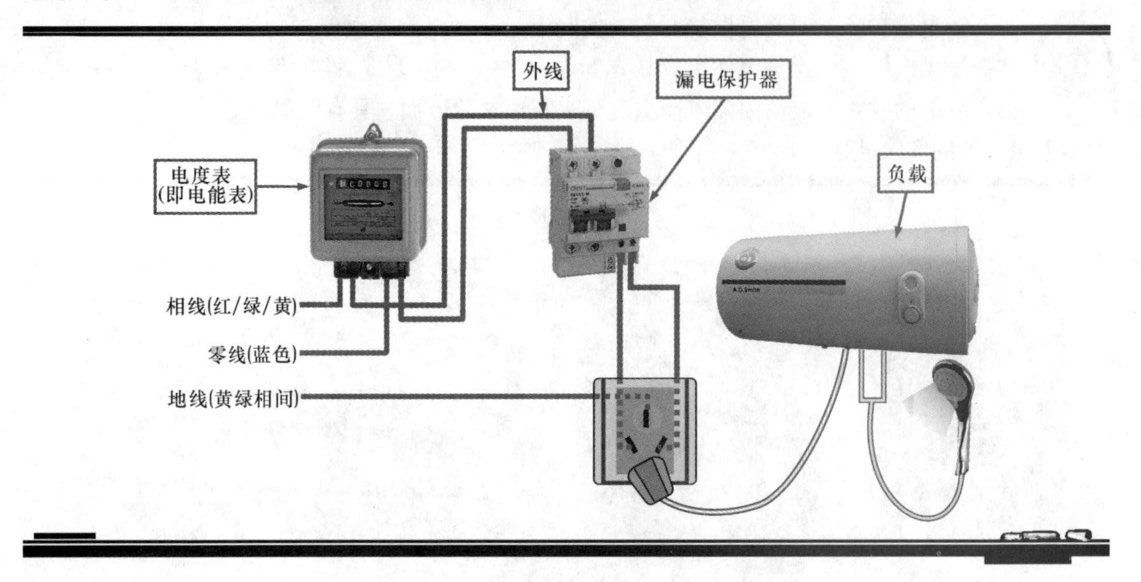

图7-16 漏电保护器的典型应用

下面以典型漏电保护器为例，介绍一下漏电保护器的安装方法。

1. 电度表输入端的连接

交流220V电压首先经电度表，其中相线（红/绿/黄）和零线（蓝）接入电度表的输入端，为了安全，应将建筑物的地线与室内的地线接好，具体操作如图7-17所示。

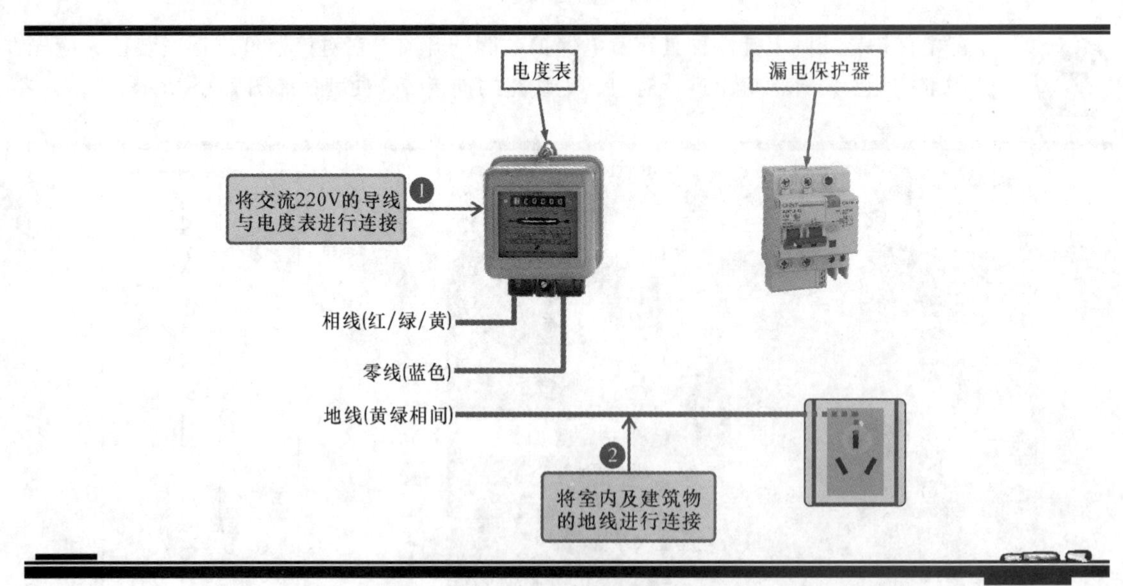

图7-17 电度表输入端的连接

2. 电度表与漏电保护器的连接

完成电度表输入端的连接后，接下来将电度表输出端输出的导线与漏电保护器的输入接线端进行连接，如图7-18所示。

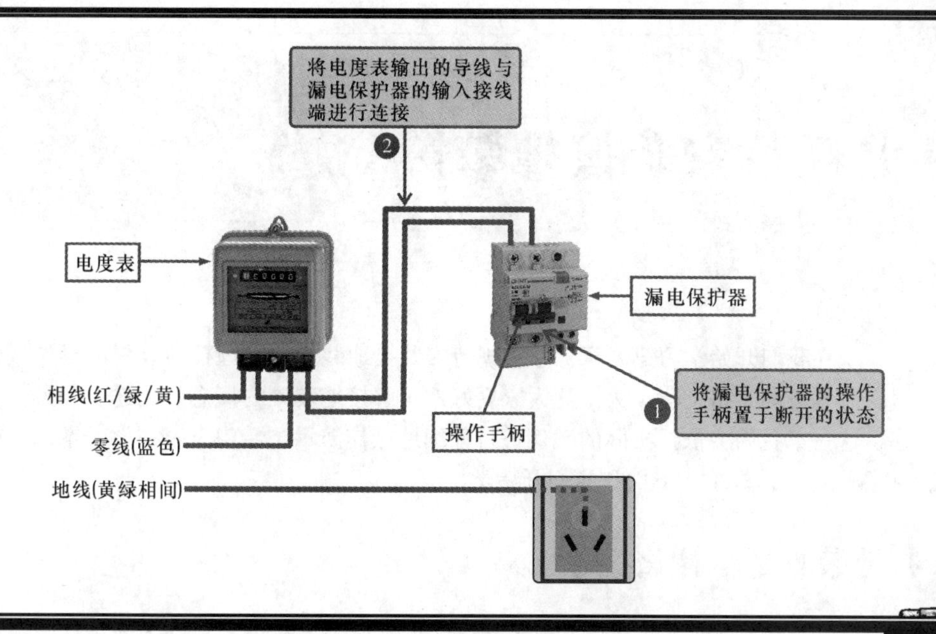

图7-18　电度表与漏电保护器进行连接

3. 漏电保护器输出端的连接

漏电保护器的输入端连接完成（这里要注意左零右火的原则），再将漏电保护器输出端的导线与插座等器件进行连接，如图7-19所示。

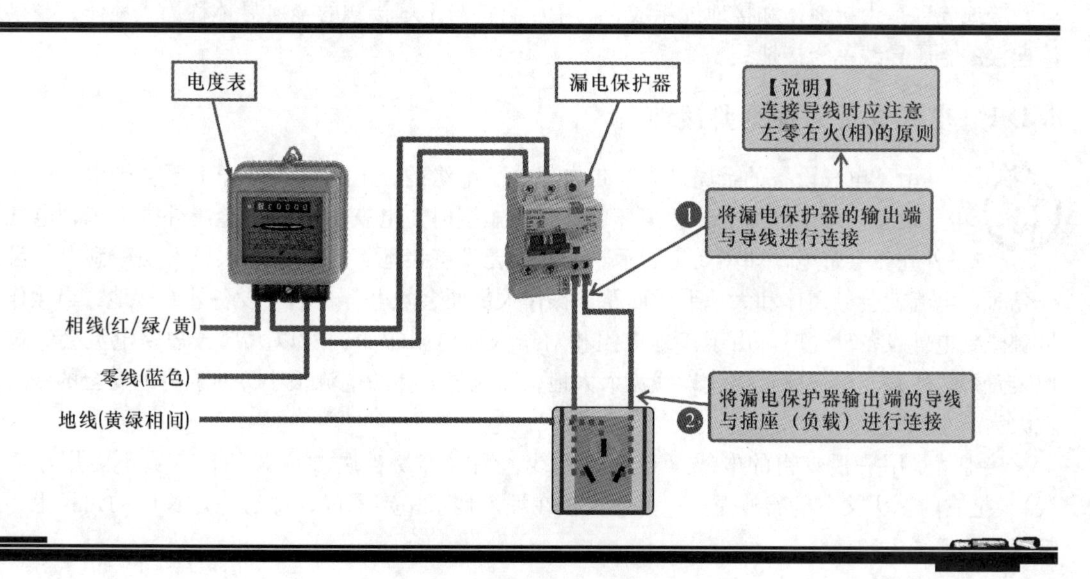

图7-19　连接漏电保护器的输出端

【注意】

在进行漏电保护器的安装过程中，为确保人身安全，必须在切断供电电源的条件下进行，并将漏电保护器的操作手柄处于断开状态。

第8章

学会规范安装接地装置

现在我们开始学习第8章：学会规范安装接地装置。掌握接地装置的操作规范是电气安装人员的必备技能。为了让大家更好地了解接地装置的概念、用途、和具体安装方法，这一章我们会依托实际的案例进行仔细地操作演示，希望大家在学习本章后能够在实际工作中熟练应用，好了，下面让我们开始学习吧。

8.1 接地装置是个什么概念

我们在学会规范安装接地装置之前，首先要知道电气设备为什么要接地，电气设备有哪些接地形式。只有了解了接地装置的概念后，才能为后面的安装练习打好基础。

电气设备的接地是保证电气设备正常工作以及人身安全而采取的一种用电安全措施。接地是将电气设备的外壳或金属底盘与接地装置进行电气连接，利用大地作为电流回路，以便将电气设备上可能产生的漏电、静电荷和雷电电流引入地下，从而防止触电并保护设备的安全。接地装置是由接地体和接地线组成，其中，直接与土壤接触的金属导体称为接地体，与接地体连接的金属导线称为接地线。

8.1.1 电气设备为什么要接地

由于电气设备的金属外壳与带电部分是绝缘的，电气设备外壳上不会带电，但如果电气设备内部绝缘体老化或损坏，与外壳短接时，电就可能传到金属外壳上来，电气设备外壳就会带电，如图8-1所示。如果外壳没有接地，这时操作人员若触碰到电气设备外壳时，电流就会经人体和大地形成回路，操作人员便会触电。若电气设备外壳接地，当操作人员触碰到电气设备外壳时，由于接地电阻相对于人体电阻很小，所以大部分短路电流会经过接地装置形成回路，电流就会通过地线流入大地，而流过人体的电流很小，对人身的安全的威胁也就大为减小。

接地就是用一根较粗的电线（最好是铜线，铝线容易被腐蚀或碰断，一般不能用作接地线），把它的一头接在电器外壳上，另一头接在埋入地下一定深度，并有一定长度的角钢上，通常这根连接线也叫地线。

8.1.2 电气设备有哪些接地形式

常见的电气设备接地形式主要有保护接地、工作接地、重复接地、防雷接地、防静电接地和屏蔽接地等。下面我们分别对以上几种电气设备的接地形式进行介绍。

1. 保护接地

保护接地是将电气设备不带电的金属外壳及金属构架接地，以防止电气设备在绝缘

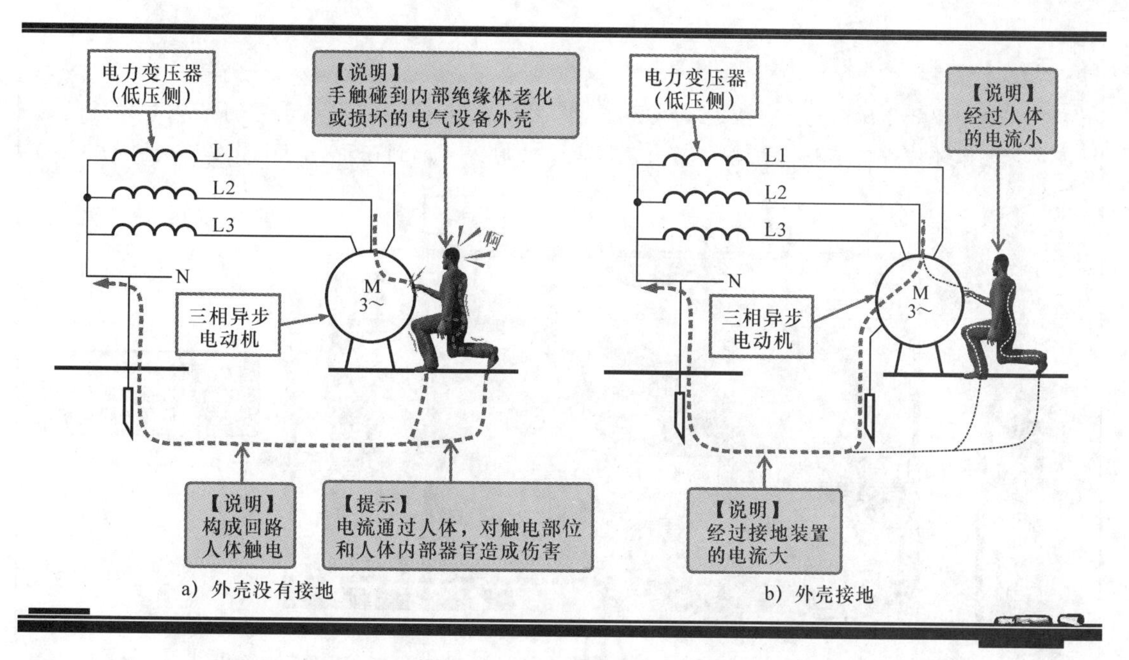

图 8-1　电气设备接地的保护原理

损坏或意外情况下金属外壳带电，确保人身安全。图 8-2 所示为保护接地的几种形式，目前多采用这些形式。

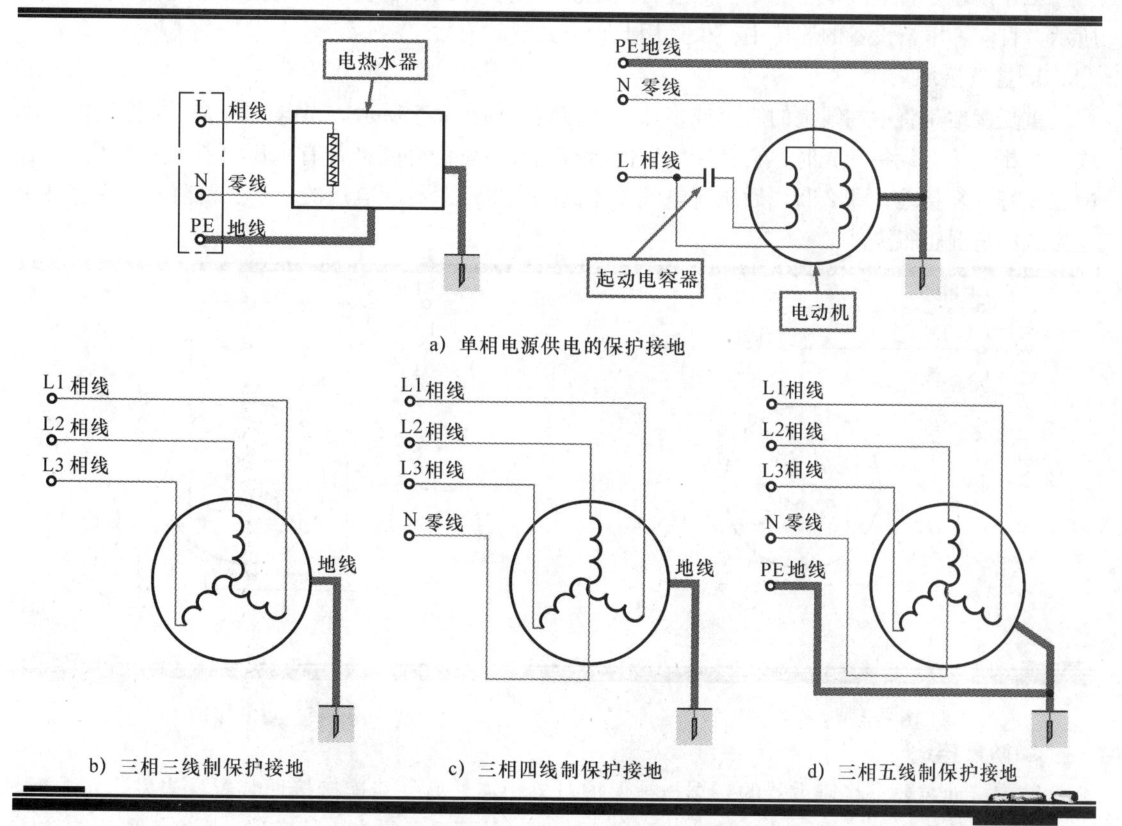

图 8-2　保护接地的几种形式

【资料】

图 8-3 所示为保护接地的实际应用。例如，接地线将电热水器的外壳与建筑物的主体地线进行连接，在热水器出现漏电事故时，可起到保护使用人员安全的目的。

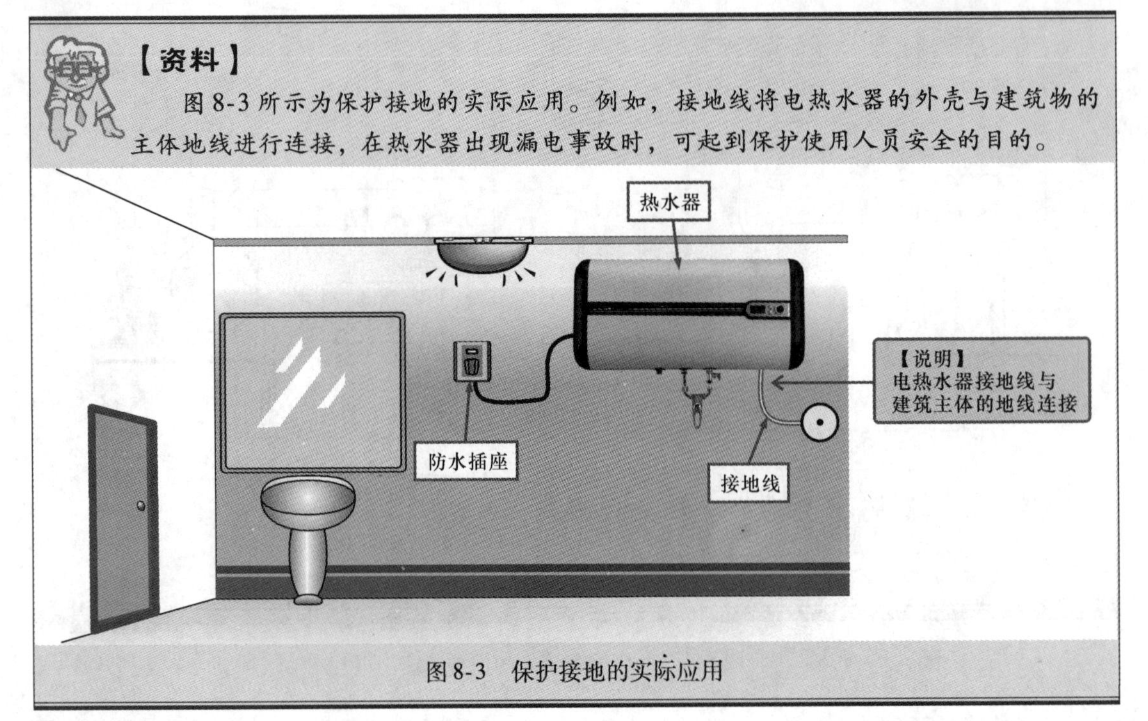

图 8-3 保护接地的实际应用

2. 工作接地

工作接地是将电气设备的中性点进行接地。其主要作用是保持系统电位的稳定性，如图 8-4 所示。目前，电器设备的连接中很少采用此种方式。

3. 重复接地

重复接地是将中性线上的一点或多点再次接地，如图 8-5 所示。当电气设备的中性线发生断线并有相线接触设备外壳时，会使断线后的所有电气设备的外壳都带有电压（接近相电压）。若中性线有重复接地，那么断线后所有电气设备的外壳电压只有相电压的一半。目前，采用这种接地方式的情况也很少。

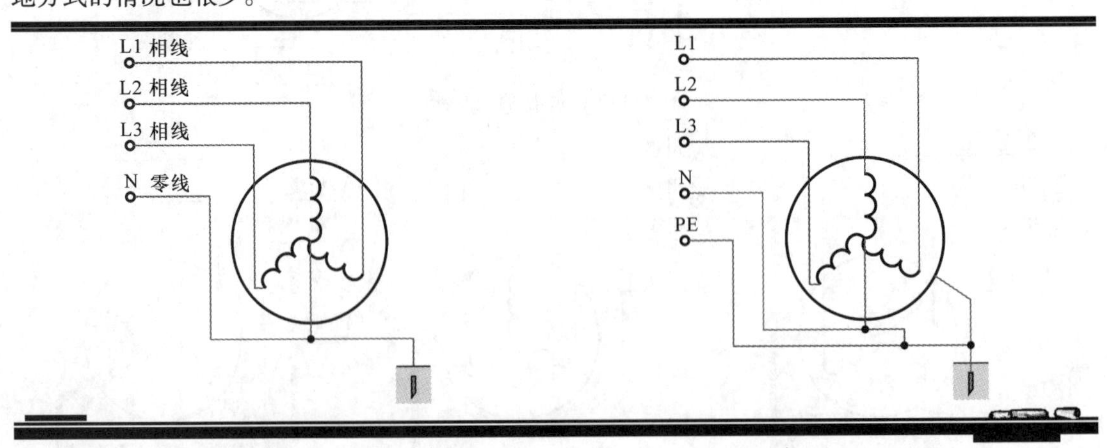

图 8-4 工作接地　　图 8-5 重复接地

4. 防雷接地

防雷接地主要是将避雷器的一端与被保护对象相连，另一端连接接地装置。当发生雷击时，避雷器可将雷电引向自身，并由接地装置导入大地，从而避免雷击事故发生。图 8-6 所示为防雷接地的形式。

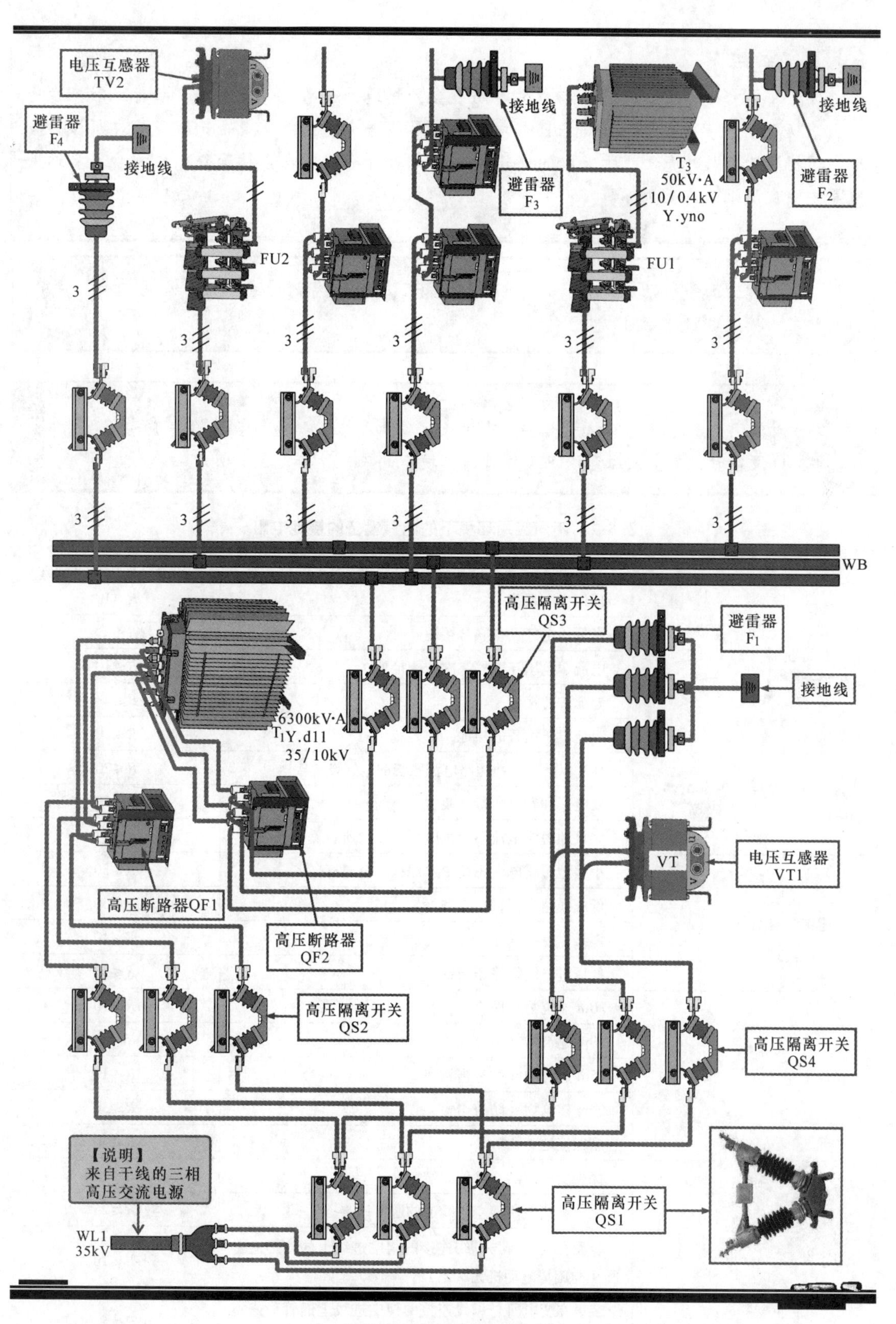
电压互感器
TV2
避雷器
F_4
接地线
FU2
接地线
避雷器
F_3
T_3
50kV·A
10/0.4kV
Y.yno
FU1
接地线
避雷器
F_2
WB
高压隔离开关
QS3
避雷器
F_1
接地线
6300kV·A
T_1Y.d11
35/10kV
VT
电压互感器
VT1
高压断路器QF1
高压断路器
QF2
高压隔离开关
QS2
高压隔离开关
QS4
【说明】
来自干线的三相
高压交流电源
WL1
35kV
高压隔离开关
QS1

图 8-6　防雷接地的形式

【资料】

防静电接地是为防止静电危害而设置的接地，如易燃易爆危险品贮存或敏感电子元器件生产场所都必须进行防静电接地。屏蔽接地是为防止电磁干扰，而在屏蔽体与地或干扰源的金属外壳之间所采取的电气连接形式。屏蔽接地在广播通信、电视台、雷达导航等方面应用十分广泛。

提问　通过上面的学习，知道了不同应用环境下，电气设备的形式多样，那它们所要求的接地电阻是相同的吗？

回答　不同应用环境下的电气设备，其接地装置所要求的接地电阻也会不同。在安装接地设备时，应重点注意以下几种特殊环境下的安装，如表8-1所示。

表8-1　不同应用环境下的电气设备的接地电阻

接地的电气设备特点	电气设备名称	接地电阻要求/Ω
装有熔断器（25A以下）的电气设备	任何供电系统	$R\leqslant10$
	高低压电气设备联合接地	$R\leqslant4$
	电流、电压互感器二次线圈接地	$R\leqslant10$
	电弧炉的接地	$R\leqslant4$
	工业电子设备的接地	$R\leqslant10$
高土壤电阻率大于500Ω·m的地区	1kV以下小接地短路电流系统的电气设备接地	$R\leqslant20$
	发电厂和变电所接地装置	$R\leqslant10$
	大接地短路电流系统发电厂和变电所装置	$R\leqslant5$
无避雷线的架空线	小接地短路电流系统中水泥杆、金属杆	$R\leqslant30$
	低压线路水泥杆、金属杆	$R\leqslant30$
	零线重复接地	$R\leqslant10$
	低压进户线绝缘子角铁	$R\leqslant30$
建筑物	30m建筑物（防直击雷）	$R\leqslant10$
	30m建筑物（防感应雷）	$R\leqslant5$
	45m建筑物（防直击雷）	$R\leqslant10$
	60m建筑物（防直击雷）	$R\leqslant30$
	烟囱接地	$R\leqslant30$
防雷设备	保护变电所的户外独立避雷针	$R\leqslant25$
	装设在变电所架空进线上的避雷针	$R\leqslant25$
	装设在变电所与母线连接的架空进线上的管形避雷器（与旋转电动机无联系）	$R\leqslant10$
	装设在变电所与母线连接的架空进线上的管形避雷器（与旋转电动机有联系）	$R\leqslant5$

8.2 接地装置的安装练习

通过上面对接地装置的概念有所了解之后，下面我们练习接地装置的安装。接地装置主要由接地体和接地线组成。通常，直接与土壤接触的金属导体即被称为接地体，电气设备与接地线之间连接的金属导体称为接地线。因此对接地装置的安装就包括接地体的安装和接地线的安装。

8.2.1 学会规范安装接地体

在安装接地体时，应尽量选择自然接地体进行连接，这样可以节约材料和费用。在自然接地体不能利用时，再选择施工专用接地体。下面就分别介绍这两种接地体的具体安装方法。

1. 自然接地体的安装

自然接地体包括直接与大地可靠接触的金属管道、建筑物与地连接的金属结构、钢筋混凝土建筑物的承重基础、带有金属外皮的电缆等，均可用来当接地体使用，图8-7所示为自然接地体。

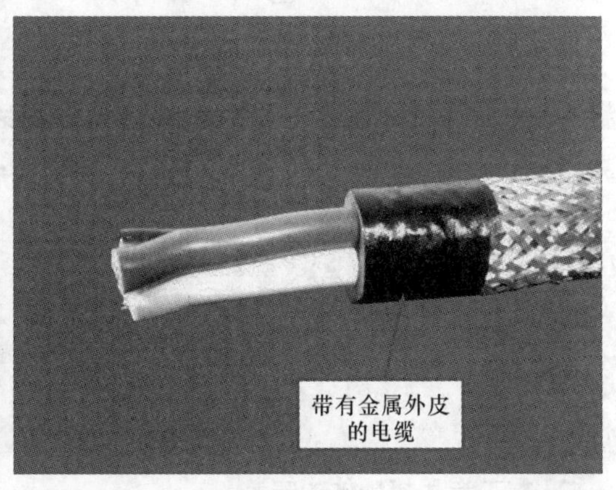

图8-7 自然接地体

提问 什么样的接地材料不可作为自然接地体使用呢？

回答 通常，包有黄麻、沥青等绝缘材料的金属管道及通有可燃气体或液体的金属管道不可作为接地体。

【注意】

利用自然接地体时，应注意以下几点：

第一，用不少于两根导体在不同接地点与接地线相连；第二，在直流电路中，不应利用自然接地体接地；第三，自然接地体的接地阻值符合要求时，一般不再安装人工接地体，但发电厂和变电所及爆炸危险场所除外；第四，当同时使用自然、人工接地体时，应分开设置测试点。

在连接管道一类的自然接地体时，不能使用焊接的方式进行连接，应采用金属抱箍或夹头的压接方法连接。金属抱箍适用于管径较大的管道，而金属夹头适用于管径较小的管道，如图8-8所示。

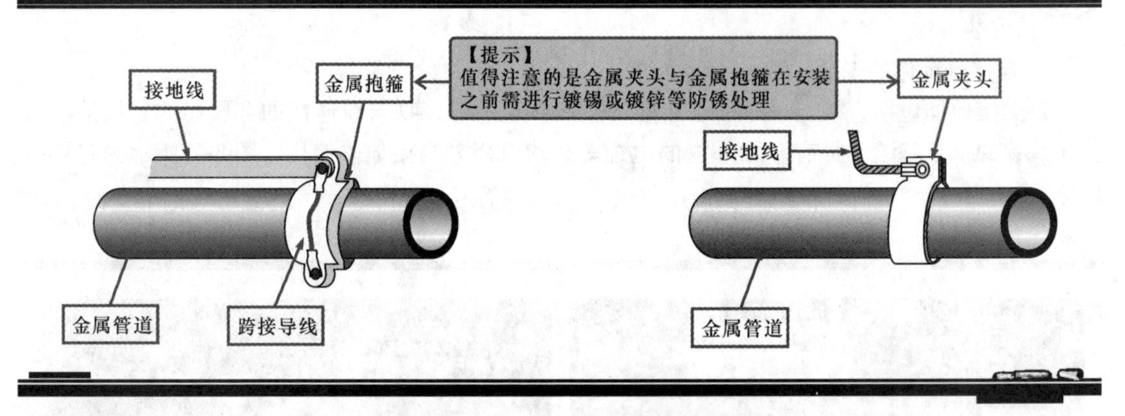

图8-8　管道自然接地体的连接

【注意】

在建筑物钢筋等金属体上连接接地线时，应采用焊接的方式进行连接，也允许采用螺钉压接，但必须先进行防锈处理。

2. 施工专用接地体的安装

施工专用接地体应选用钢材制作，一般常用角钢与钢管作为施工专用接地体。若在有腐蚀性的土壤中，应使用镀锌钢材或者增大接地体的尺寸。图8-9所示为施工专用接地体的实物外形。

在对施工专用接地体制作时，首先需要选择要安装的施工专用接地体。角钢材料一般选用40mm×40mm×5mm或50mm×50mm×5mm两种规格，而管钢材料一般选用直径为50mm、壁厚不小于3.5mm的管材。

由于接地体的安装环境和深浅不同，有水平安装和垂直安装两种方式，无论是垂直敷设安装接地体还是水平敷设安装接地体，通常都选用钢管接地体或角钢接地体。目前，施工专用接地体的安装方法通常多采用垂直安装方法。对与垂直敷设施工专用接地时，多采用挖坑打桩法，下面让我们具体来学习一下垂直施工专用接地体的安装方法。

（1）垂直接地体的制作

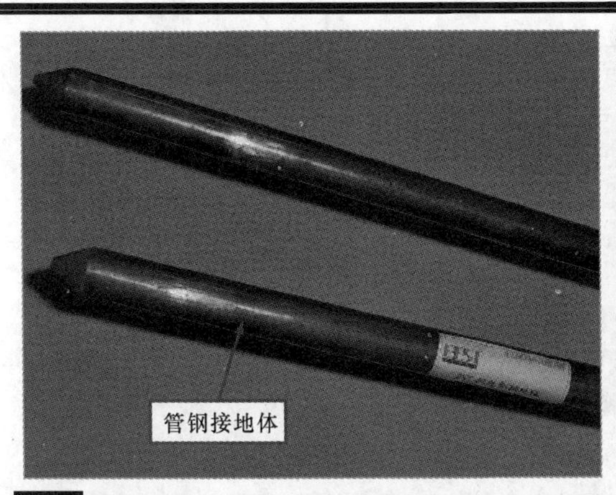

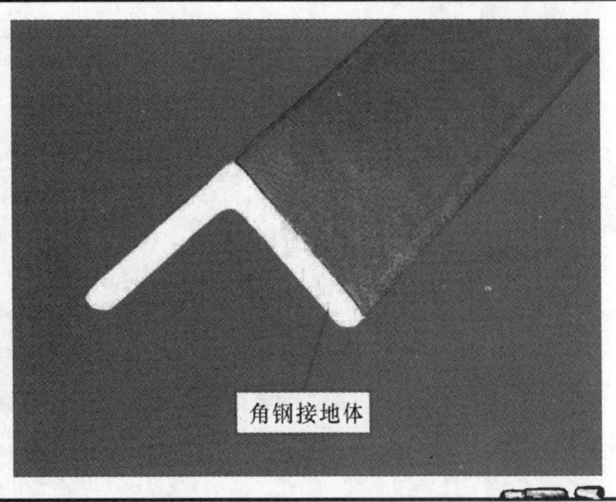

图 8-9　施工专用接地体的实物外形

安装垂直接地体时，首先需要制作垂直接地体。垂直安装管钢接地体和角钢接地体的长度应在 2.5 ~ 3.5m 之间。接地体下端呈尖脚状，其中角钢的尖脚应保持在角脊线上，尖点的两条斜边要求对称。而钢管的下端应单面削尖，形成一个尖点便于安装时打入土中。垂直接地体的上端部可与扁钢（40mm × 4mm）进行焊接，用作接地体的加固，以及作为接地体与接地线之间的连接板，如图 8-10 所示。

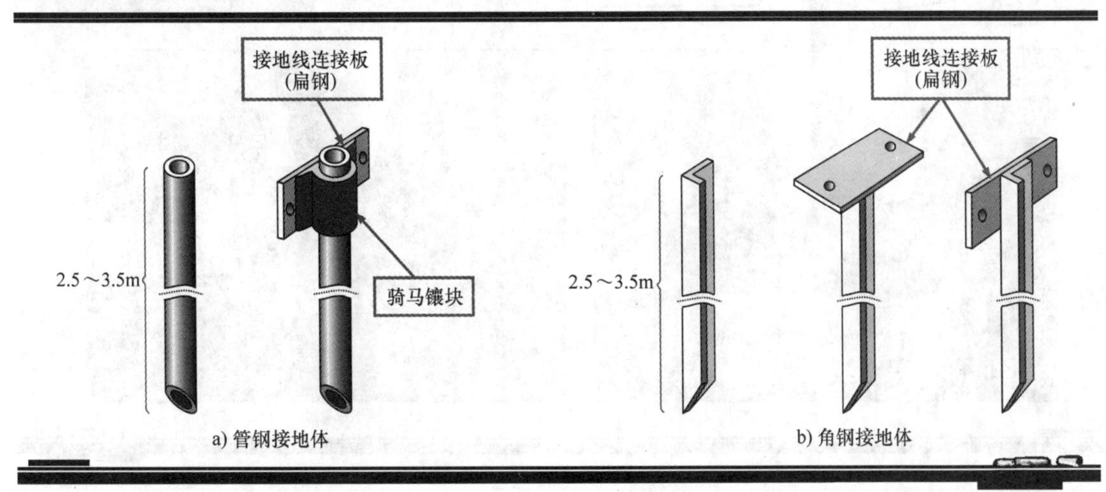

图 8-10　垂直接地体的制作

（2）挖坑

接地体必须埋入地下一定深度，才可稳定电气设备的接地体，避免损坏。所以安装接地体之前需要沿着接地体的线路挖坑，以便打入接地体和敷设连接地线。通常坑深为 0.8 ~ 1m，宽为 0.5m，坑的上部稍宽，底部渐窄，若有石子应清除，如图 8-11 所示。

（3）打桩

埋入接地体的坑挖好后，接下来需要采用打桩法将接地体打入地下，如图 8-12 所示。打入时应保持接地体与地面相垂直，不可歪斜，接地体打入地面的深度不小于 2m。将接地体打入地下后，应在其四周用土壤填入夯实，以减小接触电阻。

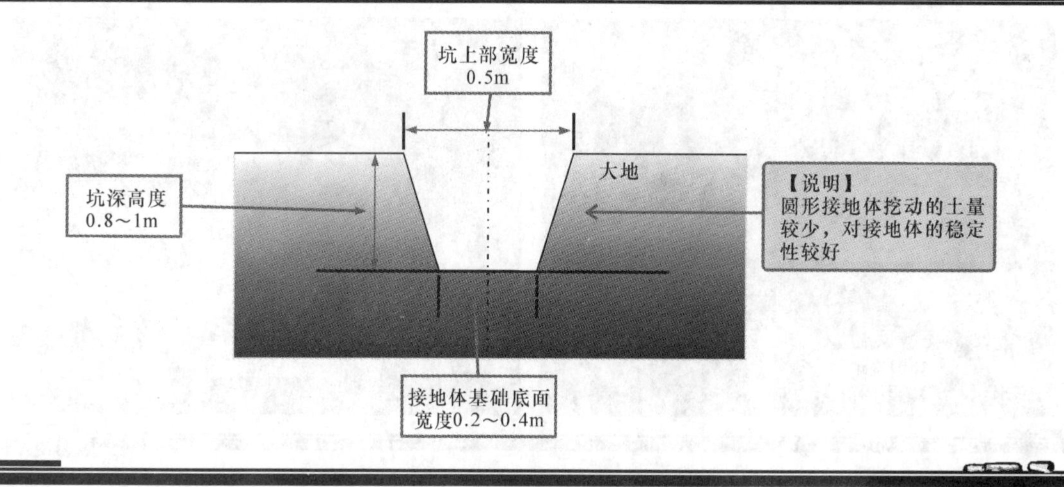

图 8-11　挖坑

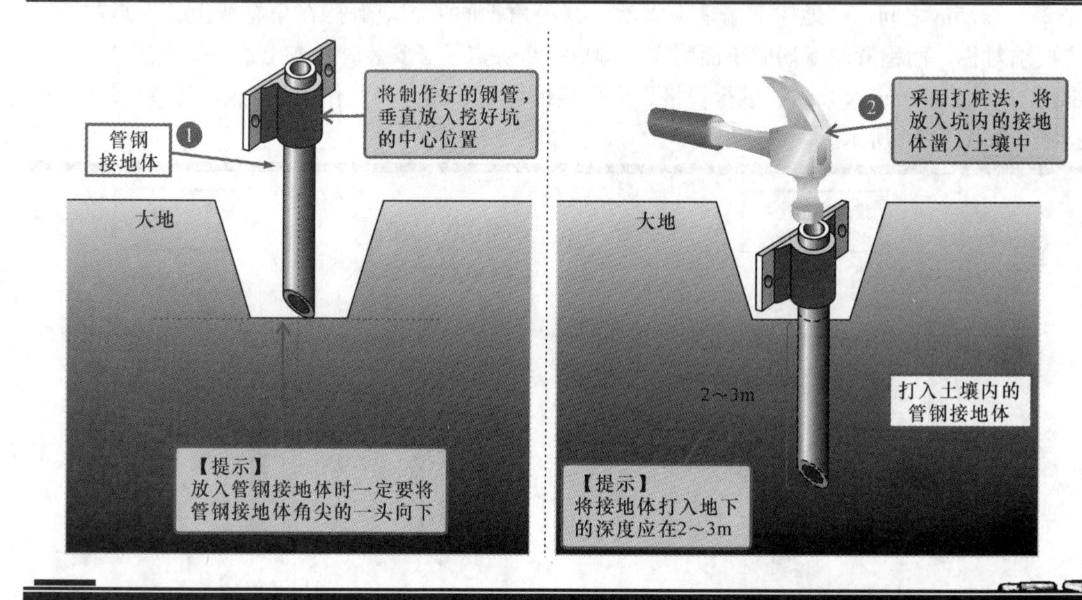

图 8-12　打桩

提问

通过上面的学习，我知道人工接地体怎么安装了。那么如果遇到接地要求较高并且接地设备较多的场所时，其安装和布置的方法是怎么的呢？

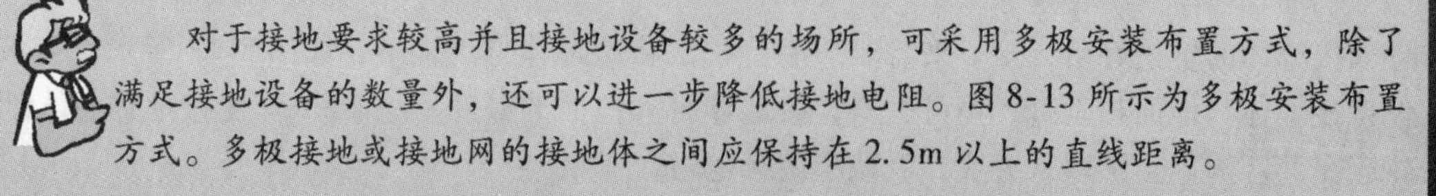

对于接地要求较高并且接地设备较多的场所，可采用多极安装布置方式，除了满足接地设备的数量外，还可以进一步降低接地电阻。图 8-13 所示为多极安装布置方式。多极接地或接地网的接地体之间应保持在 2.5m 以上的直线距离。

回答

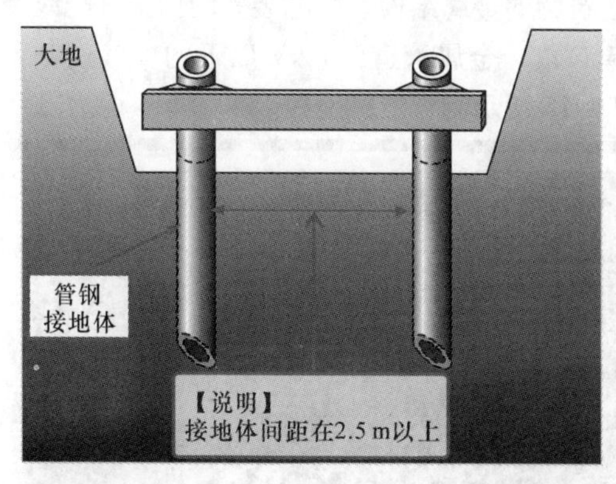

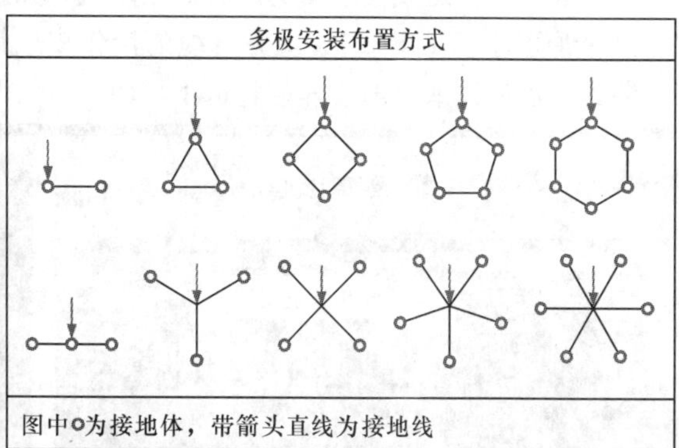

图 8-13　多极安装布置方式

【资料】

除了上面介绍的垂直人工接地体的安装方法之外，还有一种水平安装接地体，由于水平安装接地体一般只适用于土层浅薄的地方，因此，应用不是很广泛。

在制作水平接地体时，采用水平接地体的角钢厚度一般不小于4mm，截面积不小于$48mm^2$，管钢的直径不小于8mm。水平接地体的上端部与圆钢（直径为16mm）焊接，用作接地体的加固，以及作为接地体与接地线之间的连接板。

水平接地体的一端向上弯曲成直角，这样便于连接。若接地线采用螺钉压接，应先钻好螺钉孔。接地体的长度依安装条件和接地装置的结构形式而定。对于水平人工接地体的安装，通常采用挖坑填埋法安装。安装时接地体应埋入地面0.6m以下的土壤中，如图8-14所示。如果是多极接地或接地网，接地体之间应相隔2.5m以上的直线距离。

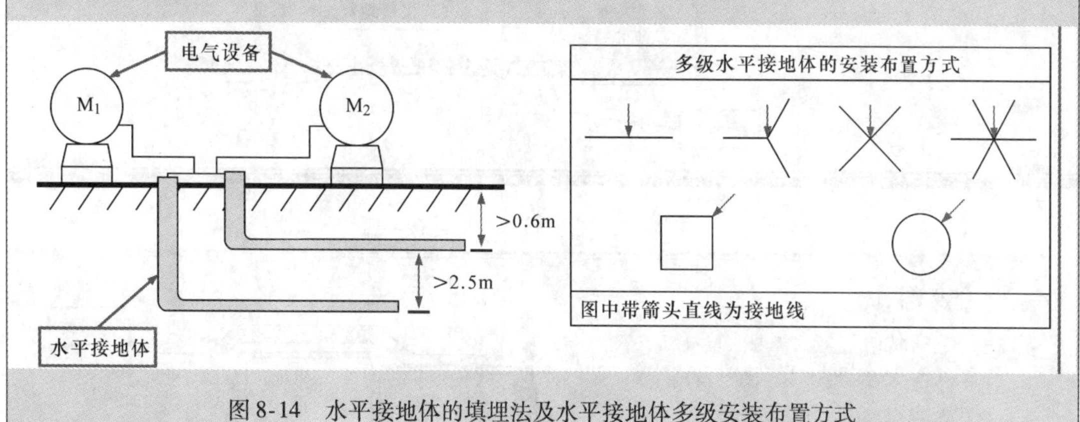

图 8-14　水平接地体的填埋法及水平接地体多级安装布置方式

8.2.2　学会规范安装接地线

将接地体安装好后，接下来安装接地线。在安装接地线时，应优先选择自然接地线进行连接，其次再考虑施工专用接地线，这样可以节约接线的费用。

1. 自然接地线的安装

接地装置的接地线应尽量选用自然接地线，如建筑物的金属结构、配电装置的构架、配线用钢管（壁厚不小于1.5mm）、电力电缆的铅包皮或铝包皮、金属管道（1 kV以下的电气设备可用，输送可燃液体或可燃气体的管道不得使用）。图8-15所示为自然接地线。

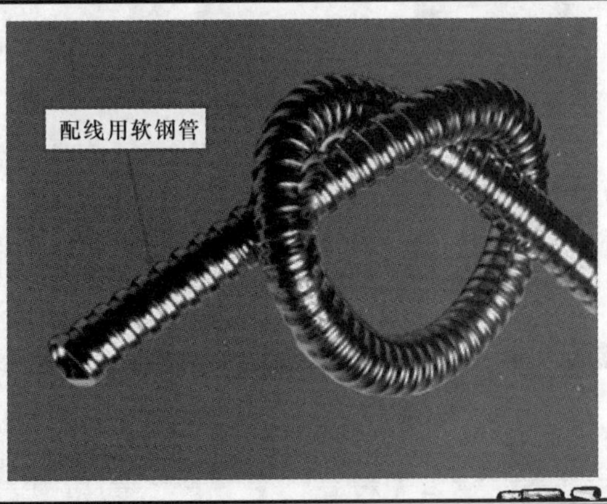

图8-15　自然接地线

利用自然接地线可以减少施工专用接地线的使用量，减少接地线的材料费用。自然接地线的流散面积很大，如果要为较多的设备提供接地需要，则只要增加引接点，并将所有引接点连成带状或网状，每个引接点通过接地线与电气设备进行连接即可，如图8-16所示。

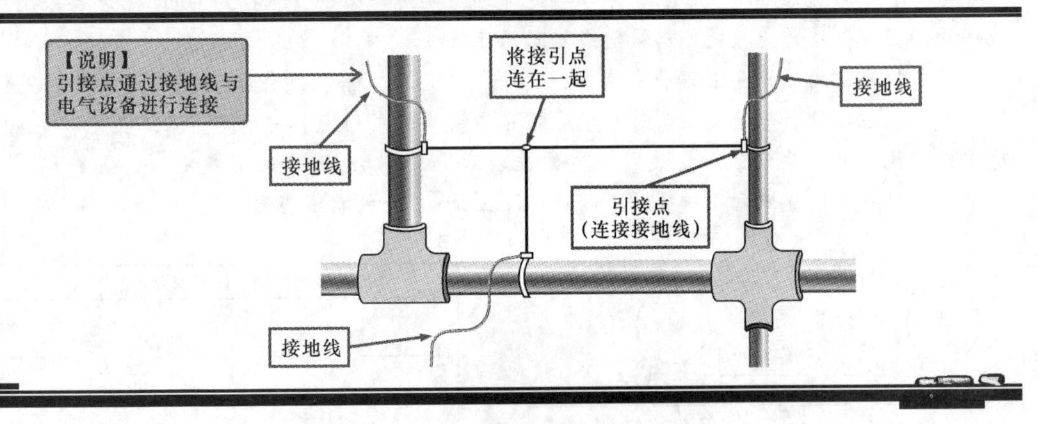

图8-16　自然接地线的连接

【资料】

在使用配线钢管作为自然接地线时，在接头的接线盒处应采用跨接线连接方式。如图8-17所示。当钢管直径在40mm以下时，跨接线应采用6mm直径的圆钢；当钢管直径在50mm以上时，跨接线应采用25×24mm的扁钢。

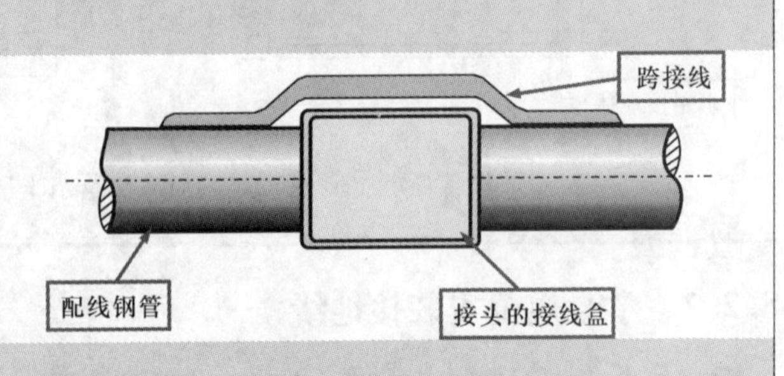

图8-17　配线钢管作接地线的连接

2. 施工专用接地线的安装

施工专用接地线通常使用铜、铝、扁钢或圆钢材料制成的裸线或绝缘线。图8-18所示为常见的施工专用接地线。

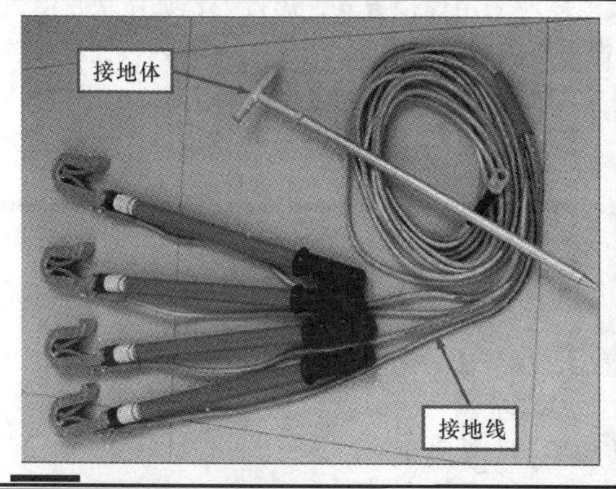

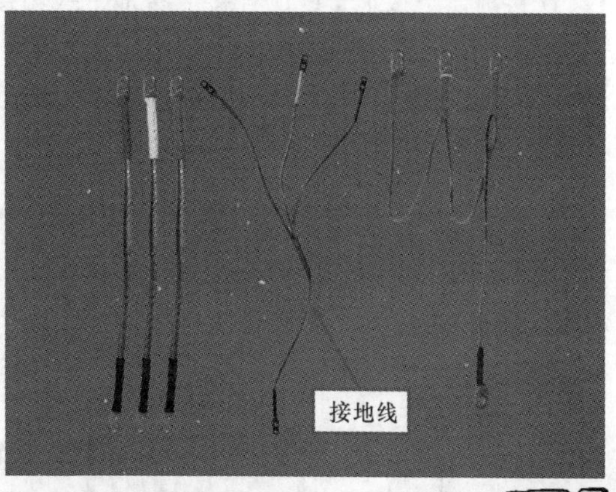

图8-18 常见的施工专用接地线

【资料】

用于输配电系统的工作接地线应满足下列要求：

10kV避雷器的接地支线应采用多股导线，接地干线可选用铜芯或铝芯的绝缘电线或裸线，也可使用扁钢、圆钢或多股镀锌绞线，截面积不小于16mm²。

用作避雷针或避雷线的接地线，截面积不应小于25mm²。接地干线通常用扁钢或圆钢，扁钢截面积不小于4mm×12mm，圆钢直径不应小于6mm。

配电变压器低压侧中性点的接地线，要采用裸铜导线，截面积不小于35mm²；变压器容量在100kV·A以下时，接地线的截面积为25mm²。

保护接地线的选用应满足下列要求：不同材质的保护接地线，其类别不同，线的截面积也有所不同，具体可参见表8-2。

表8-2 接地线的截面积规定

材料	接地线类别	最小截面积/mm²	最大截面积/mm²
铜	移动电具引线的接地芯线	生活用：0.12	25
		生产用：1.0	
	绝缘铜线	1.5	
	裸铜线	4.0	
铝	绝缘铝线	2.5	35
	裸铝线	6.0	
扁钢	户内：厚度不小于3mm	24.0	100
	户外：厚度不小于4mm	48.0	
圆钢	户内：厚度不小于5mm	19.0	100
	户外：厚度不小于6mm	28.0	

（1）接地体与接地干线的连接

接地干线是接地体之间的连接导线，或是指一端连接接地体，另一端连接各接地支线的连接线。

① 接地体与接地干线的连接。接地干线与接地体应采用焊接方式，焊接处添加镶块，增大焊接面积。没有条件使用焊接设备时，也允许用螺母压接，但接触面必须经过镀锌或镀锡等防锈处理，螺母也要采用大于 M12 的镀锌螺母。在有震动的场所，螺杆上应加弹簧垫圈，如图 8-19 所示。

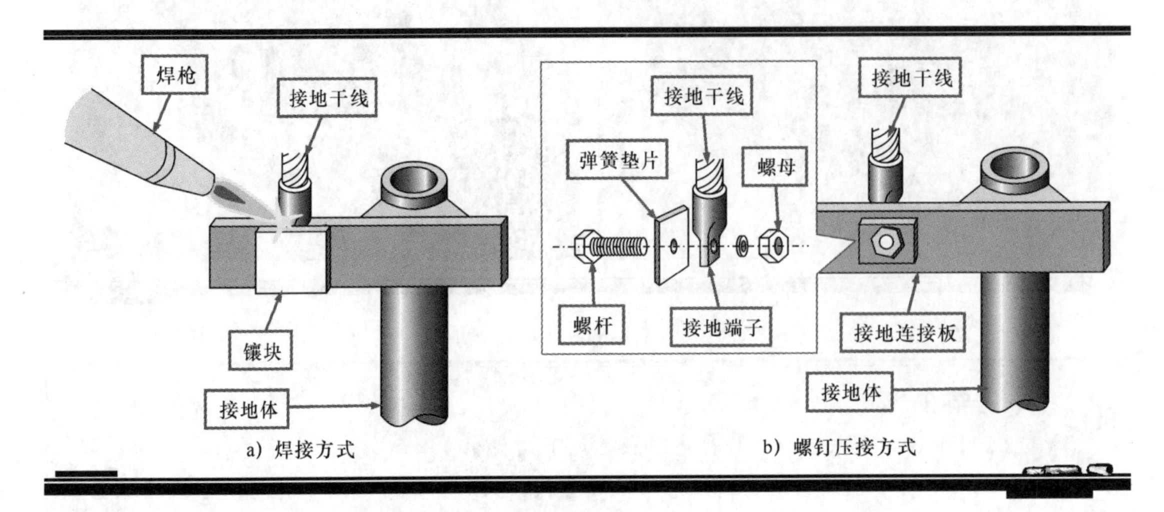

图 8-19　接地干线与接地体的连接

② 接地干线延长。采用扁钢或圆钢作接地干线，需要延长时，必须用电焊焊接，不宜用螺钉压接，并且扁钢的搭接长度为其宽度的两倍；圆钢的搭接长度为其直径的 6 倍，如图 8-20 所示。

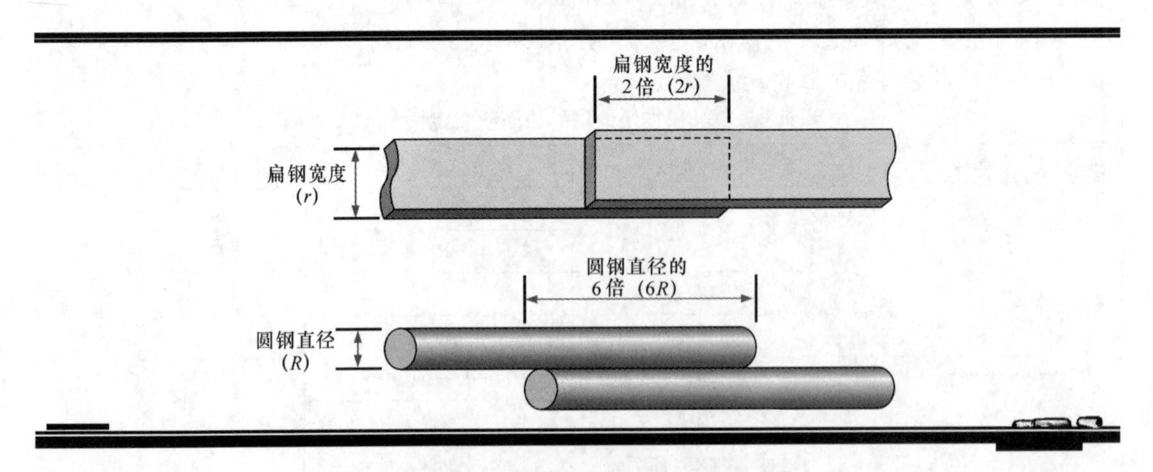

图 8-20　接地干线接长的方法

（2）室内接地干线与室外接地体的连接

室外接地干线与接地体连接好后，接下来连接室内接地线与室外接地线。

① 明敷室内接地线与室外接地线的连接。图 8-21 为明敷室内接地线与室外接地线的连接示

意图。接地干线应埋入地下600~800mm处，并在地面标识出地线走向和连接点，便于检查修理。为了便于测量，当接地干线引入室内后，必须用螺栓与室内接地线连接。穿墙套管的内、外管口用沥青麻丝或建筑密封膏堵死。

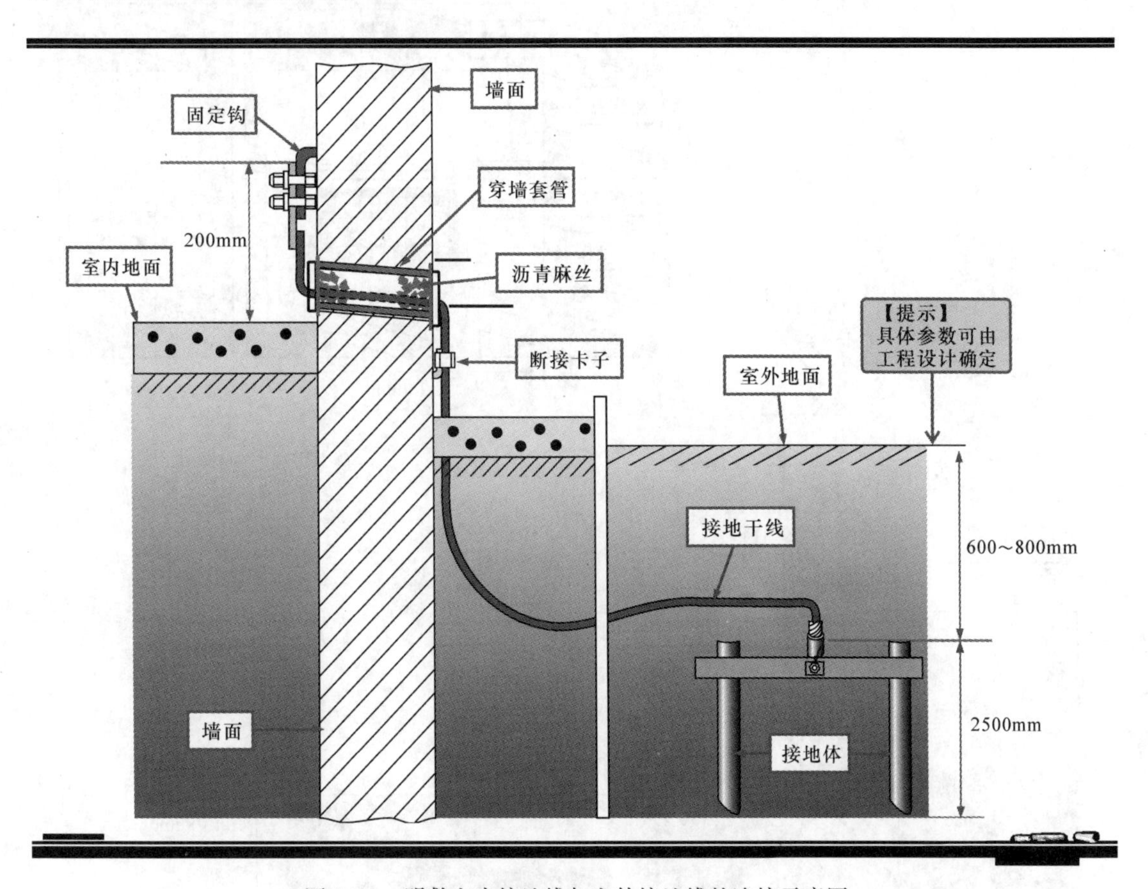

图8-21　明敷室内接地线与室外接地线的连接示意图

② 暗敷室内接地线与室外接地线的连接。图8-22为暗敷室内接地线与室外接地线的连接示意图。如果墙内有钢筋或混凝土，可利用钢筋混凝土柱内的钢筋作引下线，同时接地电阻检测点不允许在柱上留洞时，移动到附近墙上安装。如没有接线盒，应在洞壁上预留洞盖的固定件，内壁用水泥砂浆抹光。

③ 多级接地线与接地体的连接。图8-23为多级接地线与接地体的连接示意图。若取消接线盒，应在洞壁上预埋洞盒的固定件，内壁用水泥砂浆抹光。

（3）接地支线的安装

室外接地线与室内接地线连接好后，接下来安装连接接地支线。

① 配电箱接地支线的连接。接地支线是接地干线与设备接地点之间的连接线。电气设备都需要用一根接地支线与接地干线进行连接，如图8-25所示。在家用配电箱中，使用一根接地线（支线）将配电箱接地点与建筑主体接地干线进行连接。

② 电动机接地支线的连接。图8-26所示为电动机接地线（接地支线）的连接。若电动机所用的配线管路是金属管，可作为自然接地体使用，从电动机引出的接地支线可直接连接到金属管上，再进行接地。

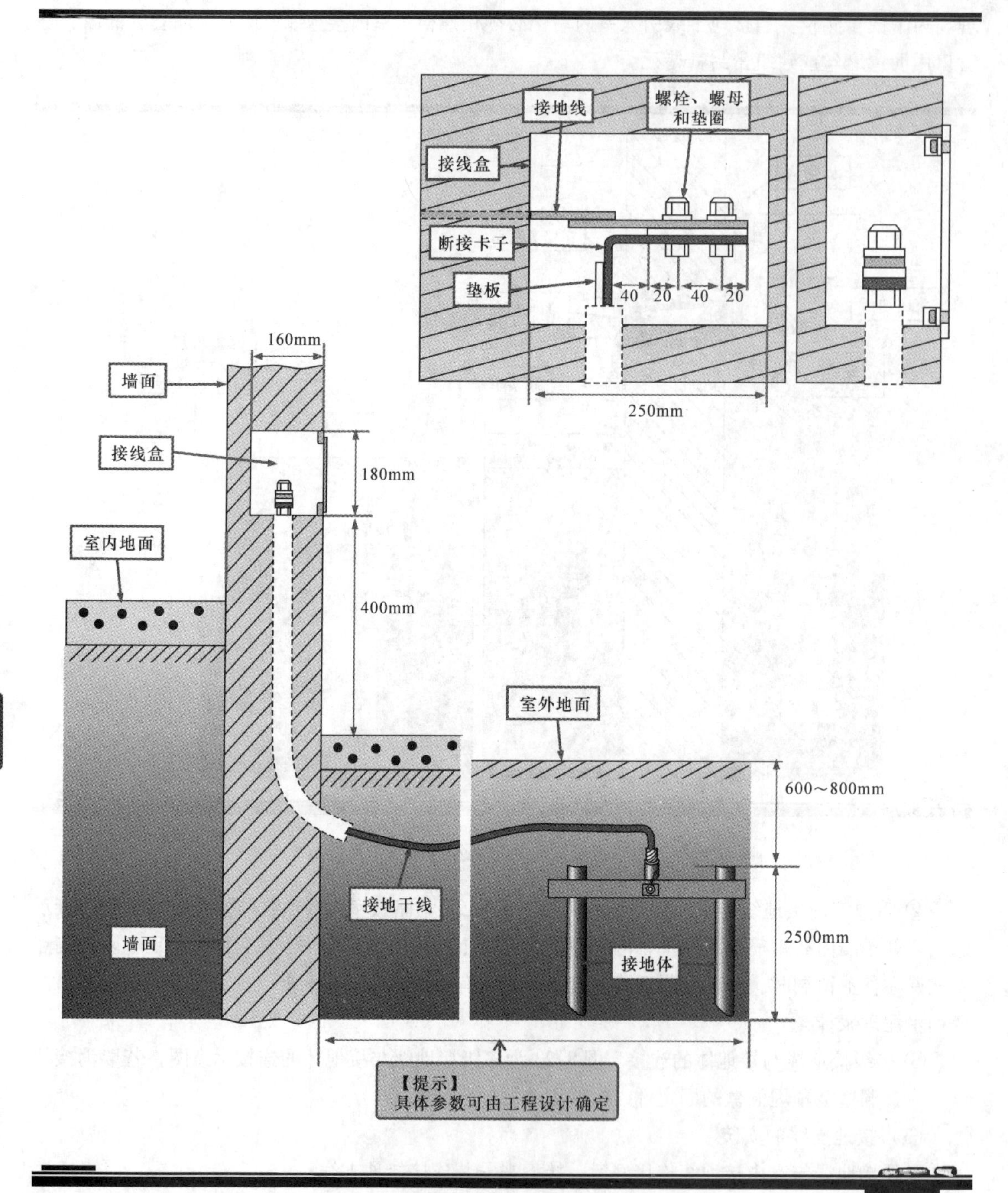

图 8-22　暗敷室内接地线与室外接地线的连接示意图

③ 插座接地线的连接。插座的接地线必须由接地干线和接地支线组成，当安装 6 个及 6 个以下的插座，且总电流不超过 30A 时，接地干线的一端需要与接地体连接；当安装 6 个以上的插座时，接地干线的两端分别需要与接地体连接，如图 8-27 所示。插座的接地支线与接地干线之间，应按 T 形连接法进行连接，连接处要用锡焊进行加固。

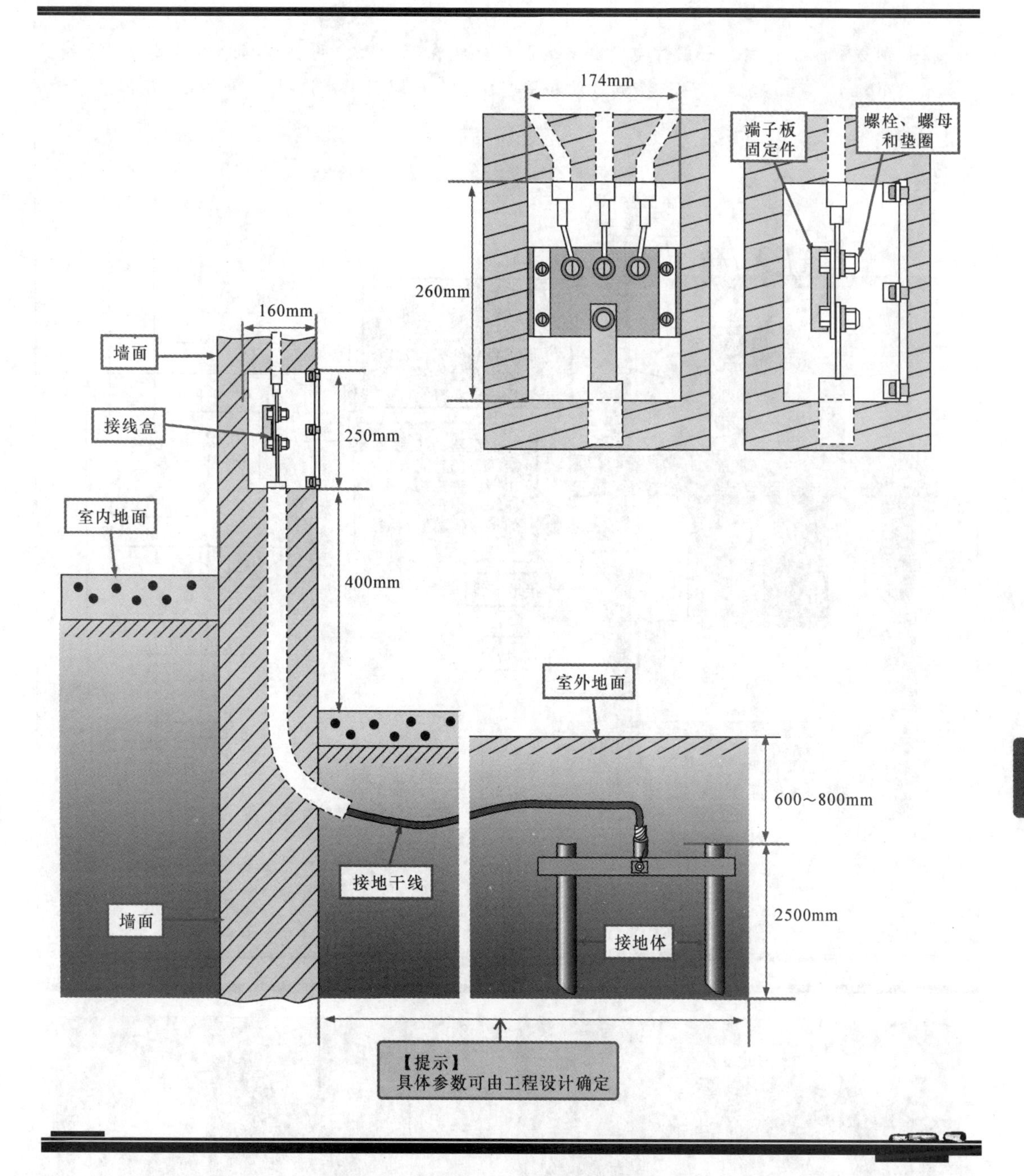

图 8-23　多级接地线与接地体的连接示意图

【资料】

公用电力配电变压器接地干线的连接点一般埋入地下 600 ~ 700mm 处，在接地干线引出地面 2 ~ 2.5m 处断开，再用螺母压紧，以便检测接地电阻，如图 8-24 所示。

为了避免雷击电流作用在变压器绝缘上，需要将避雷器的接地端、变压器的外壳及低压侧中性点也用横截面积不小于 $25mm^2$ 的多股铜蕊塑料线进行连接，然后再连接在接地装置上，起到防雷保护作用。一般配电变压器的防雷地线在地面上方的引线部分称为接地引上线，多采用 40mm×4mm 扁钢，为了检测方便和用电安全，接地引上线连接点应设在变压器底下的槽钢位置。

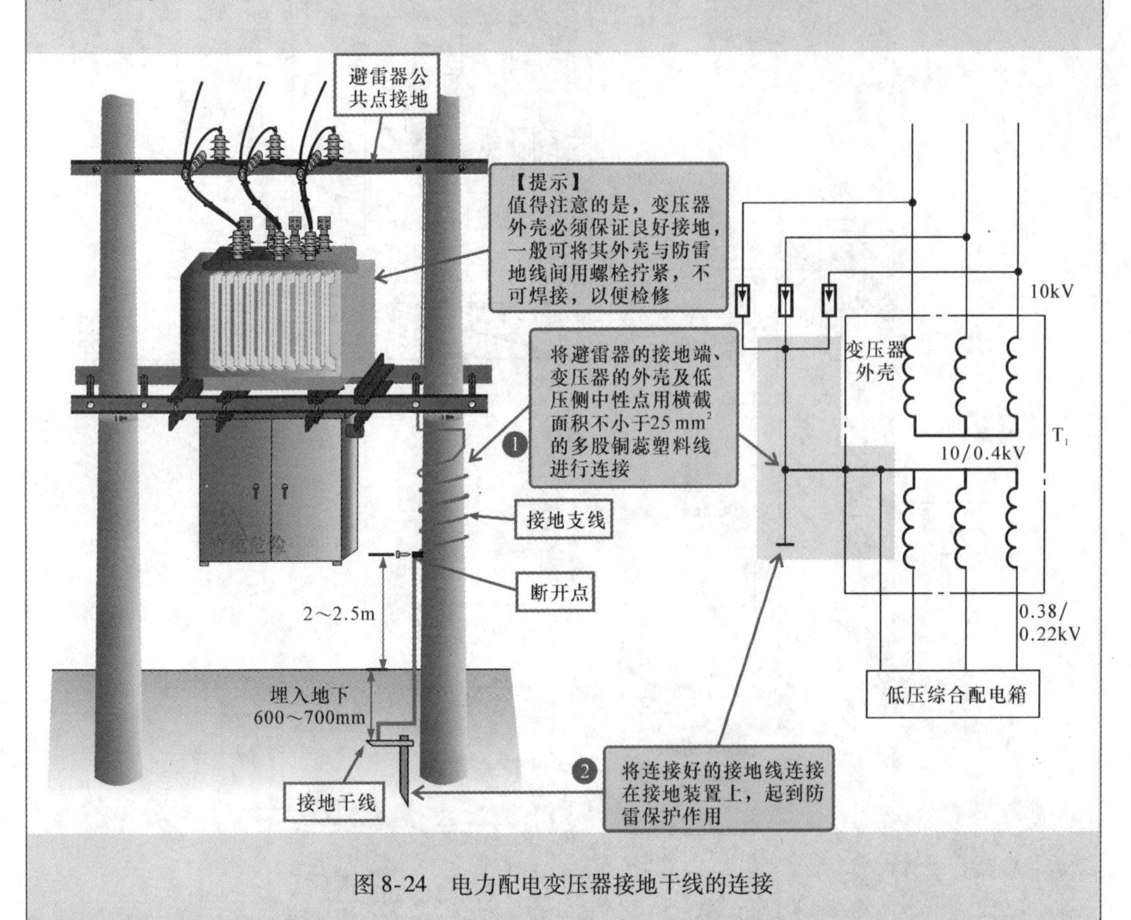

图 8-24　电力配电变压器接地干线的连接

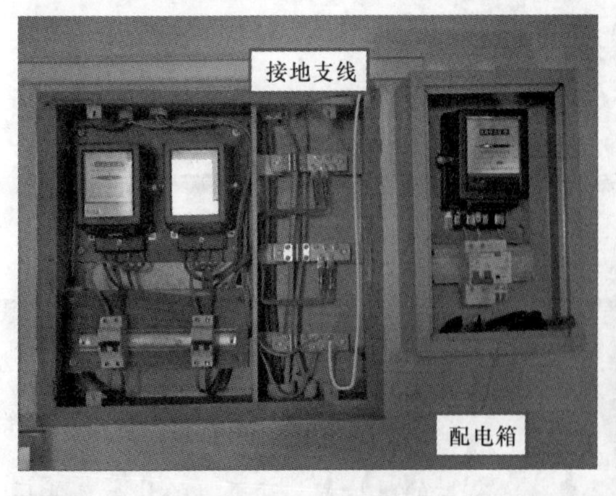

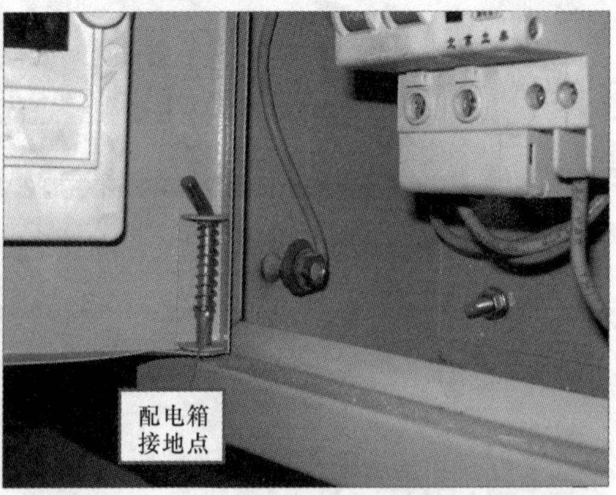

图 8-25　配电箱接地支线的连接

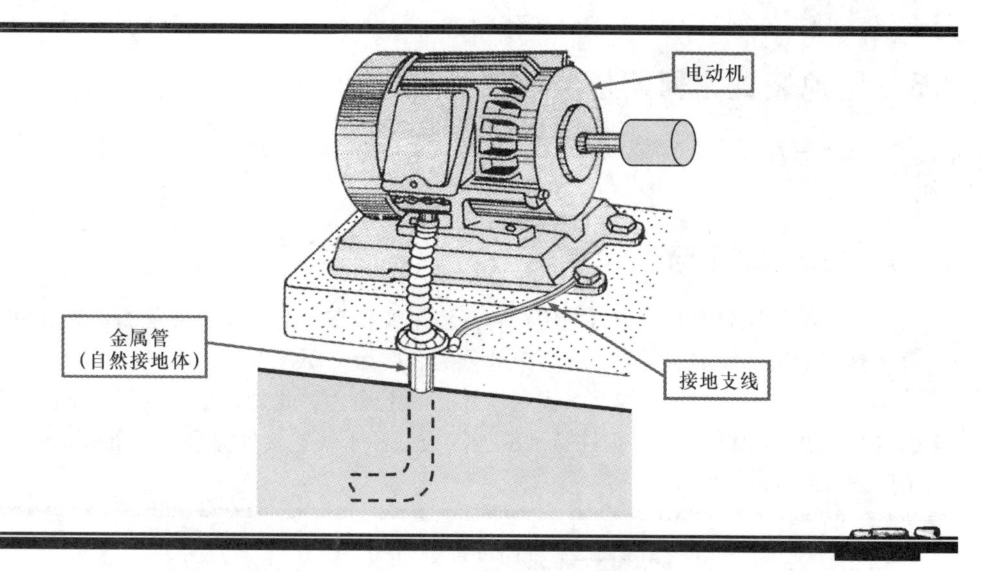

图 8-26　电动机接地线（接地支线）的连接

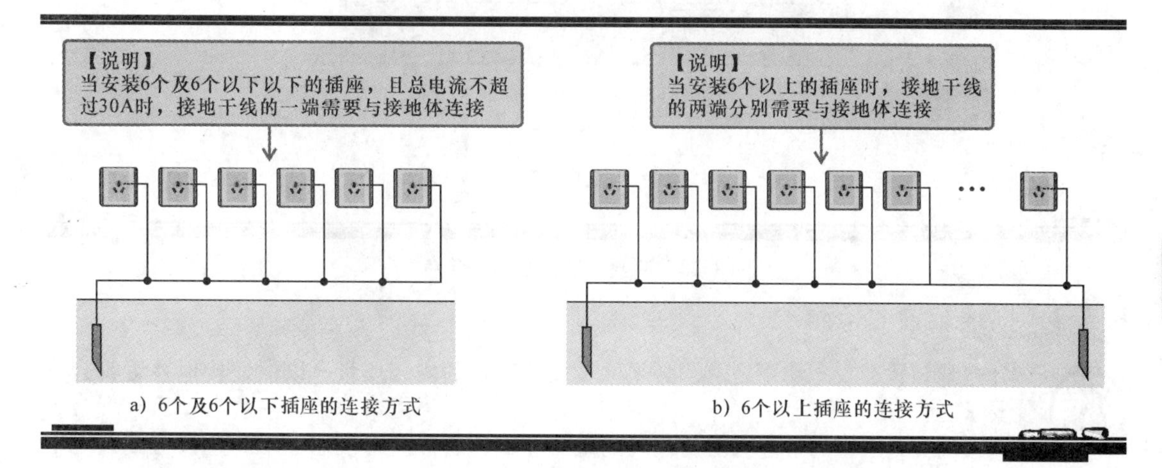

图 8-27　插座接地支线的连接

【注意】

接地支线的安装应注意以下几点：

每台设备的接地点只能用一根接地支线与接地干线单独进行连接。

在户内容易被触及到的地方，接地支线应采用多股绝缘绞线；在户内或户外不容易被触及到的地方，应采用多股裸绞线；移动电具从插头至外壳处的接地支线，应采用铜芯绝缘软线。

接地支线与接地干线或电气设备连接点的连接处，应采用接线端子。

铜芯的接地支线需要延长时，要用锡焊加固。

接地支线在穿墙或楼板时，应套入配管内加以保护，并且应与相线和中性线相区别。

采用绝缘电线作为接地支线时，必须恢复连接处绝缘层。

8.3 接地装置如何测量验收

接地装置安装完成后，就需要对接地装置进行测量检验，测量合格才能交付使用。

8.3.1 接地装置的涂色

接地装置安装完毕后，应对各接地干线和支线的外露部分进行涂色，并在接地固定螺钉的表面涂上防锈漆，在焊接部分的表面涂上沥青漆。

明敷安装的接地线及其固定零件应涂上黑色，此外，也可以根据房间的装饰形式将明敷的接地线涂上其他颜色，但在接地线连接板处和干线连接处应涂上两条15mm的黑带，两黑带间距150mm，如图8-28所示。

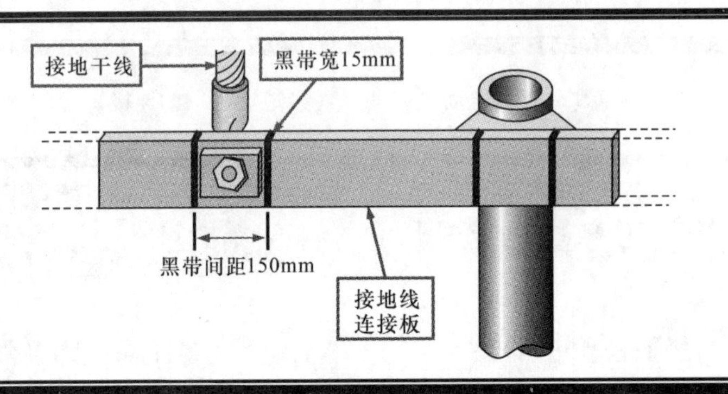

图8-28　明敷安装的接地线涂色

8.3.2 接地装置的检测

接地装置在投入使用之前，必须检验接地装置的安装质量，以保证接地装置符合安装要求。

检测接地装置的接地电阻是检验的重要环节。通常使用接地电阻测量仪检测接地电阻，检测之前需要将测量仪与接地装置进行连接，如图8-29所示。

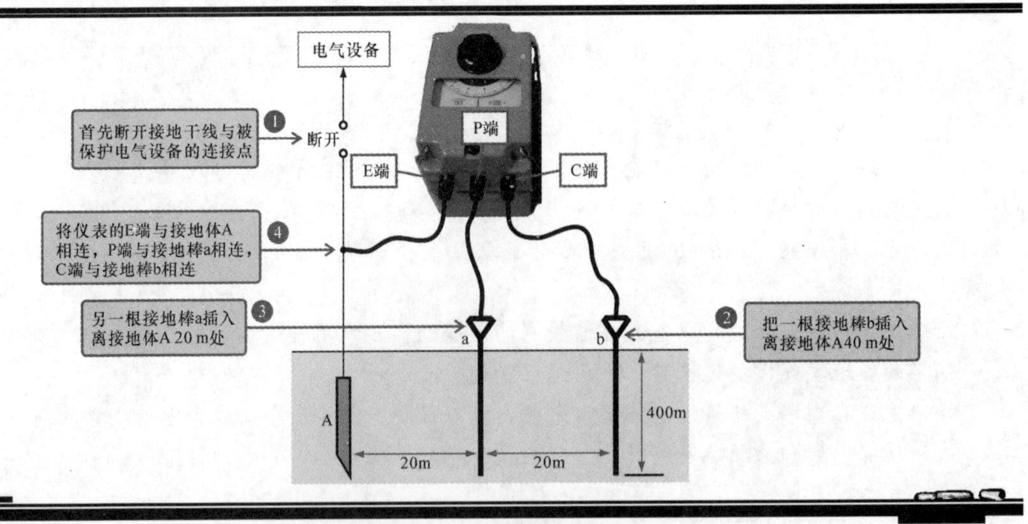

图8-29　接地电阻测量仪的连接

检测仪表与接地装置连接好后，接下来检测接地电阻，如图8-30所示。

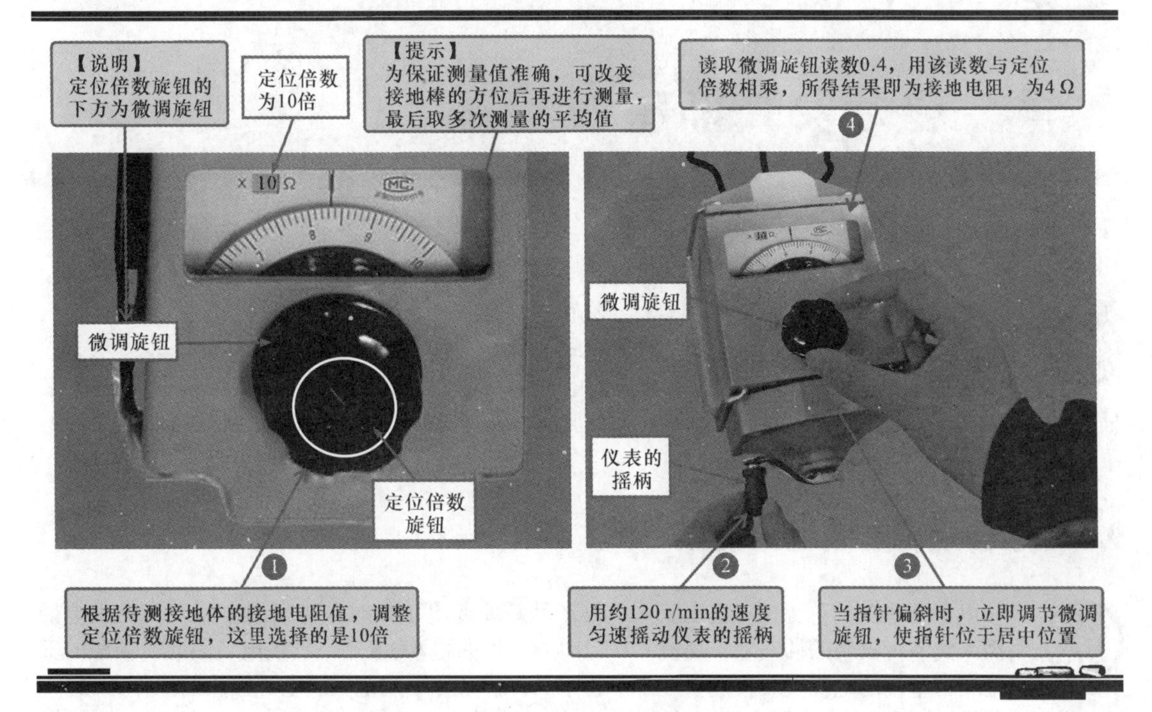

图8-30　检测接地电阻

提问

除了重点对接地电阻进行检测外，还应该对哪些部位进行检测？

回答

通常，除了重点对接地电阻进行检测外，还可以对以下几部分进行检查；

- 接地装置上通过焊接的部位，不应存在焊渣和虚焊，焊接面积是否符合要求，是否在不应焊接的部位进行焊接等。
- 采用螺钉压接的部位是否涂有防锈漆，是否垫有垫圈，螺钉是否牢固。
- 金属管作为接地体或接地线时，检查金属管是否通有易燃、易爆的气体或液体，金属管连续导电性是否良好。
- 接地线安全载流量是否合适，材料选择是否错误。
- 接地体周围的土壤是否夯实，电气设备是否漏接，连接点是否接错。

第9章

学会规范安装插座

现在我们开始学习第9章：学会规范安装插座。熟练掌握插座的安装方法，是电气安装人员的必备技能。为了让大家更好地了解插座的种类、功能和具体的安装方法，这一章我们从电源插座、网络插座和有线电视插座这三种类型，为大家讲解一下规范安装插座的方法。希望大家在学习本章后能够在实际操作中安全、灵活、熟练地进行插座的安装。好了，下面让我们开始学习吧。

9.1 学会规范安装电源插座

电源插座又简称为插座，当家用电器产品需要通电工作时，将家用电器产品的供电插头插入到室内安装的插座上，交流220V市电会通过插座为家用电器供电，因此，插座的安装是非常基础的电气安装技能，本小节就来具体讲解一下规范安装电源插座的操作方法。

插座主要是为家庭用电器提供供电接口的部件，按其安装方式，主要有明装插座和暗装插座两种，如图9-1所示。

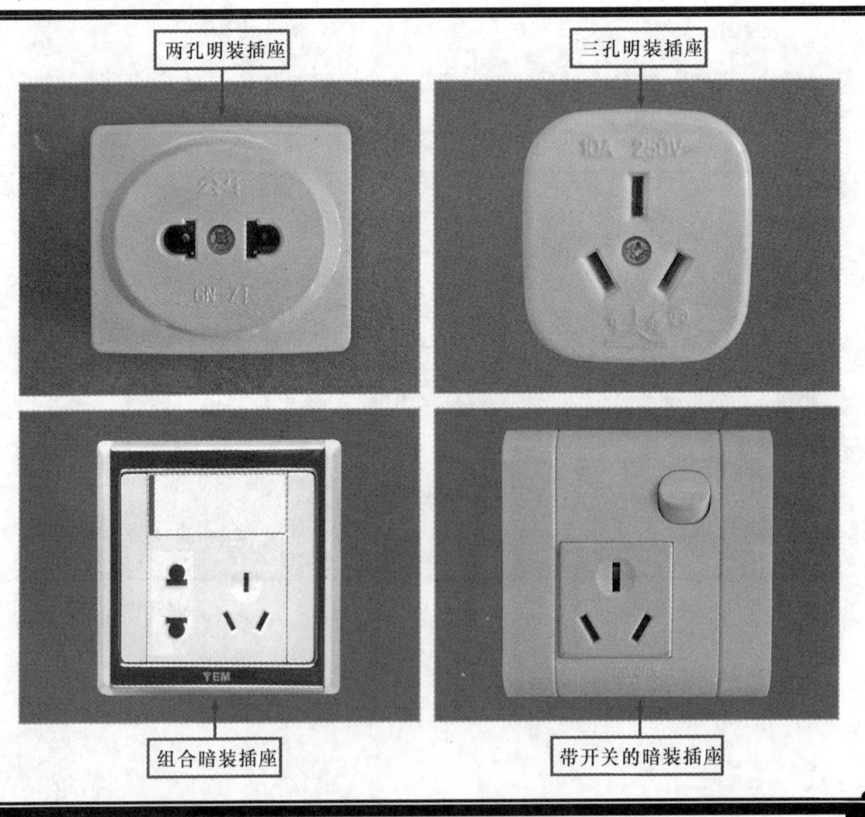

图9-1 常见的电源插座

【注意】

插座可根据家用电器摆放位置确定安装位置，如果插座的位置处理不当，会给使用带来不方便。因此在插座安装时，对其安装位置有一定要求。

【资料】

在安装插座时，明装插座距地面最好不低于1.8m；暗装插座距地面不要低于0.3m，如图9-2所示。厨房和卫生间的插座应距地面1.5m以上，空调的插座至少要距地面2m以上。如安装多个插座，根据安装规范，同一环境下所安装的插座高度应一致，高度差不可大于5mm，而且并列安装的相同类型的插座高度差不应大于1mm。

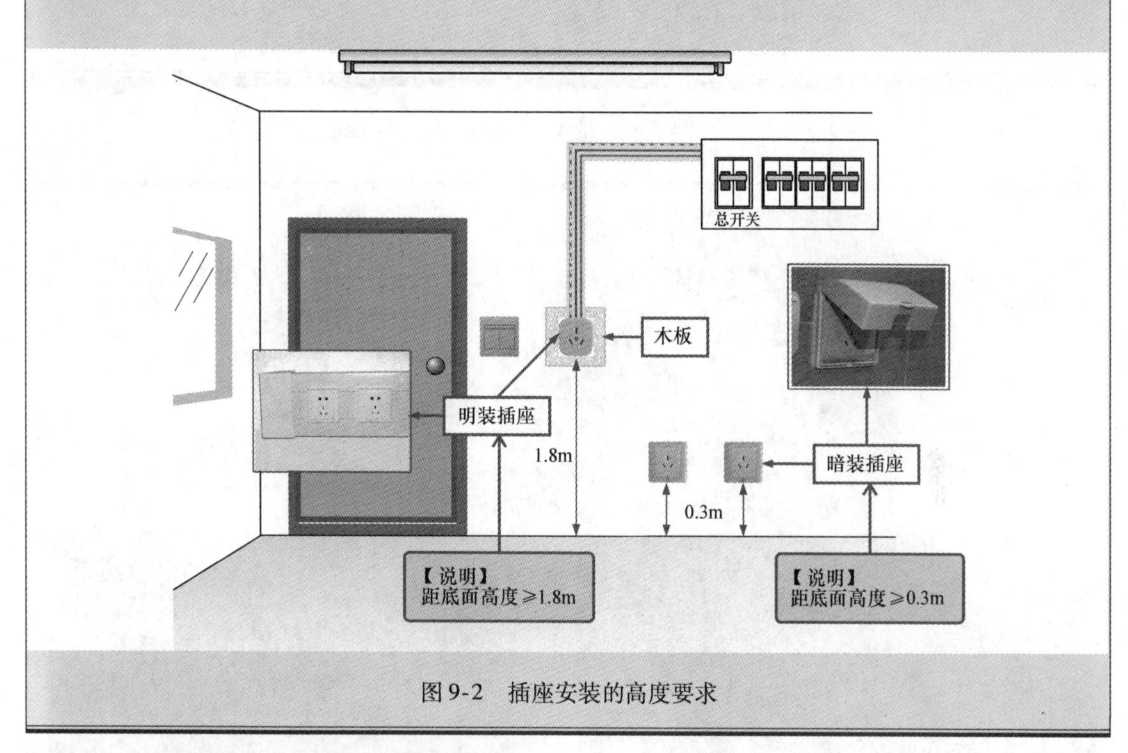

图9-2　插座安装的高度要求

9.1.1　规范安装单相两孔电源插座

单相两孔插座主要用于连接小型电器，没有地线连接端，图9-3所示为常用的明装单相两孔插座的实物外形以及内部线路的连接。明装插座主要在室外环境或者室内装修完成后，用户临时提出要求进行安装等情况下使用。

1. 安装木板

（1）在木板上钻孔，穿入导线

明装两孔插座一般需要安装在木板上。先将电钻选择普通钻模式，选择合适的钻头，然后用电钻在木板中心钻一个较大的孔，将电源供电线从木板中穿出，如图9-4所示。

（2）在墙面上钻孔

根据两孔插座的安装位置及木板的大小，在墙面上钻两个孔，用来固定木板，然后选择与钻孔和木螺钉相匹配的胀管，如图9-5所示。

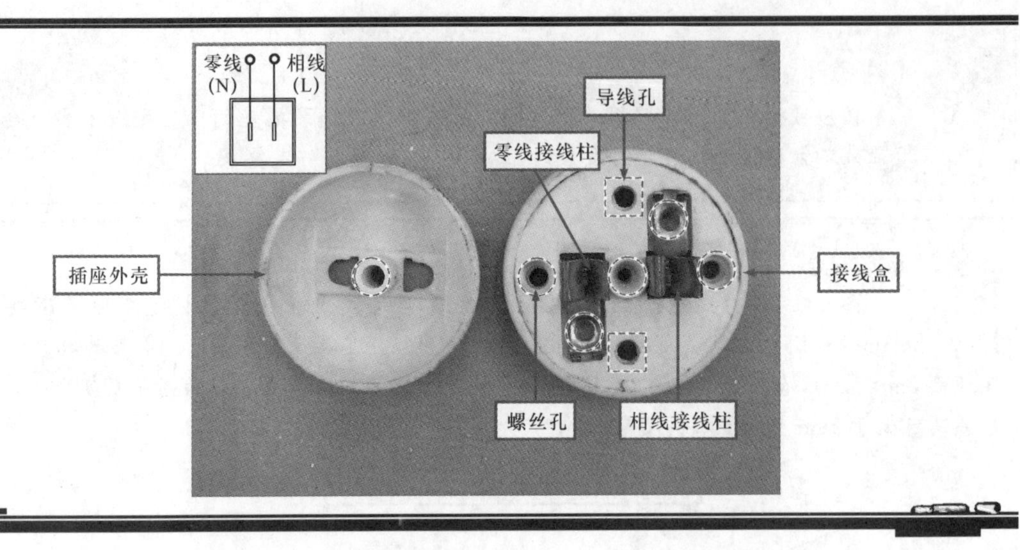

图9-3　明装单相两孔插座的实物外形以及内部线路的连接

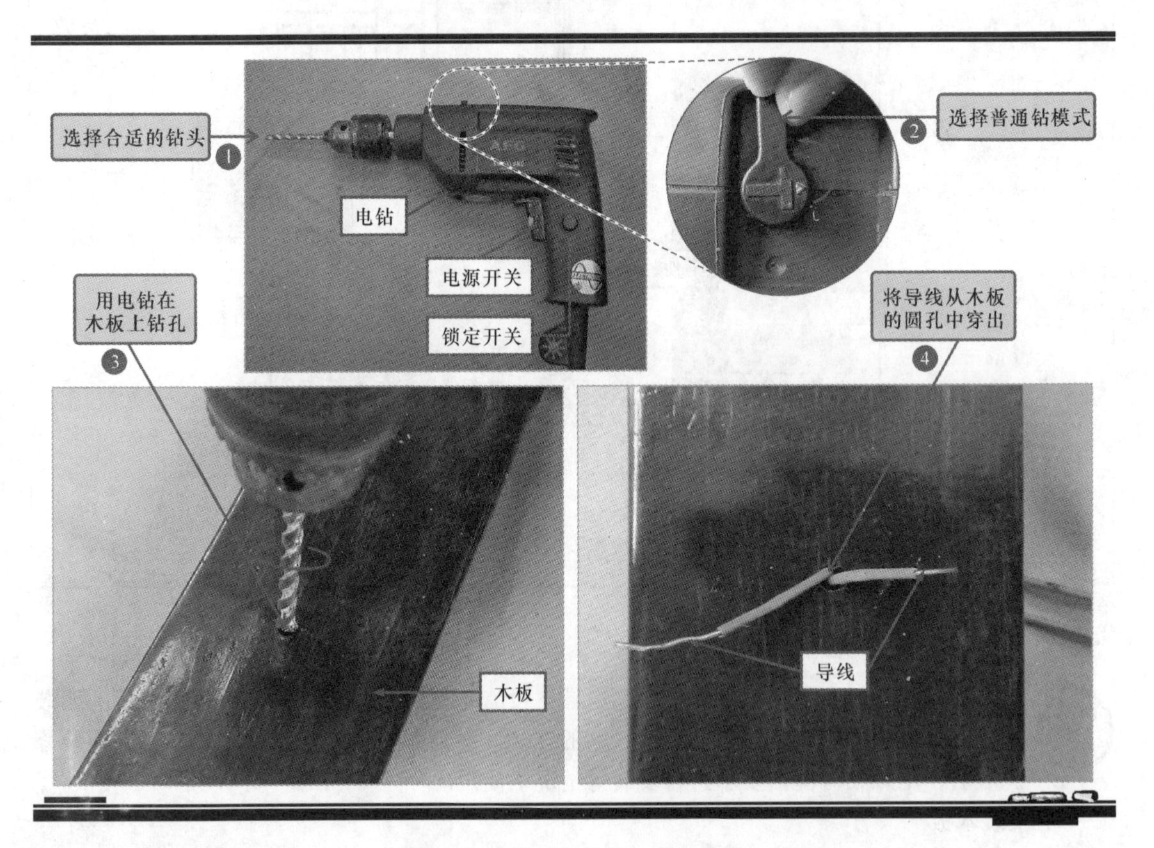

图9-4　在木板上钻孔，穿入导线

（3）埋入胀管并固定木板

将选择好的与木螺钉相匹配的胀管埋入钻孔中。由于胀管有卡扣，所以在安装时需要借助锤子，将胀管装入墙体内，然后将木板上的固定孔与胀管对准，再用螺丝刀将木螺钉拧入木板与胀管中，固定木板，如图9-6所示。

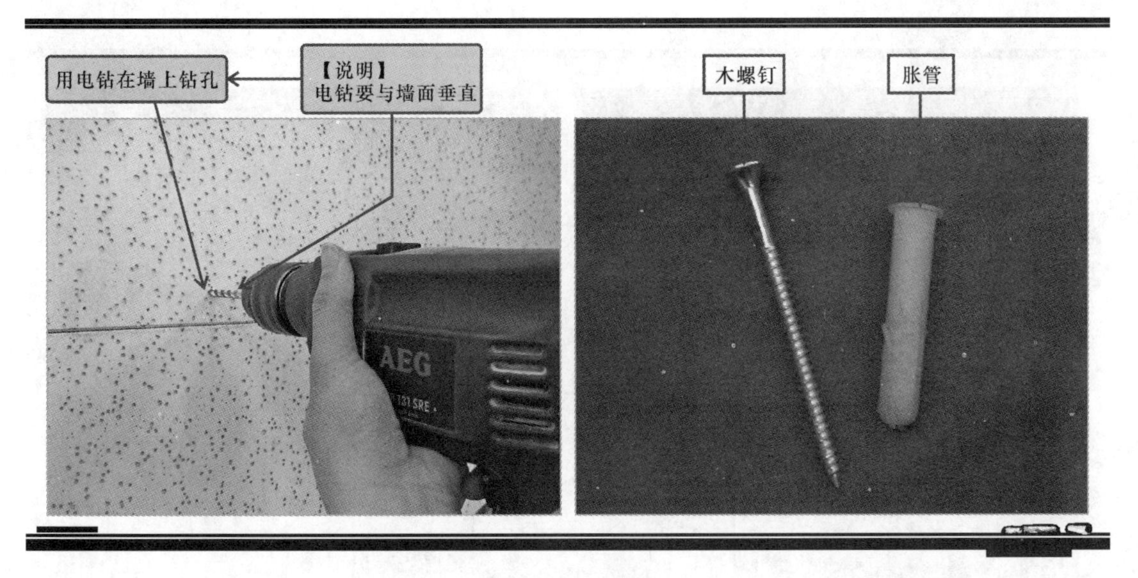

图9-5　钻孔操作

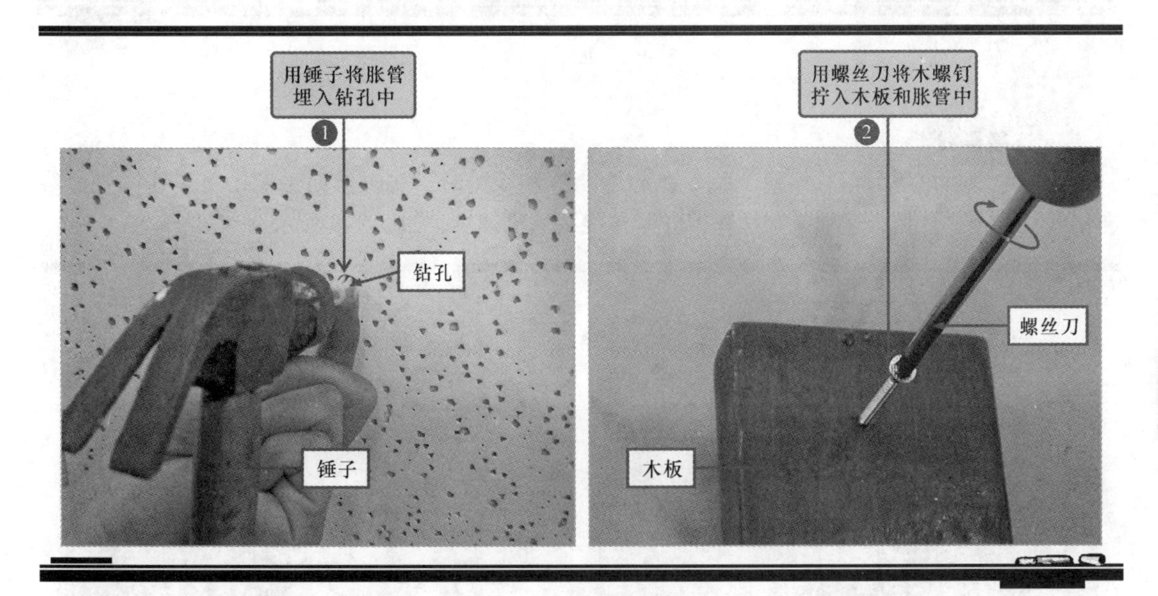

图9-6　埋入胀管并固定木板

【注意】

值得注意的是，在使用电钻钻孔时，要确保电钻与墙面保持垂直，避免将钻孔钻斜。安装胀管时，要选择与钻孔和木螺钉相匹配的胀管。

2. 安装接线盒

木板安装完成后，下一步连接电源供电线。一般情况连接电源供电线时，相线（红色）连接在接线盒的右端，零线（蓝色）连接在左端。因此，调整接线盒，使相线（红色）连接在右端，零线（蓝色）连接在左端，如图9-7所示，接着用螺丝刀拧紧固定螺钉，将接线盒固定在木板上。

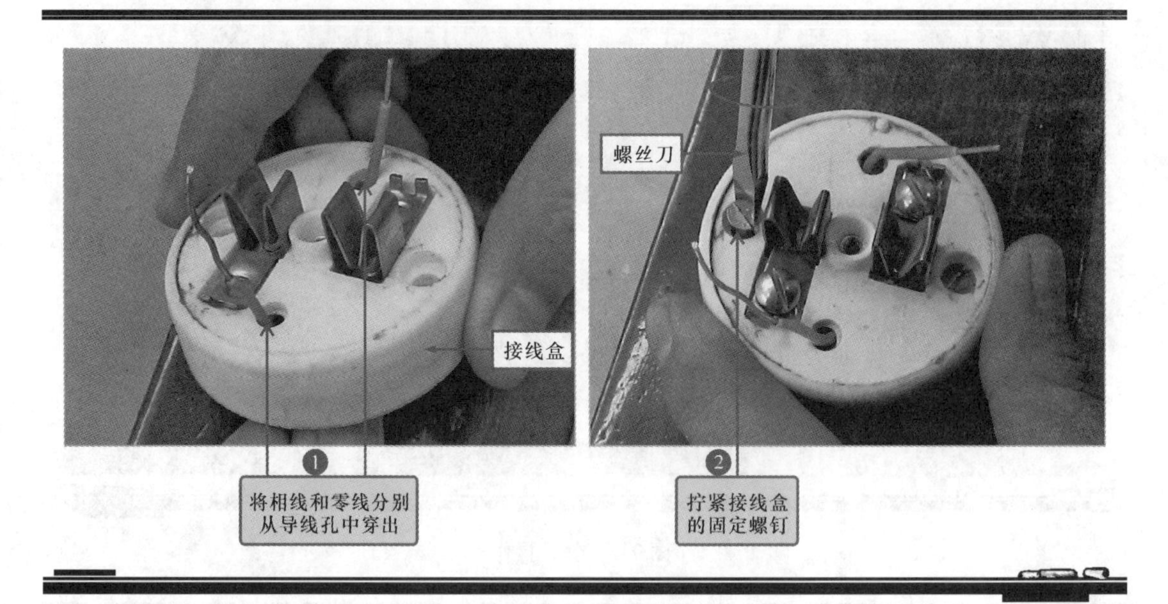

图 9-7　安装接线盒

3. 连接导线

由于电源供电线为铜芯导线，所以在缠绕相线和零线时，需要借助尖嘴钳将导线分别缠绕在接线柱上，并使用合适的一字螺丝刀拧紧接线柱固定螺钉，如图 9-8 所示。

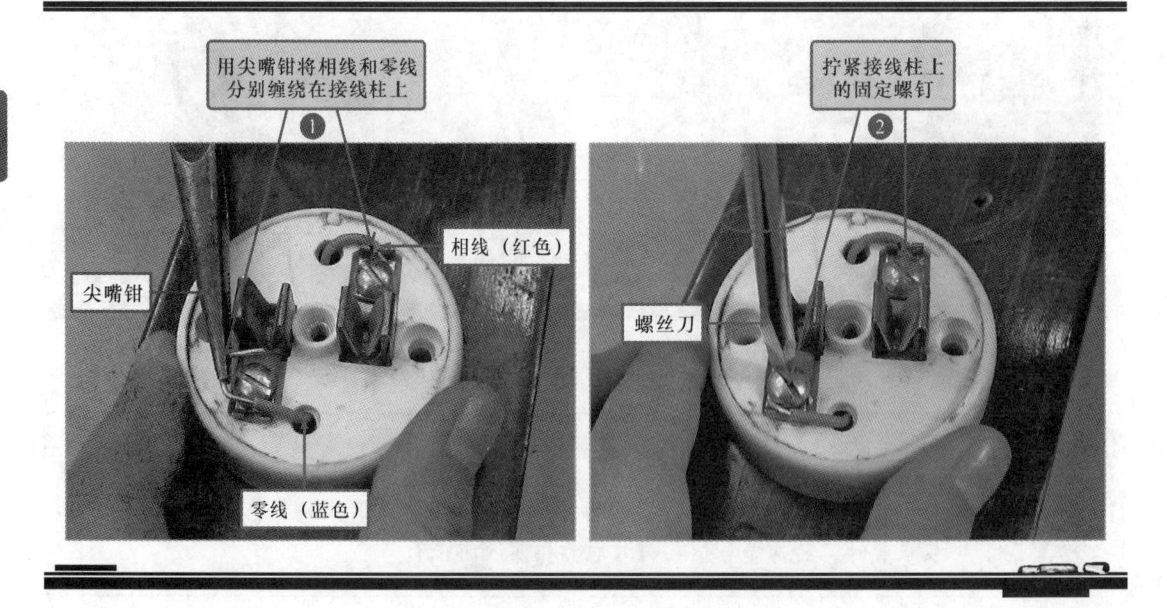

图 9-8　连接相线（红色）和零线（蓝色）

4. 安装插座外壳

导线缠绕完成后，将插座外壳放置在接线盒上，拧紧固定螺钉将其固定在接线盒上，如图 9-9所示。

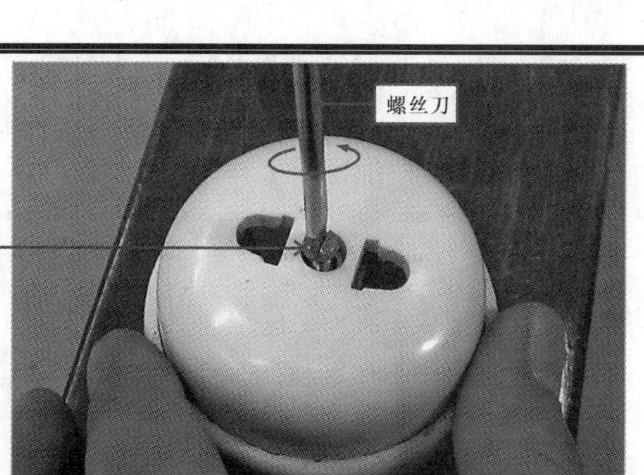

图9-9　安装插座外壳

至此，单相两孔插座的明装操作就完成了。

9.1.2　规范安装单相三孔电源插座

单相三孔插座可分为小功率供电插座和大功率供电插座两种，其安装接线方法基本相同。

小功率供电插座是家庭或办公室中常见的电源插座，这种插座的规格是250V、10A，台灯、电风扇、计算机、音响、电视机的电源都采用这种规格。对其进行安装首先要选择适合的插座类型和连接线，了解供电插座的安装要求。小功率供电插座安装位置要求距地面高度不小于0.3m，如图9-10所示。

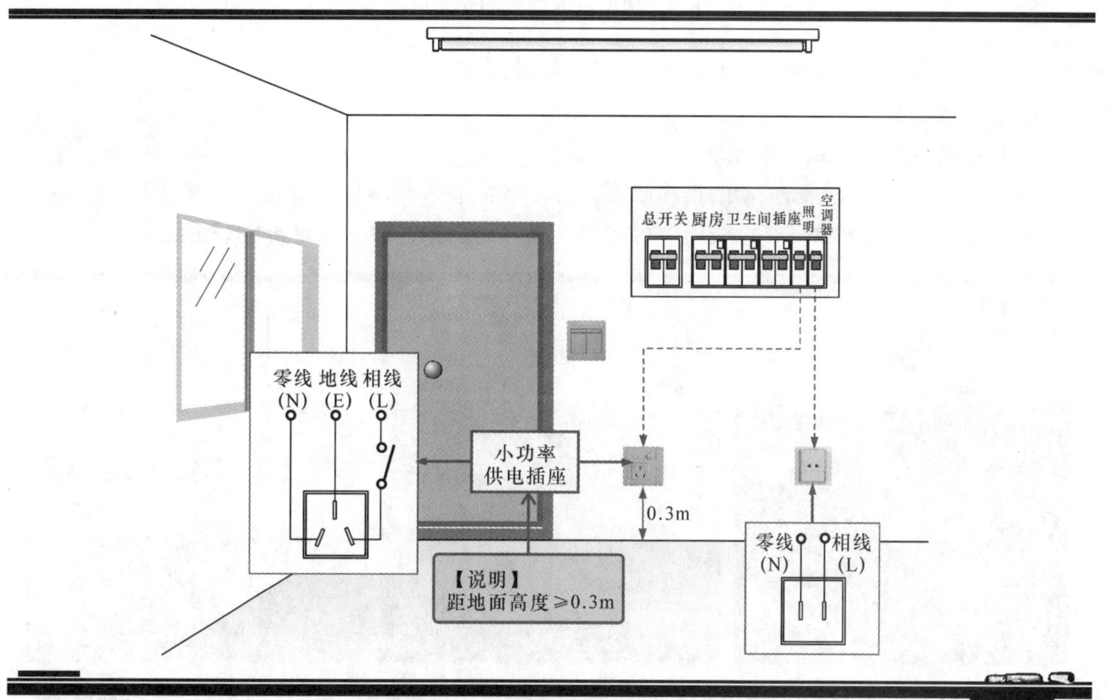

图9-10　小功率插座的安装位置示意

大功率供电插座基本上应用在空调器供电中。对空调器所用的大功率插座安装时，同样需要注意其安装的高度，大功率插座距地面高度一般为1.8m，图9-11所示，为大功率供电插座安装位置示意图。通常壁挂式空调器的电源插座，其规格为250V、16A。而柜式空调器的电源插座则需要250V、40A，通常需要专用的供电方式。

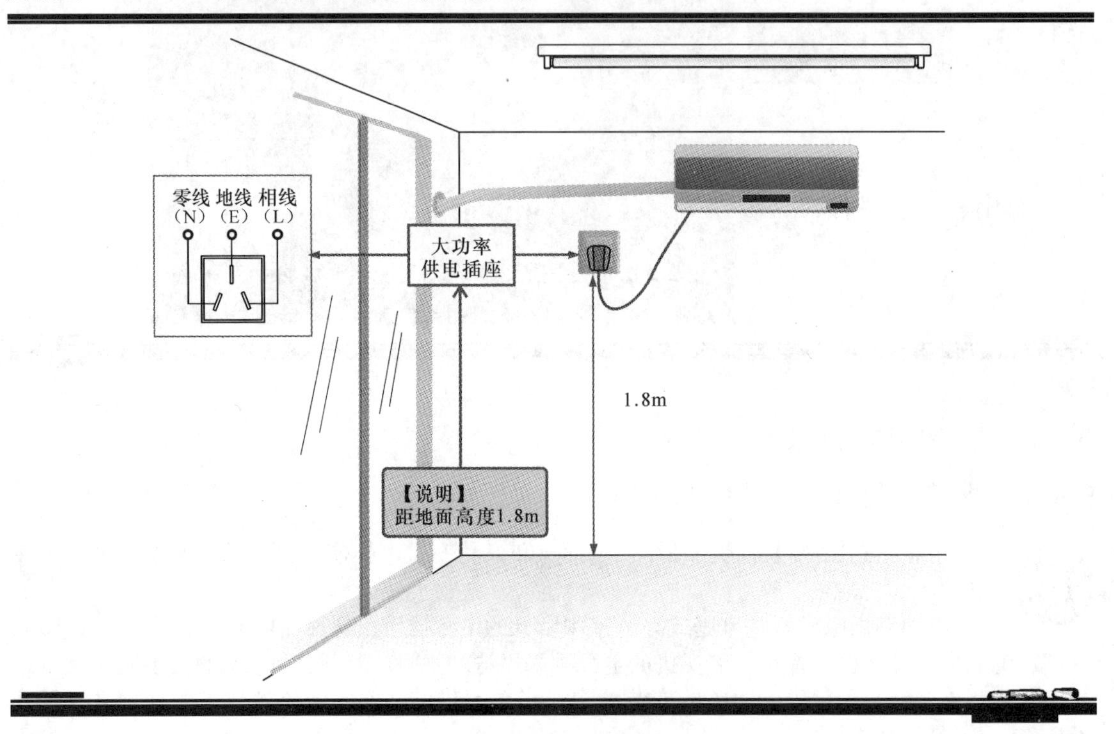

图9-11　大功率供电插座的安装位置示意

下面以大功率设备单相三孔插座的安装为例进行介绍。

1. 安装接线盒

（1）将接线盒嵌入到墙体开槽中

将接线盒需要穿入导线一端的挡片取下，将接线盒嵌入到墙体的开槽中。接线盒放置好后，对墙体护管部分进行开槽。开好线槽后再将护管嵌入到墙体开槽中，如图9-12所示。

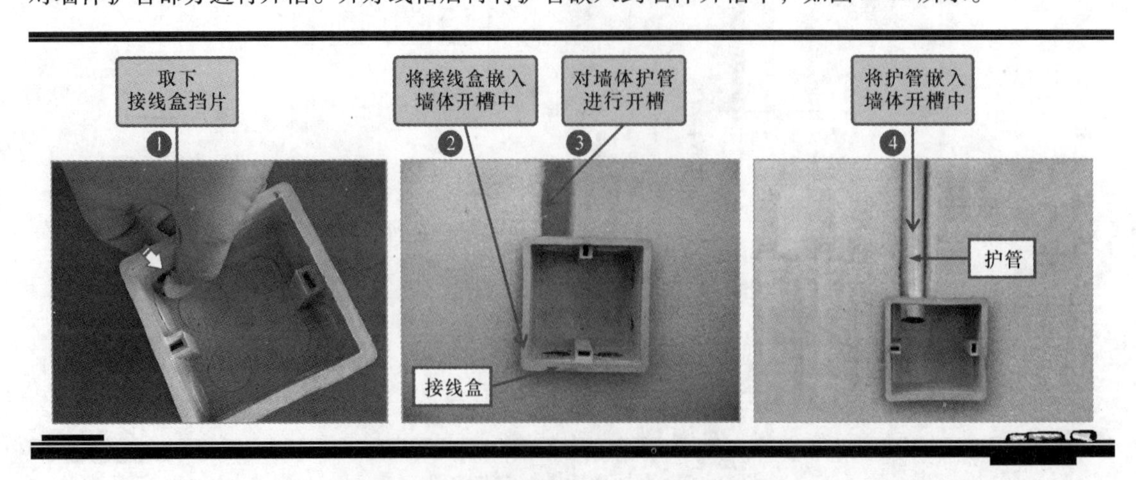

图9-12　将接线盒嵌入到墙体开槽中

（2）穿线、剥线

线管埋好后，将导线通过线管穿入接线盒中，使用剥线钳将预留出的导线进行剥线操作，将预留导线端子的绝缘皮剥除，如图9-13所示。

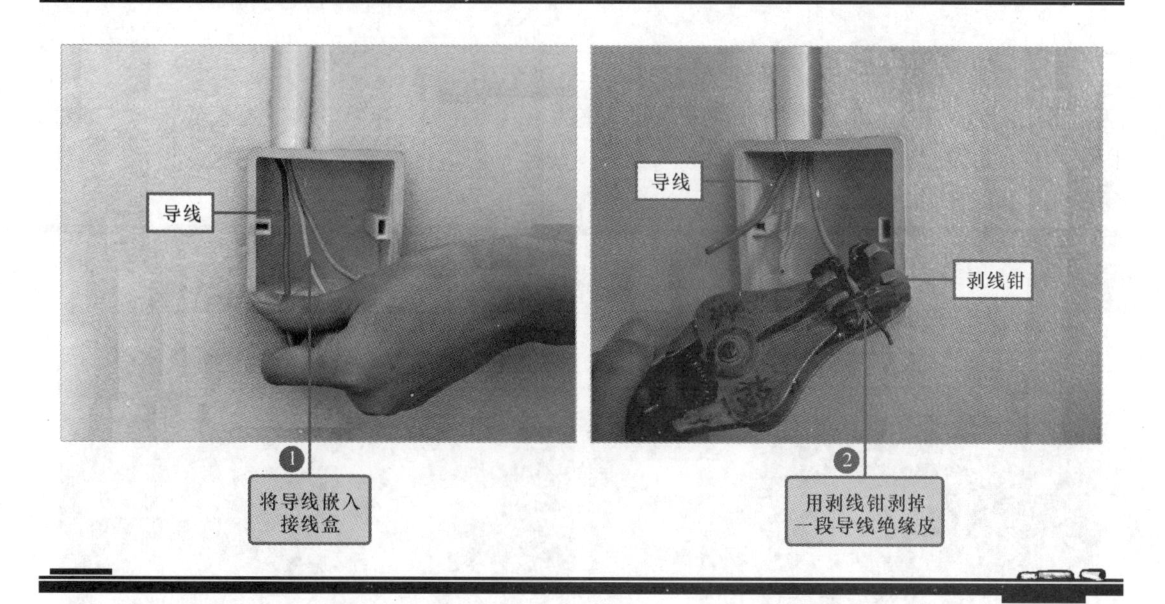

图9-13　穿线与剥线

2. 连接导线

（1）取下插座护盖

先将插座护盖的按扣按下，以便将护盖取下，如图9-14所示。

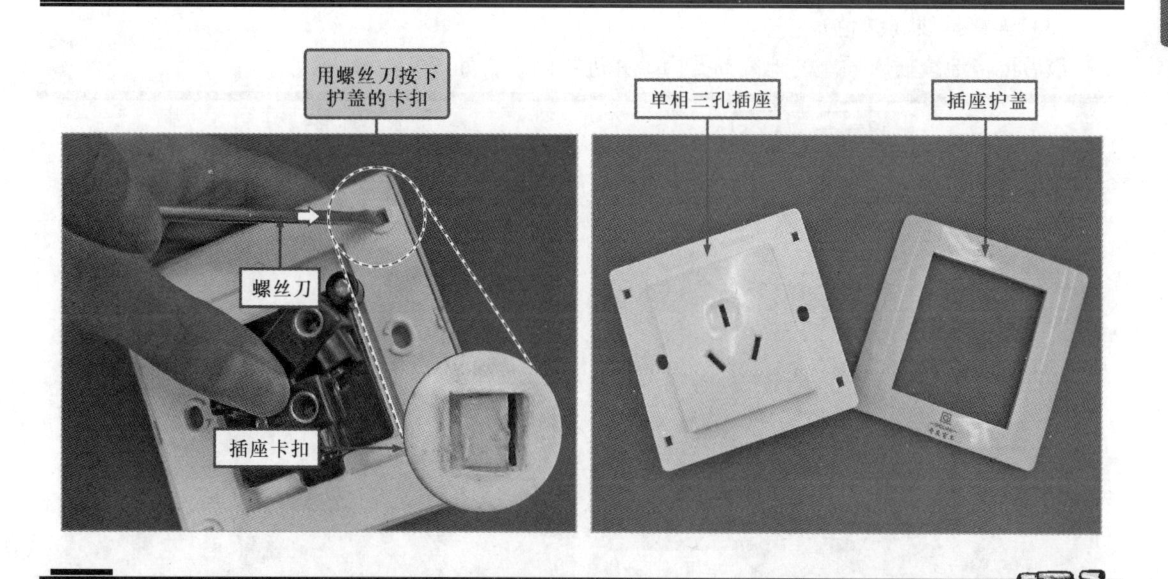

图9-14　取下插座护盖

【注意】

电源导线必须使用铜芯线。如果住的是旧房子，一定要把原来的铝线换成铜线。因为铝线极易氧化，接头处容易打火。另外，很多家庭为了美观，会采用开槽埋线、暗管铺设的方式。在布线时一定要遵循“相线进开关，零线进灯头”的原则。

（2）连接相线（红色）和零线（蓝色）

将预留出的相线（红色）连接端子插入插座的相线插孔中，再拧紧插座相线插孔处的螺钉，固定相线；将零线（蓝色）连接端子穿入插座零线插孔内，再拧紧插座零线插孔处的螺钉，固定零线，如图9-15所示。

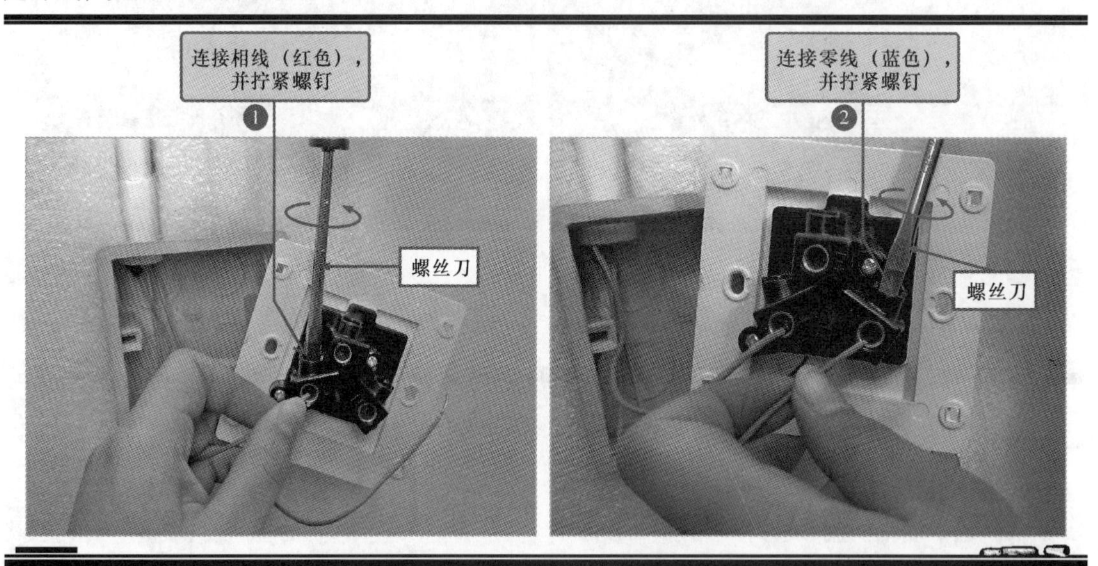

图9-15　连接相线（红色）和零线（蓝色）

（3）连接地线（绿色）

最后再将地线插入插座的地线插孔内，并进行固定，如图9-16所示。

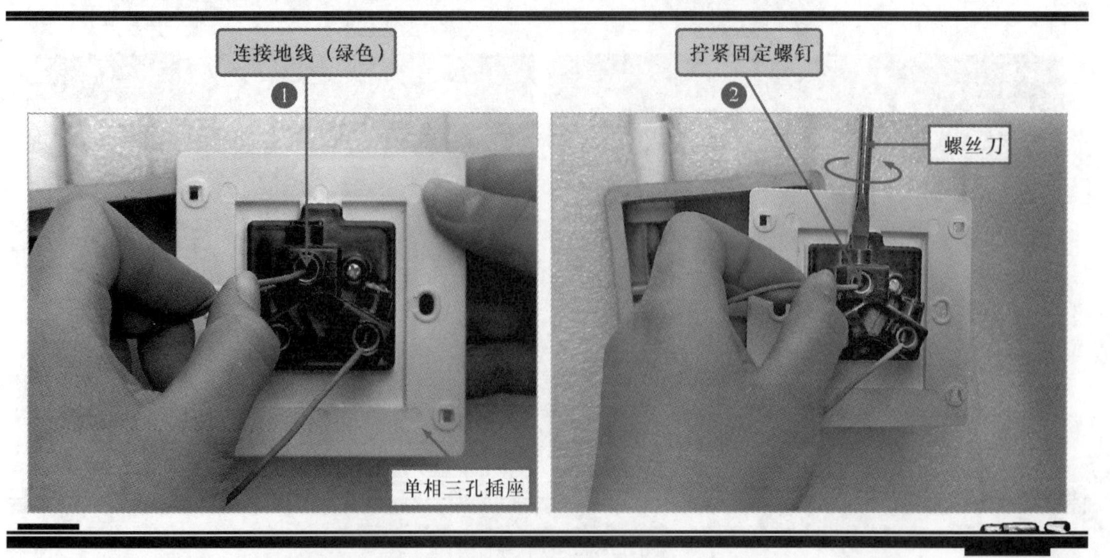

图9-16　连接地线（绿色）

【资料】

一般情况下，相线用红色、黄色或绿色导线，零线用蓝色导线，地线用黄色或黑色导线。导线颜色是为了用来区分相线和零线的，安装时不要接错，应符合左零右火（相）的规则，即红色相线接标有L标识的插孔，蓝色零线接标有N标识的插孔，黄色或黑色接地线接标有E标识的插孔。

3. 安装插座外壳

插座导线连接并检查完成后，盘绕多余的导线，并将插座放置到接线盒的位置，拧紧固定螺钉固定插座，再将插座护盖安装到插座上，如图9-17所示。至此，单相三孔插座便安装完成。

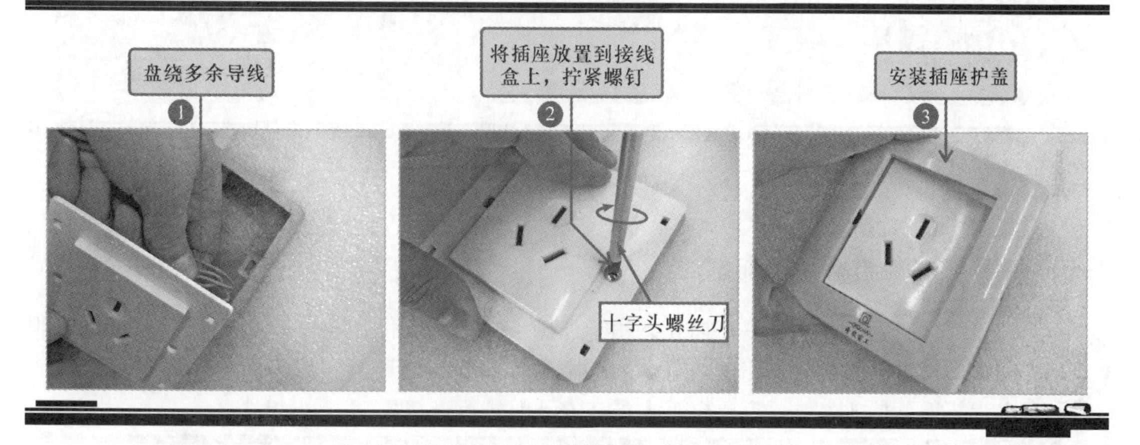

图9-17　安装插座外壳

4. 安装插座防护盖

在比较潮湿多水的环境中安装插座，如卫生间、厨房、地下室中安装插座，洗浴水会渗到插座中，潮湿的空气也会渗入到插座的插孔中，容易引起漏电。因此，在安装插座时，还要对插座进行防护盖的安装，图9-18所示为常用的插座防护盖。

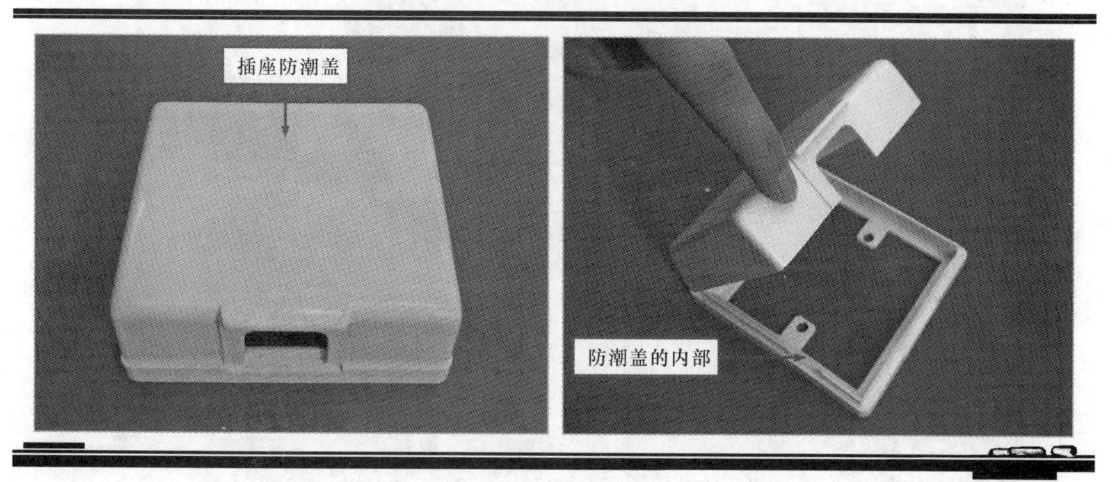

图9-18　常用的插座防护盖

插座与接线盒内的预留导线端子连接完成后，将插座装入防潮盖中，并拧紧固定螺钉，对防潮盖进行固定，如图9-19所示。

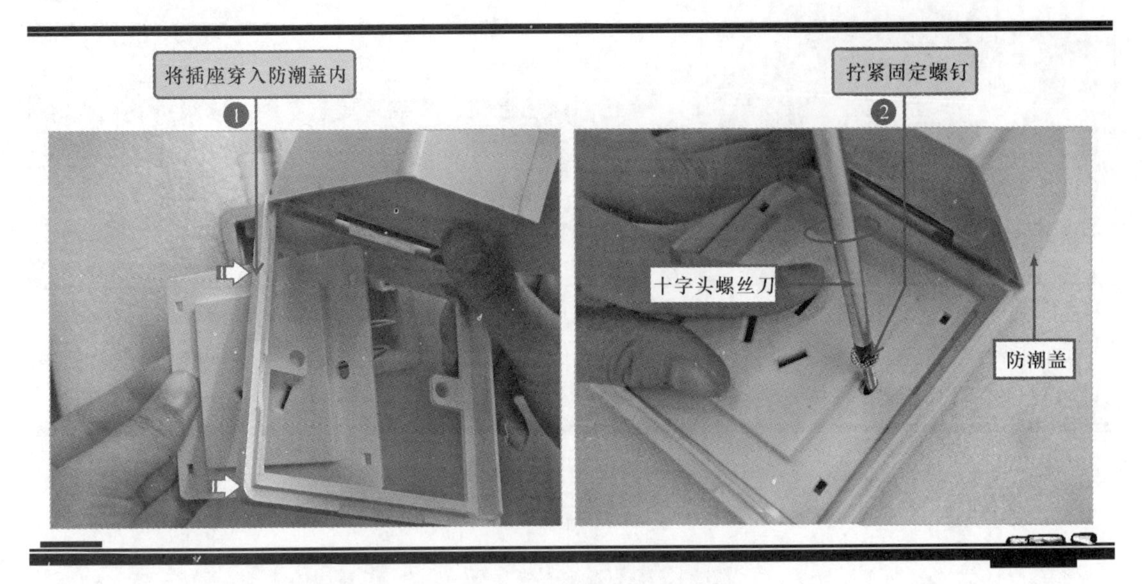

图 9-19　安装插座防潮盖

9.1.3　规范安装组合电源插座

组合插座上设计了多个插孔，用于连接不同用电设备，其外形及背部结构如图 9-20 所示。其中，单相两孔和三孔组合的插座的背部插孔已连接完成，而单相三孔组合的插座背部插孔是独立的，需要电工人员在安装时进行连接。

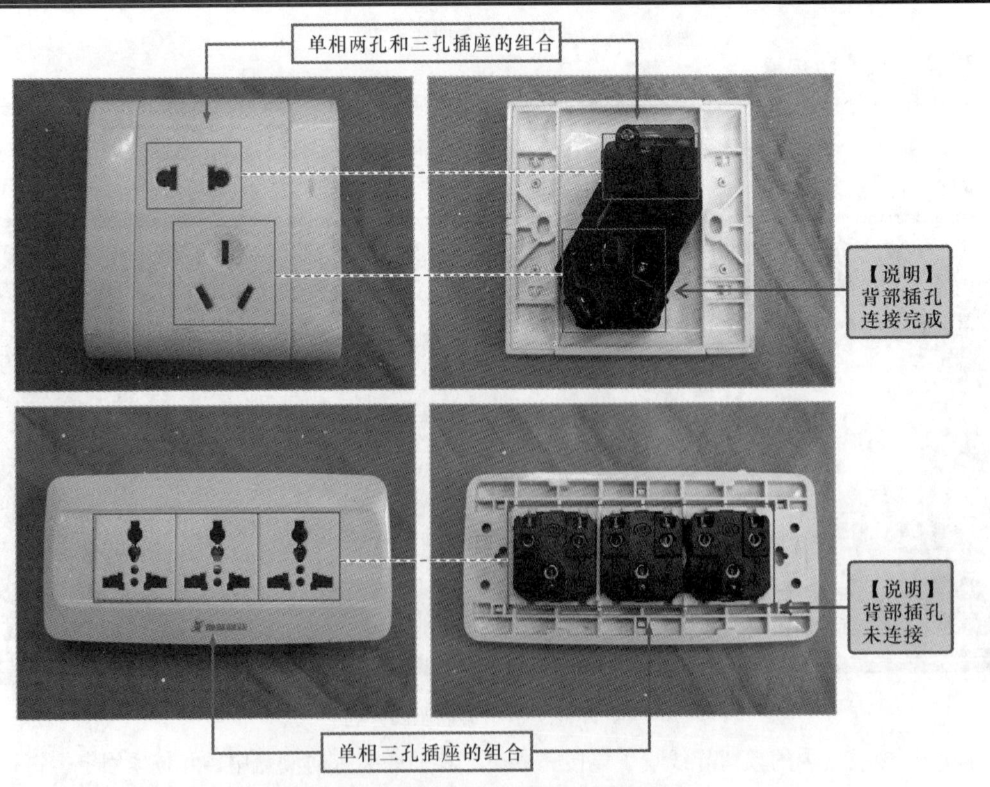

图 9-20　组合插座的外形及背部结构

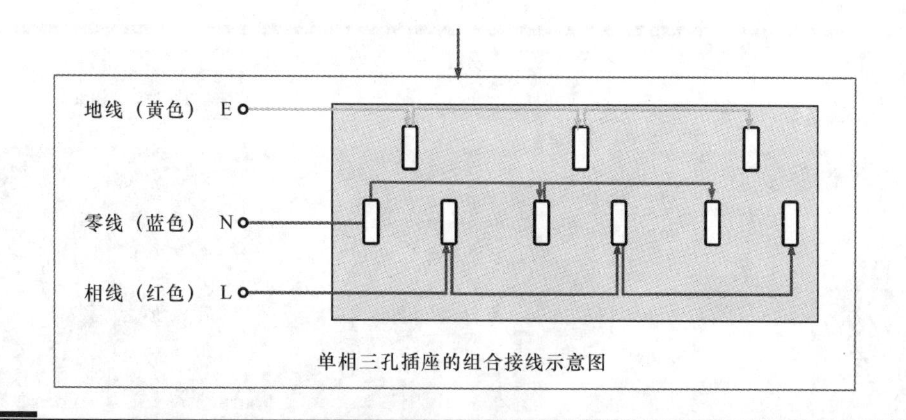

图 9-20 组合插座的外形及背部结构（续）

单相两孔和三孔组合的插座和单相三孔插座的连接、安装方法基本相同，下面以单相三孔组合的插座为例对其连接方法进行介绍。

1. 取下插座盖板

使用一字头螺丝刀，按下插座盖板的按扣，并撬动插座盖板，将盖板取下，如图 9-21 所示。

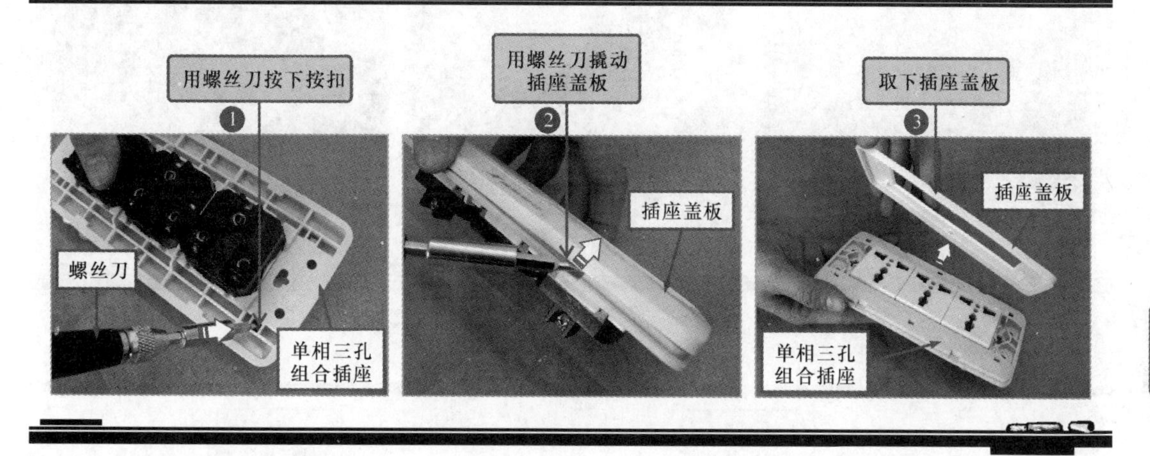

图 9-21 取下插座盖板

2. 相线（红色）的连接

（1）加工相线（红色）

按照两相线（红色）插孔端的距离估算导线的长度，使用剥线钳，剥去导线两端适当长度的绝缘层，然后使用尖嘴钳对相线（红色）两端进行弯曲，用相同方法再制作一根相线，如图 9-22所示。

（2）插入相线（红色）并固定

将两根相线（红色）的两端分别插入插座的相线插孔中，其中有一个插座的相线插孔插入了两根相线，接着使用合适的螺丝刀拧紧固定螺钉，固定完成后，将相线弯向另一侧，便于连接零线，如图 9-23 所示。

3. 零线（蓝色）的连接

（1）加工零线（蓝色）

按照两零线插孔端的距离量取零线长度后将零线剪断，然后再截取一根相同长度的零线，使用剥线钳剥去两根零线两端适当长度的绝缘层，如图 9-24 所示。

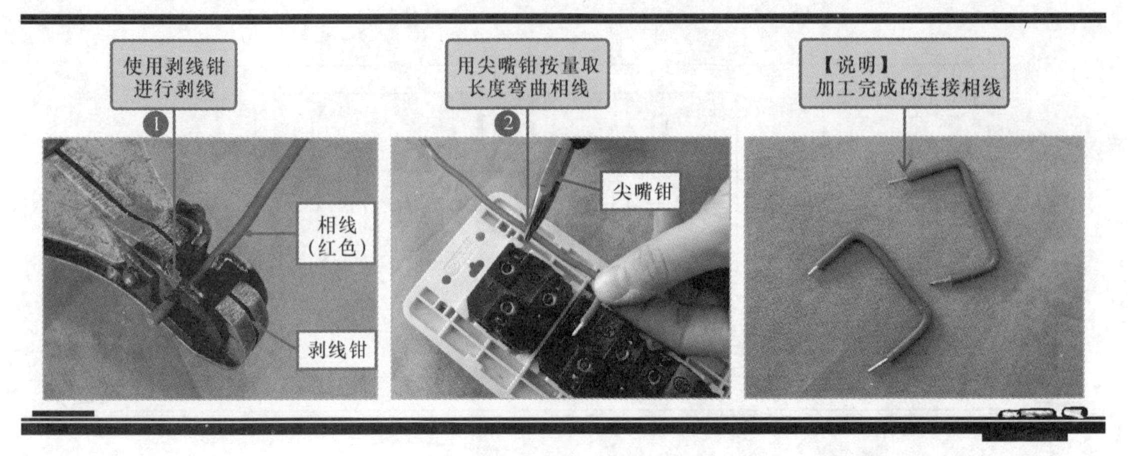

图 9-22　加工相线（红色）

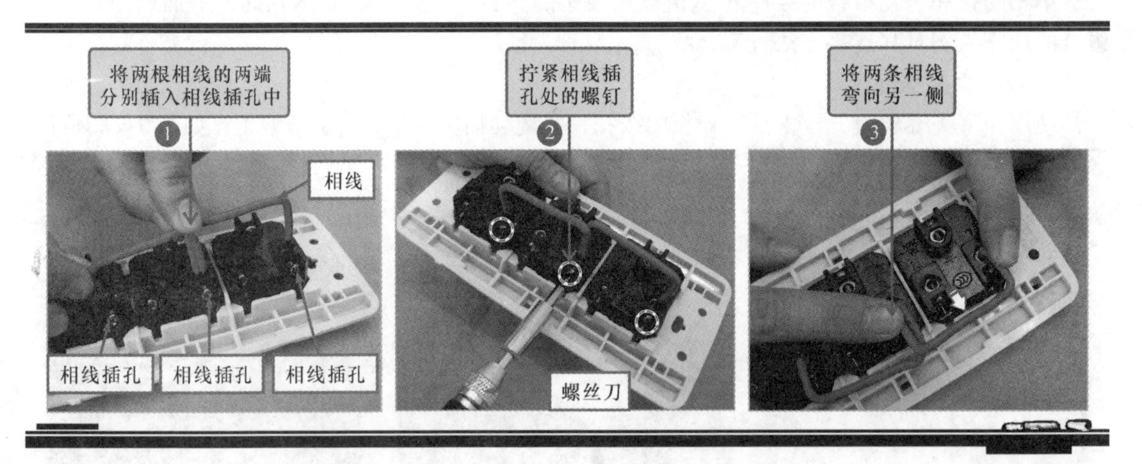

图 9-23　插入相线（红色）并固定

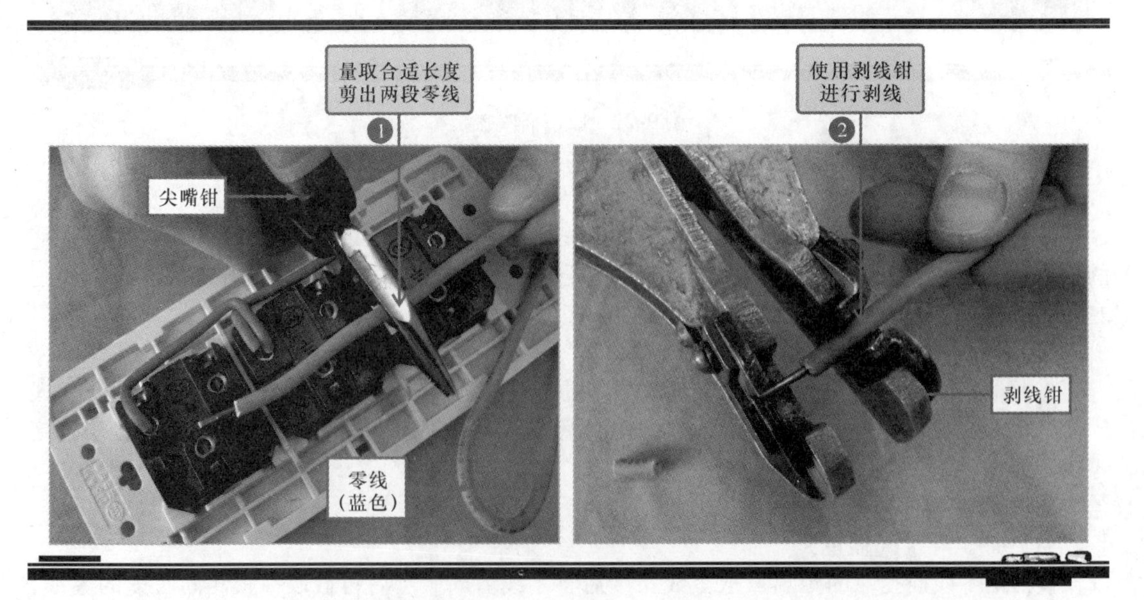

图 9-24　加工零线（蓝色）

（2）插入零线（蓝色）

将两根零线（蓝色）均插入中间的零线插孔内，使用螺丝刀进行固定，固定后将两根零线向两侧的零线插孔处分开，如图9-25所示。

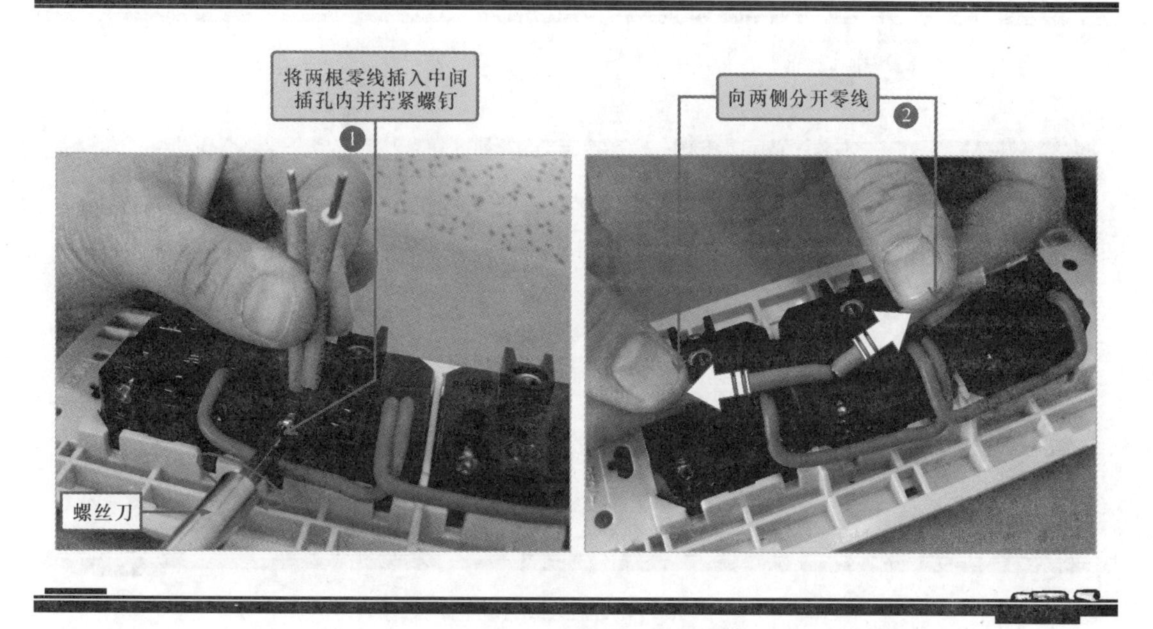

图9-25　插入零线（蓝色）

（3）固定零线（蓝色）

将两根零线的接线端使用尖嘴钳分别进行弯曲，并将其插入零线插孔中，拧紧固定螺钉进行固定，如图9-26所示。

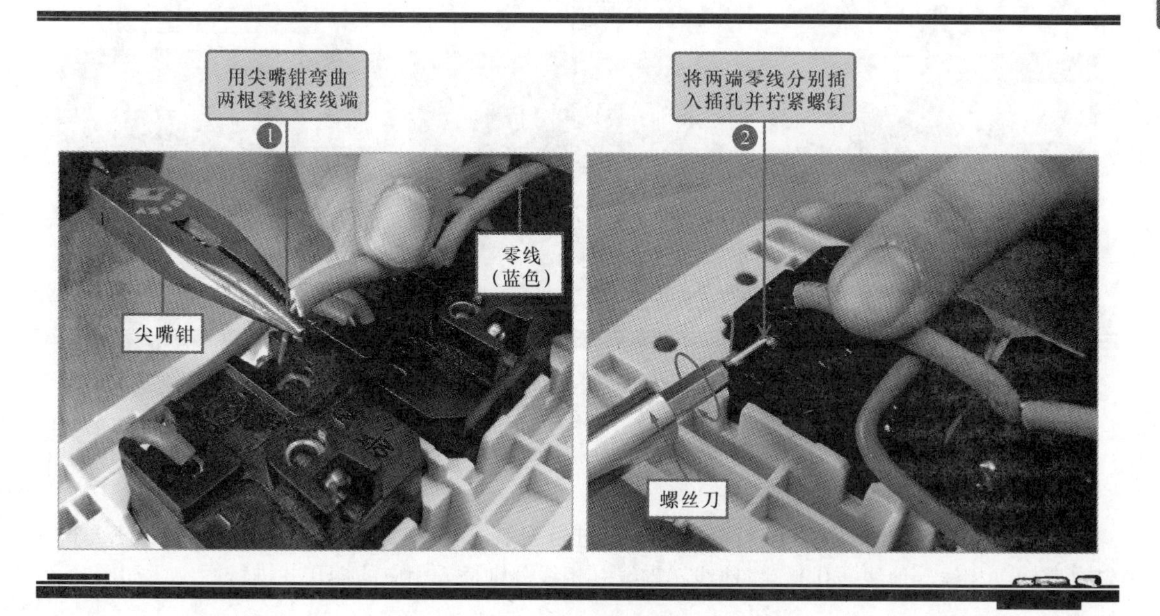

图9-26　固定零线（蓝色）

4. 地线（黄色）的连接

（1）加工地线（黄色）

按照两地线插孔端的距离量取导线长度并弯曲，预留适当长度后将其剪断，再剥去地线两端适当长度的绝缘层，如图9-27所示，用以上方法再制作一段等长的地线。

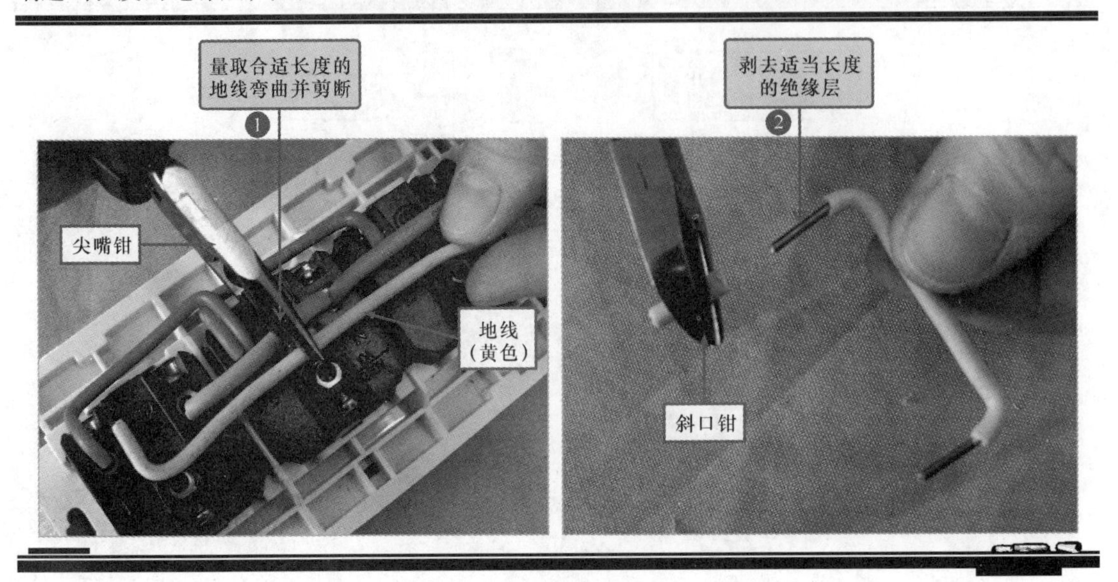

图9-27　加工地线（黄色）

（2）插入地线（黄色）并固定

将两根地线的两端分别插入插座的地线插孔中，其中有一个插座的地线插孔插入了两根地线，拧紧固定螺钉，地线连接完成后，即完成了组合插座各插孔之间的连接，如图9-28所示。

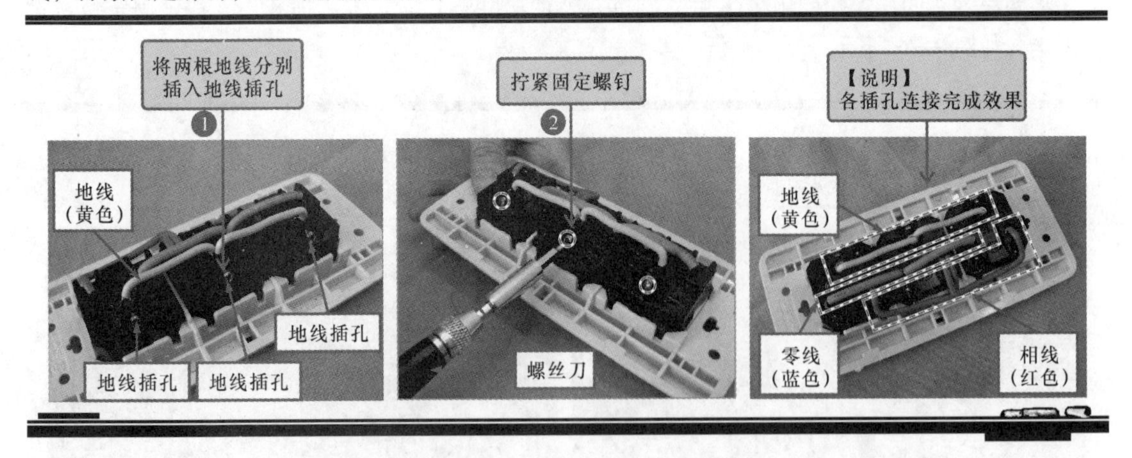

图9-28　插入地线（黄色）并固定

5. 连接组合插座与墙面预留的导线

（1）连接墙面预留导线

检查预留的导线的长度并进行剥线，然后进行安装。拧松插座其中一侧一组插孔的三个螺钉（零线、相线、地线插孔），将地线、零线、相线分别插入相应的插孔并进行固定，如图9-29所示。

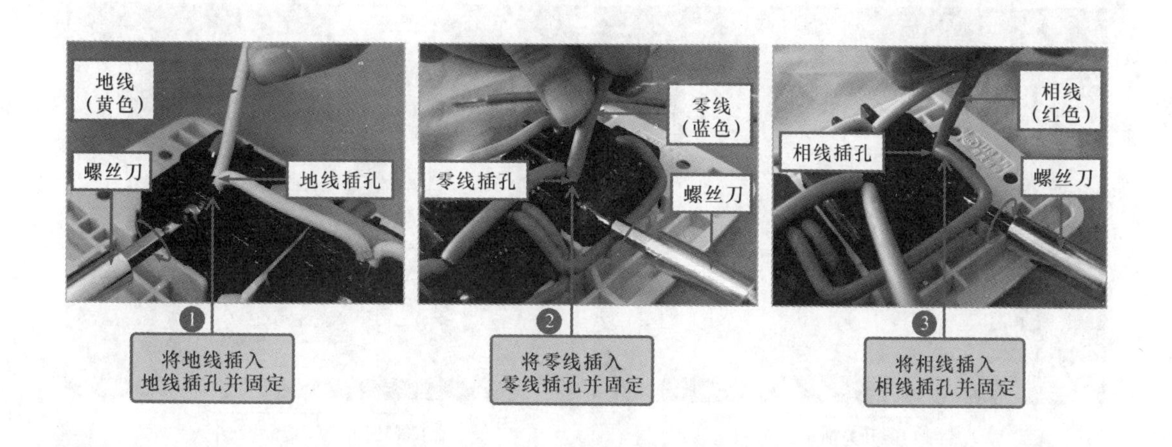

图9-29　连接墙面预留导线

（2）安装插座盖板

插座与墙面预留导线连接完成后，将插座固定到墙面上，并将盖板盖上，即完成了组合插座的安装，如图9-30所示。

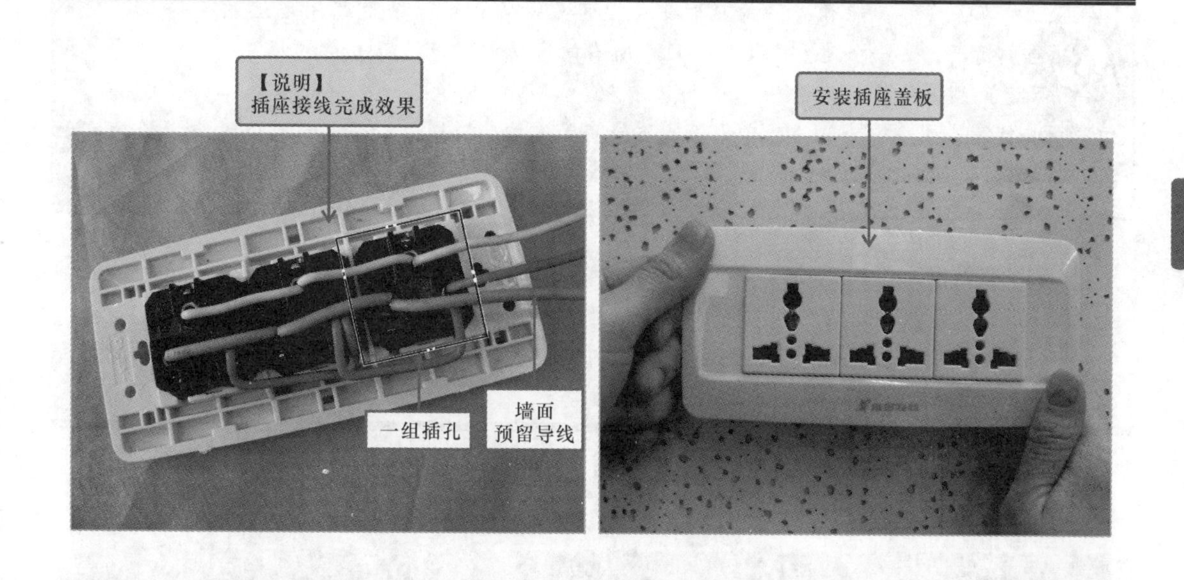

图9-30　安装插座盖板

至此，组合插座的连接操作就完成了。

9.1.4　规范安装带功能开关的电源插座

带功能开关的插座上设有控制电源的开关，无需频繁插拔设备插头，图9-31所示为常见的带功能开关的插座。

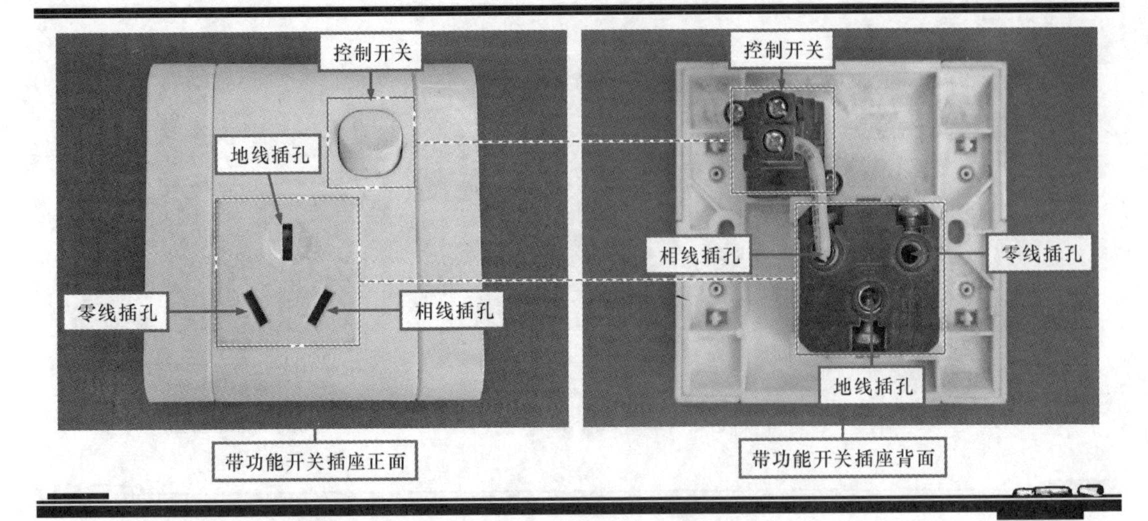

图 9-31　带功能开关的插座

提问 居家使用带功能开关的插座还不是很普遍，请问安装带功能开关的插座是出于什么考虑呢？

回答 在安装带功能开关的插座时，主要考虑两方面：一个是家用电器的“待机耗电”情况，另一个是方便使用。几乎所有的家用电器产品都有待机耗电，因此，为了避免频繁插拔，如洗手间中的洗衣机、电热水器等；厨房中的电热水壶、电磁炉、电饭锅等；书房中的电脑、音响等这类使用频率相对较低的家用电器可以考虑用带功能开关插座。

1. 安装接线盒

（1）将导线嵌入接线盒

取下接线盒与护管位置相对应的挡片，使用剥线钳将预留出的导线进行剥线操作，剥线完成后，将接线盒嵌入墙的开槽中，如图 9-32 所示。

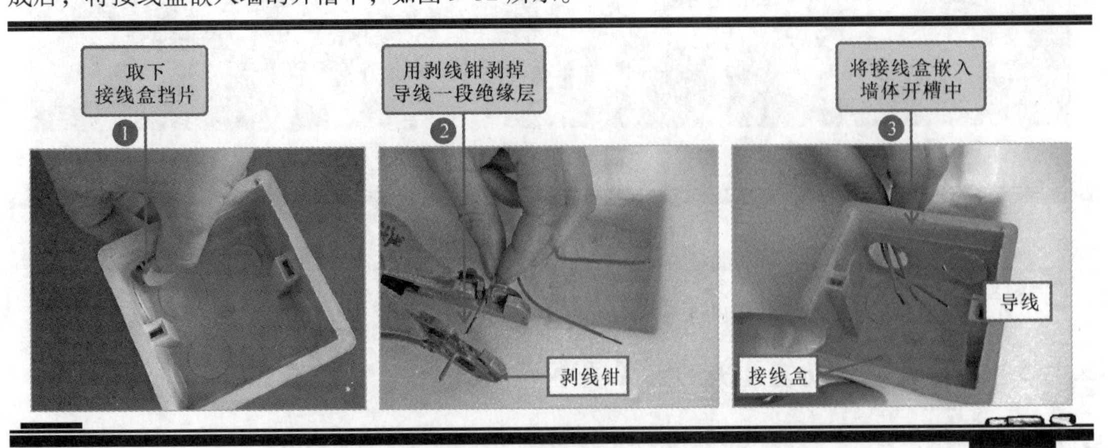

图 9-32　将导线嵌入接线盒

【注意】

若在对插座进行连接时，先将插座的控制开关拨至关断状态，然后再对插座进行安装，如图9-33所示。

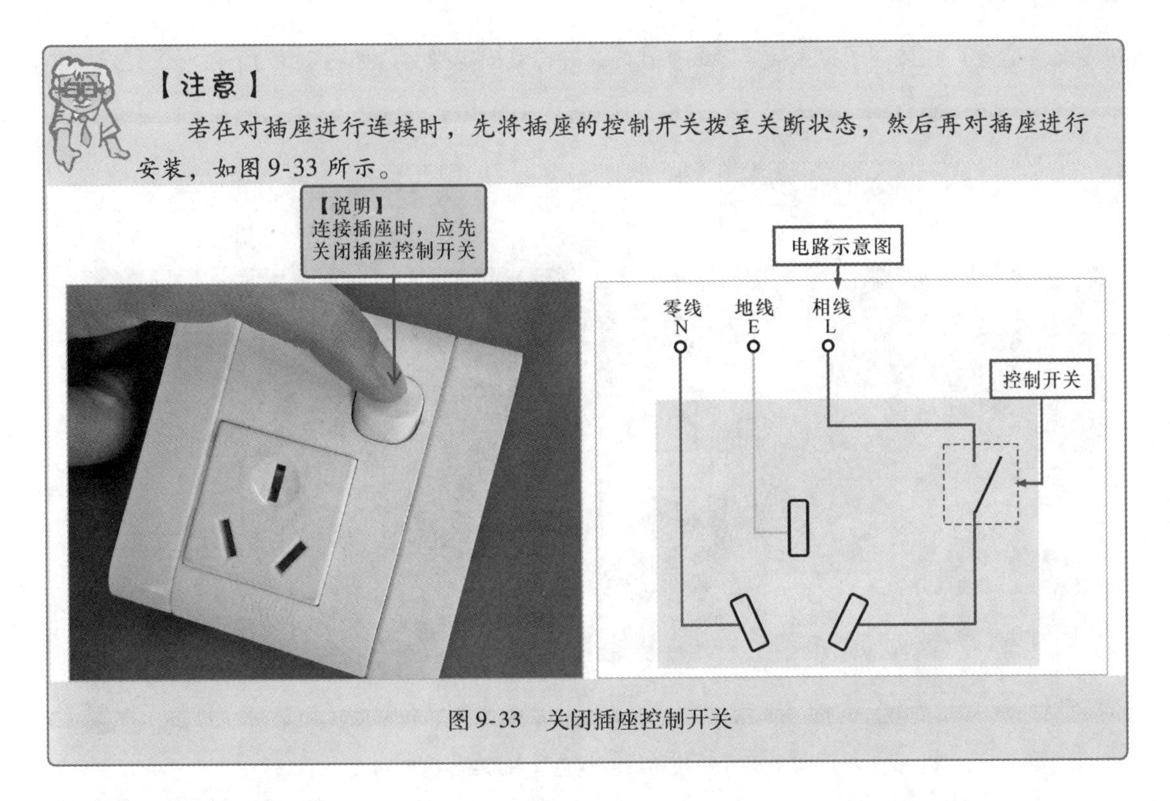

图9-33　关闭插座控制开关

（2）取下盖板

使用一字头螺丝刀，按下插座一侧盖板的按扣，将其插座两侧的盖板取下，如图9-34所示。

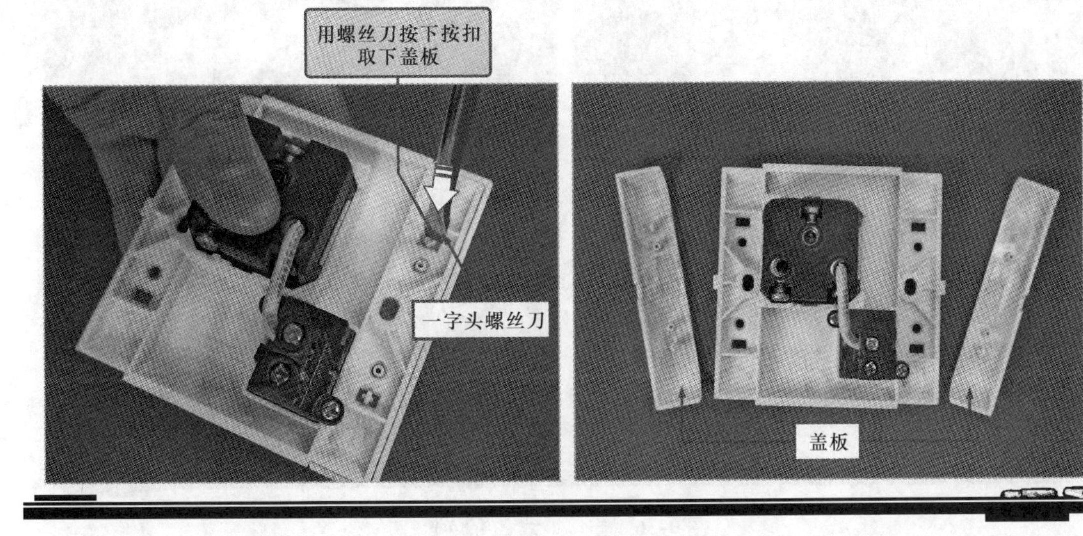

图9-34　取下盖板

2. 连接导线

（1）连接相线（红色）和零线（蓝色）

将预留出的相线（红色）连接端子，穿入插座控制开关的接线孔内，并拧紧固定螺钉；再将零线（蓝色）连接端子穿入插座零线插孔内，并拧紧固定螺钉，如图 9-35 所示。

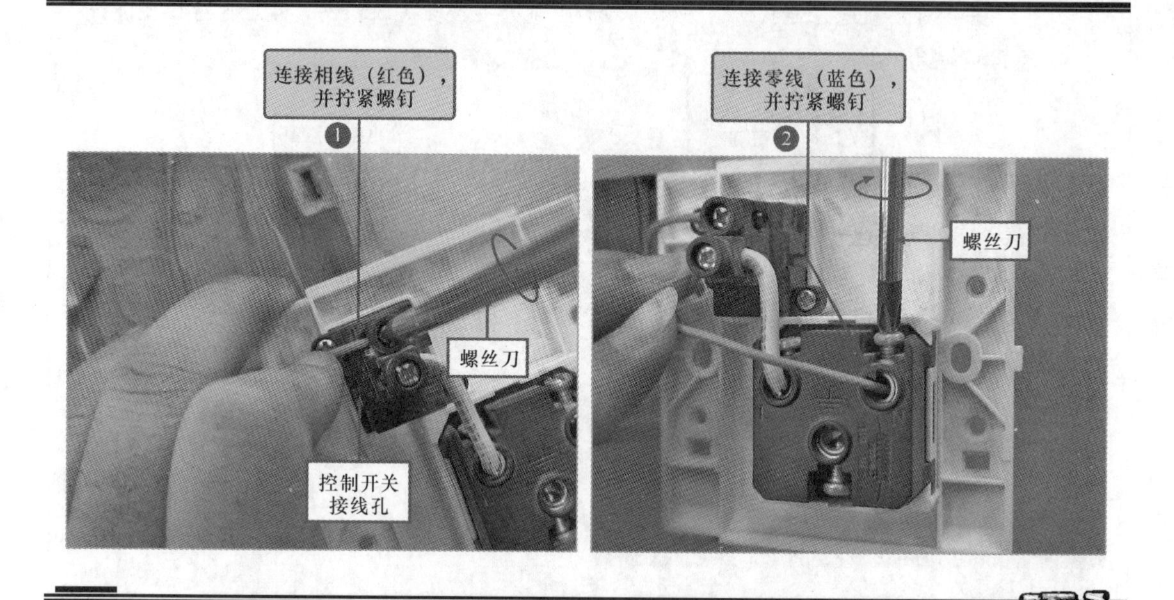

图 9-35　连接相线（红色）和零线（蓝色）

（2）连接地线（绿色）

最后再将地线（绿色）连接端子穿入插座地线插孔内，并拧紧固定螺钉，如图 9-36 所示。

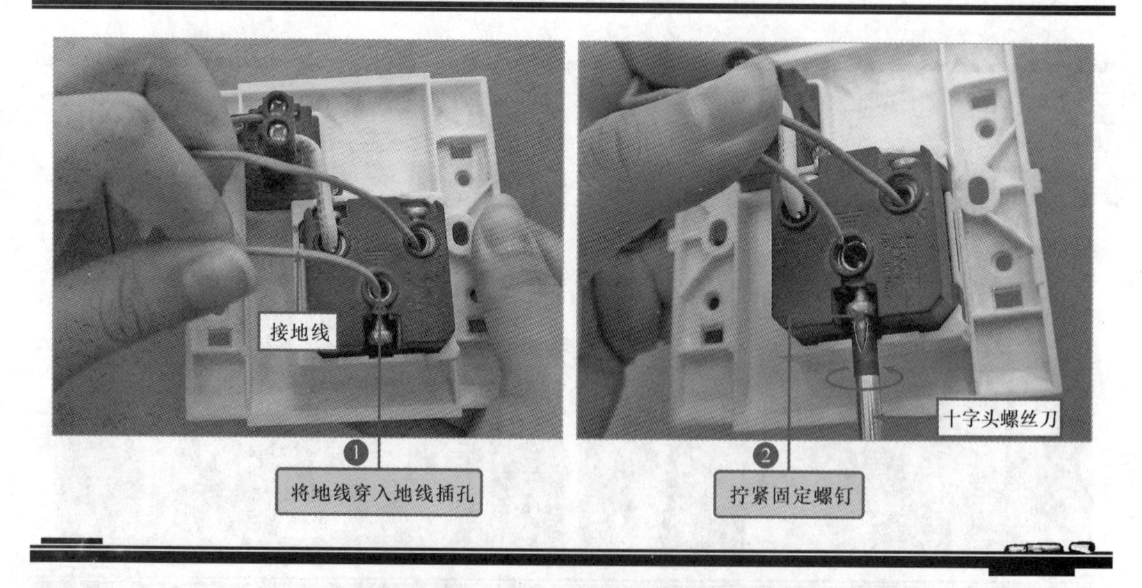

图 9-36　连接地线（绿色）

3. 安装插座外壳

插座连接并检查完成后，盘绕多余的导线，并将插座放置到接线盒的位置，对齐螺丝孔，拧紧固定螺钉，再将两侧盖板装上，即完成了整个安装步骤，如图 9-37 所示。

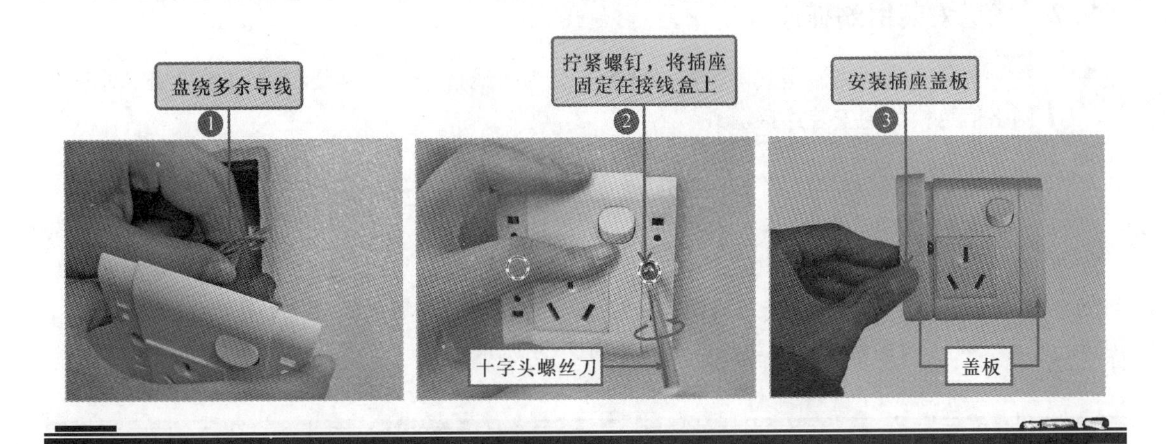

图9-37　安装插座外壳

9.2　学会规范安装网络插座

随着信息技术的发展，网络是家庭中必不可少的，如上网购物、聊天、玩游戏、发邮件等。网络插座的规范安装是电气安装人员必须掌握的基本技能之一，本小节就来具体讲解一下规范安装网络插座的操作步骤。

9.2.1　什么是网络插座

网络插座又称网络信息模块。在入户线盒安装完成后，在用户墙体上预留的接线盒处安装网络信息模块，该网络信息模块是计算机网络与用户计算机连接的端口，图9-38所示为常见的网络信息模块。

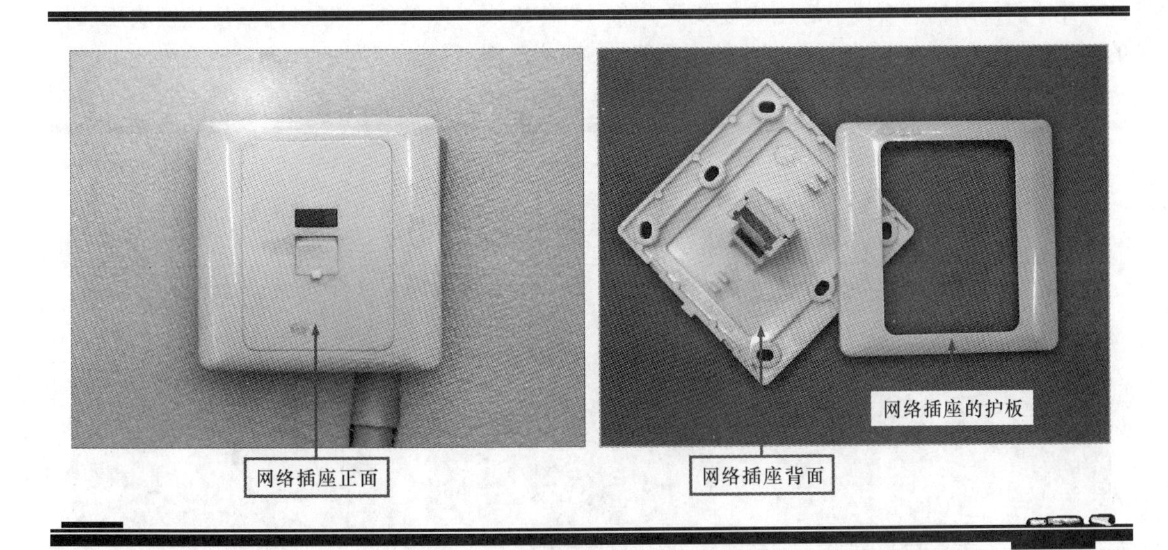

图9-38　常见的网络信息模块

9.2.2 规范安装网络插座

规范安装网络插座共两个操作环节。分为接线盒中预留网络接线端子的加工处理和网络信息模块的安装连接。

1. 接线盒中预留网络接线端子的加工

(1) 对网络传输线（双绞线）内部的线芯进行处理

使用剥线钳，在距离接口处 2cm 的地方，剥去安装槽内预留网线的绝缘层，再使用剥线钳将网络传输线（双绞线）内的线芯剪切整齐，并将其按照网络信息模块上的压线板上标识的线序进行排列，便于与网络信息模块的连接，如图 9-39 所示。

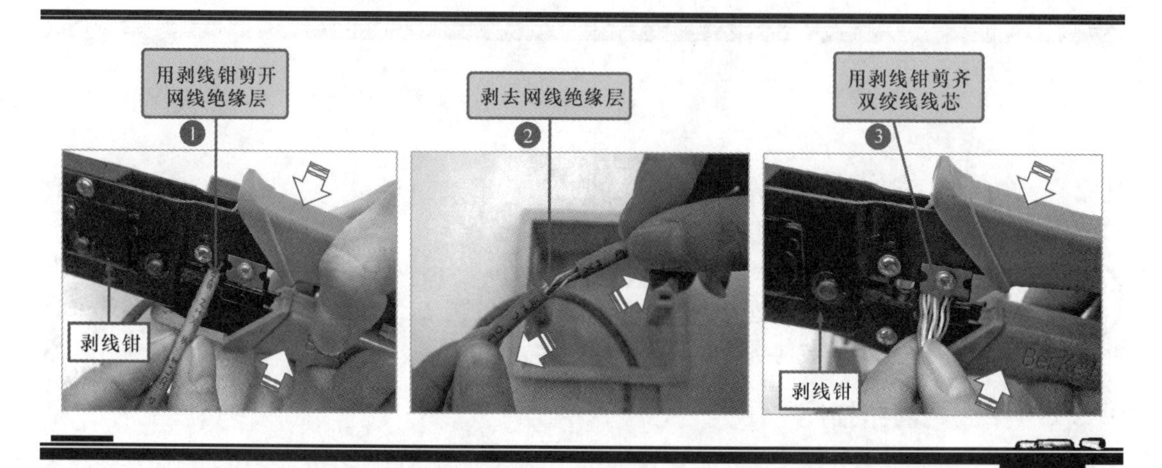

图 9-39 对网络传输线（双绞线）内部的线芯进行处理

(2) 将网络传输线（双绞线）穿过网络信息模块压线板的两层线槽

用手将网络信息模块上的压线板取下，将网络传输线（双绞线）穿过网络信息模块压线板的两层线槽，如图 9-40 所示的网络接头采用 T568A 标准线序。

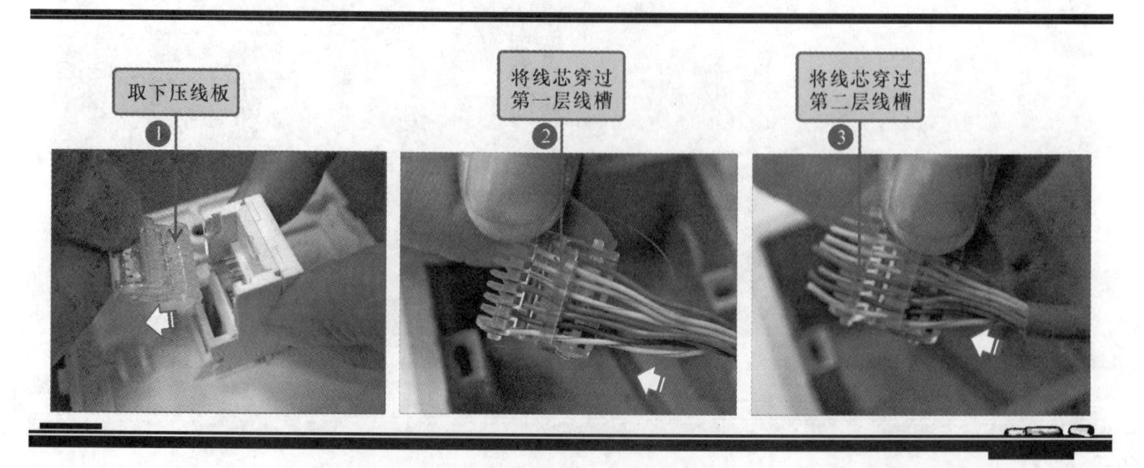

图 9-40 将网络传输线（双绞线）穿过网络信息模块压线板的两层线槽

【资料】

T568A和T568B是网络接头（水晶头）的两个制作标准，如图9-41所示。在连接相同设备时采用T568B标准线序，称为直通法；连接不同设备时采用T568A标准线序，称为交叉法。

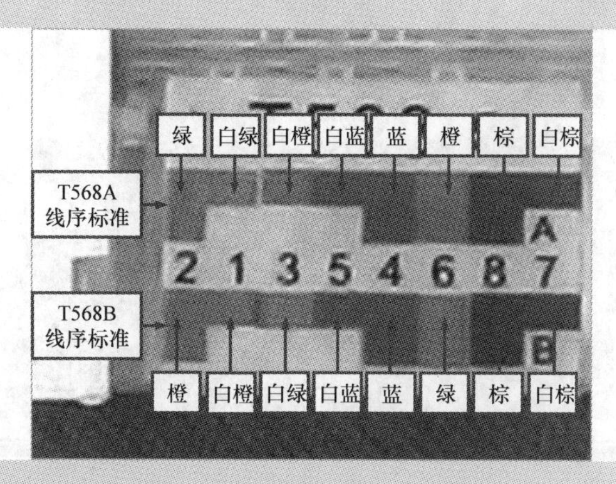

图9-41　T568A和T568B线序标准

2. 网络信息模块的安装连接

接线盒中预留网线接线端子加工完成后，便可对其网络信息模块进行安装连接了，连接时应保证预留网线接线端子上的压线板与网络信息模块安装牢固。

（1）将网络传输线与网络信息模块进行连接

将采用T568A标准线序的网络接头放入网络信息模块，并使用钳子将压线板进行压紧，如图9-42所示。

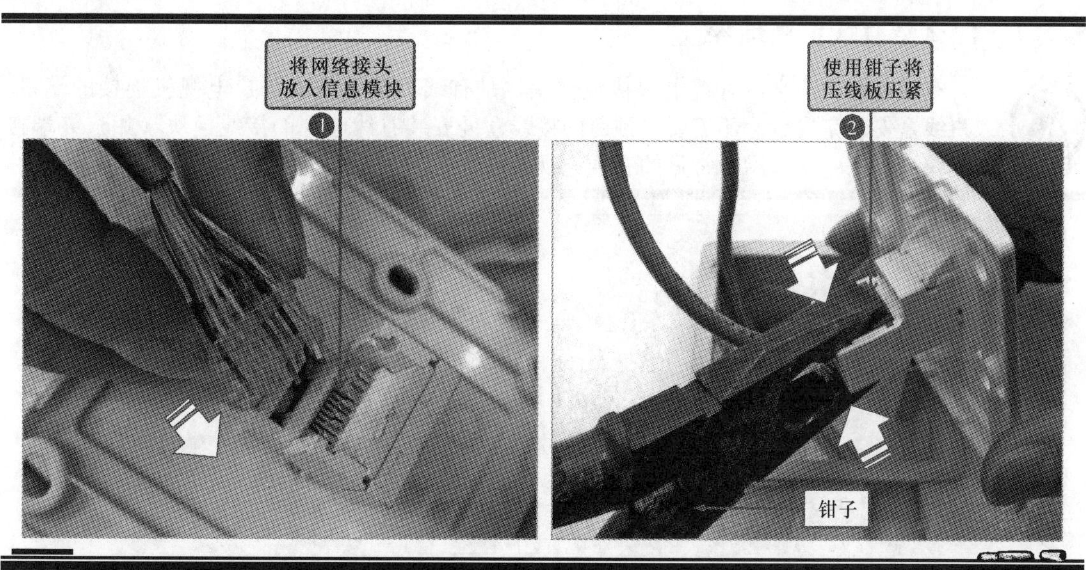

图9-42　将网络传输线与网络信息模块进行连接

（2）将网络接线模块固定在墙上

当确认网络传输线（双绞线）连接无误后，将连接好的网络接线模块安装到接线盒上，再

将网络接线信息模块的护板安装固定，如图 9-43 所示。

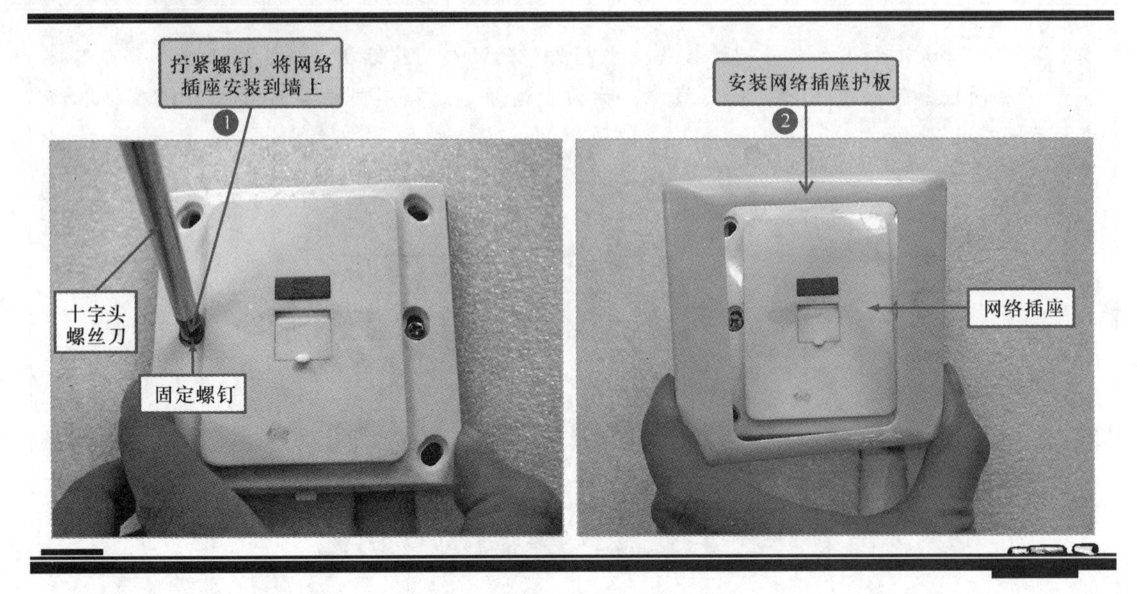

图 9-43　将网络接线模块固定在墙上

至此，网络插座的连接操作就完成了。

9.3　学会规范安装有线电视插座

随着信息技术的发展，有线电视网作为信息传输的基础设施，已经成为每个家庭必不可少的获取信息的通道。有线电视插座的规范安装是电气安装人员必须掌握的基本技能之一，本小节就来具体讲解一下规范安装有线电视插座的操作步骤。

9.3.1　什么是有线电视插座

有线电视插座又称有线电视接线模块，是有线电视系统与用户电视机连接的端口。入户线盒安装完成后，还需要在预留的接线盒处安装有线电视的接线模块（用户终端接线模块），图 9-44 所示为常见的有线电视插座。

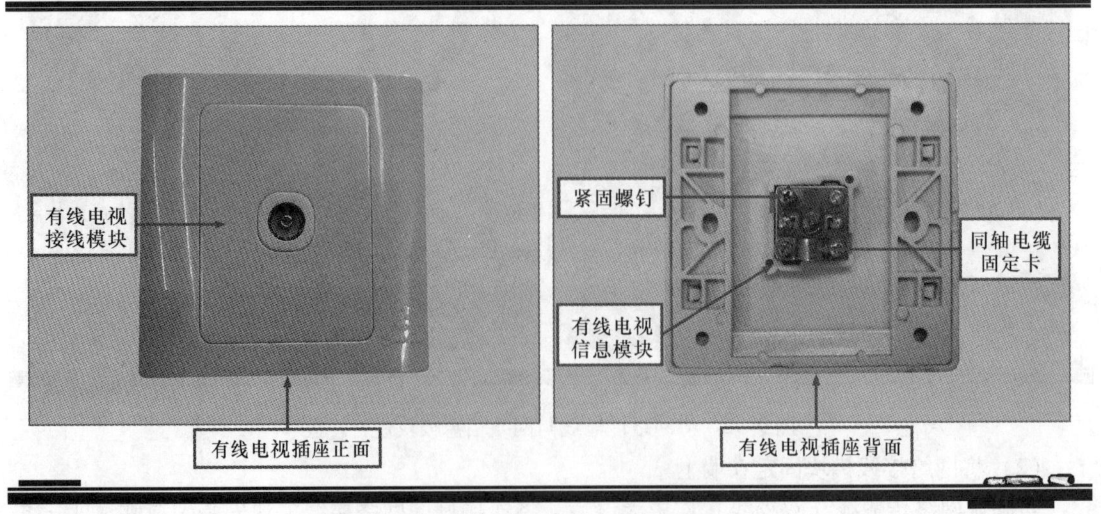

图 9-44　常见的有线电视插座

9.3.2 规范安装有线电视插座

规范安装有线电视插座可分为有线电视线的加工和有线电视线与接口模块的连接，共两个操作环节。

图9-45为有线电视插座的安装示意图。

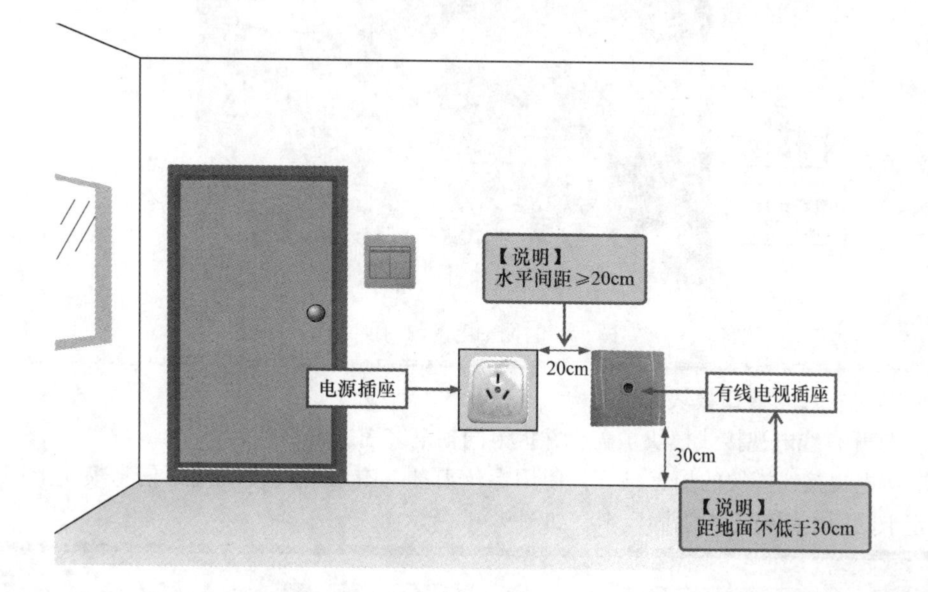

图9-45 有线电视插座的安装示意图

1. 有线电视线的加工处理

剪开塑料绝缘保护层，并将网状屏蔽层向下翻转，然后将同轴电缆的内部绝缘层用剪刀剪断，注意不要损伤铜芯线，如图9-46所示。

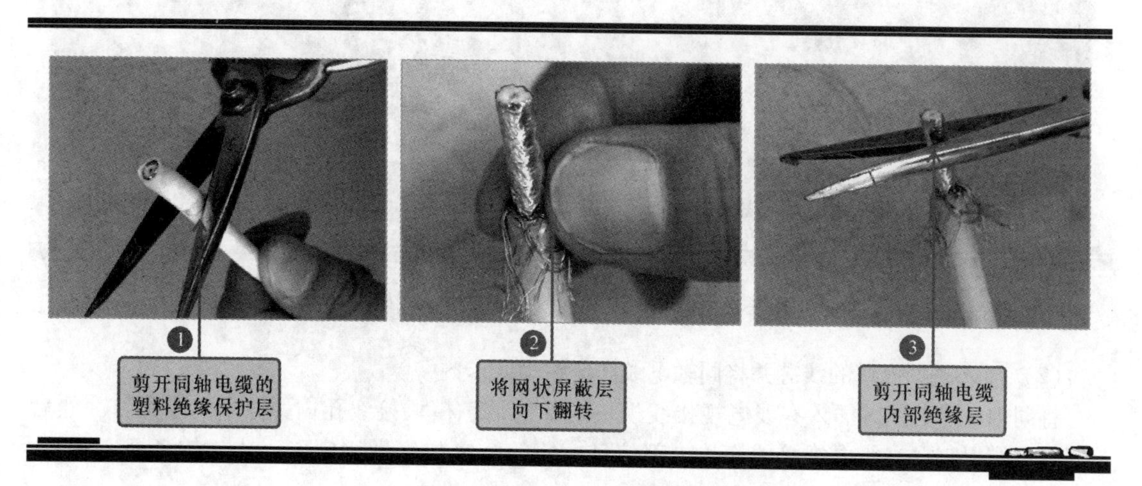

图9-46 有线电视线的加工处理

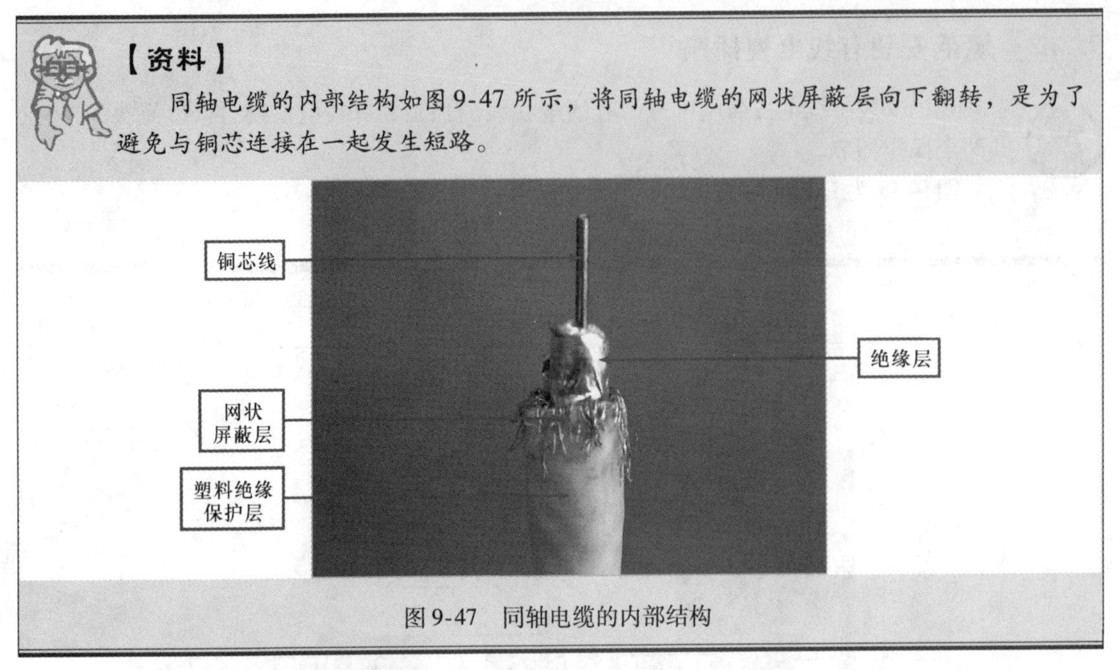

图9-47　同轴电缆的内部结构

2. 有线电视线与接口模块的连接

（1）打开有线电视接线模块护盖，并拆下同轴电缆固定卡

将有线电视接线模块的护盖打开，使用螺丝刀拧下有线电视模块内部信息模块上固定同轴线缆固定卡的固定螺钉，拆除固定卡，如图9-48所示。

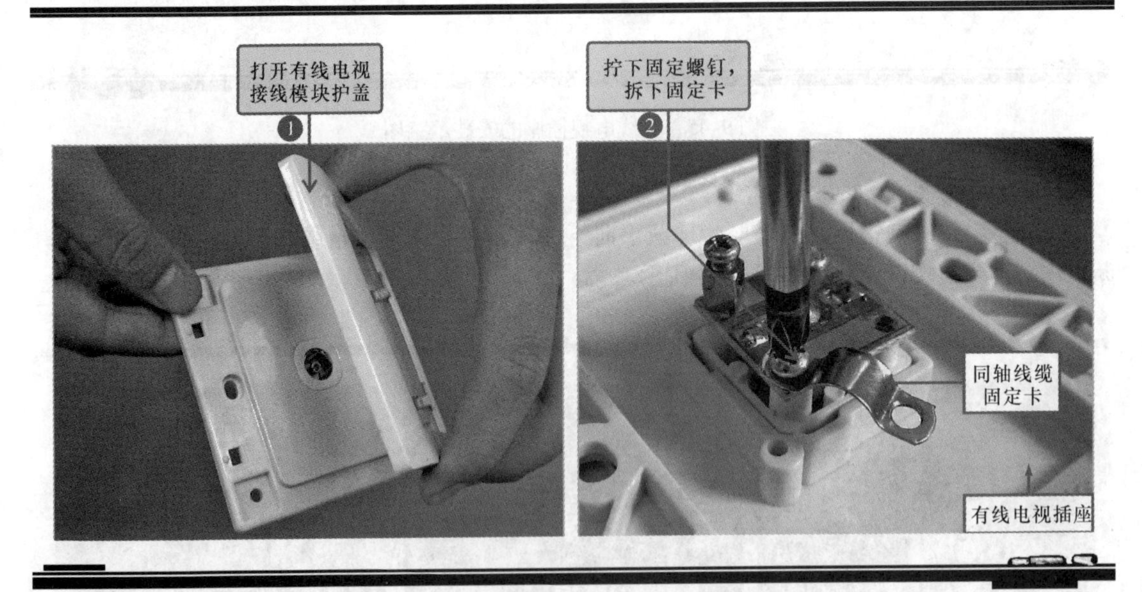

图9-48　打开有线电视接线模块护盖，并拆下同轴电缆固定卡

（2）插入同轴电缆的线芯并将同轴电缆固定在固定卡内

将同轴电缆的线芯插入有线电视接线模块内部的信息模块接线孔内，拧紧紧固螺钉。然后将同轴电缆固定在有线电视接线模块内部信息模块的金属扣（即固定卡）内，拧紧固定螺钉，使网状屏蔽层与金属扣相连，如图9-49所示。

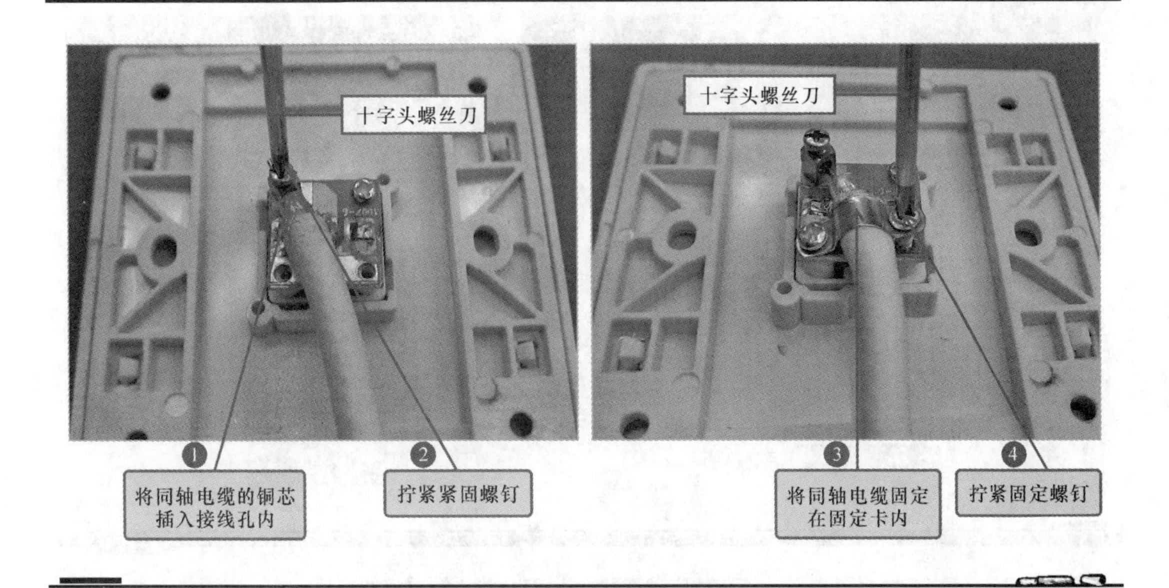

图9-49　插入同轴电缆的线芯并将同轴电缆固定在固定卡内

（3）将有线电视接线模块固定在接线盒上

确认同轴电缆连接无误后，将连接好的有线电视接线模块放到预留接线盒上，在有线电视接线模块与预留接线盒的固定孔中拧入固定螺钉，如图9-50所示。

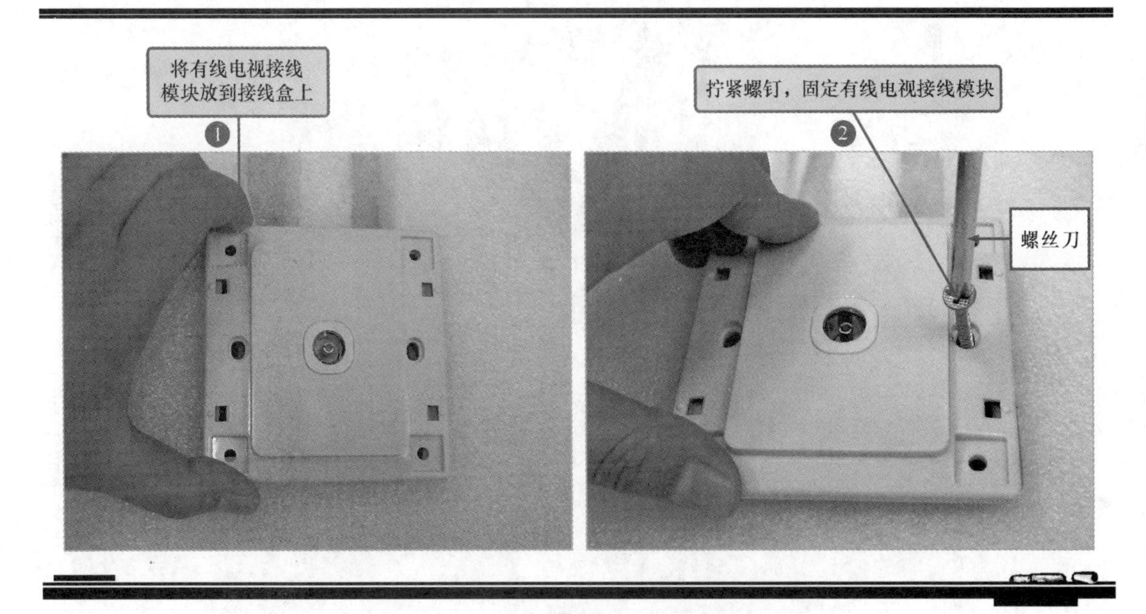

图9-50　将有线电视接线模块固定在接线盒上

（4）安装插座护板并插入BNC接头测试接线模块

盖上有线电视接线模块的护板，将有线电视机射频电缆的高频接头（BNC接头）插入到有线电视接线模块上，如图9-51所示。

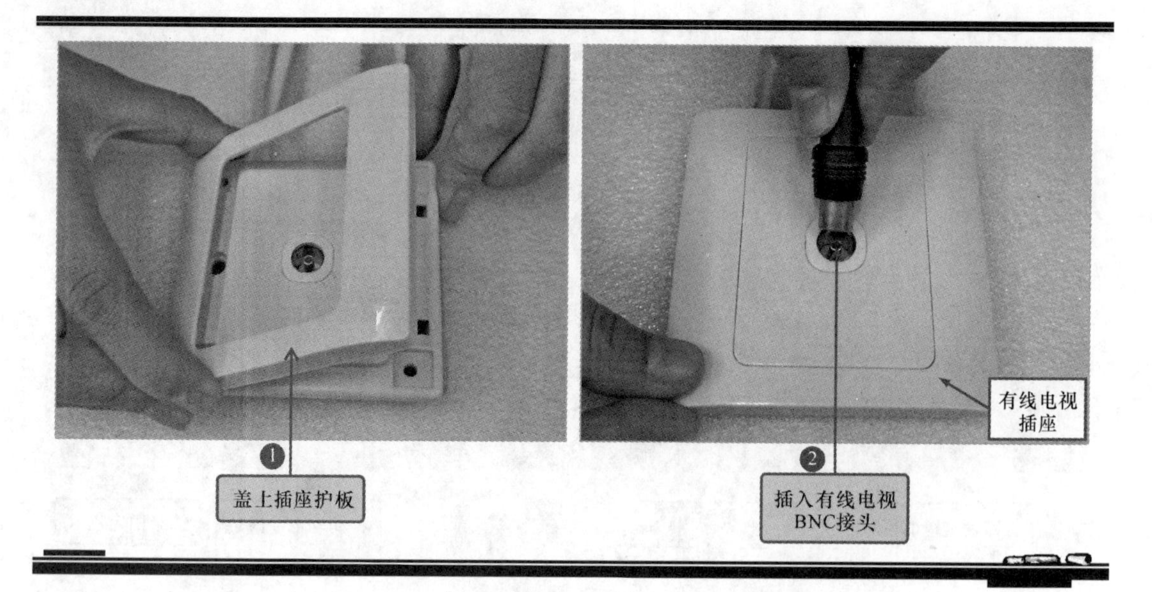

图 9-51　安装插座护板并插入 BNC 接头测试接线模块

至此，有线电视插座的连接操作就完成了。

第10章 学会规范安装灯具照明系统

10.1 学会规范安装灯泡照明系统

学习规范安装灯泡照明系统分为两个环节。第一个环节是了解灯泡照明系统，主要包括两个方面：一是了解灯泡照明系统设备的选择；二是了解灯泡照明系统的规划设计。第二个环节是进行实际的安装操作，进一步了解灯泡照明系统的安装流程及操作中的注意事项。下面，我们先来认识一下简单的灯泡照明系统。

10.1.1 简单的灯泡照明系统

灯泡照明系统是指在自然光线不足的情况下用来创造明亮环境的照明灯泡控制线路。随着技术的发展，照明灯具的创新，在室内照明中，已经极少用到灯泡照明系统了。现在灯泡照明系统主要应用于室外楼宇的楼道或走廊照明系统、路灯照明系统等。图10-1所示为典型楼宇的楼道照明系统的基本结构组成

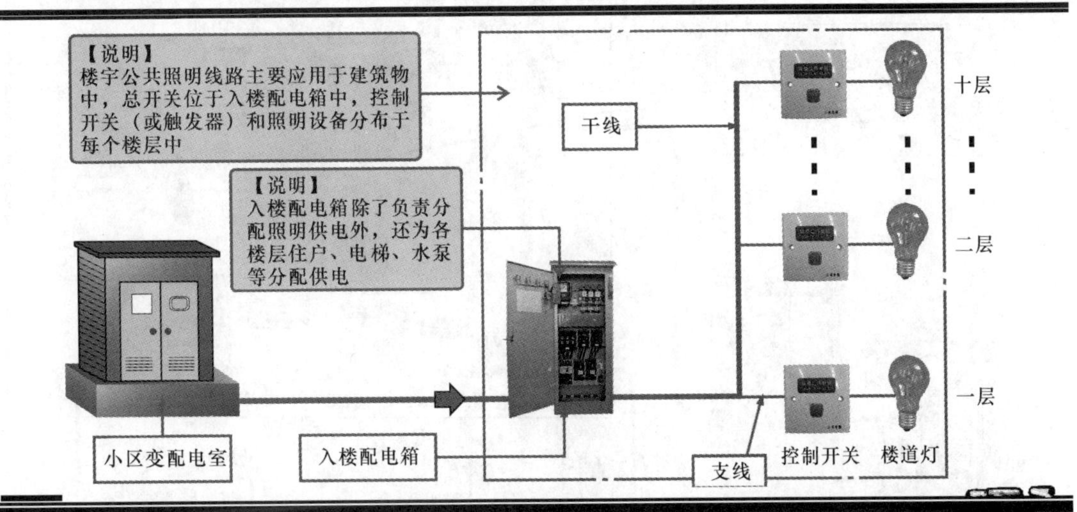

图10-1 典型楼宇的楼道照明系统的基本结构组成

【注意】

灯泡照明系统各组成部件与照明灯泡之间存在着密切联系，根据不同的需要，其结构以及所选用的照明灯具和控制部件也会发生变化，也正是通过对这些部件巧妙的连接和组合设计，使得照明线路可以实现各种各样的功能。

图 10-2 为典型的小区路灯照明系统和接线示意图。从图中可以看出，小区路灯照明系统可分为照明设备和控制部分。通常控制部分制作成一块电路板，安装在控制开关中，其结构原理比较复杂；照明设备的供电受控制部分管理，这样只需改变控制方式，就可改变照明设备的点亮方式。

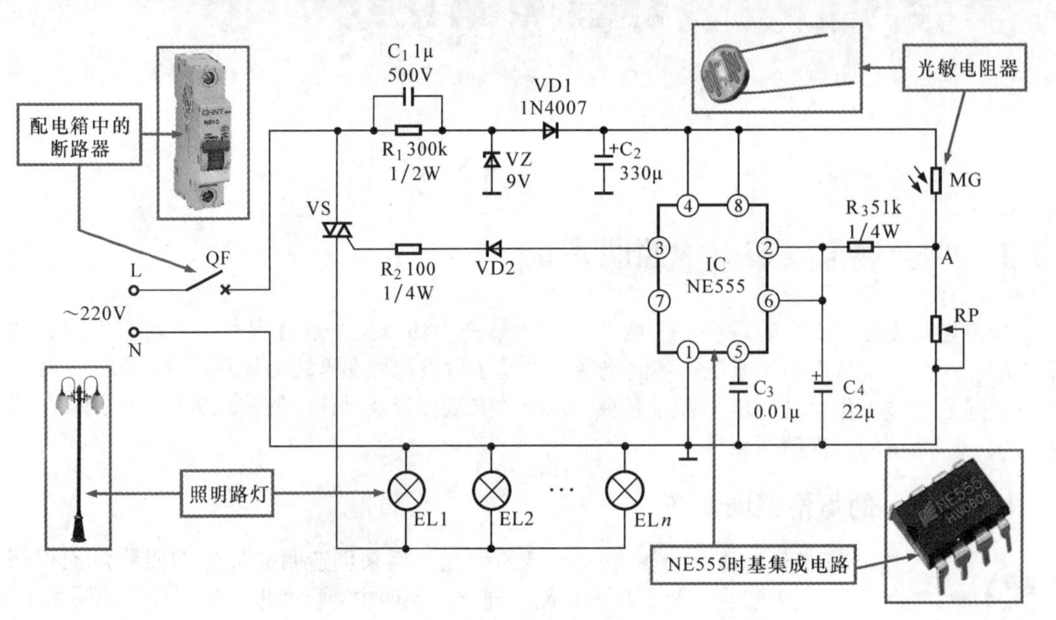

a）小区路灯照明线路图

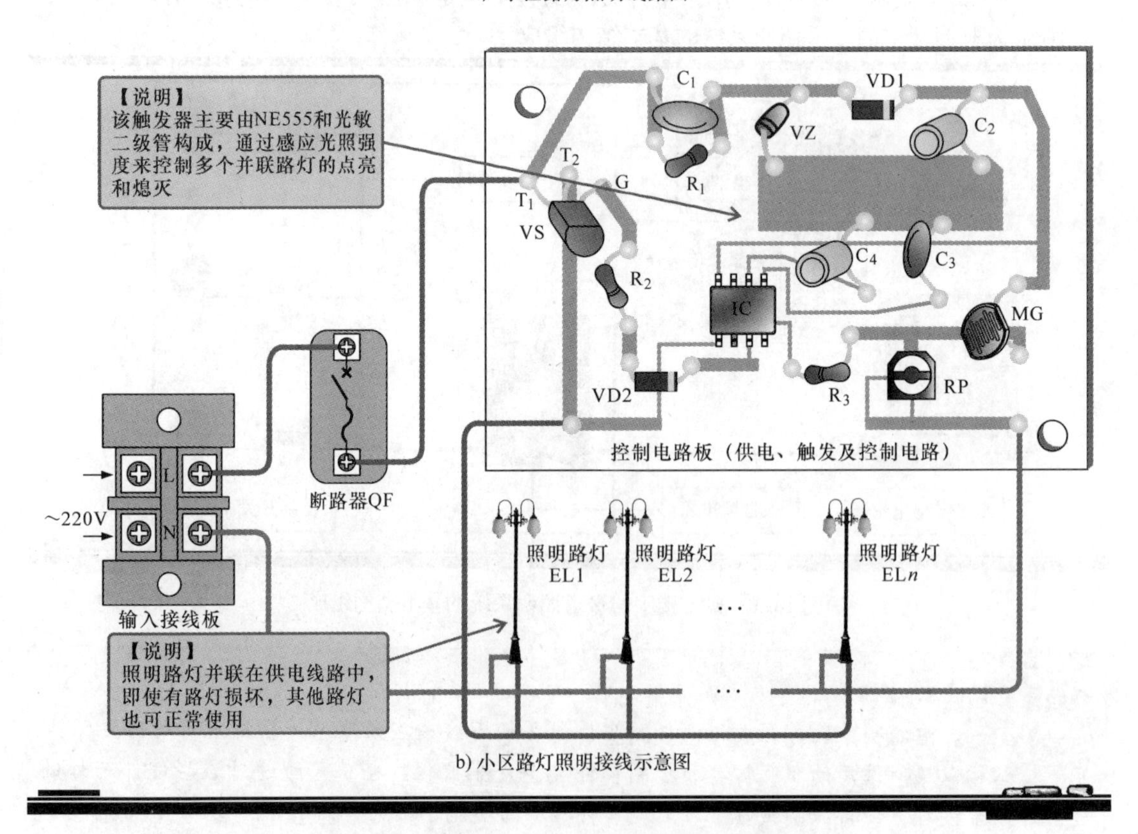

b) 小区路灯照明接线示意图

图 10-2　典型的小区路灯照明系统和接线示意图

下面，分别介绍楼宇的楼道照明系统和小区路灯照明系统这两种常见且典型的灯泡照明系统。

1. 楼宇的楼道照明系统

楼宇的楼道照明系统主要为建筑物内的楼道、走廊等提供照明，方便人员通行。灯泡大都安装在楼道或走廊的中间（空间较大可平均设置多盏照明灯），需要手动控制的开关（触摸开关）通常设置在楼梯口，自动开关（如声控开关）通常设置在照明灯附近。灯泡照明的规划电路，如图 10-3 所示。从图中可以看出，每一层楼的照明设备都与供电干线并联，每层楼的照明支路都是由开关和照明灯构成。

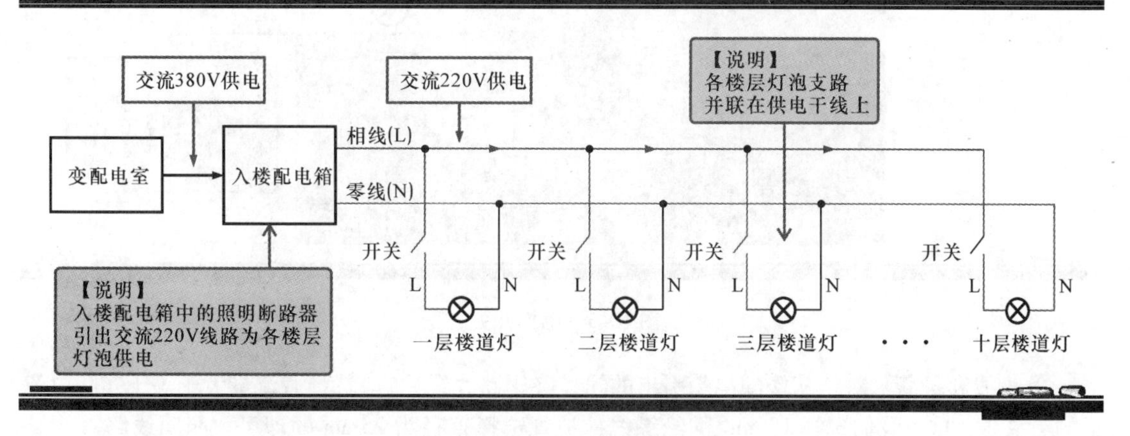

图 10-3 灯泡照明系统的规划电路

（1）楼宇的楼道照明系统相关设备及线缆的选配

楼宇的楼道照明系统主要包括传输电力的线缆、照明灯具和用来控制灯具的控制开关。

① 灯泡。目前，市场上的灯泡品种很多，例如，白炽灯、荧光灯、碘钨灯等。这里我们选择普通的白炽灯，即 40 W 螺口灯泡作为楼道照明灯具，如图 10-4 所示。

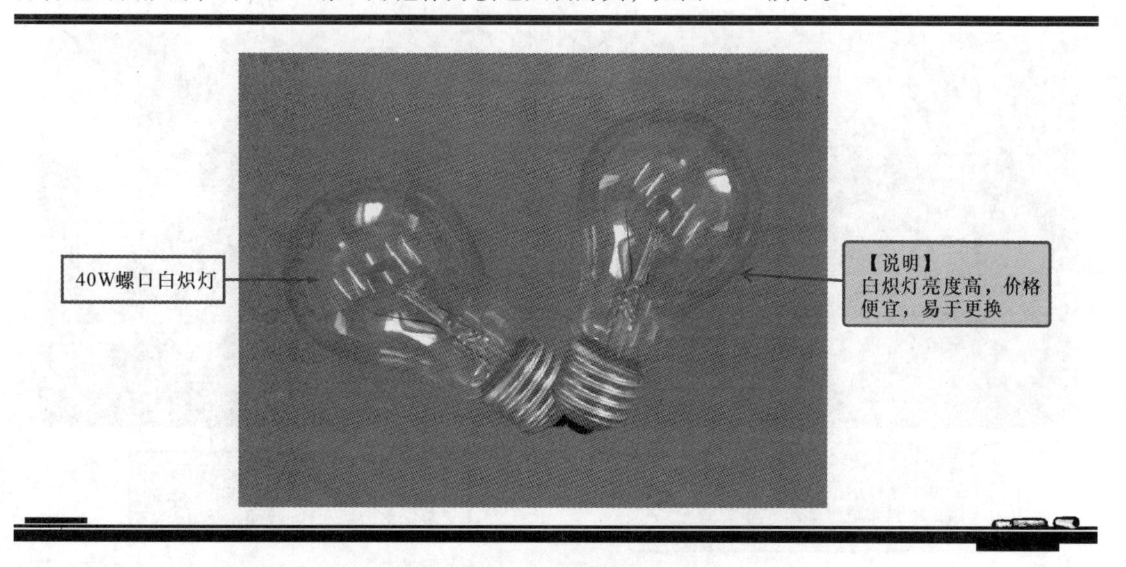

图 10-4 照明灯

② 控制开关。控制开关用于控制电路的接通或断开，在这里用来控制楼道照明灯的点亮或

熄灭。目前，楼道开关一般会选用声控开关（或声光控开关）、人体感应开关和触摸开关等。这里我们选择触摸开关作为控制设备，如图 10-5 所示。

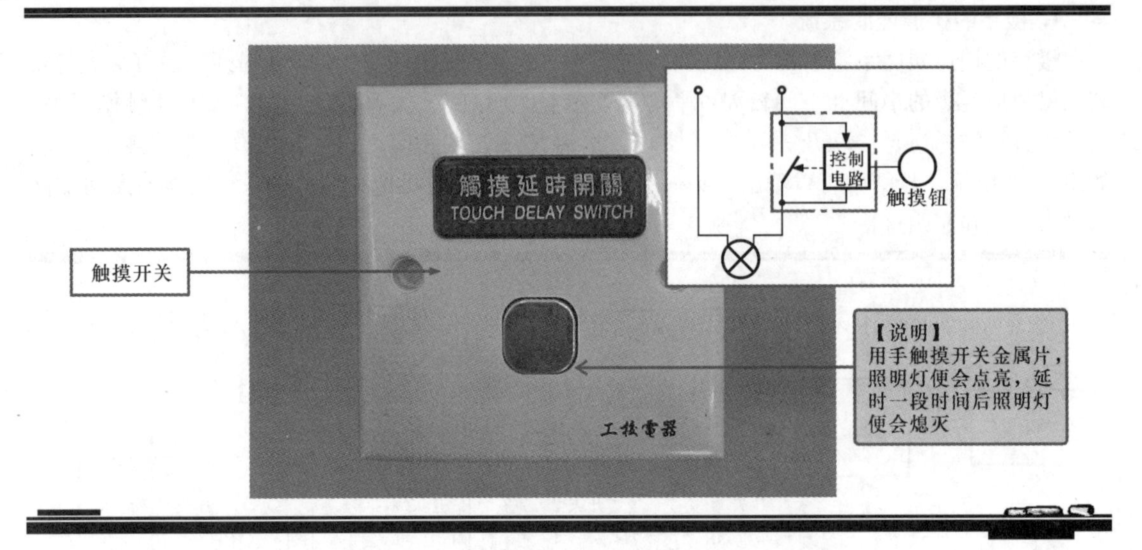

图 10-5　触摸开关

③ 配线和护管。对于从楼配电箱引出的线缆（干路线缆），应选择载流量大于等于实际电流量的绝缘线，这里我们选择 $10mm^2$ 的绝缘线，护管选择直径为 25mm 的即可。照明线路（支路线缆）中所选择的线缆载流量也要大于等于该支路实际电流量的绝缘线，这里我们选择 $4mm^2$ 的绝缘线，护管选择直径为 19mm 的即可。整个线路安装过程中的相线、零线颜色要统一区分。图 10-6 所示为所选用的配线和护管。

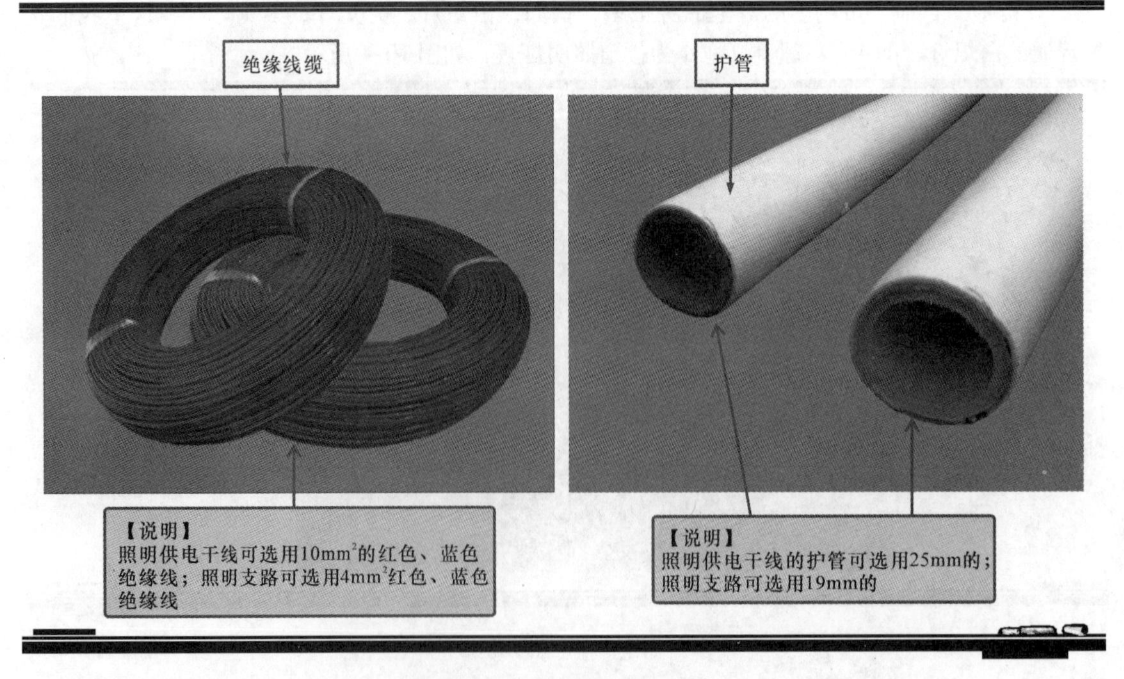

图 10-6　所选用的配线和护管

（2）楼宇的楼道照明系统规划设计

图10-7为典型建筑物公共照明系统分配示意图。1号楼共有10层，变配电室为1号楼输送380V交流电压（三相四线制），电压通过入楼配电箱后，转换成220V供电线路，为对应的楼层内的房间和公用设备供电。通常，入楼配电箱安装在一楼，每一层都安装控制开关（触摸或声控）和灯泡。

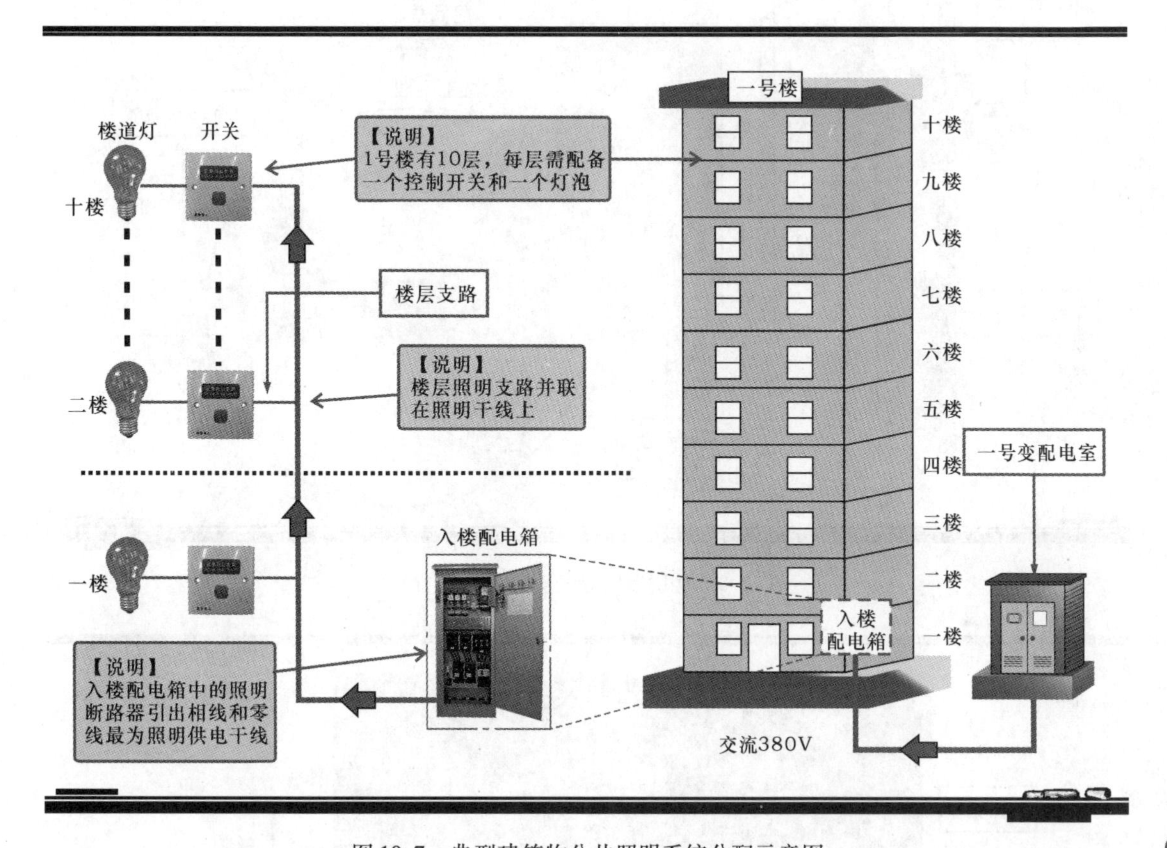

图10-7 典型建筑物公共照明系统分配示意图

图10-8所示为楼层照明设备安装的施工方案。以建筑物四楼为例，使用开凿工具在楼层指定的墙体位置开槽，以方便总供电线路和照明支路的线路敷设。同时确定接线盒和开关的安装位置，通常开关安装在楼梯口处（上楼处），距地面1.5m左右，接线盒位于开关附近即可，照明灯安装在楼层顶部正中间处。

2. 小区路灯照明系统

（1）小区路灯照明系统相关设备及线缆的选配

小区照明系统在选材上要完全根据小区的建筑风格和环境而定，而且必须符合灯光照明设计的要求，可以根据不同的空间、不同的场合、不同的对象选择不同的照明方式和灯具，以下是为“涛涛小区”安装小区照明系统进行的选材。

① 高压钠灯。路灯的灯泡一般采用高强度气体放电灯，布置路灯时，要充分考虑灯具的光强分布特性，以使路面有较高的亮度和均匀度，并应尽量限制眩光的产生。图10-9所示为高压钠灯。

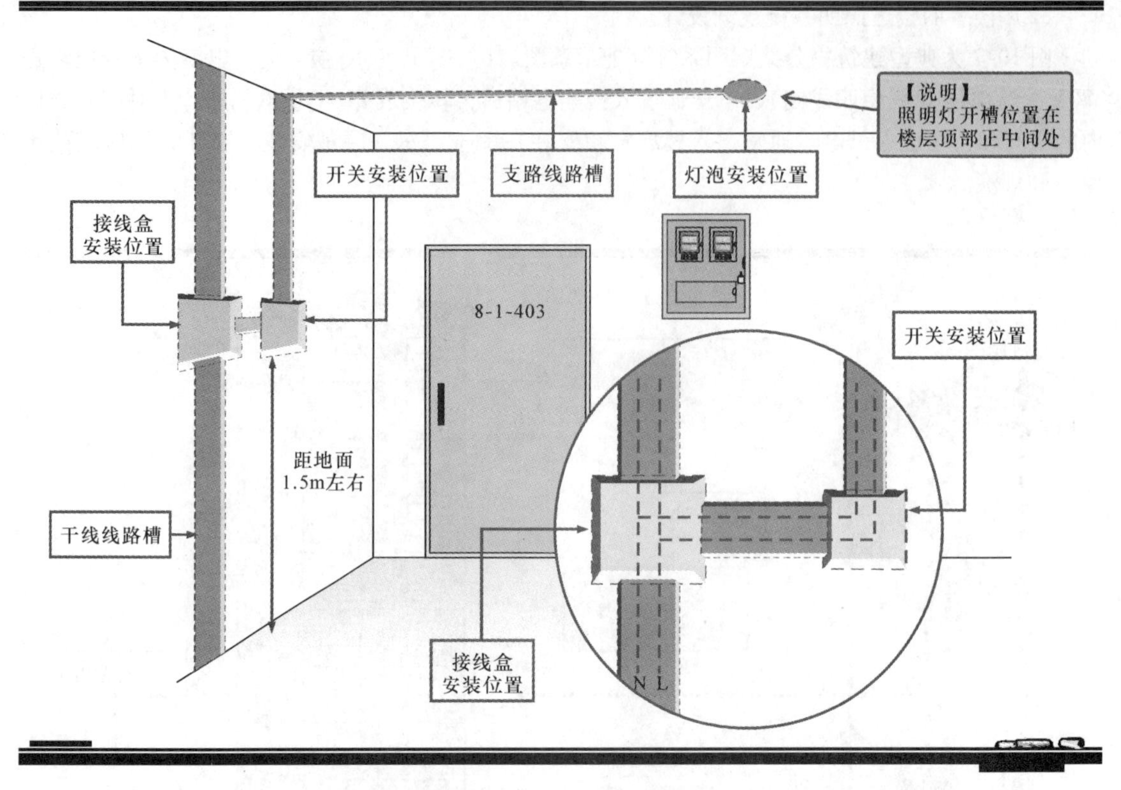

图 10-8　楼层照明设备安装的施工方案

图 10-9　高压钠灯

提问

属于高强度气体放电灯的照明灯具有很多，我们应该如何进行选择呢？

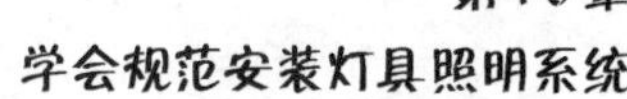

一般市区内的小区多采用高压钠灯，繁华地带的小区边界多采用金属卤化物灯，接近市区的小区多采用高压汞灯，郊区内的小区多采用低压钠灯。

回答

② 灯杆。灯杆的品种及样式多种多样，小区灯杆在选择时对强度要求较低，可选择比较美观一些的，在此为涛涛小区选择了两种规格的灯杆，分别为在进入小区及小区主干道上的双叉灯杆和进入小区居民楼前的单叉灯杆。如图10-10所示，灯杆高度均为5m，灯杆的安装距离在25 m左右，由于小区道路较为复杂（路口多、分叉多），所以要求照明有较好的视觉指导作用，所以在小区主次干道采用的均为对称排列。

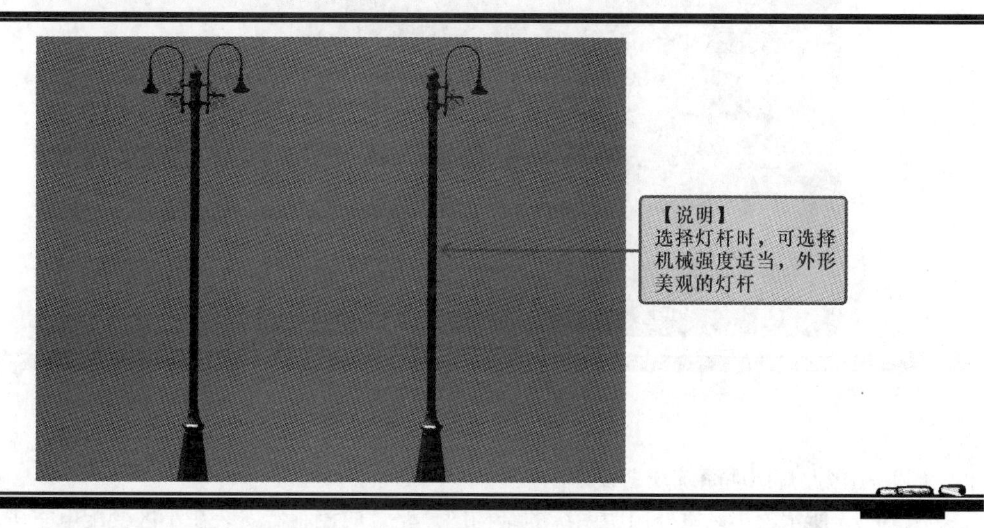

图10-10　灯杆

③ 灯罩。在安装路灯时，一定要有防尘灯罩，灯罩在小区照明系统中不仅有保护灯具的作用，而且很大程度上美化了小区的环境，常见小区灯罩外形多种多样，如图10-11所示为几种常见的路灯灯罩。

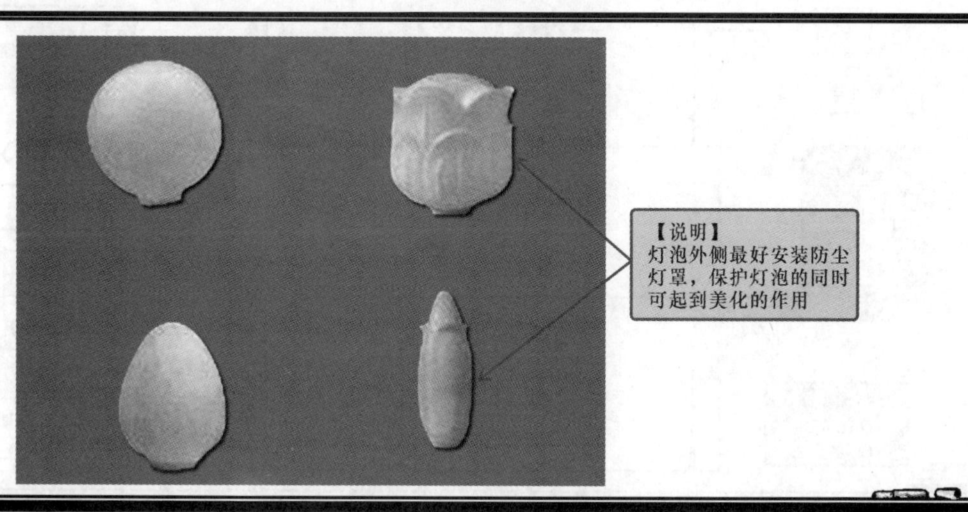

图10-11　灯罩

④ 电缆。小区照明选择电缆必须考虑到负荷和强度两个方面。在选择小区路灯连接配电箱的电缆时，应按照小区照明用电电流量和电缆安全载流量的标准进行选择。根据“涛涛小区”的用电量考虑，可以选择横截面积为5~10mm^2 的绝缘线（硬铜线），由于在小区中一排使用了5个215W的高压钠灯，它的功率为1075W，而它的额定电压是220V，所以它的电流约为4.9A，因此为“涛涛小区”选择了横截面积为5mm^2 的电缆，如图10-12所示。

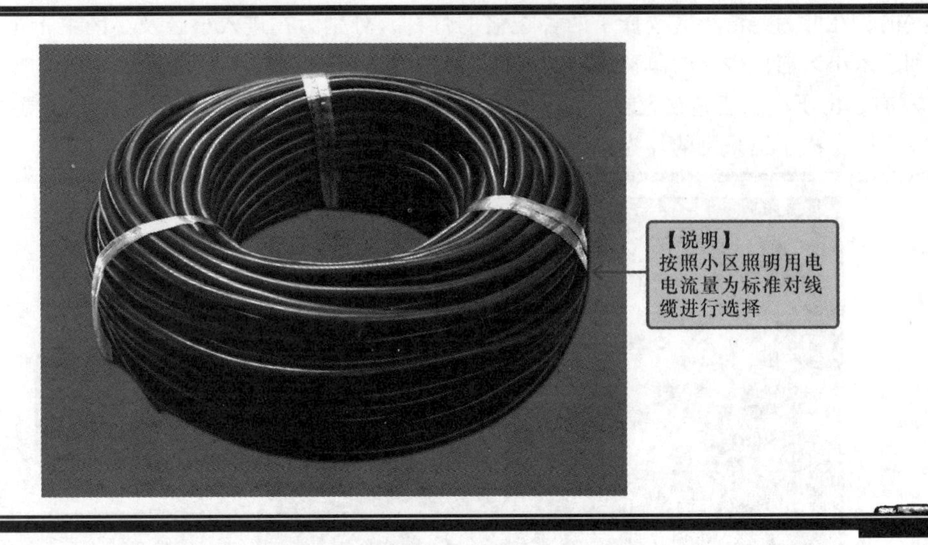

图10-12　电缆

（2）小区路灯照明系统规划设计

图10-13所示为小区室外照明系统的结构图。路灯的控制器安装在小区变配电室中，由控制器引出路灯的供电干线（单根相线和零线），路灯所在支路并联在干线上，这样并联在干线上的路灯就受控制器的统一控制。

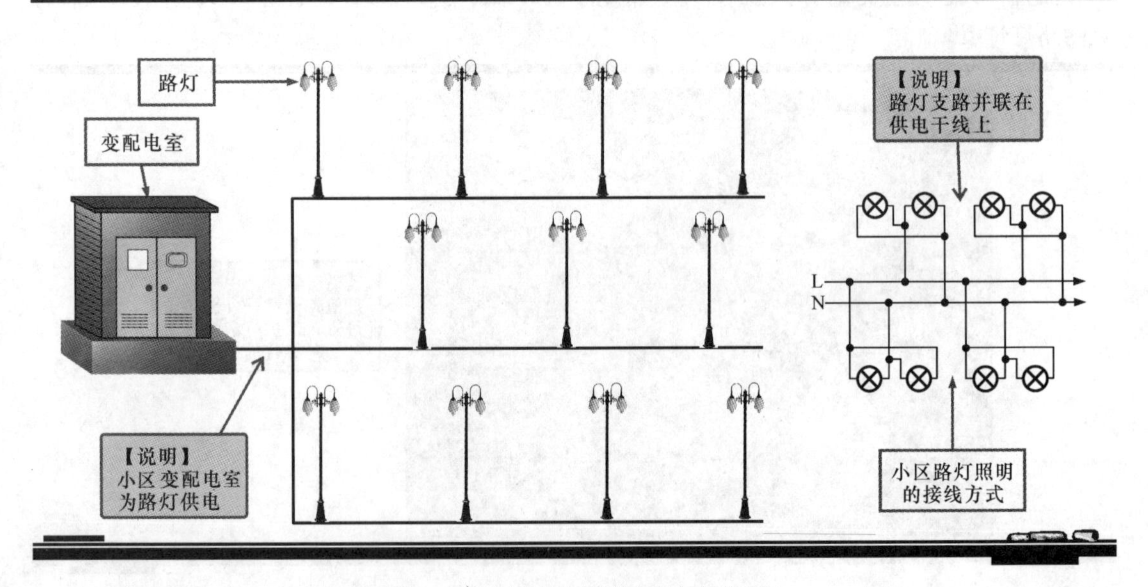

图10-13　小区室外照明系统的结构图

图10-14为小区路灯照明线路敷设示意图。小区内有三处变配电所，分别为不同区域的路灯进行供电，供电干线敷设在电缆沟中，电缆沟沿直线敷设，分别经过路灯所在的位置。

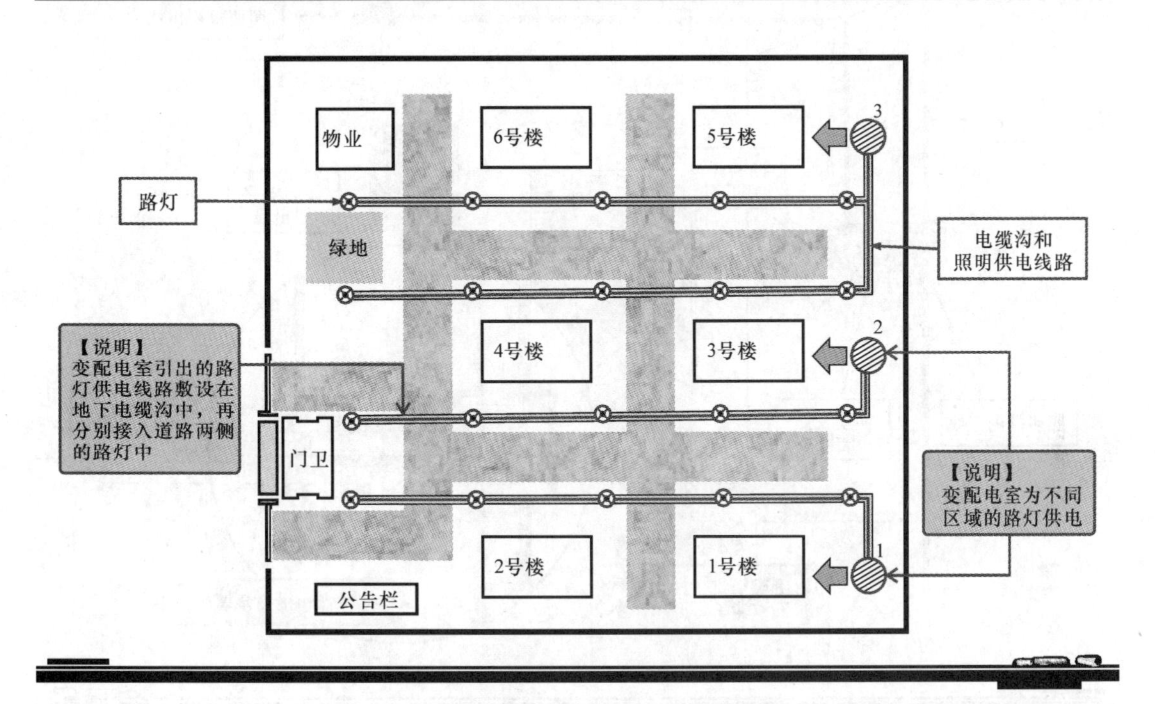

图10-14　小区路灯照明线路敷设示意图

10.1.2　灯泡照明系统的安装训练

了解灯泡照明系统的设备选择及规划设计后，便可进行灯泡照明系统的安装训练。下面，我们将分别以楼宇的楼道照明系统安装和小区路灯照明系统的安装，对大家进行实际的操作训练。届时，大家应严格按照操作步骤进行操作，安装完成后应对照明系统进行检查。

1. 楼宇的楼道照明系统的安装训练

选择好小区楼宇照明灯具的器材后，就可以对其进行安装了。安装时应将照明灯具安装在楼道的中心位置，以保证光源的分布均匀；将照明灯具的控制开关安装在楼梯或电梯口处，安装时应注意其安装的高度，距地面的高度应为1.3m。

（1）开槽布线

对楼宇照明灯具安装前，应先使用开凿工具按照设计要求在指定的墙体位置开槽，并确定照明灯、控制开关接线盒及照明支路接线盒的安装位置，然后进行穿线操作。开槽布线的方法，如图10-15所示。

（2）楼层照明支路的连接

开槽布线完成后，对照明支路接线盒中的引出线与控制开关接线盒中的引出线进行连接，通过照明支路为楼道照明灯进行供电。楼层照明支路的连接方法，如图10-16所示。

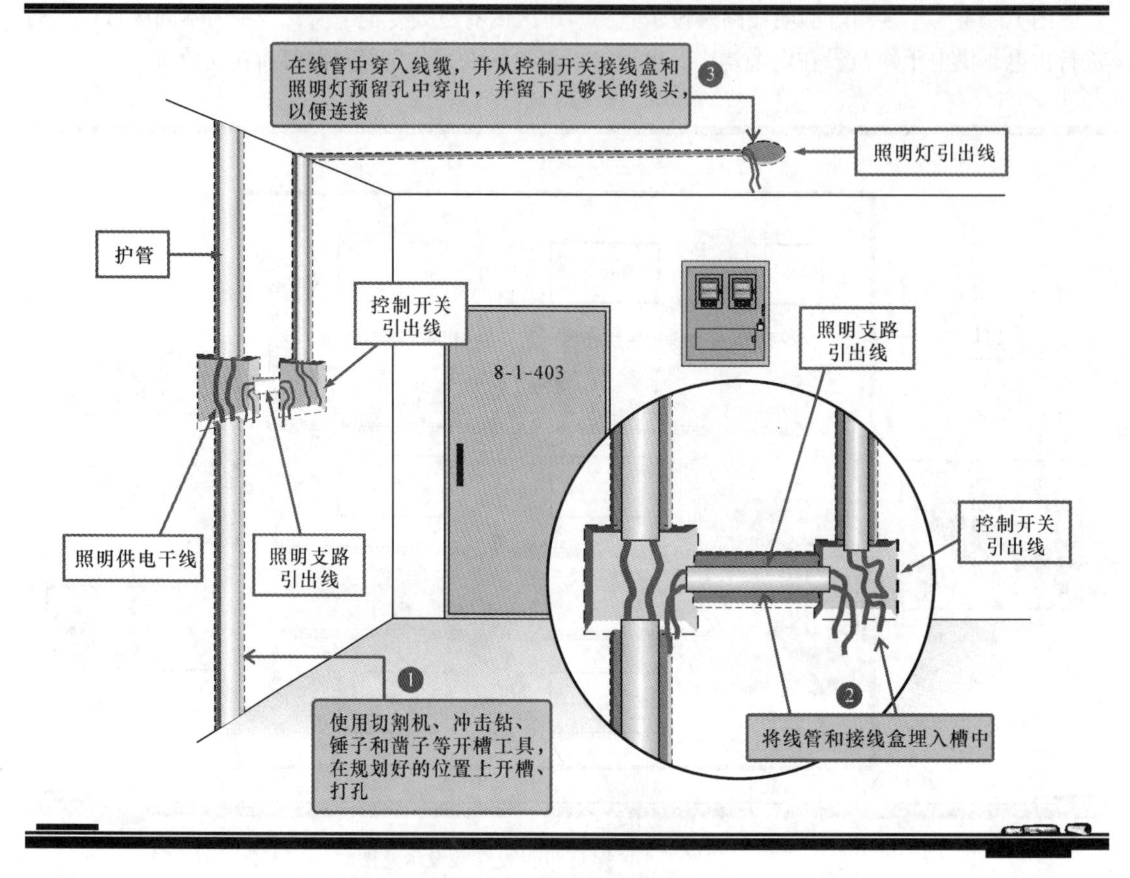

图 10-15　开槽布线的方法

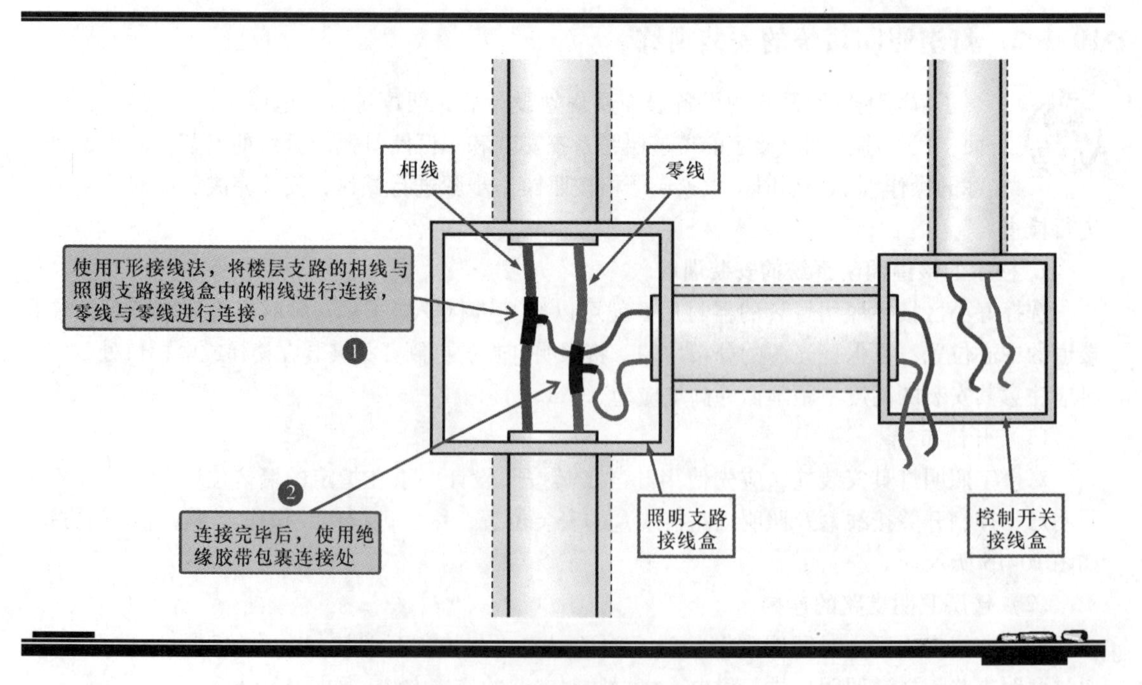

图 10-16　楼层照明支路的连接方法

（3）控制开关的安装连接

控制开关是用于控制楼道照明灯具通断的器件，楼层照明支路的连接完成后，接下来就可以对控制开关进行安装连接了。控制开关的安装连接方法，如图10-17所示。

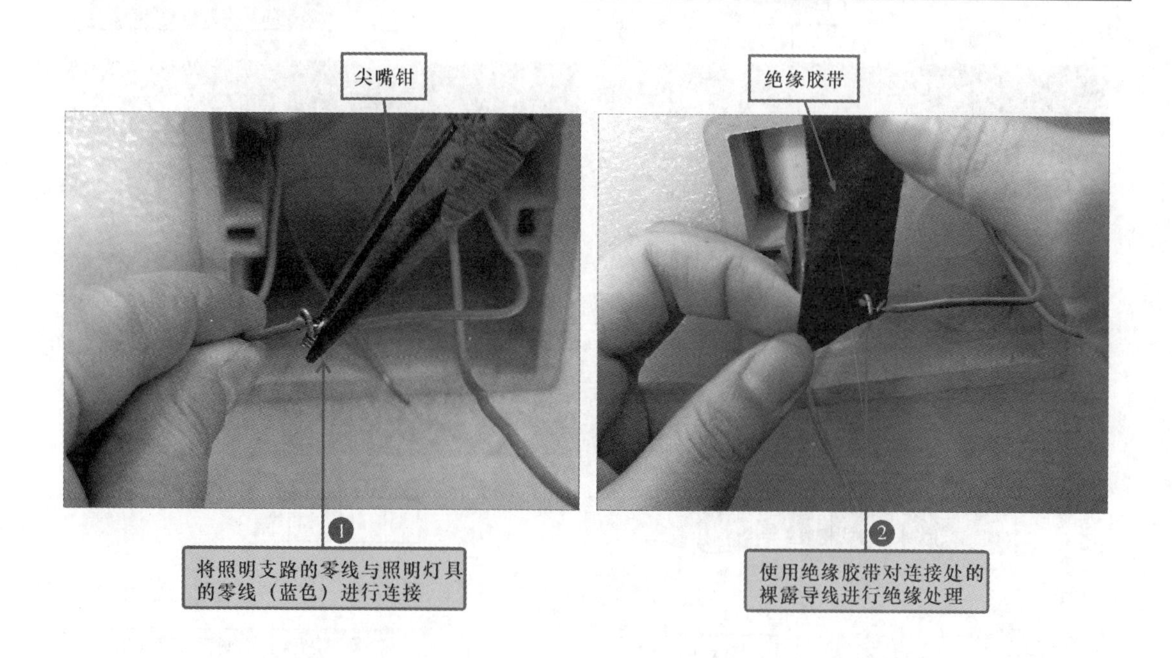

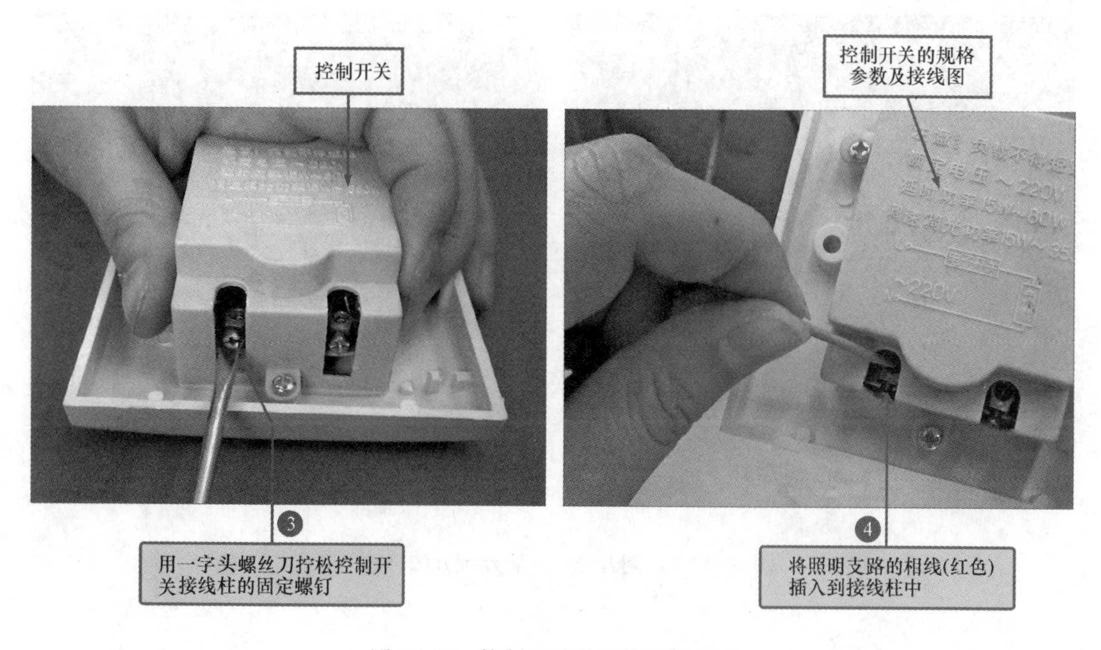

图10-17　控制开关的安装连接方法

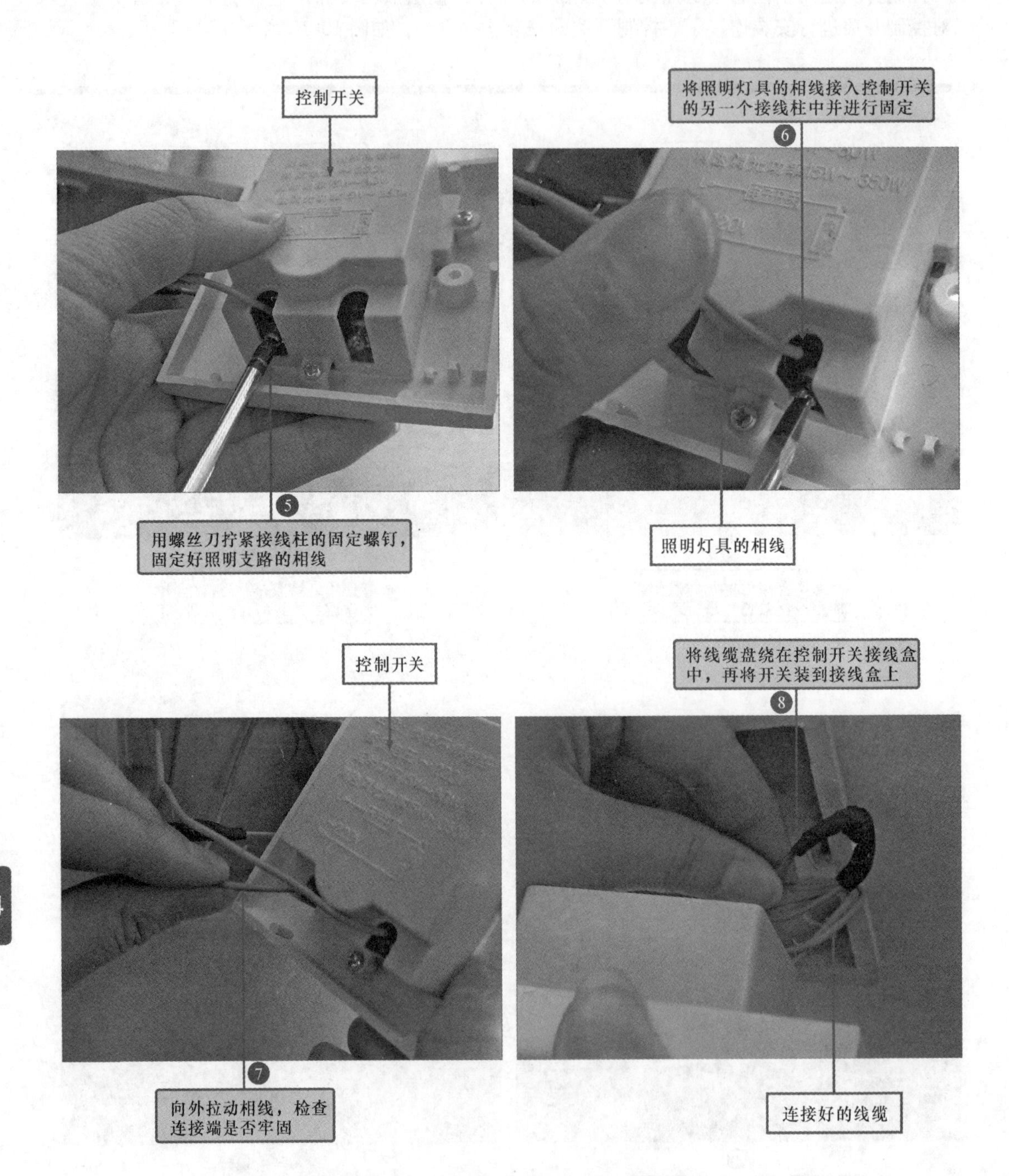

图10-17　控制开关的安装连接方法（续1）

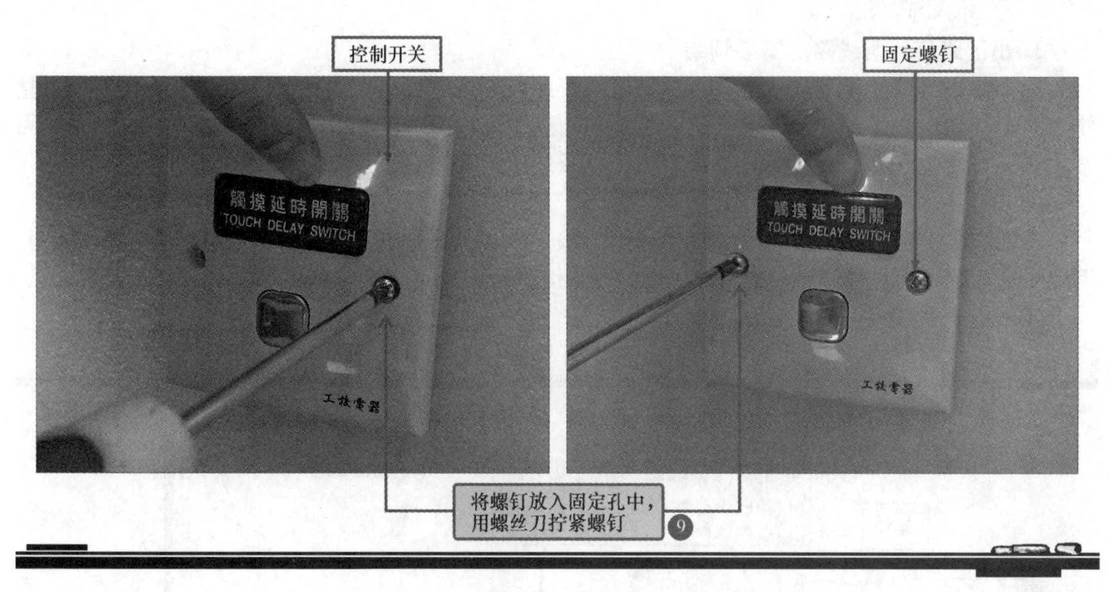

图 10-17　控制开关的安装连接方法（续2）

（4）照明灯泡的安装连接

灯泡是用于为楼道提供亮度的器件，控制开关连接完成后，接下来我们就可以对照明灯泡进行安装连接了。照明灯泡的安装连接方法，如图 10-18 所示。

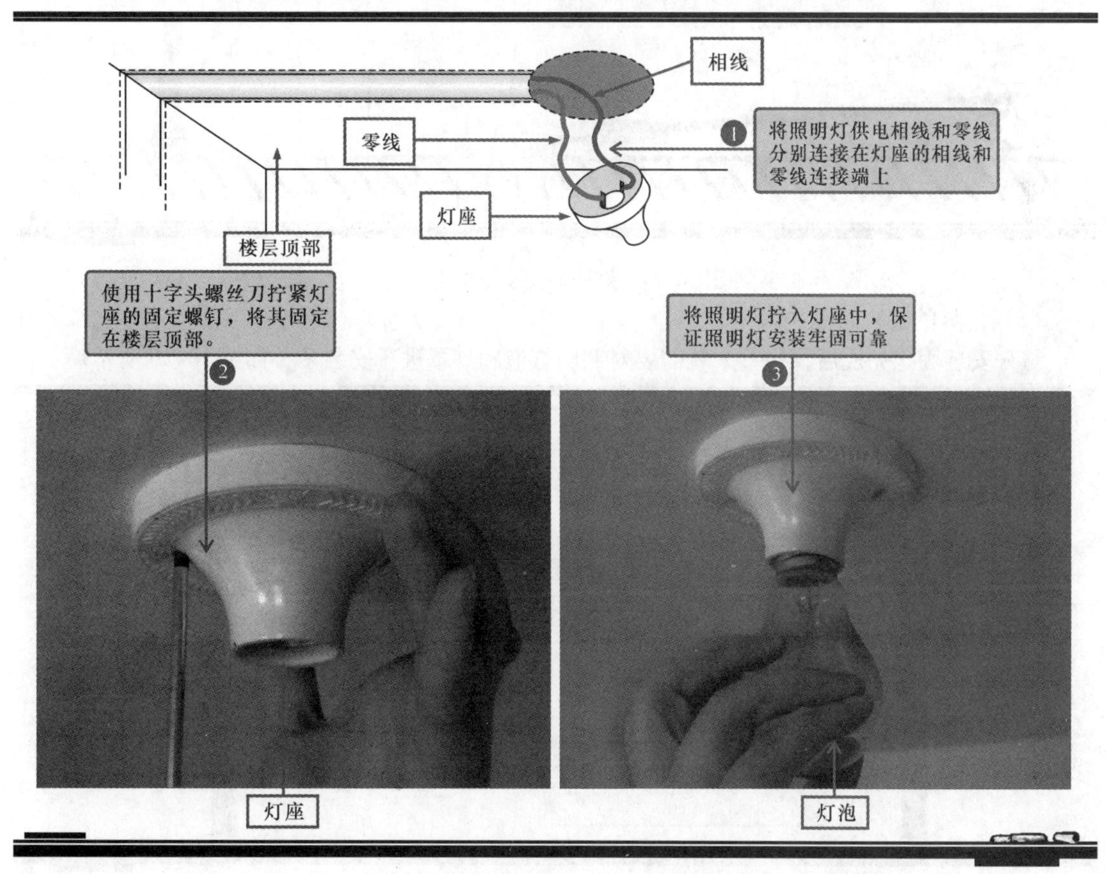

图 10-18　照明灯泡的安装连接方法

2. 小区路灯照明线路的安装训练

选择好照明灯泡和线缆等器材后，就可以按照施工方案进行布线和安装了。安装时，应尽量使线路短直、安全、稳定、可靠，便于维修和检测，要考虑到外界可能影响和损坏线路的有关因素，在进行设备安装时，要严格按照照明标准及装配标准进行安装。

(1) 线缆的敷设

现在小区中常见的线路敷设一般都采用暗敷。由于小区内敷设有照明、监控、广播等线路，因此小区内的电缆种类和数量有很多，最好采用电缆沟的敷设方法进行布线。

(2) 灯杆的安装固定

线缆敷设完成后，将电缆引入灯杆，并对灯杆进行安装固定，如图 10-19 所示。

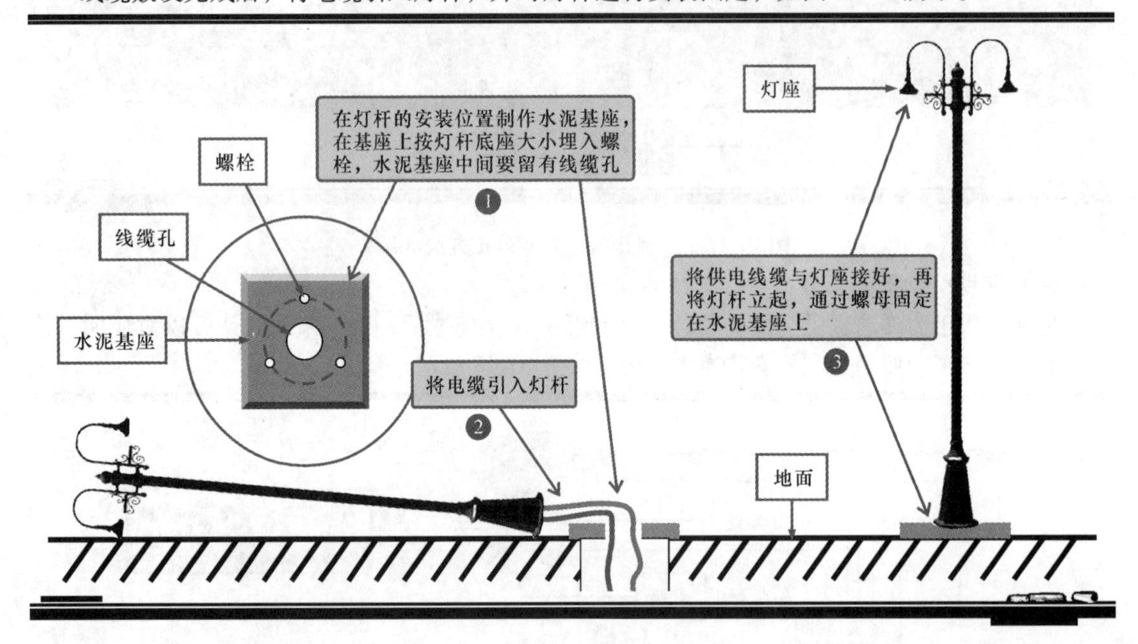

图 10-19　灯杆的安装定位与固定

(3) 灯具的安装固定

灯杆安装固定完成后，接下来就需要对照明灯泡和灯罩进行安装了，如图 10-20 所示。

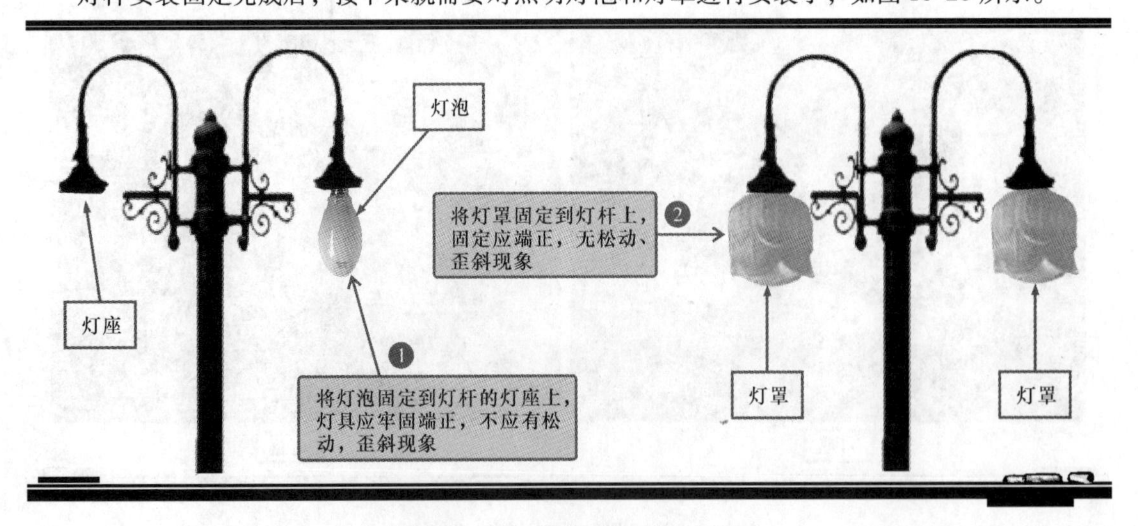

图 10-20　灯具的安装定位与固定

【注意】

灯座使用不同规范的灯泡时，应将灯口固定点调整到与灯泡容量相同的位置，得到最佳配光曲线。灯罩在固定前应检查是否完整无损，安装时灯罩应加胶圈。

小区路灯或楼道照明灯的安装连接完成后，需要检测灯泡是否能起到照明的作用。例如检验楼道照明灯时，先将断路器闭合，用手触碰触摸开关，如图 10-21 所示，灯亮则说明该楼层楼道灯正常；若灯不亮则需要对触摸开关、灯具以及线路连接处进行检查，对出现故障的开关和灯具要及时进行维修或更换。

图 10-21　照明灯具安装完成后的检测方法

10.2　学会规范安装日光灯照明系统

日光灯（即荧光灯）是室内照明的常用的照明工具，可满足家庭、办公、商场、超市等场所的照明需要，应用范围十分广泛，如图 10-22 所示。

图 10-22　日光灯的应用

10.2.1 认识一下日光灯

日光灯主要是由日光灯管、启辉器（辉光启动器）、镇流器和灯架构成的。下面就让我们来认识一下日光灯各组成部件。

1. 日光灯管

普通日光灯管外形细长，两端各有一对管脚（连接内部灯丝），灯管内充有微量的氩气和稀薄的汞蒸气，灯管内壁涂有荧光粉。当两端的灯丝之间的气体导电时会发出紫外线，使荧光粉发出柔和的可见光。图 10-23 所示为常见的几种日光灯外形。常见的日光灯型号有 T4、T5、T8，功率在 8 ~58 W 之间。

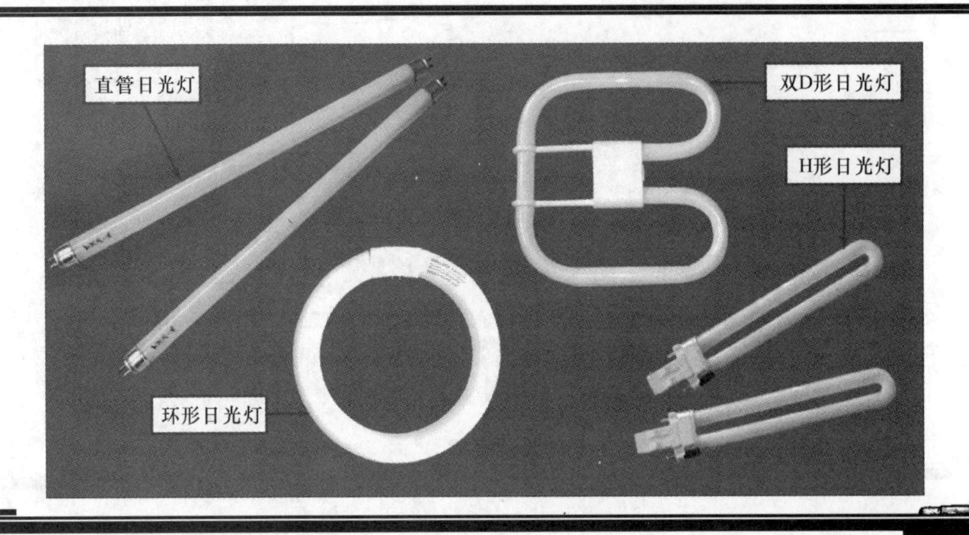

图 10-23 常见的几种日光灯外形

日光灯型号都是以“T”开头，该字母代表“Tube”，意思为管状的，这里用于表示灯管直径，即 T 代表 1/8 英寸，1 英寸为 25.4 mm，那么 T 就代表 3.175 mm。T 后面的数字表示个数。例如，T12 就是有 12 个“T”，那么 T12 = 38.1 mm。不同型号的日光灯的功率与其长度，如表 10-1 所示。

表 10-1 T4、T5、T8 型日光灯的功率与其长度

型号	功率	长度	型号	功率	长度
T4	8W	341mm	T5	8W	310mm
	12W	443mm		14W	570mm
	16W	487mm		21W	870mm
	20W	534mm		28W	1170.5mm
	22W	734mm		35W	1475mm
	24W	874mm	T8	20W	620mm
	26W	1025mm		30W	926mm
	28W	1172mm		40W	1230mm

2. 启辉器

启辉器又称为跳泡，是预热并启动日光灯的特殊装置。它由充有氖气的玻璃泡、静触片和动触片（双金属片）构成。图10-24所示为常见的启辉器实物外形。

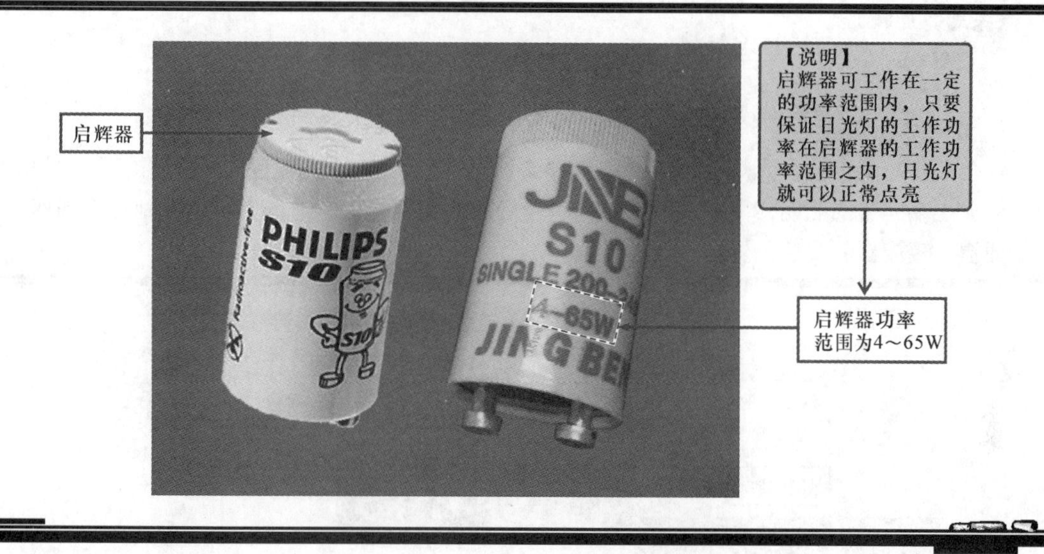

图10-24　常见的启辉器实物外形

3. 镇流器

图10-25所示为镇流器的实物外形。镇流器按结构原理分，可分为电子镇流器和电感镇流器。电感镇流器在日光灯启动的过程中，与启辉器配合产生脉冲高压，使日光灯点亮。在日光灯点亮后，镇流器主要起限流的作用，使电流和电压稳定在灯管的额定工作范围内。而安装有电子镇流器的日光灯无需配备启辉器，便可点亮。

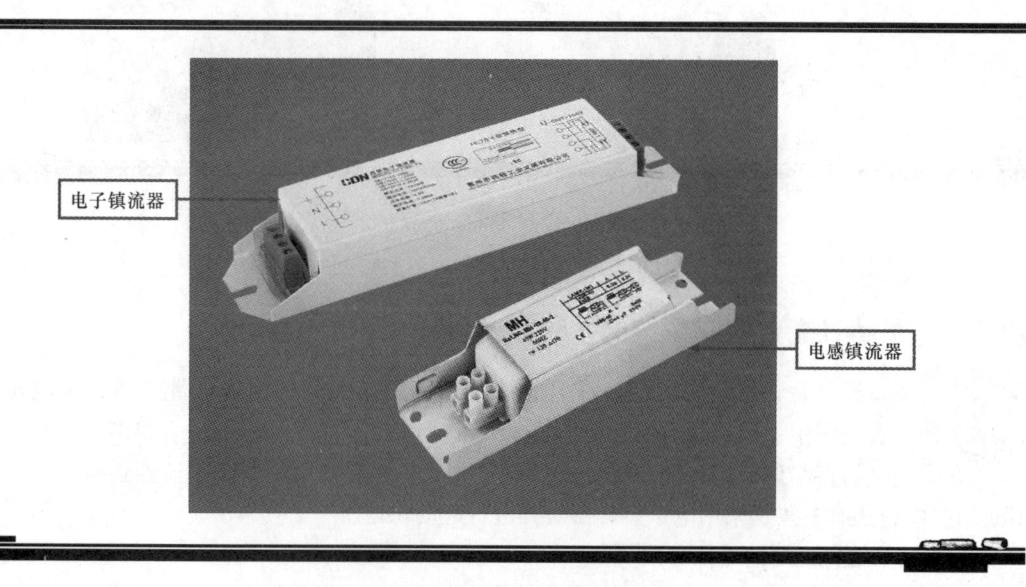

图10-25　镇流器的实物外形

【注意】

在选择镇流器时，需要选择与日光灯功率相同的镇流器。若选择的镇流器功率较大，镇流器容易发热，易烧坏相关的器件；若选择的镇流器功率较小，会使日光灯无法点亮或亮度较暗。

4. 灯架

灯架主要用来承载日光灯、镇流器和启辉器。将它们固定在灯架上，再通过内部引线相连，便可形成一个完整的照明线路。图 10-26 所示为灯架的实物外形。从图中可以看到灯管插座、启辉器插槽、镇流器的安装位置。

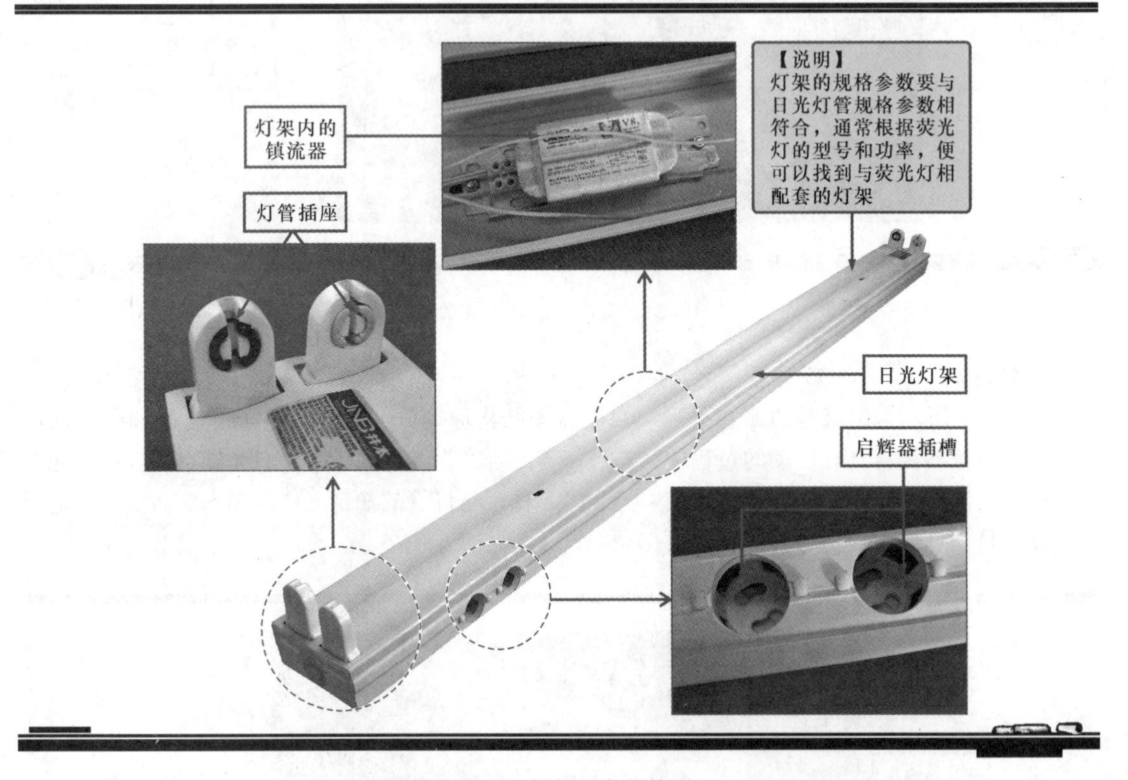

图 10-26　灯架的实物外形

10.2.2　了解日光灯照明系统的接线方式

日光灯是利用涂抹在灯管内部上的荧光粉汞膜和灯管内的惰性气体，受电击发光的，在使用中一般都需要配合启辉器或镇流器。日光灯的连接方法有很多种，有一些是采用镇流器与启辉器连接照明灯；有的却采用电容器、启辉器和镇流器连接照明灯，对其进行供电；还有一些是采用电子启辉器对其进行起动供电。

1. 普通单管日光灯的连接方法

图 10-27 所示为日光灯的一般连接线路。当开关闭合、电源接通时，电源电压通过灯丝全部加在启辉器内两个双金属片上，使启辉器中的氖管中产生辉光并放电发热，两触片接通，于是电

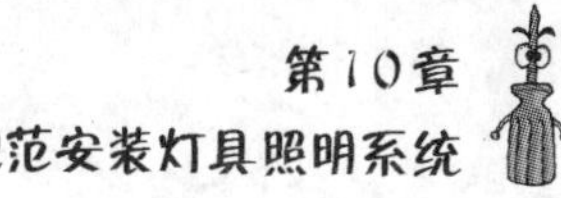

流通过镇流器和灯管两端的灯丝，使灯丝加热并发射电子。此时由于启辉器中的氖管被双金属片短路停止辉光放电，双金属片也因温度降低而分开，在此瞬间镇流器产生相当高的自感电动势，它和电源电压串联后电压得到提升并加在灯管两端引起弧光放电，使日光灯点亮。

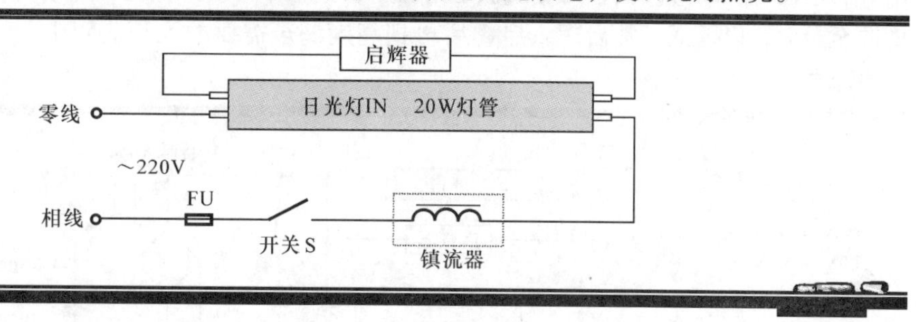

图 10-27　日光灯的一般连接线路

2. 双日光灯管的连接方法

双日光灯管接线线路，如图 10-28 所示。这种情况应使用双镇流器和双启辉器，安装日光灯时，镇流器、启辉器必须和电源电压、灯管功率相配合。

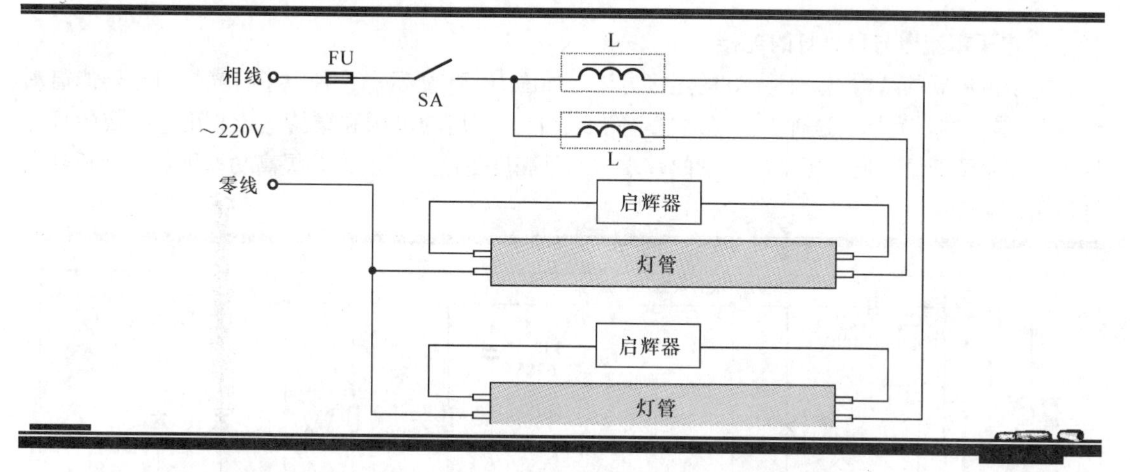

图 10-28　双日光灯管接线线路

3. 双线圈镇流器接法

双线圈镇流器有四根引线，分主、副线圈，主线圈的两引线和二线镇流器接法一样，串联在灯管与电源之间。副线圈的两引线串联在启辉器与灯管之间，作为启动使用，由于副线圈匝数少，交流阻抗亦小，如果误把它接入电源主电路中，就会烧毁灯管和镇流器。所以，把镇流器接入电路前，必须看清接线说明，分清主、副线圈。也可用万用表检测，分辨出主、副线圈，阻值大的为主线圈，阻值小的为副线圈。接线方法如图 10-29 所示。

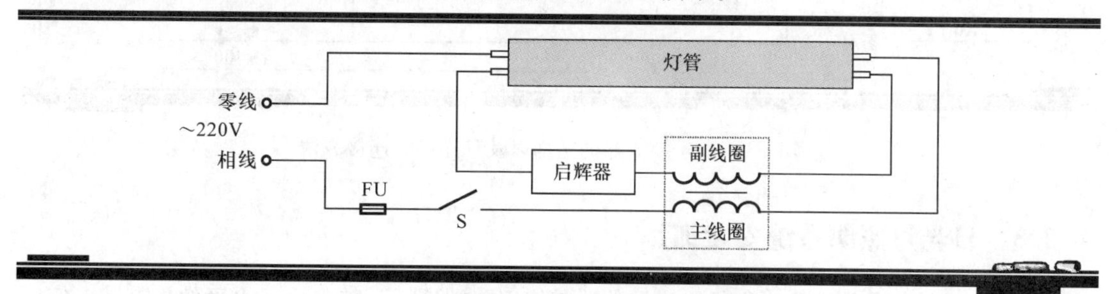

图 10-29　双线圈镇流器接法

4. 可调光的日光灯电路

为了实现调光的要求，可使用调光器调节灯光的亮度。该电路通过调整电位器 RP 可调整晶闸管的电流，从而可调整日光灯的供电电流。图 10-30 所示为日光灯调光器线路。启辉前应把亮度调至最大，以保证正常启辉，启辉后再把亮度调至需要的大小。VD1 ~ VD4 可选用 5A/400V 的整流二极管。

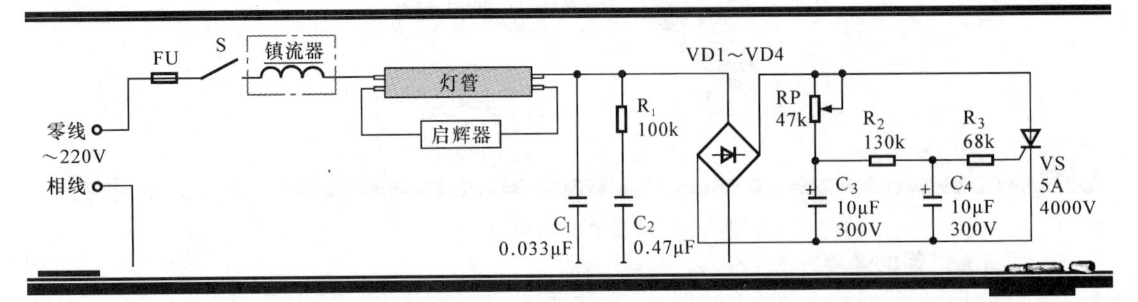

图 10-30　日光灯调光器线路

5. 电子镇流器与日光灯的连接

电子镇流器的结构以及日光灯的连接方法，如图 10-31 所示。这种电子日光灯镇流器能启动 8 ~ 40W 类型的日光灯。这种方法是通过电路形成日光灯启动电压和维持电压。用它组装的日光灯不仅克服了低温、低电压不能启动的弊端，而且亮度更高、省电，并提高功率因数，延长日光灯使用寿命。

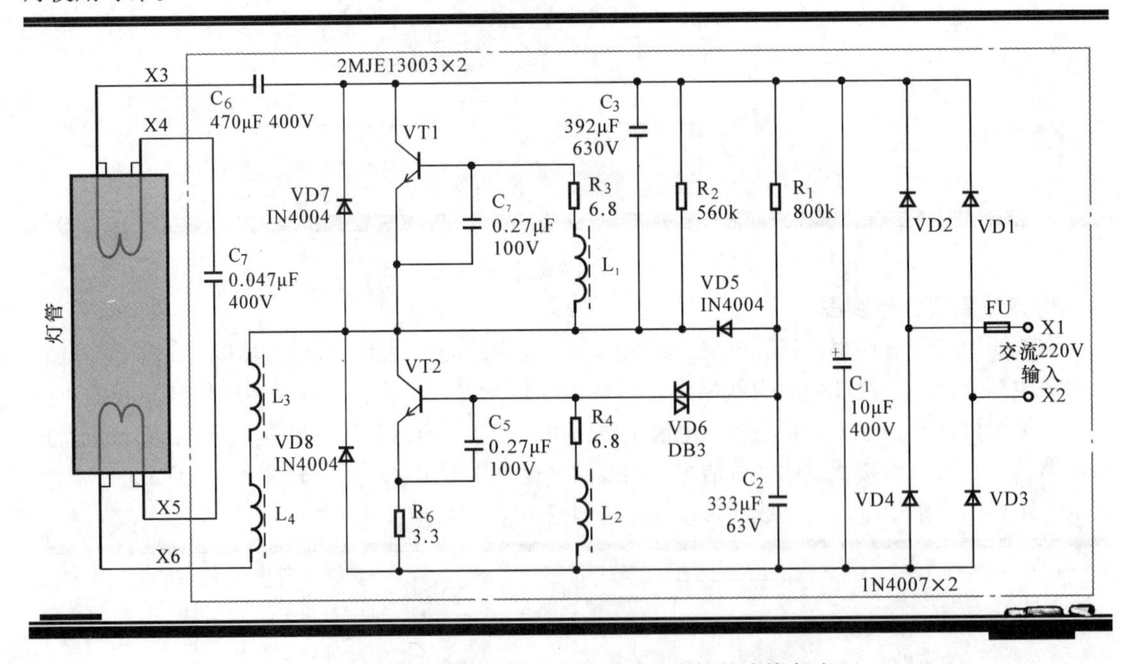

图 10-31　电子镇流器的结构以及日光灯的连接方法

10.2.3　日光灯照明系统安装训练

照明灯是用于为人们提供光源的，其使用非常广泛，随着生活水平的提高，人们对照明灯的布置和安装提出了更高的要求。如：除了在照明灯具光源品质的选择上更加科

学化以外，在其造型外观上的选择更是多种多样。下面我以家庭照明线路中常用的日光灯作为实训案例，对其照明灯的安装过程进行详细的介绍。图10-32为日光灯的安装方式示意图。照明灯具的安装方式常常可以分为两种类型，即悬挂式和吸顶式

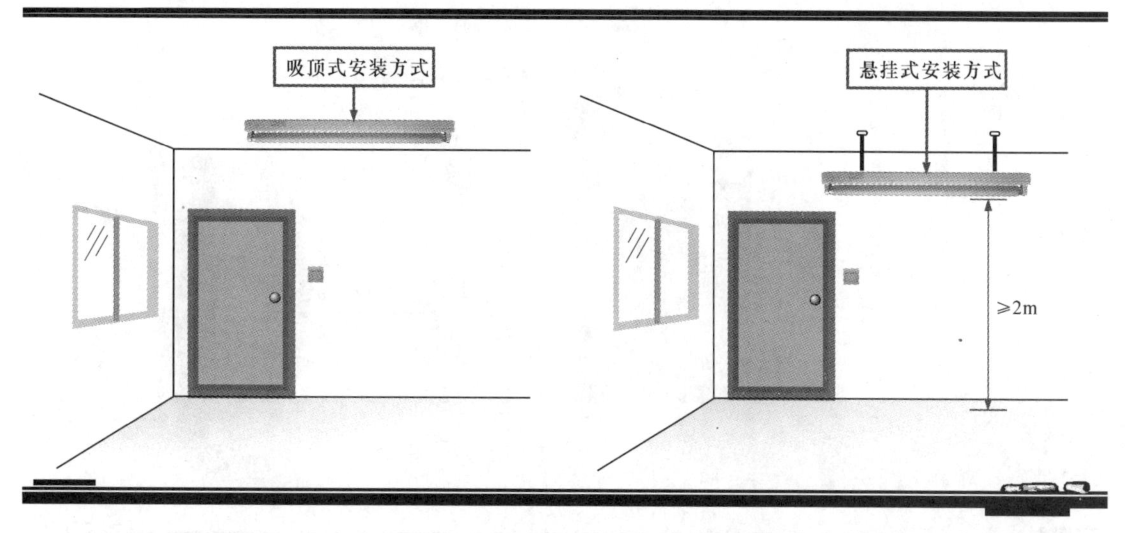

图10-32　日光灯的安装方式示意图

日光灯照明系统的安装训练主要可分为两个环节：第一个环节是日光灯的安装，这个环节主要是将日光灯的各个部件组装在一起；第二个环节是开关的安装，这个环节是将照明灯线路与开关接好构成完整的照明系统。下面，我们就来具体介绍一下照明系统安装的两个环节。

1. 日光灯的安装训练

对日光灯安装前应对其安装方式进行选择（这里我们选择吸顶式安装方式），选择好后，准备需要安装的日光灯灯架以及相配套的灯管、镇流器等，准备好后便可进行安装。安装过程中应当注意安全，应将整个供电系统的电路总断路器进行关闭，防止安装人员触电。

提问

日光灯采用悬挂式安装方式时不能以随意长度悬挂吗？为什么还要满足距离的要求呢？

日光灯采用悬吊式安装方式的时候，要重点考虑限制眩光和安全因素。眩光的强弱与日光灯的亮度以及人的视角有关，因此悬挂式灯具的安装高度是限制眩光的重要因素，如果悬挂得过高，既不方便维护又不能满足日常生活对光源亮度的需要。如果悬挂过低，则会产生对人眼有害的眩光，降低视觉功能，同时也存在安全隐患。如图10-33所示，眩光与视角之间的关系。

回答

(1) 日光灯架的安装

对日光灯灯架进行安装时，应先将日光灯灯架的外壳拆下，在预留导线的安装墙面上标记日光灯架的安装位置，然后方可进行打眼、安装操作。日光灯架的安装如图10-34所示。

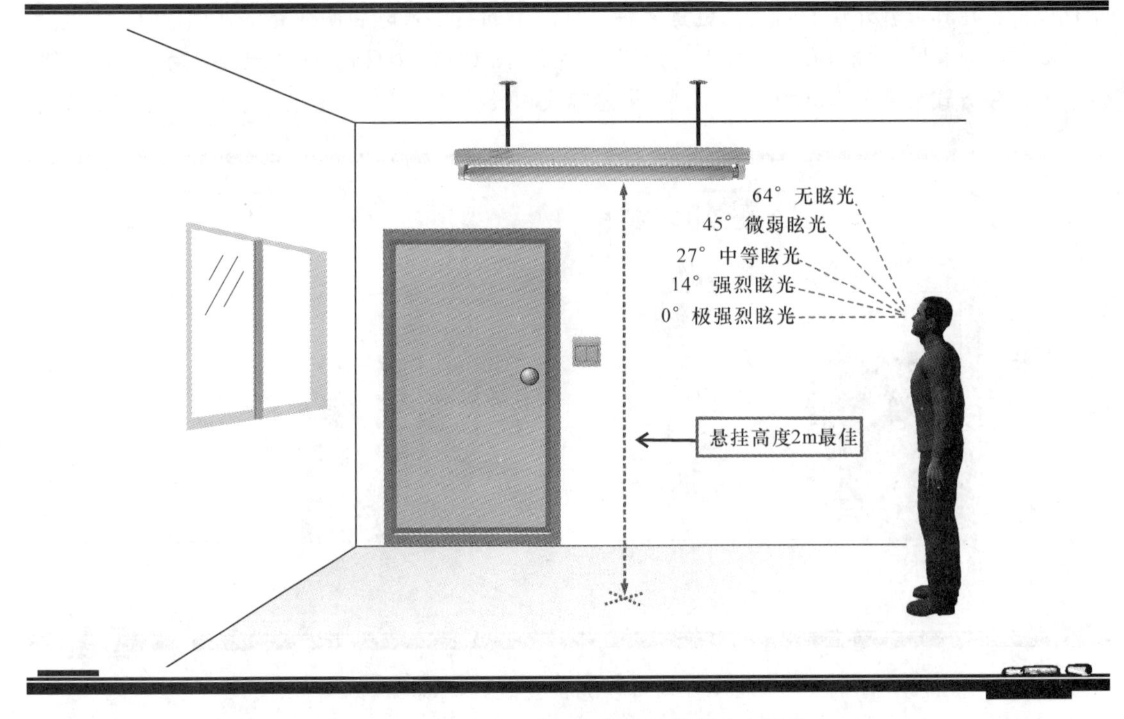

图 10-33　悬吊式日光灯安装时应考虑眩光影响

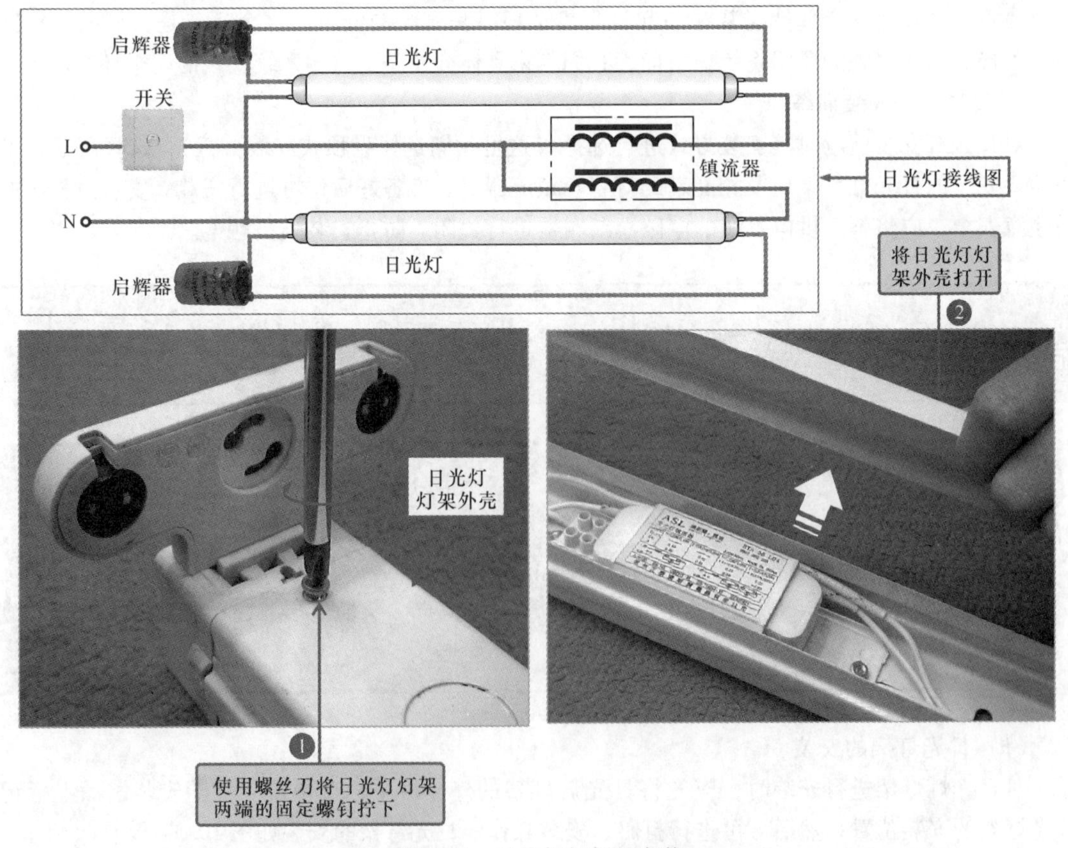

图 10-34　日光灯灯架的安装

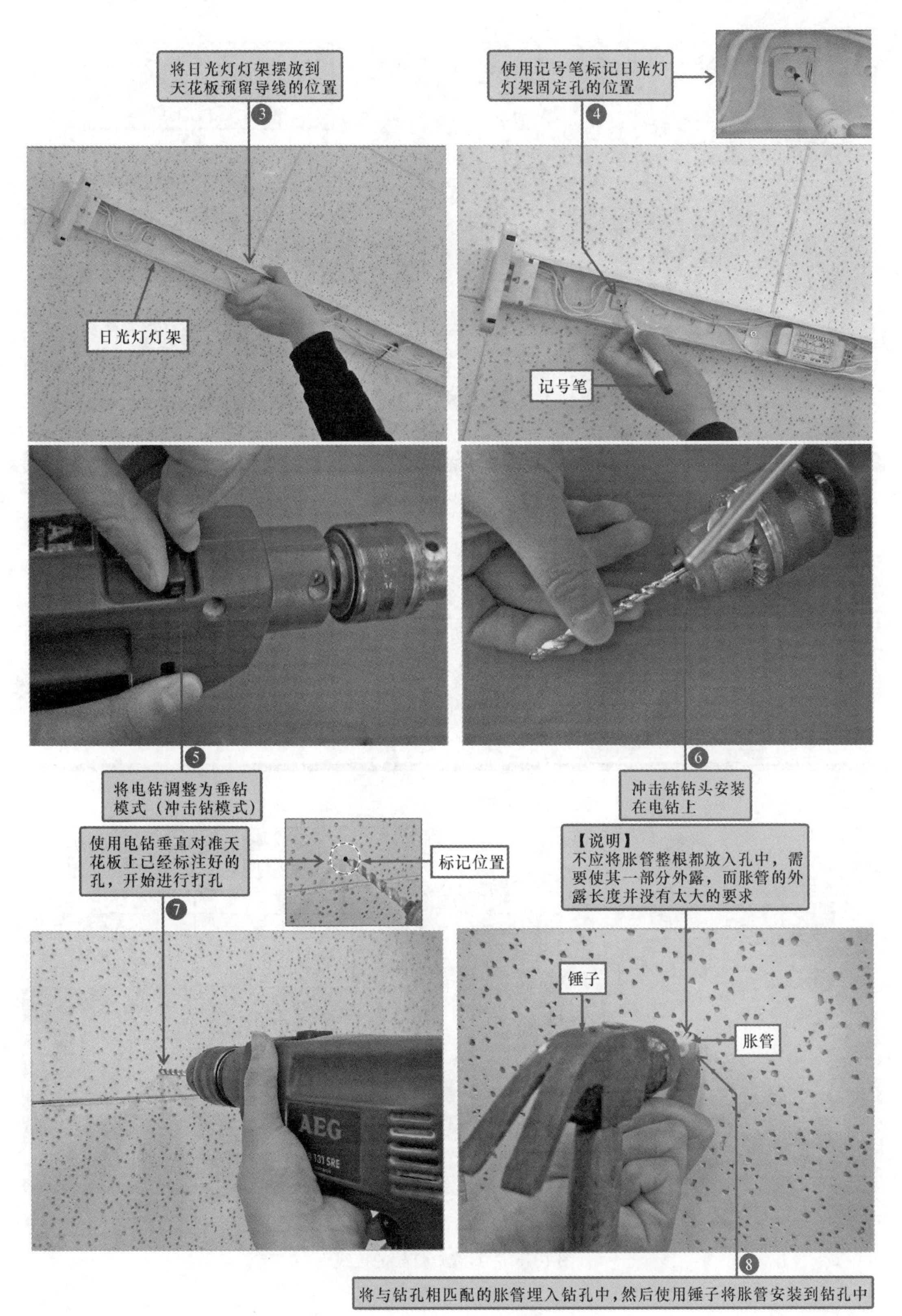

图10-34　日光灯灯架的安装（续1）

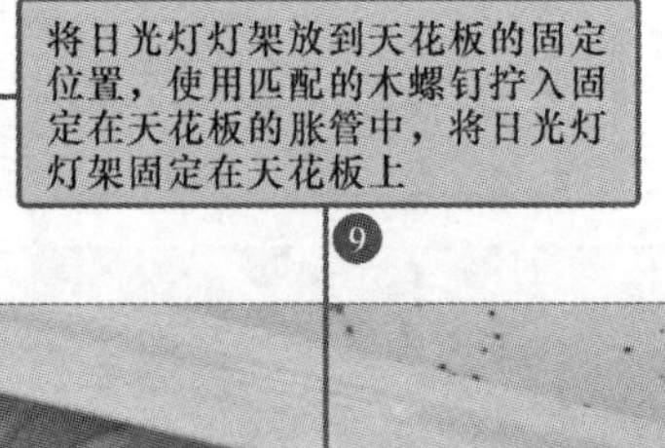

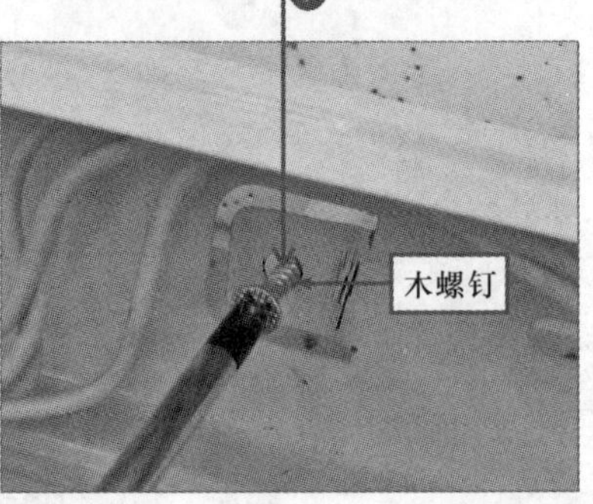

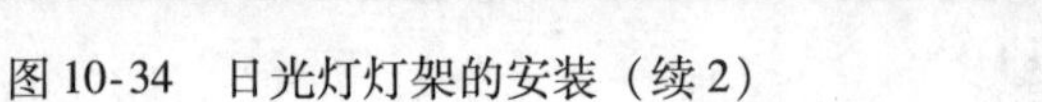

图 10-34　日光灯灯架的安装（续 2）

（2）日光灯灯架的接线

日光灯灯架固定完成后，需要将布线时预留的照明支路导线端子与照明灯灯架内的导线进行连接。日光灯灯架的接线，如图 10-35 所示。

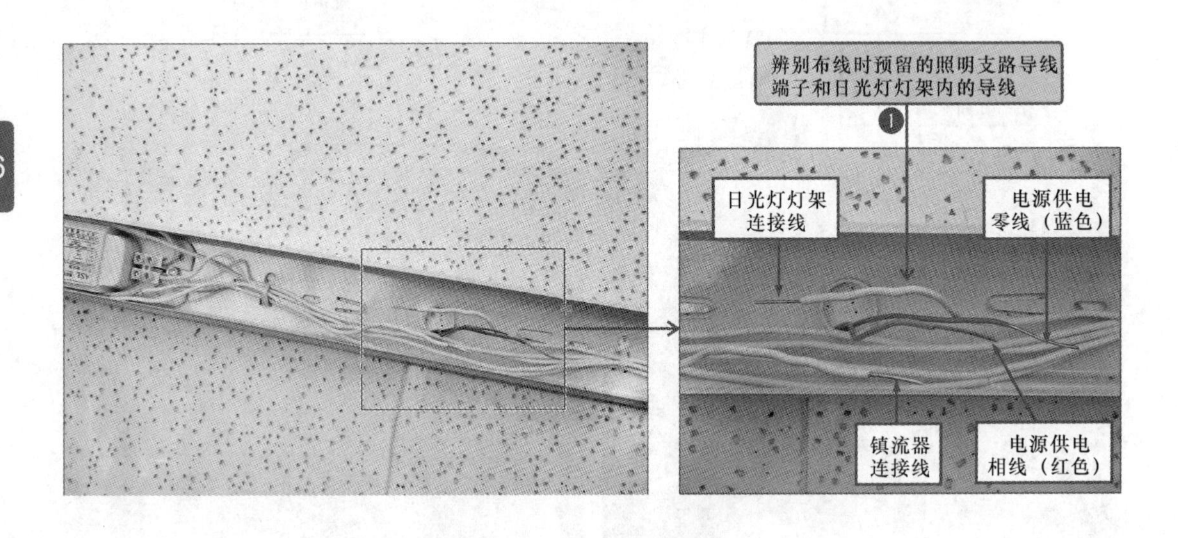

图 10-35　日光灯灯架的接线

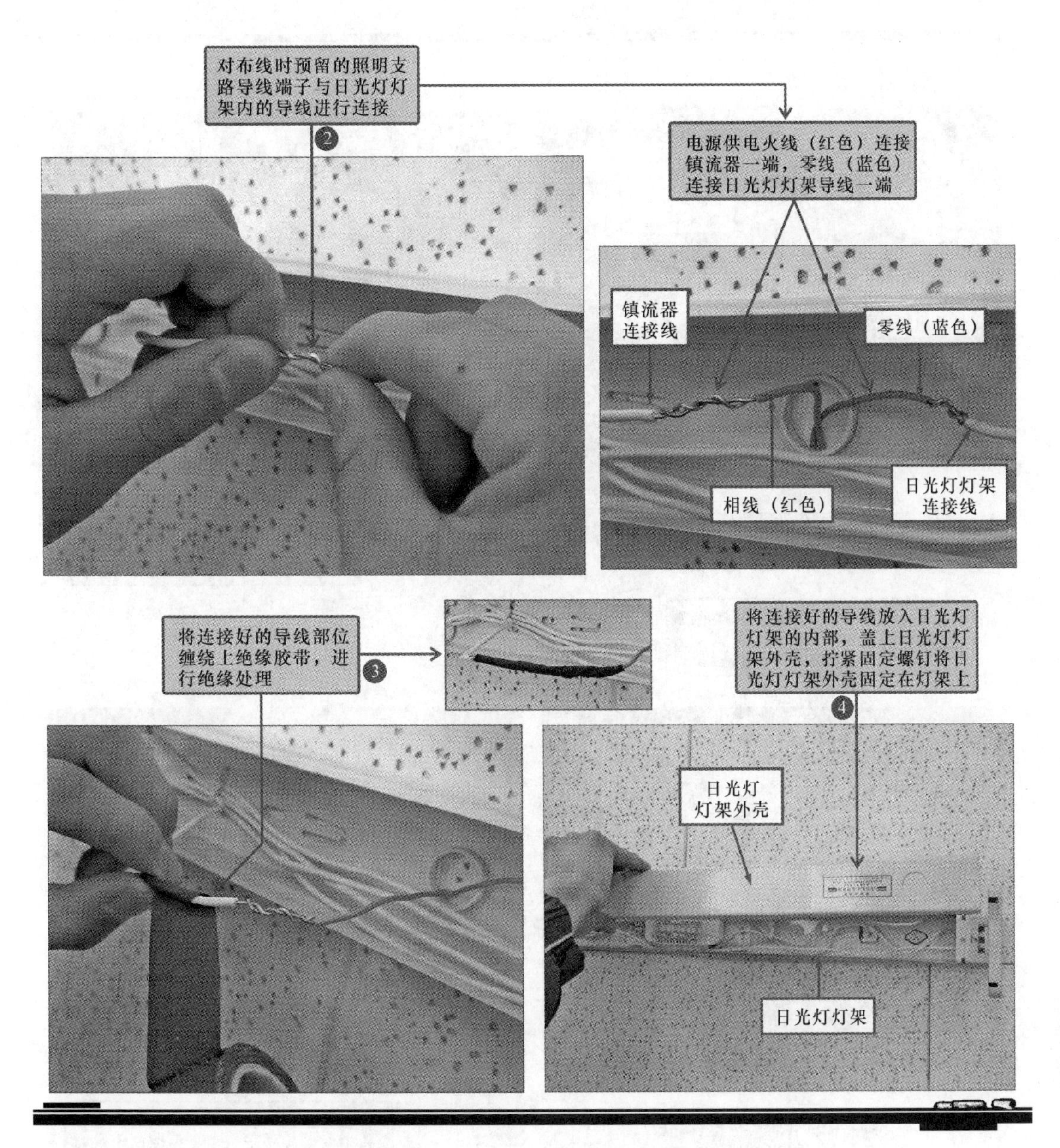

图 10-35　日光灯灯架的接线（续）

（3）日光灯灯管和启辉器的安装

日光灯灯架接线、安装完成后，将日光灯灯管和启辉器安装到灯架上后，即可进行照明。日光灯灯管和启辉器的安装，如图 10-36 所示。

2. 开关的安装方法

开关是用于控制灯具、电器等电源通断的器件。按其安装方式的不同，可分为明装开关和暗装开关两种，暗装开关较明装开关安全性较高、美观、不易损坏，因此大部分家庭均采用暗装开关。下面我以家庭照明线路中常用的暗装单控开关作为实训案例，对其开关的安装过程进行详细介绍。图 10-37 为单控开关的安装示意图。

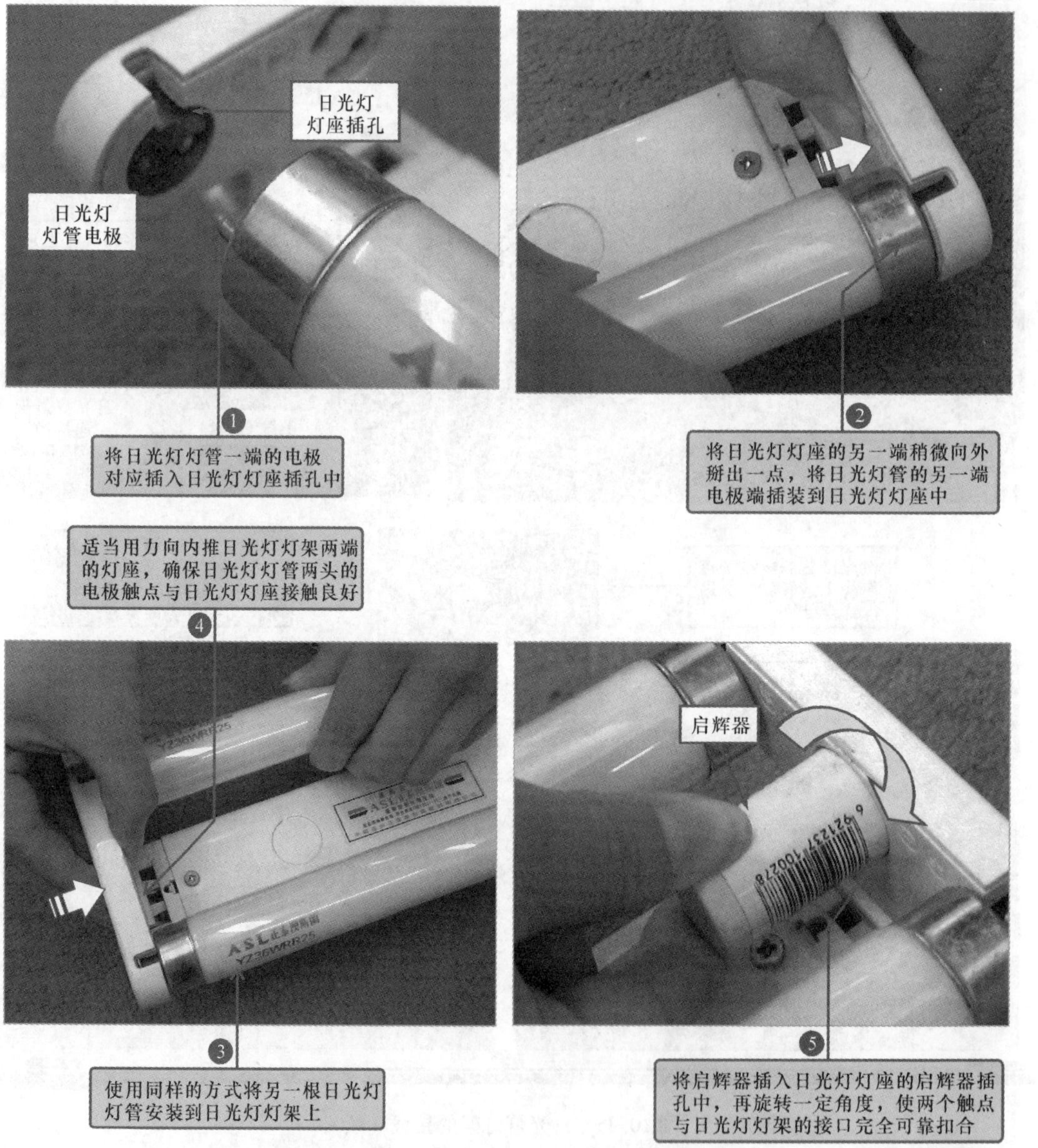

日光灯灯座插孔

日光灯灯管电极

将日光灯灯管一端的电极对应插入日光灯灯座插孔中

将日光灯灯座的另一端稍微向外掰出一点，将日光灯管的另一端电极端插装到日光灯灯座中

适当用力向内推日光灯灯架两端的灯座，确保日光灯灯管两头的电极触点与日光灯灯座接触良好

使用同样的方式将另一根日光灯灯管安装到日光灯灯架上

启辉器

将启辉器插入日光灯灯座的启辉器插孔中，再旋转一定角度，使两个触点与日光灯灯架的接口完全可靠扣合

图 10-36　日光灯灯管和启辉器的安装

单控开关安装前应先准备需要安装的单控开关和接线盒等，准备好后便可进行安装。安装过程中应当注意安全，应将室内总断路器断开，防止触电。

（1）接线盒的安装

单控开关安装前，应先对单控开关的接线盒进行安装，然后将其单控开关固定到单控开关接线盒上，完成单控开关的安装。单控开关接线盒的安装，如图 10-38 所示。

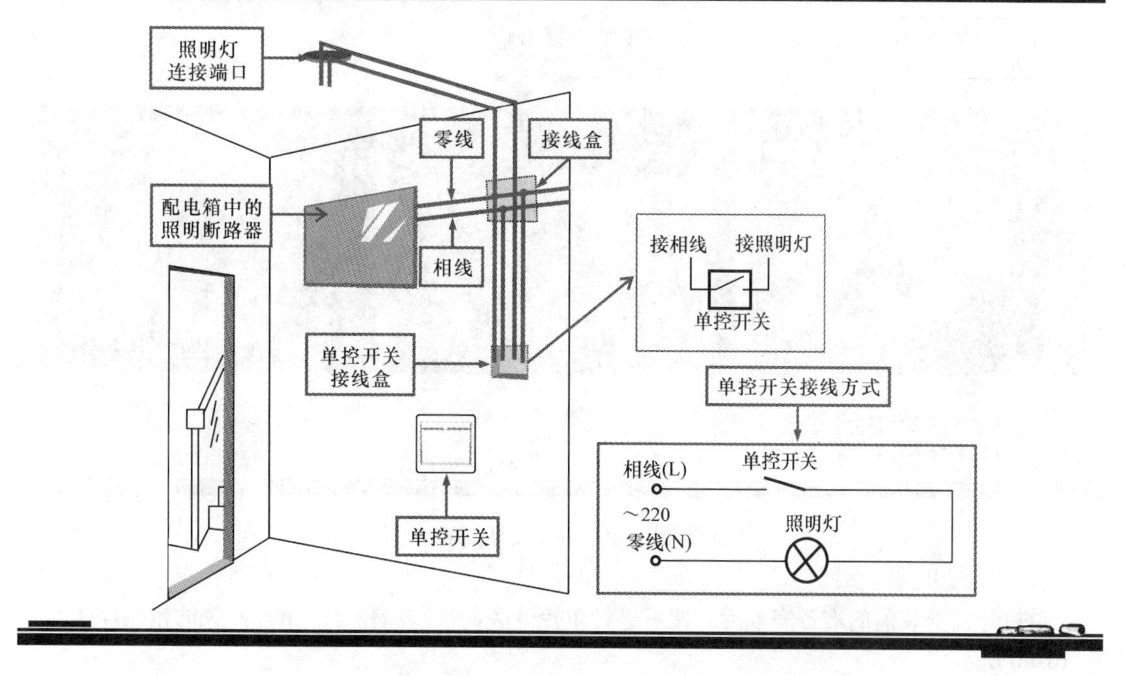

图 10-37　单控开关的安装示意图

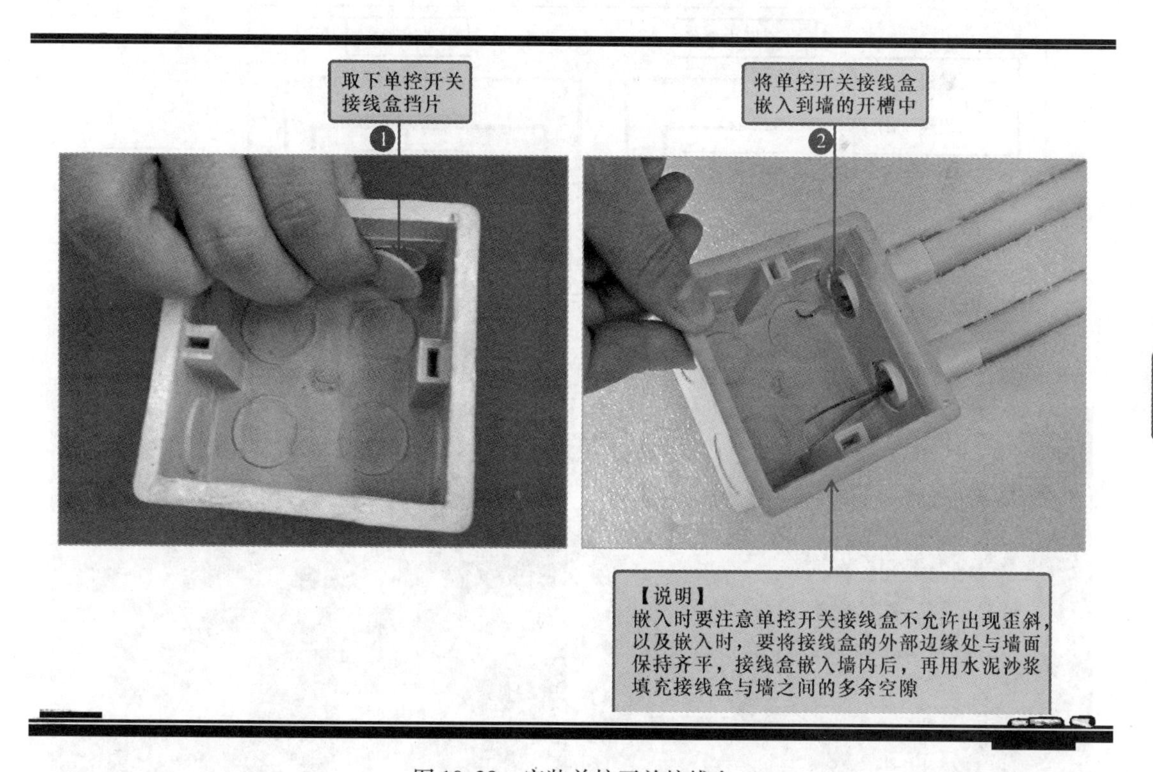

图 10-38　安装单控开关接线盒

（2）单控开关安装前的准备

单控开关安装前，应将单控开关的护板取下，以便接线完成后拧入固定螺钉将单控开关固定在墙面上，且安装时应在单控开关关闭状态进行安装。单控开关安装前的准备，如图 10-39 所示。

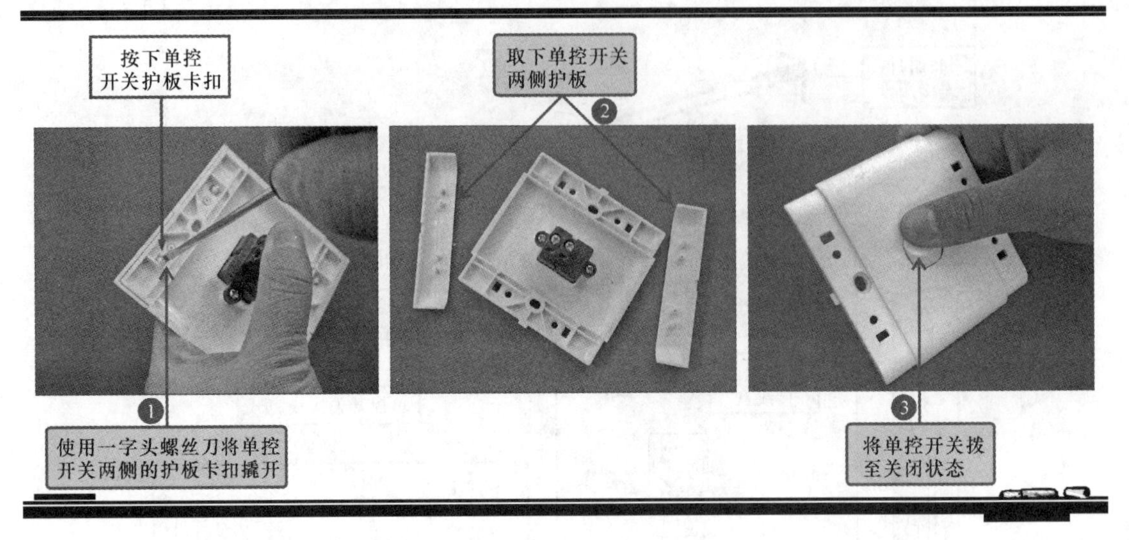

图 10-39　单控开关安装前的准备

（3）单控开关的接线

单控开关安装前的准备完成后，便可进行单控开关的接线操作了。单控开关的接线操作，如图 10-40 所示。

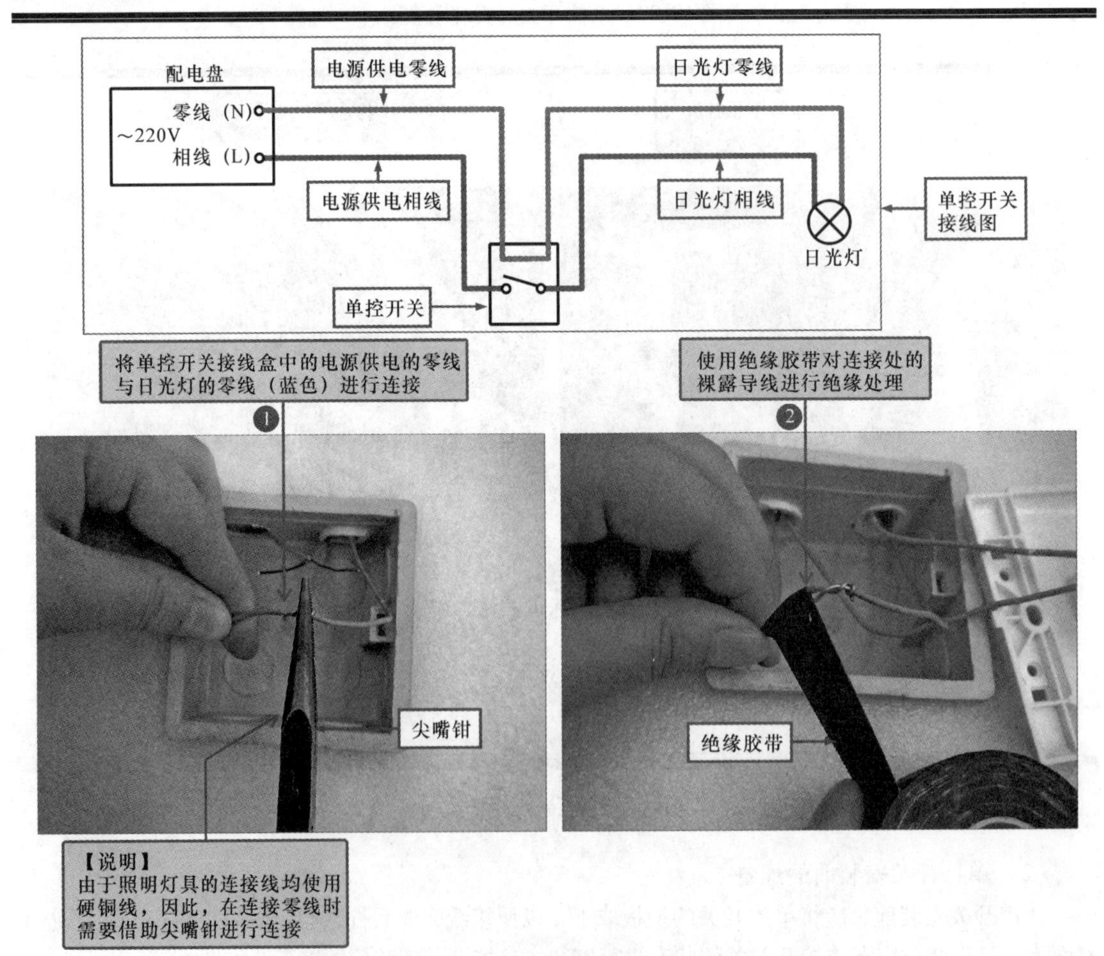

图 10-40　单控开关的接线操作

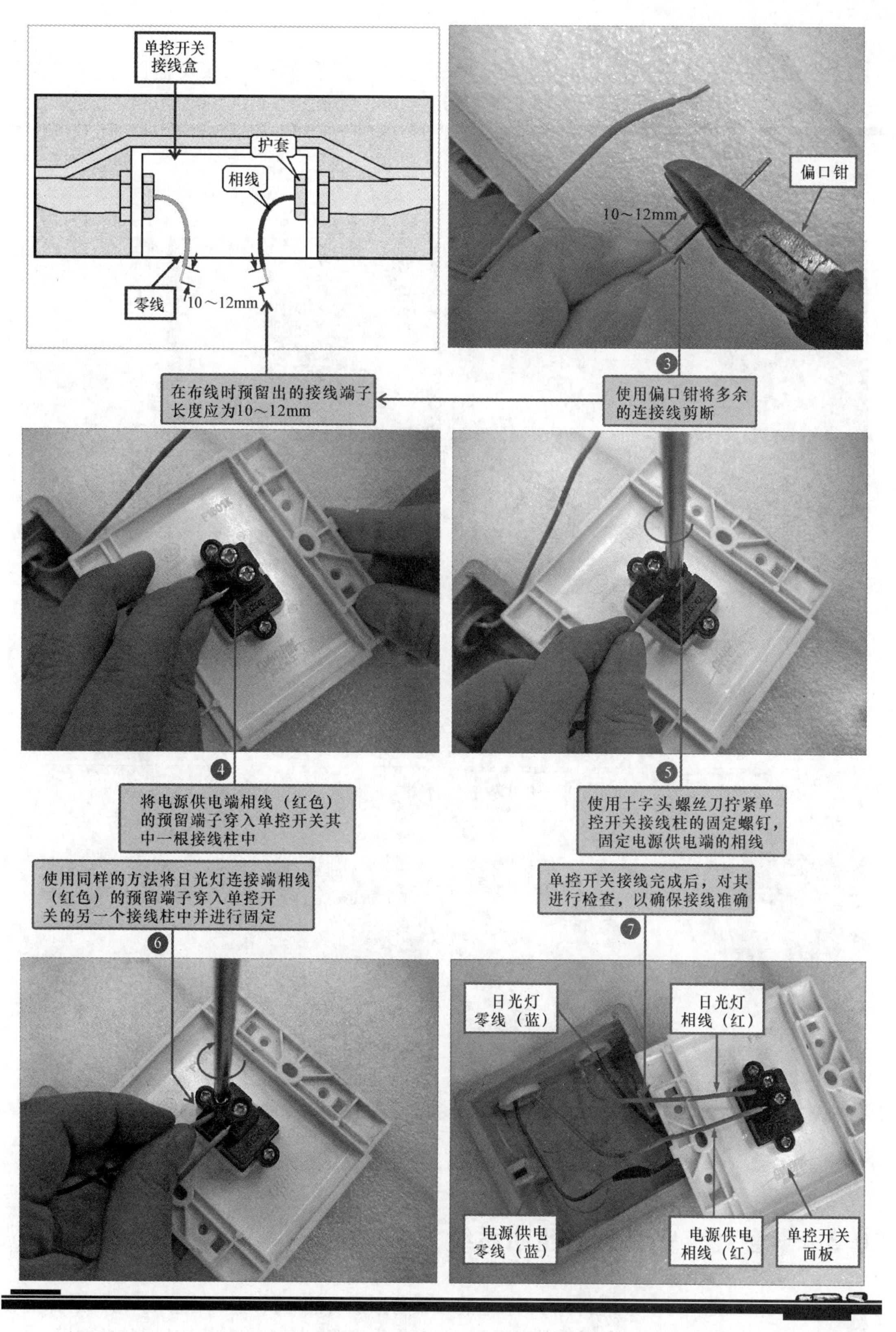

图10-40　单控开关的接线操作（续）

(4) 单控开关面板的安装

单控开关的接线完成后，即可将其单控开关面板固定到单控开关的接线盒上，完成单控开关的安装。单控开关面板的安装，如图10-41所示。

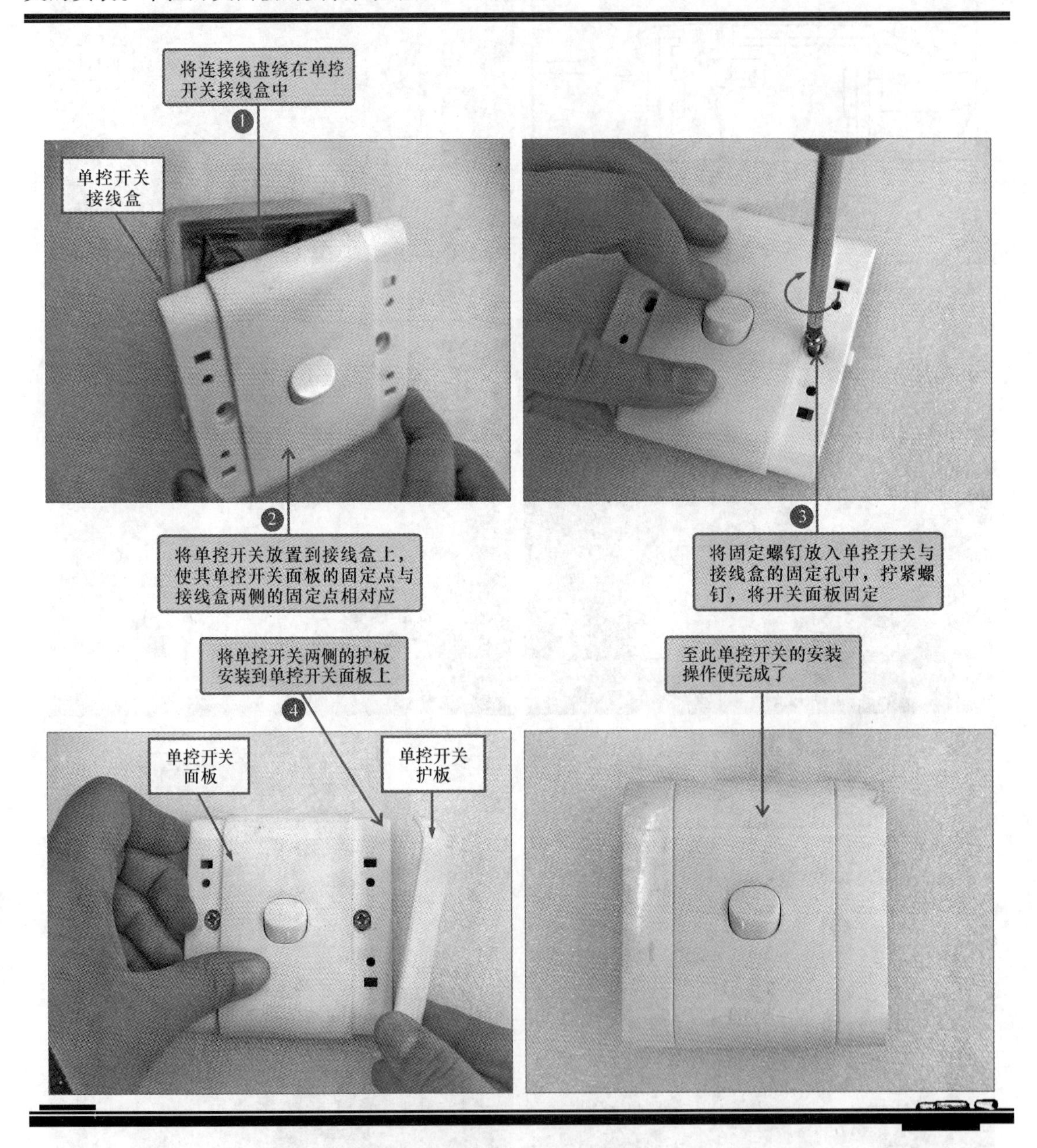

图10-41　单控开关面板的安装

10.3　学会规范安装吊灯照明系统

吊灯是一种垂吊式照明灯具，它将装饰与照明功能有机地结合起来。吊灯适合安装于客厅、酒店大厅、大型餐厅等垂直空间较大的场所。图10-42所示为吊灯的应用。

图10-42　吊灯的应用

吊灯有单个灯头也有多个灯头，其外形多种多样，根据外形及应用环境可分为欧式吊灯、中式吊灯、简约吊灯这几类，如图10-43所示。选择灯具时，应根据室内装修风格选择合适的吊灯造型以及灯口数量，此外还要根据室内垂直空间的大小，来选择吊灯的高度范围。

图10-43　吊灯的实物外形

欧式吊灯外形古典，有艺术感，适合用于大型场所的装饰照明；中式吊灯明亮利落，适合安装于门厅、走廊；简约吊灯外形简单明快，富有现代气息，适合安装于卧室等场所。

【资料】

装饰灯的样式多种多样，常见的有与吊扇合为一体的吊扇装饰灯，将风扇和照明功能于一体，如图10-44所示。

图10-44 吊扇吊灯

10.3.1 多种控制的吊灯照明系统

常见的多种控制的吊灯照明系统主要有单控开关控制的吊灯照明系统、双控开关两地控制的吊灯照明系统和两位双联开关三方控制的吊灯照明系统。下面，先来为大家介绍这三种照明系统。

（1）单控开关控制的吊灯照明系统

单控开关在家庭照明控制电路中的运用比较广泛，其结构比较简单，一个单控开关与一盏吊灯串联在供电线路中就能构成照明控制电路，如图10-45所示。

线路中S为单控开关，在相线L端，照明灯的一端连接控制开关，另一端连接零线N端。当单控开关S闭合时，形成照明回路，交流220 V电压加载到照明灯EL的两端，为其供电。

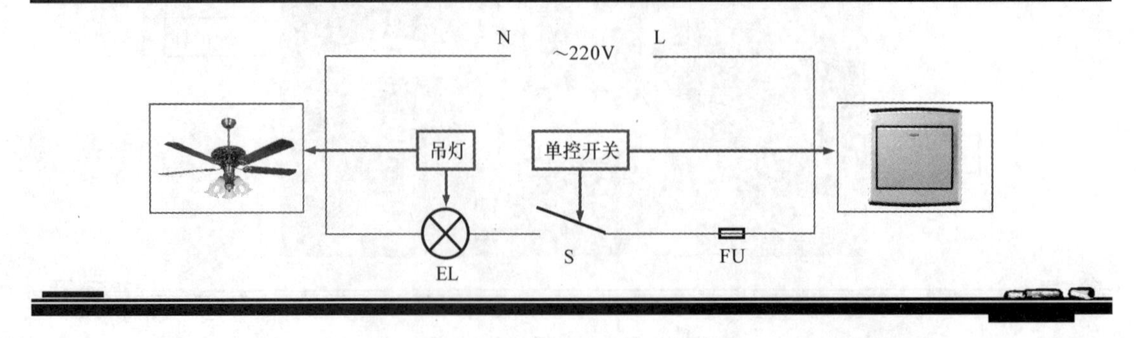

图10-45 一个单控开关控制一盏照明灯

（2）双控开关两地控制线路的设计

两个双控开关一般运用在需要两地控制一盏吊灯的环境下，如图10-46所示。该电路是由两个双控开关和一盏吊灯串联而成，当双控开关SA1的C点与A点连接，SA2双控的C点与A点连接时，照明电路处于断路状态，照明灯不亮。

当任意一个开关动作，如双控开关SA1内部触点发生改变，C点与B点连接，照明电路形成回路，吊灯点亮，此时，若双控开关SA2同时动作，照明电路仍然无回路，吊灯不亮。

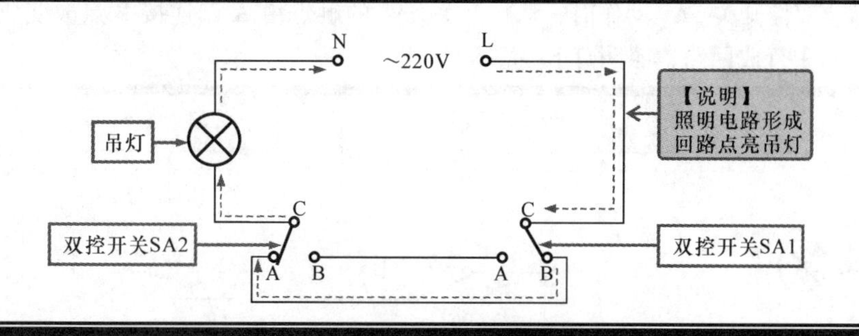

图10-46　两个异位双控开关控制一盏照明灯

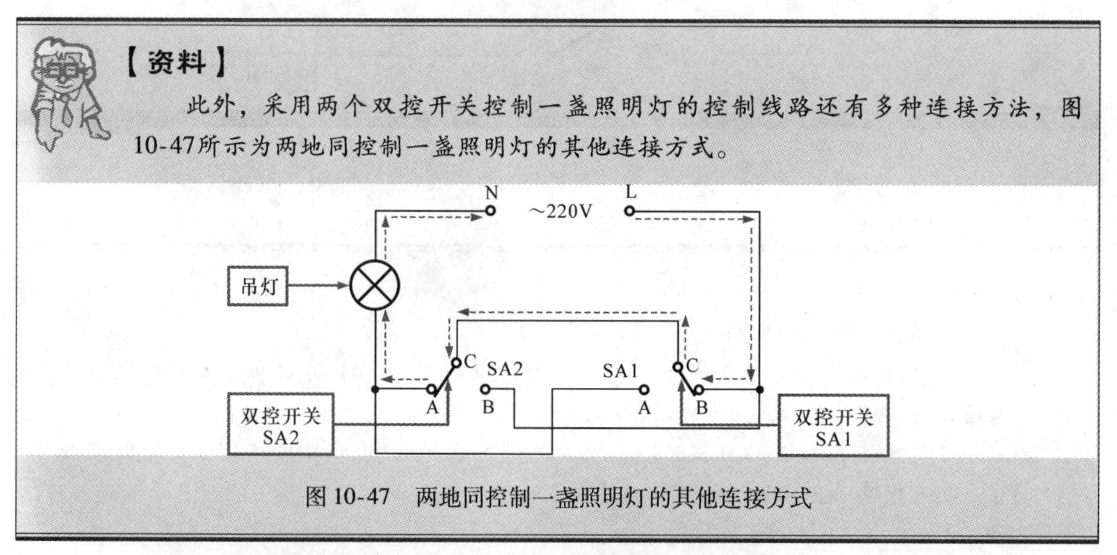

【资料】

此外，采用两个双控开关控制一盏照明灯的控制线路还有多种连接方法，图10-47所示为两地同控制一盏照明灯的其他连接方式。

图10-47　两地同控制一盏照明灯的其他连接方式

（3）典型两位双联开关三方控制一盏照明灯线路的电路分析

两位双联开关一般运用在需要三地对照明灯的工作状态进行控制的环境。该电路是由熔断器、双控开关SA1、双控联动开关SA2、双控开关SA3和照明灯EL构成，如图10-48所示。

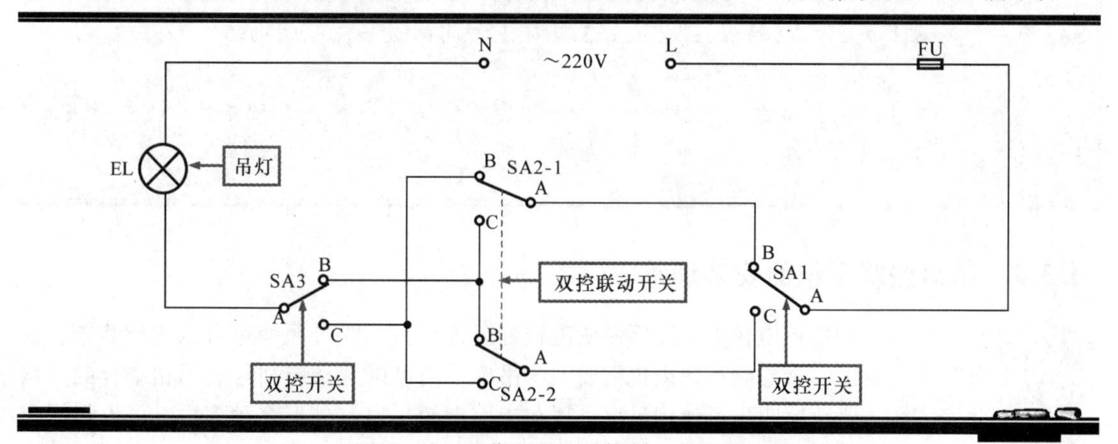

图10-48　两位双联开关控制一盏照明灯

该电路中开关SA1的A点与B点连接，联动开关SA2－1的A点和B点连接，SA2－2的A点和B点连接，开关SA3的A点连接B点，照明电路整体处于断路状态，照明灯EL不亮。

当双控联动开关SA2－1和SA2－2的A点和B点连接，双控开关SA3的A点连接B点，如图10-49所示。双控开关SA1动作时，双控开关SA1的触点由A点连接B点改变成A点连接C点，在照明电路中行成回路，照明灯EL亮。

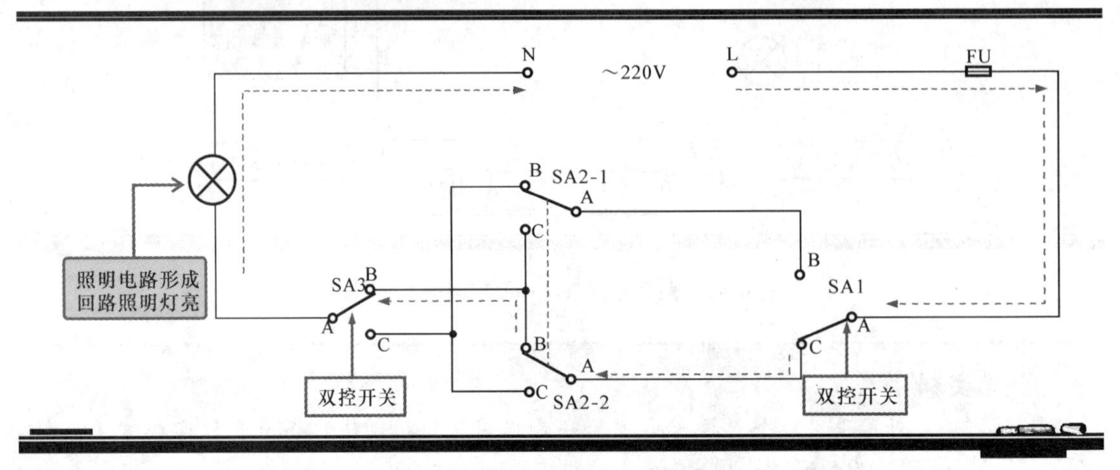

图10-49　开关SA1动作时照明电路的状态

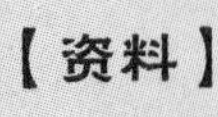

【资料】

如图10-49所示电路中：

当双控开关SA1的A点和C点连接时，双控开关SA1再次动作或双控联动开关SA2或双控开关SA3动作时，照明电路断路，吊灯灭。

当双控开关SA1的A点与B点连接，双控开关SA3的A点与B点连接，双控联动开管SA2动作，联动开关SA2－1和SA2－2的连接点改变为A点与C点连接，照明电路形成回路，吊灯亮。

当双控联动开关SA2的A点与C点连接时，双控联动开关SA2再次动作或双控开关SA1或双控开关SA3动作时，照明电路断路，吊灯灭。

当双控开关SA1的A点与B点连接，双控联动开关SA2的A点与B点连接，双控开关SA3动作，双控开关SA3的触点改变为A点与C点之间的链接，照明电路中形成回路，吊灯亮。

当双控开关SA3的A点与C点连接时，双控开关SA3再次动作或双控开关SA1动作或双控联动开关SA2动作，照明电路断路，吊灯灭。

10.3.2　吊灯照明系统的安装训练

客厅中的照明环境较大，需要照明度较好装饰灯具，既可照明也可以进行装饰。在选择照明灯具时，考虑到该室内也需要一盏吊扇，则可以选择装饰与实用相结合的吊扇灯进行安装，既可照明也可使用吊扇。现在市面上的吊扇灯外形多种多样，可以根据家庭装修的风格进行选择，图10-50为客厅中安装吊扇灯的安装布线图。

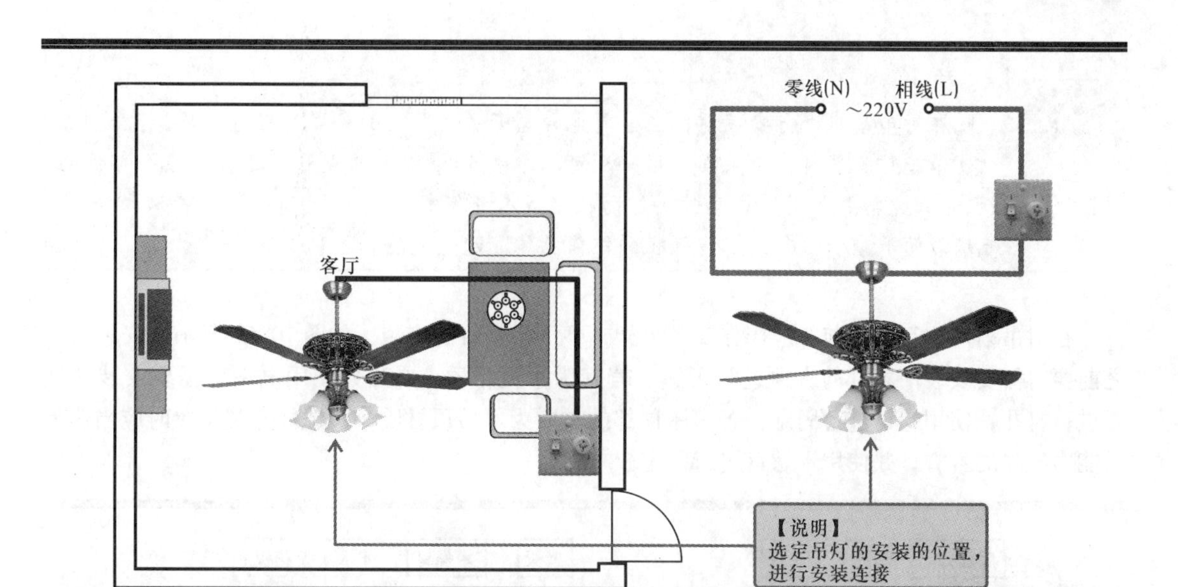

图10-50　客厅中吊扇灯的安装布线图

在对吊扇灯进行安装时，应当将其安装在房屋顶部的中央，根据房屋的高度，距地面的高度应当不小于2.2m，扇叶与墙面最小距离应当为0.6m。吊扇灯的吊管长度应当根据房屋的高度和扇叶与地面之间的距离而定，图10-51为吊扇灯的安装示意图。

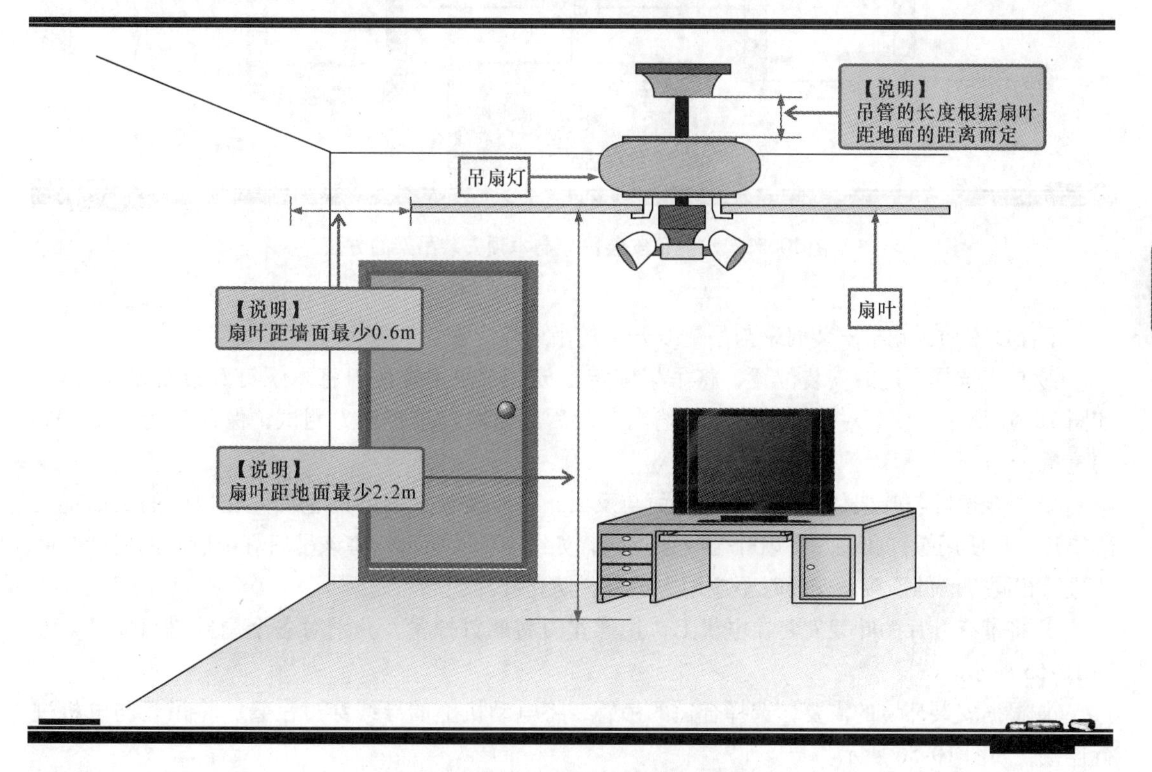

图10-51　吊扇灯的安装示意图

【注意】

① 在对吊扇灯进行安装前，应当将电源总开关关闭，避免发生触电事故；

② 吊扇灯安装时，吊架固定后必须可以承受30kg以上的重量，还应将各个部位的固定螺钉拧紧，以免螺钉松动造成扇叶等掉落，造成人身伤害；

③ 当吊扇灯的吊扇旋转时，不能触碰到任何物体，避免危险。

在对吊扇灯进行安装前，应当先安装吊架，便于吊扇灯的安装，如图10-52所示。安装吊架之前要对需要安装吊扇灯的房顶进行了解。若其为水泥材质，应当先使用电钻对需要安装的地方进行打孔，使用螺钉进行固定；若房屋顶部的材质为木吊顶材质时，选择安装位置时应当选承重能力较强的木脊，并使用木螺钉进行固定。

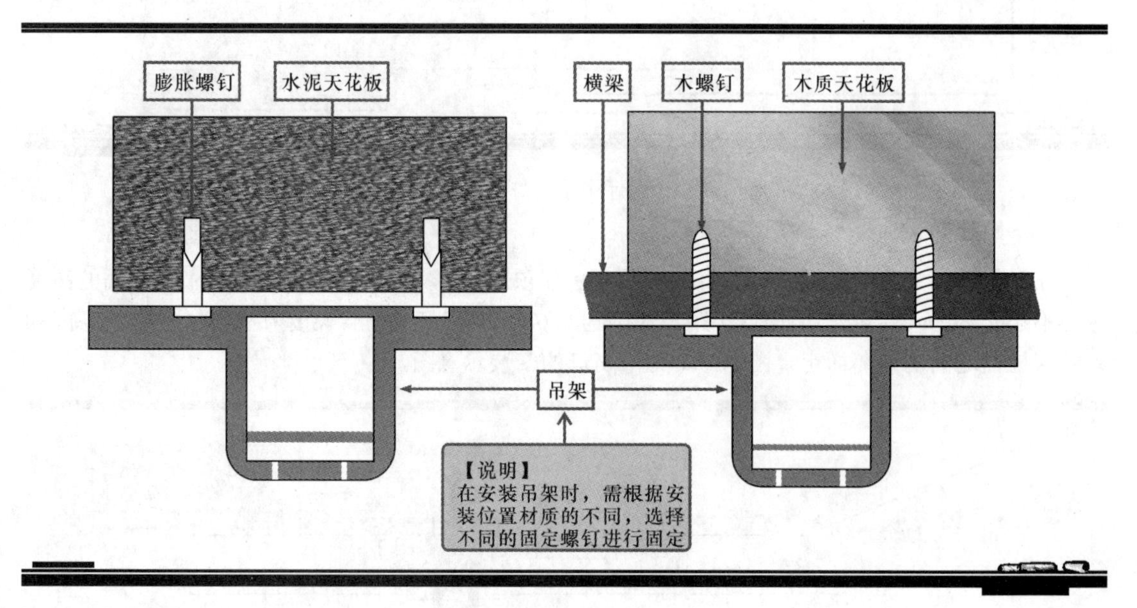

图10-52　水泥顶安装吊架与木顶安装吊架的方法

下面以木质天花板安装墙壁与吊链双开关的吊扇灯为例：

① 首先选择合适的安装位置，将吊架固定摆放好，使用螺丝刀将木螺钉穿过薄垫片拧紧，如图10-53所示，使其对吊架进行固定。当安装后应当对其进行重力测试，保证其能承受30kg的重量。

② 组合扇叶与叶架，分清扇叶的正面与反面，将叶架放在扇叶的正面，在扇叶的反面垫上薄垫片，再使用螺钉和垫片将扇叶与叶架连接，如图10-54所示，将该吊扇灯中所有的扇叶与叶片进行相同方法的连接。安装时不应用力过度，防止叶片变形。

③ 将带有叶片的叶架安装在电机上，用螺丝刀将螺钉拧紧，分别对各个扇叶进行安装，如图10-55所示。

④ 根据安装环境的需要，选择合适的吊管，将电动机上的导线穿过吊管，将吊管与电机进行连接，如图10-56所示。

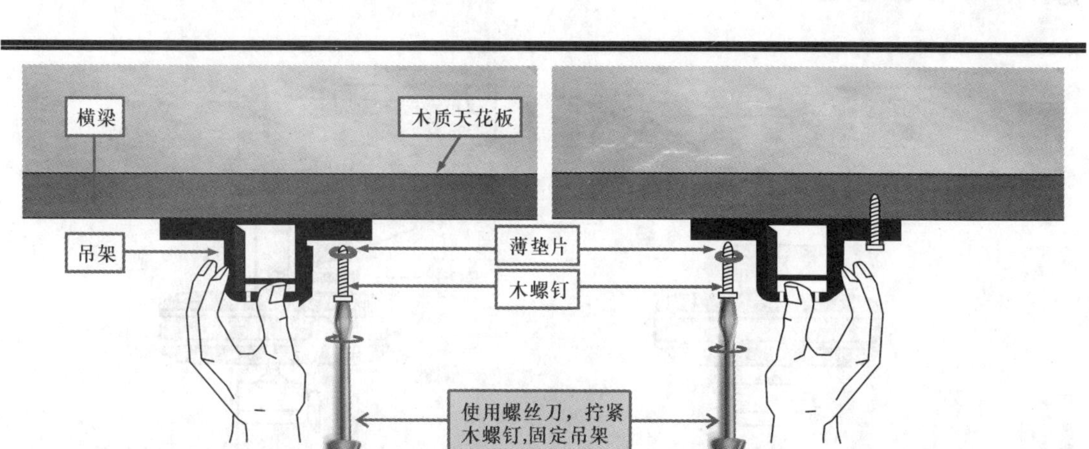

图 10-53 安装吊架

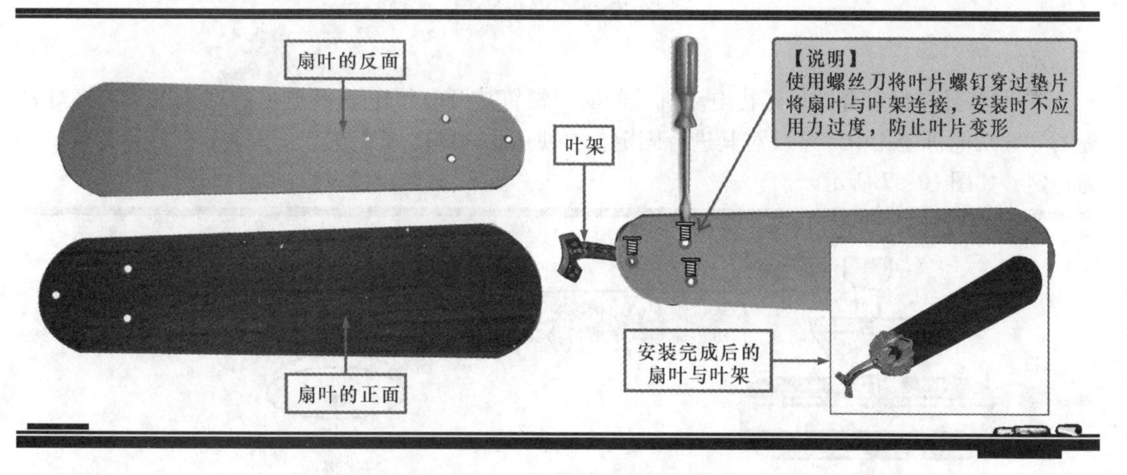

图 10-54 组合叶片与叶架

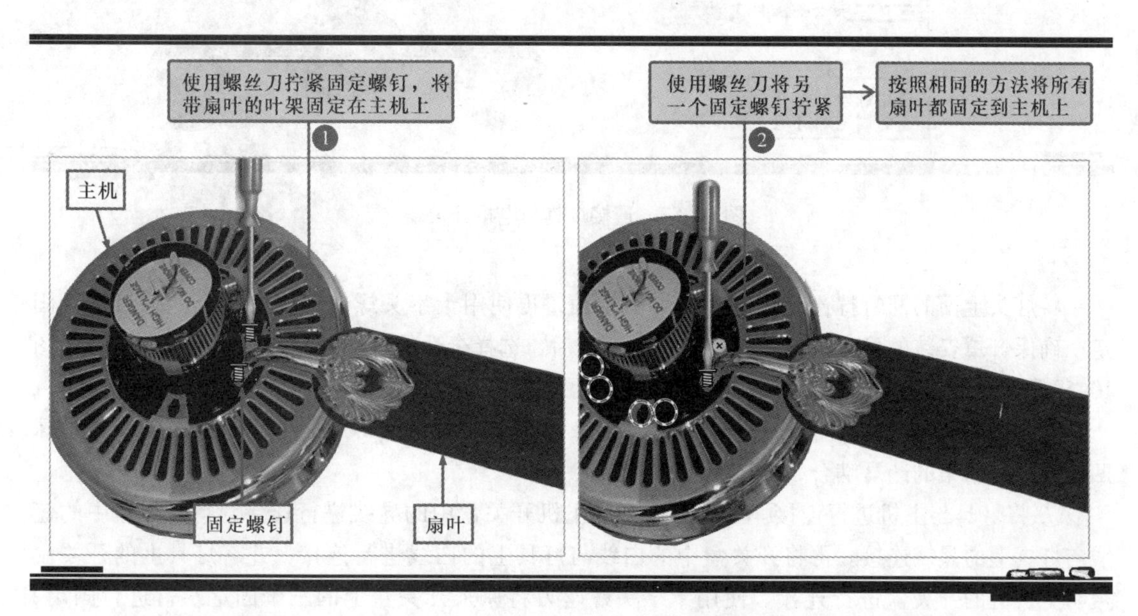

图 10-55 将带有叶片的叶架安装在电机上

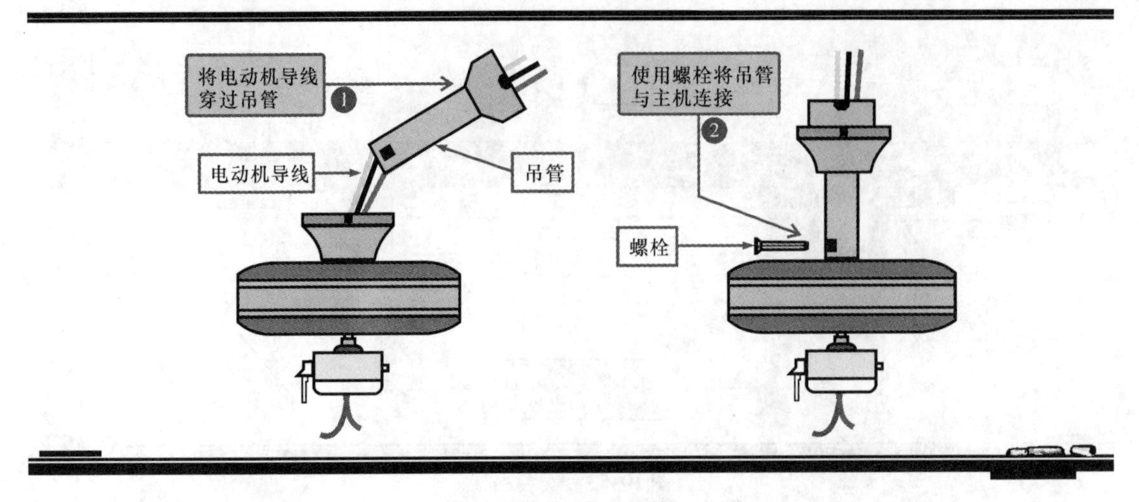

图 10-56　安装吊管

⑤ 对灯具进行组合，首先将电动机盖的固定螺钉拧开，将电动机盖上的塞头取下，将灯具上的导线从电机盖孔中穿过，对其进行固定，再使用六角螺母固定在开关盖上，使灯具的链接更为稳定，如图 10-57 所示。

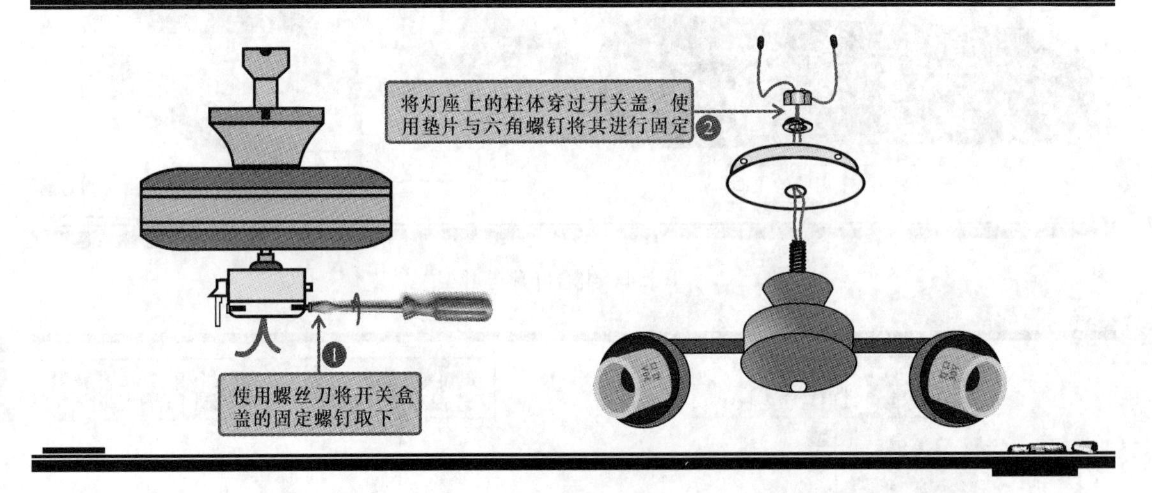

图 10-57　连接灯具与电机开关盖

将灯头上面的螺钉拧松，灯罩放在灯头上面，再使用十字头螺丝刀将灯头上的螺钉进行固定，确保灯罩安装的稳定。分别对灯罩进行固定后，选择合适的灯泡，分别安装到灯口上，如图 10-58 所示，应当轻轻安装灯泡，防止灯泡损坏。

⑥ 将吊扇灯的主机安装到已装好的吊架上，使吊管上部的吊球可以完全进入吊架中，吊球凹沟必须和吊架的凸耳啮合，如图 10-59 所示。

⑦ 将灯具与主机进行连接。首先对灯具与主机开关盒中的导线进行连接，将开关盒中的蓝线与灯具上的黑线连接。再将开关盒中的白线与灯具上的白线进行连接，并将灯具上的开关盒盖与主机上的开关盒进行连接。使用十字头螺丝刀将原来开关盖上的三个固定螺钉进行固定，并将其拧紧，如图 10-60 所示。

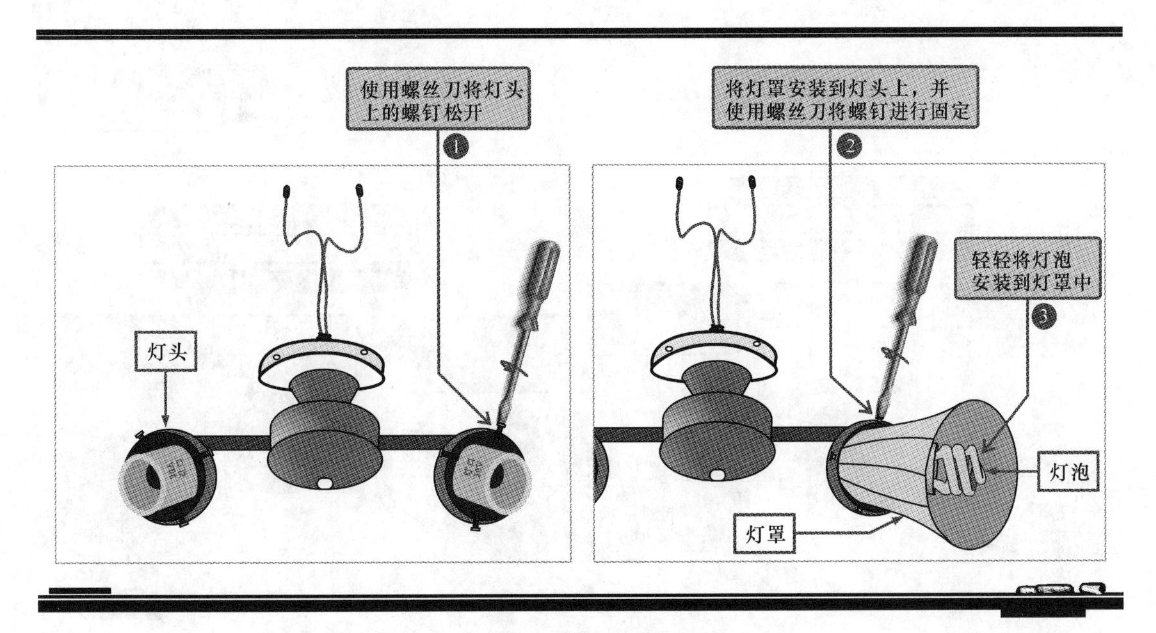

图 10-58　安装灯罩和灯泡

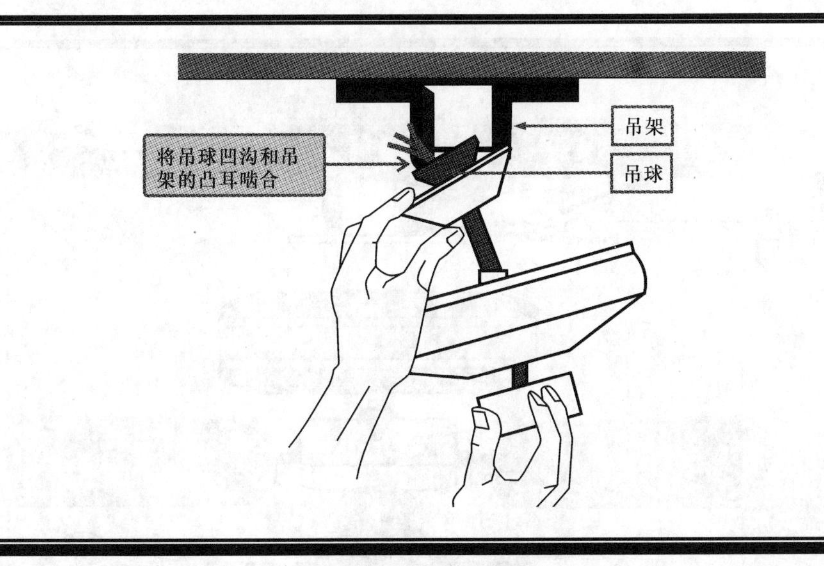

图 10-59　将主机安装到吊架上

⑧ 将电源总开关关闭后，可以对吊扇灯的导线进行连接，首先将灯具中的白线连接电源中的零线，灯具中的蓝线连接风扇开关的相线，灯具中的黑线连接灯具开关的相线，绿线连接接地端，如图 10-61 所示。

⑨ 当电源线连接后，将线整理整齐，并将线放在吊钟里，将吊钟固定在吊架上，使用螺丝刀将螺钉固定，如图 10-62 所示。

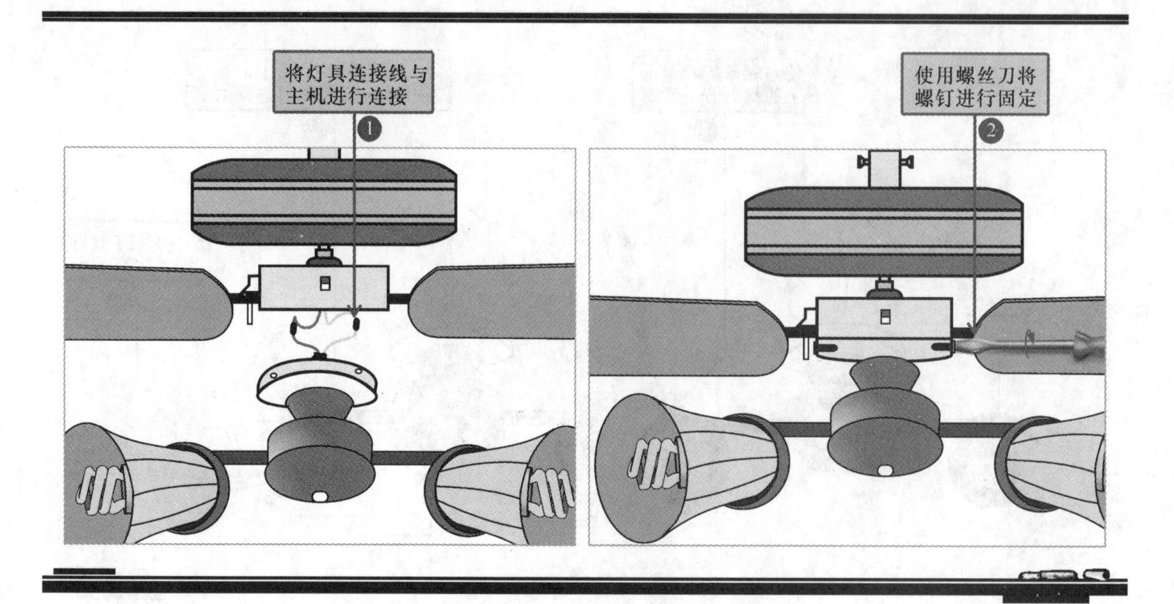

图 10-60　连接灯具与主机开关盒中的导线

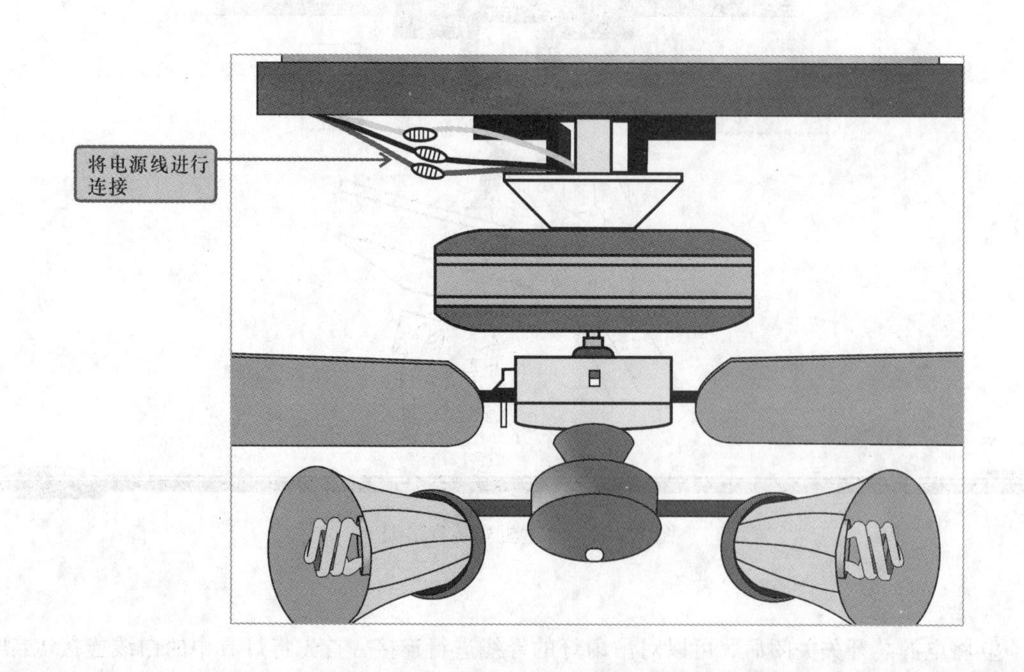

图 10-61　连接电源线

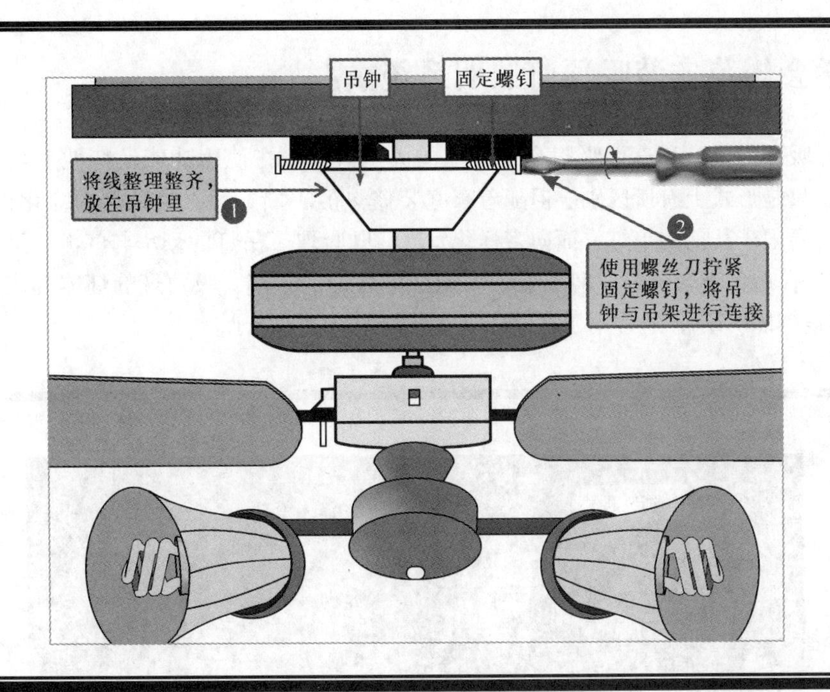

图 10-62　安装吊钟

⑩ 连接吊扇和灯具拉链的便对其控制，如图 10-63 所示，即完成整个安装。

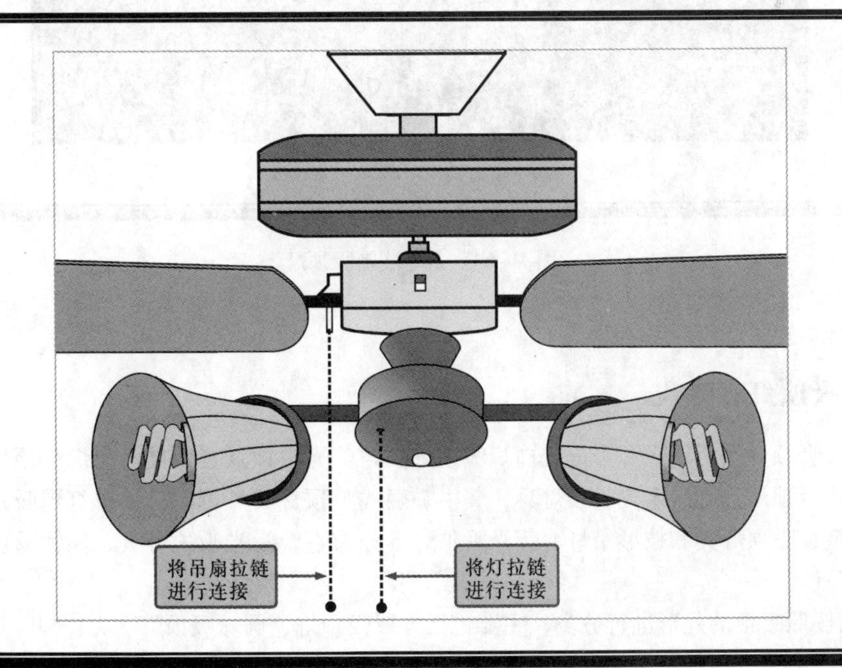

图 10-63　安装拉链

10.4 学会规范安装吸顶灯照明系统

吸顶灯是一种直接吸附在顶棚上的固定灯具。在使用功能及特性上基本与吊灯相同，只是形式上有所区别。但随着家庭装修热的不断升温，吸顶灯的变化也日新月异，不再局限于从前的单灯，而向多样化发展，既吸取了吊灯的豪华与气派，又采用了吸顶式的安装方式，避免了较矮的房间不能装大型豪华灯饰的缺陷。吸顶灯的灯体直接安装在房顶上，适合作整体照明用，通常用于客厅和卧室，如图 10-64 所示。

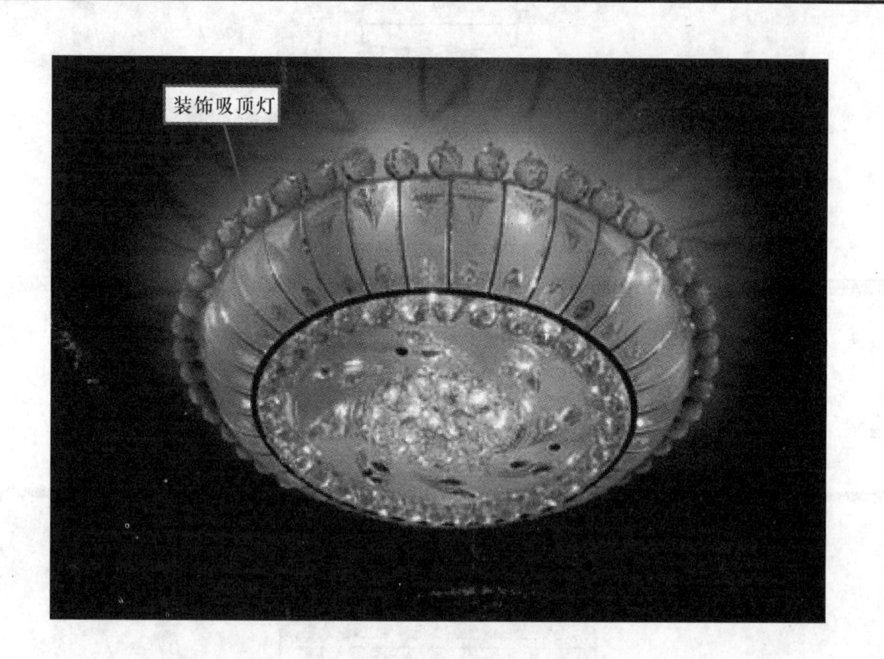

图 10-64 新型装饰吸顶灯

10.4.1 吸顶灯有哪些

吸顶灯按所用光源可分成白炽吸顶灯具与荧光吸顶灯具两类。白炽吸顶灯具分为一般式吸顶灯具和嵌入式吸顶灯具，其中一般式吸顶灯具又可以分为单灯罩吸顶灯具、多灯组合吸顶灯具和枝形吊灯。荧光吸顶灯具分为直管荧光吸顶灯具、环管吸顶灯具和紧凑型吸顶灯具。

也可以按照吸顶的外形进行分类，主要包括方罩吸顶灯、圆球吸顶灯、尖扁圆吸顶灯、半圆球吸顶灯、半扁球吸顶灯、小长方罩吸顶灯等几种，如图 10-65 所示。

熟悉了吸顶灯的种类后，接下来我们便来对大家进行吸顶灯照明系统的安装训练了。

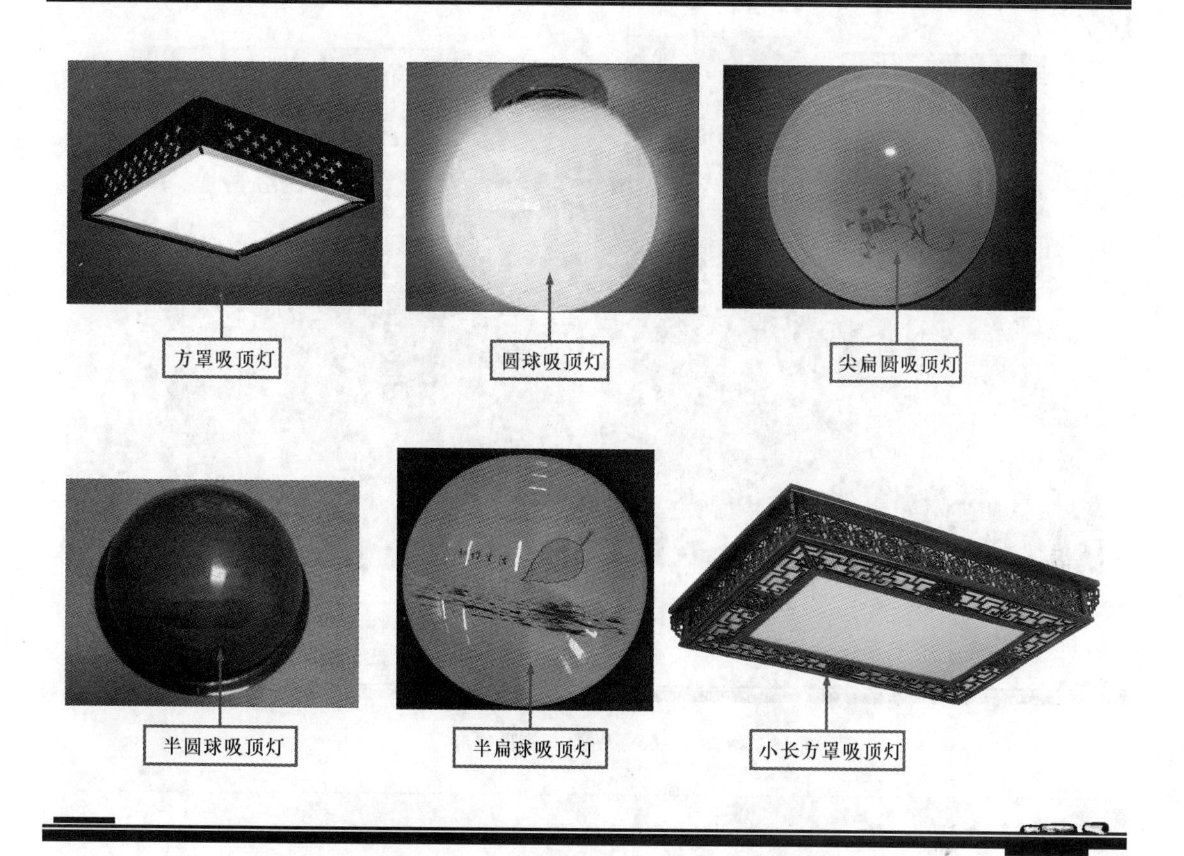

图 10-65　常见吸顶灯外形

10.4.2　吸顶灯照明系统的安装训练

吸顶灯的安装方法和吊灯基本相同。首先拆下吸顶灯的面罩。吸顶灯面罩的固定方法有两种：一种是旋转的，另一种是卡扣卡住的。有旋钮的，请扳动旋钮，这样就可以取下面罩，如果底座后面没有旋钮，逆时针转动面罩，即可以将面罩取下。取下面罩之后请将灯管也一并取下。灯管和镇流器之间一般都是由插头直接连上的，拆装十分方便。取下灯管是为了防止在安装过程不小心将灯管打碎。准备工作都完成后，便可进行具体的操作了。

① 用一只手将灯的底座托住并按在需要安装的位置上，然后用铅笔插入螺钉孔，画出螺钉的位置，然后使用电钻对需要安装的地方进行打孔，如图 10-66 所示。

② 孔位打好之后，将塑料膨胀管按入孔内，然后将预留的电线穿过电线孔，并将底座放在之前的位置，螺钉孔位要对上。用螺丝刀将螺钉拧入木塞或者塑料膨胀管。

③ 用螺丝刀把螺钉拧入其中一个空位，但是不要拧死，固定了一个螺钉之后，请重新查看安装的位置，并适当调节。确定好之后请将其余的螺钉也拧好。

④ 最后将电源线接入灯具的接线座，装上灯管和面罩即可。

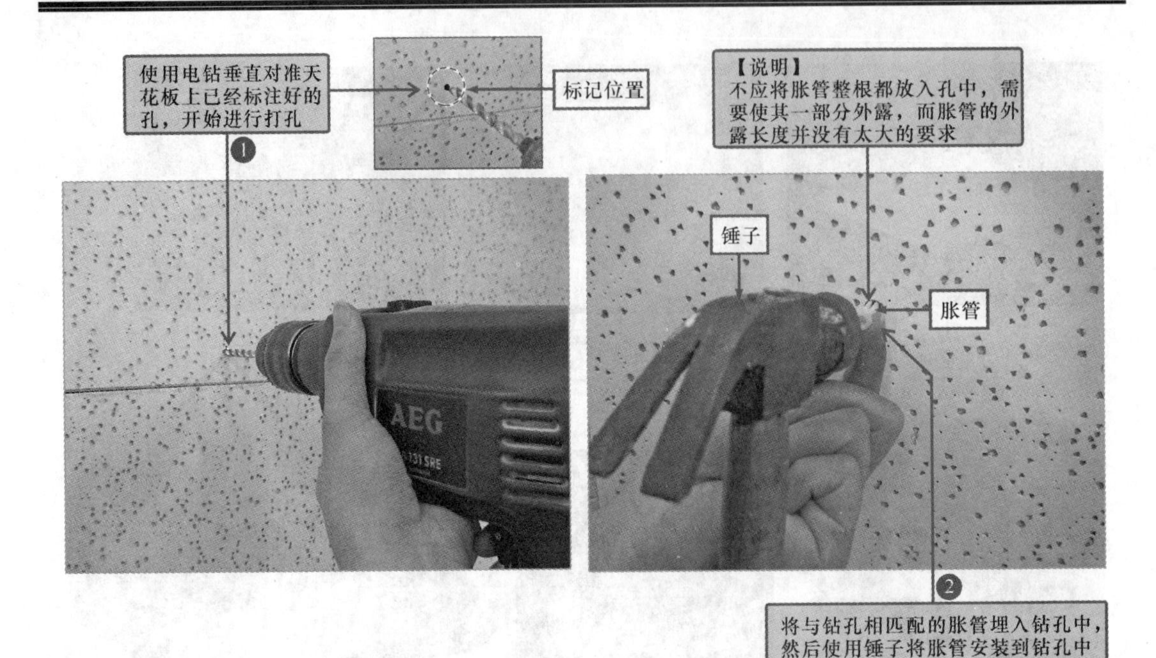

图 10-66　钻孔安放吸顶灯

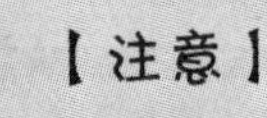

【注意】

在吸顶灯的安装过程中需注意以下几点：

第一，在安装的时候，必须确认电源处于关闭状态，即需要安装的地方预留的电线是没有电的，否则在安装吸顶灯时可能会发生意外。

第二，与吸顶灯电源进线连接的两个线头，电气接触应良好，还要分别用黑胶布包好，并保持一定的距离，如果有可能尽量不将两线头放在同一块金属片下，以免短路，发生危险。

第三，如果吸顶灯中使用的是螺口灯头，则其接线还要注意以下两点：①相线应接在中心触点的端子上，零线应接在螺纹的端子上；②灯头的绝缘外壳不应有破损和漏电，以防更换灯泡时触电。

第四，层较高或天花板有震动的房间适宜安装吸顶灯。在砖石结构中安装吸顶灯时，应采用预埋螺栓，或用膨胀螺栓、尼龙塞或塑料塞固定，不可使用木楔。并且上述固定件的承载能力应与吸顶灯的重量相匹配，以确保吸顶灯固定牢固、可靠，并可延长其使用寿命。

第五，当采用膨胀螺栓固定时，应按吸顶灯尺寸产品的技术要求选择螺栓规格，其钻孔直径和埋设深度要与螺栓规格相符。

第六，安装时要特别注意灯具与安装连接的可靠性，连接处必须能够承受相当于其灯4倍重量的悬挂而不变形。

第11章 供配电系统的规划与安装操作练习

现在我们开始学习第11章。这一章主要从三个方面介绍供配电系统的规划与安装，首先让大家对供配电系统有所了解，然后学习如何设计规划供配电系统，最后进行供配电系统的安装和验收。希望大家通过本章的学习能够对供配电系统有更深刻的理解，明确供配电系统的设计与规划细则，掌握供配电安装中的操作方法和技巧，并且知道如何对供配电系统进行验收。好，让我们开始学习吧！

11.1 什么是供配电系统

配电系统是由多种配电设备（或元件）和配电设施所组成的，以变换电压和直接向终端用户（工厂、企业或家庭等）分配电能为目的的一个电力网络系统，它是电力系统的组成部分之一。

供配电系统是指电力系统中从降压配电变电站（高压配电变电站）出口到用户端的这一段线路及设备，主要用来传输和分配电能，按其所承载电压大小不同可分为高压供配电系统和低压供配电系统两种，如图11-1所示。

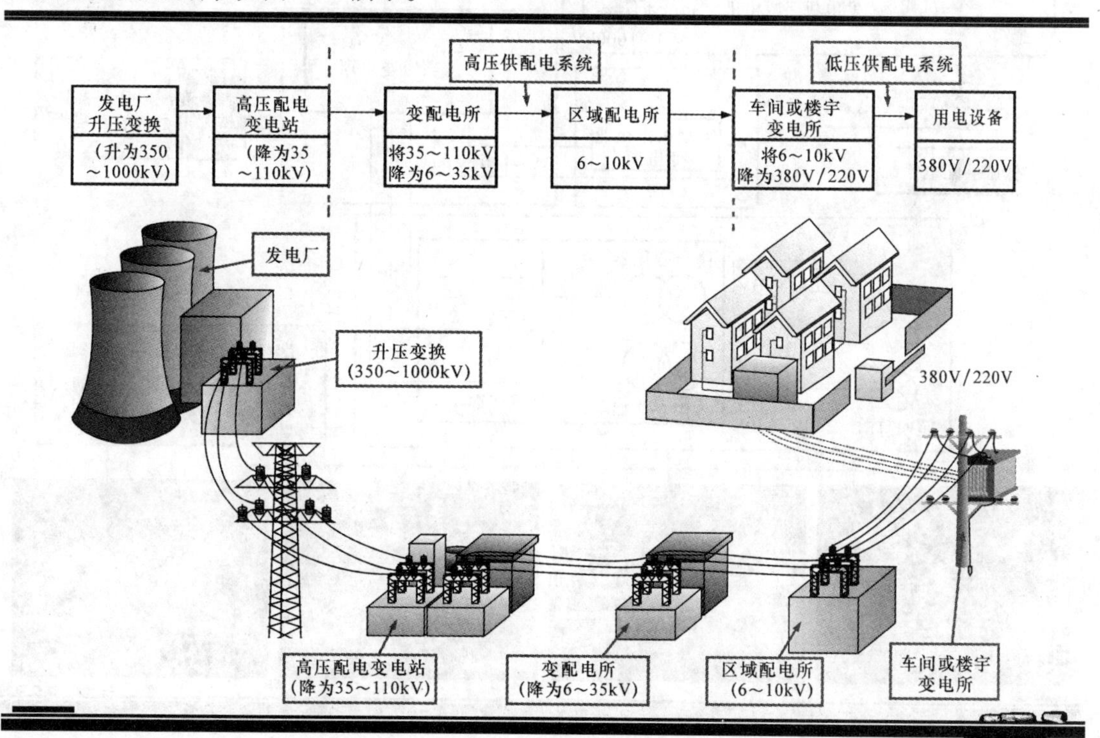

图11-1 供配电系统

11.1.1 供配电系统有什么用

供配电系统主要负责电能的供应和分配，保证终端用户的用电稳定和安全。发电厂（站）将风能、水能、热能或核能等转化为电能，然后经高压供配电系统将电能分配至高压变配电所。高压变配电所的任务是接收电能，并将电能进行降压和分配，降压后的中、高压电能，有的送入大型用电企业变电所，由大型用电企业变电所进一步降压，供大型生产使用，有的经低压供配电系统降压后提供生活用电。图 11-2 所示为供配电系统的功能。

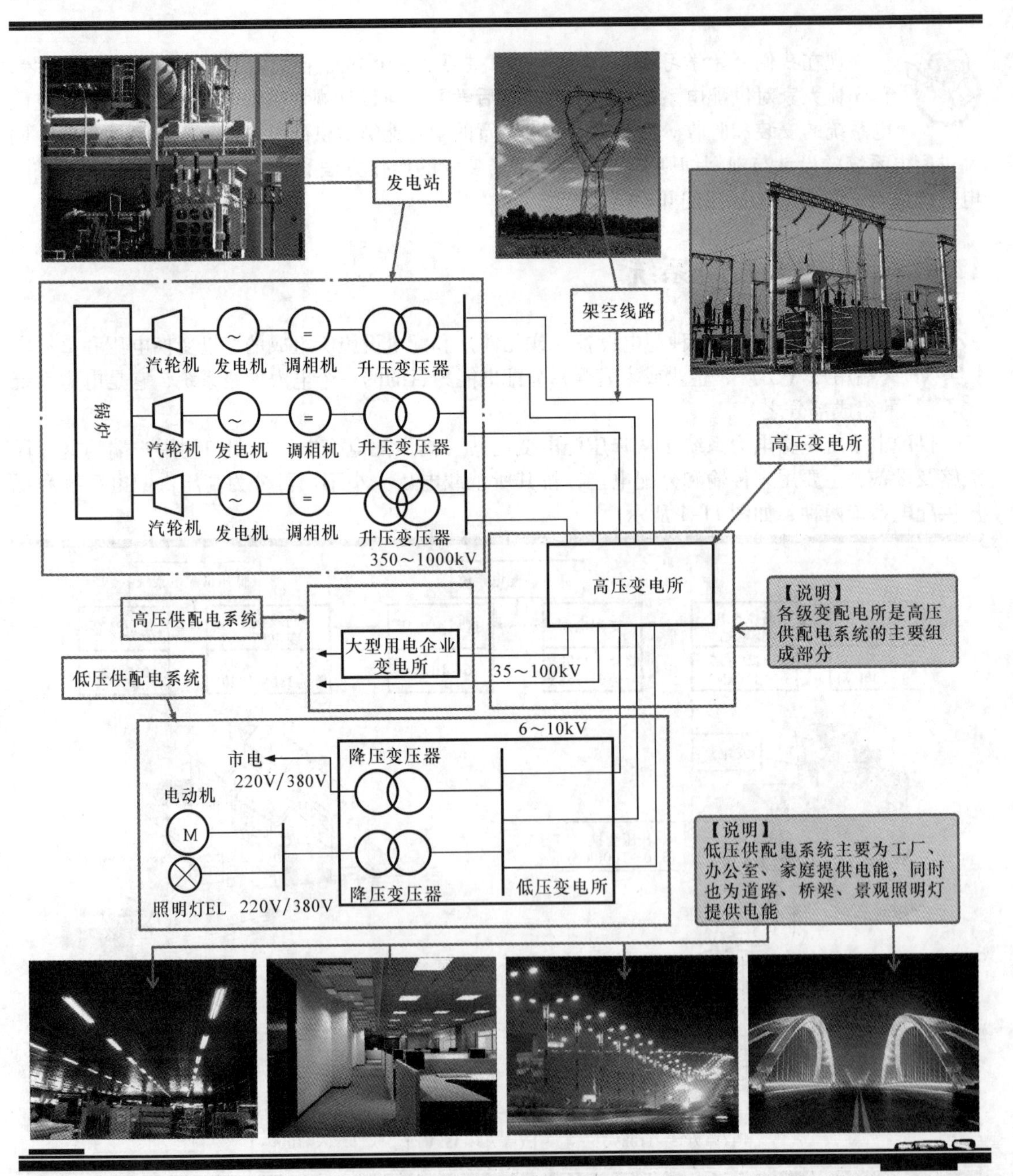

图 11-2 供配电系统的功能

11.1.2 认识不同的供配电系统

供配电系统有超高压、高压和低压之分。超高压供配电系统用于远距离电力输送；高压供配电系统主要为市内大区域进行配电，保证各区域用电稳定、可靠；而低压供配电系统主要为小区域进行配电，如小区、楼宇等，保证区域内用电平衡、安全、稳定。应用在不同环境下的供配电系统，其采用的设备、电气部件和线路结构也有所不同。

1. 高压供配电线路

区域内的高压供配电系统多采用6~10 kV 的供电和配电线路及设备，主要实现将电力系统中的35~110 kV 的供电电源电压下降为6~10 kV 的高压配电电压，并供给高压配电所、车间变电所和高压用电设备等。图11-3 所示为典型的高压供配电线路。

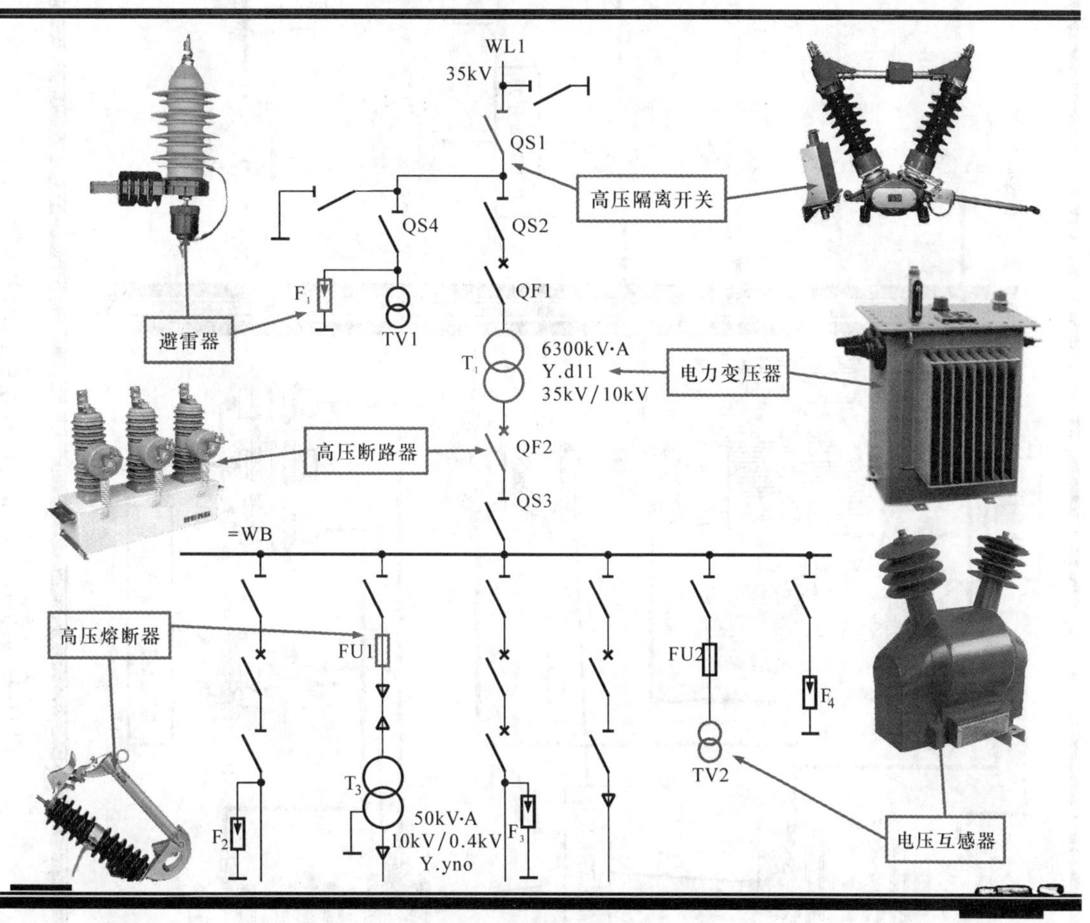

图11-3 典型的高压供配电线路

【资料】

电能从发电站到用户要经过多级电压的变化。500~1000kV 的超高压用于远距离传输；100~500kV 的高压用于中距离传输；35~100kV 的高压用于区间传输和分配；6~35kV 的高压用于近距离传输和分配；6kV 以下的高压用于电力分配。

高压供配电系统是将发电厂输出的高压电进行传输、分配和降压后输出，并使其作为各种低压供配电线路的电能来源。图11-4 为典型的高压供配电线路的主要部件及实物连接图。从发

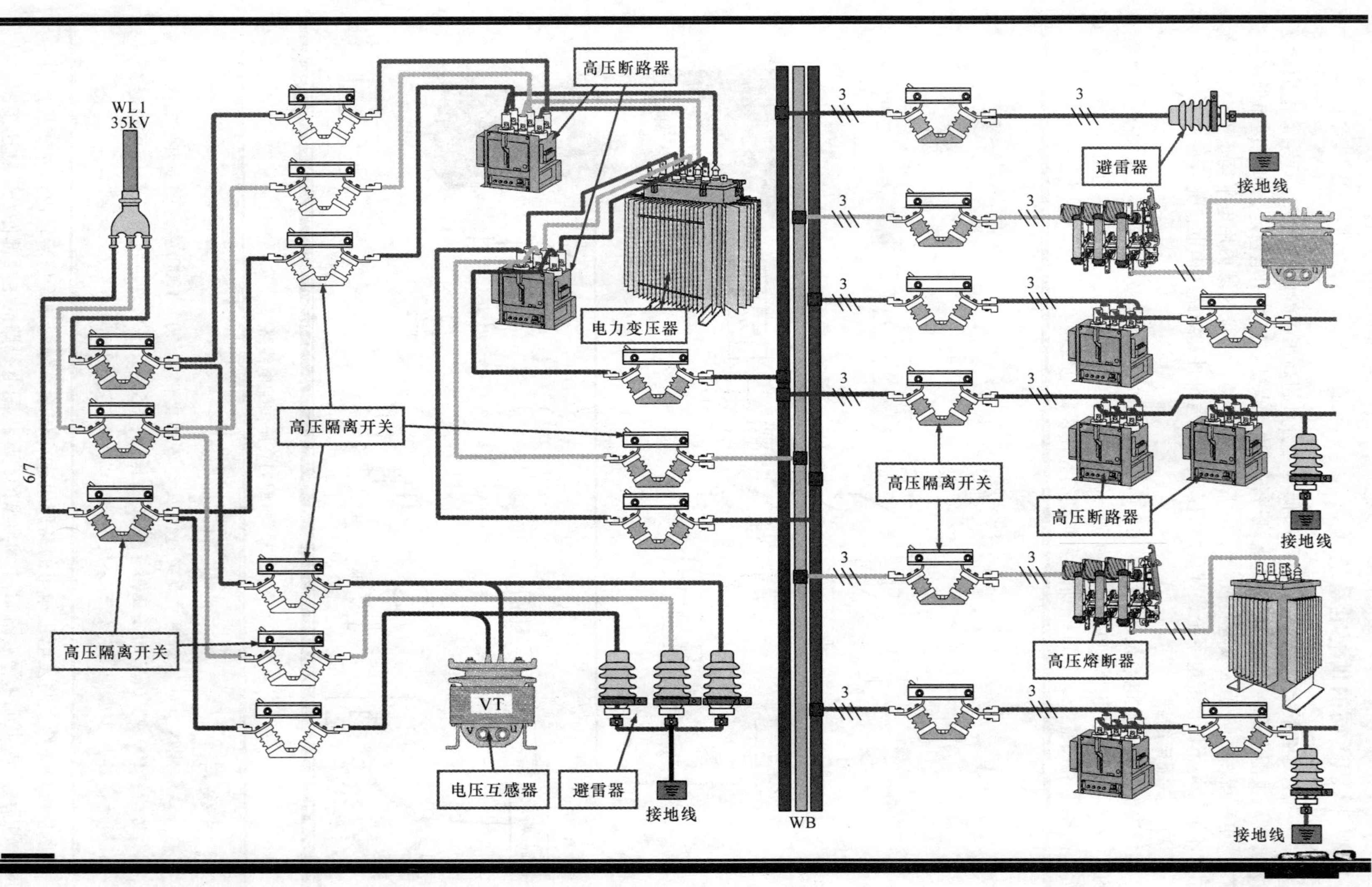

图 11-4 典型的高压供配电线路的主要部件及实物连接图

电厂到用户的传输距离很长，而且需要经过多次变换，超高压电源需要经多次变换变成低压后才能到达用户。

超高压供配电系统应用于远距离电力传输、变换和分配的场所，如常见的高压架空线路、高压变电所、6～10kV 的高压供配电站则用于车间或楼宇变电所等，如图 11-5 所示。

a）典型变配电所中的高压供配电系统

b）典型区域配电所中的高压供配电系统

c）典型变电所中的变配电系统

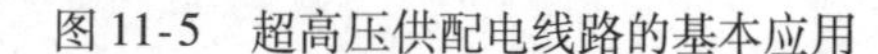

图 11-5　超高压供配电线路的基本应用

【注意】

一般为了降低电能在传输过程中的损耗，在跨省、市远距离电力传输系统中，采用超高压或高压（>100kV），在中短距离的电力传输系统中采用较高的电压(>35kV)，在近距离的高压向低压分配和传输中采用基本高压电（<10kV)。因而从发电厂或水电站输出电能到分配到各低压配电线路中的过程，即是高压或超高压电的供应、传输、分配的过程。在这个过程中需要一些传输、变换、开关和控制装置。

2. 低压供配电线路

低压供配电线路是指380V/220V的供电和配电线路，主要实现对交流低压的传输和分配。图11-6所示为典型的低压供配电系统。

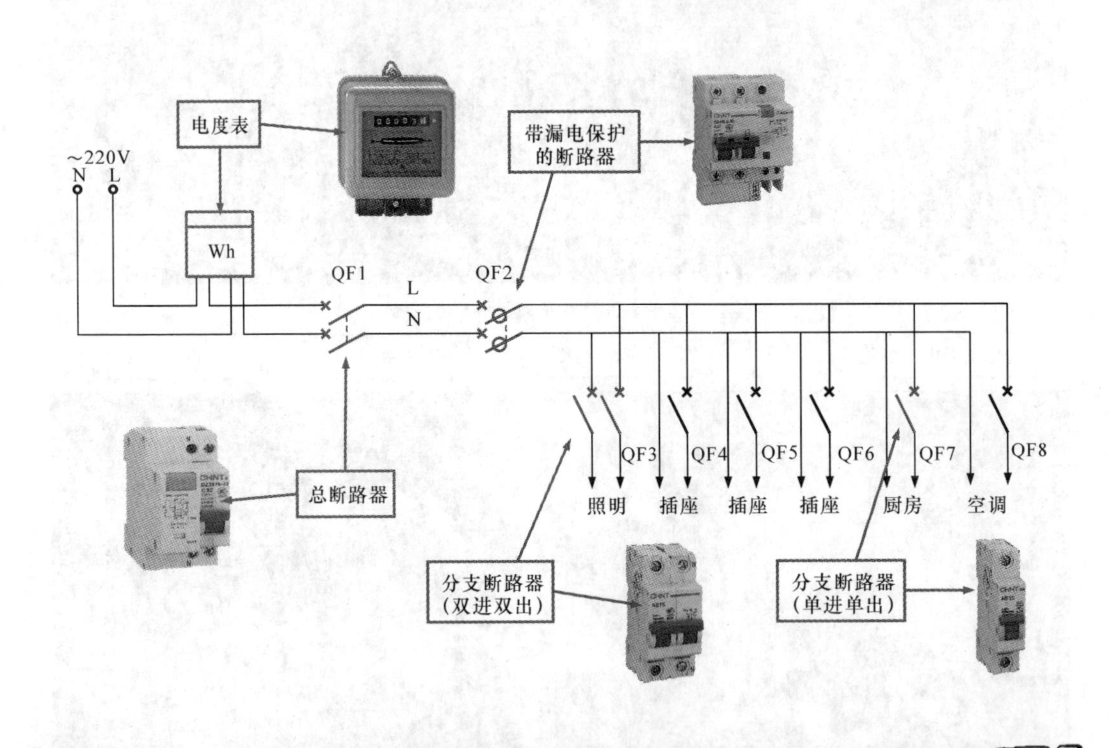

图11-6 典型的低压供配电系统

由于在实际应用中，各种用电设备大都是由380V或220V供电，因此低压供配电系统通常可直接作为各用电设备或用电场所的电源使用，图11-7为典型的低压供配电线路的主要部件及实物连接图。

低压供配电线路应用于交流380V/220V供电的场合，如各种住宅楼照明供配电、公共设施照明供配电、企业车间设备供配电、临时建筑场地供配电等，如图11-8所示。

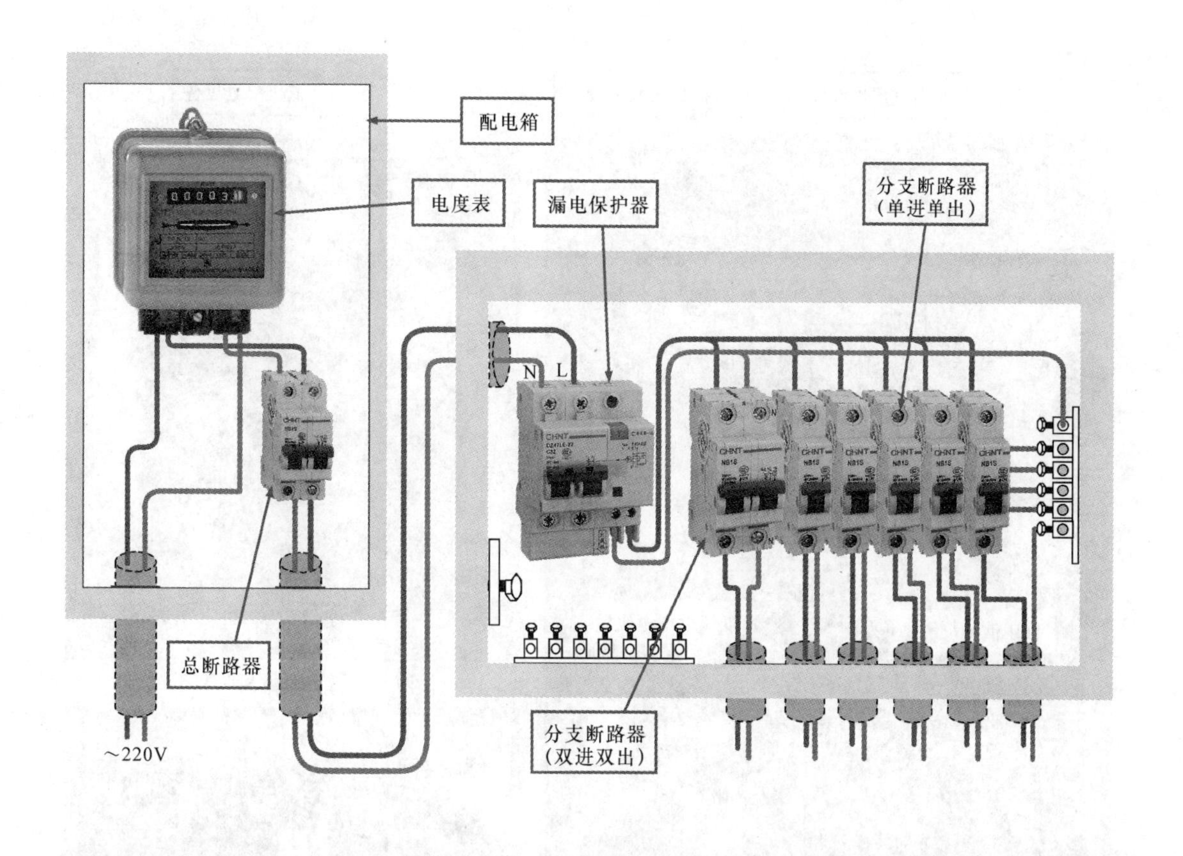

图 11-7　典型的低压供配电线路的主要部件及实物连接图

【注意】

一般情况下，车间、建筑工地等动力用电电压多为380V（三相交流电），可直接由车间或楼宇变电所降压、传输和低压配电设备分配后得到；生活供配电电压为220V（单相交流电），是由变电所转换而来，实际上是由380V三相交流电中任意一相与零线构成单相交流电，经一定低压配电设备分配后得到。

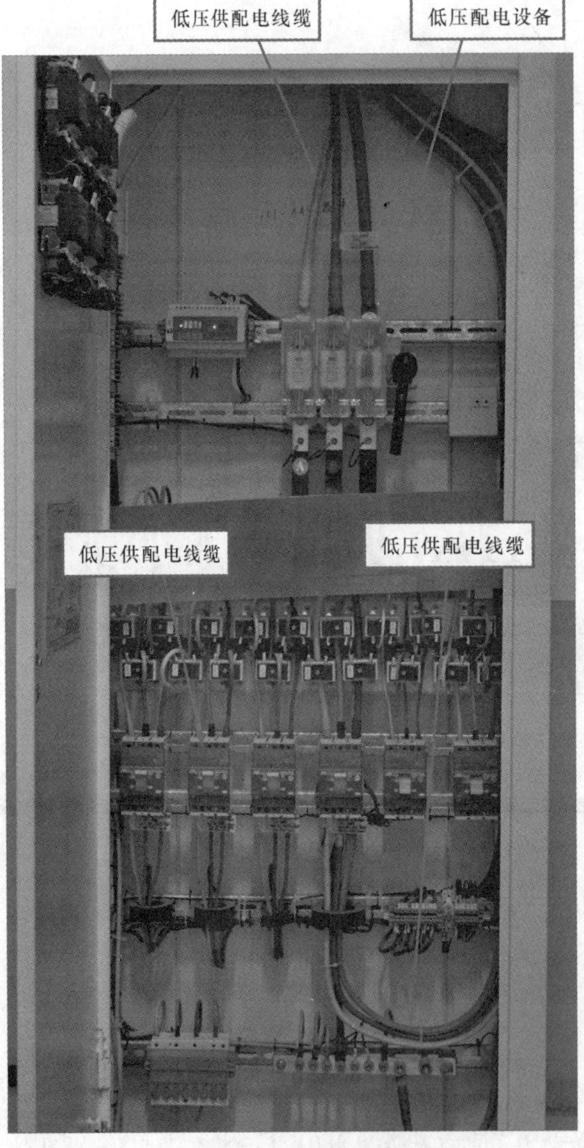

a）典型楼间低压配电线路

b）典型室内低压配电线路

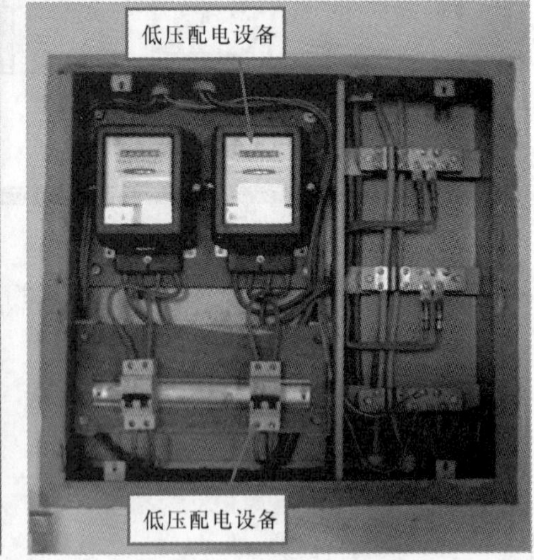

c）典型室外低压配电线路

图 11-8　低压供配电线路的基本应用

【资料】

目前，低压配电线路常用的配电形式主要有单相两线制、单相三线制、三相三线制、三相四线制和三相五线制几种，如图11-9所示。

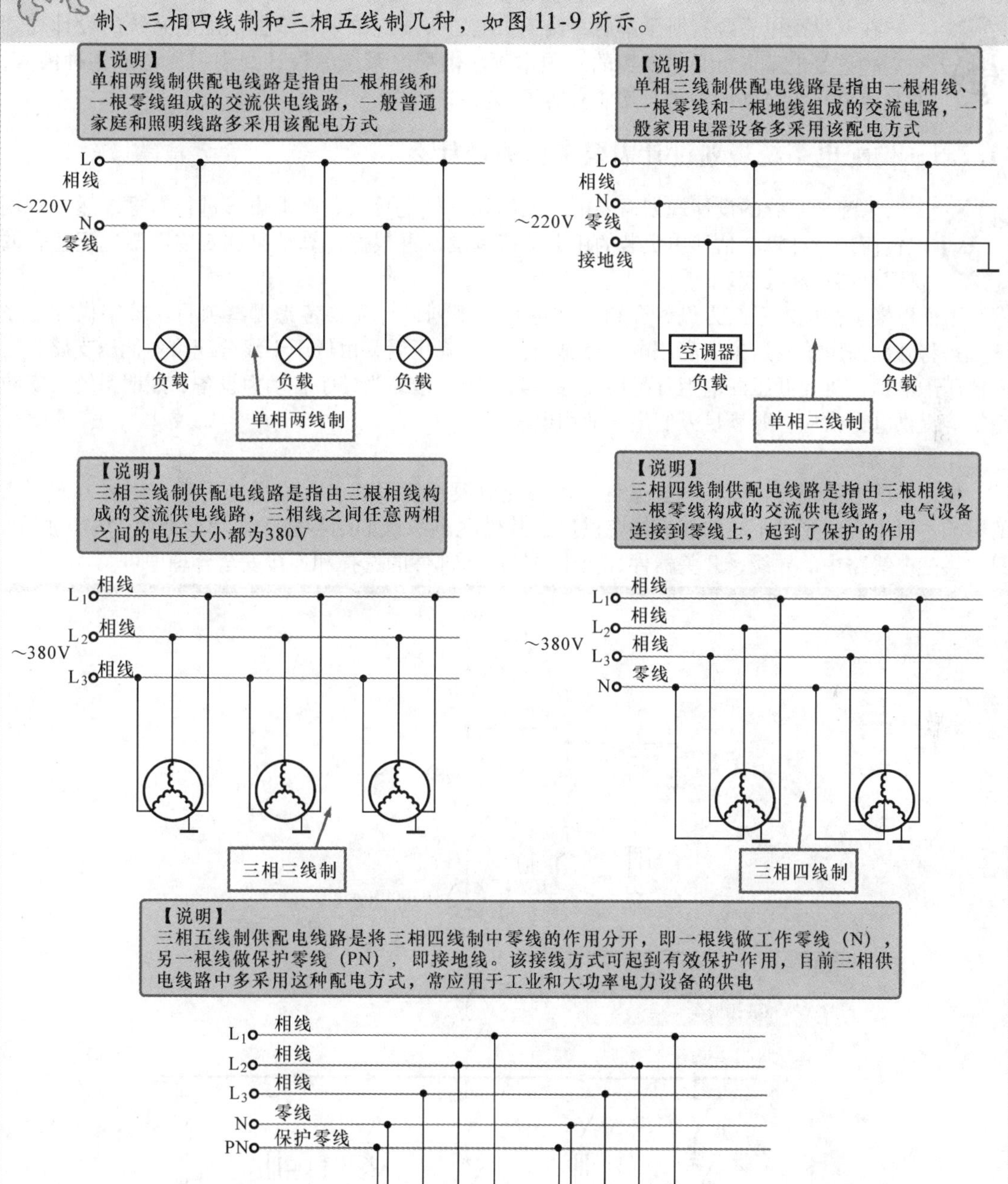

图11-9 低压配电线路常用的配电形式

11.2 设计规划供配电系统是一项本领

在对供配电系统有所了解后，接下来电工人员应该学习掌握供配电系统的设计规划技能，这是电工人员必须掌握的一项本领。供配电系统的设计规划需要考虑多种因素，并且要对相关设备的种类及功能有所了解。

11.2.1 供配电系统规划设计需要考虑的是什么

供配电系统的设计规划需要电工人员先对供电等级、配电方式进行考虑，然后对用电负荷进行计算，估计出负载的用电负荷范围，再根据计算结果和安装需要选配适合的供配电器件和线缆。

下面以楼宇供配电系统为例，介绍供配电系统规划设计需要考虑哪些项目。楼宇供配电系统就是将外部高压干线送来的高压电，经总变配电室降压后，由低压干线分配给各低压支路，送入低压配电柜，再经低压配电柜分配给楼内各配电箱，最终为楼宇各动力设备、照明系统、安防系统等提供电力供应，并满足人们生活的用电需要。

1. 供电等级

楼宇供配电系统常会受供电安全性、可靠性以及环境因素、人为用电因素等诸多方面因素的影响。对于用电要求不高的普通楼宇供电，其供配电系统的结构较为简单，如图 11-10 所示，只要供配电线路中的导线、开关器件、变压器等高压部件的选择和连接安全合理即可。

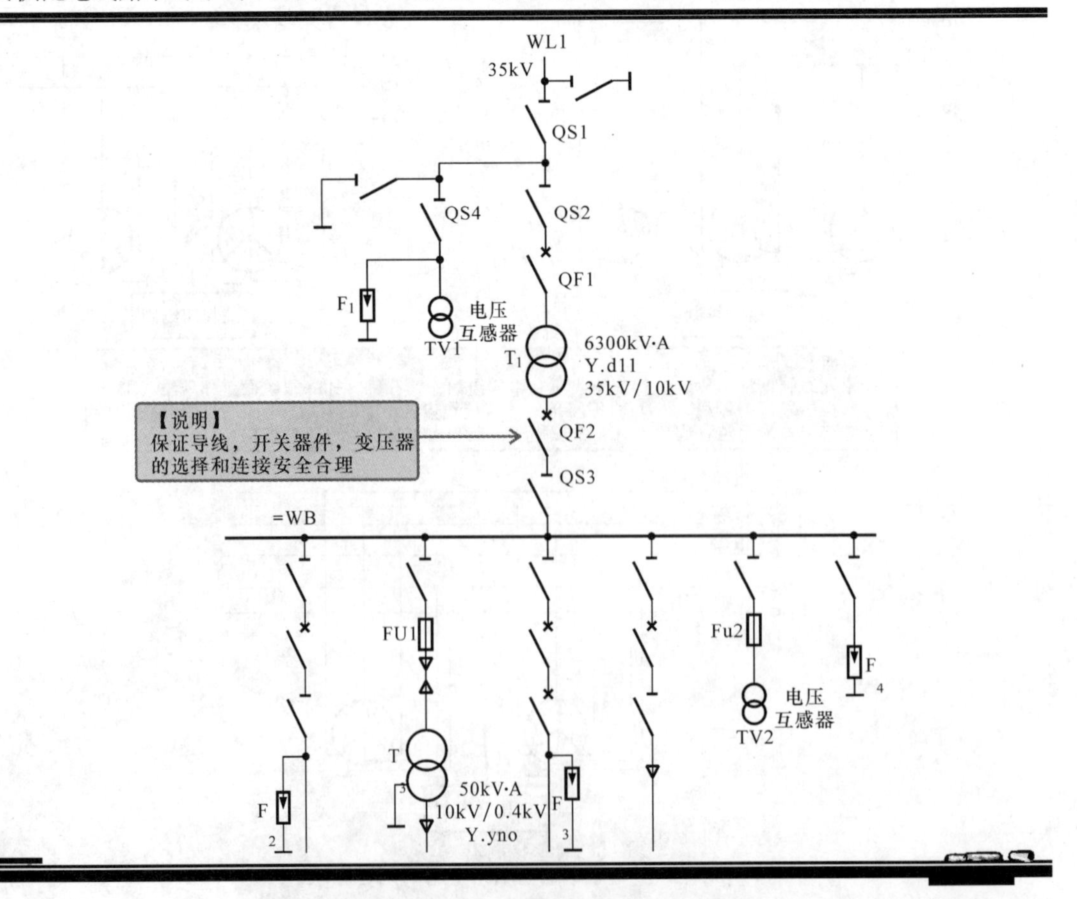

图 11-10　用电要求不高的普通楼宇供配电系统

如果对于一些供电可靠性要求较高的楼宇供配电系统，则通常要确保有两条供电回路，如图11-11所示，而且最好每一条供电回路来自于不同的变电所。

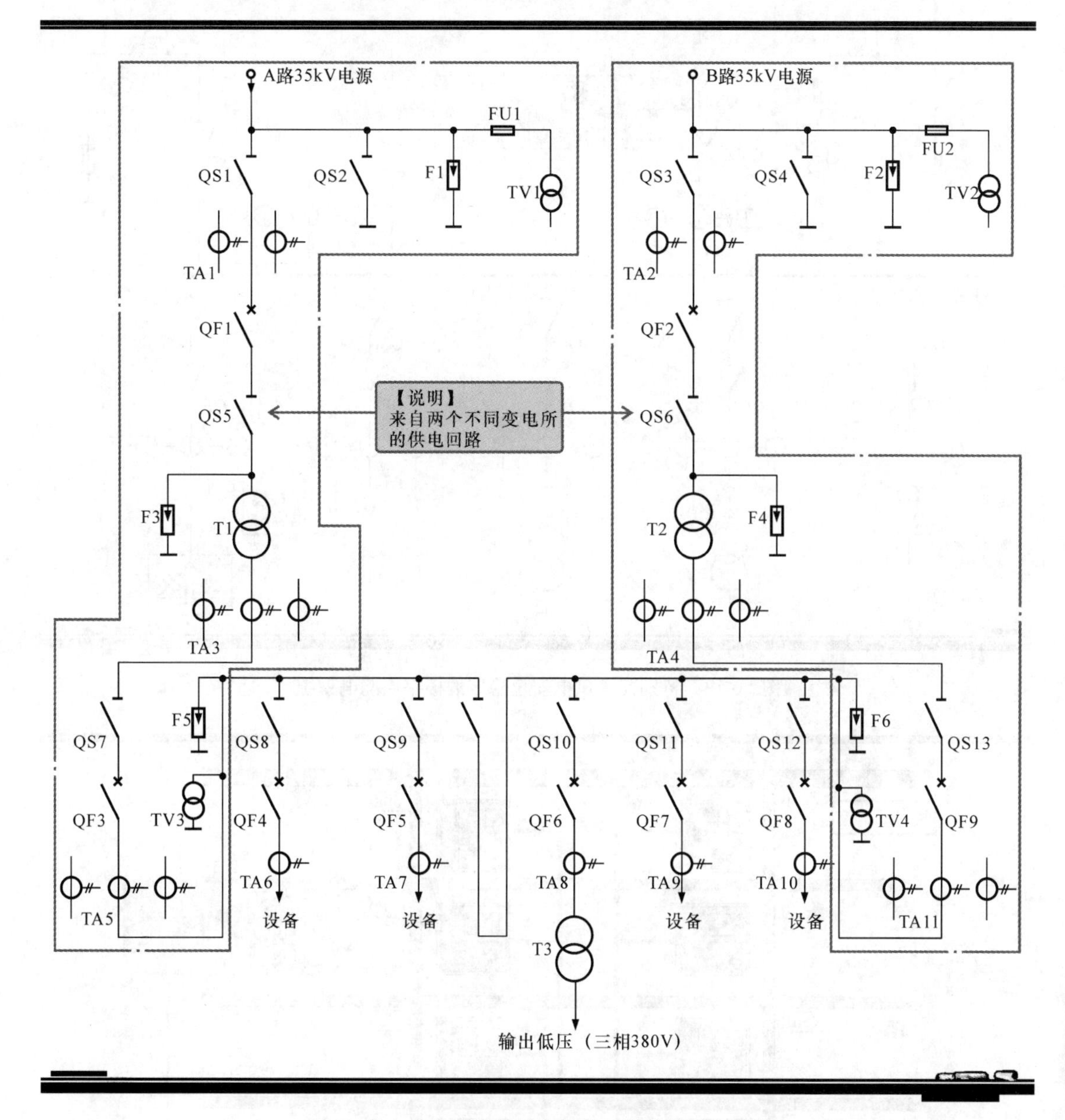

图11-11　供电可靠性要求较高的楼宇供配电系统

对于特别要求供电安全稳定的楼宇供配电系统，除了要有两条供电回路外，还需要有应急电源回路，以确保用电的绝对安全。图11-12所示为特别要求供电安全稳定的楼宇供配电系统。

2. 配电方式

在配电方面，不同的楼宇结构和用电特性，也会导致配电方式上的差异。图11-13所示为多层建筑物结构的典型配电方式，在该配电方式上，低压支路送来的电压直接接入低压配电箱（低压配电柜），然后由低压配电箱直接分配给动力配电箱、公共照明配电箱以及各楼层配电箱，该供电配电连接方式多为混合式接线方式。

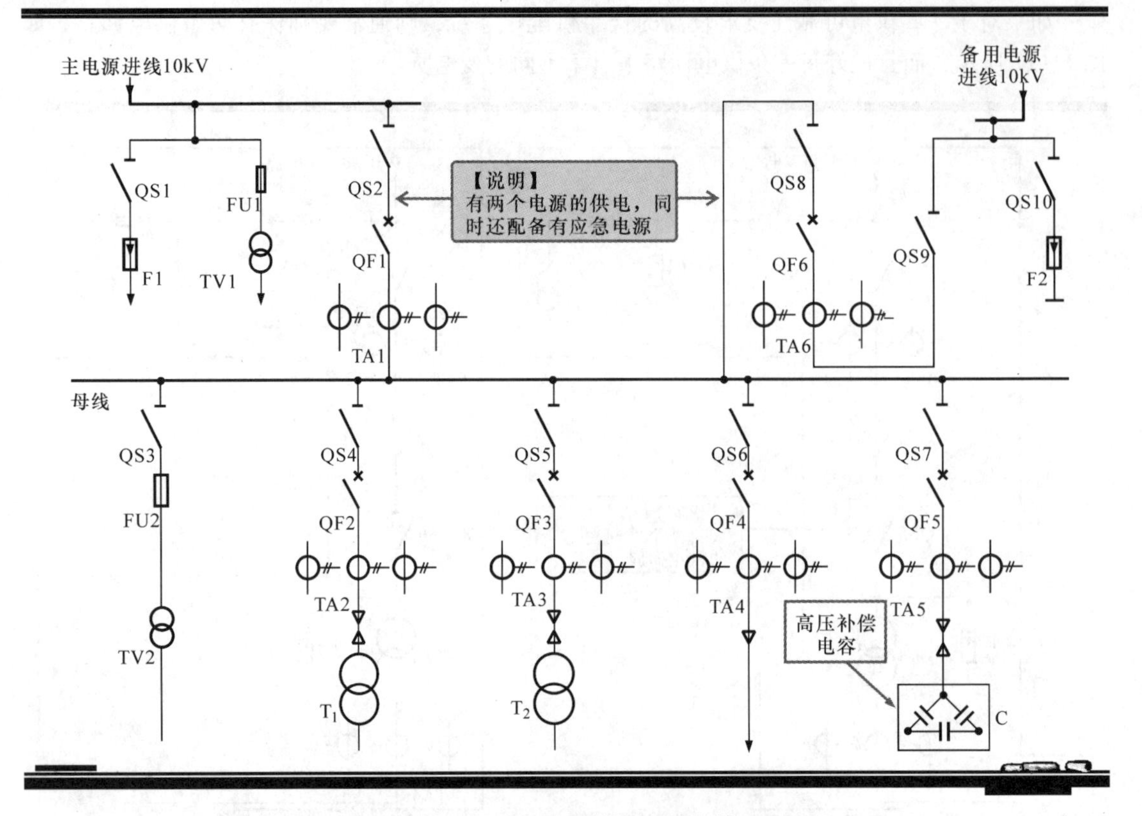

图 11-12　特别要求供电安全稳定的楼宇供配电系统

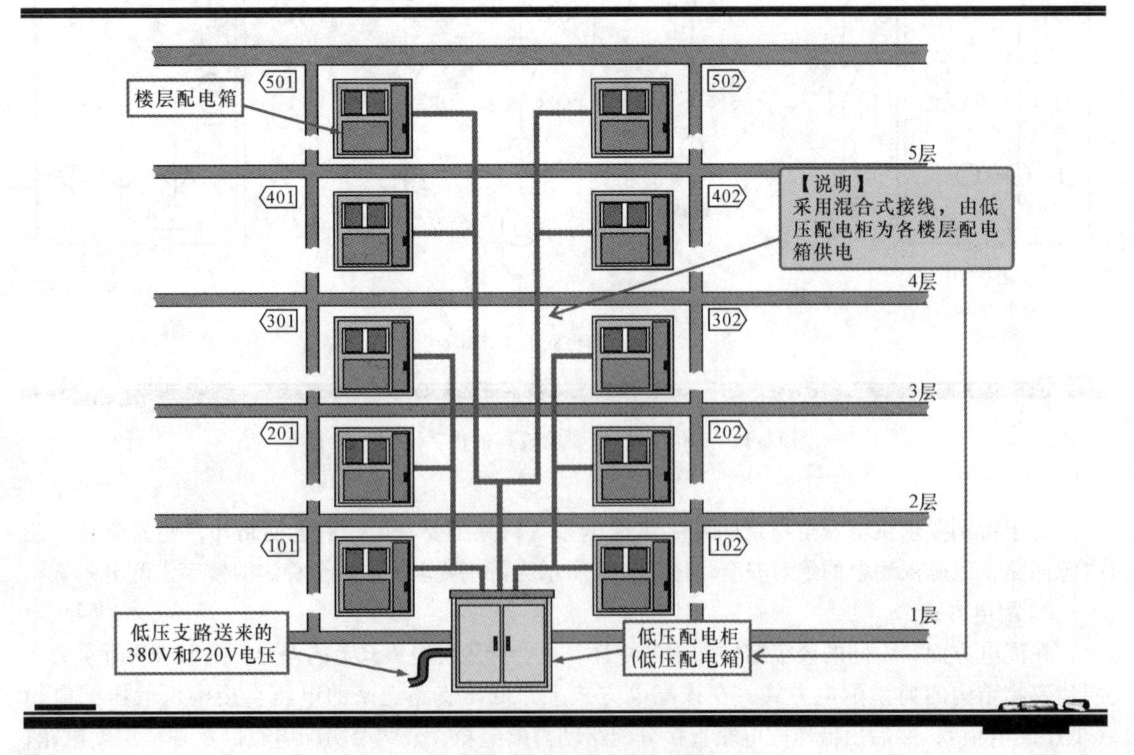

图 11-13　多层建筑物结构的典型配电方式

如果是单元普通住宅楼，在配电方式上会以单元作为单位进行配电，既由低压配电柜分出多组支路分别接到单元内的总配电箱，然后再由单元内的总配电箱向各楼层配电箱供电。图11-14所示为多单元住宅楼的典型配电方式。

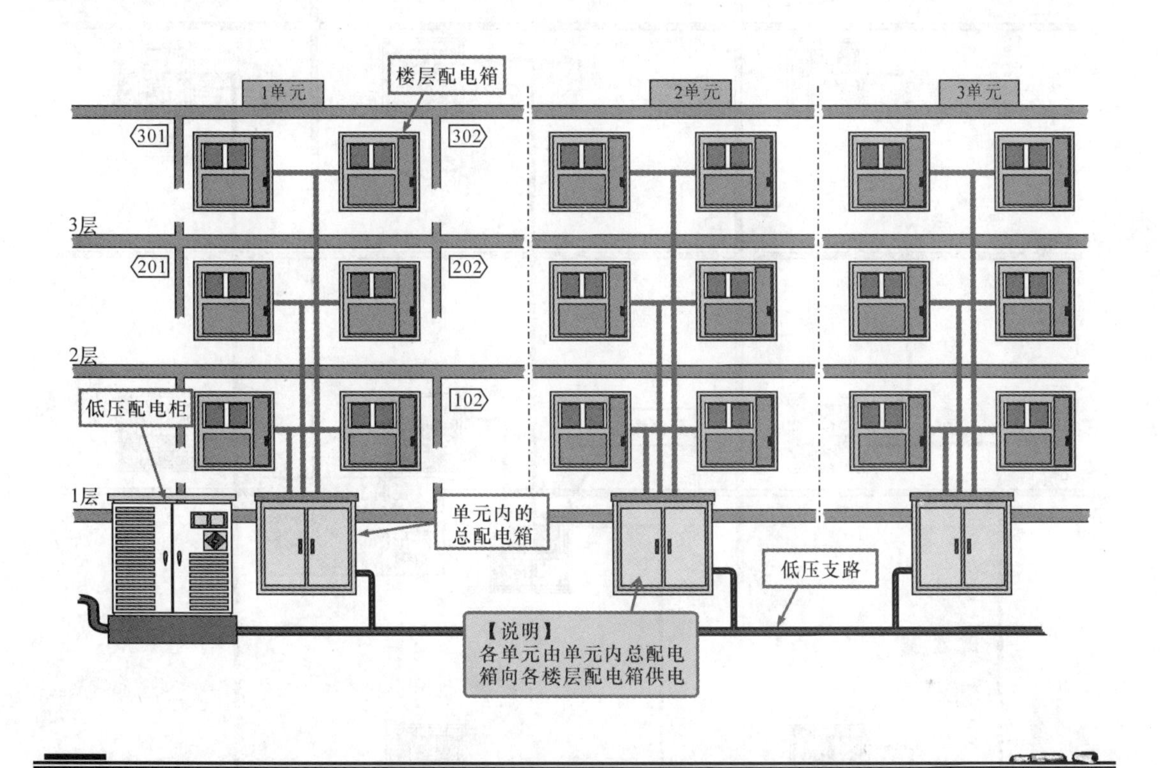

图11-14　多单元住宅楼的典型配电方式

如果是高层建筑物，在配电方式上会针对不同的用电特性采用不同的配电连接方式，如图11-15所示。用于住户用电的配电线路多采用放射式和链式混合的接线方式；用于公共照明的配电线路则采用树干式接线方式；对于用电不均衡部分，则会采用增加分区配电箱的混合配电方式，接线方式上也多为放射式与链式组合的形式。

3. 系统用电负荷的计算

对楼宇供配电系统进行设计规划，需要对建筑物的用电负荷进行计算，以便选配适合的供配电器件和线缆。图11-17为楼宇供配电系统用电负荷的计算示意图。

以8层16户的建筑物为例，通常楼内单个住户的用电平均负荷为7A左右，那么该建筑物的所有住户用电负荷为7A×16=112A，由于住户用电时间和用电量不固定，因此所有住户用电负荷参考值为80A。

公共用电部分包括电梯、照明灯以及宽带、有线电视的电源，其用电负荷最高在9A左右。因此该建筑物的用电负荷在90~110A（三相用电）左右，单相用电负荷在35A左右。

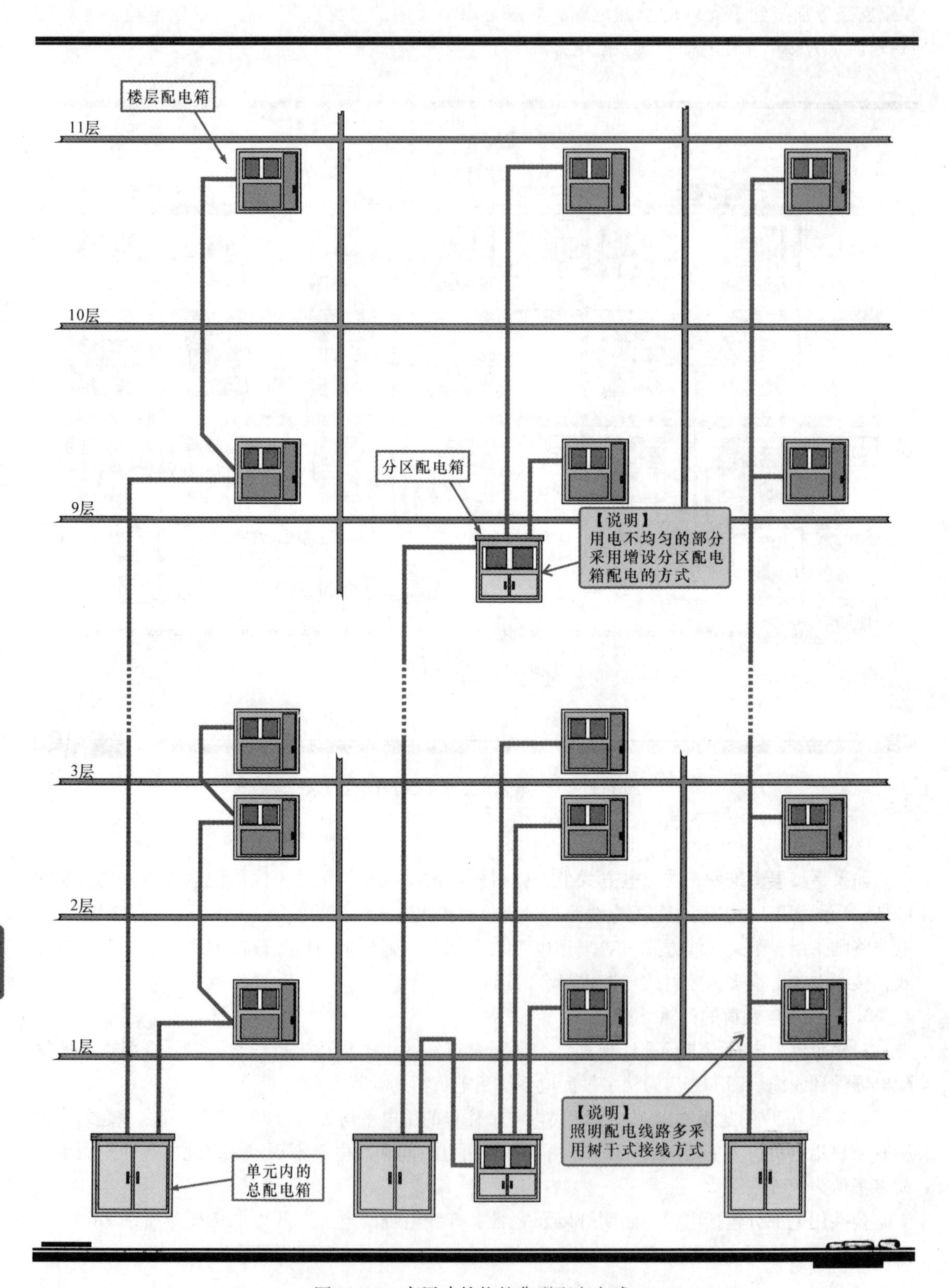

图 11-15　高层建筑物的典型配电方式

【注意】

在实际配电时，对配电线路的连接方式主要可分为放射式、树干式、混合式和链式四种，如图11-16所示。基本线接方式很少有单独使用的，大多根据实际需求综合运用各种连接方式。

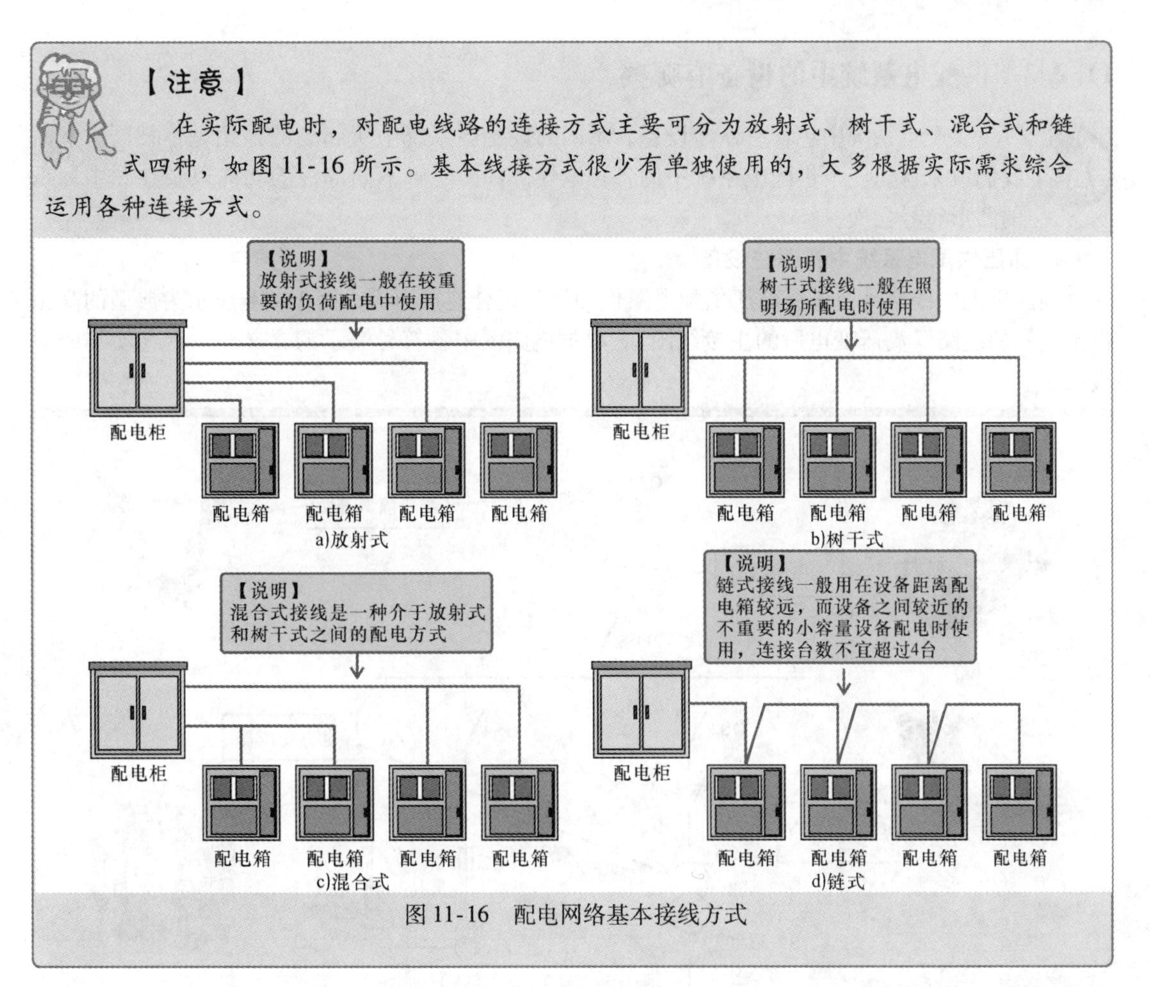

图11-16　配电网络基本接线方式

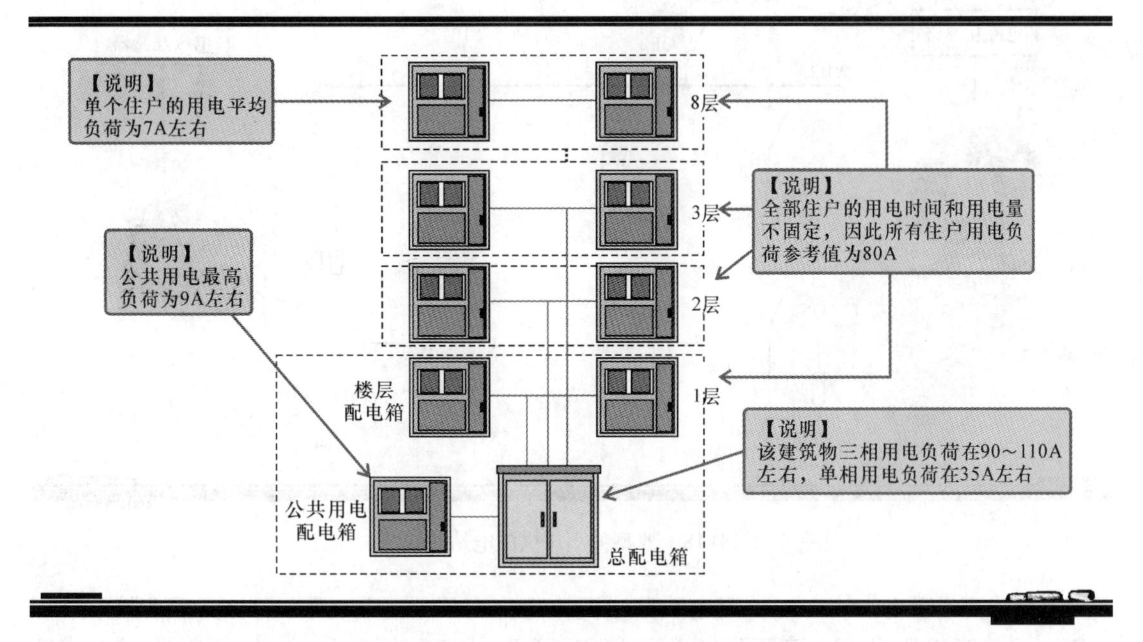

图11-17　楼宇供配电系统用电负荷的计算示意图

11.2.2 供配电系统中的设备有哪些

供配电系统中包含有众多设备，不同的设备在系统中所起到的作用也不相同。下面我们就来认识一下供配电系统中的各种电气部件，了解不同部件的功能以及在图中标识的图形符号含义。

1. 高压供配电系统中有哪些设备

高压供配电线路是由各种高压供配电器件和设备组合连接而成，图11-18所示为典型的高压供配电站的线路（高压变电所的主接线图），根据电路图中各符号表示的含义建立起与实物的对应关系。

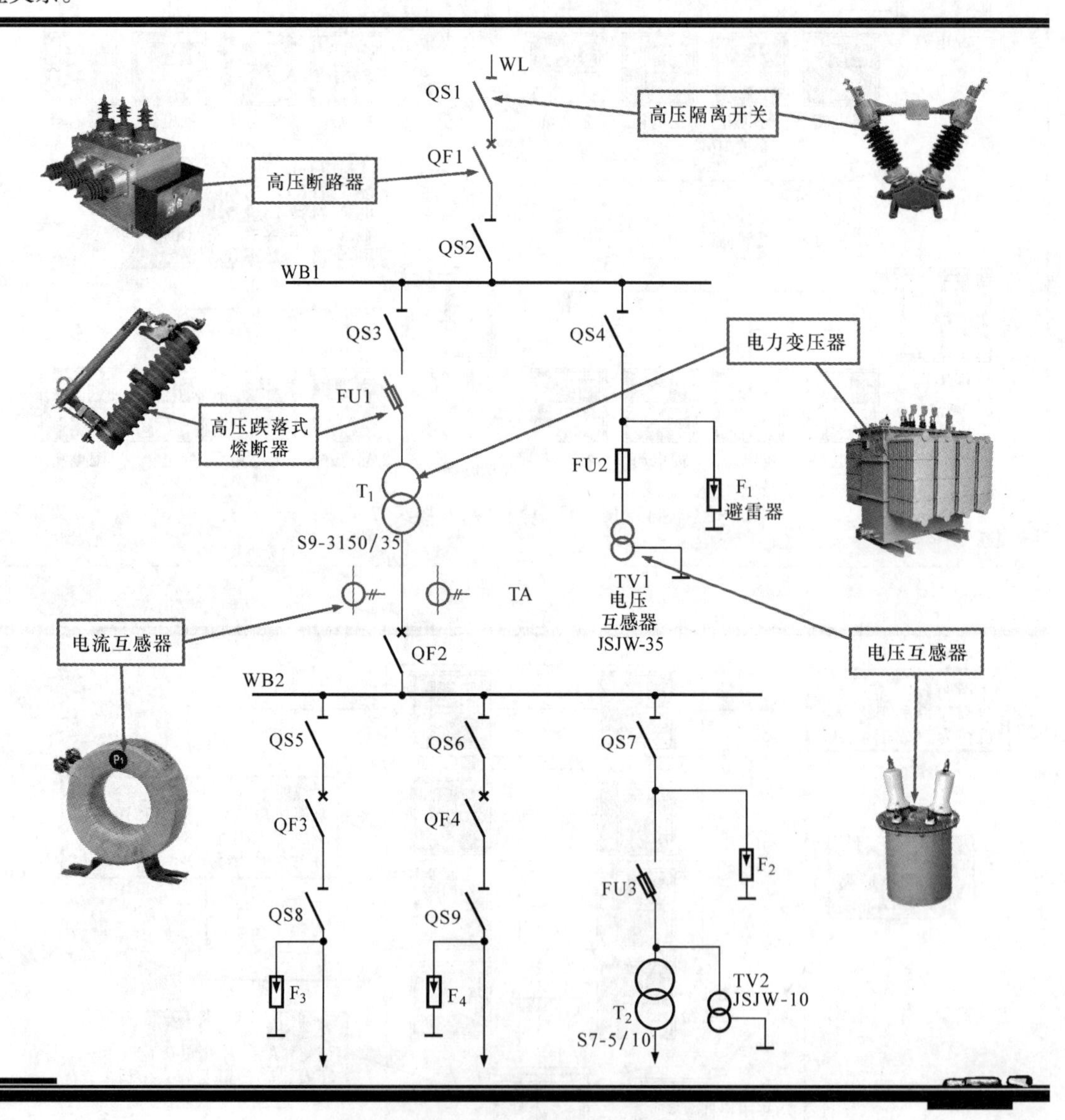

图11-18　典型的高压供配电站的线路

从图中可以看出，该高压供配电线路主要由电力变压器（T_1、T_2）、电压互感器（TV1、TV2）、电流互感器（TA）、高压隔离开关（QS1～QS9）、高压断路器（QF1～QF4）、高压熔断

器（FU1～FU3）、避雷器（F_1～F_4）以及两条母线（WB1、WB2）和电缆构成的。

（1）高压断路器

高压断路器是高压供配电线路中具有保护功能的开关装置，当高压供配电的负载线路中发生短路故障时，高压断路器会自行断路进行保护。图11-19所示为常见高压断路器的实物外形。

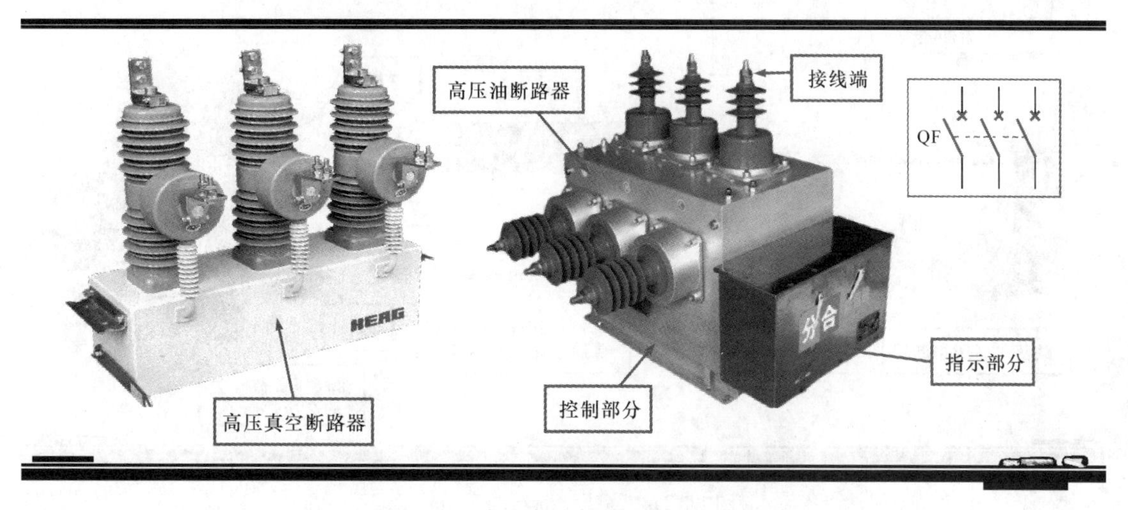

图11-19　常见高压断路器的实物外形

（2）高压隔离开关

高压隔离开关用于隔离高压电，保护高压电气的安全，使用时需与高压断路器配合使用，图11-20所示为高压隔离开关的实物外形。

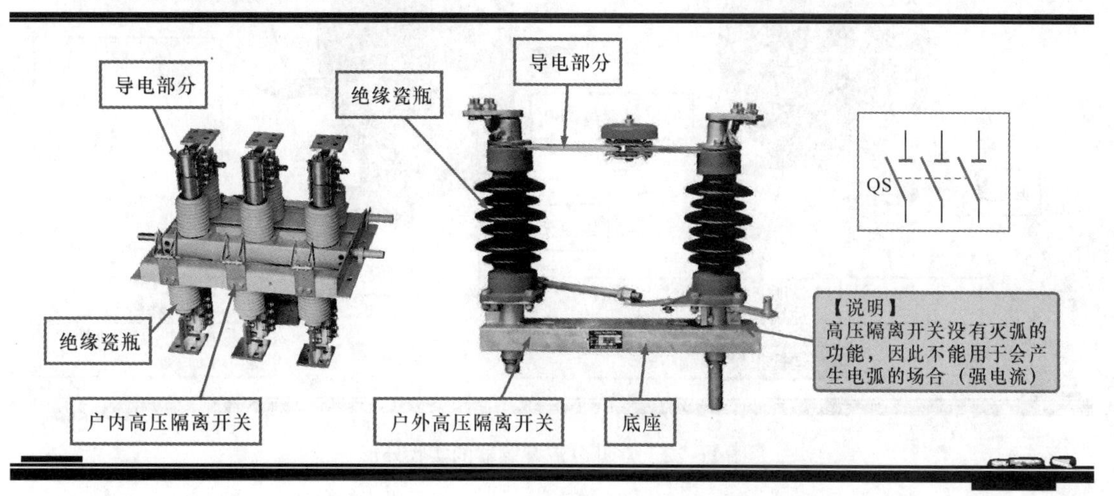

图11-20　高压隔离开关的实物外形

（3）高压熔断器

高压熔断器是用于保护高压供配电线路中设备安全的装置，当高压供配电线路中出现过电流的情况时，高压熔断器会自动断开电路，以确保高压供配电线路及设备的安全。图11-21所示为常见高压熔断器的实物外形。

（4）电流互感器

电流互感器是用来检测高压供配电线路流过电流的装置，它是高压供配电线路中的重要组成部分。图 11-22 所示为常见电流互感器的实物外形。

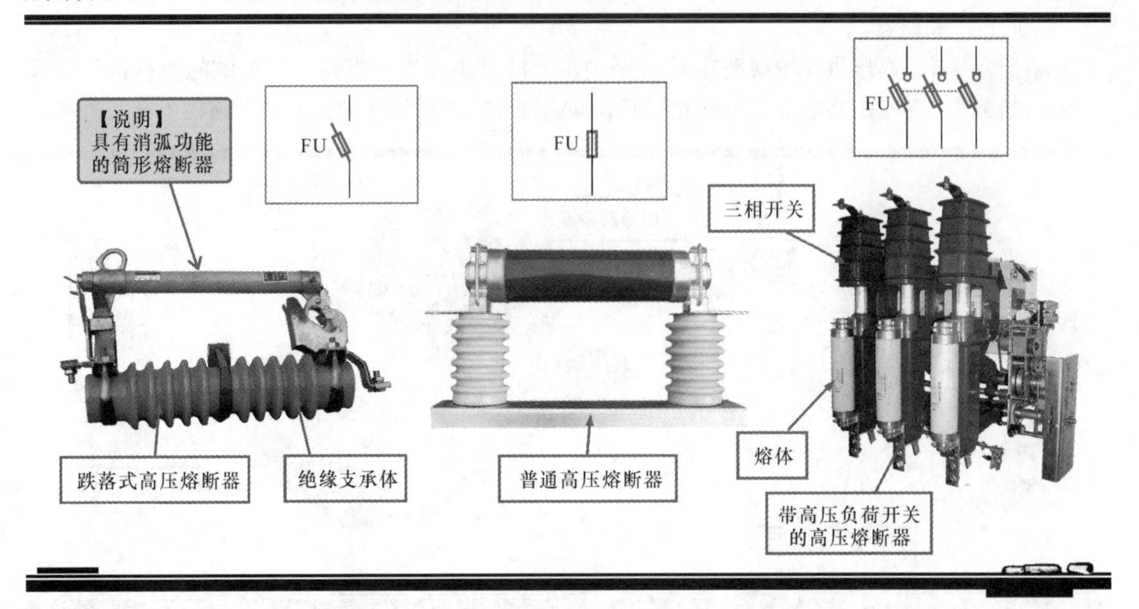

图 11-21　高压熔断器的实物外形

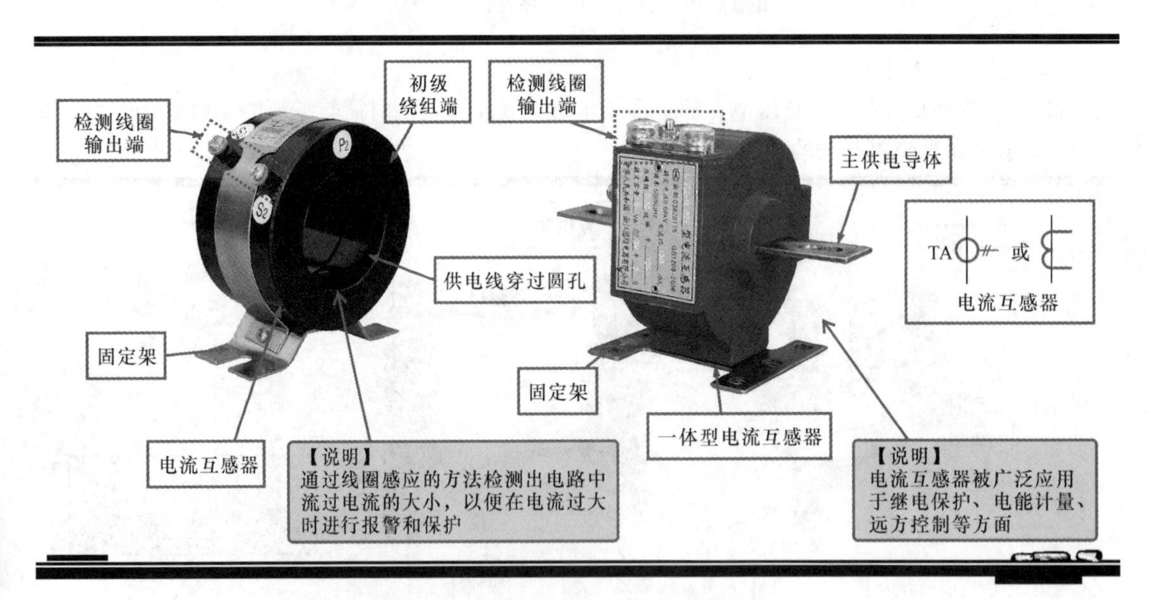

图 11-22　常见电流互感器的实物外形

（5）电压互感器

电压互感器是一种把高电压按比例关系变换成 100V 或更低等级的次级电压的变压器，通常与电流表或电压表配合使用，指示线路的电压值和电流值，供保护、计量、仪表装置使用。图 11-23 所示为电压互感器的实物外形。

（6）高压补偿电容

高压补偿电容器是一种耐高压的大型金属壳电容器，它有三个端子，内部有三个电容器（制成一体），分别接到三相电源上，与负载并联，用以补偿相位延迟的无效功率，提高供电效率，图 11-24 所示为高压补偿电容的实物外形。

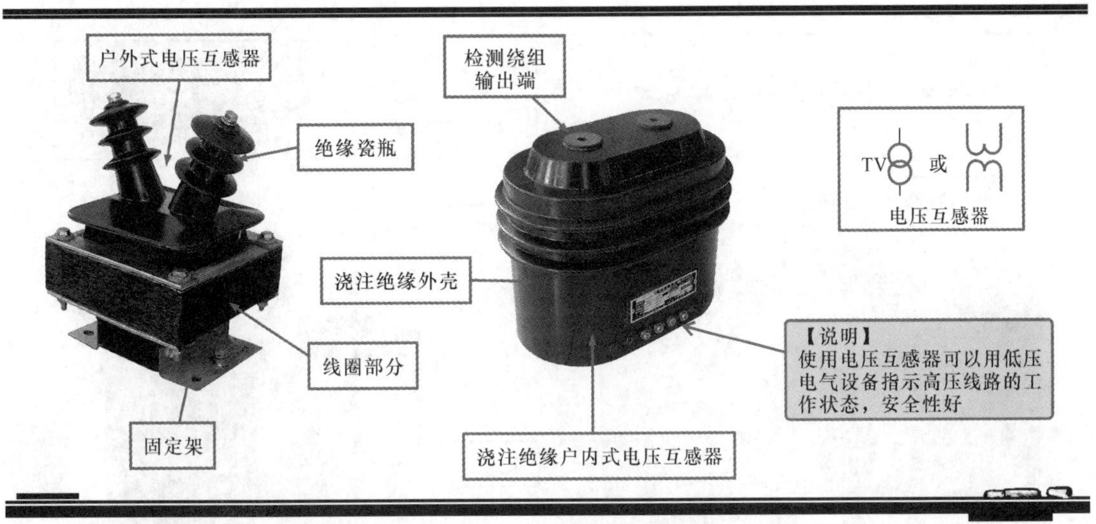

图11-23　电压互感器的实物外形

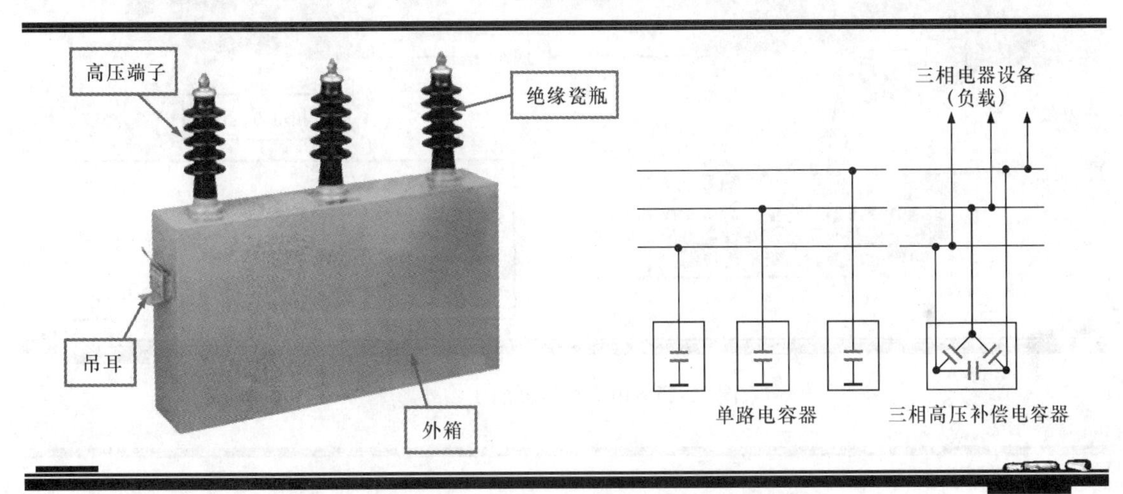

图11-24　高压补偿电容的实物外形

（7）电力变压器

电力变压器是高压供配电线路中最重要的特征元件，用于实现电能的输送、电压的变换。在远程传输时，将发电站送出的电源电压升高，以减少在电力传输过程中的损失，便于长途输送电力；在用电的地方，变压器将高压降低，供用电设备和用户使用。图11-25所示为常见的电力变压器的实物外形。

（8）计量变压器

计量变压器是采用变压器耦合的方式将高压转换成低压，用以检测高压供电线路的电压和电流。感应出的信号去驱动用来指示电压和指示电流的表头，以便观察变配电系统的工作电压和工作电流。图11-26所示为常用计量变压器的实物外形。

（9）避雷器

避雷器是在供电系统受到雷击时的快速放电装置，可以保护变配电设备免受瞬间过电压的危害。避雷器通常设于带电导线与地之间，与被保护的变配电设备呈并联状态。图11-27所示为常见的避雷器实物外形。

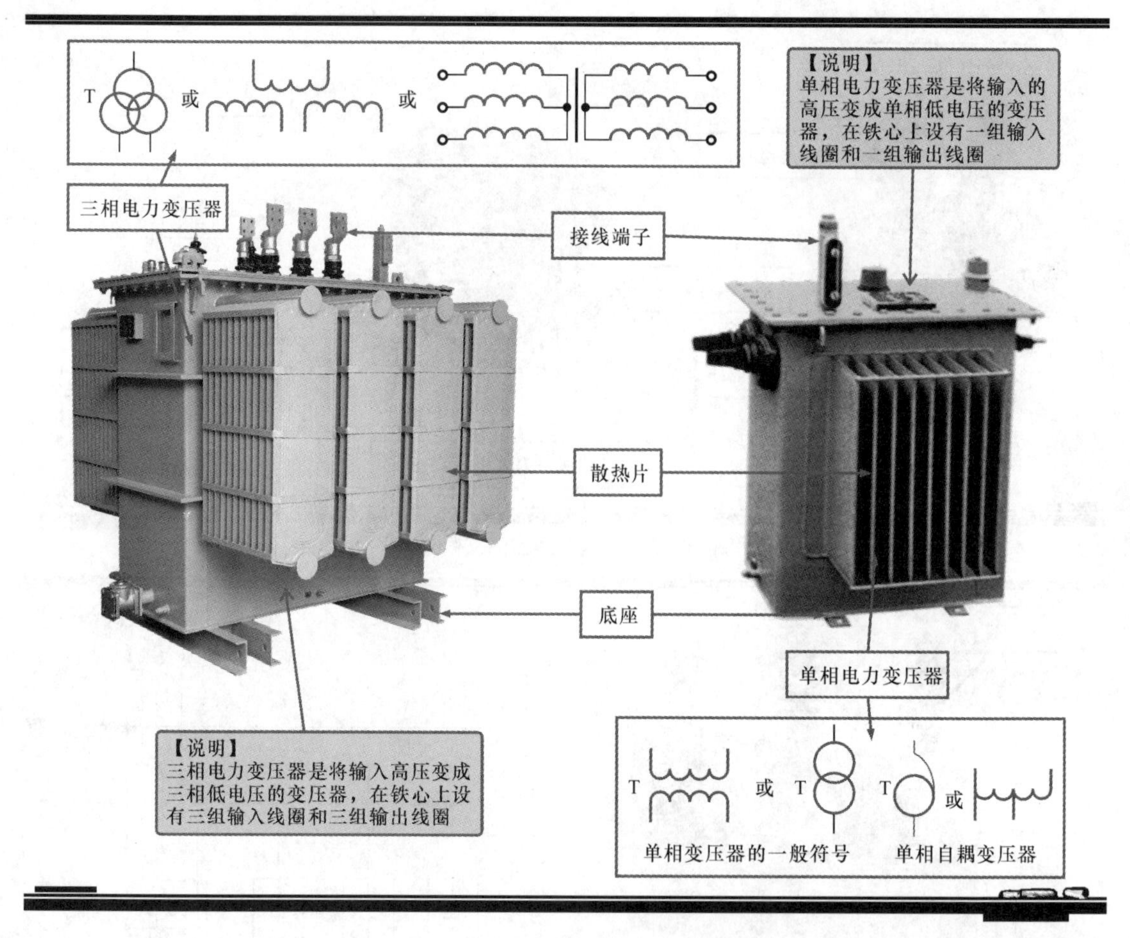

图 11-25　电力变压器的实物外形

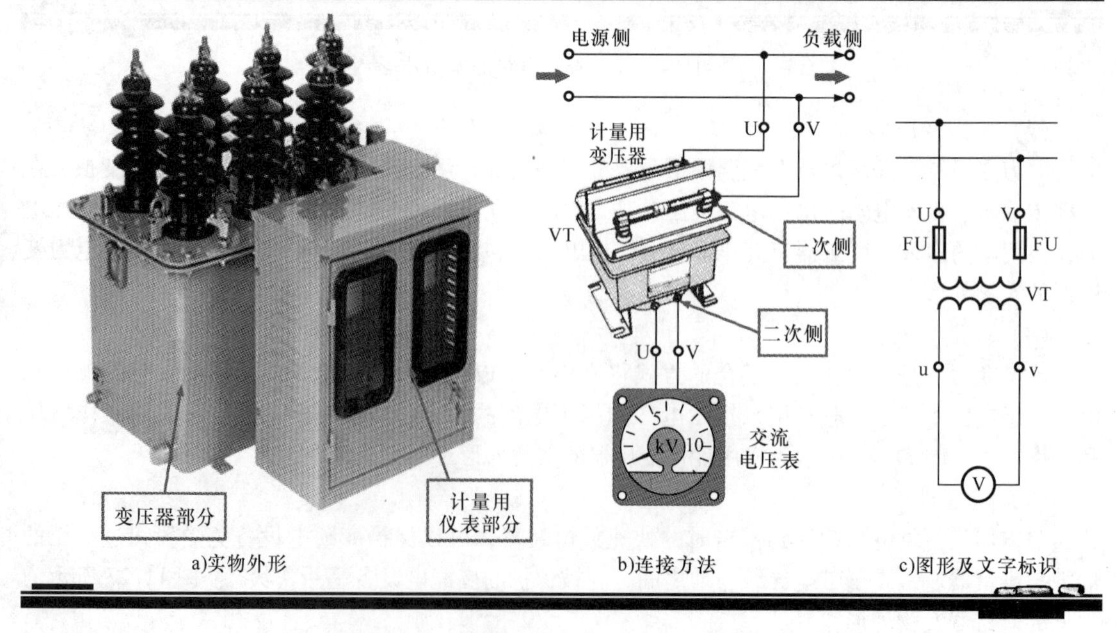

图 11-26　常用计量变压器的实物外形

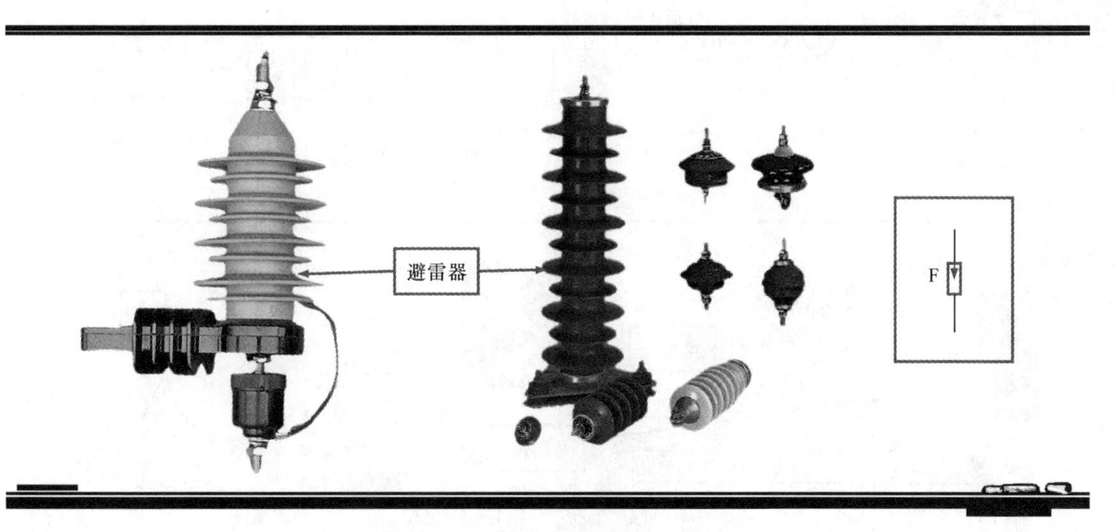

图 11-27　常见的避雷器实物外形

【注意】

在高压供配电线路工作时，当过电压值达到规定的动作电压时，避雷器立即动作进行放电，从而限制供电设备的过电压幅值，保护设备；当电压值正常后，避雷器又迅速恢复原状，以保证变配电系统正常供电。

2. 认识低压供配电系统中有哪些设备

低压供配电系统结构要比高压供配电系统简单很多，系统中主要是由低压断路器、低压熔断器和电度表等组成。图 11-28 所示为典型的低压供配电线路（多层住宅低压供配电线路）。从图中可以看出，该低压供配电线路主要由带漏电保护功能的断路器（QF1）、电度表（Wh5、Wh8）、用户总断路器和支路断路器构成的。

（1）低压断路器

低压断路器又称空气开关，主要用于接通或切断供电线路且具有过载、短路或欠电压保护的功能，常用于不频繁接通和切断电路的环境中。根据具体功能不同，低压断路器主要有普通塑壳断路器和带漏电保护功能的断路器两种，如图 11-29 所示。

提问

漏电保护器是断路器的一个种类吗？有什么特别的功能？

回答

漏电保护断路器又叫漏电保护开关，实际上是一种具有漏电保护功能的开关，低压供配电线路中的总断路器一般选用该类断路器。这种开关具有漏电、触电、过载、短路的保护功能，对防止发生触电或因漏电而引起的火灾事故有明显的效果。

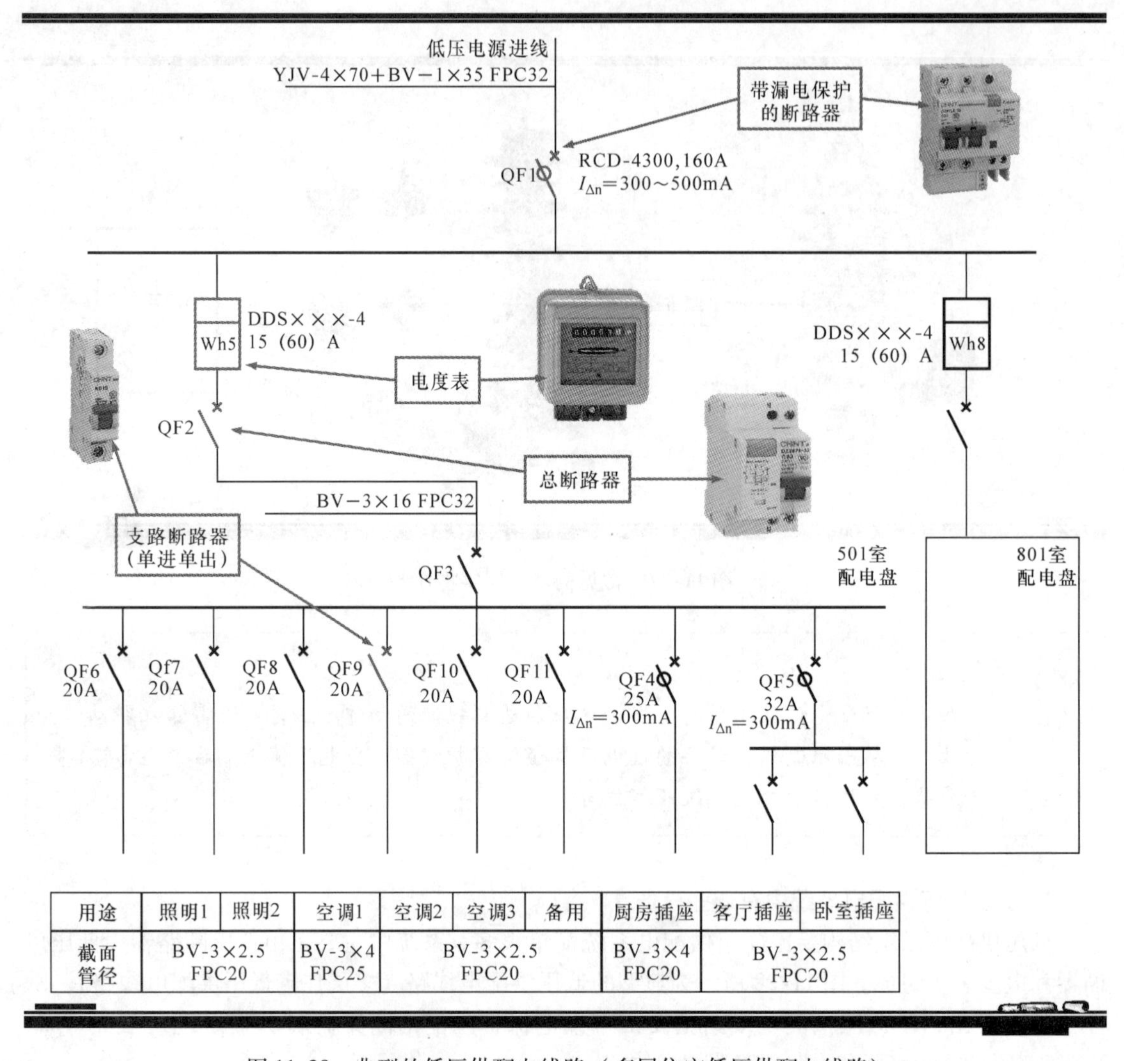

用途	照明1	照明2	空调1	空调2	空调3	备用	厨房插座	客厅插座	卧室插座
截面管径	BV-3×2.5 FPC20		BV-3×4 FPC25	BV-3×2.5 FPC20			BV-3×4 FPC20	BV-3×2.5 FPC20	

图 11-28　典型的低压供配电线路（多层住宅低压供配电线路）

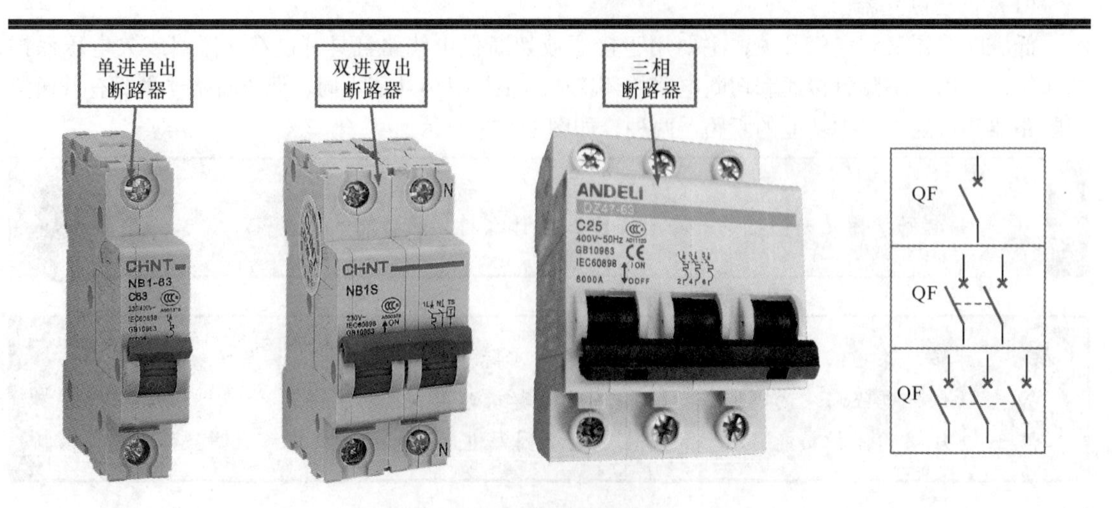

a）普通塑壳低压断路器

图 11-29　典型断路器的实物外形

带漏电保护功能的单进单出断路器

带漏电保护功能的双进双出断路器

漏电保护器

QF

QF

QF

电路符号和文字标识

b) 带漏电保护功能的断路器和漏电保护器

图 11-29　典型断路器的实物外形（续）

（2）低压熔断器

低压熔断器在低压供配电系统中用作线路和设备的短路及过载保护，当低压供配电线路正常工作时，熔断器相当于一根导线，起通路作用；当通过低压熔断器的电流大于规定值时，低压熔断器会使自身的熔体熔断而自动断开电路，从而对低压供配电线路上的其他电器设备起保护作用。图 11-30 所示为几种常见低压熔断器的实物外形。

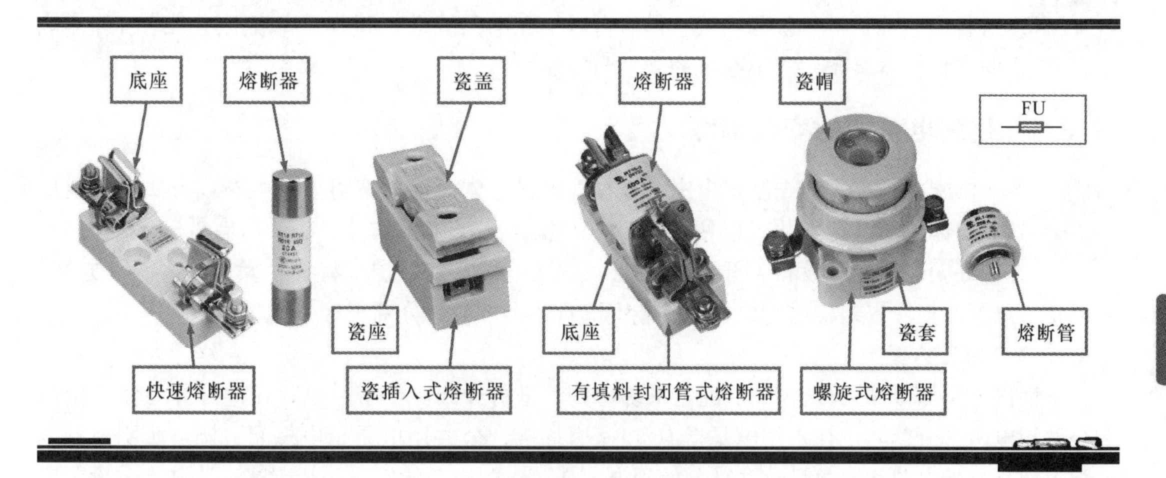

图 11-30　常见低压熔断器的实物外形

（3）电度表

电度表也称为电能表，是用来计量用电量的器件，有三相电度表和单相电度表之分，图 11-31 所示为电度表的实物外形。

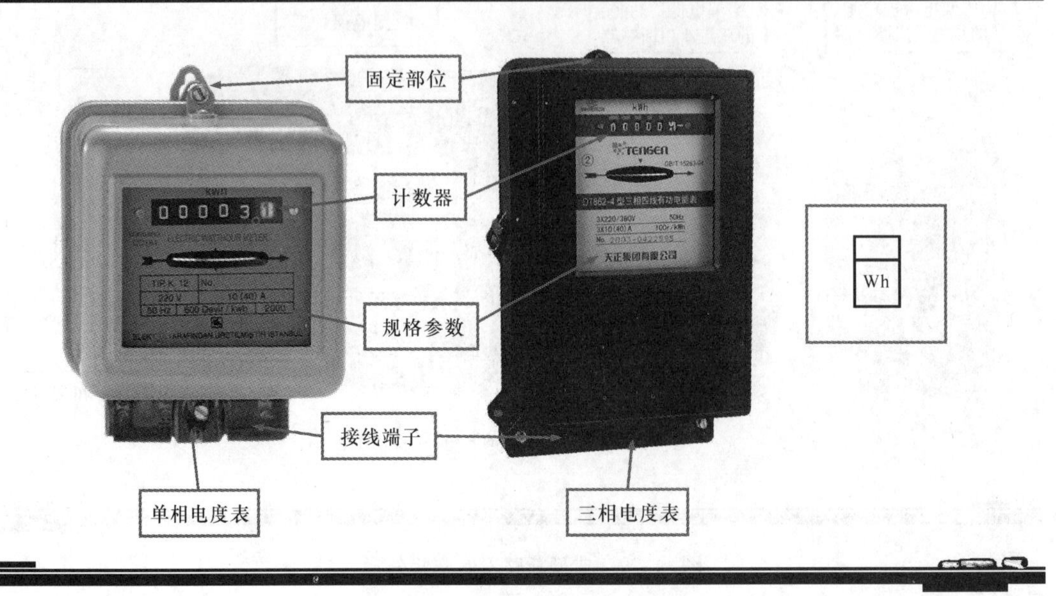

图 11-31　电度表的实物外形

11.3　找个供配电系统的安装项目练一练

现在我们开始对供配电系统的安装进行练习，我们以典型楼宇供配电系统为例，逐步对各安装项目进行实际安装，最后再对供配电系统进行验收，完成上述训练内容才能说明您已基本具备供配电系统的规划与安装能力。

11.3.1　供配电系统的安装训练

供配电系统需要先制定出施工方案，根据总体设计方案对供配电布线方式、安装规划等具体工作进行细化，以便于指导电工操作人员施工作业。确认所有的安装细节后，准备好安装工具和设备，开始对供配电系统进行安装。这里将安装操作分为制订方案、安装楼道总配电箱、安装楼层配电箱和安装配电盘四个部分，分别进行介绍。

1. 制定施工方案

下面以 8 层 16 户的建筑物的供配电系统为例，进行介绍。楼宇用电负荷部分分为住户用电和公共用电两部分，其中住户用电是指 16 户家庭用电；公共用电是指电梯间、楼道照明、有线电视电源、宽带电源和应急灯这几部分的用电。楼宇供配电系统宜采用树干式，这种方式投资费用低、施工方便，易于扩展。图 11-32 所示为 8 层 16 户建筑物的供配电线路图。

【注意】

因家庭用电为单相220V，为保证三相供电平衡，输入的三根相线应分别为不同的楼层供电。在该建筑物中，红色相线（L1）应为 1 层、2 层住户和公共用电部分供电；黄色线相（L2）应为 3 ~ 5 层的住户供电；绿色相线（L3）应为 6 ~ 8 层的住户供电。

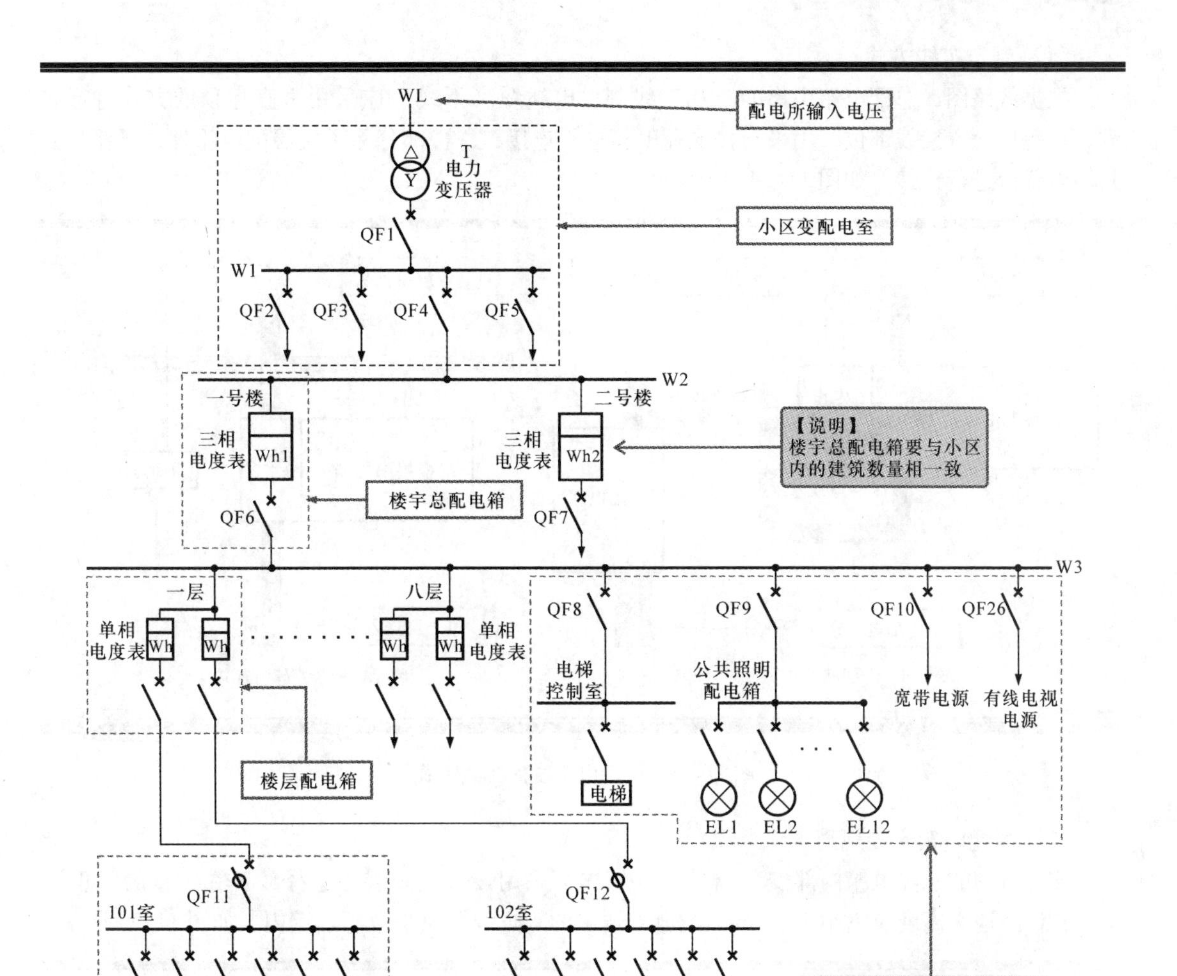

图 11-32　8层16户建筑物的供配电线路图

该建筑物为多层建筑物，输入供电线缆应选用三相五线制，接地方式应采用 TN－S 系统，即整个供电系统的零线（N）与保护线（PE）是分开的，如图 11-33 所示。

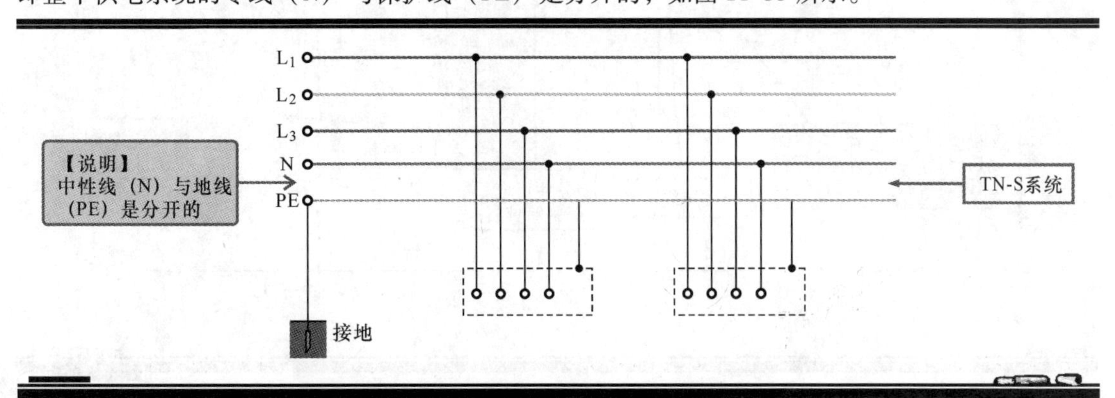

图 11-33　接地方式

（1）制定布线方式

根据线路图，总配电箱引出的三相五线制供电线缆（干线）应采用垂直穿顶的方式进行暗敷，在每层设置接线部位，用来与楼层配电箱进行连接；一楼部分除了楼层配电箱外，还要与公共用电部分进行连接，如图 11-34 所示。

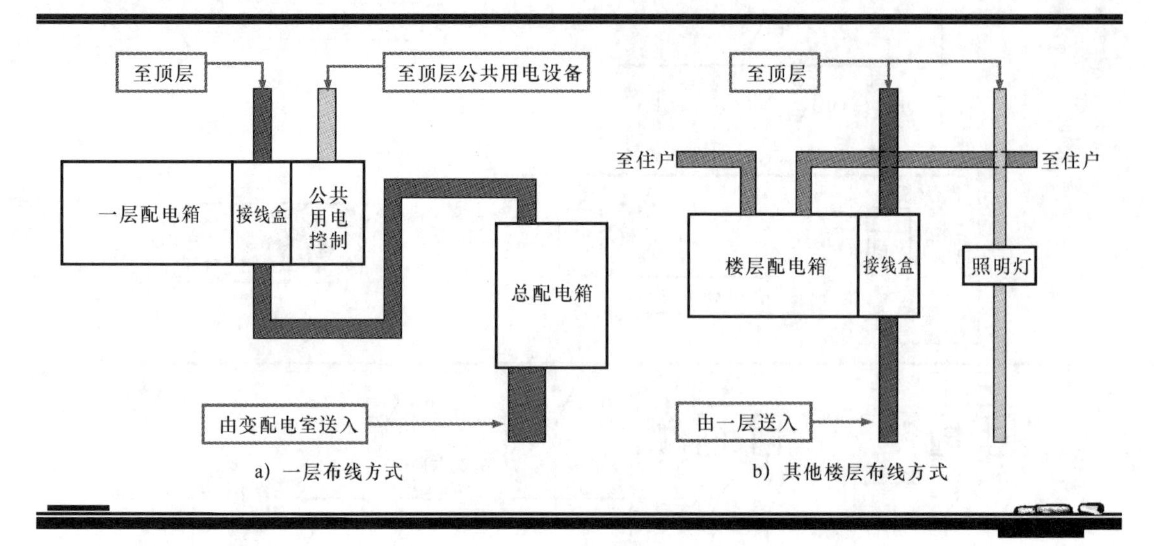

图 11-34　供配电系统的布线方式

（2）总配电箱安装规划

该建筑物的总配电箱内部安装器件少，箱体可采用嵌入式安装，选择放置在一楼的承重墙上，箱体距地面高度应不小于 1.8m。配电箱输出的入户线缆应暗敷于墙壁内，如图 11-35 所示。

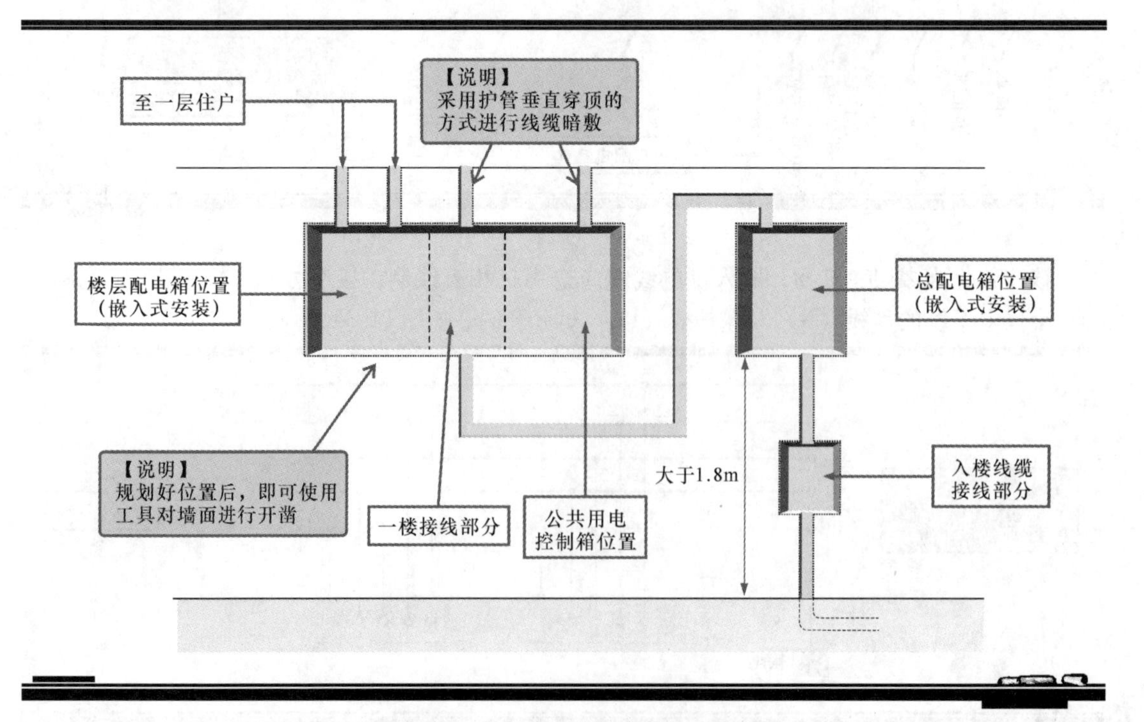

图 11-35　总配电箱安装规划

（3）楼层配电箱安装规划

楼层配电箱应靠近供电干线采用嵌入式安装，配电箱应放置于楼道内无振动的承重墙上，距地面高度不小于1.5m。配电箱输出的入户线缆应暗敷于墙壁内，取最近距离开槽、穿墙，线缆由位于门左上角的穿墙孔引入室内，以便连接住户配电盘，如图11-36所示。

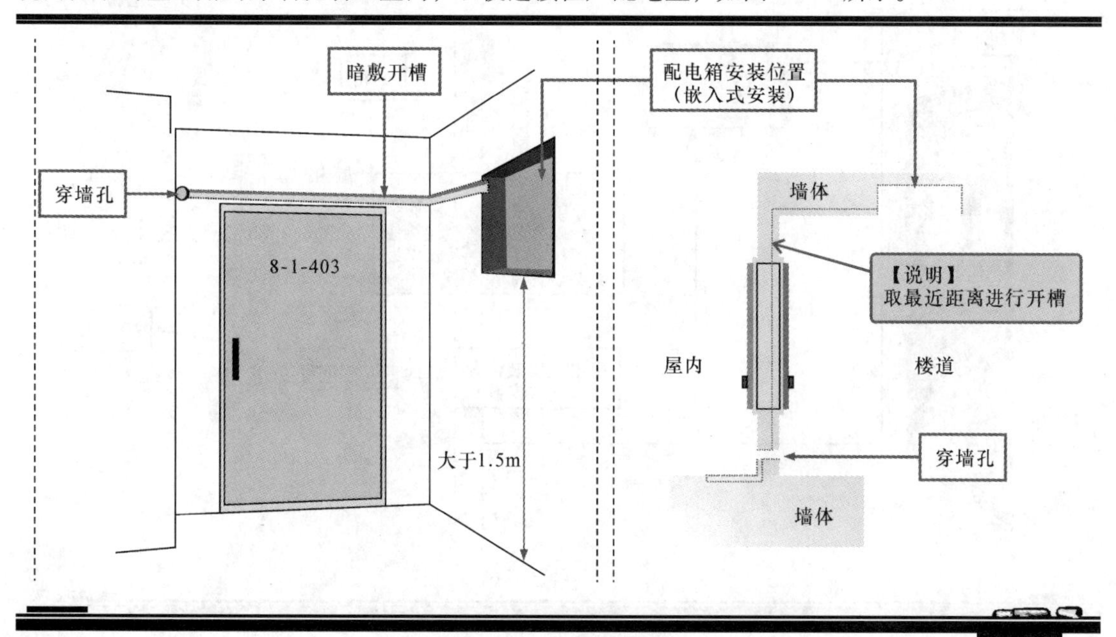

图11-36　楼层配电箱安装规划

【资料】

嵌入式安装方式是配电箱的主要安装方式，此外，还可将配电箱外壳直接安装在墙面上，这种安装方式非常简单，配线也可采用明敷方式，在配电箱增设时，常采用此种安装方式。

（4）配电盘安装规划

住户配电盘应放置于屋内进门处，方便入户线路的连接以及用户的使用。配电盘放置在无振动的承重墙上，配电盘下沿距离地面1.9m左右，如图11-37所示。

2. 楼道总配电箱的安装

（1）总配电箱的安装

三相供电的干线敷设好后，将总配电箱放置到安装槽中，如图11-38所示，安装槽中应预先敷设木块或板砖等铺垫物，配电箱放入后，应保证安装稳固，无倾斜、震动等现象。

（2）配电箱内部器件的安装连接

图11-39所示为三相电度表和总断路器的安装。绝缘木板固定在底板上方，距底板上沿5cm处，支撑板安装在绝缘木板下方，距木板20cm处。保证电度表和总断路器安装牢固，无松动后，再将底板安装回配电箱中。

使用绝缘硬线（黄色、绿色、红色、蓝色）对电度表和总断路器进行连接，如图11-40所示。连接时要保证连接处牢固，无裸露铜线，线缆弯曲角度自然。

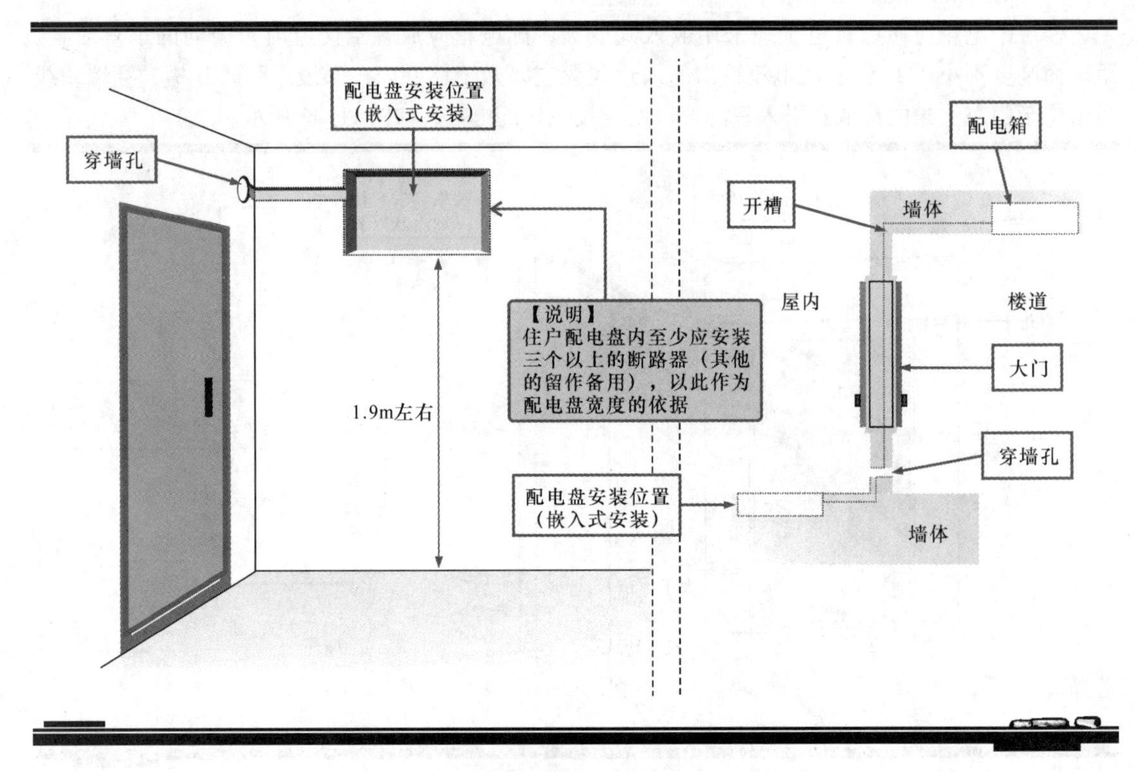

图 11-37　配电盘安装规划

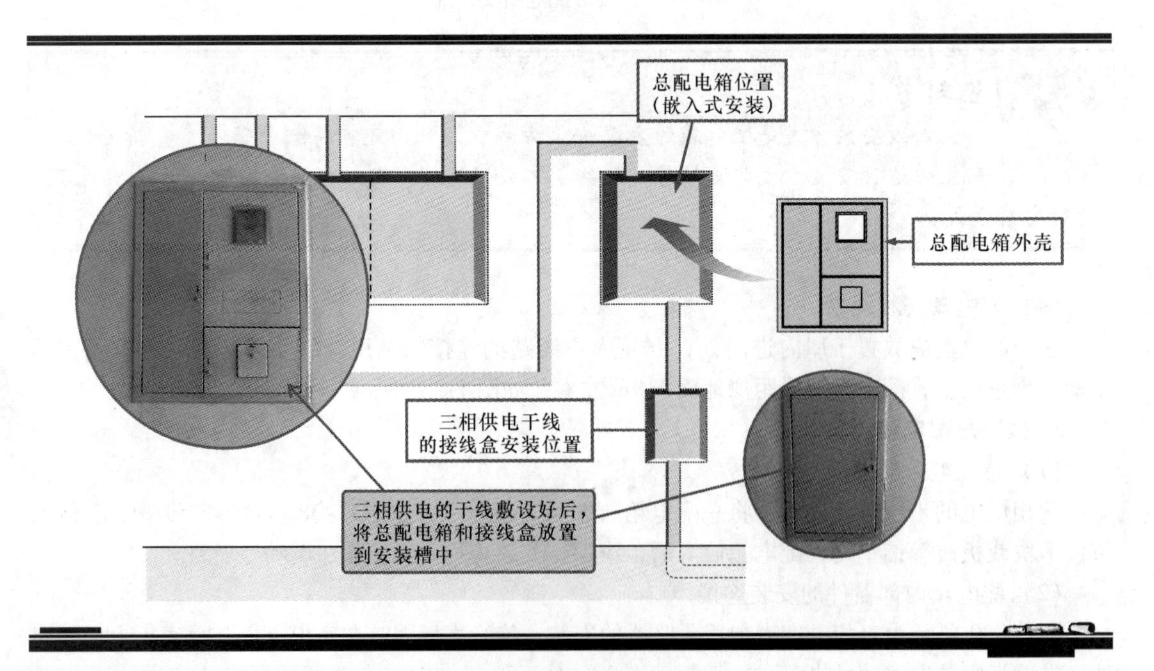

图 11-38　安装总配电箱

接下来将输出的三相供电线缆与总断路器进行连接，按照标识将相线（L_1、L_2、L_3）、零线（N）连接到断路器中，并拧紧固定螺钉，如图 11-41 所示。

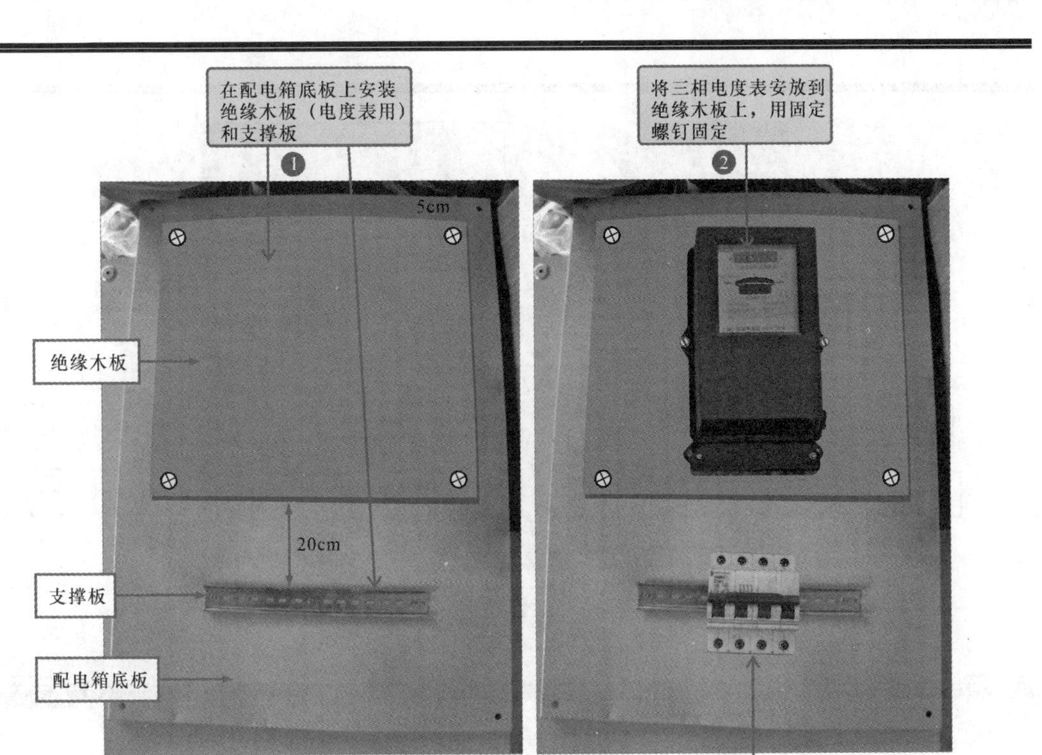

图 11-39　三相电度表和总断路器的安装

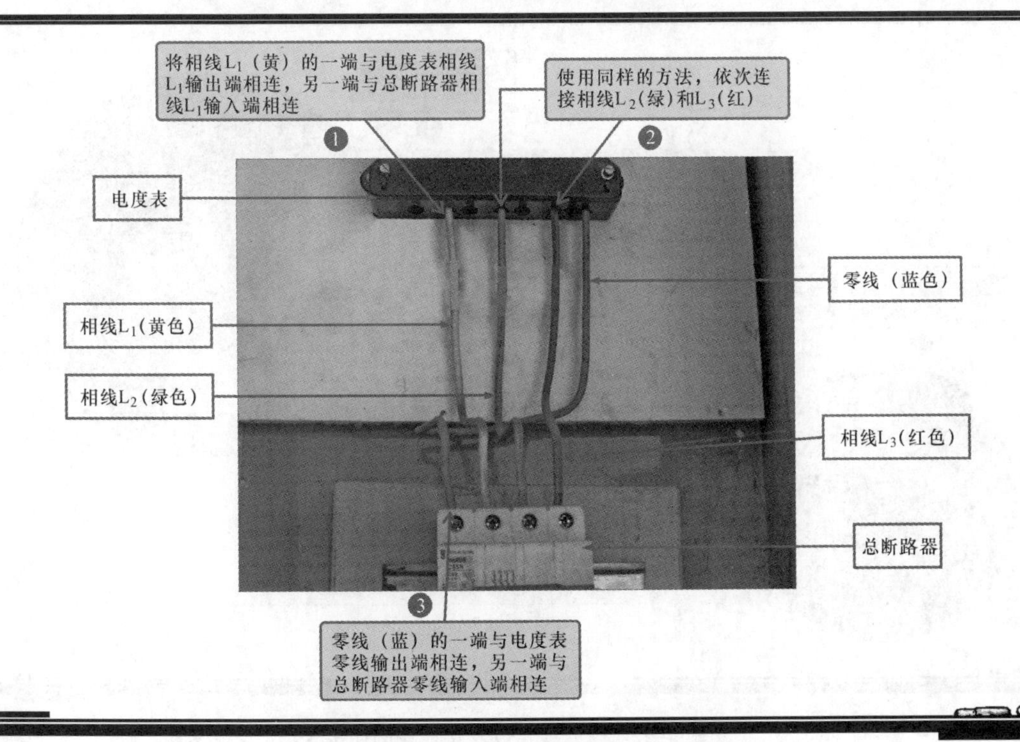

图 11-40　电度表与总断路器的线路连接

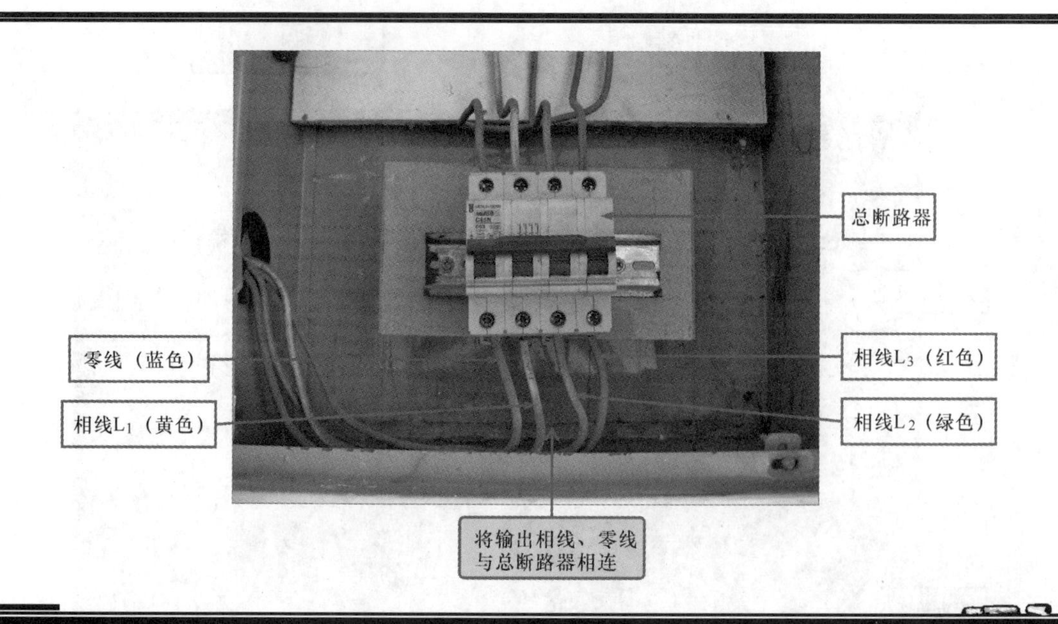

图 11-41 输出线路的连接

连接电度表时，要注意电度表上的标识，将相线（L_1、L_2、L_3）和零线（蓝色）连接到电度表的输入端，如图 11-42 所示。接线处一定要固定良好，以免产生电火花引起火灾等危险情况。配电箱内的供电线缆连接好后，将输入和输出的接地线固定到 PE 线端子上。

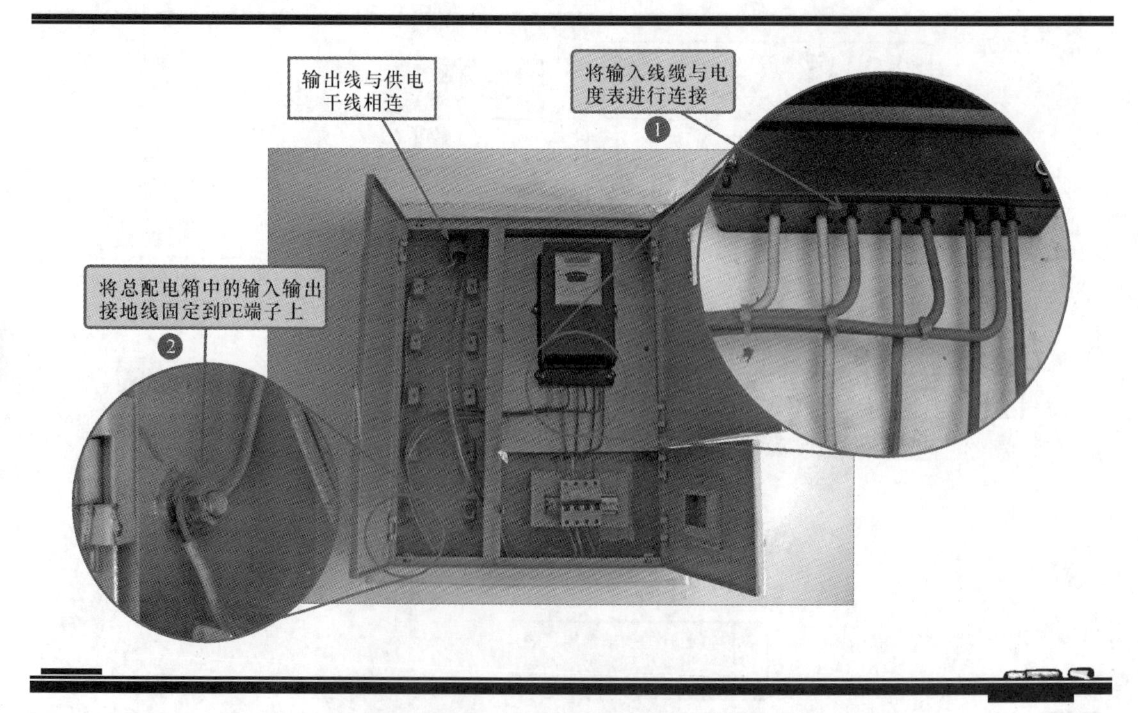

图 11-42 输入线路以及接地线的连接

【注意】

总配电箱的输入线缆暂时不要与入楼干线相连，待整栋楼供配电系统安装完成后，再进行连接。

3. 楼层配电箱的安装

（1）配电箱的固定

在安装配电箱的墙面上，使用电钻钻出4个安装孔，安装孔的位置要与配电箱安装孔相对应，在安装孔中插入胀管，使用固定螺钉将配电箱固定在安装墙面上，如图11-43所示。

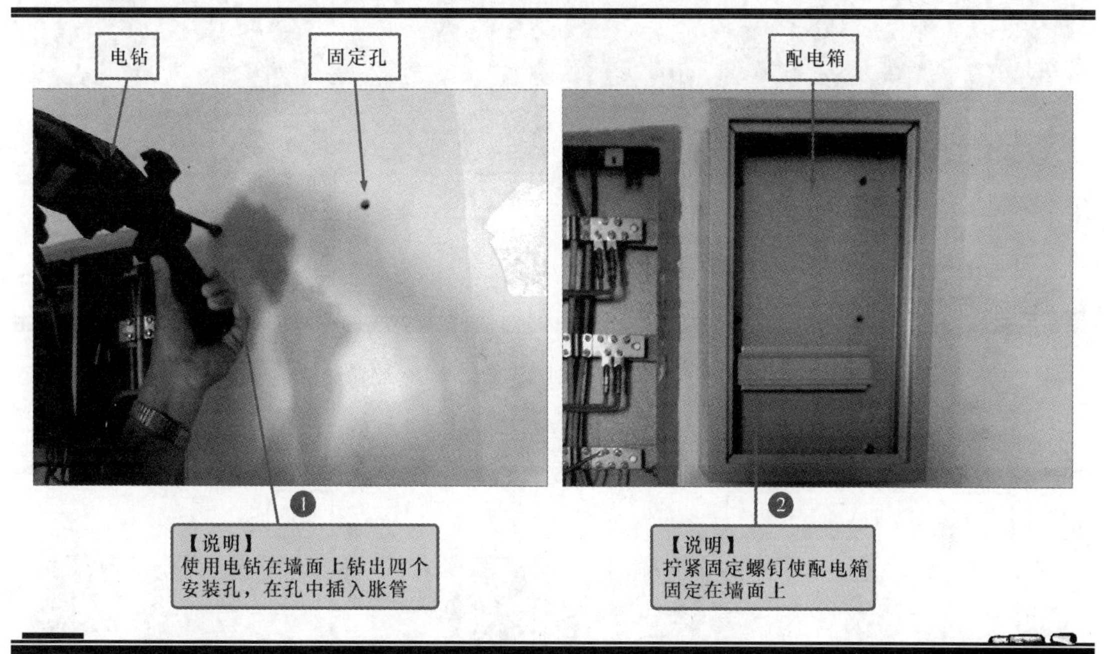

图11-43　配电箱的固定

（2）电度表和总断路器的安装

将电度表和总断路器固定到配电箱中，按照提示连接好电度表与总断路器之间的线缆，再连接好总断路器输出的线缆，如图11-44所示。提醒：固定、连接操作之前，要确定断路器处于断开状态。

（3）板槽的安装和固定

从配电箱上端引出明敷导线的板槽，并使用电钻工具在板槽和墙面上钻孔，再使用固定螺钉将板槽固定在墙壁上，如图11-45所示。

（4）打穿墙孔并穿入导线

板槽固定好后，使用电钻在墙壁上打穿墙孔，穿墙孔的位置要和明敷板槽齐平，穿墙孔打穿完毕后，再将室外的导线（断路器输出端的导线）穿入穿墙孔，引入室内，如图11-46所示。

（5）电度表输入线的连接

将相线和零线连接到电度表的输入端上，并拧紧固定螺钉，保证连接牢固，如图11-47所示。接着将地线固定在配线箱的外壳上，并拧紧固定螺钉。然后将电度表输入线（相线和零线）与楼道接线处的供电端进行连接。

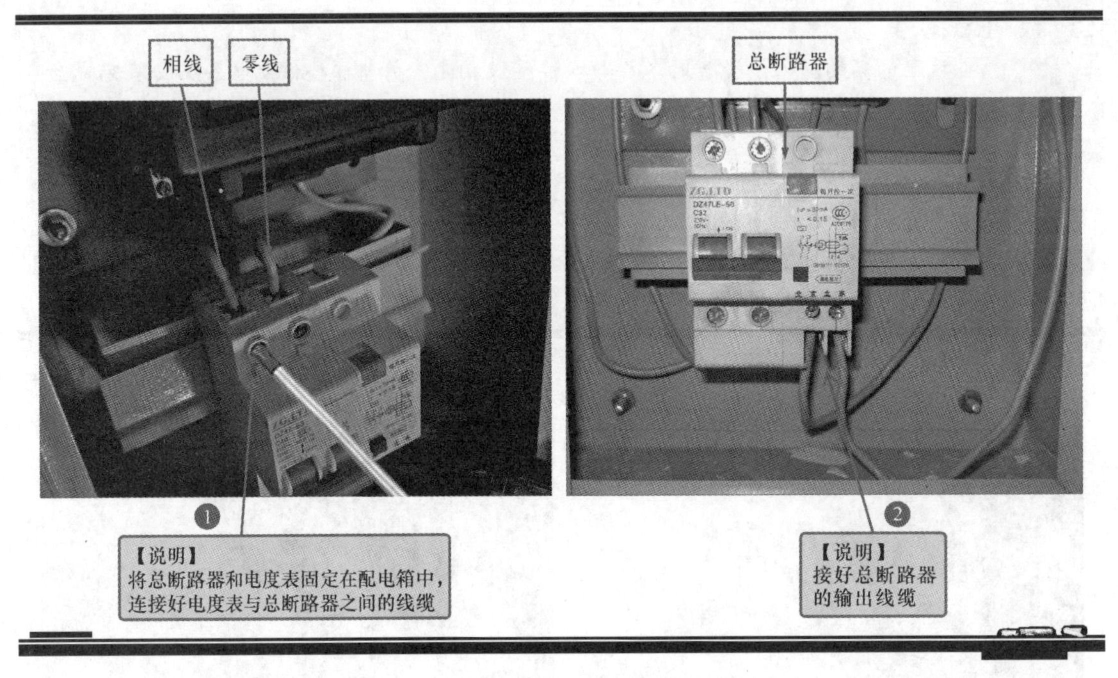

图 11-44　固定并连接电度表和总断路器

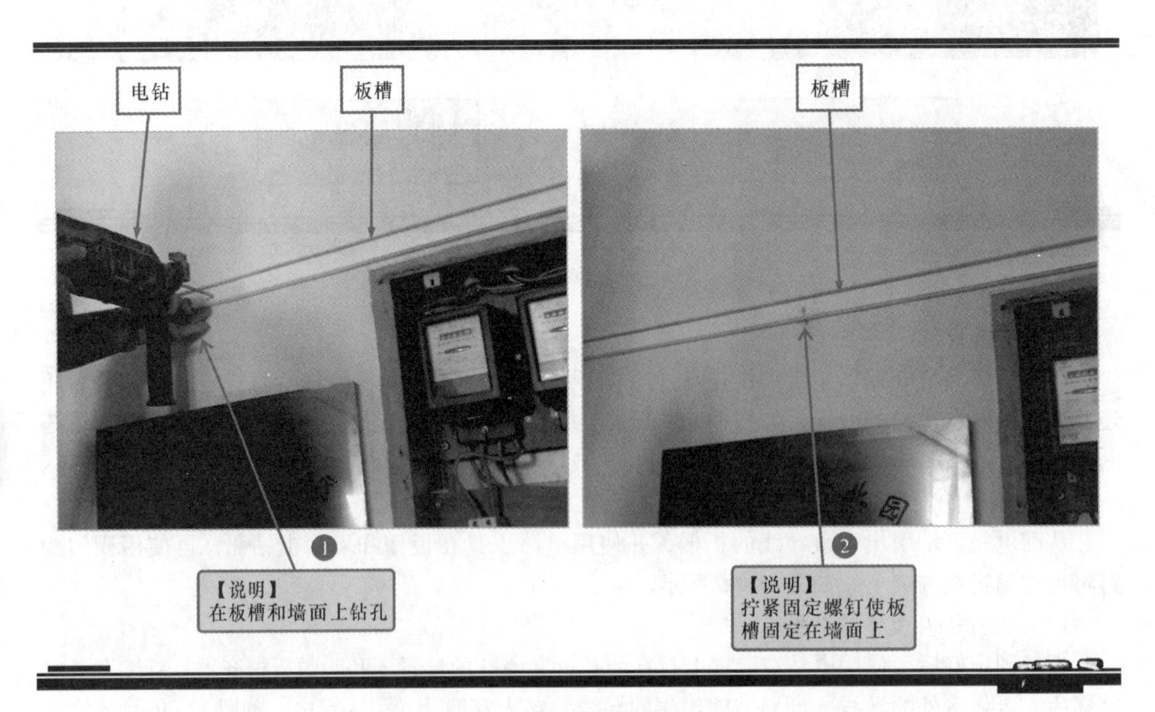

图 11-45　安装板槽并进行固定

（6）板槽盖板的安装

将室外导线敷于板槽内，并将板槽盖板盖上，如图 11-48 所示。

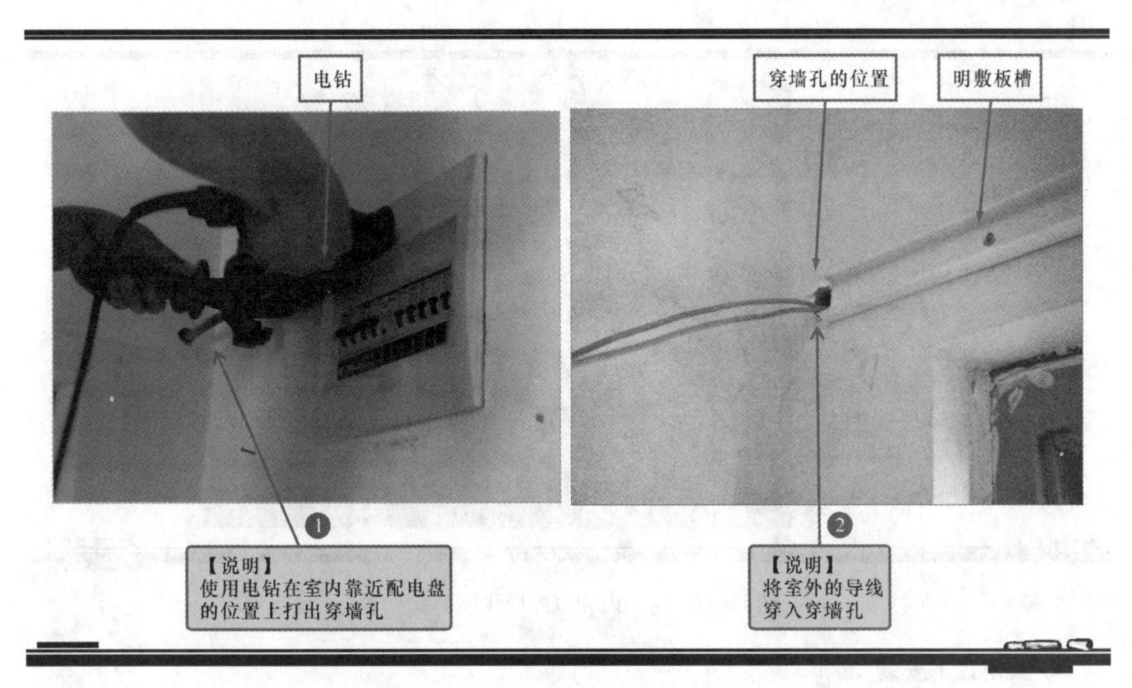

图 11-46　打穿墙孔并将导线引入室内

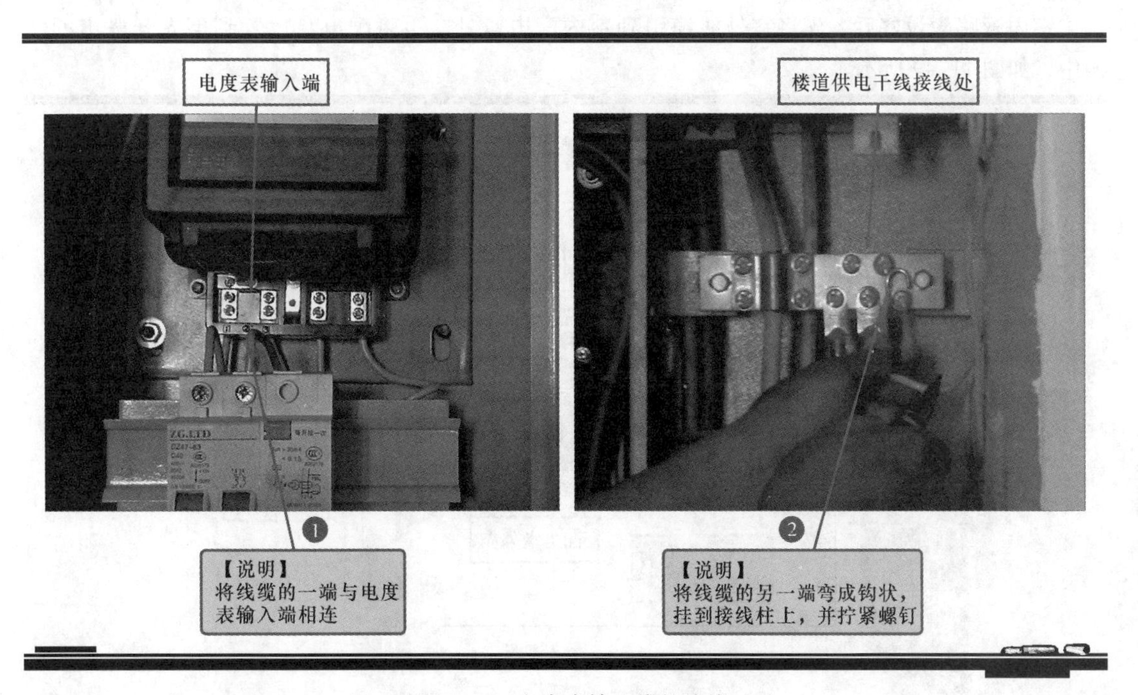

图 11-47　电度表输入线的连接

【注意】

在进行线路连接的整个过程中，应注意手或钳子尽量不要碰触到接线柱的触片及导线的裸露处，避免造成触电事故。良好的安全避电习惯是每一位电工操作人员必须具备的基本素质，也是为自己负责的行为表现。

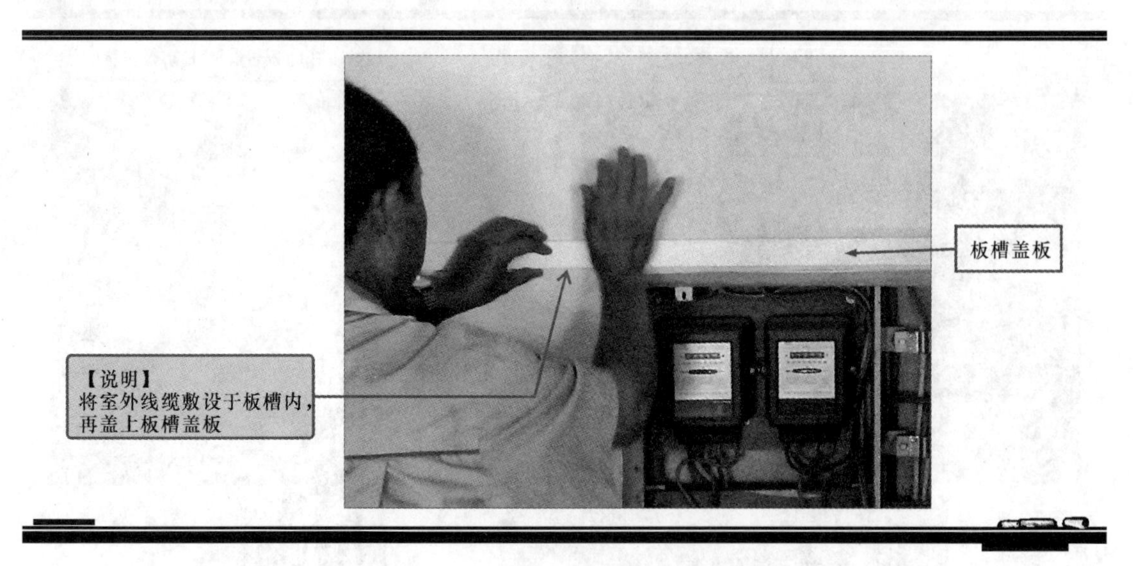

图 11-48　将室内和室外导线敷于板槽内

4. 配电盘的安装

（1）配电盘的安装

室内管路敷设好后，先将室外线缆引到室内配电盘处，再将配电盘放置到事先开凿出的凹槽中，如图 11-49 所示。

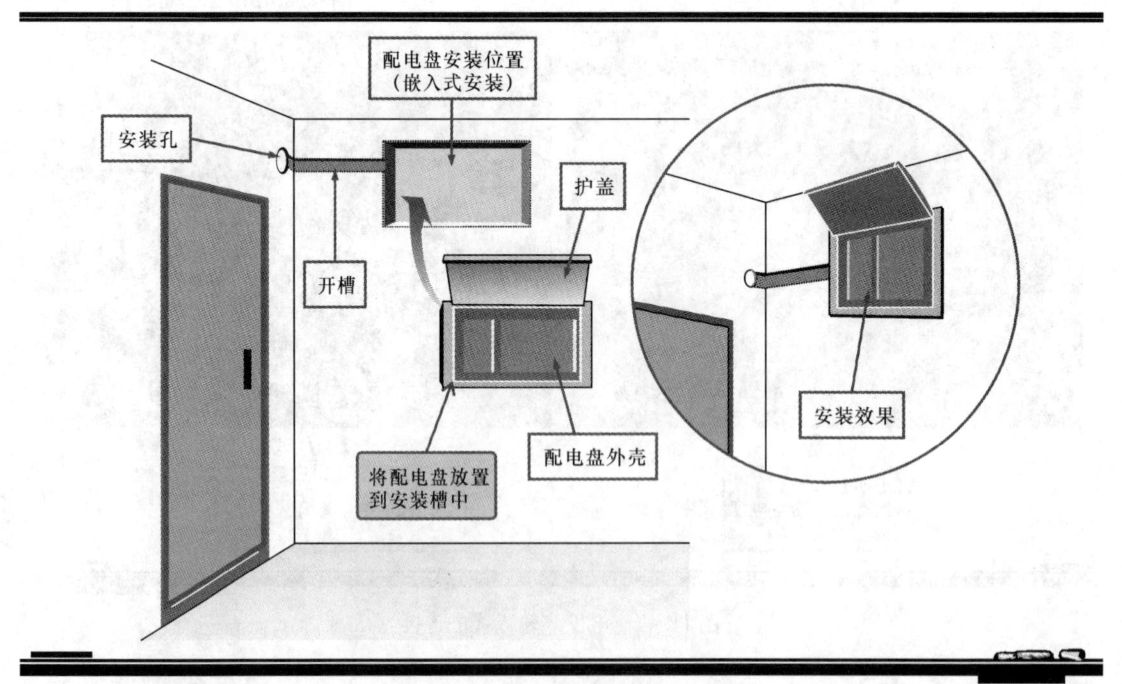

图 11-49　配电盘的安装

（2）支路断路器的安装和连接

将支路断路器安装到配电盘内部的支撑板上，然后将室外送来的线缆接到总断路器（双进双出）上，并拧紧螺钉，然后使用跨接连接法将相线与其他断路器相连，零线直接连接到零线

分配接线柱上，地线连接到地线分配接线柱上即可，如图 11-50 所示。

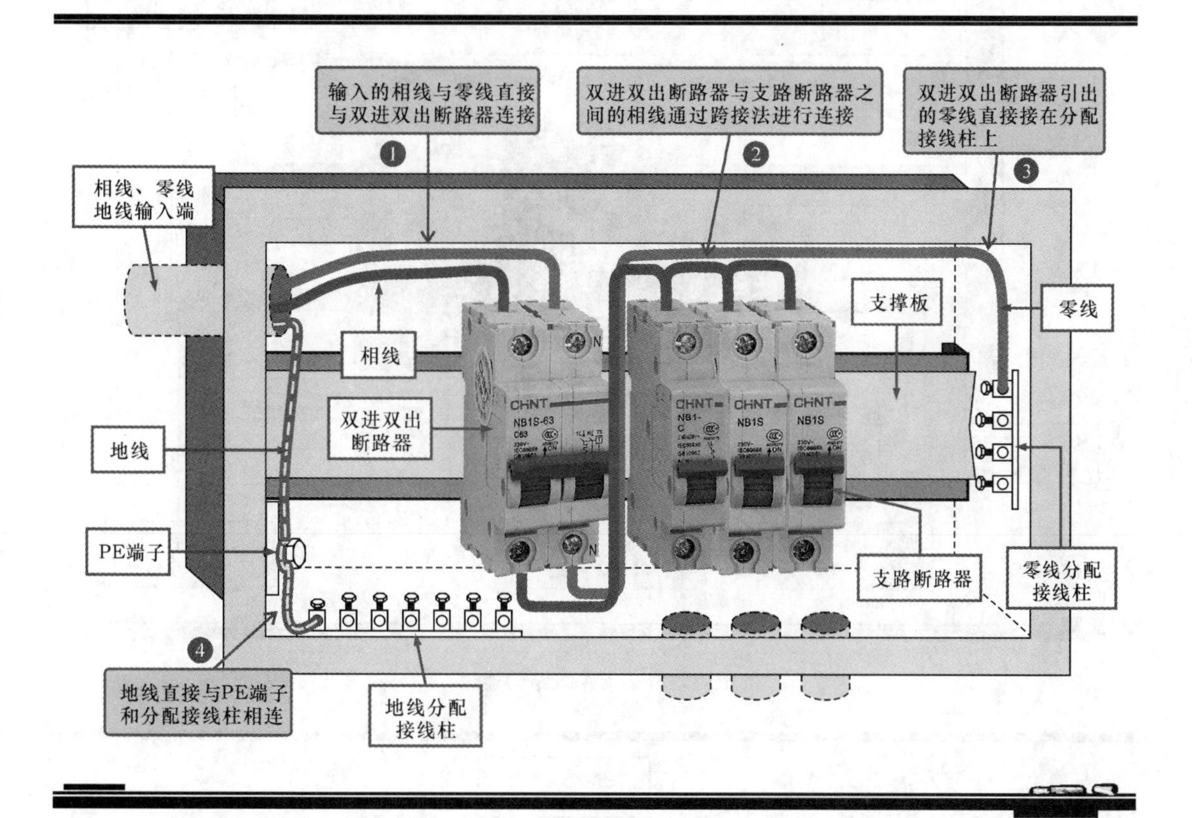

图 11-50　支路断路器的安装和连接

【注意】

零线分配接线柱必须与配电盘金属外壳绝缘，而接地分配接线柱必须与配电盘金属外壳做好电气连接。零线分配接线柱和接地分配接线柱的个数应比支路个数多，以便以后扩展支路时使用。

（3）支路线路的连接

接下来使用支路用线缆（$4mm^2$）进行连接，如图 11-51 所示。将不同支路的相线分别与其对应的支路断路器输出端进行连接，并拧紧固定螺钉。将护管中的零线分别接到零线分配接线柱上，将护管中的地线分别接到地线分配接线柱上。

11.3.2　做好供配电系统的验收工作

供配电系统安装完毕后，就需要对系统的安装质量进行检验，检验合格才能交付使用。通常对楼宇配电系统统进行验收，要仔细检查每一条供电支路是否能够正常工作，设备安装是否良好，运行参数是否异常等。图 11-52 所示为楼宇配电系统的基本检修流程。

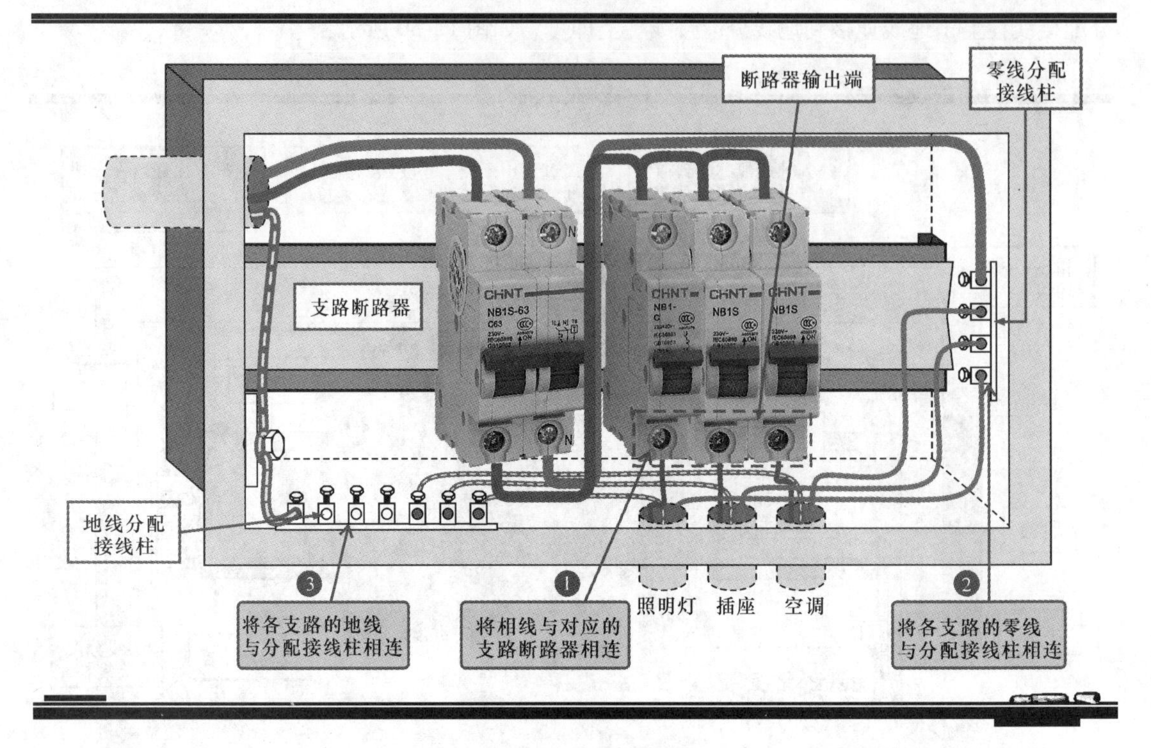

图 11-51　支路线路的连接

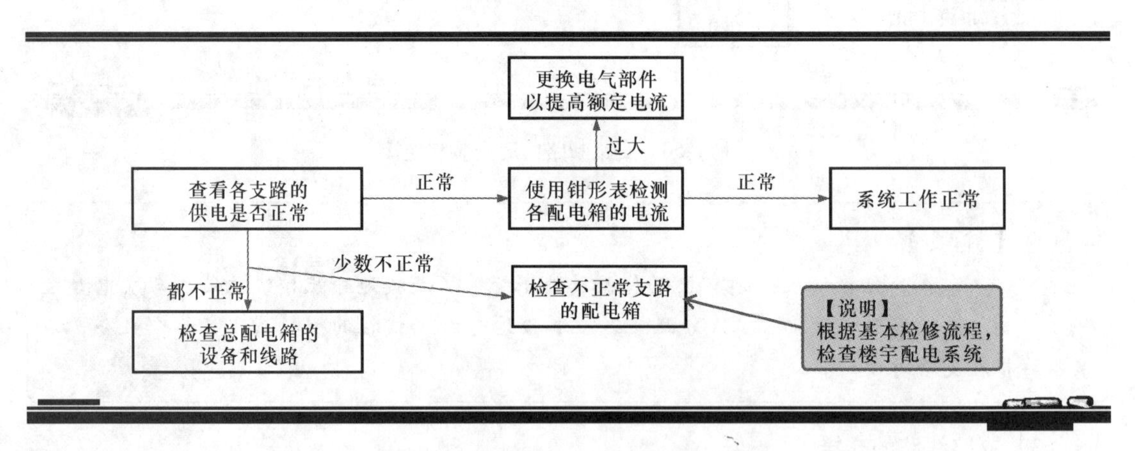

图 11-52　楼宇配电系统的基本检修流程

图 11-53 为已安装好的楼宇配电系统线路图。根据线路图，依照检修流程，先对各支路的工作情况进行检查，确认支路正常供电的情况下，可使用钳形表检测总供电电流，确认系统供电是否正常；若有支路供电异常，应对该支路配电箱的电气部件及线缆进行检查；若所有支路供电全部异常，应对楼宇的总配电箱进行检查。

1. 查看用电设备的工作情况

首先查看楼道照明灯、电梯以及室内照明设备是否能够正常工作，如图 11-54 所示。若发现用电设备不能工作（排除用电设备损坏的情况）就需要根据具体情况检查相应的线缆连接部位是否有问题，例如，只有照明灯不亮，说明照明灯的线缆连接有问题；若用电设备都不工作，就需要检查总配电箱的连接是否正常。

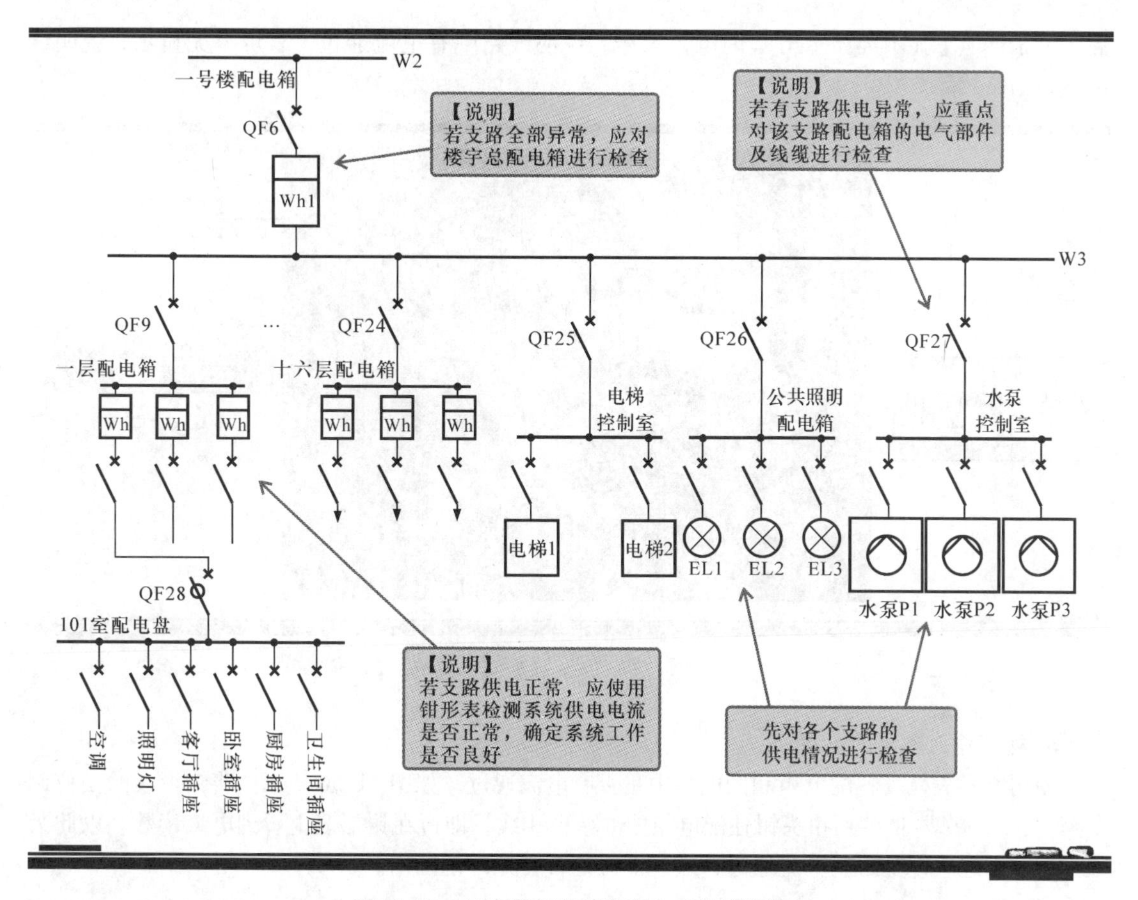

图 11-53　已安装好的楼宇配电系统线路图

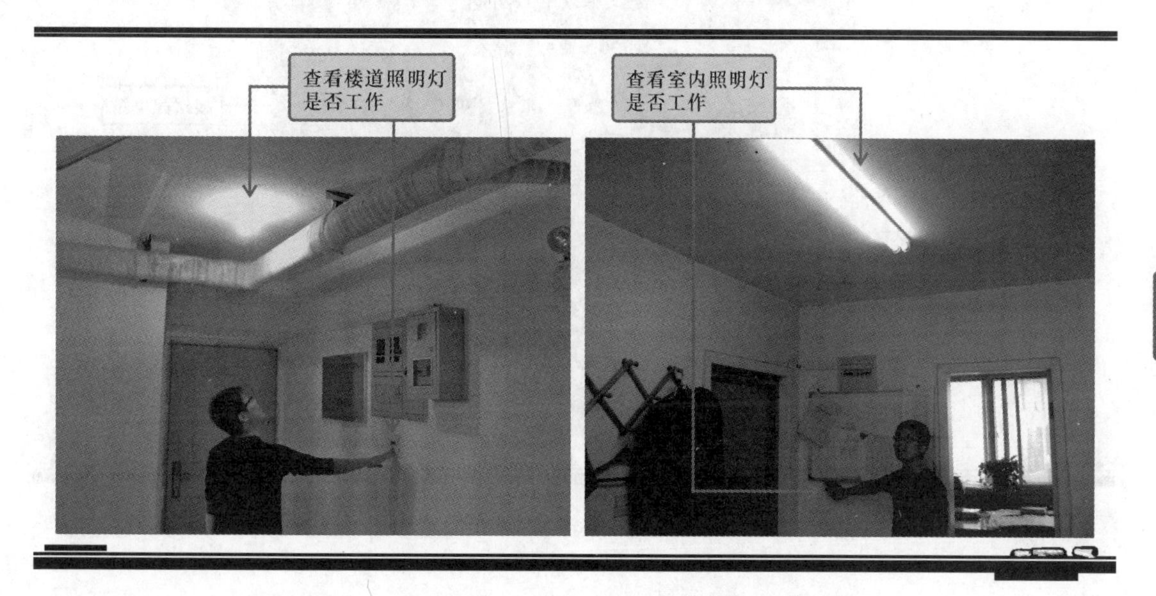

图 11-54　查看用电设备的工作情况

2. 检查线路的通断

使用电子试电笔对线路的通断进行检查，如图 11-55 所示，按下电子试电笔上的检测按键后，电子试电笔显示屏显示出“闪电”符号，说明线路中有电流通过，若屏幕无显示，说明线缆存在断路故障。

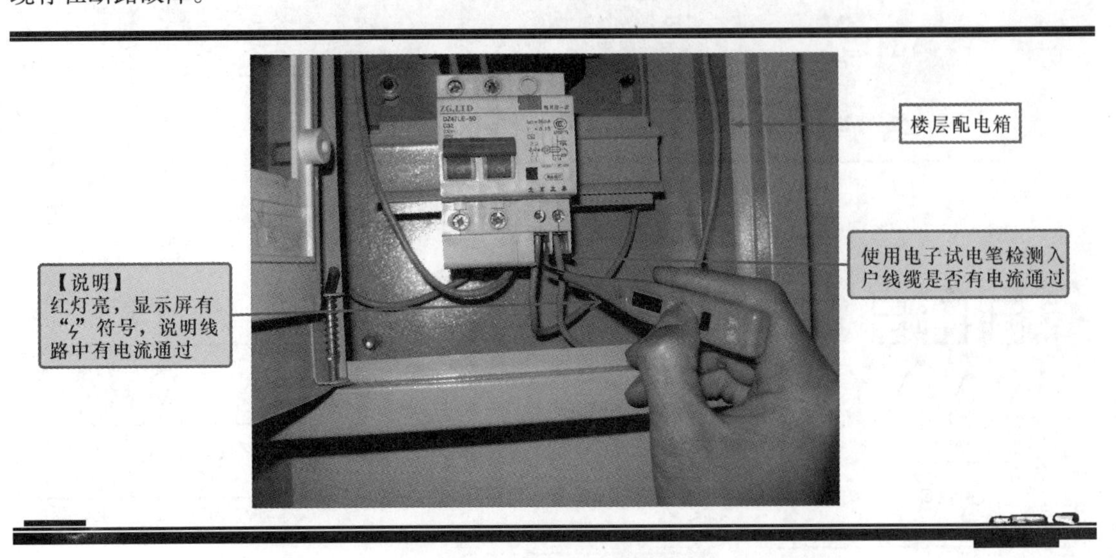

图 11-55 检查线路的通断

3. 检查输入输出的电流

使用钳形表检查各配电箱和配电盘中是否有电流通过，如图 11-56 所示，将钳形表的挡位调整至“AC 200A”挡，用钳头钳住配电箱中的单根相线，即可在钳形表上看到电流读数。以此为根据便可知道线缆是否有电流通过，通过电流是否在允许范围内。

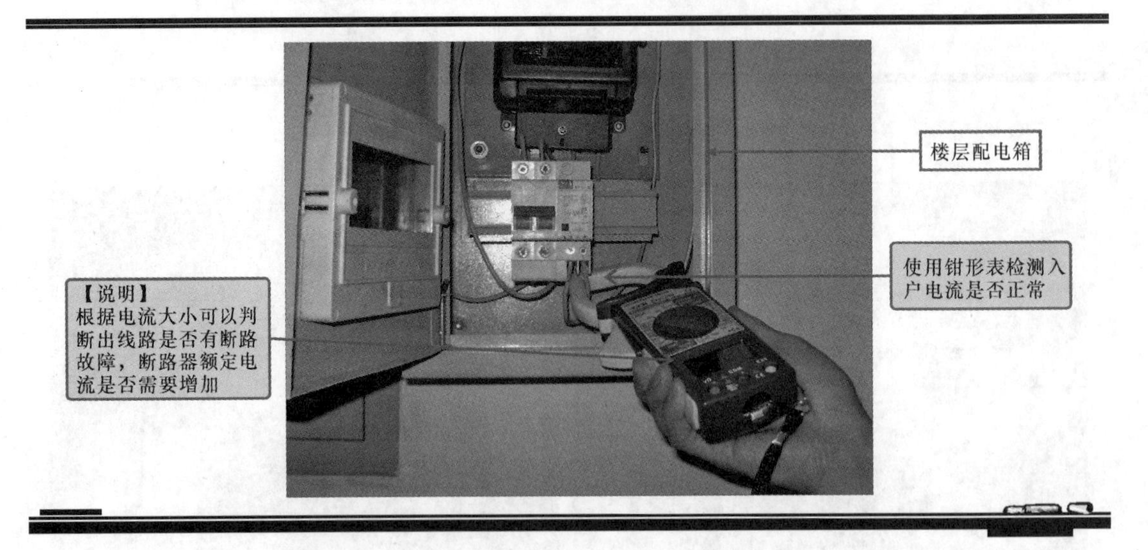

图 11-56 检查输入输出的电流

第12章 电力拖动系统的规划与安装操作练习

现在，开始进入第12章的学习，这一章我们将学习电力拖动系统的规划与安装操作。在电气安装作业中，对电力拖动系统进行规划，设计实施方案，按照要求完成安装操作，是非常实用的综合技能。

我们将通过精彩的案例演示，让大家对电力拖动系统有所了解，然后在此基础上学习设计规划电力拖动系统的规范要求和注意事项，最后在案例操作中完成对电力拖动系统的安装和验收操作。相信这将是非常精彩的学习和训练经历，准备好，让我们开始实战训练吧。

12.1 什么是电力拖动系统

电力拖动系统是指通过电动机拖动生产机械完成一定工作要求的设备所构成的整体结构。实际上就是通过控制电动机的旋转方式，从而使电动机所带动的机械设备完成诸如运输、加工等工作目的。下面我们从功能与应用两方面对电力拖动系统进行介绍。电力拖动系统主要由控制器件（控制按键、按钮、传感、保护器件等）、动力部件（电动机）和机械传动等部分构成的。这些部件和装置按设定的控制关系通过线路连接在一起，使得电动机能够在控制器件的控制下完成相应的运转动作，进而带动机械传动装置动作，实现传送、推拉、升降、抽放等工作目的。

12.1.1 电力拖动系统是干什么的

电力拖动系统主要用来控制电动机的工作状态。系统中控制电动机的部件以及部件间的连接方式有很多种，使电动机具有起动、运转、变速、制动、正转、反转和停机等多种工作状态，从而满足电动机拖动设备的工作需求。

图12-1为车库大门控制线路示意图，该线路属于典型的电力拖动系统。从图中可以看出，按钮可对电动机进行控制，而电动机则带动车库卷帘门开启或关闭，当卷帘门升起或降下到一定位置时，由限位开关控制电动机停机。

12.1.2 哪里有电力拖动系统

电力拖动系统的控制方式多样，操作控制比较简单，广泛应用于工业和农业生产中，例如加工机床、水源运输等；而日常生活中这类线路比较少，比较常见的电力拖动系统包括电梯、小区自动门等。

图12-2所示为工业生产中的电力拖动系统，工业生产中的加工机床、货物升降机、电动葫芦、给排水控制设备等都需要电动机进行拖动，针对不同的机械设备，电动机的控制方式也有很多种。

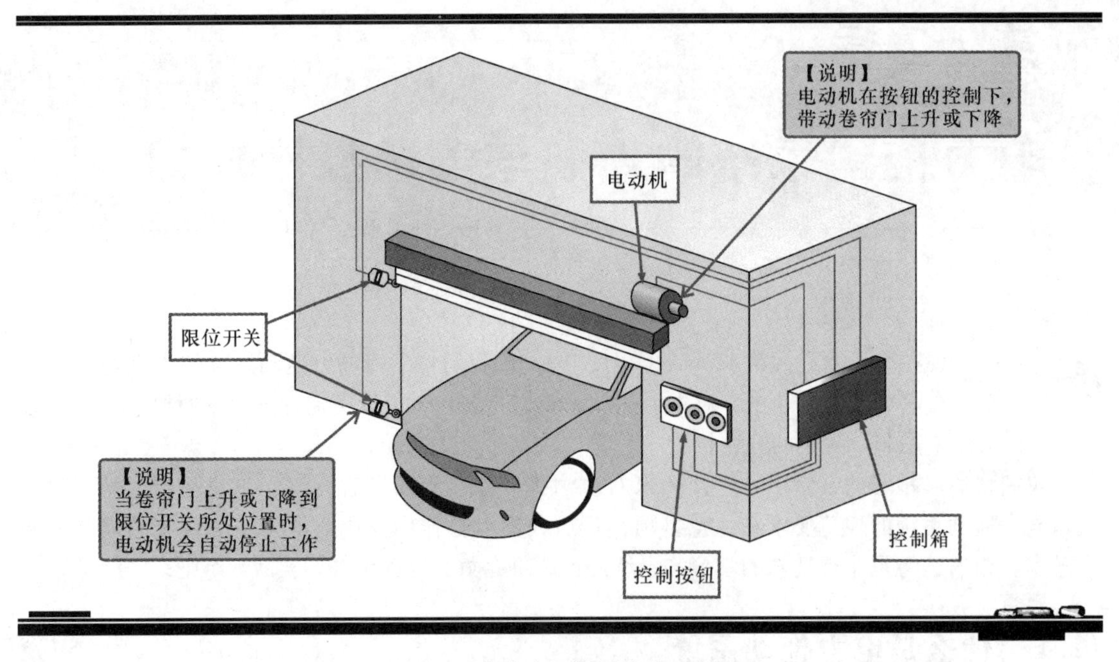

图 12-1　车库大门控制线路示意图

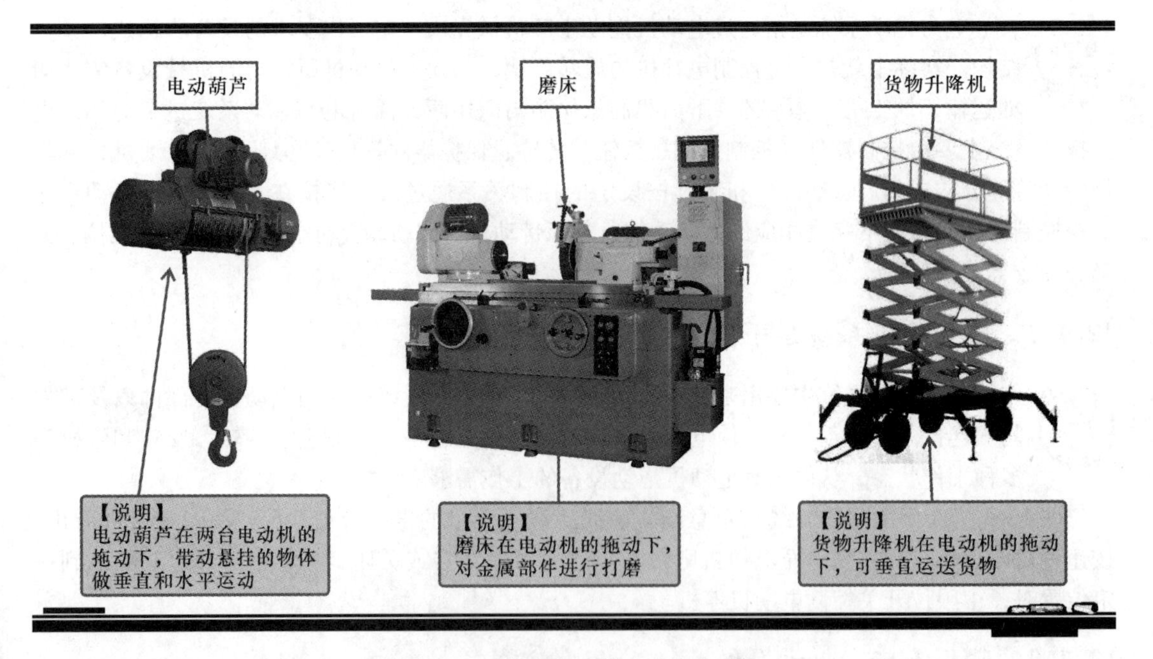

图 12-2　工业生产中的电力拖动系统

图 12-3 所示为农业生产中的电力拖动系统，农业生产中的排灌设备、农产品加工设备、粮食传送设备等都需要电动机提供动力，电动机的控制线路要满足相应设备的工作需求，才可使设备正常工作。

图 12-4 所示为日常生活中的电力拖动系统。日常生活中的电梯、自动门等设备的主要动力源是电动机，通过控制线路对电动机的工作状态进行控制，来满足人们的生活需要，提供更加快捷、方便的生活方式。

电动机 水泵

【说明】
农村排灌时，主要通过电动机带动水泵，抽取地下水或河、湖水源进行输送

图 12-3　农业生产中的电力拖动系统

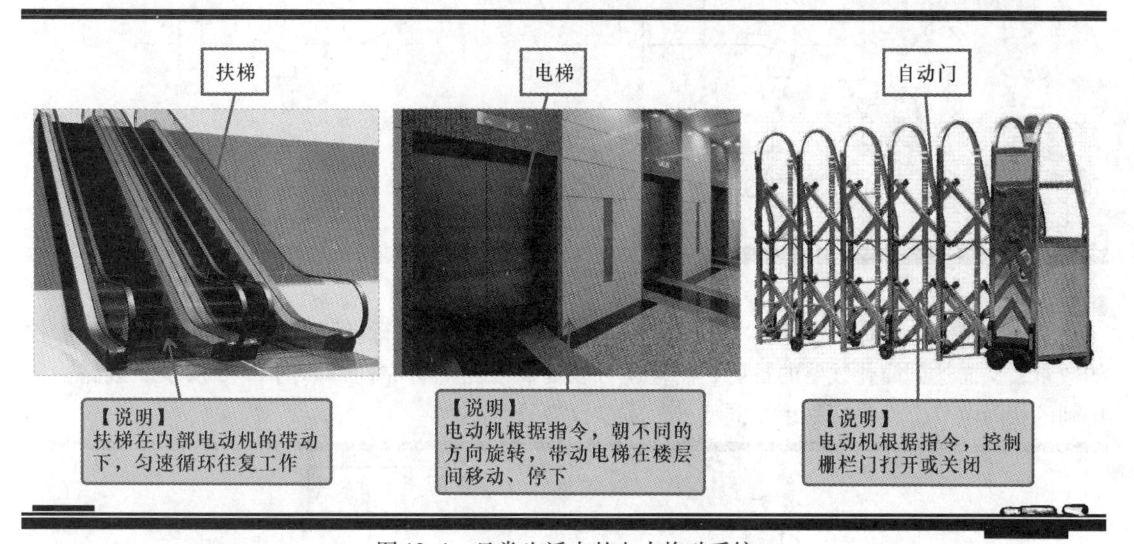

图 12-4　日常生活中的电力拖动系统

12.2　设计规划电力拖动系统是一项本领

在对电力拖动系统有所了解后，接下来电工人员应该学习掌握电力拖动系统的设计规划技能，这是电工人员必须掌握的一项本领。电力拖动系统的设计规划需要考虑多种因素，并且要对相关设备的种类及功能有所了解。

12.2.1　电力拖动系统规划设计需要考虑的是什么

电力拖动系统的规划设计不能一蹴而就，而要遵循一定的设计规划原则和顺序，综合多方面考量，才能规划设计出满足设备需要、使用控制方便、利于检测维修的电力拖动系统。

1. 电力拖动系统的设计原则

（1）满足机械设备的工作需求

设计电力拖动系统之前，要对所拖动的机械设备有所了解，清楚设备的工作要求，预先设想控制线路的工作方式和保护措施等。对于一般的电力拖动系统只要满足电动机的起动、停止、旋转方向等功能，并做好短路、过热保护即可；而有些特殊要求的电力拖动系统，可能还需要降压起动、调速（在一定范围内）、间歇工作等，当出现意外或发生事故时，还要有必要的紧急制动及警示预报。

（2）力求控制线路的简单合理

确定好控制线路的工作方式后，便可开始在图纸上设计系统的控制线路。设计过程中应遵循控制线路简单、经济、合理、便于操作的原则。

① 线路中连接导线的数量。在设计控制线路时，应考虑到各个元器件之间的实际连接和布线，特别应注意电气箱、操作台和行程开关之间的连接导线，如图 12-5 所示。例如起动按钮与停止按钮是直接连接的，这样的连接方式可以减少引线。

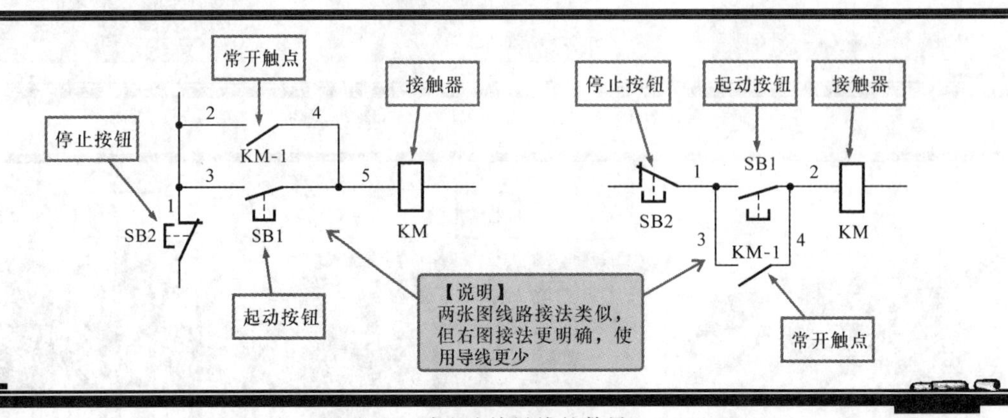

图 12-5　减少连接导线的数量

② 线路中电气部件的数量。在对电力拖动系统控制线路进行设计时，应合理减少电气部件的数量，从而达到简化线路的目的，而且还可以提高线路的可靠性，如图 12-6 所示。线路中所用到的相同电气部件最好采用相同型号，质量合格的产品。

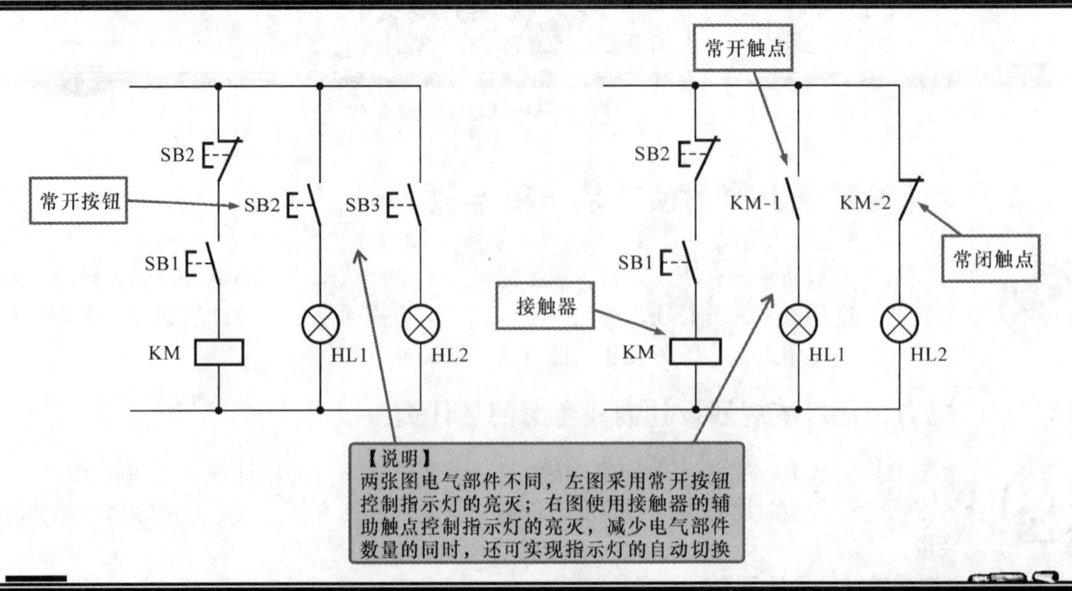

图 12-6　减少电气部件的数量

③ 线路中触点的数量。在设计电力拖动系统控制线路时，为了使控制线路简化，在功能不变的情况下，应对控制线路进行整合，尽量减少触头的使用，每个接线端最多只连接两根导线，如图12-7所示。

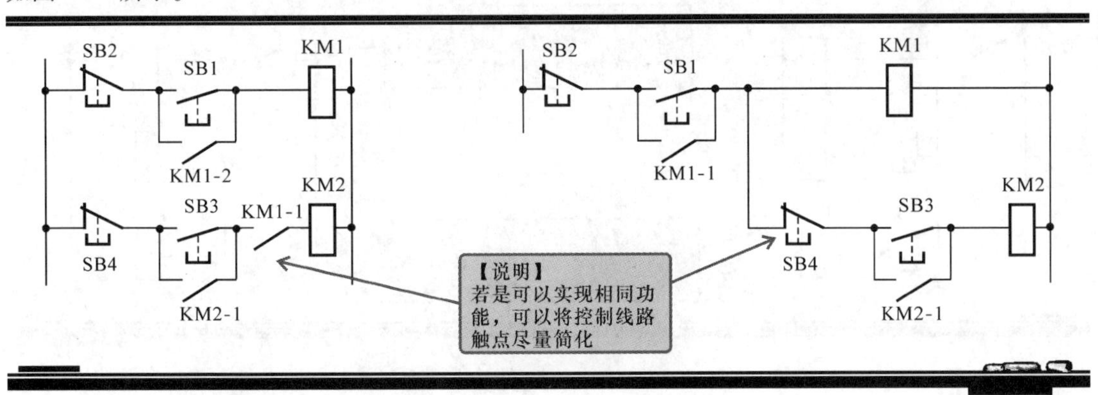

图12-7　减少触点的使用

（3）保证控制线路的工作安全可靠

① 电气部件的连接方式。电力拖动系统的控制线路中，常常使用接触器或继电器的触点与电动机相连，由接触器或继电器的线圈对触点进行控制。在使用时要注意它们的额定工作电压以及控制关系，若两个交流接触器的线圈串接在电路中，一个接触器断路，则两个接触器均不能正常工作，而且会因为分压而使工作电流不足，如图12-8所示。

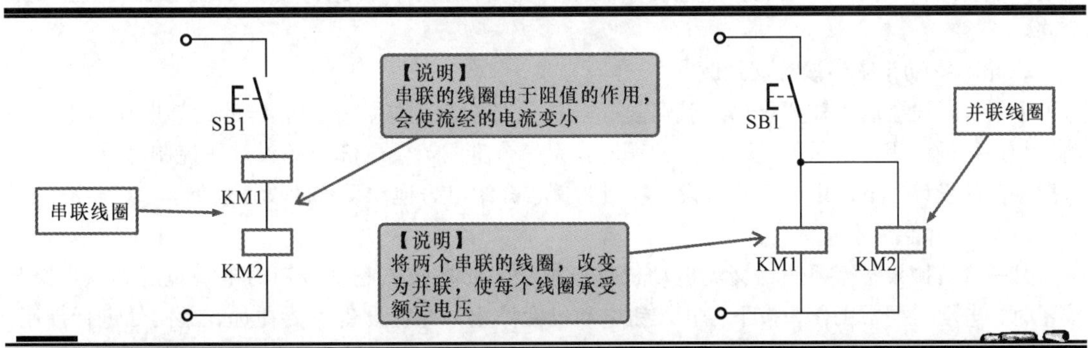

图12-8　电气部件的连接方式

② 正确连接电气部件的触点。有些电气部件同时具有常开和常闭触点，且触点的位置靠得很近，例如限位开关的两个触点。在对该类部件进行连接时，应对共用同一电源的所有接触器、继电器以及执行器件，将其线圈的一端接在电源的一侧，控制触点接在电源的另一侧，以免触点断开时产生的电弧造成电源短路，其连接方式如图12-9所示。

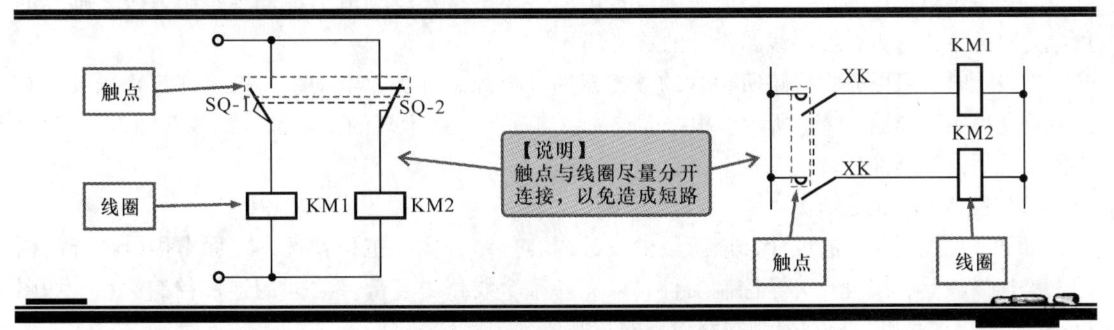

图12-9　正确连接电气部件的触点

③ 合理的电气部件动作顺序。在控制线路中，应尽量使电气部件的动作顺序合理化，避免经许多电气部件依次动作后，才可以接通另一个电气部件的情况，如图12-10所示。

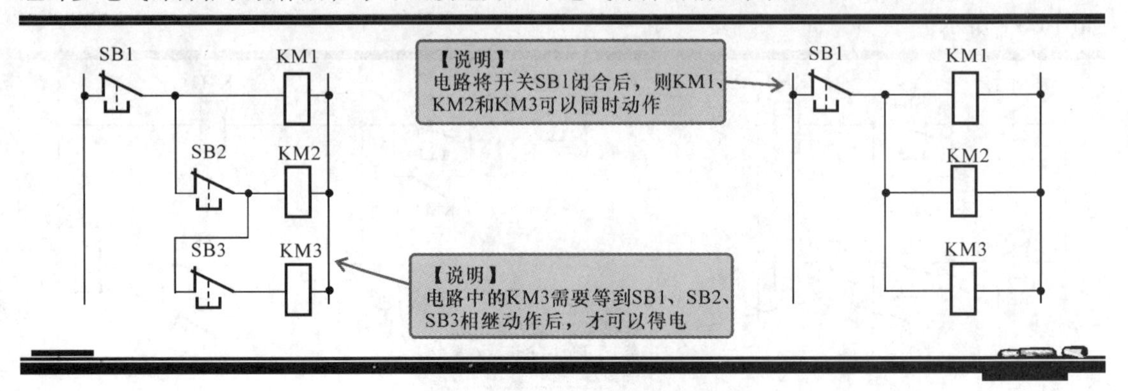

图12-10　电气部件动作合理

④ 应具有必要的保护环节。控制线路出现事故时，应能保证操作人员、电气设备、生产机械的安全，并能有效地制止事故的扩大。为此，在控制电路中应采取一定的保护措施。常用的有漏电、过载、短路、过电流、过电压、联锁与行程保护等措施，必要时还可设置相应的警示灯。

（4）方便系统的操作和维修

控制线路均应操作简单，能迅速和方便地由一种控制方式转换到另一种控制方式，例如由自动控制转到手动控制。系统整体应便于维修和更换，有条件的最好配备隔离电器，以便带电抢修。

2. 电力拖动系统的设计规划顺序

了解机械设备的工作要求后，就可遵循上述设计规划原则，按照一定的设计顺序对电力拖动系统进行设计规划，一般可将设计过程划分为三个阶段：供电部分的设计、控制部分的设计；保护部分的设计。下面以一个典型设计项目为例，介绍电力拖动系统的设计规划。

（1）设计准备

某一台机械设备需要三相交流电动机进行拖动，要求按下起动按钮时电动机起动，当松开按钮时，电动机照常工作，按下停止按钮电动机便停止，并且设备需要在远、近两处进行控制；电动机运行过程中如果出现过热的情况时，可以自行断开供电进行降温；除此之外，控制部分应配备相应的指示灯，提示工作情况。

根据要求，需要设计两组起停按钮，并配有自锁功能，交流接触器对电动机、两个指示灯进行控制，主供电线路和支路中设置过热保护继电器、熔断器。

（2）供电部分的设计

首先是供电部分的设计，该阶段的设计内容主要是整理绘制电力拖动系统中各主要部件的供电连接关系，这也是控制线路设计的首要环节。

在设计时，可以先将线路所包含的被控器件（电源总开关、电动机、指示灯等）以及控制部分规划出来。如图12-11所示，根据要求先将电动机、指示灯的供电部分的线路图设计出来，再简要规划出控制部分。

（3）控制部分的设计

接下来是控制部分的设计，该阶段的设计内容是结合实际工作情况，在原本供电系统的构架上添加接触器、按钮开关等控制器件，以完善整个线路中各部件之间的连接控制关系，如图12-12所示，这是电力拖动控制线路设计的重要环节。

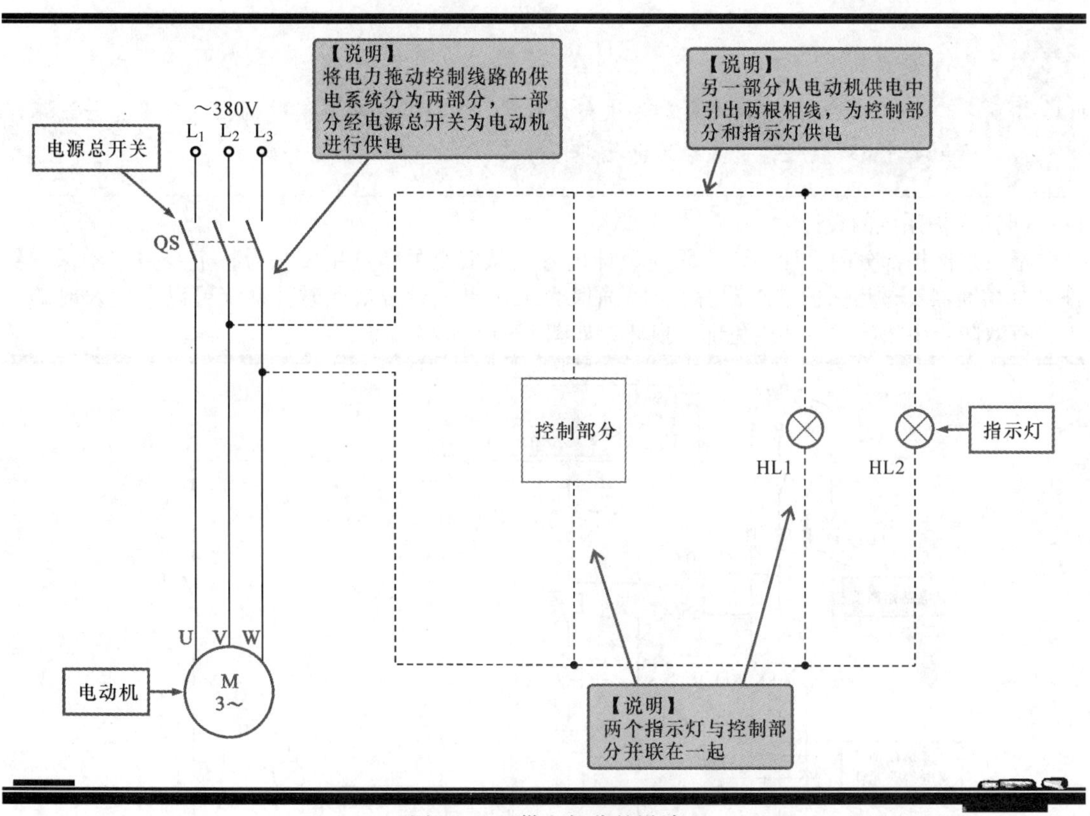

图 12-11　供电部分的设计

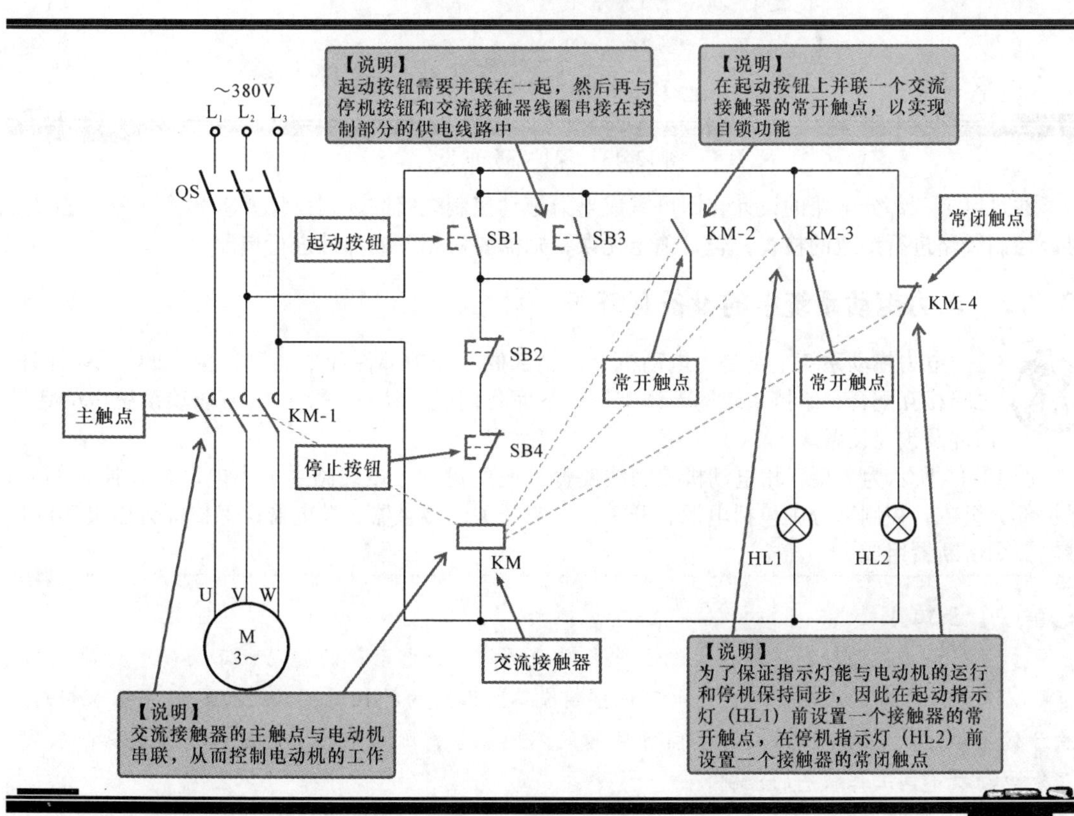

图 12-12　控制部分的设计

【注意】

在对控制线路中的电气部件进行设计时，应考虑到电气部件的摆放位置。若该环节设计时出现错误，将直接为电气部件的连接带来不必要的麻烦。

（4）保护系统的设计

最后是保护部分的设计，该阶段的设计内容是从安全的角度出发，为整个线路增添保护器件（如熔断器、过热保护继电器等），以确保当工作出现异常情况时，系统可以得到及时的保护，有效防止事故的发生和避免部件损坏，如图 12-13 所示。

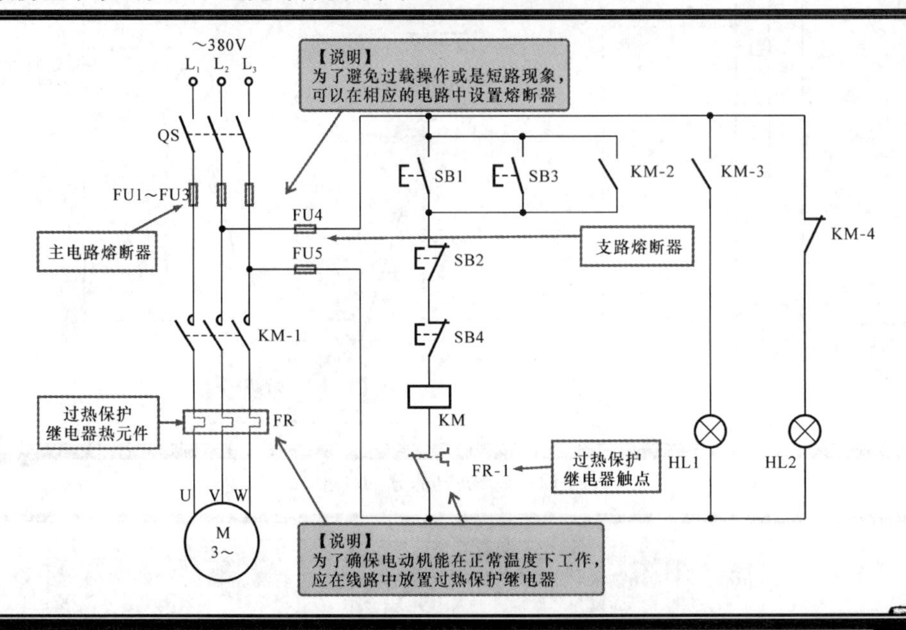

图 12-13　保护部分的设计

通过以上三部分电路的设计，即可完成电力拖动控制线路的规划设计要求。接下来，主要是对该控制线路进行细致的检查，若是确定无误，则需要对相关的部件进行选配。

12.2.2　电力拖动系统中的设备有哪些

电力拖动系统主要是由电动机、控制部件、保护部件和拖动设备构成的。不同部件之间相互配合，维持系统的整体工作。下面我们就来认识一下，电力拖动系统中的各种部件及被控设备。

图 12-14 所示为典型三相电动机控制线路。从图中可知，该线路主要由电动机、控制部分、保护部分组成，控制部分中包括电源总开关、按钮开关、接触器、继电器；保护部分由过热保护继电器和熔断器组成。

【注意】

电力拖动控制线路可实现多种多样的功能，如电动机的起动、正反转、变速、制动和停机等的控制。不同的电动机控制线路所选用的控制器件以及功能部件基本相同，由于选用部件数量的不同以及对不同部件间的不同组合，加之电路上的连接差异，从而实现了对电动机不同工作状态的控制。

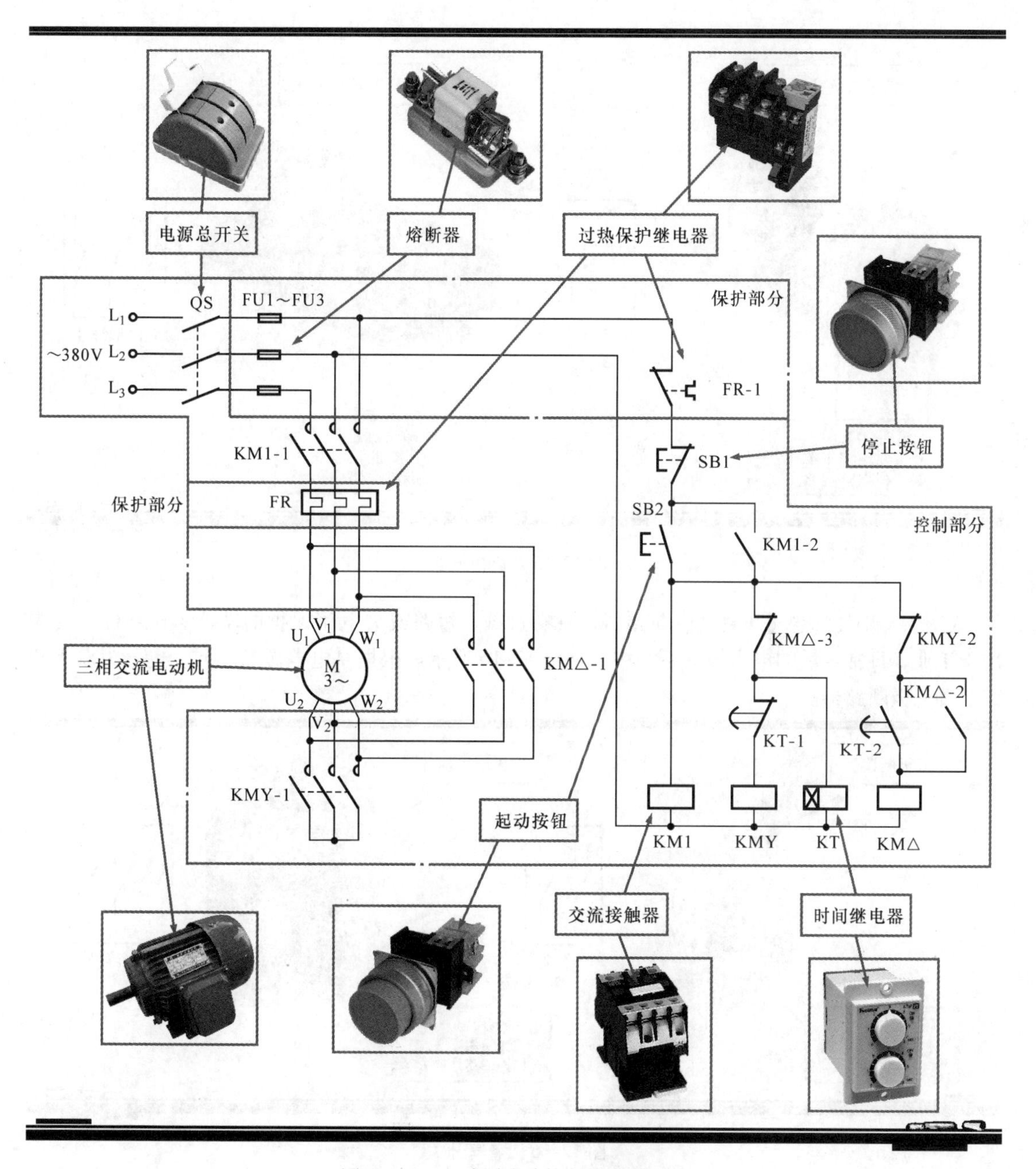

图 12-14　电动机连续控制线路的结构

1. 控制部件

(1) 电源总开关

电源总开关在电力拖动系统中，主要用来对线路的总供电进行控制，在电力拖动系统中，常用的电源总开关主要有负荷开关、空气开关等。

① 负荷开关。负荷开关在农用电力拖动系统中比较常见，它有二极式（单相）和三极式（三相）之分，如图 12-15 所示。二极式负荷开关主要应用于单相供电线路或三相的支路（两根相线）中；三极式负荷开关主要应用于三相供电线路中。

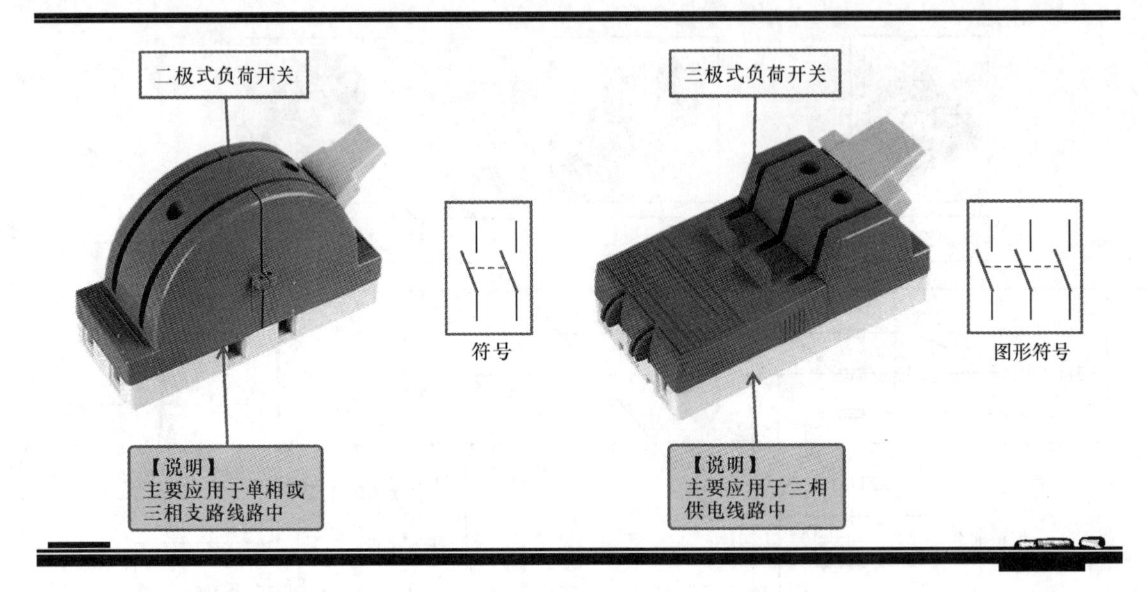

图 12-15　负荷开关

② 空气开关。空气开关又称断路器，具有过载、短路或欠电压保护的功能。该部件主要应用于工业、日常生活的电力拖动系统中，如图 12-16 所示。根据供电电源的不同，也分为双极断路器和三极断路器。

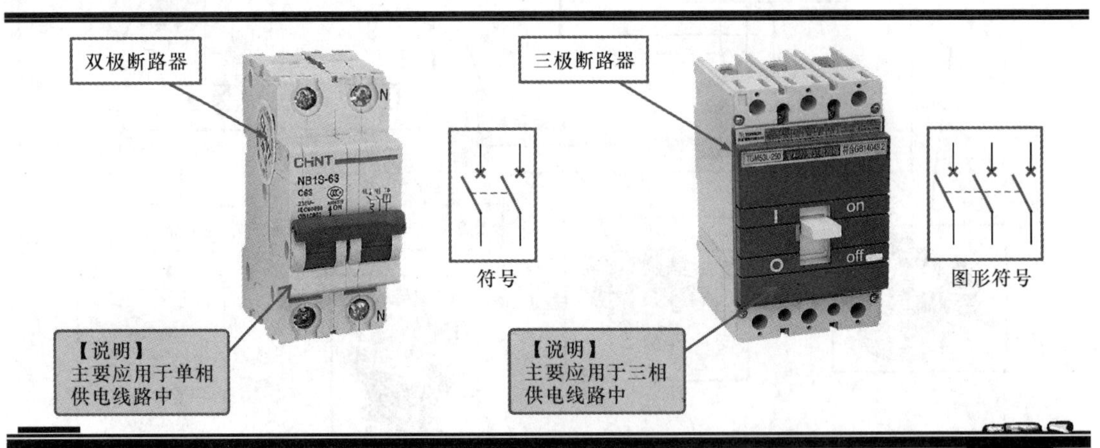

图 12-16　空气开关

（2）主指令器

主指令器是指电力拖动系统中发出操作指令的电气部件，这种部件主要具有接通与断开电路的功能，常见的主指令器有按钮开关、限位开关等。

① 按钮开关。按钮开关可以接通或断开线路，一般用来控制继电器、接触器或其他负载。按钮开关种类较多，按触点的状态可以分为常开按钮开关和常闭按钮开关，如图 12-17 所示，通过控制不同的电气部件实现起动、停止、正反转、变速等功能。

② 限位开关。限位开关又称位置开关，如图 12-18 所示。在电力拖动系统中，可以用来实现负载的顺序控制、定位控制以及位置状态的检测等，使机械设备按一定位置或行程自动停止、反向运动、变速运动或自动往返运动等。

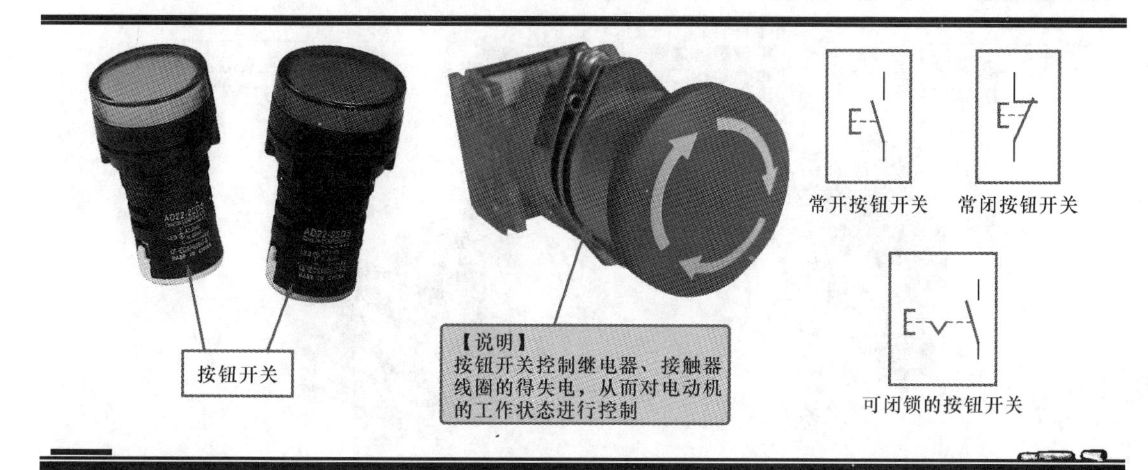

图 12-17　按钮开关

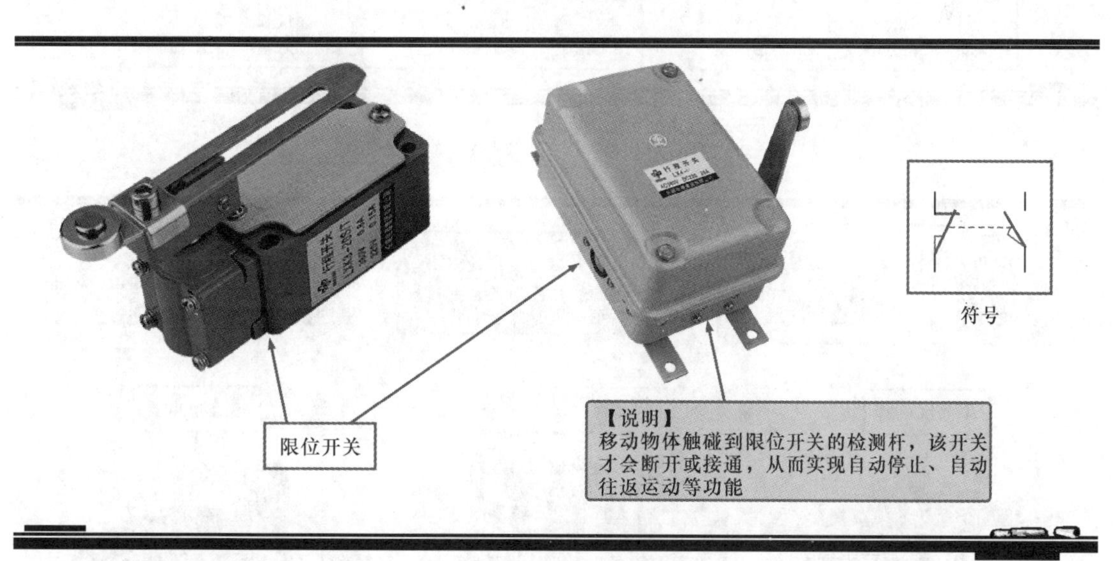

图 12-18　限位开关

（3）接触器

接触器是电力拖动系统中使用最广泛的电气元件之一，用来直接控制电动机。根据接触器控制电流的不同，可将接触器分为交流接触器和直流接触器两类，如图 12-19 所示。

（4）继电器

继电器在电力拖动系统中，主要与接触器相配合，来实现不同的控制功能，如延时、间歇、反接制动等。图 12-20 所示为电力拖动系统中常见的继电器。

2. 保护部件

任何用电系统中都需要安装保护部件，电力拖动系统也不例外。电力拖动系统容易出现过载、过热、短路、漏电等故障，因此要在系统中安装过热保护继电器、熔断器等部件，来检测上述异常现象，当发现异常时，可及时断开线路，避免故障范围扩大或造成人员伤亡。

① 过热保护继电器。过热保护继电器主要用于电动机的过载、断相、电流不平衡保护以及其他电气设备发热时的保护控制，是电力拖动系统中必备的保护部件，如图 12-21 所示。

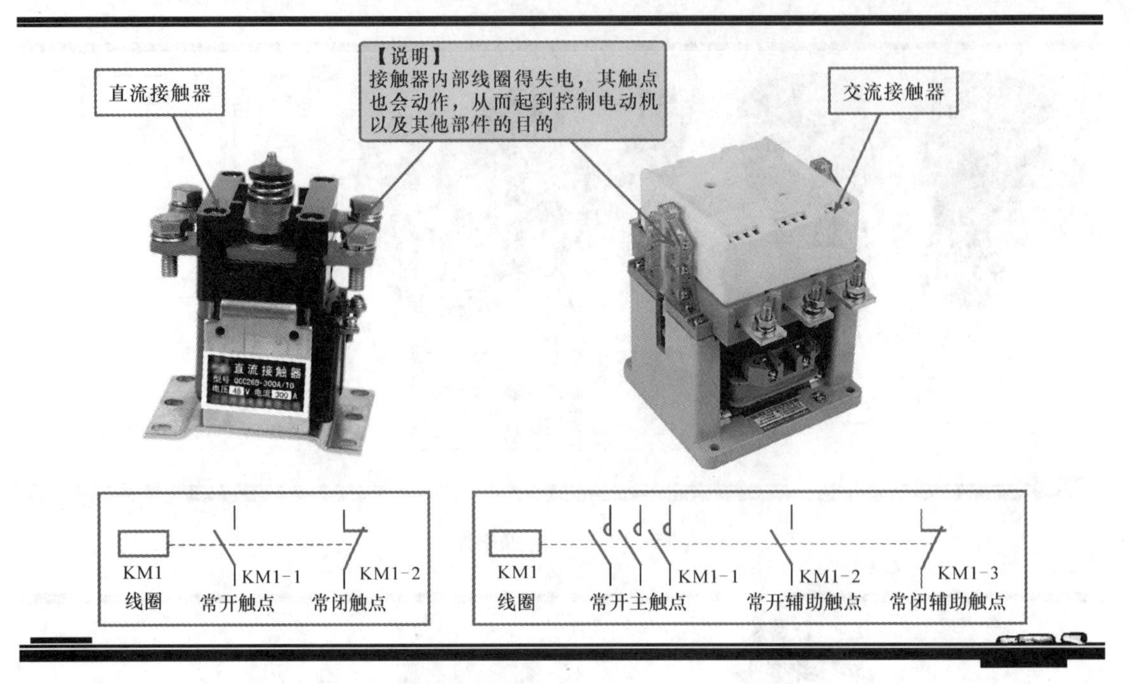

图 12-19 接触器

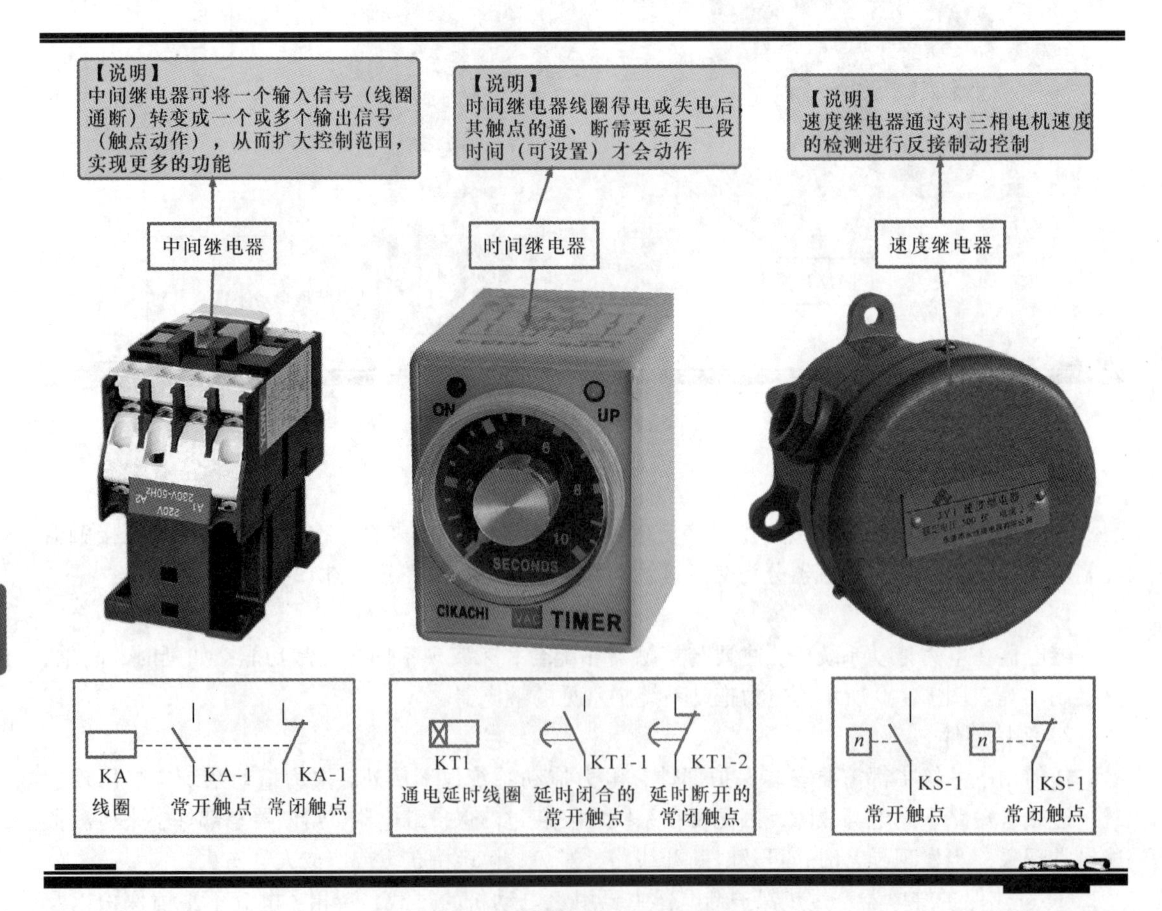

图 12-20 电力拖动系统中常见的继电器

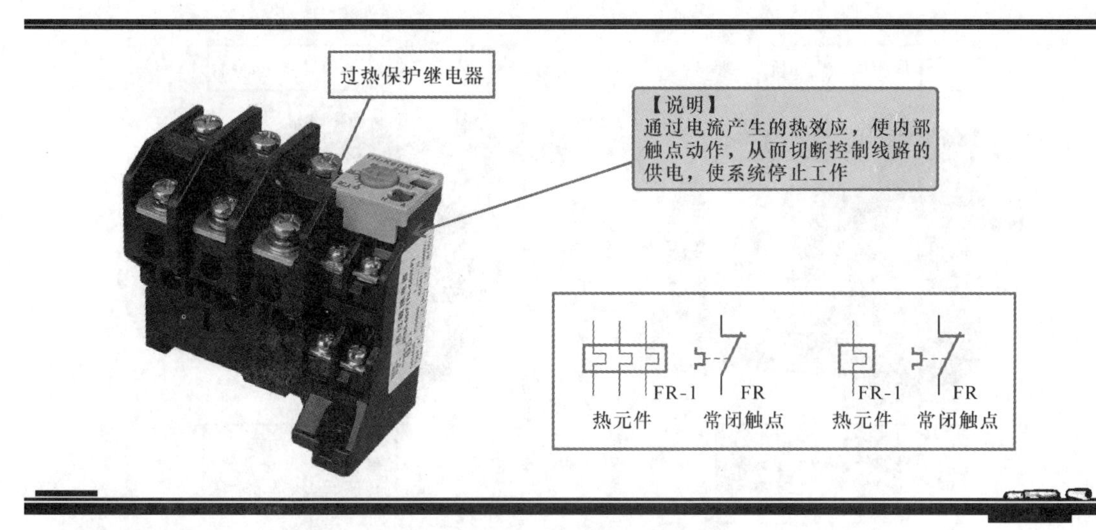

图 12-21　过热保护继电器

② 熔断器。熔断器在电力拖动系统中用于线路和设备的短路及过载保护。熔断器的种类较多，其中插入式熔断器是电力拖动系统中比较常见的，如图 12-22 所示。

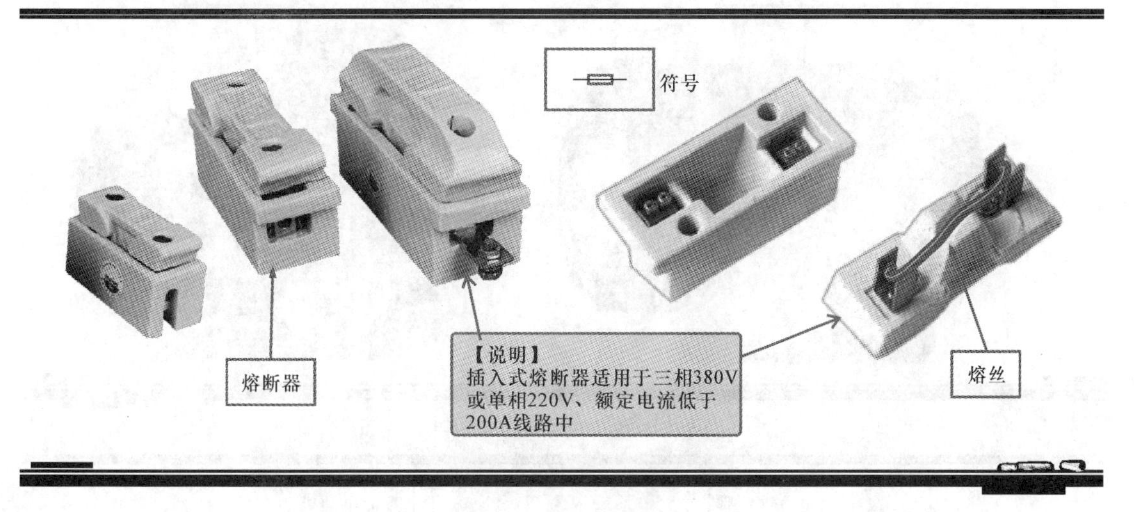

图 12-22　插入式熔断器

3. 电动机

电动机是电力拖动系统主要的动力源，根据供电电源的不同，电动机可以分为单相交流电动机、三相交流电动机、直流电动机。

① 单相交流电动机。单相交流电动机是指利用单相交流电源 220V 供电的电动机，如图 12-23所示。在电力拖动系统中常使用单相异步电动机作为动力源。

② 三相交流电动机。三相交流电动机是指利用三相交流电源 380V 供电的电动机，如图 12-24所示。在电力拖动系统中，若机械设备要求有一定调速范围，最好使用三相异步电动机；若机械设备需要转速恒定的大功率电动机，最好使用三相同步电动机。

③ 直流电动机。直流电动机是由直流电源（需区分电源的正、负极）供给电能，适用于频繁起动和停止的机械设备中，如图 12-25 所示。

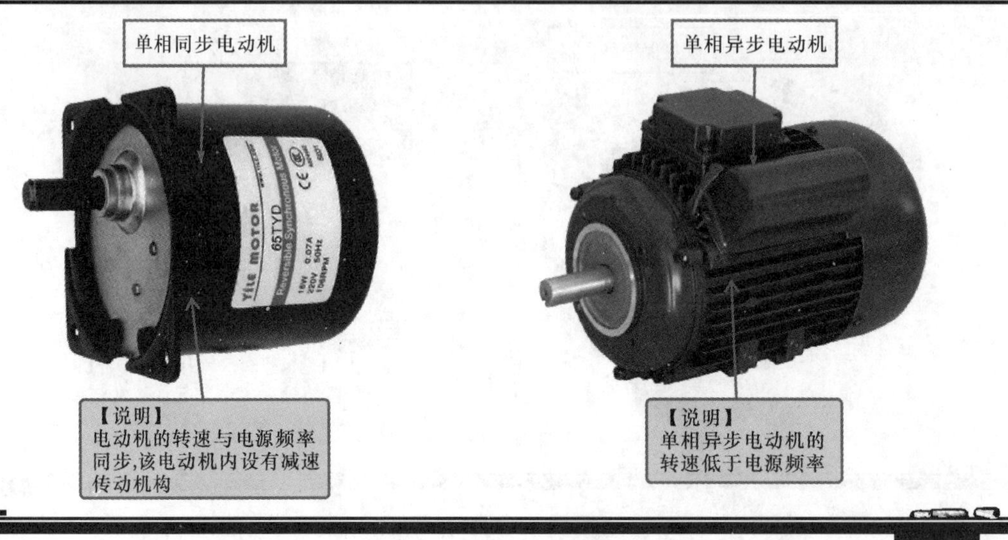

图 12-23　单相交流电动机

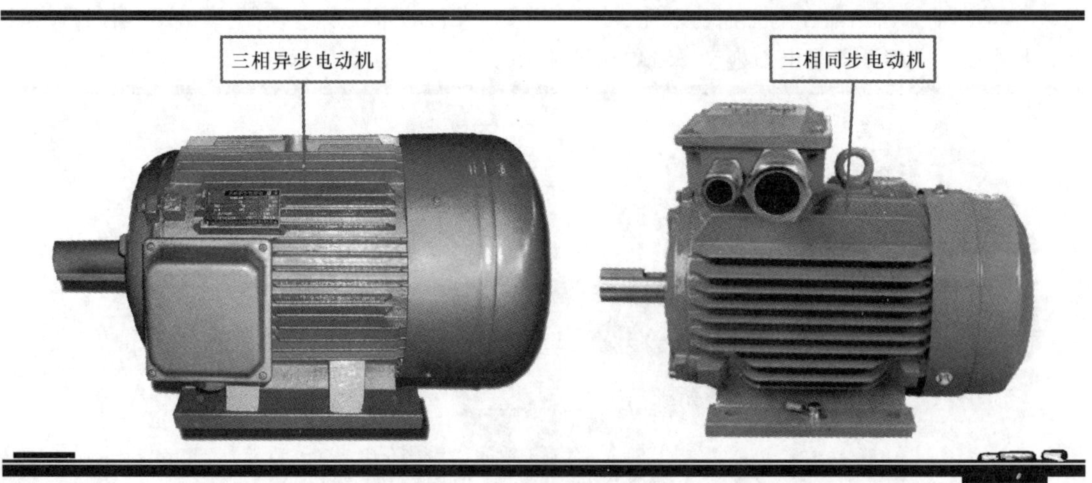

图 12-24　三相交流电动机

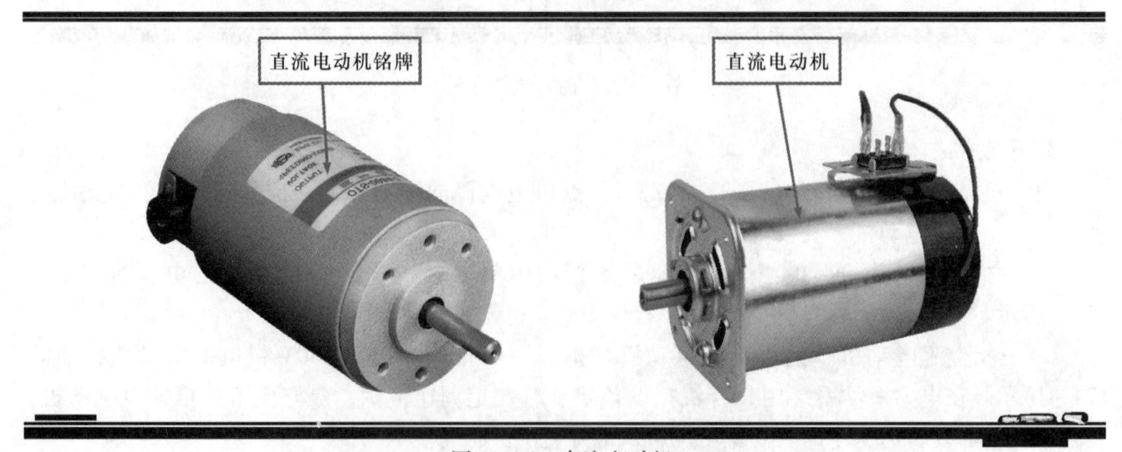

图 12-25　直流电动机

4. 拖动设备

电力拖动系统中的电动机是主要受控部件，它将电能转化为机械能，通过传动带或联轴器

带动机械设备工作。被拖动的机械设备种类多种多样，如图12-26所示，有比较简单的水泵、鼓风机等小型设备，也有复杂的车床等大型设备。

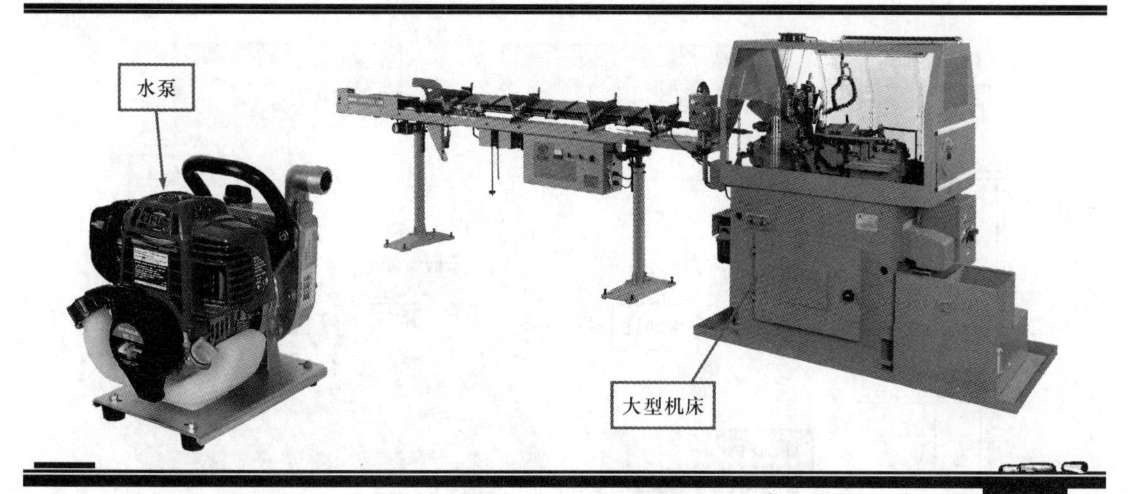

图12-26　拖动设备

12.3　找个电力拖动系统的安装项目练一练

现在我们开始对电力拖动系统的安装进行练习，我们以典型水泵控制系统为例，逐步对各安装项目进行实际安装，最后再对电力拖动系统进行验收，完成上述训练内容才能说明您已基本具备电力拖动系统的规划与安装能力。

图12-27为水泵控制系统的线路图，该水泵的抽水控制为点动连续控制方式，当按下起动按钮，电动机便会旋转，带动水泵抽水；按下停止按钮电动机便会停机，水泵便停止工作。

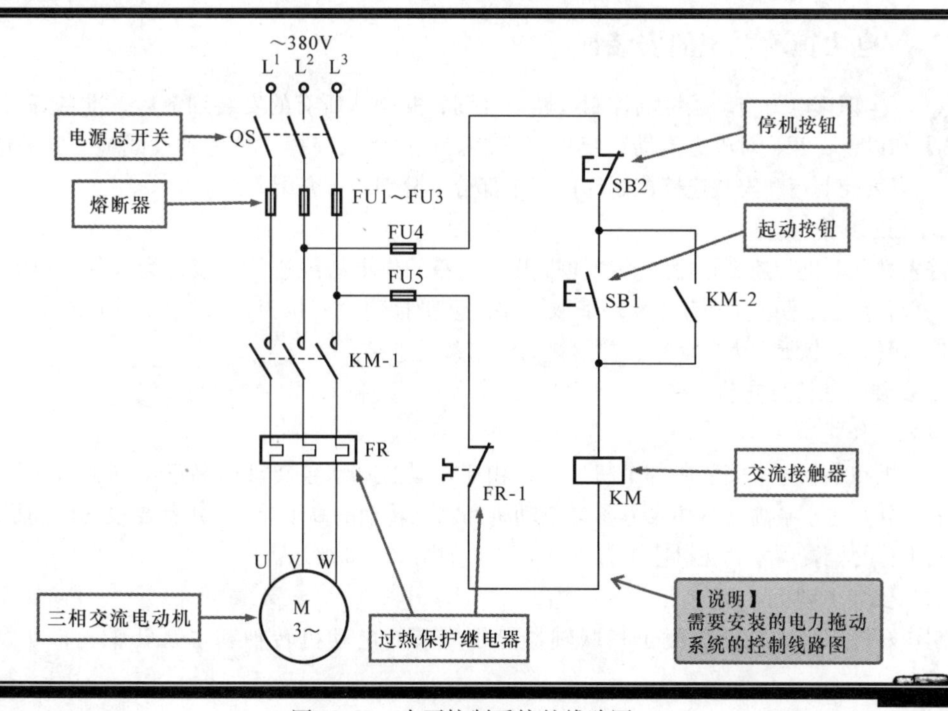

图12-27　水泵控制系统的线路图

图 12-28 为水泵控制系统的安装方案示意图。根据实际安装环境，规划出具体的安装方案，这样电工人员便可根据方案逐步对电力拖动系统进行安装。

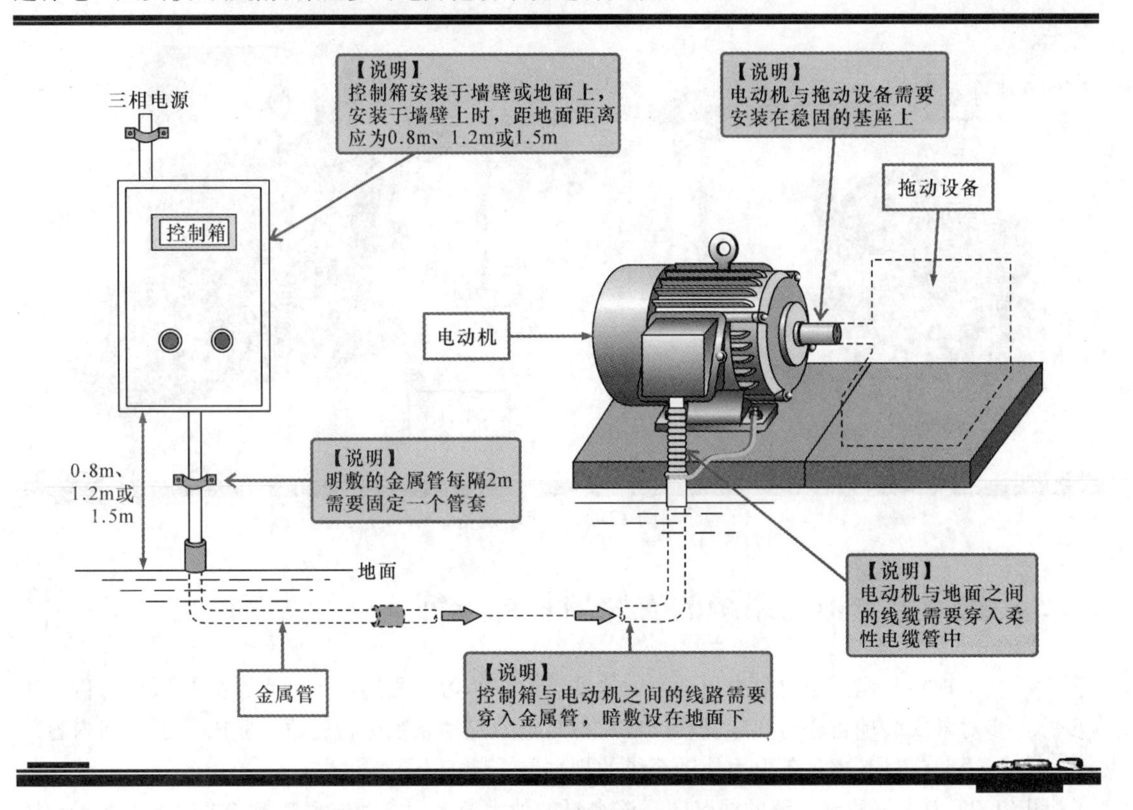

图 12-28　水泵控制系统的安装方案示意图

12.3.1　电力拖动系统的安装训练

识读电力拖动系统的控制线路设计图，并确认所有的安装细节后，准备好安装工具和设备，开始对电力拖动系统进行安装。这里将安装操作分为敷设线缆、安装电动机、安装控制箱和安装连接控制部件四个部分，分别进行介绍。

1. 敷设线缆

首先对电动机与控制箱之间的线缆以及控制箱的供电线缆进行敷设，为确保供电设备的安全性（包含防水、防尘），需对线路采取严格的防护措施，三相 380V 供电引线应穿入金属管进行敷设。图 12-29 所示为电动机、控制箱的线缆敷设连接。

2. 安装电动机及拖动设备

（1）制作机座

电动机和水泵通常安装在一个机座上，由于电动机和水泵转轴的高度不同，因此机座上电动机的部分要比水泵高（具体尺寸参考电动机和水泵转轴的高度差），并且要根据电动机和水泵底座固定孔的位置尺寸，在机座上打出安装孔，如图 12-30 所示。

（2）安装电动机

制作好机座后，先使用锤子将联轴器分别安装到电动机转轴和水泵转轴上，如图 12-31 所示。

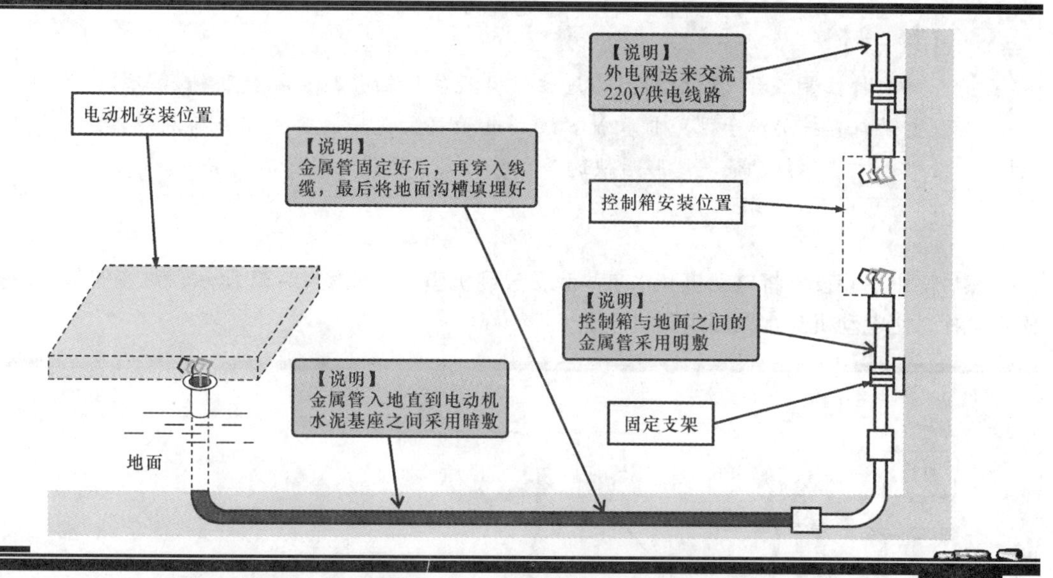

图12-29　线缆的敷设

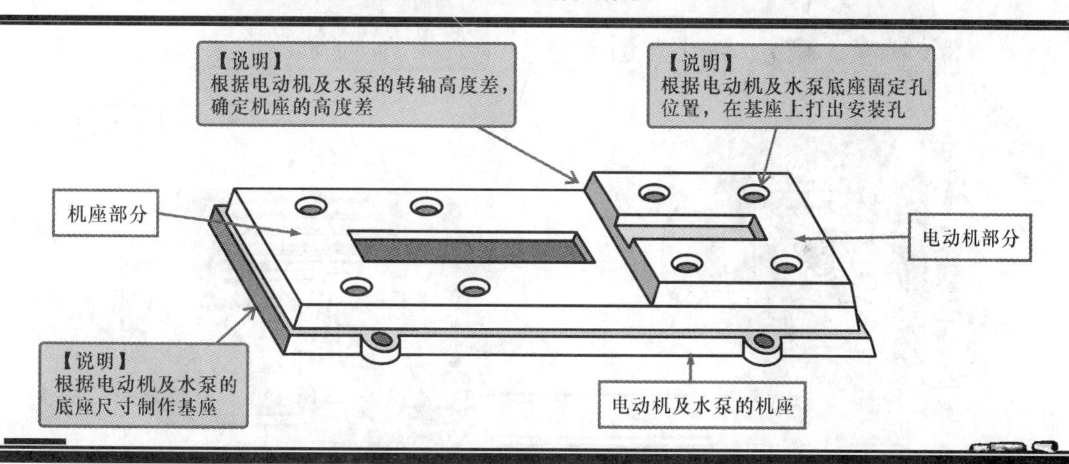

图12-30　制作机座

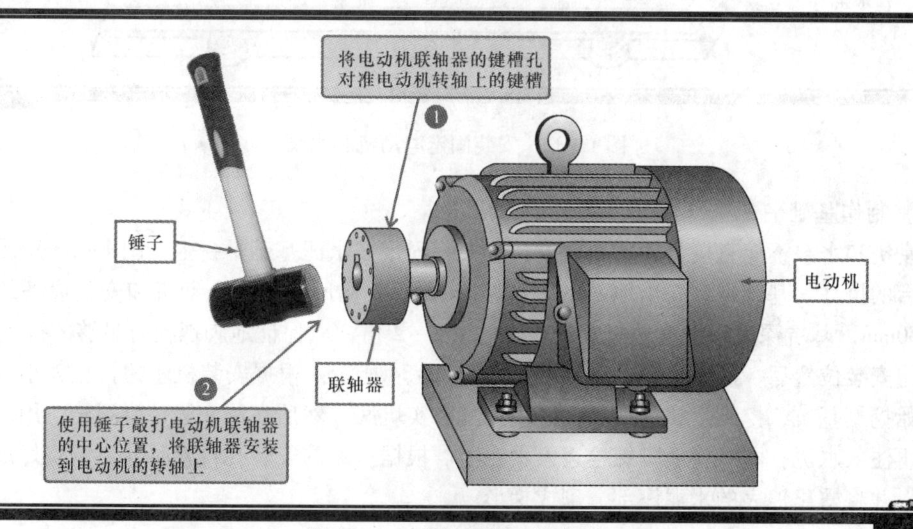

图12-31　联轴器的安装方法

【注意】

敲打位置不对或敲打时用力过猛，会损伤转轴并且会导致联轴器与转轴歪斜。大型电动机直接用锤子很难将联轴器装到电动机上，安装时可以先将联轴器加热，采用油煮、喷灯等方法加热，使其膨胀后快速套在转轴上，再借助锤子敲打安装。

然后使用吊装设备将电动机和水泵吊起，放到机座上，如图12-32所示，对齐安装孔，拧入固定螺栓，使电动机与水泵固定到机座上。

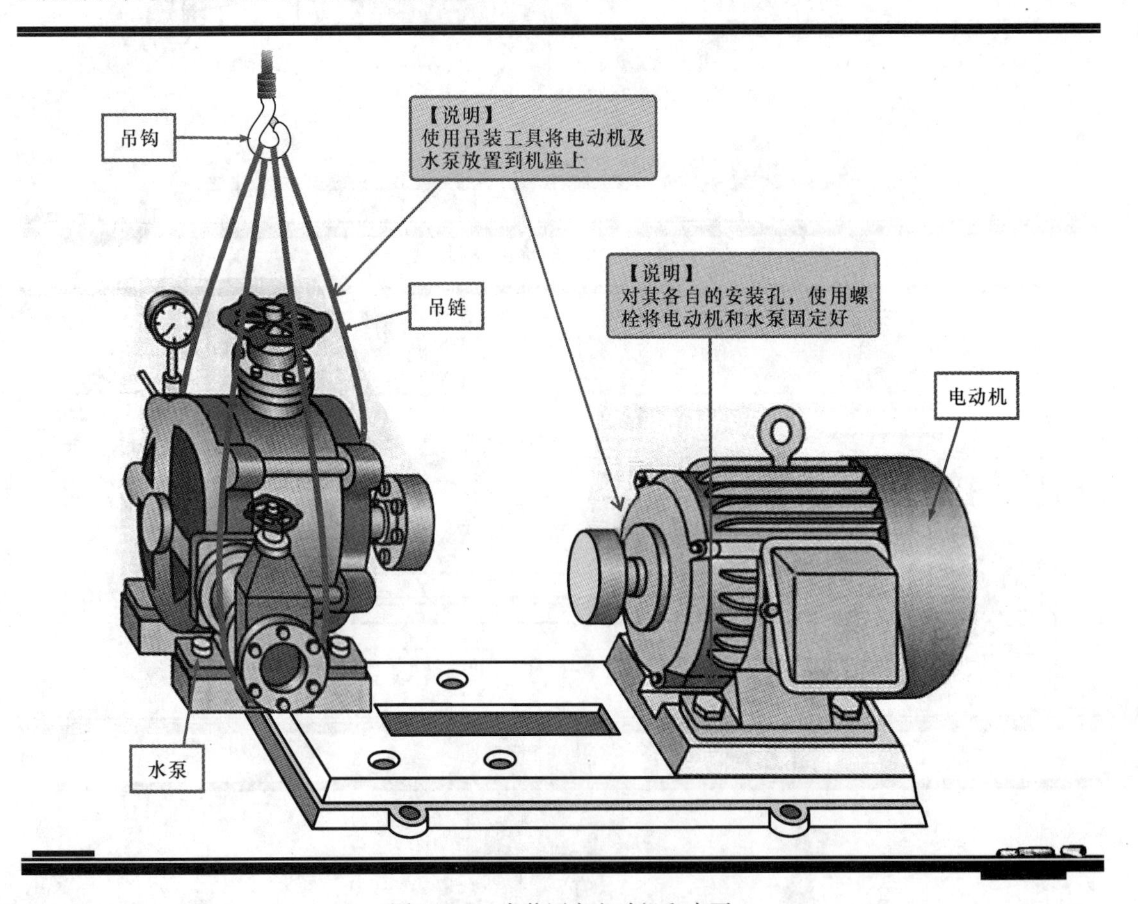

图12-32　安装固定电动机和水泵

（3）制作基础平台

电动机和水泵不能直接放置于地面上，应安装固定在水泥基础平台上。图12-33所示为水泥基础平台的尺寸。基础平台高出地面100～150mm，长、宽尺寸要比电动机和安装设备的机座多100～150mm，基坑深度一般为地脚螺栓长度的1.5～2倍，以保证地脚螺栓有足够的抗震强度。

确定安装位置后，制作水泥基础平台，如图12-34所示。根据安装机座的长宽大小，在指定位置开始挖掘基坑，挖到足够深度后，使用工具夯实坑底，然后在坑底铺一层石子，用水淋透并夯实，再注入水泥，同时将地脚螺栓迈入水泥中。根据机座的安装孔位置尺寸，调整好地脚螺栓的位置，并将露出地表的水泥座部分砌成梯形。

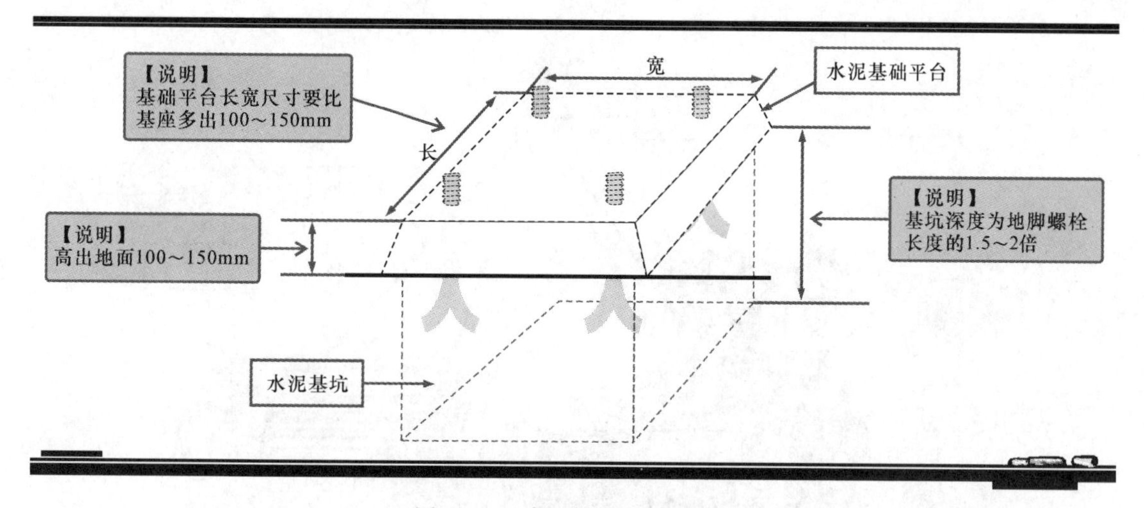

图 12-33　水泥基础平台的尺寸

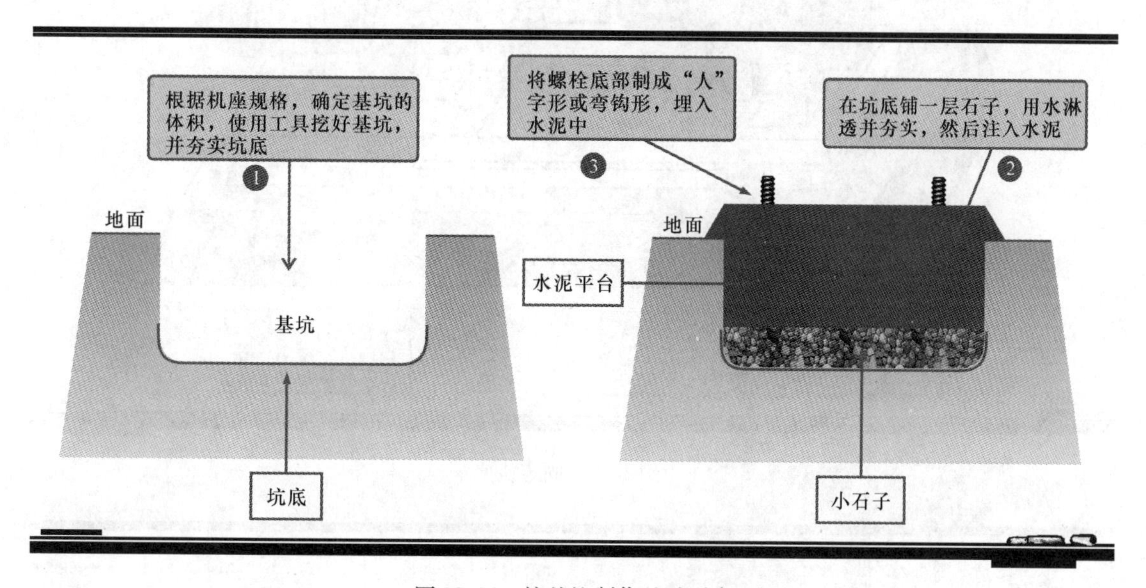

图 12-34　挖基坑制作基础平台

(4) 固定机座

再次使用吊装设备，将电动机、水泵连同机座一起放置到水泥平台上，注意机座安装孔要对齐螺栓，如图 12-35 所示。放置好机座后，使用扳手将螺母拧到螺栓上，使机座固定到水泥平台上。

(5) 调整联轴器

联轴器是由两个法兰盘构成的，一个法兰盘与电动机转轴固定，另一个法兰盘与水泵转轴固定，将电动机转轴与水泵转轴的轴线位于一条直线后，再将两个法兰盘用螺栓固定为一体进行动力的传动。图 12-36 为联轴器的连接方法示意图。

联轴器是连接电动机和水泵轴的机械部件，借此传递动力。在这种结构中，必须要求电动机的轴与水泵的轴保持同心同轴。如果偏心过大会对电动机或水泵机构成较大损害，并会引起机械振动。因此在安装联轴器时必须调整电动机的位置使偏心度和平行度符合设计要求。图 12-37 为联轴器的连接和调整示意图。

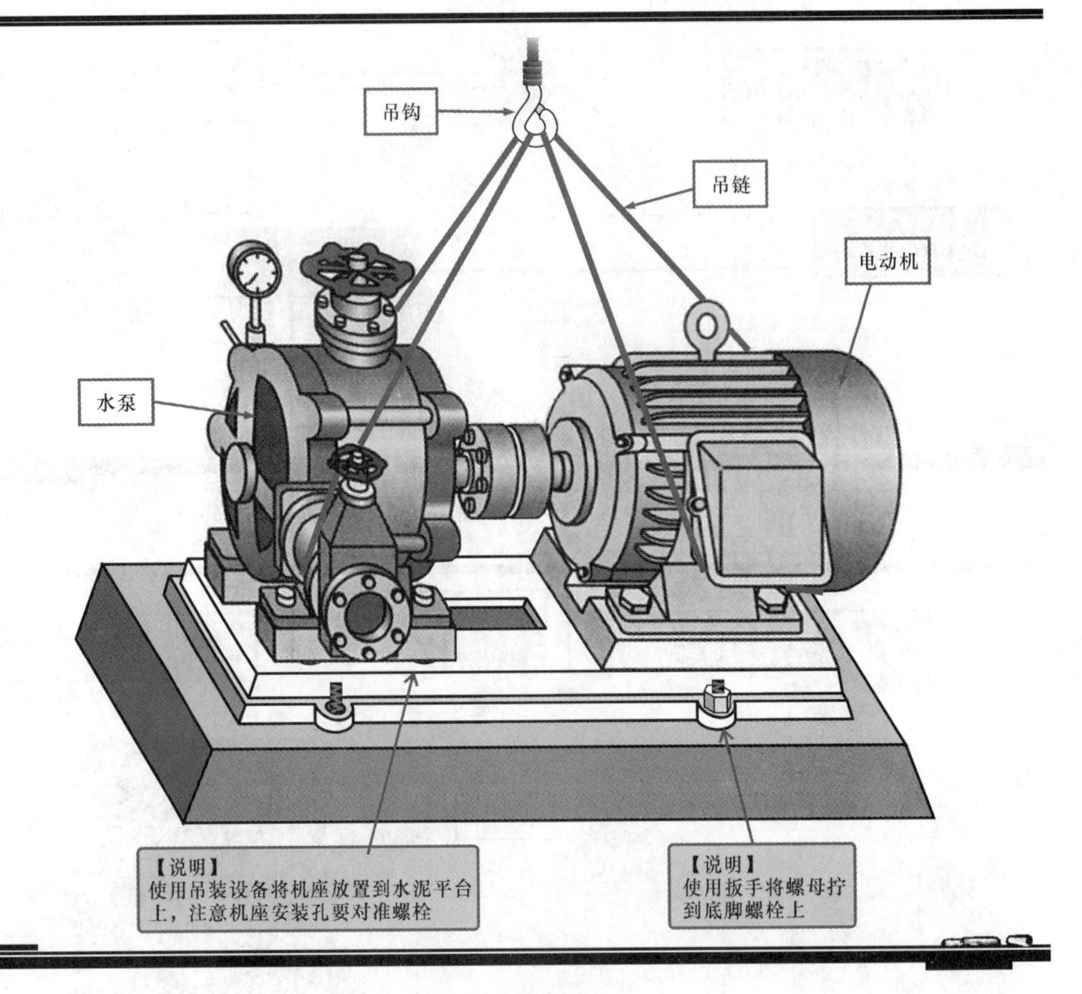

图 12-35　固定机座

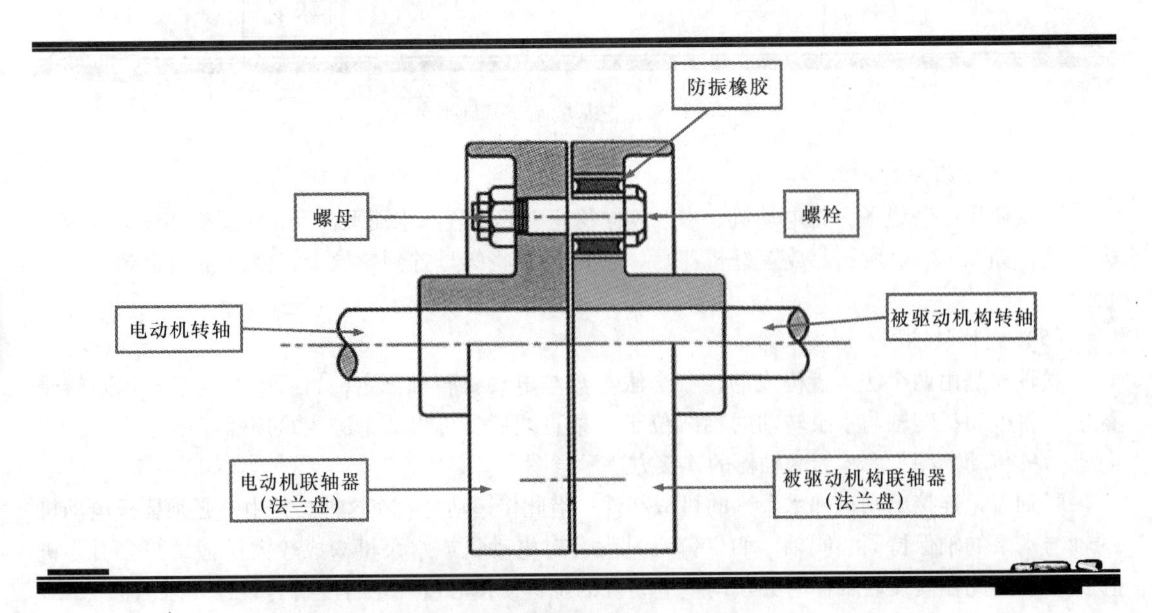

图 12-36　联轴器的连接方法示意图

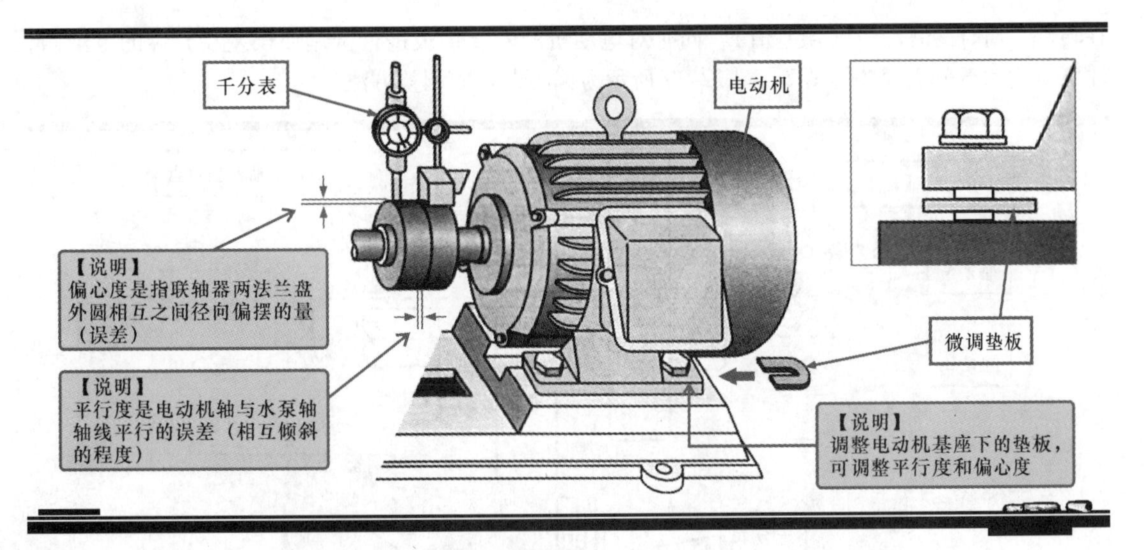

图 12-37　联轴器的连接和调整示意图

提问　千分表在电动机联轴器安装过程中起什么作用呢？

回答　千分表是通过齿轮或杠杆将直线运动产生的位移转换成指针的旋转运动，然后在表盘上显示测量数值的测量仪器。图 12-38 所示是千分表的实物外形。在电动机联轴器安装过程中千分表主要用于测量电动机与被驱动机构联轴器的偏心与平行度，以确保安装连接的电动机的轴与被驱动机构的轴保持同心同轴。

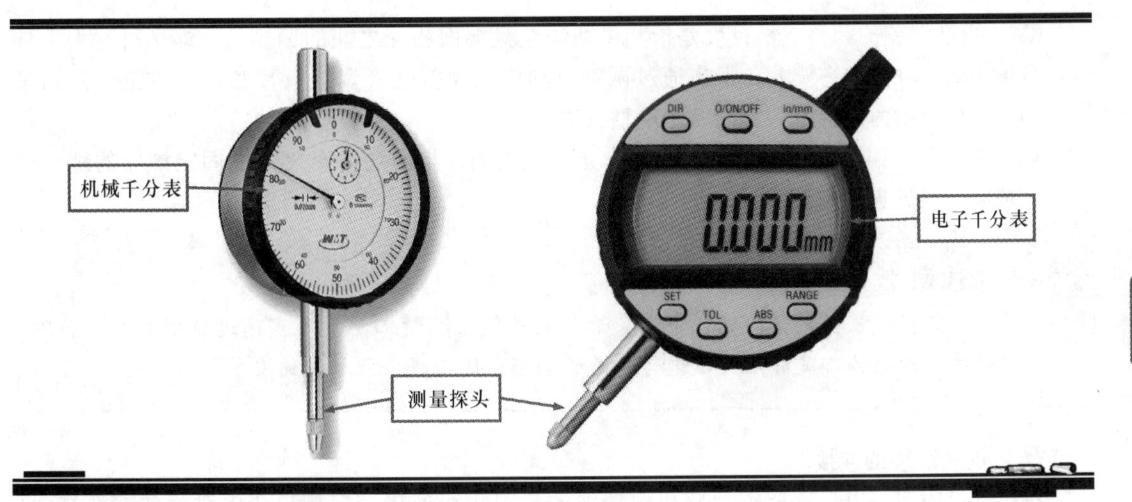

图 12-38　千分表的实物外形

① 偏心误差的调整。将电动机与水泵安装好后，在两个法兰盘中先插入一个螺栓，然后将千分表支架固定在任意一个法兰盘上，例如将千分表支架固定在 B 法兰盘上测量 A 法兰盘外圆

在转动一周时的跳动量（误差值），同时对电动机的安装垫板进行微调使误差在允许的范围内，注意偏度为千分表读数的1/2。图12-39所示为偏心误差的调整方法。

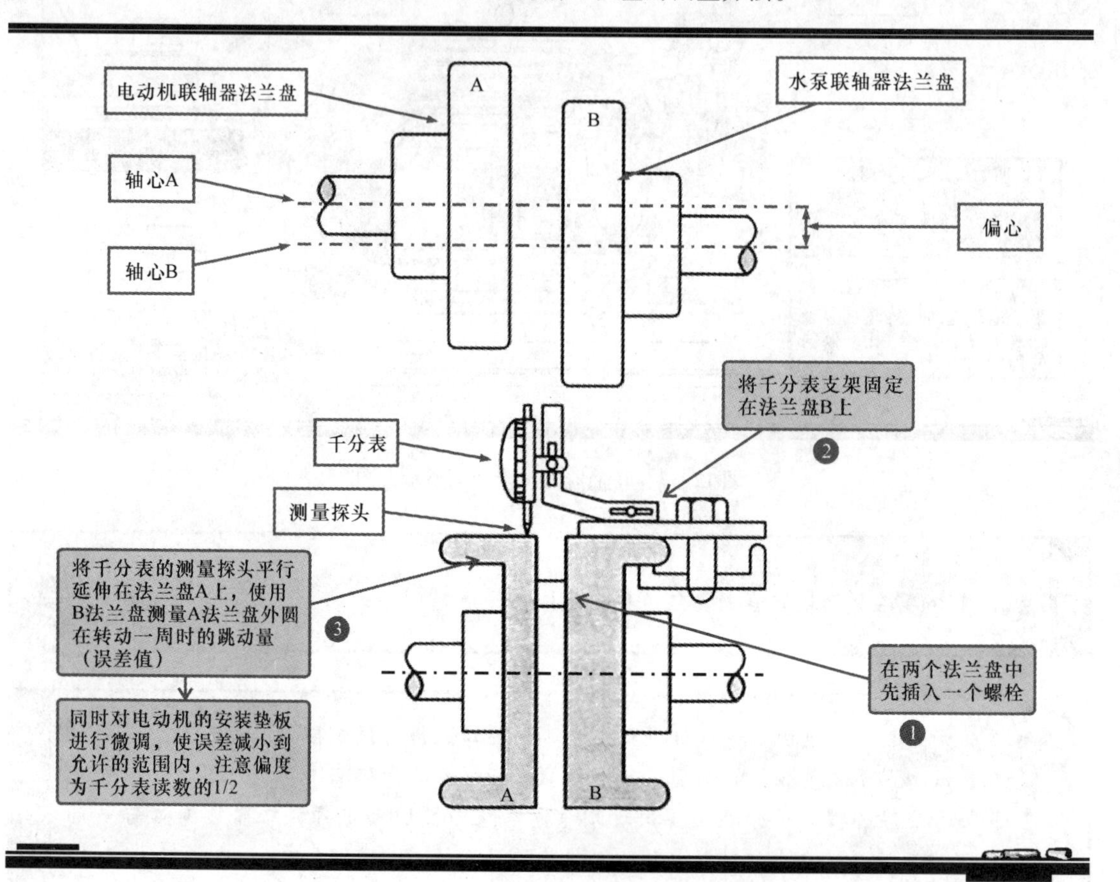

图12-39　偏心误差的调整方法

② 平行度误差的调整。平行度是指测量两法兰盘端面相互之间的偏摆量，即平行度为千分表读数的1/2。如果偏差较大，则需通过调整电动机的倾斜度（调垫板）和水平方位使两轴平行。图12-40所示为平行度误差的精密调整方法。

如两法兰盘的偏心度和平行度的误差在允许范围内，将两法兰盘之间的固定螺栓的螺母拧紧，完成联轴器的连接与调整。

【注意】

若在安装联轴器的过程中没有千分表等精密测量工具，则可通过量规和测量板对两法兰盘的偏心度和平行度进行简易的调整，使其符合联轴器的安装要求。

（6）供电线缆的连接

将电动机固定好以后，就需要将供电线缆的三跟相线连接到三相异步电动机的接线柱上。普通电动机一般将三相端子共六根导线引出到接线盒内。电动机的接线方法一般有两种，星形（Y）和三角形（△）接法。如图12-41所示，将三相异步电动机的接线盖打开，在接线盖内测标有该电动机的接线方式。

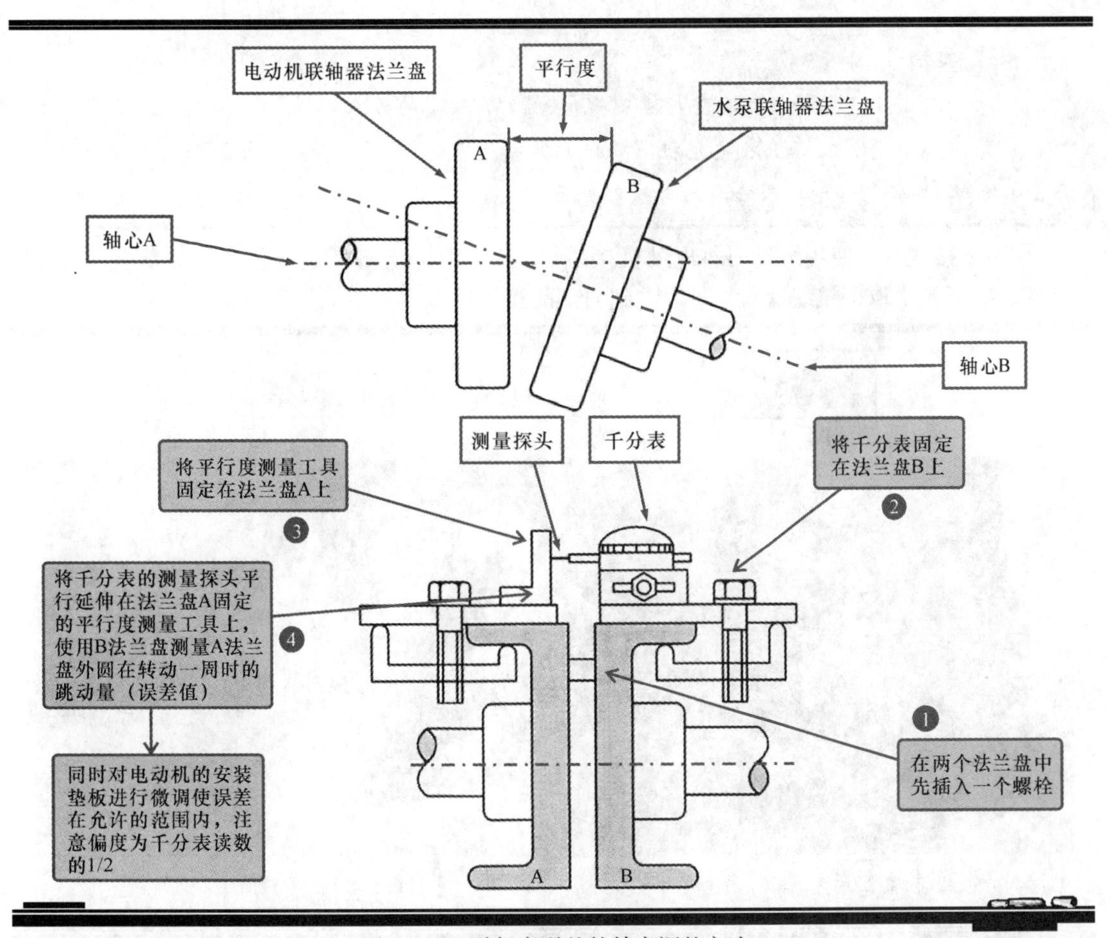

图 12-40　平行度误差的精密调整方法

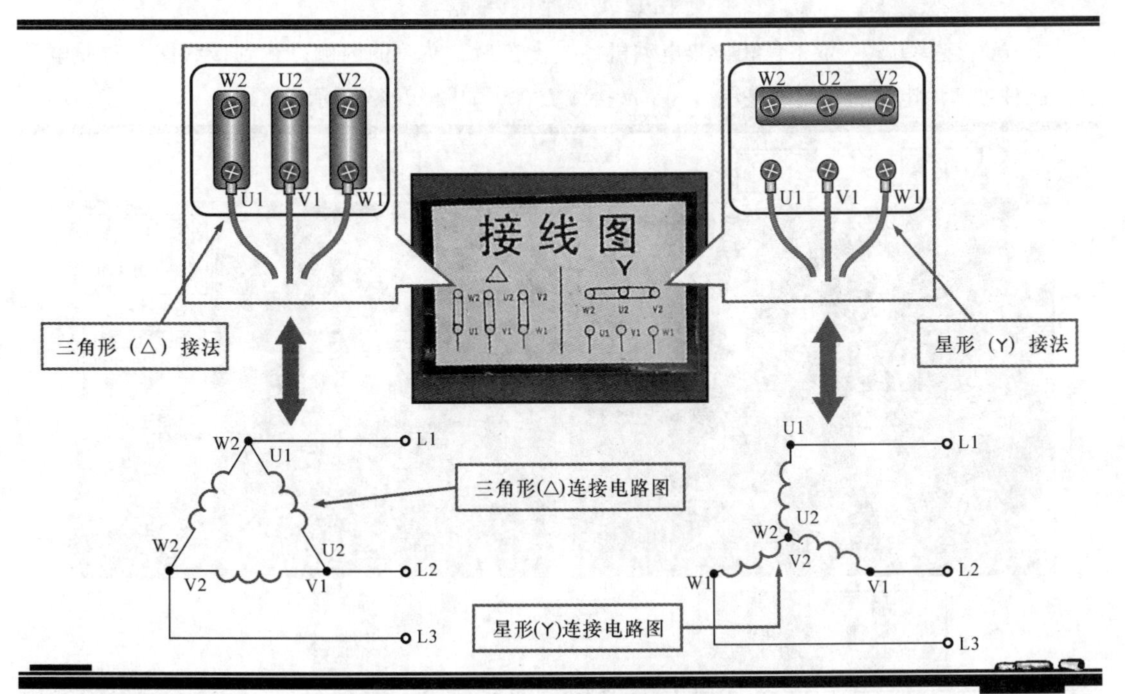

图 12-41　电动机的接线方式

【资料】

我国小型电动机的有关标准中规定，3kW 以下的单相电动机，其接线方式为三角形（△）接法，而三相电动机，其接线方式为星形（Y）接法；3kW 以上的电动机所接电压为 380V 时，接线方式为三角形（△）接法。

① 拆下接线盖。使用螺丝刀将电动机接线盖上的四颗固定螺钉拧下，然后取下接线盒盖，如图 12-42 所示。取下接线盒盖，可以看到内部的接线柱。

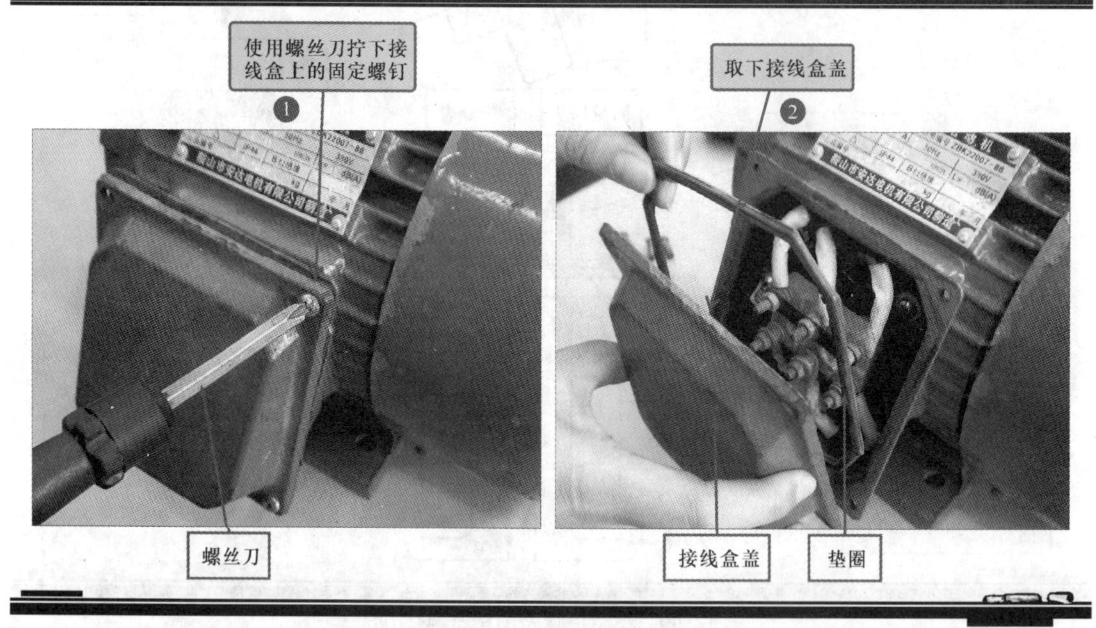

图 12-42　拆下接线盖

② 查看连接方式。取下三相异步电动机接线盒盖后，在盖的内侧可找到接线图，对照电动机接线柱可知该电动机采用的是星形（Y）接线方式，如图 12-43 所示。

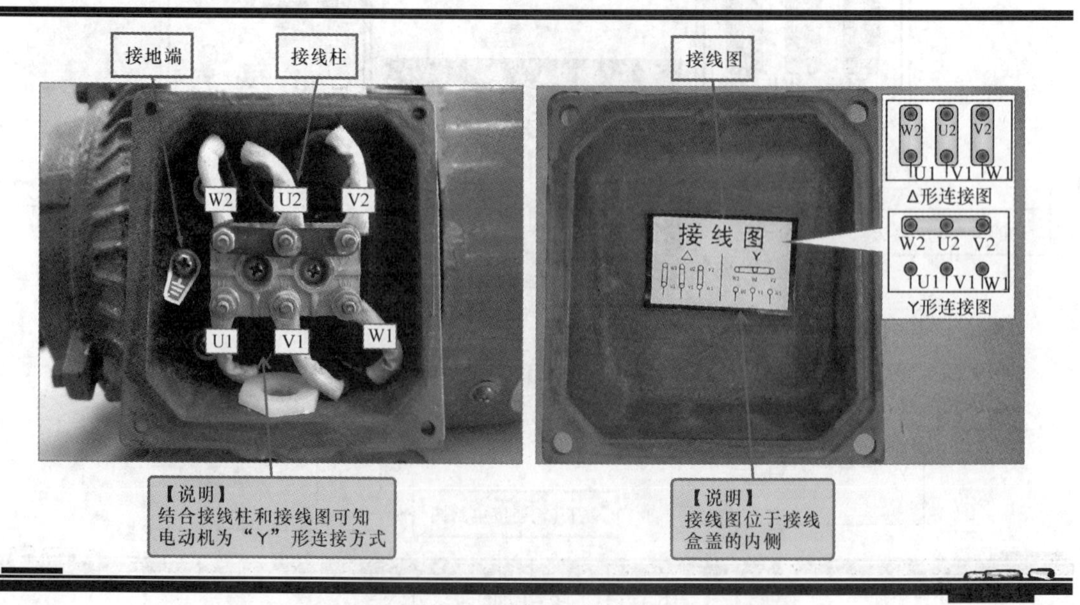

图 12-43　查看连接方式

③ 连接线缆。根据星形（Y）接线方式，将三根相线（L1、L2、L3）分别与接线柱（U1、V1、W1）进行连接，如图12-44所示。将线缆内的铜芯缠绕在接线柱上，然后将紧固螺母拧紧。

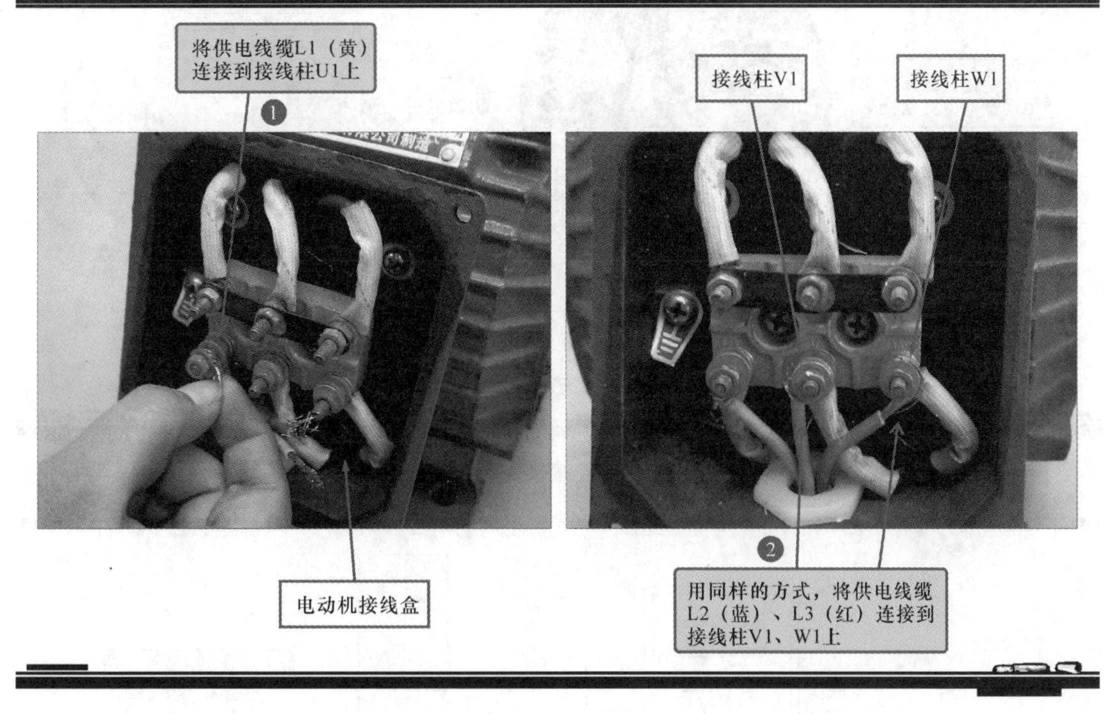

图12-44　连接线缆

供电线缆连接好后，一定不要忘记在电动机接线盒内的接地端或外壳上，连接导电良好的接地线，如图12-45所示。若没有连接接地线，在电动机运行时，可能会由于电动机外壳带电引发触电事故。

3. 安装控制箱

将电动机安装好后，接下来需要对控制箱进行安装固定。如图12-46所示，在规划好的位置，将控制箱固定在墙面上，确保控制箱与地面保持水平，若是由于环境不能与地面保持水平时，其倾斜度也不可以超过5°，并且要做好防水的措施。

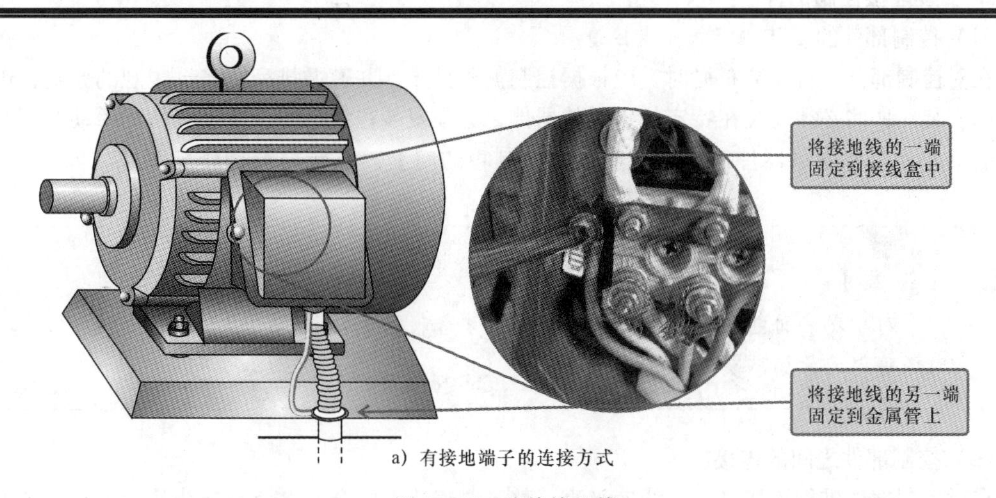

a）有接地端子的连接方式

图12-45　连接接地线

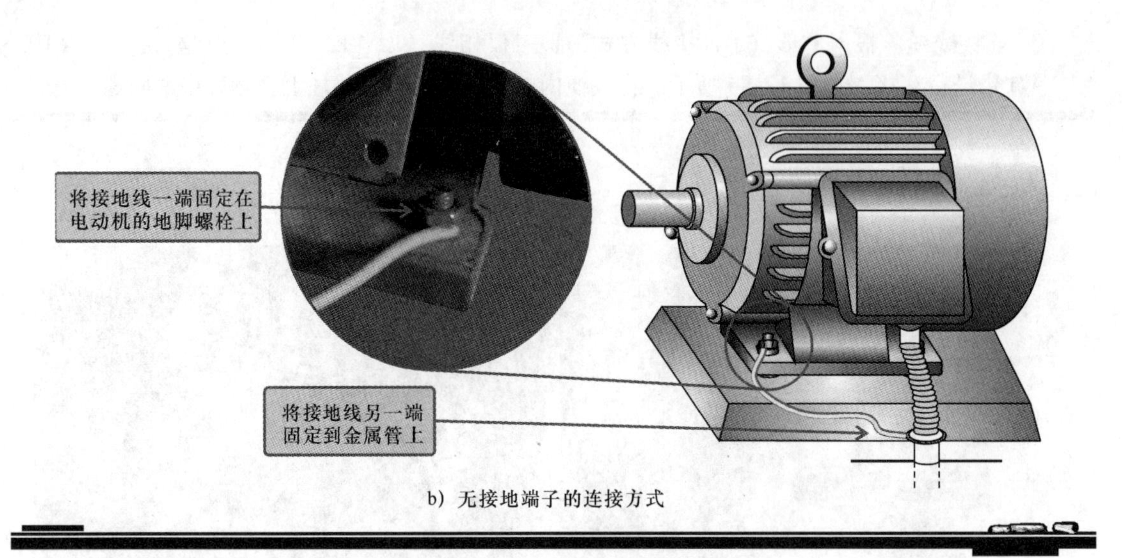

b) 无接地端子的连接方式

图 12-45 连接接地线（续）

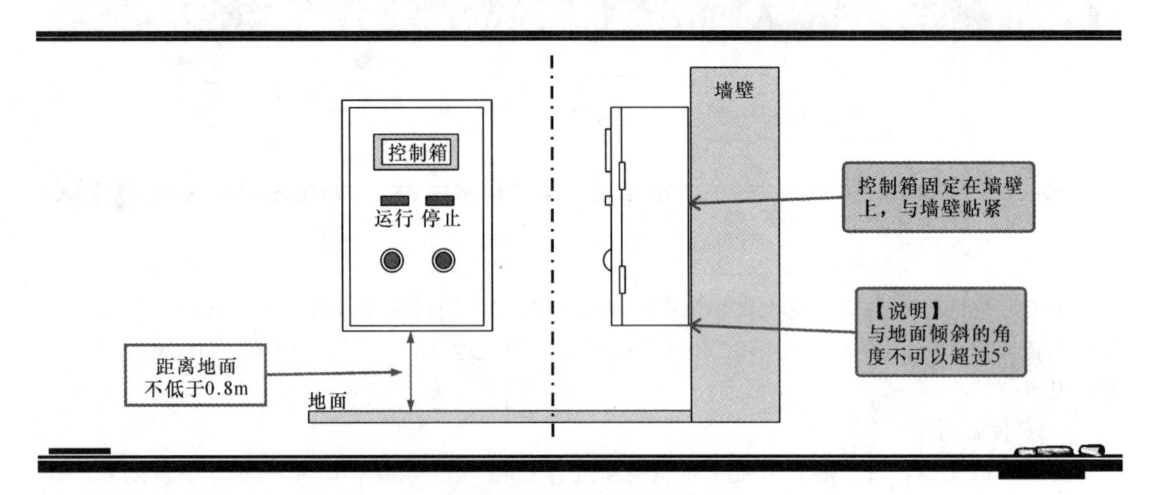

图 12-46 控制箱的安装

4. 安装连接控制部件

(1) 控制部件的安装

在对控制部件进行安装布局时，应根据控制流程排序，并遵循排列整齐、美观的原则，进行可靠的安装。那些必须安装在特定位置上的器件，必须安装在指定的位置上。例如手动控制开关（按钮）、指示灯和测量器件等，可以安装在控制箱的门上，方便进行操作和观察，如图 12-47 所示。

【注意】

对于发热的电气部件进行布局时，应考虑散热效果以及对其他器件的影响，必要时还可以进行隔离或是采用风冷措施。

(2) 控制部件之间的连接

在对控制部件进行连接时，导线应平直、整齐，连接方式合理。所有导线从一个端子到另一

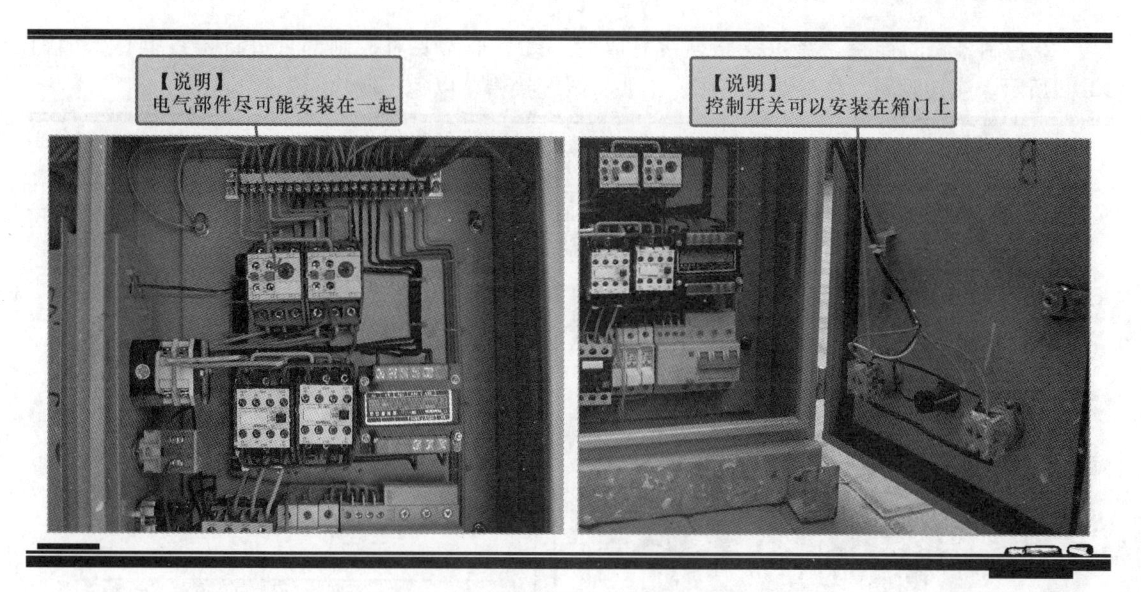

图 12-47　控制部件安装布局的原则

个端子进行连接时，应是连续的，中间不可以出现有接头的现象，并且所有的导线连接必须牢固，不能松动。

① 供电线路的连接。在连接控制部件时，可以先对主电路中的控制部件进行连接。连接时，应尽可能减少直线通道的使用。如图 12-48 所示，安装时应严格按照控制线路图进行连接操作，且应根据不同电气部件的连接要求选用适当规格型号的导线进行连接。

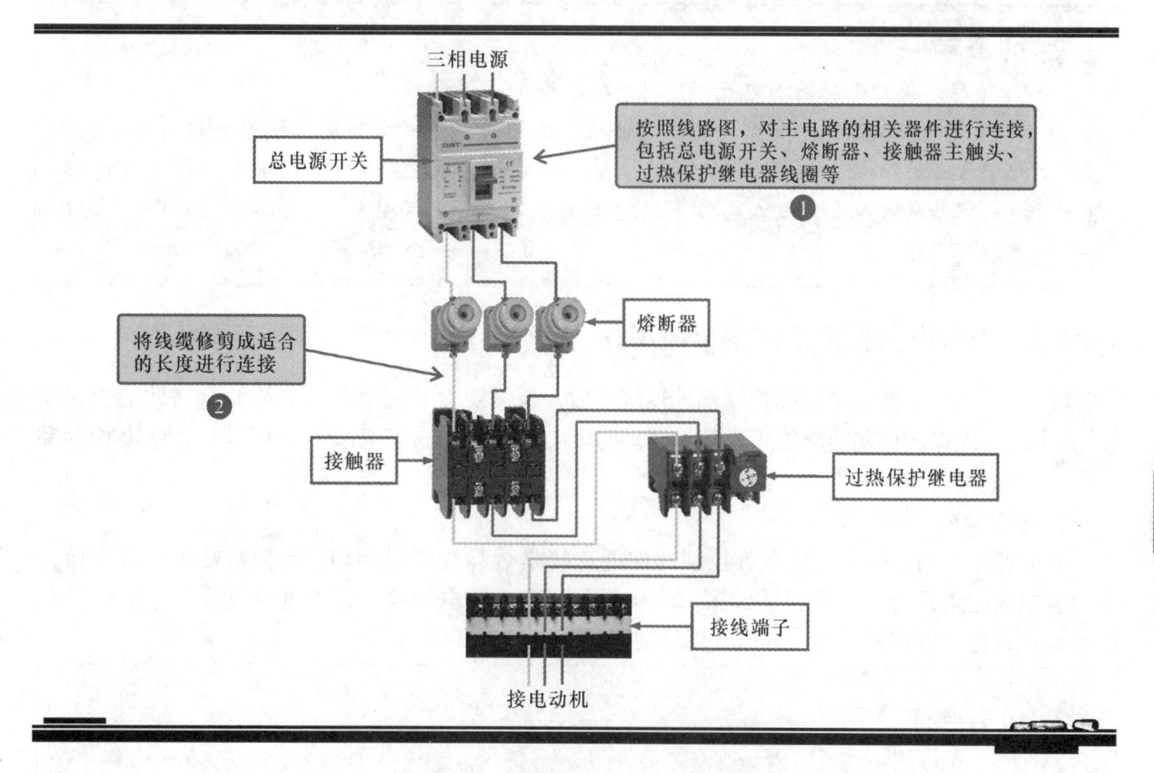

图 12-48　控制线路中主线路的连接

② 控制线路的连接。将主线路连接完成后，接下来需要对控制部分进行接线操作，如图12-49所示。连接时要严格参照线路图，不要将线缆接错，以免控制功能失常。

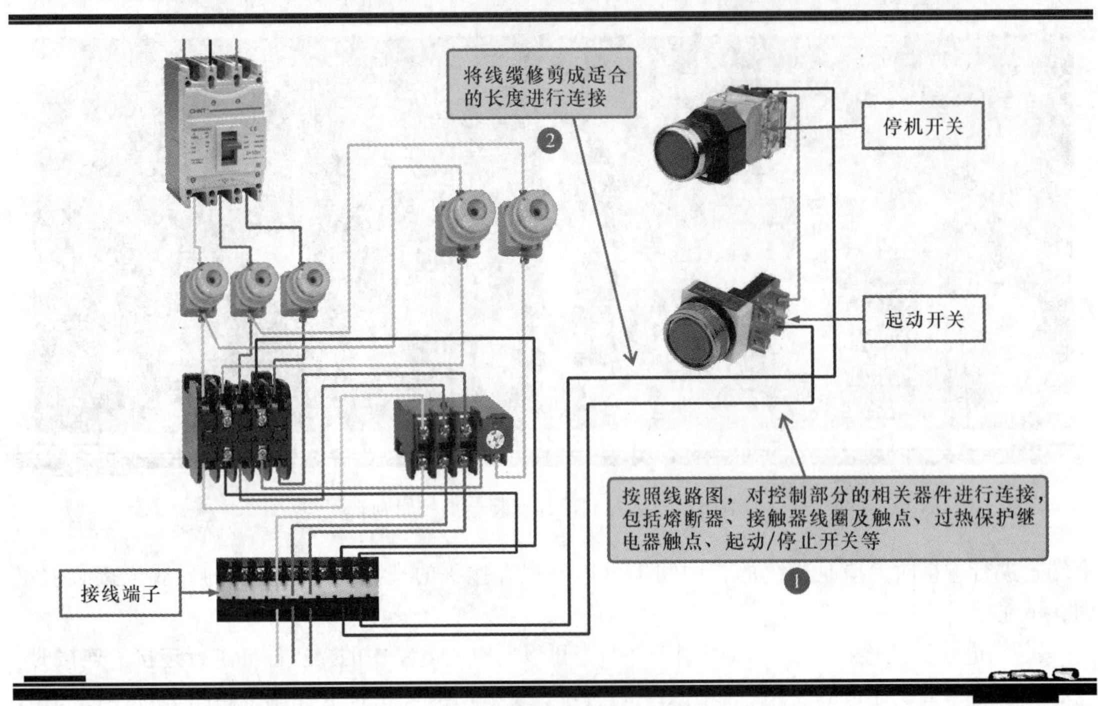

图12-49　控制线路的连接

【资料】

在连接控制箱内的电气部件时，还应遵循以下原则：

①若控制箱内电气部件之间的连接，采用的是线槽配线时，线槽内的连接导线不应超过线槽容积的70%，以便安装与维修；②一个接线端子上连接导线的数量不得超过两根；③对于较为复杂的线路，可以在连接导线的两端安装套管，并对其进行编码，方便日后的维护或是调整。

12.3.2　做好电力拖动系统的验收工作

将电力拖动系统的控制部件连接好后，便需要对其进行检验，检验合格才能交付使用，以保证控制线路能正常的运转。对电力拖动系统进行检验时，可以分为断电检验和通电检验两部分。

1. 断电检验

首先在断电的情况下，检查各控制部件的连接是否与线路图相同、各接线端子是否连接牢固以及绝缘电阻是否符合要求。如图12-50所示，进行断电检验时，应重点查看各个器件的代号、标记是否与原理图一致、各电气部件的安装是否正确和牢固等。

【注意】

在断电检验时，在连接端子与导线之间的接触电阻应小于0.1Ω，导线之间或端子之间的绝缘电阻应大于1MΩ（用500V兆欧表测量）。

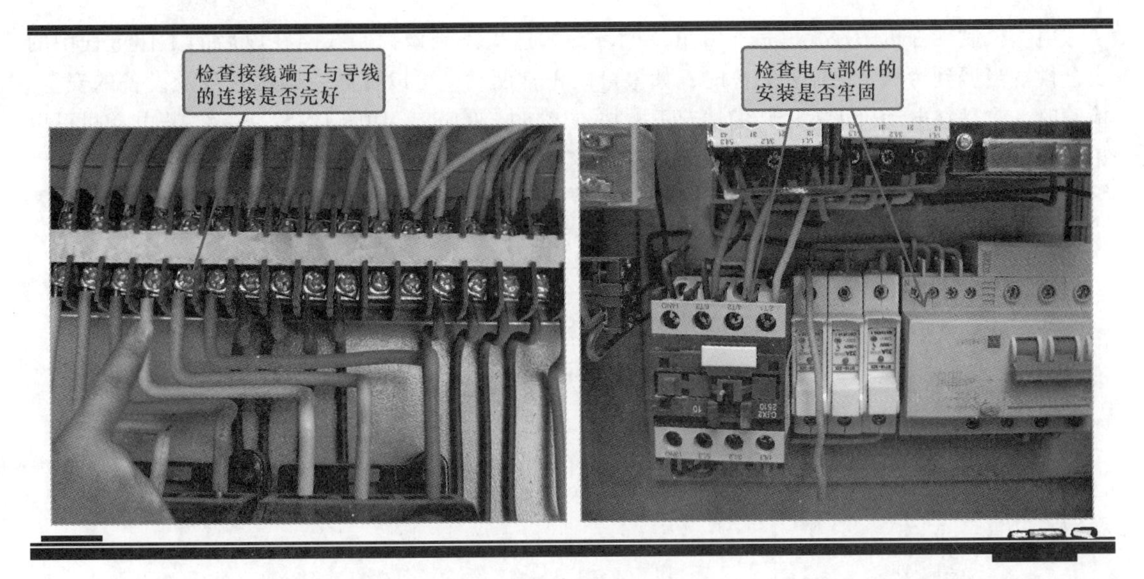

图 12-50 断电时的检验

2. 通电检验

确定线路连接无误后，接下来可对其进行通电测试操作。在实际操作过程中要严格执行安全操作规程中的有关规定，确保人身安全。

通电后，先按下起动按钮 SB1，检验电动机起动运行是否正常，并验证电气部件的各个部分工作顺序是否正常，如图 12-51 所示。

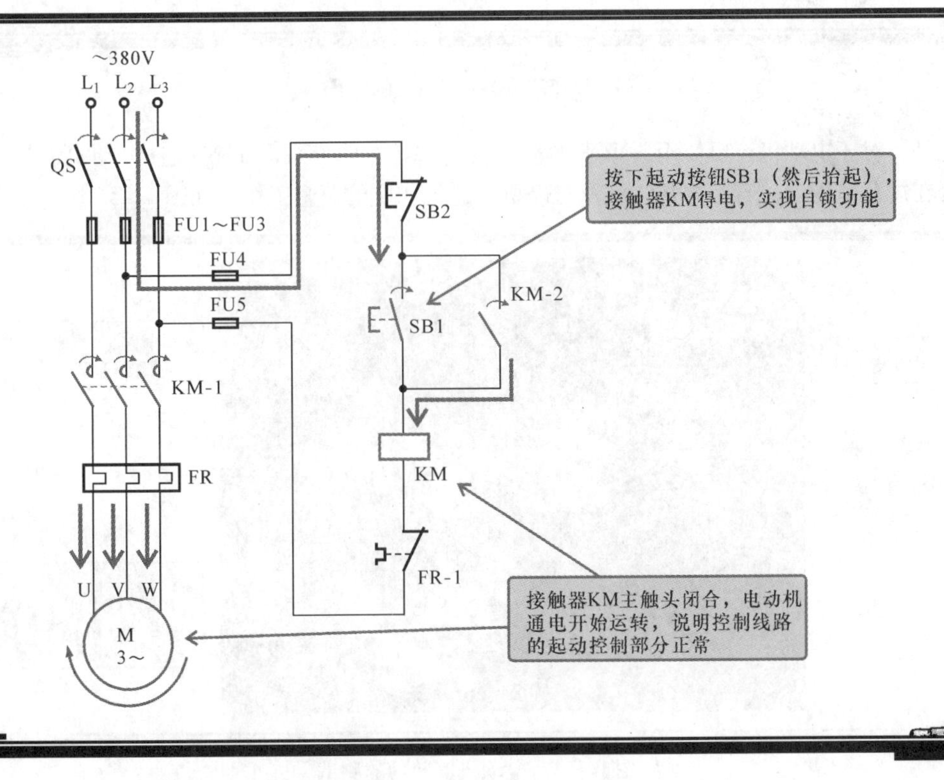

图 12-51 检验电动机的起动

电动机制动停机的检验也是非常重要的环节，这关系到该控制线路在以后的工作过程中的安全性。当遇到特殊情况需要急停时，如果可以正常制动，可以提高并确保人身及设备的安全。检验时，应是在电动机正常运转的情况下，按下停机按钮 SB2，如图 12-52 所示，若电动机可以正常停止转动，则符合线路的设计原理，说明该控制线路连接正确。

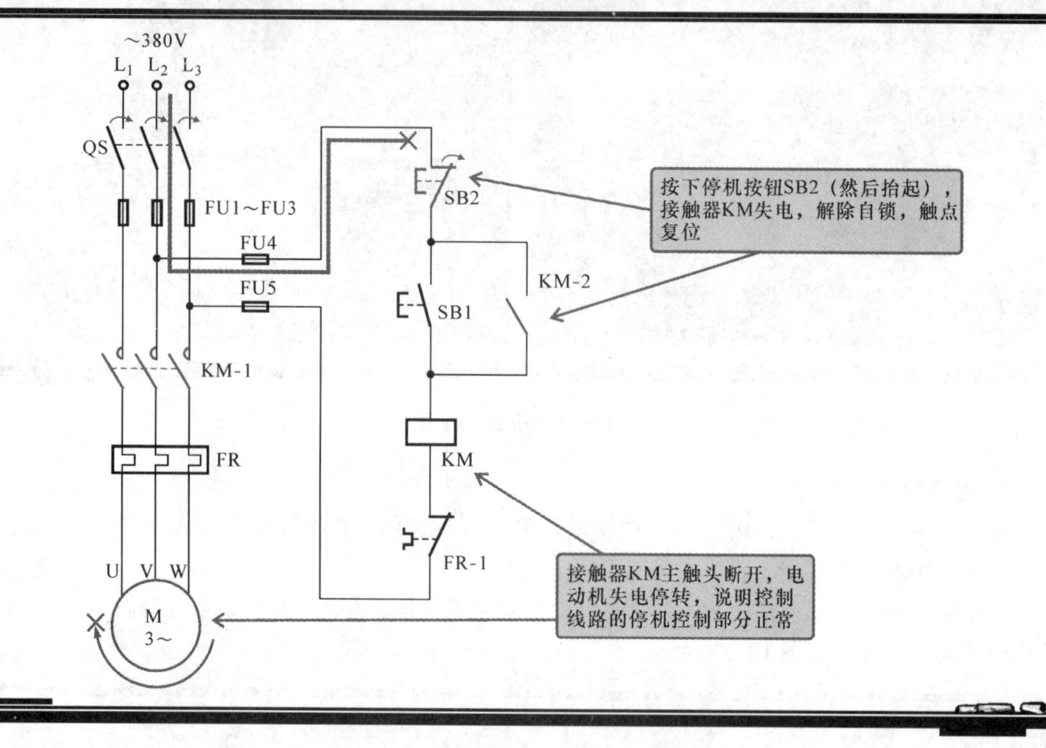

图 12-52　检验电动机的停止

此外，对于电动机还要使用钳形表测量其运行电流是否正常，同时检查电动机的振动与噪声是否在规范范围内。若有异常，应及时停机，进行相应的调整工作，如图 12-53 所示。

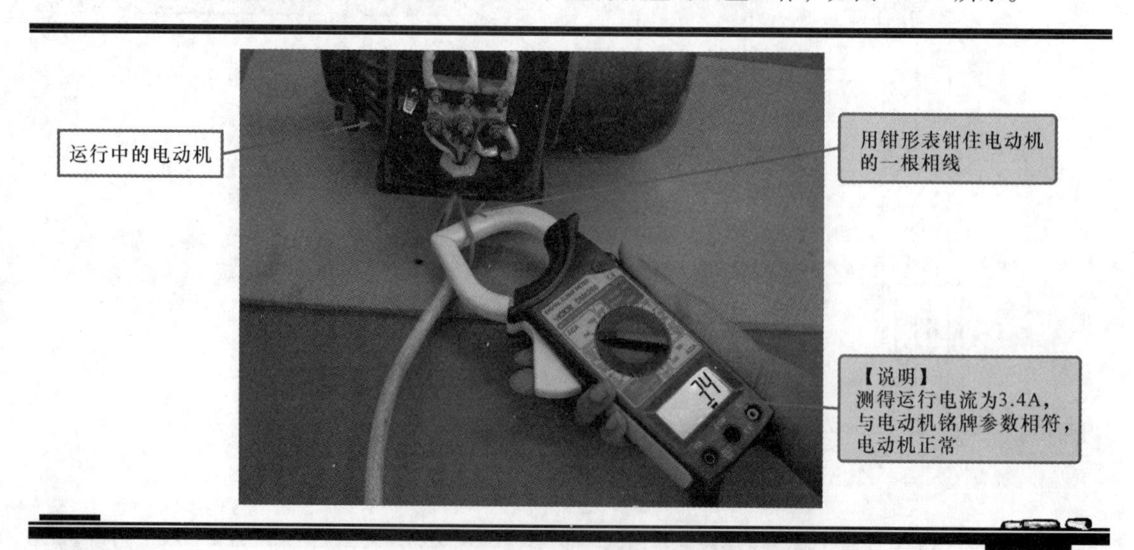

图 12-53　电动机安装后的测试

读者需求调查表

亲爱的读者朋友：

您好！为了提升我们图书出版工作的有效性，为您提供更好的图书产品和服务，我们进行此次关于读者需求的调研活动，恳请您在百忙之中予以协助，留下您宝贵的意见与建议！

个人信息

姓名		出生年月		学历	
联系电话		手机		E－mail	
工作单位				职务	
通讯地址				邮编	

1. 您感兴趣的科技类图书有哪些？

   □自动化技术 □电工技术 □电力技术 □电子技术 □仪器仪表 □建筑电气

   □其他（ ）以上各大类中您最关心的细分技术（如 PLC）是：（ ）

2. 您关注的图书类型有：

   □技术手册 □产品手册 □基础入门 □产品应用 □产品设计 □维修维护

   □技能培训 □技能技巧 □识图读图 □技术原理 □实操 □应用软件

   □其他（ ）

3. 您最喜欢的图书叙述形式：

   □问答型 □论述型 □实例型 □图文对照 □图表 □其他（ ）

4. 您最喜欢的图书开本：

   □口袋本 □32 开 □B5 □16 开 □图册 □其他（ ）

5. 图书信息获得渠道：

   □图书征订单 □图书目录 □书店查询 □书店广告 □网络书店 □专业网站

   □专业杂志 □专业报纸 □专业会议 □朋友介绍 □其他（ ）

6. 购书途径：

   □书店 □网络 □出版社 □单位集中采购 □其他（ ）

7. 您认为图书的合理价位是（元/册）：

   手册（ ） 图册（ ） 技术应用（ ） 技能培训（ ） 基础入门（ ）

   其他（ ）

8. 每年购书费用：

   □100 元以下 □101～200 元 □201～300 元 □300 元以上

9. 您是否有本专业的写作计划？

   □否 □是（具体情况： ）

非常感谢您对我们的支持，如果您还有什么问题欢迎和我们联系沟通！

地址：北京市西城区百万庄大街 22 号 机械工业出版社电工电子分社 邮编：100037

联系人：张俊红 联系电话：13520543780 传真：010－68326336

电子邮箱：buptzjh@163.com（可来信索取本表电子版）

编著图书推荐表

姓名		出生年月		职称/职务		专业	
单位				E－mail			
通讯地址						邮政编码	
联系电话		研究方向及教学科目					
个人简历（毕业院校、专业、从事过的以及正在从事的项目、发表过的论文）：							
您近期的写作计划有：							
您推荐的国外原版图书有：							
您认为目前市场上最缺乏的图书及类型有：							

地址：北京市西城区百万庄大街22号　机械工业出版社　电工电子分社

邮编：100037　网址：www.cmpbook.com

联系人：张俊红　电话：13520543780　010－68326336（传真）

E－mail：buptzjh@163.com（可来信索取本表电子版）